科学出版社"十四五"普通高等教育本科规划教材

现代微生物学

朱旭芬　主编

科　学　出　版　社

北　京

内 容 简 介

本书系统阐述了原核生物的细菌与古菌、真核生物的真菌、非细胞生物的病毒等各类微生物的形态结构、繁殖、营养、代谢、生长、遗传变异、生态分布、免疫、分类等内容，并结合发酵工程介绍了微生物的应用。书中每章开头有导言、知识导图与关键词，章后有思考题，书末附有名词简写及中英文对照、微生物名录。本书还设有配套数字资源，包括知识扩展阅读资料、各章思考题解题要点，以方便读者对知识点的理解与学习。

本书基础性、系统性、实用性兼具，经典内容与学科前沿并重，适合生命科学相关专业的教师、本科生、研究生和有关科技人员使用。

图书在版编目（CIP）数据

现代微生物学 / 朱旭芬主编. -- 北京：科学出版社，2025.2.
ISBN 978-7-03-075036-5

Ⅰ．①现⋯　Ⅱ．①朱⋯　Ⅲ．①微生物学　Ⅳ．①Q93

中国国家版本馆 CIP 数据核字（2023）第 036347 号

责任编辑：王海光　田明霞 / 责任校对：严　娜
责任印制：赵　博 / 封面设计：无极书装

科 学 出 版 社 出版

北京东黄城根北街 16 号
邮政编码：100717
http://www.sciencep.com

北京建宏印刷有限公司印刷

科学出版社发行　各地新华书店经销

*

2025 年 2 月第 一 版　　开本：787×1092　1/16
2025 年 8 月第二次印刷　　印张：30 3/4
字数：726 000

定价：**168.00 元**

（如有印装质量问题，我社负责调换）

《现代微生物学》编委会

主　编　朱旭芬

编　委（按姓氏笔画排序）

方明旭　　冯俊丽　　皮若溪　　张为艳

张心齐　　陈　璨　　韩帅波

前　言

微生物是地球上最古老、分布最广、多样性最丰富的生命形式，它们无处不在，数量巨大，种类繁多。在地球的生物进化过程中，微生物最早出现，且能适应各种环境，它们的活动是生物地球化学循环的基础，对于维护地球生态系统平衡发挥着重要作用。尽管微生物与人类息息相关，对人们的生活、环境和可持续发展有着深远的影响，但对它们的研究还非常粗浅。据估计，自然环境中的微生物只有 1%可能得到深入研究。所以，人类对微生物的探索还任重道远。

微生物学是生命科学的核心课程之一，在现代生物学中处于前沿地位。本书基础性、系统性、实用性兼具，经典内容与学科前沿并重。全书涵盖了原核生物的细菌与古菌、真核生物的真菌、非细胞生物的病毒等各类微生物的形态结构、繁殖、营养、代谢、生长、遗传变异、生态分布、免疫、分类与发酵工程等内容。每章开头有导言、知识导图与关键词，章后有思考题，书末附有名词简写及中英文对照、微生物名录。此外，本书还有配套数字资源，包括知识扩展阅读资料、各章思考题解题要点，以方便读者对知识点的理解与学习。

本书编写者均为高校教学和科研一线的老师。各章撰写分工如下：第一、二、四、十一、十二、十三章由浙江大学朱旭芬撰写，第三章由浙江农林大学韩帅波撰写，第五章由斯坦福大学皮若溪撰写，第六章由浙江工商大学冯俊丽撰写，第七、十章由加州大学圣地亚哥分校方明旭撰写，第八章由浙江农林大学张心齐撰写，第九章由宁波大学张为艳撰写。朱旭芬负责规划整体框架和全书统稿，陈璨参与了部分统稿与校稿工作。

本书的编写获得了 2021 年度浙江大学第一批本科教材建设项目的支持，由浙江大学生命科学学院教材建设经费资助出版。科学出版社王海光、田明霞等编辑做了大量辛勤的工作，在此一并表示衷心的感谢！

由于学识有限，书中难免有疏漏之处，敬请各位同行和读者批评指正，以便不断完善。

朱旭芬

2023 年 11 月于启真湖畔

目　　录

第一章　绪　论

导　言

微生物（microorganism）是一群微小、简单、低等的生物，其分布广泛、储量丰富、类群繁多，包括原核生物、真核生物以及非细胞型生物，其代谢、生态和功能也十分多样。微生物是出现最早的生物，人们对它的研究却较晚，在分类系统中属于五界系统的原核生物界、原生生物界与真菌界，三域系统的细菌域、古菌域及部分真核生物域。微生物涵盖了许多有益与有害的类群，广泛涉及工业、医药、农业、能源、环保等诸多领域，影响着人们生活的方方面面。微生物的研究有一套独特的方法与实验技术。

本章知识点（图 1-1）：

1. 微生物的发现与微生物学发展史。

2. 微生物的类群、大小与基本特性。

3. 微生物在工农业、医药、环保、能源、基础研究等方面对人类的影响。

4. 微生物学的独特研究技术。

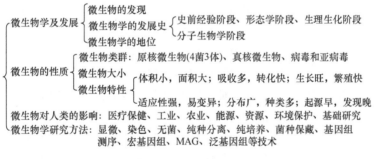

图 1-1　本章知识导图

关键词：微生物、五界系统、三域学说、小亚基 rRNA（SSU rRNA）、系统发育树、共同的生命始祖（LUCA）、微生物学、列文虎克、单式显微镜、自然发生学说、胚种学说、巴斯德、曲颈瓶实验、巴氏消毒法、病原菌学说、科赫、固体培养基、培养皿、科赫法则、疫苗、卡介苗（BCG）、弗莱明、青霉素、瓦克斯曼、链霉素、沃森、克里克、普鲁西纳、比面值、显微技术、分辨率、染色技术、无菌技术、纯种分离、纯培养、菌种保藏技术、基因组测序、宏基因组、宏基因组组装基因组（MAG）、泛基因组

自然界生活着一大群肉眼看不见的微小生命，无论是在繁华的城市、富饶广阔的田野，还是人迹罕见的高山之巅、辽阔的海洋深处，到处都有微生物的踪迹。地球上现有

的生命形式中，微生物发生最早、分布最广、生物量最大，生物多样性也最丰富，与动物、植物共同组成复杂多样的生物大军，使大自然显得生机勃勃。

微生物是一把锋利的双刃剑。它可给人们带来无限的利益，提高人类的生活质量，如日常生活所用的酒、酱油、醋、抗生素、疫苗、维生素等都是微生物的产物。微生物推动着地球上碳、氮、磷、硫和其他元素的物质循环，这些循环构成了自然界中许多食物链的基础。微生物也可给人类带来毁灭性的灾难。例如，14世纪的一场鼠疫几乎摧毁了整个欧洲，夺走了约2500万人的生命；艾滋病正在全球蔓延，许多已被征服的传染病如肺结核、疟疾、霍乱也有卷土重来之势；近年来，登革热、牛海绵状脑病（又称疯牛病）、严重急性呼吸综合征、禽流感、猪瘟、埃博拉出血热、新型冠状病毒感染等又给人类带来了新的危险。

微生物既可以给人类带来福祉，也可能对人类文明进程造成重大影响。如果我们能够认识和掌握微生物，正确使用微生物这把双刃剑，开发它的益处，控制、消除它的害处，就可以造福人类。（知识扩展1-1，见封底二维码）

第一节　微生物学的发展

微生物因形体微小而得名，构成微生物群体的是一些单细胞的细菌与古菌、简单多细胞的真菌，甚至是没有细胞结构的病毒，值得注意的是，微生物并非生物分类学的专门名词。

在生物学发展史上，曾按照是否运动以及能否进行光合作用，把所有的生物分为植物界（Plantae）及动物界（Animalia）。有些微生物细胞柔软而不具细胞壁，可运动，不进行光合作用，划归为动物界。而有些类群的微生物如藻类，细胞具有细胞壁、可进行光合作用，划归为植物界。但有些微生物如眼虫（*Euglena*）既有色素可进行光合作用，又能运动摄取食物，将其划归为动物界与植物界都不合适。

随着对微生物研究的不断进行，对其认识也在逐步深化。有关微生物的知识也日益丰富，1866年海克尔（Haeckel）提出在动物界与植物界之外，应另立原生生物界（Protista），由此创立了三界系统，而后又发展成为四界系统、五界系统。被普遍接受、影响较大的是惠特克（Whittaker）于1969年在 *Science* 杂志上提出的生物五界系统（图1-2），即将所有细胞型生物分为动物界、植物界、真菌界（Myceteae）、原生生物界及原核生物界（Monera）。在此基础上，不具细胞结构的病毒（virus）被发现后，六界系统得以形成。

基于对小亚基rRNA（small subunit rRNA，SSU rRNA）的系统发育分析，1977年美国伍斯（Woese）等对产甲烷细菌16S rRNA序列进行了探究，揭示了古菌（archaea）这类生活在极端环境中的独特生命。古菌在细胞结构、生理生化及一些生物大分子结构等许多特性上不同于细菌。从进化角度上看，古菌既不同于原核生物的细菌，也不同于真核生物，处于完全不同的进化地位，构成了一个新的、被称为第三型的生命。伍斯等根据对原核生物16S rRNA和真核生物18S rRNA的基因序列分析，从序列差异中计算

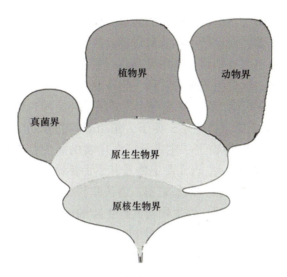

图 1-2 生物的五界系统

出它们之间的进化距离，绘制了系统发育树（phylogenetic tree），将整个生物界划分为古细菌（archaebacteria）、真细菌（eubacteria）和真核生物（eukaryote）三域（three domains）。1990 年又重新定义为细菌域（bacteria domain）、古菌域（archaea domain）和真核生物域（eukaryote domain）（图 1-3）。三域系统具有共同的生命始祖（last universal common ancestor，LUCA）。基于进化树推测，细菌和古菌出现在 LUCA 后的 35 亿～39 亿年，而真核生物出现在 LUCA 后的 18 亿～20 亿年。LUCA 可能是生活在无氧环境中的喜热微生物，且依赖氢气为生。地球上的生命起源于类似海底火山周围的深海热泉。虽然细菌与古菌都属于原核生物，但古菌与真核生物的关系更近。普遍认为，古菌具有细菌的形式、真核生物的内涵。

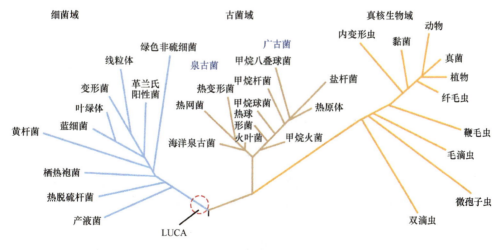

图 1-3 生物界的三个域

微生物种类繁多，包括原核微生物、真核微生物，以及没有细胞结构的病毒、亚病毒。原核微生物含有 4 菌（古菌、细菌、放线菌、蓝细菌）与 3 体（立克次氏体、支原体、衣原体）等。真核微生物包括单细胞酵母菌、丝状霉菌、原生动物与藻类等。无细胞结构的微生物包括病毒与亚病毒，其中亚病毒包括类病毒、拟病毒、卫星病毒和朊病毒。它们是地球生物圈的重要组成部分。微生物在分类学中分布广泛，涉及五界系统中的原生生物、原核生物及真菌；在三域系统中，分属于细菌与古菌，以及部分真核生物。由于微生物具有易取得突变体和纯系、便于大量培养等特点，它成为生物基础研究的重要对象，近百年来很多获得诺贝尔生理学或医学奖的研究都与微生物有关。

微生物学（microbiology）是研究微生物及其生命活动规律的学科，研究的内容涉及微生物的形态结构、生理代谢、生长繁殖、遗传变异、生态分布、分类进化，以及微生物各类群之间、微生物与自然、微生物与其他生物的相互作用和影响。微生物学的根本任务是发掘、利用和改善有益微生物，控制、消灭或改造有害微生物。

一、微生物的发现

微生物的发现与显微镜的发明紧密相关，这主要归功于荷兰人列文虎克（Leeuwenhoek，1632～1723）。列文虎克是一位商人，也是一位杰出的科学家。由于众多的科学发现，1680 年他被英国皇家学会选为会员。列文虎克不仅是制作显微镜的能工巧匠，一生制造了四百多架单式显微镜，放大倍数最高达 266 倍，更重要的是，他利用显微镜进行了广泛的观察，包括植物种子和胚的构造，以及一些微小的无脊椎动物，发现了精子与红细胞的存在。1676 年他用自己制造的显微镜观察一滴水珠，发现了微生物世界，从而被认为是精确描述微生物的第一人。

列文虎克阐明了自然界中存在着许多微小生物后，人们开始讨论自然界微生物的起源，最初分为两个学派，一个是自然发生学说，另一个是胚种学说（图 1-4）。

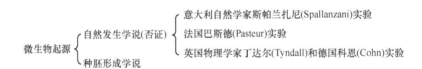

图 1-4　微生物起源的两个学派

自然发生说（spontaneous generation）是一个古老的学说，古时候人们也曾认为动物与植物是自然发生的。虽然亚里士多德（Aristotle，公元前 384～前 322）研究了 500 多种生物，并亲自解剖过 50 多种动物，撰写了流传至今的《动物的运动》《动物的繁殖》等著作，但他认为一些简单的生物能够自然发生。后来，意大利医生雷迪（Redi，1626～1697）用实验证明腐肉不能滋生苍蝇，对自然发生学说提出了异议。（知识扩展 1-2，见封底二维码）

随着生命知识的不断丰富，人们已经知道动物与植物并非自然发生。但是对于平时肉眼难以看清的微生物，由于技术上的限制，很难确切证明微生物也不是自然发生的。而自然发生学说的追随者，又将有机汁液中常会生长出微小生物的现象作为"证据"。一直到 19 世纪中叶，才逐渐积累了足够的证据，即三个著名的否证（disconfirm）实验，从而导致了自然发生学说的全面摒弃。其中，特别有名的是巴斯德的曲颈瓶实验，否定了当时十分流行的生命自然发生学说，提出了胚种学说。（知识扩展 1-3，见封底二维码）

二、微生物学的发展史

地球是太阳系的行星之一，据推测地球是在 46 亿年前形成的，可分为 42 亿～46 亿年前的地球圈层的形成时期、5.39 亿～40.3 亿年前的太古宙与元古宙时期，以及 5.39 亿年前至今的显生宙时期。微生物作为地球生物圈中最古老的家族，在 35 亿～39 亿年前就登上了地球的舞台，而人类的出现只不过几百万年的历史。人类对微生物的认识经历了一个相当漫长的过程，在列文虎克发明显微镜发现了微生物世界以前，人们就发现了微生物存在的许多迹象，有意或无意地与微生物打交道。微生物学的发展历史可分为史前经验阶段、形态学阶段、生理生化学阶段，以及分子生物学阶段。

1. 史前经验阶段

公元前 6000 年至公元 1676 年是人类对微生物的认识与利用时期，那时人们虽然还未见过微生物个体，却在长期的生产实践中自发地与微生物频繁地打交道，积累了许多利用有益微生物、防治有害微生物的经验。我国是认识和利用微生物最早的几个国家之一，具体利用方式有酿酒、制酱、制醋、腌菜等。（知识扩展 1-4，见封底二维码）

2. 形态学阶段

从 1676 年列文虎克利用自制的显微镜观察微生物到 1861 年，微生物的相关研究只涉及形态描述。显微镜的发明为微生物的存在提供了有力的证据，为后来微生物的研究创造了条件。但微生物的生理活动以及微生物对人类健康和生产实践的重要性还未被认识。该时期的代表人物为微生物学的先驱列文虎克，其利用自制的单式显微镜观察了许多微小物体和生物，并于 1676 年首次观察到了形态微小、作用巨大的细菌。（知识扩展 1-5、1-6，见封底二维码）

3. 生理生化学阶段

从 19 世纪 60 年代巴斯德（Pasteur）曲颈瓶实验"否证"自然发生学说，创立胚种学说，到 1953 年 DNA 双螺旋结构的发现，是微生物的生理生化学阶段。此时期主要把微生物的研究从形态描述推进到生理生化代谢的研究。其间建立了一系列灭菌、分离、接种和纯培养等微生物研究所需要的独特方法与技术，提出了确定病原微生物的科赫法则（Koch's rule），建立了科学的消毒方法，从而创立了一系列微生物学的分支学科，如细菌学、免疫学、病毒学、真菌学、酿造学，以及外科消毒技术和化学治疗法等。人们开始研究微生物对维生素的需要、酶的特性，寻找和研究抗生素，并且逐步深入研究微生物的遗传变异和基因。

此时期的代表人物主要是法国的巴斯德（Pasteur，1822～1895）和德国的科赫（Koch，1843～1910）（图1-5），以及化学治疗剂与抗生素的发现者。

图1-5　微生物学奠基人巴斯德（左图）和细菌学奠基人科赫（右图）

巴斯德是微生物学的奠基人，其主要贡献有：①发现并证实发酵是由微生物引起的。②否证了自然发生学说，提出胚种学说（germ theory），著名的曲颈瓶实验无可辩驳地确认了空气内有微生物，证实了微生物活动。巴斯德的"胚种学说"，为外科消毒术的发展奠定了坚实的理论基础。③1864年提出了科学的低温消毒法——巴氏消毒法，即63℃、30 min，或者72℃、15 s。④提出了疾病的病原体理论，该理论指出了传染病是由病原微生物引起的。⑤研制了狂犬病疫苗，发明了用接种毒菌苗来预防蚕病、霍乱、炭疽、狂犬病。（知识扩展1-7、1-8，见封底二维码）

科赫是细菌学的奠基人，主要贡献是建立了一套研究微生物的技术方法，尤其是菌种的分离纯化、培养基制备、鞭毛染色等技术。①发明了利用琼脂制备固体培养基的方法。②在制作固体培养基的过程中，还发明了制备水平固体培养基平板的方法，用一个钟形的广口瓶罩在平板上可以避免污染。③证实了病变的病原系统（病原菌学说），分离了多种传染病的病原菌。对病原细菌的研究做出了突出的贡献：证实了炭疽芽孢杆菌（*Bacillus anthracis*）是炭疽的病原菌，发现了肺结核的病原菌是结核分枝杆菌（*Mycobacterium tuberculosis*）。④1884年提出了科赫法则，即证明某种微生物是否为某种疾病病原体的基本原则：第一，在每一相同病例中都出现这种微生物；第二，要从寄主身上分离出这样的微生物并在培养基中培养出来；第三，用这种微生物的纯培养接种健康而敏感的寄主，疾病会重复发生；第四，从试验发病的寄主中能再度分离培养出这种微生物。作为科学家，科赫的贡献不仅是发现了结核病等传染病的病原体，他还确立了现代细菌学的研究方法，因其有关结核的研究，以及为细菌学发展作出的贡献，科赫获得了1905年诺贝尔生理学或医学奖。（知识扩展1-9、1-10，见封底二维码）

1897年德国化学家布赫纳（Buchner，1860～1917）发现了无细胞的乙醇发酵，即用无细胞酵母菌压榨汁中的酒化酶（zymase）发酵葡萄糖生产出了乙醇，布赫纳因其酵素和酶化学、生物学的研究成果而获得了1907年的诺贝尔化学奖。

19 世纪末，巴斯德、埃尔利希（Ehrlich）、贝林（Behring）、多马克（Domagk）等陆续发明了预防或治疗各种细菌性传染病的化学治疗剂、菌苗（bacterin）、疫苗（vaccine）、类毒素（toxoid）及抗血清（antiserum）等（知识扩展 1-11，见封底二维码）。1923 年法国的卡尔梅特（Calmette）和介朗（Guérin）通过 13 年的不懈努力，将病原菌经过 230 代接种传代，利用毒力减弱但仍具免疫原性的变异株——减毒的牛型结核分枝杆菌（*Mycobacterium bovis*）制成卡介苗（Bacillus Calmette-Guérin，BCG），用于预防小儿结核性脑膜炎。此后，生物制品的研究获得了蓬勃的发展。

1929 年英国细菌学家弗莱明（Fleming，1881～1955）从产黄青霉（*Penicillium chrysogenum*）中发现了第一个有实用价值的抗生素——青霉素（penicillin）（图 1-6）。1941 年前后英国牛津大学病理学家弗洛里（Florey，1898～1968）与德国生物化学家钱恩（Chain，1906～1979）实现了对青霉素的分离纯化，并发现其对传染病的治疗效果。从此，世界上第一种抗生素产生了，弗莱明与弗洛里、钱恩一起获得了 1945 年的诺贝尔生理学或医学奖。（知识扩展 1-12、1-13，见封底二维码）

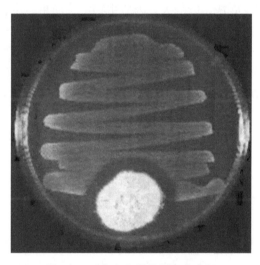

图 1-6　霉菌产生物抑制细菌生长

在青霉素的巨大医疗效益的促使下，各国掀起了广泛寻找土壤中产抗生素的微生物的热潮。1944 年美国的瓦克斯曼（Waksman，1888～1973）研究了近万株土壤放线菌，成功地从灰色链霉菌（*Streptomyces griseus*）中提取出一种新的抗生素——链霉素（streptomycin），他因此获得了 1952 年的诺贝尔生理学或医学奖。随后，氯霉素、金霉素、土霉素、红霉素、新霉素、万古霉素、卡那霉素和庆大霉素等相继被发现。1978 年已找到 5000 多种抗生素，而 1984 年达到了 9000 多种，至今已有上万种。抗生素已成为各国药物生产中的重要产品。

4. 分子生物学阶段

美国生物学家摩尔根（Morgan，1866～1945）因创立染色体遗传理论，获得 1933 年的诺贝尔生理学或医学奖。1941 年比德尔（Beadle，1903～1989）采用 X 射线和紫外线照射红色面包霉（粗糙脉孢霉），使其变异，获得了营养缺陷型（不能合成某种物质）菌株。对营养缺陷型菌株的研究，不仅使人们进一步了解了基因的作用和本质，也为分子遗传学研究打下了基础。

1944 年埃弗里（Avery，1877～1955）通过肺炎双球菌形成荚膜研究证实了遗传物质的基础是 DNA。此后，建立 DNA 分子结构模型的学者、阐述 DNA 生物合成机理的科学家、发明 DNA 复制技术的科学家都获得了诺贝尔奖。而当人们认识到埃弗利的伟大发现时，他已谢世。

值得一提的是，对粗糙脉孢霉（*Neurospora crassa*）、大肠杆菌（*Escherichia coli*）和噬菌体进行的大量研究表明，微生物的遗传变异本质上与高等生物有着高度的一致性，有远见的科学家开始利用微生物材料研究生命现象的普遍规律。

1953 年 4 月 25 日，沃森（Watson）和克里克（Crick）在 *Nature* 杂志上发表了 DNA 双螺旋结构模型及核酸半保留复制假说。他们与英国学者威尔金斯（Wilkins）共同获得了 1962 年的诺贝尔生理学或医学奖。（知识扩展 1-14、1-15，见封底二维码）

该时期微生物学的发展快、影响大。因微生物结构简单、生长繁殖迅速、易于培养及突变体应用方便等优点，将微生物学与生物化学和遗传学相结合后，产生了当代生物学的前沿分支学科——分子生物学，微生物成为其中最主要的研究对象。微生物作为研究生命现象最简单的模式生物（model organism），成为现代分子生物学研究中最频繁选用的实验材料。进入 20 世纪 70 年代后，微生物已经成为生物工程的主角。

总之，与微生物打交道的漫长过程中既有灾难和悲哀，如人类历史上曾遭受多次严重的瘟疫（鼠疫、天花、麻风、梅毒和肺结核等），也有收益与欢乐。（知识扩展 1-16，见封底二维码）

植物病原微生物对农作物的危害也有类似的情况，如 19 世纪中叶，由于第一次"绿色革命"，在欧洲普遍种植单一的高产粮食作物马铃薯。1843～1847 年由于气候异常，欧洲发生了马铃薯晚疫病（病原菌 *Phytophthora infestans*）的大流行，毁灭了 5/6 的马铃薯，个别地区甚至颗粒无收。当时，爱尔兰的 800 万人口中，有近 100 万人直接饿死或间接病死，并有 164 万人逃往北美谋生。目前，一些新的病原体也相继被发现。（知识扩展 1-17，见封底二维码）

在人类认识微生物的过程中，既充满着无数先辈披荆斩棘、探索奥妙的一段段艰苦历程，也铭刻着取得成功的一个个丰碑。

三、微生物学的地位

微生物学在现代生命科学中占有重要的地位，是生命科学的核心课程之一。

（1）生命活动的基本规律大多是在研究微生物的过程中被首先阐明的。例如，用酵母菌的无细胞制剂进行乙醇发酵的研究，阐明了生物体内糖酵解的途径。

（2）微生物学为分子遗传学和分子生物学的发展提供了基础和依据，也是它们进一步发展的工具。如 DNA 双螺旋结构的确定、遗传密码的揭示、中心法则的建立、RNA 逆转录酶的发现、基因工程的诞生都以微生物为实验材料，其实验方法也与微生物学密切相关；再如，基因工程中第一个限制性内切核酸酶是从微生物中发现的。如今微生物学已成为分子生物学的主要支柱之一，可以说，没有对微生物学的深入研究就没有今天的分子生物学。

（3）微生物学是基因工程乃至生物工程的主角。基因工程实质上是体外切割和重组 DNA 片段的过程。其中作为四大要素的工具酶、载体、宿主和基因供体大多数是由微生物提供和承担的。生物工程包括基因工程、发酵工程、酶工程和细胞工程等。要使生物工程转化为生产力，发挥其巨大的经济效益和社会效益，微生物也是主角。因为微生物培养简单、生长迅速、代谢转化能力强，可以在工厂化的条件下进行大规模生产，提高生产率。

（4）微生物的多样性为人类了解生命起源和生物进化提供了依据，通过比较真核生物与原核生物的线粒体 DNA，遗传密码的差异被发现，这对生物进化的共生学说提出了挑战。通过对生物 16S rRNA 或 18S rRNA 的研究，人们发现了古菌，并提出了三域学说，微生物在生物的分类研究中占有特殊的地位。

（5）微生物学是整个生物学科中第一个具有自己独特实验技术的学科，如无菌操作技术、消毒灭菌技术、纯种分离和克隆技术、原生质体制备与融合技术、深层液体培养技术、宏基因组技术等。这些技术已逐渐扩散到生命科学各个领域的研究中，成为生命科学研究的必要手段，从而为整个生命科学的发展做出了方法学上的贡献。

微生物学对生命科学的贡献还在不断延续，1982 年美国的微生物学家普鲁西纳（Prusiner）发现了朊病毒，虽然朊病毒只有蛋白质而无核酸，但由它引起的疾病可以遗传和传染，进而震惊了整个生物界，普鲁西纳为此获得了 1997 年的诺贝尔生理学或医学奖。可以预料，许多关于生命之谜的探索很可能在微生物的研究中获得突破。

第二节　微生物的性质

一、微生物类群

微生物类群庞杂、种类繁多，根据其不同的进化水平和性状上的明显差别，将其分为细胞型和非细胞型两类，而细胞型按其结构又可分为原核微生物和真核微生物（图 1-7）。

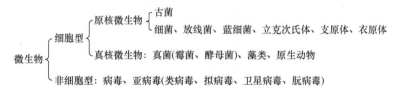

图 1-7　微生物类群

二、微生物大小

显微尺度的生物一般指体长在 0.1 mm 以下的微生物（表 1-1），测量单位是微米（μm，

10^{-6} m）或纳米（nm，10^{-9} m）。例如，无细胞结构的病毒需借助电子显微镜进行观察，最小的双生病毒，体长为 12～18 nm；单细胞的古菌、细菌，一部分真菌、单细胞藻类和原生动物在光学显微镜下可见，如大肠杆菌为 0.5 μm×（1～3）μm；形态较大的微生物肉眼可见，如蘑菇（大型真菌），以厘米（cm）计量。

表 1-1　微生物大小与细胞类型

微生物	大小/μm	细胞特性
病毒	0.01～0.25	非细胞
支原体	直径 0.2～0.25	原核生物
衣原体	直径 0.2～0.3	原核生物
立克次氏体	直径 0.2～0.5	原核生物
蓝细菌	直径 3～10	原核生物
细菌	0.1～10	原核生物
古菌	0.1～15	原核生物
真菌	$2～1×10^6$	真核生物
原生动物	$2～1×10^3$	真核生物
藻类	$10～1×10^3$	真核生物

三、微生物特性

微生物具有个体小、结构简单、吸收快、食谱广、繁殖快、易培养、分布广、种类多、易变异、抗性强、休眠长、起源早、发现晚等特点。

1. 体积小，面积大

微生物的个体极其微小，一个典型的球菌体积仅为 1 μm³；1500 个杆菌首尾相连相当于一粒芝麻的长度；120 个大肠杆菌（*Escherichia coli*）肩并肩捆在一起只有一根头发丝的粗细（约 60 μm）；10 亿～100 亿个细菌加起来才 1 mg。

微生物的结构非常简单，大多为单细胞，只有少数为简单的多细胞，还有无细胞结构的类群。例如，马铃薯纺锤块茎类病毒（potato spindle tuber viroid，PSTVd）是由 359 个核苷酸组成的 RNA，长 50 nm；而朊病毒仅由蛋白质分子组成。由于微生物个体较小，相对体积的面积较大，从而形成了一个巨大的营养物质吸收面、代谢废物排泄面和环境通信的接受面，有利于其与周围环境进行物质、能量和信息的交换，这也是下述微生物其他特点形成的主要原因。

比面值是单位体积所占有的面积（面积/体积）。如半径为 r 的球，其比面值=$4\pi r^2/(4\pi r^3/3)$=$3/r$，从而说明了半径越小（颗粒越小）比面值越大（图 1-8）。人个体的比面值为 1，大肠杆菌为 30 万。

图 1-8 球的比面值示意图

r 为半径，比面值为 3/r

2. 吸收多，转化快

研究发现微生物吸收和转化物质的能力比动植物要强。通常某一生物的个体越小，其单位体重所消耗的食物就越多。微生物这一特性为其高速生长繁殖、产生大量代谢产物提供了充分的物质基础，从而使微生物有可能更好地发挥"活的化工厂"的作用。（知识扩展 1-18，见封底二维码）

3. 生长旺，繁殖快

大肠杆菌生长繁殖一代不超过 20 min（表 1-2），在保证营养和合适的环境条件下，经过 11 h 的生长繁殖，一个细菌就可以产生 50 亿个细菌。当然由于条件的限制，这种几何级繁殖速度只能维持短暂的几小时。一般对细菌进行液体培养时，培养液内的细菌数通常为 $10^8 \sim 10^9$ 个/mL。

微生物的这一特性，给生物学基础理论研究带来了极大的优越性，可以使科研周期大大缩短、效率提高，也为工业发酵生产等实际应用提供了产量高、周期快等有利条件。当然，对于危害人、畜和植物等的病原微生物，或使物品发霉的微生物来说，这个特性就会给人类带来极大的麻烦，甚至产生严重的灾害。

表 1-2 若干微生物的代时

微生物名称	代时/min	每天分裂次数	温度/℃
乳酸链球菌（*Streptococcus lactis*）	38	38	25
大肠杆菌（*Escherichia coli*）	12.5～20	72～115	37
枯草芽孢杆菌（*Bacillus subtilis*）	30	48	30
酿酒酵母（*Saccharomyces cerevisiae*）	120	12	30
光合细菌	150	10	30
根瘤菌属（*Rhizobium*）	110	13	25
小球藻属（*Chlorella*）	420	3.4	25
硅藻（如 *Fragilaria sublinearis*）	1020	1.4	20
草履虫属（*Paramecium*）	624	2.3	26

4. 适应性强，易变异

微生物对恶劣的极端环境具有惊人的适应力，如抗热、抗寒、抗干燥、抗酸、抗碱、抗高盐、抗缺氧、抗高压、抗辐射、抗有毒物质毒害等。由于其繁殖快、数量多，与外界环境直接接触，即使变异频率十分低（$10^{-9} \sim 10^{-6}$），也可在短时间内产生大量的变异后代。（知识扩展 1-19，见封底二维码）

5. 分布广，种类多

微生物分布极为广泛，除火山中心区域外，在生物圈的每个角落都有其踪迹。万米深的海底、千米以下的地层、几万米的高空以及动植物体表、体内，几乎到处都有微生物的存在，甚至有些特殊的微生物能在一般生物不能生存的极端环境（如高温、高压、强酸、强碱、高盐或无氧）中生活。（知识扩展 1-20，见封底二维码）

自然界中微生物的数量远远超出人们的预料，如 1 g 土壤中细菌有上亿个；人体肠道中经常聚集着 500～1000 种不同种类的微生物，估计其个体总数大于 100 万亿；在人的胃中可能还有幽门螺杆菌（*Helicobacter pylori*）的存在；1 g 新鲜叶子表面可附生 100 多万个微生物。

6. 起源早，发现晚

地球形成至今有 46 亿年的历史，最早出现的是微生物。推测 35 亿～39 亿年前生命在海洋中出现，26 亿年前陆地上可能存在微生物。虽然微生物存在的时间久远，但人类真正认识微生物只有 300 多年的历史。

微生物在自然界中数量巨大，但因发现较晚，加上鉴定微生物种的工作以及划分种的标准等问题较复杂，1973 年已知微生物仅有约 10 万种，1995 年约 20 万种。据国际微生物学会联合会（International Union of Microbiological Societies）有关专家于 1995 年的估计，全球有 50 万～600 万种微生物，但已被研究和记载过的还不到 10%。而在人类生产和生活中开发应用的不会超过其存在量的 1%。最新的研究预测，自然界的微生物总数可达到 $10^{11} \sim 10^{12}$ 种，已知种类可能只有 1%，自然界中 99% 的微生物种群未被分离培养和描述。所以说自然界微生物的资源极其丰富，而未知微生物或许是环境微生物的主体，是一个极具利用潜力的巨大种群，也是地球上尚未开发的自然资源，其可能具有无限多样的次生代谢产物，是开拓新资源的目标。

总之，微生物很小，需借助光学显微镜，甚至是电子显微镜才能被观察到。它分布最广，可谓"无处不在"，天涯海角，到处都有微生物留下的足迹。它繁殖速度很快，如细菌繁殖一代仅需 20 min，其繁殖的数量之多令其他生物望尘莫及。

第三节 微生物对人类的影响

微生物在改善人类健康、造福人类方面起着重要的作用，对人们的生活影响巨大。

一、医疗保健

我们处于一个被微生物包围的环境中，皮肤表面、人体与外界接触的所有环境都有微生物的存在。人类长期与各种微生物抗衡，取得了一些战果。在各种疾病死亡率排名中，细菌性传染病曾高居首位，现已退居到四五位后，人类平均寿命大大延长；曾经猖獗一时的天花已在 1979 年 10 月 26 日由世界卫生组织（World Health Organization，WHO）宣布在地球上绝迹；还有，生活在文明社会的每个人都或多或少地获得过抗生素的治疗。由微生物产生的抗生素、干扰素和白细胞介素可用于治疗各类疾病。此外，一大批与人类健康、长寿有关的生物制品，如疫苗、类毒素等也是微生物的产品。（知识扩展 1-21、1-22，见封底二维码）

二、工业

在自然界中，生物循环是最基本的循环，植物、动物、微生物构成了生物循环主链，其中植物是生产者，动物是消费者，微生物是分解与转化还原者。微生物在物质循环中发挥核心作用。作为生物资源，微生物有三大优势：①生物多样性极为丰富，无处不在。②生长繁殖快，昼夜间可成亿倍增殖。③天然生物对环境无害。这些特性使微生物成为极具开发潜力的巨大资源。如乳酸、奶酪、黄油、泡菜、腌制食品和一些腊肠的制造都是借助微生物的活动；做面包、酿酒是基于酵母的活动；腐乳、豆豉、酱油、醋、味精也是微生物的产物；腐乳是毛霉将豆腐中的蛋白质分解成易消化吸收的氨基酸，将脂肪变成甘油和脂肪酸而获得的。（知识扩展 1-23，见封底二维码）

三、农业

粮食生产对人类生存至关重要。微生物在提高土壤肥力、改进作物特性（如构建固氮植物）、促进粮食增产、防治作物的病虫害、防止粮食霉腐变质，以及把粮食转化为糖、单细胞蛋白、各种饮料和调味品等方面都发挥着重要的作用。如微生物制剂有益生菌剂、动植物疫苗、豆科根瘤菌肥、固氮菌剂、磷细菌制剂、硅酸盐细菌制剂等。根瘤菌与豆科植物共生固氮每年为地球提供 1.2 亿～1.4 亿 t 氮源。此外，食用菌生产能将作物秸秆和林木等转化为真菌源的蛋白质产品，如香菇、黑木耳、平菇、双孢蘑菇、金针菇等，其干物质的蛋白含量为 20%～40%。此外还有一些保健与药用菌，如冬虫夏草、灵芝和蛹虫草等。

化学农药是人类研制出来的用于消灭病虫害的有效药物。自人类利用化学农药以来，虽然感受到了化学农药带来的好处，但其负面影响也逐渐显现出来，长期使用某些化学农药会使害虫产生抗药性。近年来，在农业生产中，应用生物农药取代化学农药已逐渐成为一种趋势。世界各国已研制出一系列选择性强、效率高、成本低、无污染、对人畜无害的生物农药。

微生物农药属于生物农药，由细菌、真菌与病毒生产。细菌杀虫剂中使用最广泛的是苏云金芽孢杆菌（*Bacillus thuringiensis*），能防除 150 多种鳞翅目害虫；常用的真菌杀虫剂有白僵菌属（*Beauveria*）、绿僵菌属（*Metarhizium*）、拟青霉属（*Paecilomyces*）、蜡蚧轮枝菌（*Verticillium lecanii*）等，白僵菌与绿僵菌能防除 190 多种害虫；病毒类杀虫剂应用较普遍的有核型多角体病毒（nucleopolyhedrosis virus，NPV）、颗粒体病毒（granulosis virus，GV）。抗生素类农药中井冈霉素（validamycin）可防治水稻纹枯病，阿维菌素（avermectin）对多种害虫和害螨有良好的防效。此外，还有浏阳霉素（liuyangmycin）、尼可霉素（nikkomycin）、南昌霉素（nanchangmycin）、韶关霉素（shaoguanmycin）、梅岭霉素（meilingmycin）等。

四、其他方面

1. 能源

微生物在不同环境的物质转化和能量流动中起着重要作用。有益微生物可提供生产资料，如生物乙醇、生物柴油、生物产氢、生物电池等。微生物能源以绿色清洁、节能环保著称，具体开发途径有：①将自然界蕴藏量极为丰富的纤维素转化成乙醇；②利用产甲烷菌把自然界蕴藏量最丰富的可再生资源转化成甲烷；③利用光合细菌、蓝细菌或厌氧梭菌等生产"清洁能源"——氢气；④通过微生物发酵产气或其代谢产物来提高石油采收率；⑤研制微生物电池使之实用化，以及利用微生物采矿等。

2. 资源

微生物获取营养的方式多样，其食谱之广是动植物无法相比的。纤维素、木质素、几丁质、角蛋白、石油、甲醇、甲烷、塑料、酚类、氰化物等均可被微生物利用。微生物能将纤维素等可再生资源转化成化工、轻工和制药等各种工业原料。传统的微生物发酵产物有乙醇、丙醇、丁醇、乙酸、甘油、乳酸、苹果酸等；现代产物有水杨酸、乌头酸、丙烯酸、乙二酸、长链脂肪酸、亚麻油酸和聚 β-羟基丁酸酯（poly-β-hydroxybutyrate，PHB）等。另外，微生物在金属矿藏资源的开发和利用上也有独特的作用，即生物冶金（bio-metallurgy）。

3. 环境保护

近年来，工业"三废"（工业生产过程中排出的废气、废水、废渣）污染、农用化肥和农药的污染，以及废弃塑料、农用地膜的污染等全球性环境问题正在日益加剧。而微生物在"三废"处理，以及环境监测方面有着广阔的应用前景。

利用微生物肥料（赤霉素）、微生物杀虫剂（苏云金芽孢杆菌、白僵菌、绿僵菌等菌剂）或农用抗生素（井冈霉素）来取代各种化肥或农药，有利于实现绿色、安全的食品生产；利用微生物净化生活污水和有毒工业污水，以及生产聚 β-羟基丁酸酯（PHB）等易降解的塑料制品，可减少环境污染；可利用发光细菌监测环境的污染度，利用细菌回复突变试验（Ames 试验）检测环境中的"三致"（致突变、致畸和致癌）物质等。

五、基础研究

微生物作为生物学基础理论研究中最热门的研究对象，占有重要的地位。微生物学既是基础学科，又是应用学科。微生物是了解自然界奥妙、打开自然界知识宝库极为重要的工具，特别是在生命的起源与进化、自我复制、生命分子构成、遗传工程、发酵工程等重大课题研究中，微生物都发挥了巨大作用。据统计，在国际上获得诺贝尔生理学或医学奖的研究中，有近 60% 的工作是以微生物为材料的，遗传工程的研究也是首先在微生物方面找到突破口。微生物学是现代生命科学的前沿之一，它就像蓬勃旺盛的生长点，促进了整个生命科学向前发展。

此外，对高等动植物的研究，在技术手段上也有微生物化的趋势，如液体培养基培养方法的应用、单倍体培养、细胞重组等。因此，掌握微生物学的知识和技能，无疑是掌握了打开生命科学大门的一把"金钥匙"。

第四节 微生物学研究方法

自古以来，虽然人类对微生物的存在有所察觉，但很长时间无法认识它们。在微生物学的创立和发展中，列文虎克、巴斯德、科赫等人创建了显微技术、染色技术、无菌技术、纯培养技术、菌种保藏技术等独特的研究方法。随着科学的发展、研究的深入，又发展了基因组测序技术、宏基因组（metagenome）技术，以及宏基因组组装基因组（metagenome-assembled genome，MAG）技术、泛基因组（pan-genome）技术等。

一、显微技术

栖居于自然界中的微生物肉眼难以分辨、杂居丛生。显微镜问世前，人们无法目睹这丰富多彩的微生物世界。光学显微镜的诞生，将分辨率提高到微米（μm）级，而电子显微镜（简称电镜）的分辨率达到纳米（nm）水平。（知识扩展 1-24，见封底二维码）

1676 年微生物学先驱列文虎克自制了单式显微镜，首次观察到微生物。德国人阿贝（Abbe）1870 年提出了显微镜理论，1878 年发明了油浸物镜（油镜），设计出了阿贝式聚光器，使得显微镜的分辨率在倍数上有了突破性提高（表 1-3）。20 世纪以来，相继出现了相差（phase contrast）显微镜、暗视野（dark-field）显微镜和荧光（fluorescence）显微镜等光学显微镜，加上良好的制片和染色技术，大大推动了微生物形态、解剖和分类等研究。

1932 年荷兰人泽尼克（Zernike）成功设计了相差显微镜（phase contrast microscope），获得了 1953 年的诺贝尔物理学奖。1933 年德国人鲁斯卡（Ruska，1906～1988）制成了世界上第一台透射电子显微镜（transmission electron microscope，TEM），利用高速运动

表 1-3　不同显微镜物镜的特性比较

特性	物镜			
	搜索物镜	低倍镜	高倍镜	油镜
放大倍数	4×	10×	40×～45×	90×～100×
数值孔径	0.10	0.25	0.55～0.65	1.25～1.4
焦距	40 mm	16 mm	4 mm	1.8～2.0 mm
工作距离	17～20 mm	4～8 mm	0.5～0.7 mm	0.1 mm
蓝光（50 nm）分辨率	2.3 μm	0.9 μm	0.35 μm	0.18 μm

的电子束代替光束。1940 年美国和德国制造出分辨率为 0.2 nm 的电镜。1981 年德国人宾尼希（Binnig）和瑞士人罗雷尔（Rohrer，1933～2013）在苏黎世实验中心（Zurich Research Center）发明了扫描隧道显微镜（scanning tunneling microscope，STM），他们与电镜发明者鲁斯卡同获 1986 年的诺贝尔物理学奖。根据结构和功能的不同，电镜可分为透射电子显微镜（TEM）、高压电子显微镜（high voltage electron microscope）、高分辨电子显微镜、扫描透射电子显微镜（scanning transmission electron microscope，STEM）等，电镜可将物体放大 300 万倍以上（表 1-4）。

表 1-4　电子显微镜与光学显微镜的比较

项目	光学显微镜		电子显微镜
光源	可见光（400～700 nm）	紫外光（约 200 nm）	电子束（0.01～0.9 nm）
分辨率	200 nm	100 nm	0.1 nm
透镜	玻璃透镜	玻璃透镜	电磁透镜
是否真空	非真空	非真空	真空 $1.33 \times 10^{-5} \sim 1.33 \times 10^{-3}$ Pa
成像原理	利用样品对光的吸收形成明暗反差和颜色变化		利用样品对电子的散射和透射形成明暗反差

　　电镜的问世以及各种新技术、新方法的应用，使微生物学的研究从细胞水平逐渐向亚细胞和分子水平迈进，为揭开微生物世界、揭示微观领域的奥秘提供了强有力的工具。

二、染色技术

　　微生物细胞因含有大量水分（70%～90%），对光线的吸收和反射与水溶液很相近，与周围背景无明显的明暗差，常规观察难以看清细胞的形态与结构。经过染料染色后可借助颜色的反衬作用，在光学显微镜下清晰地观察到微生物的形状和结构，并且还可以通过不同的染色反应来鉴别微生物的类型，区分死菌体与活菌体。（知识扩展 1-25，见封底二维码）

　　由于细菌细胞通常带负电荷，常用碱性染料进行染色。染色可分为简单染色（simple staining，简称单染）、复合染色（complex staining，简称复染）、负染色（negative staining）等。单染用一种染料进行染色，较未染色的样本易于观察。复染采用两种以上染料进行染色，具有鉴定的功能，如革兰氏染色、抗酸染色。负染色通过背景着色、菌体不着色进行反衬，多用于荚膜观察（图 1-9）。

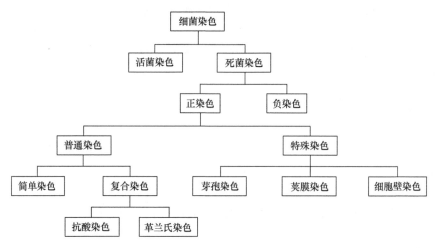

图 1-9 细菌的染色技术

通常先在载玻片上对微生物进行涂片，然后通过文火加热，固定涂抹在载玻片上的菌体。再采用适当的染料进行染色处理，接着将多余染料冲洗干净，干燥后就可进行镜检。不过由于细菌很小，只有提高分辨率才能看见清晰的形态。

光学显微镜可将被检物体放大 1000 多倍。除了放大倍数外，决定显微观察效果的还有分辨率和反差。反差是指样品区别于背景的程度，与显微镜的自身特点有关，也取决于进行显微观察时对显微镜的使用正确与否，以及标本制作和观察技术。分辨率是指能够辨别两点之间最小距离的能力，与物镜的数值孔径（numerical aperture，NA）成反比，与光源波长成正比。

$$分辨率 = \frac{0.5\lambda}{n\sin\theta} = \lambda/（2NA）$$

式中，λ 为所用光源波长；θ 为最大入射角的半数，即物镜镜口角的半数，它取决于物镜的直径和工作距离；n 为载玻片与物镜间介质的折射率（图 1-10）。

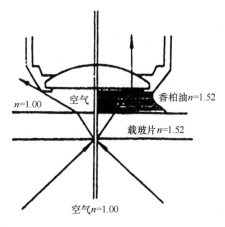

图 1-10 光学显微镜的光线通路

由于空气与玻璃的折射率不同，光线会受到折射发生散射，不仅使进入物镜的光线减少，降低视野的照明度，而且会减小镜口角。使用油镜后，香柏油的折射率与玻璃相同，当光线通过载玻片后，可直接通过香柏油进入物镜而不发生折射，不仅增加了视野的照明度，还通过增加数值孔径达到了提高分辨率的目的，使被检物体的细微结构能清晰地区别出来。

三、无菌技术

要真正揭开微生物世界的奥秘，必须创造一个无其他微生物干扰的无菌环境。在分离、转接及纯培养时，创造无菌条件，防止被其他微生物污染的技术即为无菌技术。例如，①罐头食品加工过程中的蒸煮和密封，这是由法国人 Appert 在食品保藏中偶然发现的；②巴氏消毒法，即中温 55～65℃处理葡萄酒或酱油以延长其保藏期，同时使其不失去原有的风味和营养；③丁达尔的间歇灭菌法可除去芽孢；④高压蒸汽灭菌法，即 121℃灭菌 15～20 min；⑤高温瞬时灭菌法，即 135～140℃高压蒸汽处理 5～15 s。具体内容见第八章。

四、纯种分离技术

纯种培养是揭开微生物奥秘的重要手段，要揭示自然条件下杂居混生状态的某一微生物特点，必须采用无菌技术的纯种分离方法。科赫发明了利用培养皿琼脂平板分离与纯化微生物的方法，可从包含上亿个细胞、成千上万种微生物的样品中分离出某种特定的目标微生物。微生物分离技术包括划线法、稀释法、单细胞挑选法、富集培养与选择性培养法等。分离技术广泛应用于微生物菌种的筛选、鉴定、育种、计数及各种微生物的测定分析（具体见第八章）。

五、纯培养技术

要使微生物在大规模生产中良好地生长或积累代谢产物，必须考虑一些合理的培养装置或有效的工艺条件，还需要在整个发酵过程中严防其他微生物的干扰，防止杂菌污染。根据好氧菌或厌氧菌的情况，分别进行好氧培养、厌氧培养。此外，还有固体培养、液体培养；浅层培养、深层培养；静止培养、通气搅拌培养；单罐培养、多罐培养和连续培养；利用分散微生物细胞、固定化细胞等进行培养；联合培养、大规模培养等多种培养类别（具体见第八章）。

六、菌种保藏技术

微生物菌种保藏的目的是按照不同要求，使自然界分离的野生型或人工选育的变异型纯种不失活、不丢失、不污染、不发生变异，保持菌种原有的各种优良培养特征和生理活性。低温、干燥、缺氧、避光及营养贫乏可降低微生物的代谢能力，有针对性地创造干燥、低温、隔绝空气的外界条件是微生物菌种保藏的基本技术。此外，还可以使用保护剂防止冷冻或水分不断升华对细胞的损害，保护剂有牛乳、血清、糖类、甘油、二甲基亚砜等。

有关菌种保藏的常用方法：①固体培养基上定期移植法，保藏温度在 4℃，可保藏 3～6 个月；②甘油管法，在菌液中添加 10%～15% 甘油，可速冻保存在 –70～–20℃ 数年；③真空冷冻干燥保存法。根据不同的目的以及不同微生物种类的生活特性，选用适宜的方法使微生物代谢处于最不活跃或相对静止的状态，在一定时间内可使其不发生变异，又保持生活能力（具体见第十二章）。

七、基因组测序技术

随着测序技术的发展，对纯培养微生物的基因组进行分析。基因组研究包括基因组 DNA 提取、文库构建、序列测定、序列拼接、完成图的绘制、基因注释（annotation），以及比较基因组分析等。其中基因注释包含碱基组成、RNA 基因（tRNA、rRNA）的预测，以及重复序列、基因功能注释等（图 1-11）。

利用直系同源簇（clusters of orthologous group，COG）在线数据库对测序的基因进行同源聚类分析（http://www.ncbi.nlm.nih.gov/COG），预测单个蛋白质功能和整个新基因组中蛋白质的功能；利用京都基因和基因组数据库（Kyoto Encyclopedia of Genes and Genomes，KEGG）网站（https://www.genome.jp/kegg/kegg2.html 或 https://www.kegg.jp/blastkoala/）的 KAAS 注释系统，对基因序列进行代谢通路的预测等。

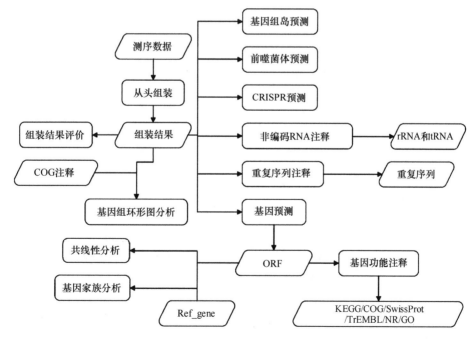

图 1-11　基因组注释分析流程

COG. 直系同源簇；ORF. 可读框

基因组测序可全面地了解一个生物的基因组成与结构、基因调控，还可以发现新的基因，明确蛋白质和代谢通路，进而深入探讨生物的进化和环境适应机制。

八、宏基因组技术

微生物是蕴藏着巨大物种多样性与基因多样性的资源。传统的微生物研究通常需要培养分离单菌株，而自然界的很多微生物在实验室中是无法培养的，实验室培养的微生物研究只能捕捉到自然界中微生物物种数量的 1%。据预估，地球上可能有超过 1 万亿种微生物，其中 99% 以上尚未被发现。而且对微生物的认识主要基于实验室纯培养的单一物种，对微生物群落作为整体的功能认识远远落后于对其个体的认识。

宏基因组（metagenome）也称微生物环境基因组，1998 年由 Handelsman 等提出，它是利用现代基因组技术，直接研究自然生境中全部微小生物遗传物质的总和。宏基因组既有可培养微生物的基因组，也包含未培养（不可培养）微生物的基因组。

宏基因组学（metagenomics）也称微生物环境基因组学，其研究对象是直接从环境样品中提取的全部微生物的 DNA，无须对微生物进行分离培养和纯化。宏基因组是基于特征片段的扩增子测序进行研究，采用通用引物对环境生物群落总 DNA 直接进行PCR 扩增，分析微生物群落的构成与多样性，PCR 分析的基因包括 16S rRNA（图 1-12）、18S rRNA 和内在转录间隔区（internal transcribed spacer，ITS）基因，以及不同类群微生物的功能基因（表 1-5）等。微生物基因组上的 16S rRNA 基因广泛分布于原核微生物中，在结构和功能上具有高度的保守性，能提供足够的信息，并且其进化相对缓慢，可标记生物的进化距离和亲缘关系。

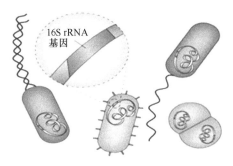

图 1-12　16S rRNA

表 1-5　基于特征片段与功能基因的宏基因组研究

类群	核糖体相关基因	代谢相关的功能基因
细菌	16S V3+V4、V4、V4+V5	氮循环 *nifH*、氨氧化细菌 *amoB*、固氮菌 *nifH*
古菌	16S V3+V4	氨氧化古菌 *amoA*、产甲烷古菌 *mcrA*
真菌	ITS1、ITS2	氮循环 *nifS*、*nifK*、*nosZ*
真核微生物	18S V7	碳循环的甲烷氧化菌 *pmoA*、产甲烷菌 *merA*

PCR 技术的发展，使得研究人员可从环境样本中大量扩增细菌的 16S rRNA 基因，而不用对这些细菌进行培养。获得 16S rRNA 基因的全长序列后，通过比对及系统发育

分析，可初步预测环境中可能存在的微生物种类与构成（图 1-13）。16S rRNA 基因全长约 1.5 kb（大肠杆菌 16S rRNA 有 1540 个核苷酸），含有 10 个保守区与 9 个可变区（variable region；V1～V9）（图 1-14）。保守区序列反映了物种间的亲缘关系，在细菌间差别不大；而可变区的序列则能体现物种间的差异，如同商品的条形码，只要测序并比对序列就可以初步确定其种群，了解物种的"身份"。

16S rRNA 基因的保守区与可变区（特异区）并存，可通过可变区区分微生物的种属，如分析 V3、V3-V4、V4、V4-V5 等可变区序列情况（图 1-15），研究样品中的物种分类与丰度、系统进化，以及环境中物种的多样性等，可挖掘环境中未培养微生物的群体。

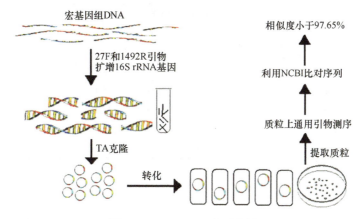

图 1-13　16S rRNA 序列分析

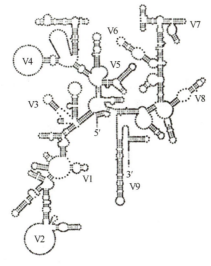

图 1-14　16S rRNA 二级结构

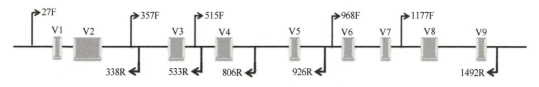

图 1-15　16S rRNA 基因具有 9 个可变区

21世纪以来，第二代测序技术的发展使得测序的通量大大提高，其中 Illumina 测序技术可准确测得最长约300 bp 的序列，足够覆盖最大的一个可变区 V4区（约250 bp）。可变区的测序便成了一个比较通用的高通量测序的方法（表1-6）。另外还有通量比 Illumina 测序低，但读长较长的测序手段，其中以 PacBio 的单分子实时（single-molecule real-time，SMRT）测序技术准确度最高。使用 SMRT 测序技术可以测得16S rRNA 的全长，获得更多的信息。

表 1-6 细菌与古菌可变区的扩增引物

可变区	引物名称	引物序列	覆盖核苷酸区域
V3	341F	CCTAYGGGRBGCASCAG	341～518
	518R	ATTACCGCGCTGCTGC	
V3-V4	341F	CCTACGGGNGGCWGCAG	341～806
	806R	GGACTACNVGGGTWTCTAAT	
V4	515F	GTGYCAGCMGGCCGCGGTA	515～806
	806R	GGACTACHVGGGTATCTAATCC	
V4-V5	U515F	GTGYCAGCMGCCGCGGTA	515～907
	U909R	CCCCGYCAATTCMTTTRAGT	

九、MAG 技术

仅凭 16S rRNA 序列和功能基因等的研究还不能全面评估环境中的微生物情况。利用新一代高通量、低成本测序技术，可对环境中生物的全基因组进行测序，在获得海量数据后，可全面分析微生物群落结构以及基因功能组成。生物信息学的发展使得研究人员可以直接从环境样本中获得 DNA 短序列，对 DNA 短序列进行组装拼接得出一个完整或接近完整的细菌基因组（图 1-16），这是一种宏基因组组装基因组（MAG）技术。有了 MAG 技术就可获得无法培养的微生物的基因组信息，就此重构其代谢通路，从而增加对环境中不可培养微生物的了解。目前，许多古菌的发现就是基于 MAG 技术，不断有新的古菌基因组被拼接出来，从而使得大量未培养古菌类群被挖掘发现（具体见第三章）。

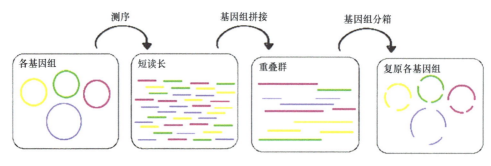

图 1-16 宏基因组组装基因组（MAG）技术

依据 MAG 技术的宏基因组学的研究主要有两类：①有参考基因组的可直接利用参考基因组进行研究；②无参考基因组的从头开始（de novo）组装研究，包括序列组装、基因预测、物种注释及功能注释等（图 1-17）。

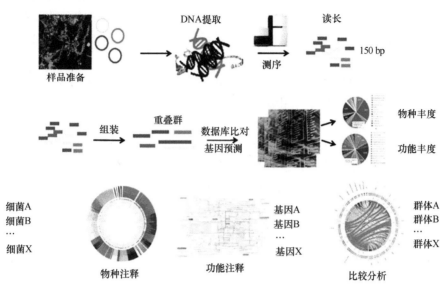

图 1-17　宏基因组测序及分析

依据 MAG 技术的宏基因组学可突破环境微生物难培养的瓶颈，揭示微生物的物种多样性与基因多样性，发现新物种、新基因、新功能代谢过程与新活性物质（抗生素及新药物）。此外，针对自然或工程生态系统的大规模时间与空间尺度的宏基因组学研究，有助于探明微生物之间，以及微生物与环境之间的复杂相互作用，进行微生物种类、微生物丰度、微生物分布以及微生物作用的研究等。

十、泛基因组技术

随着大量重测序的进行，人们发现单一个体的基因组并不能完全涵盖某个物种的所有遗传信息，也就不能完全代表这一物种，如参考基因组序列里可能会缺少某些基因。而泛基因组（pan-genome）就是多个基因组的集合，其包括了一个物种所含有的核心基因组（core genome）和非必需基因组（dispensable genome）（图 1-18）。核心基因组由所

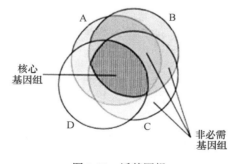

图 1-18　泛基因组

A～D 为同种中 4 个不同的样本

有样本中都存在的序列组成，一般与物种生物学功能和主要表型特征相关，反映了该物种的稳定性。核心基因稳定存在于多个基因组中，与重要的生物学功能和表型特征相关，多数是一些管家基因（house-keeping gene）。非必需基因组由仅在单个样本或部分样本中存在的序列组成，通常与物种对特定环境的适应性或特有的生物学特征相关，反映了物种的特性。

泛基因组的研究可以更全面捕获物种基因库中包含的基因组变异信息。泛基因组通过对不同品种基因组进行测序、组装，然后将拼接好的基因序列进行整合注释，进而获取这个物种全部的遗传信息，并且对每一个个体间遗传变异信息进行解析。

总之，微生物广泛存在于人类生存的环境中，与人类的生产生活关系密切。人类在长期的生产生活实践中，不断认识到微生物的存在与价值，并与微生物共存发展。挖掘和探究微生物资源，可以推进绿色、低碳、循环、可持续的生产生活方式。

思 考 题

1. 简述微生物学发展史上著名的人物与事件。
2. 简述微生物胚种学说。
3. 什么是微生物？微生物学的任务是什么？
4. 微生物的大小在什么范围内？
5. 球的半径为 r，求比面值。
6. 推测微生物的全部种类有多少种？
7. 研究微生物学的基本方法有哪些？
8. 巴氏消毒法的条件是什么？
9. 举例说明人类与微生物的关系。
10. 简述微生物在生物科学发展中的地位，并描述其应用前景。
11. 列举你所了解的微生物相关的活动或事。
12. 为什么说微生物既是人类的朋友，又是人类的敌人？
13. 你从本章所介绍的获诺贝尔奖的人与事件中得到什么启示？

参 考 文 献

Kashefi K, Lovley DR. 2003. Extending the upper temperature limit for life. Science, 301(5635): 976-978.

Kennedy J, Flemer B, Jackson SA, et al. 2010. Marine metagenomics: new tools for the study and exploitation of marine microbial metabolism. Mar Drugs, 8: 608-628.

Locey KJ, Lennon JT. 2016. Scaling laws predict global microbial diversity. PNAS, 113(21): 5970-5975.

Madigan M, Martinko J, Bender K, et al. 2014. Brock Biology of Microorganisms. 14th ed. New Jersey: Prentice-Hall.

Yu T, Wu W, Liang W, et al. 2018. Growth of sedimentary Bathyarchaeota on lignin as an energy source. Proc Natl Acad Sci USA, 115(23): 6022-6027.

第二章 细 菌

导 言

细菌为原核微生物的一部分,是生态系统中的分解者,在生物地球化学循环与食物链中扮演重要角色。细菌域的生物个体微小、结构简单,有球菌、杆菌与螺旋菌等基本形态,包含细菌、放线菌、蓝细菌、立克次氏体、支原体、衣原体等类群。其中,放线菌是丝状体,为抗生素的主要产生菌;蓝细菌是最早的光合产氧生物;立克次氏体的酶系不完全,专性活细胞寄生,且细胞膜较疏松,易从宿主获得营养;支原体是最小的细胞型生物;衣原体具有始体与原体的生活周期。

本章知识点(图2-1):

1. 细菌的基本结构与特殊结构。

2. 各种类群细菌的个体特征与群体特征。

3. 不同种群的繁殖与生活特点。

4. 自然界存在的各种有益与有害微生物。

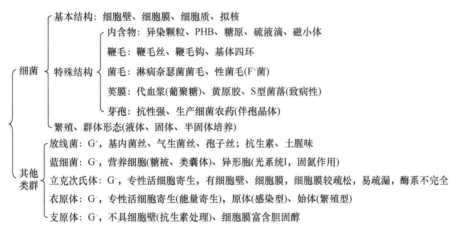

图 2-1 本章知识导图

关键词:原核微生物、细菌、球菌、杆菌、螺旋菌、肽聚糖、磷壁酸、革兰氏阳性菌、革兰氏阴性菌、脂多糖、类脂 A、O-特异侧链、革兰氏染色、原生质体、球形体、L 型细菌、拟核、异染颗粒、聚 β-羟基丁酸酯(PHB)、聚羟基脂肪酸酯(PHA)、磁小体、硫液滴、糖原、鞭毛、菌毛、性菌毛、荚膜、芽孢、伴孢晶体、裂殖、菌落、菌苔、放线菌、土腥味、抗生素、基内菌丝、气生菌丝、孢子丝、链霉菌、弗兰克氏菌、蓝细菌、类囊体、异形胞、静息孢子、立克次氏体、专性活细胞寄生、支原体、衣原体、能量寄生物、原体、始体

原核微生物是一大类细胞无核膜、只含有裸露 DNA 的原始单细胞生物，分布于古菌（archaea）与细菌（bacteria）两个域（domain）中。其中细菌域包含细菌（bacterium）、放线菌（actinomycete）、蓝细菌（cyanobacteria）、立克次氏体（rickettsia）、支原体（mycoplasma）、衣原体（chlamydia）等。本章以常见的细菌作为代表介绍细胞的结构与功能。

第一节　细　菌　特　点

一、细菌的大小和质量

细菌大小的计量单位是微米（μm），需采用光学显微镜，并借助测微尺进行测量，也可直接采用电子显微镜进行检测。小的细菌只有 0.2 μm 长，大的可长达 80 μm，一般不超过几微米。例如，大肠杆菌（*E. coli*）为 0.5 μm×（1～3）μm，直径只有头发丝直径的 1%；一个细胞的质量为 10^{-12} g，即 10^9 个大肠杆菌（10 mL 饱和培养液）为 1 mg（图 2-2）。也有特例，现已知最大的细菌是华丽硫珠菌（*Thiomargarita magnifica*），体长 2 cm，其体内有巨大的囊泡状结构；最小的细菌是引起尿结石的纳米细菌，体长仅为 50 nm。细菌个体的大小与菌龄有关，一般幼龄细菌比成熟或老龄细菌要大。

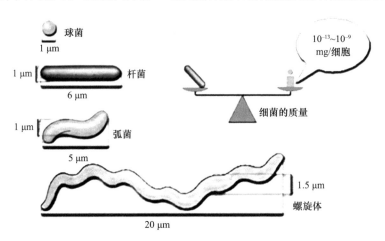

图 2-2　细菌大小与质量（知识扩展 2-1，见封底二维码）

二、细菌的形态

细菌基本上分为球菌、杆菌与螺旋菌，其在自然界中的数量为杆菌>球菌>螺旋菌。

1. 球菌

球菌细胞呈球状或椭圆状。不同球菌在细胞分裂时会形成不同的空间排列方式。根据连接的形式可分为单球菌（尿素微球菌 *Micrococcus ureae*）、双球菌（肺炎双球菌 *Diplococcus pneumoniae*、淋病奈瑟菌 *Neisseria gonorrhoeae*）、四联球菌（*Micrococcus tetragenus*）（图 2-3）、八叠球菌（尿素八叠球菌 *Sarcina ureae*）、链球菌（乳酸链球菌

Streptococcus lactis）、葡萄球菌（金黄色葡萄球菌 *Staphylococcus aureus*）等。

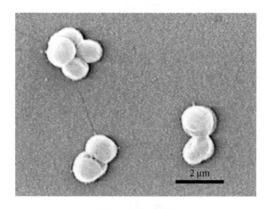

图 2-3　四联球菌

2. 杆菌

杆菌细胞呈杆状或圆柱状，常见的有短杆状、棒状、梭状、梭杆状、月亮状、分枝状、竹节状等。各种杆菌的长度与直径差异很大，但同一种杆菌的粗细较稳定，而长度则因培养时间与条件的不同有较大变化。杆菌的排列方式常因生长阶段和培养条件而改变。常见杆菌有大肠杆菌（*E. coli*）（图 2-4）、枯草芽孢杆菌（*B. subtilis*）、地衣芽孢杆菌（*B. licheniformis*）、铜绿假单胞菌（*Pseudomonas aeruginosa*，也称绿脓杆菌）、结核分枝杆菌（*M. tuberculosis*）、炭疽芽孢杆菌（*B. anthracis*）、破伤风梭菌（*Clostridium tetani*）、白喉棒杆菌（*Corynebacterium diphtheriae*）等。工业生产中所使用的细菌大多数是杆菌。

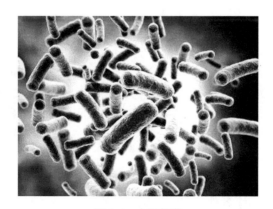

图 2-4　大肠杆菌

3. 螺旋菌

螺旋菌细胞呈弯曲状，且细胞壁坚韧，菌体较硬。根据菌体的长度、螺旋数目和螺距差异可分为弧菌、螺菌和螺旋体（图 2-5）。①弧菌，螺旋程度不足一圈，菌体只有一个弯曲，呈弧形或逗号形，往往偏端单生鞭毛或丛生鞭毛，如霍乱弧菌（*Vibrio cholerae*）。②螺菌，菌体回转如螺旋，螺旋满 2～6 环，螺菌的螺旋数目和螺距大小因种而异，鞭毛两端生，细胞壁坚韧，菌体较硬，如固氮螺菌属（*Azospirillum*）、引起人类胃溃疡的幽门螺杆菌（*H. pylori*）。③螺旋体，旋转周数在 6 环以上，菌体柔软，如引起梅毒（syphilis）的苍白密螺旋体（*Treponema pallidum*）、引起回归热（relapsing fever）的疏螺旋体属（*Borrelia*），以及引起钩端螺旋体病的钩端螺旋体属（*Leptospira*）成员。

霍乱弧菌　　　　　　　幽门螺杆菌　　　　　　　螺旋体

图 2-5　螺旋菌

4. 特殊形态的细菌

柄细菌（prosthecate bacteria）、肾形菌、臂微菌、网格硫细菌、贝日阿托氏菌（丝状）、具有子实体的黏细菌等是特殊形态的细菌（图 2-6）。柄细菌的细胞上有柄（stalk）、菌丝（hypha）、附器（appendage）等细胞质伸出物，细胞呈杆状或梭状，并有特征性的细柄。一般生活在淡水中的固形物表面，其异常形态使得菌体的表面积与体积之比增加，能有效地吸收有限的营养物质。此外，特殊形态的细菌还有星形细菌（star-shaped bacteria）、方形细菌（square-shaped bacteria）等。

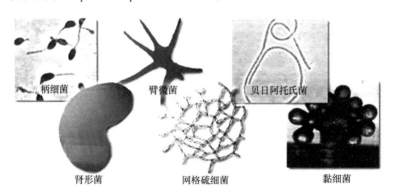

柄细菌　　　　　　臂微菌　　　　　　贝日阿托氏菌

肾形菌　　　　　　网格硫细菌　　　　　　黏细菌

图 2-6　特殊形态的细菌

细菌的形态明显受环境条件的影响，如培养的温度、时间及培养基的成分、浓度均可能引起细菌形态的改变。一般处于幼龄阶段和生长条件适宜时，细菌的形态正常整齐；如在较旧的培养物中，或不正常的条件下，则细胞出现异常形态，若将它们转移到新鲜培养基或适宜的培养条件下又可恢复原来的形态。

三、细菌的结构

细菌的细胞结构可分为两大类（图 2-7）：一类是所有细菌或原核生物所共有的，是生命活动所必需的结构，称为基本结构，如细胞壁（cell wall）、细胞膜（cell membrane）、拟核（nucleoid）和细胞质（cytoplasm）等；另一类是只在部分细菌细胞中发现的，或细菌一生中某一阶段才具有的，可能具备某种特殊功能的结构，即特殊结构，如鞭毛（flagellum）、菌毛（pilus）、荚膜（capsule）、芽孢（spore）等。

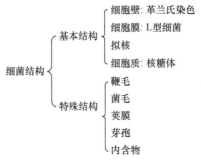

图 2-7　细菌结构

1. 细胞壁

细胞壁位于细胞表面最外层，是较为厚实、坚韧、略具弹性的结构，占细胞干重的10%～25%。细菌细胞壁含有特殊成分肽聚糖（peptidoglycan），这是细菌细胞的一个重要特征，不同类型的细菌其细胞壁的构造和化学成分是不同的。

肽聚糖由若干个 *N*-乙酰葡糖胺（*N*-acetylglucosamine，G）和 *N*-乙酰胞壁酸（*N*-acetylmuramic acid，M），以及少量氨基酸短肽的小分子单位聚合而成。每一个肽聚糖亚单位都含有多糖链、四肽侧链（tetrapeptide side chain）和肽桥（peptide interbridge）三个组成部分（图 2-8）。

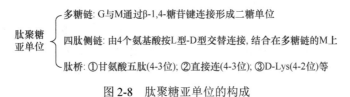

图 2-8　肽聚糖亚单位的构成

多糖链的结构相同，长度因种而异，最短的只有 9 个二糖单位，如金黄色葡萄球菌（*Staphylococcus aureus*）；长的可达 79 个单位，如地衣芽孢杆菌（*Bacillus licheniformis*）。多糖链中二糖单位的 β-1, 4-糖苷键易被溶菌酶（lysozyme）水解（图 2-9），从而引起细菌因细胞壁的"散架"而死亡。

四肽侧链中的第 3 位氨基酸是可变的，常被其他的氨基酸取代，如金黄色葡萄球菌为 L-赖氨酸（L-Lys），大肠杆菌为内消旋二氨基庚二酸（meso-diaminopimelic acid，meso-DAP），猩猩木棒杆菌（*Corynebacterium poinsettiae*）为 L-鸟氨酸（L-ornithine，L-Orn）（图 2-10）。

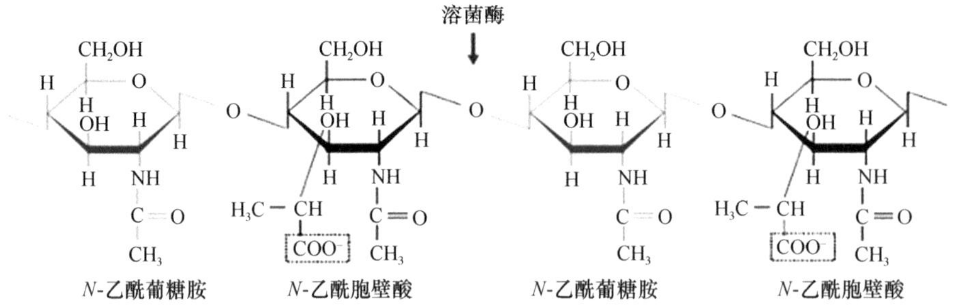

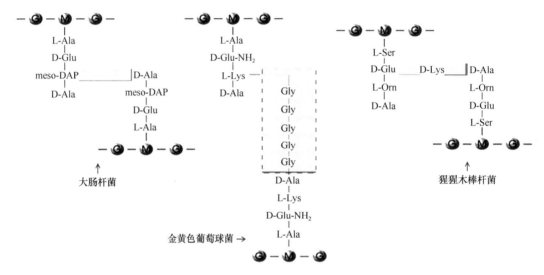

图 2-9 二糖单位

图 2-10 不同细菌其细胞壁的四肽侧链与肽桥
meso-DAP，内消旋二氨基庚二酸；L-Orn，L-鸟氨酸

金黄色葡萄球菌的肽桥为甘氨酸五肽（4-3 位），而大肠杆菌不通过其他的肽桥，直接与相邻肽链中的 D-丙氨酸连接（4-3 位）。只有极少数细菌细胞壁中的氨基酸为 D 型氨基酸，其他均为 L 型氨基酸。随着生物死亡时间的延长，部分 L 型氨基酸会逐渐变成 D 型氨基酸。当生物死亡后，经过约 100 万年的矿化就会形成相等的 L 型与 D 型氨基酸异构体。

除肽聚糖外，细菌细胞壁其他成分因菌种而异。根据革兰氏染色（Gram staining）可将所有细菌分为革兰氏阳性菌（Gram-positive bacteria，G^+）与革兰氏阴性菌（Gram-negative bacteria，G^-）两大类（图 2-11）。

1）革兰氏阳性菌（G^+）

革兰氏阳性菌有金黄色葡萄球菌（*S. aureus*）、炭疽杆菌（*B. anthracis*）、枯草芽孢杆菌（*B. subtilis*）、破伤风梭菌（*Clostridium tetani*）及白喉棒状杆菌（*Corynebacterium diphtheriae*）等，其细胞壁的化学组成主要是肽聚糖与磷壁酸（teichoic acid）两部分。

革兰氏阳性菌的肽聚糖占细胞壁总量的 40% 以上，厚 20～80 nm。分子中 75% 的肽聚糖亚单位纵横交错连接，形成了编织紧密、质地坚硬和机械强度较大的多层三维空间网格结构。

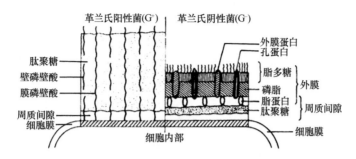

图 2-11　革兰氏阳性菌与革兰氏阴性菌细胞壁结构

磷壁酸是大多数革兰氏阳性菌细胞壁组成中所特有的，与肽聚糖层混在一起，以末端磷酸二酯键连接于 N-乙酰胞壁酸（M）第 6 位碳原子上，约占细胞壁的 50%，是多元醇和磷酸的聚合物。干酪乳杆菌（*Lactobacillus casei*）的细胞壁中为甘油磷壁酸，金黄色葡萄球菌的细胞壁中为核糖醇磷壁酸（图 2-12）。磷壁酸可分为两类：一种为壁磷壁酸，与肽聚糖分子间进行共价结合，含量会随培养基成分的改变而改变，一般占细胞壁的 10%，有的可接近 50%；另一种为跨越肽聚糖层、与细胞膜相交联的膜磷壁酸（又称脂磷壁酸），由甘油磷酸分子与细胞膜上的磷脂共价结合而成。

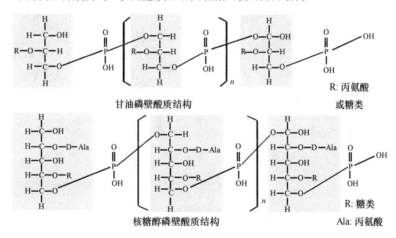

图 2-12　磷壁酸

通常革兰氏阳性菌的细胞壁只含一种磷壁酸。另外，少量的甘油磷壁酸也分布于细胞膜中，与膜中的糖脂共价结合。磷壁酸的生理功能：①其存在使细胞壁形成一个负电荷的环境，可加强细胞膜对二价离子的吸附，尤其是 Mg^{2+}。高浓度 Mg^{2+} 的存在对于保持膜的硬度与提高细胞膜上合成酶的活性极为重要。②构成有利于噬菌体吸附的受体位点。③赋予细菌特异的表面抗原，磷壁酸是革兰氏阳性菌表面抗原（C 抗原）的主要成分。④与致病菌及其宿主间的粘连有关。

2）革兰氏阴性菌（G^-）

革兰氏阴性菌有大肠杆菌（*E. coli*）、伤寒沙门菌（*Salmonella typhi*）、百日咳鲍特菌（*Bordetella pertussis*）、鼠疫耶尔森氏菌（*Yersinia pestis*）等，其细胞壁的组成与结构比革兰氏阳性菌更复杂（图 2-13）。

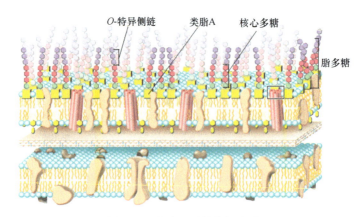

O-特异侧链　类脂A　核心多糖

脂多糖

图 2-13　革兰氏阴性菌细胞壁

　　革兰氏阴性菌的细胞壁也含有肽聚糖，但只有 30% 的肽聚糖亚单位彼此交织联结，其网状结构比较疏散，没有革兰氏阳性菌坚固（图 2-14），且革兰氏阴性菌的肽聚糖只是很薄一层，其外面还有外壁层（图 2-15，表 2-1）。

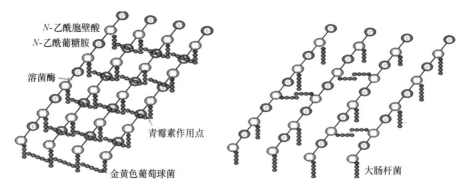

N-乙酰胞壁酸
N-乙酰葡糖胺

溶菌酶

青霉素作用点

金黄色葡萄球菌　　　　　　大肠杆菌

图 2-14　革兰氏阳性菌（左）与革兰氏阴性菌（右）的肽聚糖

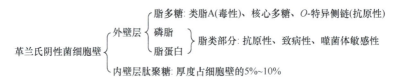

革兰氏阴性菌细胞壁 { 外壁层 { 脂多糖：类脂A(毒性)、核心多糖、O-特异侧链(抗原性)
磷脂
脂蛋白 } 脂类部分：抗原性、致病性、噬菌体敏感性

内壁层肽聚糖：厚度占细胞壁的5%~10%

图 2-15　革兰氏阴性菌的细胞壁组分

表 2-1　革兰氏阳性菌与革兰氏阴性菌细胞壁的结构与比较

项目	革兰氏阳性菌	革兰氏阴性菌
厚度	20~80 nm	内层 2~3 nm+外层 8 nm
层次	单层：肽聚糖	多层：肽聚糖、脂蛋白、磷脂、脂多糖
肽聚糖	75%亚单位交联，网格紧密牢固，占细胞壁的40%~90%	只有 30%亚单位交联，网格较疏散，只占细胞壁的5%~10%
磷壁酸	有，含量约50%	无
类脂	一般无，<2%	含量高，约20%
蛋白质	无	含量高
与细胞膜关系	不紧密	紧密

外层的脂多糖（lipopolysaccharide，LPS）是革兰氏阴性菌细胞壁中的特殊成分，为一层较厚（8～10 nm）的类脂多糖，是许多噬菌体在细胞表面的吸附受体。因其负电荷较强，故与磷壁酸相似，具有吸附 Mg^{2+}、Ca^{2+} 等功能。脂多糖由类脂 A（lipid A）、核心多糖（core polysaccharide）、O-特异侧链（O-specific side chain）三部分组成。核心多糖区的一端以共价键连接着类脂 A，而另一端连接着一个由糖类组成的 O-特异侧链。其中类脂 A 是革兰氏阴性菌内毒素（endotoxin）的毒性中心。O-特异侧链与菌体的抗原性有关，构成各自的特异抗原性，称为 O 抗原，在免疫学和临床诊断上有重要价值。

脂多糖结构的多变，决定了革兰氏阴性菌表面抗原决定簇的多样性。根据测定，沙门菌属（$Salmonella$）的抗原多达 2000 多种。这种 O-特异侧链种类的变化，可使细菌躲避宿主免疫系统攻击，保持感染成功。可利用血清学方法对病原菌进行鉴定，这在传染病的诊断中有重要意义，而非致病性革兰氏阴性菌细胞壁组成中没有 O-特异侧链。

外壁内层的脂蛋白（lipoprotein）以其脂类部分与肽聚糖肽链中的二氨基庚二酸连接，与细菌的抗原性、致病性以及对噬菌体的敏感性有关。

3）细菌细胞壁与革兰氏染色反应

革兰氏染色法（Gram staining）是由丹麦医生革兰（Gram）于 1884 年发明的，根据细菌细胞壁的构成不同，通过一些化学染色试剂的染色、脱色、复染等过程对细菌细胞壁加以区别（图 2-16）。

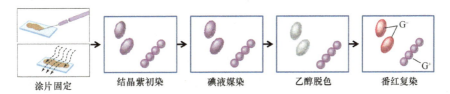

涂片固定　结晶紫初染　碘液媒染　乙醇脱色　番红复染

图 2-16　革兰氏染色

革兰氏染色与细菌细胞壁的特殊成分有关，一般认为在染色中，细胞内形成深紫色的不溶于水的结晶紫-碘的大分子复合物，该复合物可被乙醇从革兰氏阴性菌细胞内浸出。而革兰氏阳性菌细胞壁较厚，其肽聚糖含量高，网格交联，结构紧密，当用乙醇脱色时，引起细胞壁肽聚糖网孔因脱水缩小以致关闭，从而使结晶紫-碘复合物留在了细胞壁内，故使菌体呈深紫色。反之，革兰氏阴性菌细胞壁薄，肽聚糖含量低，交联松散。当乙醇处理后，肽聚糖网孔不易收缩，再加上其类脂含量高，当乙醇将类脂溶解后，细胞壁透性加大，结晶紫-碘的复合物就被抽出，因此细菌呈复染液的红色。

4）细胞壁缺陷细菌

用溶菌酶处理细胞或在培养基中加入青霉素等因子，可破坏或抑制细胞壁的形成，使细菌成为细胞壁缺陷型。细胞壁缺陷细菌通常有原生质体（protoplast）、球形体（spheroplast）、L 型细菌（L-form of bacteria）三类（图 2-17）。

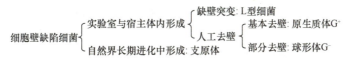

图 2-17　细胞壁缺陷菌株

原生质体源于革兰氏阳性菌，在人工条件下（用溶菌酶处理或在含青霉素的培养基中培养），细菌除去细胞壁后，剩下的部分为原生质体。原生质体无坚韧的细胞壁，故任何形态的菌体均呈圆球形，对环境很敏感，特别脆弱，渗透压、振荡、离心甚至通气等因素都易引起原生质体破裂。一般制备原生质体时使用高渗溶液（hypertonic solution），如果在低渗溶液（hypotonic solution）中会引起细胞破裂（图 2-18）。

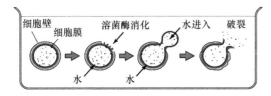 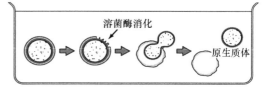

图 2-18　低渗（左）与高渗（右）溶液中的原生质体

原生质体留有鞭毛，不能运动，细胞不能分裂；对噬菌体缺乏敏感性，不能被相应噬菌体感染；来自芽孢营养体的原生质体还可形成芽孢。由于原生质体比正常具有细胞壁的细菌更易导入外源遗传物质，培育新的优良菌种的原生质体融合技术得到了发展。

球形体又称原生质球，多来自革兰氏阴性菌，指经人工处理后，细菌细胞还残留部分细胞壁的原生质体。由于革兰氏阴性菌的细胞壁肽聚糖含量少，经人工处理后，其外壁层中的脂多糖、脂蛋白仍然保留，外壁的结构尚存，故球形体较原生质体对外界环境具有一定的抗性，并能在普通培养基上生长。

L 型细菌是 1935 年英国李斯特（Lister）医学研究所发现的。狭义地说，L 型细菌是指那些在实验室中通过自发突变而形成的遗传稳定的细胞壁缺陷菌株。由于没有完整而坚韧的细胞壁，细胞呈多形态，对渗透压十分敏感，在固体培养基表面形成"油煎蛋"似的小菌落。

支原体（mycoplasma）是一类在长期进化过程中形成的、适应自然生活条件的无细胞壁的原核生物，因其细胞膜中含有一般原核生物所没有的甾醇，即使没有细胞壁，细胞膜也仍有较高的机械强度（具体见本章第二节）。

细胞壁的主要功能与保护、运动、过滤、抗原致病性和分裂有关。①保护细胞免受机械性或渗透压的损伤，维持细胞外壁的功能；②为鞭毛的运动提供可靠的支点，是鞭毛运动所必需的；③具有一定的屏障过滤作用，细胞壁是多孔的，水和某些化学物质可自由通过，但对大部分物质有阻挡作用；④细胞的抗原性、致病性以及对噬菌体的敏感性与细胞壁的化学组成有密切关系；⑤为正常细胞分裂所必需。

2. 细胞膜

细胞膜常称为质膜（plasma membrane）或细胞质膜（cytoplasma membrane），是紧贴在细胞壁内侧、包围着细胞质的一层由 20%～30%磷脂和 60%～70%蛋白质组成的柔软且富有弹性的半透性薄膜，约占细胞干重的 10%，厚 7.8 nm。细胞壁与细胞膜之间有一层狭窄间隙即周质间隙（periplasmic space），又称壁膜空间，革兰氏阳性菌与革兰氏阴性菌均有，是物质进出细胞的重要中转站和反应场所，存在多种周质蛋白，包括水解酶类、合成酶类、结合蛋白、受体蛋白和运输蛋白等。细胞膜主要由脂质（磷脂）、蛋白质等组成（图 2-19）。

细胞膜 { 磷脂: 亲水磷酸端与疏水脂肪酸链端
蛋白质: 外周蛋白(20%~30%)与整合蛋白(70%~80%)
少量糖蛋白和糖脂(2%)以及微量核酸

图 2-19　细菌细胞膜的组成

　　磷脂类是细胞膜的主要成分，是三酰甘油中的一个脂肪酸被磷脂酰甘油或其他基团取代，形成一个具有极性的头部和两条疏水尾部的特殊结构，如卵磷脂（磷酸分子后连接胆碱）、脑磷脂（连接乙醇胺）（图 2-20）。磷脂中脂肪酸的饱和度与链的长度决定着细胞膜的流动性，与细菌的生长温度有关。不饱和脂肪酸的存在可加大膜的流动性，生长温度要求越高的种，其饱和度也越高。

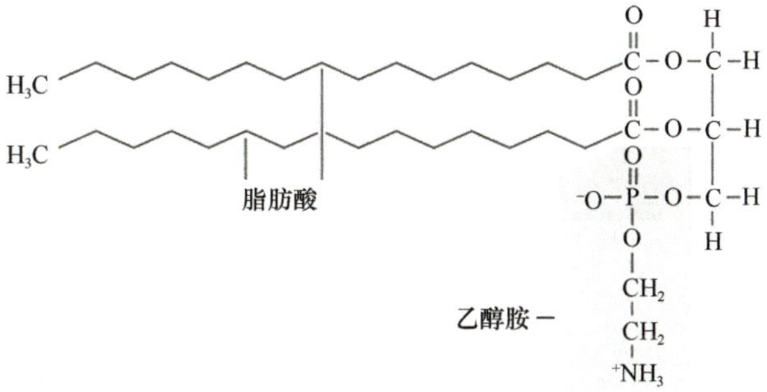

图 2-20　磷脂类（脑磷脂）（知识扩展 2-2，见封底二维码）

　　单由磷脂分子形成的膜是不稳定的，其中加入甾醇类物质可提高膜的稳定性。真核生物细胞膜中含有胆固醇等甾醇，含量在 5%~25%。原核生物（除支原体）与真核生物的最大区别就在其细胞膜中不含甾醇，而含有类似于固醇的五环分子的藿烷类化合物（类甾醇），这类化合物可以稳定细胞膜的结构（图 2-21）。这种藿烷类化合物（hopanoid）被认为与化石燃料的形成有很大关联，是地球上含量最丰富的生物分子。90%的化石燃料的前体物质是油原（油母质，kerogen），油原中细菌特有的藿烷类化合物占有很高的比例；在地下沉积物中细菌特有的藿烷类化合物的含量高达 10^{11}~10^{12} t，与目前地球上存在的活的生物体内含有的有机碳的含量总和相当。

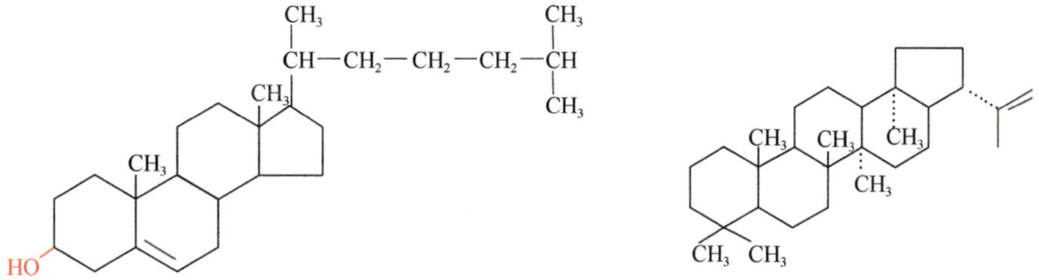

图 2-21　甾醇（左）与藿烷类化合物（右）

有关细胞膜的结构，Singer 和 Nicolson 于 1972 年提出了液态镶嵌模型（fluid mosaic

model），即由磷脂的定向性双分子层组成基本框架，在其上镶嵌着各种蛋白质如整合蛋白和外周蛋白（图 2-22）。这些膜蛋白无规则、以不同深度分布于膜的磷脂层中，脂质双分子层犹如"海洋"，外周蛋白可在其上作"漂浮"运动，而整合蛋白则似"冰山"状沉浸其中做横向移动，从而形成了细胞膜液态镶嵌的结构模式。在电镜下可看到细胞膜表现为两条细线，中间夹着一浅色层。

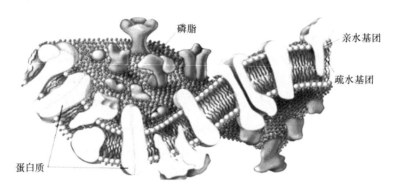

图 2-22　液态镶嵌的细胞膜

液态镶嵌模型强调两个基本特性：①膜的流动性，即膜脂和膜蛋白分子可做侧向运动，膜的流动性是物质跨膜运输、信息传递、细胞分化等所必要的条件；②膜的不对称性，每种膜蛋白分子在膜上都有特定的排布方向，膜糖蛋白的糖基分布于膜表面外。

细胞膜的功能：①细胞膜是一层具有高度选择性的半透膜（屏障），与细胞内外物质的进出有关；②维持细胞内正常渗透压；③是许多酶类的重要代谢活动中心；④是细菌进行氧化磷酸化的产能基地；⑤是鞭毛基体的着生部位和鞭毛旋转的功能部位。

虽然原核生物细胞质中不含复杂膜结构的细胞器，但可观察到几种膜状结构，常见的是间体（mesosome）。间体是由细胞膜向内简单延伸或折叠而形成的一种层状、管状或囊状结构，以满足细胞膜活性增加的需要，多见于革兰氏阳性菌，如在枯草芽孢杆菌（*B. subtilis*）、粪链球菌（*Streptococcus faecalis*）中，间体较为明显。推测其功能：①拟线粒体的功能，与电子传递有关；②与核分裂，即遗传物质的复制及分离有关；③促进细胞间隔的形成；④芽孢的形成可能也与间体有关。但也有不少专家认为间体是进行电镜观察时，化学固定过程中细菌所产生的人工假象，可能是部分化学成分不同、被固定剂损伤的质膜。

3. 拟核

细菌的核比较原始，无真正的核膜，仅有一个区域不明显的核区存在，没有核仁，无固定形态，结构也很简单，称为拟核或核质体。细菌拟核由环状的双链 DNA 分子折叠而成，如大肠杆菌细胞长 2 μm，而拉直后的 DNA 却长 1.1～1.4 mm，枯草芽孢杆菌约 1.7 mm，意味着细胞内的 DNA 以高度折叠缠绕、超螺旋状态存在。（知识扩展 2-3，见封底二维码）

利用福尔根（Feulgen）染色法或吉姆萨（Giemsa）染色法，可观察到在静止期的细菌拟核呈球形、棒形或哑铃状，位于细胞质的一个区域。正常情况下，一个菌体只有一个核，当细菌活跃生长时，菌体内也会出现多核现象。

许多细菌除了拟核还有质粒（plasmid），质粒是双链 DNA 分子，通常为环状，可独立于拟核存在并可复制，也可整合在基因组 DNA 上。虽然质粒携带着有益于宿主细胞选择的基因，但其存在与否对宿主细胞的生长和繁殖并不重要。质粒可使宿主具有抗药性，赋予细胞新的代谢能力，产生致病性及其他许多特性。质粒一般可正常遗传给子代，但因质粒不与质膜结合，在细胞分裂时可在子细胞中丢失。有关质粒详细内容见第九章。

4. 细胞质

细胞质是细胞膜内除拟核外的一切透明、胶状、颗粒状物质，主要有核糖体（ribosome）、颗粒状内含物（granular inclusion）、气泡（gas vacuole，GV）、各种酶类、中间代谢产物、无机盐等。

1）核糖体

核糖体是细胞中一种核糖核蛋白颗粒，由65%的核糖核酸和35%的蛋白质组成。在原核生物中，核糖体常以游离状态或多聚状态分布于细胞质中（图 2-23，图 2-24）。核糖体是蛋白质合成的场所。在原核生物中，核糖体的数量为 1.5 万个，而真核生物中则为 $10^6 \sim 10^7$ 个。

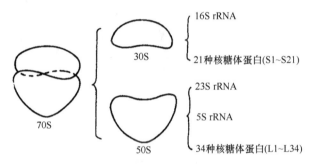

图 2-23　原核生物核糖体的组成

S 为沉降系数（sedimentation coefficient）

图 2-24　生物核糖体

2）颗粒状内含物

很多细菌在营养丰富时细胞内聚合各种不同的贮藏颗粒，当营养缺乏时，这些颗粒又能被分解利用。这些颗粒状内含物，在显微镜下可观察到，通常用于贮存碳水化合物、无机物和能量，也可将分子连接为特定的形式来降低渗透压。菌体内贮藏颗粒的多少可随菌龄及培养条件而改变，常见的颗粒有异染颗粒（metachromatic granule）、聚 β-羟基丁酸酯（PHB）、糖原（glycogen）、硫液滴（sulphur droplet）、硫磺样颗粒（sulfur granule）、磁小体（magnetosome）和羧酶体（carboxysome）等。

（1）异染颗粒，又称迂回体，是以无机偏磷酸盐聚合物为主要成分的贮备物。异染颗粒嗜碱性或嗜中性较强，用甲苯胺蓝或亚甲蓝等染色后不呈蓝色而呈紫红色，故称异染颗粒。如亚甲蓝染色可使白喉棒状杆菌（*Corynebacterium diphtheriae*）的异染颗粒染成鲜红色，位于菌体两端，这可作为白喉棒状杆菌的鉴定标志。迂回螺菌（*Spirillum volutans*）中有异染颗粒，在结核分枝杆菌（*M. tuberculosis*）中也常见。异染颗粒一般在富含磷的环境下形成，功能是贮藏磷元素和能量，并可降低细胞的渗透压。

（2）聚 β-羟基丁酸酯（PHB）为一些细菌所特有的脂类性物质，是 D-3-羟基丁酸的直链聚合物（图 2-25）。细胞内的羟基丁酸呈酸性，而当其聚合为大分子时就成为中性脂肪酸，可维持细胞内的中性环境，从而避免内源性酸性的抑制。PHB 是一种碳源和能源的贮藏物，用革兰氏染色时不着色，但易被脂溶性染料如苏丹黑着色，在光学显微镜下可见。PHB 发现于 1929 年，至今已发现 60 属以上的细菌能合成并贮藏 PHB。当巨大芽孢杆菌（*Bacillus megaterium*）在含有乙酸或丁酸的培养基中生长时，其细胞内的 PHB 可达其干重的 60%。近来从一些细菌中发现有多种与 PHB 相似的化合物（PHB 上的甲基被其他基团取代），统称为聚羟基脂肪酸酯（polyhydroxyalkanoate，PHA）。

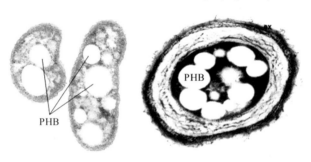

图 2-25　PHB（知识扩展 2-4，见封底二维码）

（3）糖原和淀粉粒都是细胞内主要的碳源和能源贮藏物。糖原被碘液染成红褐色，淀粉粒被碘液染成深蓝色，可在光学显微镜下进行观察。肠道细菌常积累糖原，而多数其他细菌和蓝细菌则积累淀粉粒。

（4）硫液滴和硫磺样颗粒。很多化能自养菌如贝氏硫菌属（*Beggiatoa*）、发硫菌属（*Thiothrix*）和绿硫菌属（*Chloracea*）在进行产能代谢或生物合成时，常涉及对还原性的硫化物如 H_2S、硫代硫酸盐等进行氧化而获得能量。当环境中还原性硫丰富时，常在细胞内以折光性很强的硫磺样颗粒或硫液滴形式积累硫元素（图 2-26）；当环境中还原性硫缺乏时，细胞内的硫磺样颗粒可被细菌重新利用，氧化硫获得能量。当 $H_2S \rightarrow S \rightarrow SO_4^{2-}$ 时，硫液滴和硫磺样颗粒缓慢地消失。

（5）磁小体存在于水生生物和趋磁细菌中，由一层含磷脂和糖蛋白的膜包围，内含磁铁矿 Fe_3O_4 晶体颗粒（图 2-27）。每个细胞内有 2～20 粒，沿细胞长轴排列成行，使细胞具有两极磁性，感应于地球磁场，并能按地球磁场线定向移动。磁小体的形状因菌种不同而呈平截八面体、平行六面体或六棱柱体等。某些生活在含硫化物环境中的细菌，其磁小体含有硫复铁矿（Fe_3S_4）和黄铁矿（FeS_2）。水生趋磁细菌（magnetotactic bacteria）

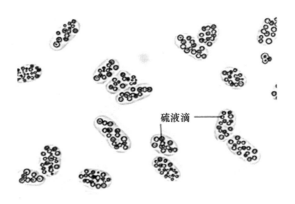

图 2-26 菌体中的硫元素

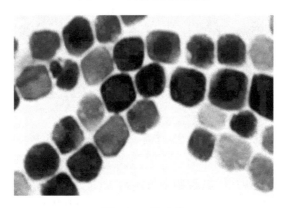

图 2-27 磁小体

因含有磁小体而表现出趋磁性，沿着磁场转向和迁移，具有导向功能，借助鞭毛游向对自身有利的环境处生活。鸟类、金枪鱼、鲸、绿海龟及其他动物的头部也存在磁小体，推测可以帮助导航。研究认为趋磁菌有一定的应用前景，可生产磁定向药物或抗体以及制造生物传感器。

（6）羧酶体为多角形细胞内含物，长约 10 nm，内含核酮糖-1, 5-双磷酸羧化酶和核酮糖-5-磷酸激酶，是细菌固定 CO_2 的场所。在一些光合细菌，如深蓝聚球蓝细菌（*Synechococcus lividus*），以及化能自养细菌，如硝化杆菌科（Nitrobacteriaceae）等细胞中均有羧酶体。

微生物贮藏物的特点及生理功能：①不同微生物其贮藏性内含物不同，如厌氧梭状芽孢杆菌只含 PHB，大肠杆菌只贮藏糖原，但有些光合细菌二者兼有。②贮藏物是微生物合理利用营养物质的一种调节方式。当环境中缺乏能源而碳源丰富时，细胞内就贮藏较多的碳源类内含物，其可达到细胞干重的 50%。如果把这些细胞移入仅含氮的培养基中，这些贮藏物将被作为碳源和能源。③贮藏物以多聚体的形式存在，有利于维持细胞内环境的平衡，避免不适合的 pH、渗透压等的危害。④贮藏物在细菌细胞中大量积累，是重要的自然资源。

3）气泡

许多光合营养型、无鞭毛运动的水生细菌中充满气体的泡囊状内含物，内由数排柱形小空泡组成，外有 2 nm 厚的蛋白质膜包裹（图 2-28）。如红假单胞菌属（*Rhodopseudomonas*）、鱼腥藻属（*Anabaena*）等含有气泡。气泡的膜只含蛋白质而无磷脂。两种蛋白质相互交联，形成坚硬的结构，可耐受一定的压力；膜的外表面亲水，而内侧疏水，故气泡只能透气而不能透过水和溶质。气泡是贮存气体的特殊结构，也是一种运动工具，可通过调节细胞密度使细胞在水体中沉浮，有助于调节细胞漂浮在最适水层中获取光能、氧气和营养物质。

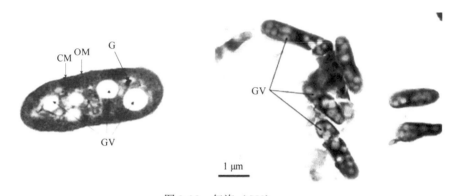

图 2-28　气泡（GV）

CM. 细胞膜（cell membrane）；OM. 外膜（outer membrane）；G. 颗粒（granule）

每个细胞中含有几个或几百个气泡。专性好氧的盐杆菌属（*Halobacterium*）细菌，生活在含氧极少的饱和盐水中，其细胞中气泡显著，气泡的作用被认为是使菌体浮于盐水表面，以保证细胞更接近空气；有些厌氧性光合细菌利用气泡集中在水下 10～30 m 深处，既能吸收适宜的光线和营养进行光合作用，又可避免直接与氧接触；蓝细菌生长时依靠细胞内的气泡而漂浮于湖水表面，并随风聚集成块，常使湖内出现"水华"。

细胞质内上述物质的存在具有以下功能：贮藏能量，提供内源性的碳源、氮源、磷源；降低细胞内的渗透压，调节细胞比重，使细菌漂浮在合适水层。

5. 鞭毛和菌毛、性菌毛

运动性微生物细胞表面着生有一根或数根由细胞内伸出的细长、波曲、毛发状的丝状体结构，即鞭毛（flagellum）。鞭毛从质膜和细胞壁伸出，数目为一至数十根，长度往往超过菌体的若干倍，直径为 10～20 nm（图 2-29）。鞭毛很细，须借助特殊的染色方法，使其加粗后方可在光学显微镜下直接观察。此外，采用暗视野显微镜观察水浸片，或用悬滴法和半固体琼脂穿刺培养，根据运动性以及平板培养基菌落形状也可判断菌体有无鞭毛。球菌除个别种外，一般不生鞭毛，弧菌和螺旋菌大多生鞭毛，杆菌则生鞭毛或不生鞭毛两者皆有。

鞭毛的着生方式有多种：①极生单鞭毛（monotrichous），如霍乱弧菌（*Vibrio cholerae*）；②两端单生鞭毛（amphitrichous），如鼠咬热螺旋体（*Spirochaeta morsusmuris*）；③极生丛鞭毛（lophotrichous），如荧光假单胞菌（*Pseudomonas fluorescens*）；④两端丛生鞭毛，如红色螺菌（*Spirillum rubrum*）；⑤周生鞭毛（peritrichous），如大肠杆菌（*E. coli*）、芽孢杆菌（*Bacillus* spp.）；⑥侧生鞭毛，如反刍月形单孢菌（*Selenomonas ruminantium*）。

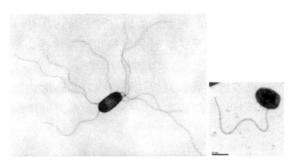

图 2-29　鞭毛

　　细菌或原核生物的鞭毛结构十分简单，在形态上可分为三部分（图 2-30、图 2-31）：位于细胞外、丝状体的鞭毛丝，近细胞表面、连接轴丝和基体的短而弯曲的鞭毛钩（hook），以及埋在细胞壁和细胞膜中的基体（basal body）。鞭毛基体具有联动杆（rod）、外膜环（L 环）、周质环（P 环）、内膜环（M 环、S 环）、分泌装置以及接头装置。革兰氏阴性菌的基体具有上述 4 个环，而革兰氏阳性菌只有 S 环和 M 环（细胞膜）两个环，为鞭毛运动所必需。根据推测，鞭毛旋转可能基于 S 环和 M 环间的相互作用。

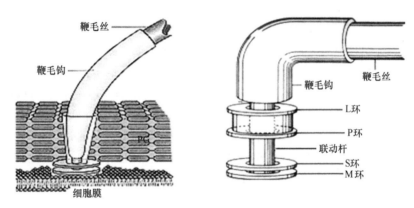

图 2-30　鞭毛结构
PG. 肽聚糖（peptidoglycan）

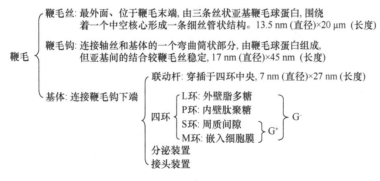

图 2-31　鞭毛组成

　　一对 Mot 蛋白围绕 S 环、M 环并使之固定在细胞膜上，其是驱动鞭毛的"马达"，可使鞭毛旋转。另一组为 Fli 蛋白，位于 S 环、M 环下面，具有"马达"开关的功能，在接收细胞内传递的信号后，可控制鞭毛的旋转。鞭毛马达含有质子泵，通过转运氢离子，将化学能转变为机械能。鞭毛马达旋转并将扭矩传输给接头装置，再传给鞭毛丝，带动其转动。鞭毛丝就像船上的螺旋桨，当细菌运动时，该螺旋桨就旋转（图2-32），推动细菌向前转动。细菌以推进方式做直线运动，或以翻腾形式做短促转向运动。极生单鞭毛通常是逆时针方向旋转，而细胞本身则是慢慢地顺时针运动。鞭毛能够每秒旋转300~2400圈。

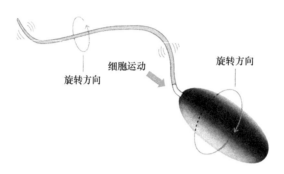

图2-32 细胞运动（知识扩展2-5、2-6，见封底二维码）

鞭毛是细菌的"运动器官"，运动速度快，每秒可移动20~80 μm，是其体长的5~40倍的距离，远超过地球上跑得最快的动物猎豹。鞭毛的运动是原核生物实现其趋向性（taxis）最有效的方式。当环境中存在某种细菌需要的化学物质或有害化学物质时，细菌能借助鞭毛以折线方式趋向或逃离，表现出化学趋避运动或趋化作用（chemotaxis）。借助鞭毛，有的细菌能区别不同波长的光而集中在一定波长内，表现为光趋避运动或趋光性（phototaxis），如光合细菌。有的细菌还具有趋磁运动或趋磁性（magnetotaxis），如趋磁细菌可根据磁场方向进行分布。鞭毛具有抗原性（H抗原）。真核生物的鞭毛结构很复杂，为"9+2"型结构，即具有9对外层微管和2根中央管，且外包一层膜（具体见第四章）。

菌毛（pilus）也称伞毛（fimbria），多见于革兰氏阴性菌（特别是致病菌）中。菌毛结构简单，比鞭毛细、短而硬直，数目很多（150~1000根），直径7~10 nm，长0.2~2 μm（图2-33）。菌毛是细菌牢固粘连在物体表面的结构或是噬菌体吸附位点。细菌常可借助菌毛吸附在动植物或其他各种细胞的表面。

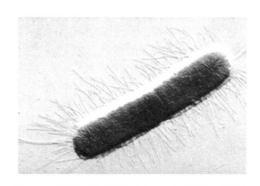

图2-33 菌毛（知识扩展2-7，见封底二维码）

性菌毛（sex pilus）比普通的菌毛粗而长（直径 9～10 nm），每个细胞有 1～4 根，性菌毛由致育因子（F）编码，故又称 F 菌毛，是细菌接合的"工具"。不同菌株接合时，通过性菌毛可把带有遗传物质的性因子传递给雌性菌株（图 2-34），即带有性菌毛的 F⁺ 菌与无性菌毛的 F⁻菌相遇时，性菌毛与其相应受体结合，F⁺菌内的质粒或 DNA 可通过性菌毛进入 F⁻菌体内，此过程为接合（conjugation）。性菌毛是某些噬菌体吸附于细菌的受体。

图 2-34　性菌毛及接合

6. 荚膜

有些细菌生活在一定营养条件下，可向细胞壁外分泌一层松散透明、黏度大、厚度不定的胶状物质，称为荚膜（capsule），其一般具有外缘，且稳定地附着在细胞壁外（图 2-35）。某些产荚膜细菌向细胞壁表面分泌的一层厚 200 nm 以下、与细胞结合较紧的胶质状物质，称为微荚膜（microcapsule）；而黏液层（slime layer）的结构疏散、排列无序，无明显外缘与形状，可悬浮于基质中，增加培养液黏度，易被清除。每个细菌通常被其产生的荚膜包裹，但有些细菌在分裂后，其子细胞并不立即分开，或多个细胞的荚膜互相融合，从而产生多个细胞包裹在一个共同的荚膜之中的现象，即为菌胶团（zoogloea）。以上这些结构的主要成分是胞外多糖，统称为糖被（glycocalyx）（图 2-36）。

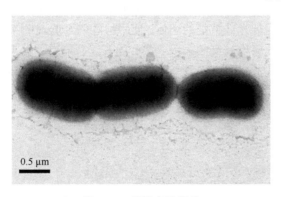

0.5 μm

图 2-35　荚膜电镜照片

糖被 {
微荚膜：厚度小于200 nm
黏液层：松散没有边缘
菌胶团：细菌群体形成的共同荚膜
}

图 2-36　糖被类型

荚膜的主要成分是多糖，有的也含有多肽、蛋白质、脂以及其组成的复合物。大多数细菌荚膜是一种聚合物，以多糖为骨架，多肽填充其间。如炭疽杆菌（*B. anthracis*）的荚膜为多聚-D-谷氨酸。采用负染（Welch 法）或特殊的荚膜染色法（硫酸铜法），可在光学显微镜下观察到荚膜。荚膜是微生物种的遗传特征，荚膜的存在可为自然生境中的细菌提供多种生存优势。此外，荚膜的形成与环境条件密切相关。如肠膜明串珠菌（*Leuconostoc mesenteroides*）只在含糖量高、含氮量较低的培养基中才形成荚膜。炭疽杆菌只在人或动物体内形成荚膜。通常产荚膜细菌对制糖工业造成威胁，其大量繁殖，导致糖的黏度加大从而影响过滤。产荚膜细菌还可引起酒类、牛奶、面包等饮料或食品发酵变质。（知识扩展 2-8、2-9，见封底二维码）

荚膜功能：①贮藏养料，即贮藏细胞外碳源和能源，以备营养缺乏时重新利用，如黄色杆菌的荚膜；②荚膜含水量大，可保护细胞免受干燥的影响；③抗吞噬作用，增强病原菌的致病能力，使其免受宿主细胞的吞噬，荚膜是病原菌的重要毒力因子；④黏附作用，荚膜多糖可使细菌彼此间粘连，也可黏附于组织细胞或无生命物体表面形成生物膜，它是某些病原菌必需的黏附因子，也是引起感染的重要因素；⑤主要表面抗原（K抗原）是有些病原菌的毒力因子；⑥抗有害物质的损伤作用，荚膜处于细胞的最外层，能保护菌体免受噬菌体和其他物质（溶菌酶和补体）的侵害。（知识扩展 2-10，见封底二维码）

7. 芽孢

某些细菌在生长后期，会在细胞内形成一个圆形或椭圆形的壁厚致密的结构，对不良环境条件具有很强的抗性，这种休眠体即为内生孢子（endospore），也称芽孢（spore）。能产生芽孢的主要是革兰氏阳性菌，如好氧性芽孢杆菌属（*Bacillus*）和厌氧性梭菌属（*Clostridium*），以及球菌中的芽孢八叠球菌属（*Sporosarcina*）。这些细菌通常以营养细胞生长和繁殖，但在环境条件不适宜时，每个细胞都会形成一个芽孢。

芽孢具有致密的多层外壁，壁厚，含水量极低，抗逆性强，结构复杂，不易着色，在光学显微镜下表现为折光性很强的小体。使用特殊的 Schaeffer-Fulton 染色法，即孔雀绿蒸气加热染色可看到芽孢被染成绿色。芽孢的有无、形态、大小与着生的位置是细菌分类和鉴定的重要特征，如梭菌属为端生芽孢（terminal spore），芽孢杆菌属为中生芽孢（central spore）（图 2-37）。

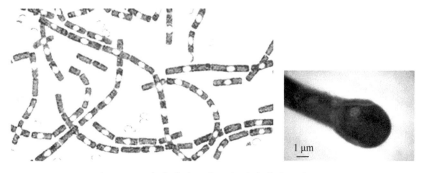

图 2-37　中生芽孢（左）与端生芽孢（右）

芽孢从外到内为芽孢外壁（exosporium）、芽孢衣（spore coat）、皮层（cortex）、核心（core）。核心部分含芽孢壁（spore wall）、芽孢质膜、芽孢质、核区（图2-38，图2-39）。

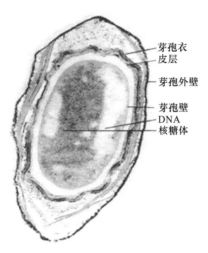

图 2-38　芽孢电镜照片

芽孢外壁：脂蛋白,透性差

芽孢衣：疏水角蛋白

皮层：芽孢肽聚糖(6%交联度)、DPA-Ca

核心
- 芽孢壁：肽聚糖
- 芽孢质膜：磷脂与蛋白
- 芽孢质：DPA-Ca
- 核区：DNA

图 2-39　芽孢构成

皮层在芽孢中占有很大部分（36%～60%），内含大量特有的芽孢肽聚糖，其特点是纤维束状，交联度小，可被溶菌酶水解。此外，皮层中还含有 7%～10%的吡啶二羧酸（dipicolinic acid，DPA）与钙的复合物（DPA-Ca），但不含磷壁酸（图2-40）。

图 2-40　吡啶二羧酸与钙的复合物（DPA-Ca）

芽孢的形成：DNA 浓缩，束状染色质的形成→细胞膜内陷，细胞发生不对称分裂→小体积部分迅速向中心延伸→小部分完全被大部分包围→形成前芽孢（forespore），前芽孢含有两个极性相反的细胞膜（双层隔壁）→双层隔壁间充满芽孢肽聚糖后，合成 DPA，积累 Ca^{2+}，呈现条纹的多层结构→形成皮层→在皮层形成中，前芽孢外膜表面合成外壳物质，沉积于皮层外表→形成一个致密的芽孢衣（含许多半胱氨酸和疏水性氨基酸的角蛋白）→芽孢合成完成→芽孢囊破裂、溶解，成熟芽孢部分或全部脱离芽孢囊壁而释放。芽孢形成过程需要 8 h，有 200 多个基因参与（图 2-41），如能产芽孢的细菌都具有三个在产孢不同阶段起关键作用的基因 *ssp*、*spo0A* 和 *dpaA/B*。

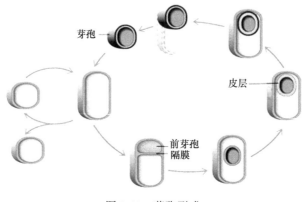

图 2-41　芽孢形成

　　芽孢的形成绝非细胞质的简单浓缩和核物质的简单分配。一个营养细胞只能形成一个芽孢，而一个芽孢也只产生一个营养体。芽孢只是细菌生活史中的一个环节，而不是繁殖方式。芽孢的形成需要一定的外界条件，通常在营养缺乏、有害代谢产物积累或生活环境温度过高等不良条件下，衰老细胞内才形成芽孢，但也有例外，故不能把芽孢的形成单纯地理解为不良环境条件下的产物。但不论芽孢的形成条件如何，一旦形成，就对恶劣环境具有很强的抵抗力，如抗热、抗化学药物、抗辐射、抗干燥和抗水静压，尤其是耐高温。一般芽孢在普通条件下可存活几十年。有文献记载，一种高温放线菌的芽孢在湖底冻土中（美国）已保存 7500 年，世界上最古老的活细菌（芽孢）有 2.5 亿年历史。

　　肉毒梭菌（*C. botulinum*）的芽孢在 100℃沸水中可忍受 5～9 h，但在 121℃条件下只能忍受 10 min，故对其湿热灭菌条件是 121℃维持 15～20 min。（知识扩展 2-11，见封底二维码）

　　有关芽孢的耐热机制：①推测可能与其含有 DPA-Ca 有关，因为芽孢中 DPA 占芽孢干重的 5%～15%，且发现芽孢形成过程中随着 DPA 的形成其逐渐具有耐热性，当芽孢萌发时 DPA 释放到培养基后，耐热性消失。但也发现有些耐热芽孢结构中并无 DPA 的钙盐存在。②渗透调节皮层膨胀学说认为芽孢的抗热性在于芽孢体外层次多，且芽孢衣含有对多价阳离子和水分渗透性差的角蛋白，能抵抗溶菌酶、蛋白酶和表面活性剂等对芽孢核心的渗透和破坏，加之皮层的离子强度大，从而使皮层有极高的渗透压，去夺取芽孢核心部分的水分，结果使皮层充分膨胀，而核心部分的生命物质高度失水产生极强的耐热性，使芽孢长期处于休眠状态。③在芽孢中发现了酸溶性 DNA 结合蛋白，其与孢子 DNA 结合并保护其不受热、辐射及化学杀菌剂的破坏。总之，芽孢耐热机制的研究有待深入。

　　芽孢在适宜的条件下又会重新发芽。由休眠状态的芽孢变成营养状态的细胞的过程即为芽孢的萌发（germination），包括活化、出芽和生长三个阶段。芽孢萌发条件包括水、温度、营养物质、氧的浓度以及其他条件，如短期加热 80～100℃处理 5～10 min，低 pH、还原剂、某些氨基酸（L-丙氨酸）、肌苷都有催化、诱导芽孢萌发的作用。如 60～100℃处理枯草芽孢杆菌 5～10 min 可使其芽孢萌发。

芽孢的萌发：芽孢衣含半胱氨酸的蛋白质三维空间发生变化，透性增加→芽孢吸收水分、盐类和营养物质后，体积膨大，耐热性、折光性降低→细胞质内生理变化，酶活性提高，呼吸作用加强→芽孢衣的角蛋白降解，30%的可溶性物质如 DPA-钙离子外流→抵抗力降低→肽聚糖分解→孢子囊壁破裂→皮层破坏→芽管生出→形成新的营养细胞进行生长和繁殖。芽孢发芽仅需几分钟。

能否形成芽孢以及芽孢形成的位置、形状、大小是分类鉴定的指标之一。少数芽孢杆菌如苏云金芽孢杆菌（*B. thuringiensis*），在形成芽孢的同时，细胞内还会产生一颗菱形或双锥形的碱性蛋白晶体——δ 内毒素，即伴孢晶体（parasporal crystal）（图 2-42）。其干重可达芽孢总重的 30%，由 18 种氨基酸组成。由于伴孢晶体是一种毒蛋白，对 200 多种昆虫尤其是鳞翅目的幼虫有很强的毒害作用，而对人畜毒性很低，可将这类产伴孢晶体的细菌制成细菌杀虫剂，蜡样芽孢杆菌（*Bacillus cereus*）也有同样的功效。

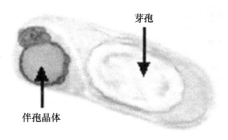

图 2-42　伴孢晶体（知识扩展 2-12，见封底二维码）

除了产生芽孢外，有些细菌还能形成其他休眠体，如固氮菌的孢囊（cyst）、黏球菌的黏液孢子等。其中，固氮菌的孢囊是由营养细胞浓缩变成球形，表面形成一厚层孢壁而形成的。孢囊与芽孢一样，具有很弱的内源性呼吸，抗干燥、抗机械破坏、抗紫外线和电离辐射。但与芽孢相比，孢囊不特别抗热，也不完全休眠，还能迅速氧化外源性的能源。孢囊对碳源种类很敏感，如丁醇、乙醇可促进孢囊形成，与丁醇相关的化合物（β-羟基丁酸盐）也有促进作用，但如果在含有丁醇的培养基中加入葡萄糖则产生抑制作用。

四、细菌的繁殖

细菌的繁殖方式有裂殖（fission）和芽殖（budding）等。

1. 裂殖

把细菌接种到一新培养基后，细菌不断地从周围环境中选择性地吸收营养，从而发生一连串生化反应，合成 DNA、RNA、蛋白质、酶及其他大分子等新的物质。随之，细胞质不断增多，细胞体积不断增大，新的细胞壁形成，菌体开始繁殖，最后形成两个新的细胞（图 2-43），细菌的这种繁殖方式主要是横分裂（均等分裂）。

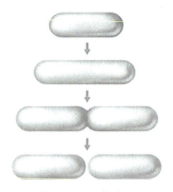

图 2-43　细菌裂殖

细菌分裂包括：①核分裂，细菌基因组 DNA 复制，并随着细菌的生长而分开。②隔膜形成，细胞赤道附近的细胞膜向内凹陷，最后闭合形成一垂直于细胞长轴的隔膜，使细胞质和细胞核一分为二。③横隔壁形成，随着细胞膜的向内缢陷，母细胞的细胞壁也逐渐延伸，把细胞质隔膜一分为二，横隔壁也逐渐分为两层。但两个子细胞的细胞膜仍连着，即"胞间连丝"。④子细胞分离，细菌细胞在横隔壁形成后，相互之间逐渐分开，最后形成两个子细胞，成为不同菌体（图 2-44）。

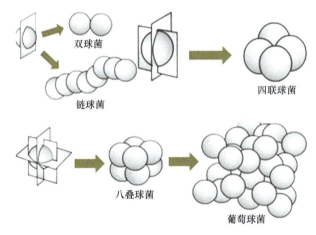

图 2-44　不同球菌的分裂形式

2. 芽殖

在细胞表面尤其是一端先形成一个小突起，待长大后与母细胞分离并独立生活的繁殖方式称为芽殖，如芽生杆菌属（*Blastobacter*）、硝化杆菌属（*Nitrobacter*）和红假单胞菌属（*Rhodopseudomonas*）采用芽殖方式进行繁殖。

五、细菌的群体形态

1. 固体培养基

将单个或一些细胞接种到固体培养基上，如果条件适宜，细胞就会以母细胞为中心迅速生长繁殖，形成一堆肉眼可见并具有一定形态结构的子细胞群，称为菌落（colony）。如果菌落是由单个细胞繁殖而来的，即称为克隆（clone）。菌落若连成片，则称为菌苔（lawn）（图 2-45）。

图 2-45　两种不同细菌形成的菌落与菌苔

各种细菌在一定条件下会形成稳定专一的菌落，可作为菌种鉴定的重要依据。菌落特征包括大小（大、中、小）、形态（圆形、假根状、不规则等）、隆起状况（扁平、隆起、凹下等）、边缘情况（整齐、波状、锯齿状等）、表面状态（干燥、湿润、黏稠等）、光泽度、质地、颜色（黄色、金黄色、灰白色、乳白色、红色、粉红色等）、透明程度（透明、半透明、不透明等）等。

细菌菌落常表现为湿润、黏稠、光滑、较透明、易挑取、质地均匀，以及菌落正反面或边缘与中央部位颜色一致等。但有的细菌形成的菌落表面粗糙、有褶皱感等。细菌的菌落特征因种而异，在相同条件下菌落特征的改变标志着细菌生理性状发生了变化。环境条件的改变也会引起菌落性状的改变。（知识扩展 2-13，见封底二维码）

菌落形态是细胞表面状况、排列方式、代谢产物、好气性和运动性的反映，易受培养条件、培养基成分、培养时间等影响。菌落是微生物的巨大群体，个体细胞形态上的差别必然会密切地反映在菌落的形态上。这对产鞭毛、荚膜和芽孢的种类来说尤为明显。无鞭毛细菌形成的菌落较小、较厚、边缘极为圆整；有鞭毛细菌形成的菌落大而扁平、形状不规则、边缘缺刻；有荚膜细菌形成的菌落光滑、透明、较大；产芽孢细菌形成的菌落表面有褶皱等。菌落的特征可用于微生物的计数、分离、纯化、鉴定以及育种。

2. 液体培养基

细菌在液体培养基中生长会因菌种的重力、需氧情况，而形成不同的特征，如沉淀、浑浊、菌膜等（图 2-46）。

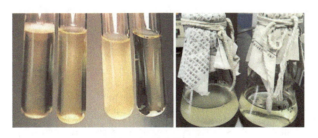

图 2-46　液体培养

3. 半固体培养基

在半固体培养基中进行穿刺接种，观察其生长情况可判断细菌的运动情况（图2-47）。

图2-47　半固体培养

1、2. 无鞭毛；3. 有鞭毛

六、几种代表菌

1. 大肠杆菌

大肠杆菌（*E. coli*）作为微生物遗传工程研究材料，是一个模式菌株。大肠杆菌是人肠道中的正常寄生菌，在肠道中非致病，能合成维生素B和维生素K。但当其进入盲肠、胆囊、腹腔、泌尿系统时可引起炎症，成为致病菌。

2. 枯草芽孢杆菌

枯草芽孢杆菌（*B. subtilis*）可生产蛋白酶，以及某些氨基酸、核苷酸等。

3. 丙酮丁醇梭菌

丙酮丁醇梭菌（*Clostridium acetobutylicum*）可用于生产丙酮、丁醇、乙醇。

4. 乳杆菌

乳杆菌（*Lactobacillus* spp.）是人、动物肠道中的主要正常菌群，在自然界广泛分布。乳杆菌广泛应用在奶制品中，如酸奶和奶酪。酸奶是通过乳杆菌将牛奶中的乳糖发酵为乳酸而生产的；乳蛋白在蛋白酶的水解作用下产生多种氨基酸，同时产生一些风味物质，如乙醛，其与酸奶的芳香味密切相关。奶酪发酵中常用的乳杆菌有保加利亚乳杆菌（*Lactobacillus bulgaricus*）、干酪乳杆菌（*L. casei*）、瑞士乳杆菌（*L. helveticus*）。泡菜是靠蔬菜本身自带的乳杆菌在人为制造的厌氧条件下自然发酵而成的，也可通过人工接种乳杆菌制作泡菜。

5. 炭疽芽孢杆菌

炭疽芽孢杆菌（*B. anthracis*）的芽孢抗性很强，在干燥条件下能生存数十年。炭疽芽孢杆菌通过皮肤接触、吸入或食用传播，可引起炭疽（anthrax）（图2-48）。炭疽芽孢杆菌的致病因子有两个：①含多聚-D-谷氨酸的荚膜，其可阻止细胞吞噬作用；②三元毒素,其由保护抗原、水肿因子和致死因子组成。炭疽的早期症状包括咳嗽,很快会发展为严重的呼吸障碍和痉挛。潜伏阶段可持续数小时甚至几天,该阶段的症状类似于流感,如持续高热、不断咳嗽、体虚无力、胸口疼痛等,易被忽略。随后,肺部功能受损,严重缺氧,患者可能会突然休克,脑部也有可能感染病原菌,最终不治身亡。

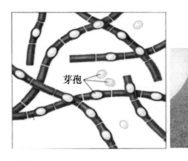

图 2-48 炭疽芽孢杆菌(左)及其引起的炭疽(右)

炭疽芽孢杆菌易于培养、具有超常稳定性和强烈的毒性,经由呼吸道感染的死亡率高达九成,只要一亿分之一克的炭疽芽孢杆菌便可将人毒死。(知识扩展 2-14,见封底二维码)

6. 痢疾杆菌

引起急性肠道传染病的痢疾志贺氏菌(*Shigella dysenteriae*)是痢疾的病原菌。在我国,以福氏志贺氏菌(*S. flexneri*)引起的细菌性痢疾为主,且症状较重。细菌性痢疾常见于夏秋季节,人群普遍易感,尤其是儿童。

7. 破伤风梭菌

破伤风梭菌(*C. tetani*)主要存在于动物和部分人的粪便中,通过破损的皮肤、黏膜等侵入体内。其是厌氧菌,在较深的伤口处易大量滋生繁殖,产生破伤风痉挛毒素和氧敏感的溶血素。破伤风痉挛毒素沿着神经纤维到达神经中枢,与脊髓运动神经细胞结合,从而阻止运动神经释放神经递质(甘氨酸、γ-氨基丁酸),导致局部组织坏死,全身肌肉呈强直性痉挛、抽搐,还可导致窒息或呼吸衰竭而致死。溶血素可破坏凝血酶。据估计,世界上每年新增约 100 万病例,死亡率在 20% 左右。在个别欠发达国家,新生儿破伤风死亡率可高达 90%。1890 年 Behring 等制备了破伤风抗毒素(抗体),其可治疗破伤风(tetanus)。

8. 绿脓杆菌

绿脓杆菌又称铜绿假单胞菌(*P. aeruginosa*),是一种致病力较弱但抗药性强的杆菌,能引起化脓性病变,因脓汁呈翠绿色故名。绿脓杆菌广泛分布于自然界及正常人皮肤、肠道和呼吸道,是临床上较常见的条件致病菌之一,为革兰氏阴性菌,菌体一端有一根鞭毛,运动活泼。无芽孢,有多糖荚膜或糖萼。在普通培养基上生长良好,专性需氧。菌落形态不一,边缘不齐,扁平湿润。液体培养呈浑浊生长,并有菌膜形成。绿脓杆菌能产生绿脓素与荧光素两种水溶性色素,绿脓素为蓝绿色的吩嗪类化合物,无荧光性,有抗菌作用。

绿脓杆菌有菌体 O 抗原和鞭毛 H 抗原，能产生多种与毒力有关的物质，如内毒素、外毒素 a、弹性蛋白酶、胶原酶、胰肽酶等。外毒素 a 毒性强，主要靶器官肝脏可出现细胞肿胀、脂肪变性及坏死等病变，其他脏器病变有肺出血和肾脏坏死。绿脓杆菌感染可发生在人体任何部位和组织，常见于烧伤或创伤部位、中耳、角膜、尿道和呼吸道。绿脓杆菌产生的外毒素 a 是热不稳定的单链多肽，经甲醛或戊二醛处理可脱毒为类毒素，并被特异性抗毒素中和。

9. 幽门螺杆菌

幽门螺杆菌（*H. pylori*）的最适温度为 37℃，在 42℃、25℃条件下不能生长，在胃黏膜黏液层中常呈鱼群样排列，传代培养可变为杆状或球形。微需氧，需血液或血清，S 型菌落。其与胃窦炎、十二指肠溃疡和胃溃疡关系密切，可能与胃癌的发生有关。（知识扩展 2-15，见封底二维码）

10. 肉毒梭菌

肉毒梭菌（*C. botulinum*）分泌内毒素（endotoxin），内毒素的毒性远超过砒霜或氰化物，成人的致死量是一亿分之七克，内毒素是强烈的致死毒素之一。（知识扩展 2-16，见封底二维码）

11. 其他

关于军团病、黑死病和二战中生化武器的致病菌，及其给人类造成的影响和伤害详见知识扩展 2-17、2-18、2-19。

第二节　细菌的其他类群

除上面介绍的普通细菌外，细菌域中还有放线菌、蓝细菌、立克次氏体、支原体以及衣原体等。

一、放线菌

放线菌（actinomycete）是一类呈丝状生长、以孢子繁殖、陆生性很强的革兰氏阳性的原核丝状菌，介于细菌与丝状真菌之间。1943 年美国新泽西州农业实验站的微生物学家瓦克斯曼（Waksman）从上万株放线菌中分离到灰色链霉菌（*Streptomyces griseus*），并证实了该菌能分泌链霉素（streptomycin），他因此获得了 1952 年的诺贝尔生理学或医学奖。被誉为我国农业抗生素之父的中国工程院院士沈寅初先生最先分离筛选到孢子丝自溶吸水的吸水链霉菌（*S. hygroscopicus*），其可产生井冈霉素（validamycin），能有效防治水稻纹枯病。

放线菌分布于含水量较低、有机质丰富、呈碱性的土壤环境中，每克土壤中放线菌的孢子数约为 10^7 个。放线菌所产生的代谢产物土臭味素（geosmin）可使土壤具有特殊的"土腥味、泥腥味"。放线菌绝大多数为好氧的异养型，较适生长温度为 23～37℃，

其菌丝体的抗干燥能力比细菌营养体强。（知识扩展 2-20，见封底二维码）

放线菌是抗生素的主要产生菌，至今已发现的上万种天然抗生素中，约 70% 为放线菌所产生。放线菌具有很强的分解维生素、石蜡、琼脂、角蛋白和橡胶等复杂有机物的能力，在自然界物质循环中起着相当重要的作用。有的放线菌可用于生产维生素、酶制剂；有的放线菌可固氮，如弗兰克氏菌属（*Frankia*）。此外，放线菌在甾体转化、石油脱蜡、烃类发酵、污水处理等方面也有应用。少数寄生型放线菌是人和动植物的致病菌。

1. 个体形态

放线菌为单细胞，大多为分枝发达的菌丝，菌丝直径与细菌相近，细胞壁中含肽聚糖、胞壁酸和二氨基庚二酸。某些分枝杆菌和诺卡氏菌的细胞壁含有大量霉菌酸（mycolic acid），这与感染能力有关。简单染色很难着色，可采用抗酸性染色，阳性为红色，阴性为蓝色。

菌丝大多数无隔膜，一般认为菌丝与孢子是单细胞的、没有定型的细胞核。按放线菌菌丝的形态和功能可将其分为基内菌丝（substrate mycelium）、气生菌丝（aerial mycelium）和孢子丝（spore-bearing mycelium）（图 2-49）。

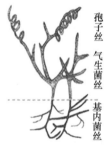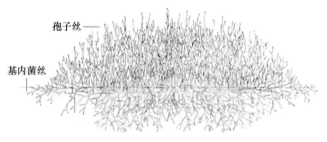

图 2-49　放线菌

基内菌丝也称营养菌丝，匍匐生长于培养基内，向内四处伸展并形成色淡、较细的菌丝。一般无隔膜，内含许多核质体，直径 $0.2 \sim 0.8$ μm，但长度差别很大。有的无色素，有的能产生不同色素，若是水溶性色素，可透入培养基将其染成相应的颜色，若是非水溶性色素，则使菌落呈现相应的颜色。基内菌丝的主要生理功能是吸收营养物质，排泄代谢废物。

气生菌丝是基内菌丝发育到一定时期，长出培养基外并伸向空间的菌丝，叠生于基内菌丝上，可覆盖整个菌落表面，直径比基内菌丝大（$1 \sim 1.4$ μm），且菌丝颜色较深。

当菌丝成熟时，气生菌丝分化成孢子丝，并通过横隔分裂的方式产生成串的分生孢子（conidium）。孢子丝在气生菌丝上的排列方式有交替生长、丛生或轮生的差别。例如，具有抗癌作用的博来霉素产生菌——轮枝链霉菌（*Streptomyces verticillus*）的孢子丝是轮生的。孢子丝形态多样，有直形、波曲、螺旋形等，孢子丝的螺旋转数、松紧和转向都较稳定，螺旋数一般为 $5 \sim 10$ 个，旋转方向多为逆时针（左旋），孢子丝形成的孢子形态、大小、结构都不同，由于孢子含有不同色素，成熟的孢子堆也表现出特定的颜色，且在一定条件下比较稳定，这是放线菌物种鉴定的重要依据。

2. 群体特征

在固体培养基上，放线菌具有与细菌不同的菌落特征，放线菌菌丝相互交错缠绕形成质地致密的小菌落，菌落干燥、不透明、难以挑取，当大量孢子覆盖于菌落表面时，就形成表面为粉末状或颗粒状的典型放线菌菌落。由于基内菌丝和孢子所产生色素的颜色不同，菌落的正反面呈现不同的色泽。

放线菌的菌落由于种类不同，可分为致密型与松散型两类（图 2-50）。致密型菌落由产生大量分枝的基内菌丝和气生菌丝的菌种所形成，菌落质地致密，表面呈较紧密的绒状，坚实、干燥、多皱、小，与培养基紧密结合不扩散，不易挑起。当孢子丝产生大量孢子，布满整个菌落表面时，即形成絮状、粉状或颗粒状。孢子可产生色素，使菌落正反面呈白色、灰色、橙色、黄色、红色、玫瑰色、蓝色、绿色、淡紫色等不同的颜色，如链霉菌属（*Streptomyces*）。松散型菌落是因为菌种没有气生菌丝的分化，只有基内菌丝，且基内菌丝不发达，菌丝结构松散，菌落的黏着力差，呈粉质状，用针易挑起，常具有特征性的颜色，如诺卡氏菌属（*Nocardia*）。

图 2-50　放线菌菌落（左为致密型，右为松散型）

在液体培养基中，液面与瓶壁交界处粘贴着一圈菌苔（菌膜或斑点），培养液清而不浑，当进行通气、振荡培养时，放线菌一般形成许多悬浮的珠状菌丝团，大型菌丝团则沉在瓶底。

3. 繁殖方式和生活周期

放线菌无有性繁殖，主要通过形成无性分生孢子及菌丝片段的方式进行繁殖（图 2-51）。

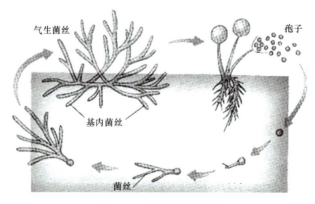

图 2-51　放线菌的繁殖

（1）横隔分裂形成横隔孢子即分生孢子（conidium），孢子在合适的生长环境中，吸水膨胀、萌发出 1～4 根芽管。芽管逐渐长成分枝菌丝，再形成基内菌丝体，当生长到一定阶段，部分转向空间长出气生菌丝体。气生菌丝成熟后，部分转为具有生殖能力的孢子丝，并通过横隔分裂方式产生孢子，即孢子→吸水萌发芽管→分枝菌丝→基内菌丝→部分气生菌丝→孢子丝→横隔分裂→孢子。放线菌的孢子抗干燥能力强，但不耐高温。

（2）菌丝上形成孢子囊，孢子囊成熟后释放大量的孢囊孢子（sporangiospore）。

（3）放线菌也可借菌丝断裂片段形成新的菌体进行大量繁殖。

4. 代表属及应用

除了青霉素、灰黄霉素（griseofulvin）、头孢菌素和赤霉素（920）由霉菌产生外，大约 70% 的抗生素由放线菌产生，其中以链霉菌产生的抗生素种类最多，占放线菌产生抗生素种类的 87.5% 左右（占总抗生素种类的 52%）。其他稀有放线菌如小单孢菌属（*Micromonospora*）、游动放线菌属（*Actinoplanes*）、拟无枝菌酸菌属（*Amycolatopsis*）等产生的抗生素种类占总抗生素种类的 15%。

（1）链霉菌属（*Streptomyces*）是放线菌中种类最多、分布最广、形态特征最典型的类群，共有 1000 多种。具有发育良好的菌丝体，其可分为基内菌丝、气生菌丝和孢子丝。孢子丝和孢子的形态因种而异。链霉菌以产生多种抗生素而著称。抗结核菌的链霉素产生于灰色链霉菌（*S. griseus*）；对革兰氏阳性与阴性细菌都有作用的广谱抗生素（broad-spectrum antibiotics），如土霉素（terramycin）、红霉素（erythromycin）分别由龟裂链霉菌（*S. rimosus*）和红色链霉菌（*S. erythreus*）产生；金霉素（aureomycin）和四环素（tetracycline）由金色链霉菌（*S. aureofaciens*）产生；抗肿瘤的丝裂霉素（mitomycin）和博来霉素（争光霉素，bleomycin）、抗结核的卡那霉素（kanamycin）、抗真菌的制霉菌素（nystatin）、能有效防治水稻纹枯病的井冈霉素（validamycin）等都是由链霉菌产生的（表 2-2）。

表 2-2　链霉菌属放线菌产生的一些重要的抗生素

抗生素名称	生产菌种	作用范围
链霉素	灰色链霉菌（*S. griseus*）	革兰氏阳性菌、革兰氏阴性菌
土霉素	龟裂链霉菌（*S. rimosus*）	革兰氏阳性菌、革兰氏阴性菌、立克次氏体等
红霉素	红色链霉菌（*S. erythreus*）	革兰氏阳性菌、革兰氏阴性菌
金霉素、四环素	金色链霉菌（*S. aureofaciens*）	革兰氏阳性菌、革兰氏阴性菌、立克次氏体
卡那霉素	卡那霉素链霉菌（*S. kanamyceticus*）	结核分枝杆菌
制霉菌素	诺尔斯氏链霉菌（*S. noursei*）	真菌
井冈霉素	吸水链霉菌（*S. hygroscopicus*）	水稻纹枯病的病原菌等真菌
放线菌素 D	产黑链霉菌（*S. melanochromogenes*）	抑制 mRNA 的合成
博来霉素	轮枝链霉菌（*S. verticillus*）	引起 DNA 断裂
利福霉素	地中海链霉菌（*S. mediterranei*）	结核分枝杆菌、革兰氏阳性菌
春雷霉素	小金色链霉菌（*S. microaureus*）	绿脓杆菌、稻瘟病菌

"5406"抗生菌肥由细黄链霉菌（*S. microflavus*）产生，"5406"抗生菌肥具有解钾、解磷、抗病、促生、保苗等多种功能，能使土壤中没有发挥作用的氮和磷转化为能被高等植物吸收的氮磷物质，并吸收空气中游离的氮，提高土壤肥力；细黄链霉菌还能分泌几种抗生素和一种生长激素，它们具有促进种子萌发、根系生长、增加叶绿素含量及提高酶活性的作用，并能抑制某些病原菌，增强植物的抗病能力。"5406"抗生菌肥使用方法为浸种、拌根、浸根、作基肥、作追肥等。医农两用的春雷霉素（kasugamycin）是由小金色链霉菌（*S. microaureus*）产生的，其在医学上可治疗绿脓杆菌的感染，在农业上对稻瘟病有防治作用。链霉菌还能分解纤维素、石蜡等碳氢化合物。

（2）诺卡氏菌属（*Nocardia*）中多数种无气生菌丝，只有营养菌丝，主要分布于土壤中，以横隔断裂方式繁殖。在培养 15 h 至 4 天时，菌丝产生横隔，分枝的菌丝突然全部断裂成杆状、球状或带叉的杆状体。有些种也产生抗生素，如抗结核菌的利福霉素（rifamycin）、对防治水稻白叶枯病有效的间型霉素（formycin），以及瑞斯托菌素（ristocetin）等。有些诺卡氏菌用于石油脱蜡、烃类发酵，以及分解污水中的腈类化合物。

（3）小单孢菌属（*Micromonospora*）不形成气生菌丝，只在营养菌丝上长出很多分枝小梗，顶端着生一个孢子，多分布在土壤或湖底泥土中，厩肥中也较多。菌落较链霉菌小。很多种产生抗生素，如绛红小单孢菌（*Micromonospora purpurea*）和刺孢小单孢菌（*M. echinospora*）可产生对多种革兰氏阳性菌和革兰氏阴性菌都有抑制作用的庆大霉素（gentamycin）。有的小单孢菌还产生利福霉素。现认为该属放线菌产生抗生素的潜力较大。有的种能积累维生素 B_{12}。

（4）放线菌属（*Actinomyces*）多为致病菌，如引起动物颚肿病的嫌气菌牛放线菌（*Actinomyces bovis*）、使人的肺与支气管感染的嫌气菌衣氏放线菌（*A. israeli*）等。放线菌属物种只有营养菌丝，有隔膜，可断裂成"V"形体或"Y"形体。

（5）弗兰克氏菌属（*Frankia*）是植物内生菌，能诱导大范围的放线菌根瘤植物（actinorhizal plant）产生根瘤。与弗兰克氏菌共生结瘤固氮的非豆科植物是一种重要的固氮资源（图 2-52）。

图 2-52 非豆科植物的放线菌根瘤（知识扩展 2-21，见封底二维码）

（6）分枝杆菌属（*Mycobacterium*）广泛分布于土壤、水体和动物中，多为致病菌，可引起人类、动物的结核病、麻风病和慢性坏死性肉芽肿，如结核分枝杆菌（*M.*

tuberculosis）和麻风分枝杆菌（*M. leprae*）。（知识扩展 2-22，见封底二维码）

（7）双歧杆菌属（*Bifidobacterium*）的最适生长温度为 37～41℃，最低生长温度为 25～28℃，最高生长温度为 43～45℃。初始最适 pH 6.5～7.0，在 pH 4.5～5.0 或 pH 8.0～8.5 不生长。其细胞呈现多样形态，有短杆较规则形、纤细杆状具有尖细末端形、球形、长杆弯曲形、分枝或分叉形、棍棒状或匙形等（图 2-53）。细胞单个或链状、"V" 形、栅栏状排列，或聚集呈星状。革兰氏阳性菌，不抗酸，不形成芽孢，不运动。双歧杆菌的菌落光滑、凸圆、边缘完整，乳脂色至白色，闪光并具有柔软的质地。

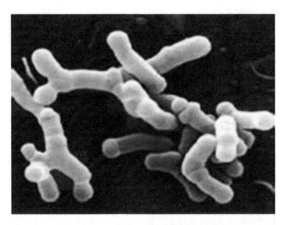

图 2-53　双歧杆菌（知识扩展 2-23，见封底二维码）

放线菌的应用：①在医药方面，能治疗癌症、肿瘤的抗生素有放线菌素 D（dactinomycin D）、光辉霉素（mithramycin）及柔红霉素（daunorubicin）。我国首创的创新霉素（creatmycin）对大肠杆菌引起的败血症及胆囊炎、尿路感染等有较好的疗效。②在畜牧业上，应用土霉素、金霉素生产过程中的菌丝喂猪养家畜、家禽，可防止猪痢疾、猪喘气病及鸡、鸭、鹅的巴氏杆菌病，并能促进仔猪、雏鸡的生长。③放线菌产生的代谢产物如氨基酸、核苷酸、维生素等与抗生素一样在医药领域具有利用价值。

二、蓝细菌

光合作用是地球生物安全、高效获取太阳能的主要途径。蓝细菌（cyanobacteria）是最早的光合放氧生物，推测大约在 27 亿年前出现，对地球表面从无氧的大气环境变为有氧环境起了很大作用。已知蓝细菌约 2000 种，中国已有记录的约 900 种。蓝细菌的光合作用类似于高等绿色植物、藻类，含有光合色素叶绿素 a，能以水作为电子供体进行产氧光合作用（oxygenic photosynthesis）。20 世纪 60 年代前将其归于藻类，一直称其为蓝藻或蓝绿藻（blue-green algae）。而现代的研究技术表明，它与真核生物的藻类有很大的区别，细胞无核膜，无叶绿体，含 70S 核糖体，细胞壁中含有肽聚糖，对青霉素和溶菌酶十分敏感。现已将其归属为原核微生物中能进行光合作用的细菌。除了蓝细菌外，原核的光能微生物还有紫细菌（purple bacteria）和绿细菌（green bacteria），但它们进行的是不产氧光合作用（anoxygenic photosynthesis）。

1. 大小

蓝细菌细胞的大小差别十分明显，直径从 0.5 μm 到 60 μm 都有。一般直径和宽度为 3～10 μm，比细菌大。

2. 形态

蓝细菌的形态差异极大，有球状或杆菌的单细胞，以及丝状体（filament）形式的多细胞。单细胞球状、圆柱状、丝状或分枝状串生。营养细胞可分化为厚的多层外衣，常为含色素、形体较大的静止细胞。当许多个体聚集在一起时，可形成肉眼可见的块状或球状和丝状体等群体。细胞壁外面常包有一层或多层黏质层（与荚膜相似），黏液把许多单细胞聚集在一起成为胶质团，这些黏液的主要成分是果胶。若菌体繁茂生长，则可使水的颜色随菌体颜色的变化而变化。

3. 结构

蓝细菌的结构可分为一般结构与特殊结构。

一般结构：①细胞壁与革兰氏阴性菌相似，外层为脂多糖，内层为肽聚糖，含有二氨基庚二酸。与其他原核生物相比，蓝细菌的独特之处是含有两个或多个双键的不饱和脂肪酸，而细菌大多是含饱和脂肪酸和单一的不饱和脂肪酸。②具有黏液层、荚膜，许多种类，尤其是水生种类能不断地向细胞壁外分泌多糖，能将一群细胞或丝状体结合在一起，形成胶质团或胶，使细胞保持水分、具有极强的忍耐干燥的能力。③有类囊体（thylakoid），蓝细菌的细胞膜附近有能进行光合作用的原始片层结构，其光系统包括光系统（photosystem，PS）Ⅰ和 PSⅡ。蓝细菌的光合作用类似于绿色植物，而不同于光合营养的紫细菌与绿细菌。PSⅠ进行不产氧光合作用，PSⅡ进行产氧光合作用。在蓝细菌的类囊体膜上有叶绿素 a、类胡萝卜素和藻胆素。藻胆素（phycobilin）是蓝细菌所特有的，在光合作用中起辅助作用，包括藻蓝素（phycocyanobilin）和藻红素（phycoerythrobilin），可吸收光能，并将其转移到 PSⅡ中。大多数蓝细菌细胞中以藻蓝素占优势，并与其他色素掺在一起，使细胞呈特殊的蓝色。而叶绿素 a 则在 PSⅡ中发挥作用，以水为电子供体，进行产氧光合作用。蓝细菌被认为是地球上生命进化过程中第一种产氧的光合生物，对地球从无氧到有氧的转变、真核生物的进化有着里程碑式的作用。④蓝细菌无鞭毛，能借助黏液在固体基质表面滑行，还可利用气泡（GV）在水中做垂直移动，表现为趋光性和趋化性，可促使菌体漂浮在光线最充足的地方，有利于光合作用。⑤蓝细菌的细胞内有各种贮藏物，如可作为碳源的糖原、PHB、贮存磷的聚磷酸盐，以及可作为氮源的藻青素（cyanophycin），藻青素由含有几乎等量的精氨酸和天冬氨酸的分支多肽所构成，主要作为氮源，同时兼作能源贮藏物。⑥营养极为简单，不需要维生素，以硝酸盐或氨作为氮源，多数种类的异形胞能固氮，细胞内还有能固定 CO_2 的羧酶体。

特殊结构包括异形胞（heterocyst）、静息孢子（akinete）与连锁体（hormogonium）。①异形胞的结构与功能很独特，位于细胞链的中间或末端，大、色浅、壁厚，细胞壁与相邻细胞相接处有钮状增厚部（极节球），异形胞不含产氧 PSⅡ，只有 PSⅠ。当水中氮缺乏时，异形胞的数目显著增加。异形胞含有能捕获氮气和转化成蓝细菌所用氮化物的酶，是许多细丝状蓝细菌进行固氮的场所（图 2-54）。如鱼腥藻属（*Anabaena*）的异形胞呈圆形、厚壁、折光率高，内含蓝细菌颗粒，体积较营养细胞大。当蓝细菌处于无硝酸盐与氨的环境时，有 5%～10%的细胞可分化成异形胞。当形成异形胞时，蓝细菌会产生一层非常厚的壁（含大量糖脂，可减少氧气扩散进入，为对氧敏感的固氮酶创造厌氧场所），重新组织其光合作用膜，舍弃藻胆素（藻胆素含量很低）和产氧 PS II（产 ATP），且合成有固氮作用的固氮酶（nitrogenase）。不产氧的 PS I 仍起作用，超氧化物歧化酶活性高，不含分子氧，却能产生固氮所必需的 ATP。异形胞与邻近的营养细胞有胞间连丝（厚壁孔道连接），有利于"光合细胞"与"固氮细胞"进行物质交换。因此，蓝细菌既能行光合作用，又能行固氮作用。②静息孢子是一种静止、形大、色深、厚壁、可抵抗干燥的休眠体，长在细胞链中间或末端。在干燥、低温和长期黑暗的条件下，许多具有异形胞的丝状蓝细菌类群能形成静息孢子，以抵御干旱等不良环境，有利于蓝细菌适应恶劣的环境。当环境变得适宜时，其外壁破裂而萌发形成新的丝状体细胞，如鱼腥藻属（*Anabaena*）和念珠蓝细菌属（*Nostoc*）。③连锁体是由长细胞链断裂而成的短链段，具有繁殖功能。连锁体从丝状体断裂，滑行离开，长出新的丝状体。

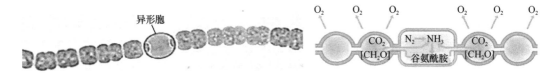

图 2-54 异形胞结构（左）与固氮作用（右）

4. 繁殖

蓝细菌繁殖方式有裂殖（fission）、芽殖（budding）、断裂（fragmentation）和复分裂（multiple fission）。其中以裂殖为主，无有性生殖，少数种可产生内生孢子、外生孢子、厚壁孢子、藻殖孢等。

5. 分布

蓝细菌有很强的适应性，分布极广，从热带到两极，从海洋到高山，从干旱沙漠到温泉，即淡水、海洋、高山、极地、沙漠、草原、森林、岩石，甚至在树皮或其他物体上都有其踪迹。许多蓝细菌生长在池塘和湖泊中，并形成胶质团浮于水面，有的在 80℃以上的热泉、含盐的湖泊或其他极端环境中也占优势或是唯一行光合作用的生物。由于蓝细菌具有对不良环境的强抵抗力，能进行光合放氧作用合成有机物，再加上普遍的自生固氮能力，故只要有空气、阳光、水分和少量无机盐便能生长，它们的存在有助于地壳表面有机物的积累，是开拓不毛之地的先行者。

6. 常见蓝细菌类群

根据 AlgaeBase（http://www.algaebase.org）上的信息，蓝细菌门（Cyanobacteria）下设蓝细菌纲（Cyanophyceae，也称黏藻纲 Myxophyceae 或裂殖藻纲 Schizophyceae），其分

为色球蓝细菌目（Chroococcales）、管胞蓝细菌目（Chamaesiphonales）、Gloeobaterales、念珠蓝细菌目（Nostocales）、颤蓝细菌目（Oscillatoriales）、宽球（瘤皮）蓝细菌目（Pleurocapsales）、真枝蓝细菌目（Stigonematales）7 个目。

（1）鱼腥藻属（*Anabaena*，又称项圈藻属）细胞球形，细菌分裂总是在相平行的面上形成链状丝，并有一层或薄或厚的鞘，形成不定形胶质块。在链状丝中有少数细胞形成异形胞。螺旋鱼腥蓝细菌（*A. spiroid*）和水华鱼腥蓝细菌（*A. flos-aquae*）是湖泊、池塘中常见种类，可形成水华。螺旋鱼腥蓝细菌是白鲢的优质食物。不少种类具有固氮能力，如在稻田中放养满江红（*Azolla imbricate*，又名红浮萍，为水生蕨类植物），利用与满江红共生的满江红鱼腥蓝细菌（*A. azollae*）的固氮作用可增加稻田土壤肥力。

（2）颤蓝细菌属（*Oscillatoria*）因在水中不断颤动而得名，其细胞丝由饼状细胞叠垒形成，不分枝，无假分枝，无胶质鞘或很少具薄的鞘，顶端细胞末端增厚或为帽状体，细胞短柱状或盘状，内含物均匀或具颗粒，无异形胞和厚壁孢子，以段殖体繁殖。漂浮或沉于水底，亦营浮游生活。淡水、海水皆有分布，可形成水华。颤蓝细菌具有强抗污染能力和净化高有机质水的能力，其中泥生颤蓝细菌（*Oscillatoria limosa*）可作为水污染的指示生物。

（3）螺旋蓝细菌属（*Spirulina*）物种是单细胞或多细胞组成的丝状体，无胶质鞘。菌体呈紧密或疏松的有规则螺旋形弯曲，无异形胞和厚壁孢子，大量繁殖可形成水华，生长于淡水和海水中。螺旋蓝细菌含有大量蛋白质及丰富的生物活性物质（γ-亚麻酸、藻蓝蛋白、β-胡萝卜素、肌醇、螺旋藻多糖、维生素 B_{12} 等），还可作为硒、铬等稀有元素的富集载体，广泛应用于饲料、保健品及化妆品行业。目前国内外工厂化培养的种类主要是钝顶螺旋蓝细菌（*S. platensis*）和极大螺旋蓝细菌（*S. maxima*），其中钝顶螺旋蓝细菌的蛋白质含量高达 53%～72%。

蓝细菌进行产氧光合作用，部分自养生物具有生物固氮活性，是生物圈所有绿色光合植物进化的起源。蓝细菌可产生大量的初级代谢产物和次级代谢产物，如多糖、蛋白质、氨基酸、不饱和脂肪酸等。有些蓝细菌具有经济价值，如地木耳（普通念珠蓝细菌 *Nostoc commune*）、发菜（发状念珠蓝细菌 *N. flagelliforme*）（图 2-55）。葛仙米（拟球状念珠蓝细菌 *N. sphaeroides*）是传统的食品。而在营养丰富的池塘和湖泊中，在水表生活的蓝细菌如组囊蓝细菌属（*Anacystis*）和鱼腥藻属（*Anabaena*）繁殖很快，可形成"水华"；有些蓝细菌受 N、P 等元素污染后易发生富营养化而产生"赤潮"。（知识扩展 2-24，见封底二维码）

图 2-55　发状念珠蓝细菌

作为干旱生境中的先锋拓展微生物，蓝细菌在沙地固定与土壤形成、表土水分捕获与保持、营养元素生物循环、植物群落发育演替等多方面起着极其重要的作用，在荒漠退化土地修复等方面具有潜在价值。

三、立克次氏体

立克次氏体（rickettsia）是由美国青年医生 Rickette（1871～1910）于 1909 年首先发现并分离的斑疹伤寒病原体，而他本人因在研究中不幸受感染，于 1910 年去世于墨西哥城。历史上曾有过多次立克次氏体病的大流行，多与战争、饥荒等有关，如在第二次世界大战时期就有过斑疹伤寒（typhus fever）、Q 热（Q fever）和恙虫病的大流行（图 2-56）。

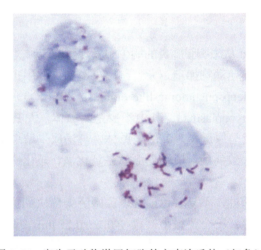

图 2-56　寄生于动物淋巴细胞的立克次氏体（红色）

立克次氏体是专性活细胞内寄生的原核小生物，其特征：①大小介于细菌与病毒之间，球状体直径为 0.2～0.5 μm，杆状体为（0.3～0.5）μm×（0.3～2）μm。在不同宿主与宿主的不同发育阶段，立克次氏体常表现出球状、双球状、短杆状、长杆状至丝状等多种形态，一般生长早期为长杆状至丝状，生长旺盛时为大小较一致的球状或球杆状。如斑疹伤寒立克次氏体在鼠肺、虱肠内繁殖的早期多为长杆状，72 h 后则是短杆状；若在鸡胚中生长，却很少出现杆状和丝状。除伯氏立克次氏体（又名 Q 热立克次氏体）外，其他立克次氏体均不能通过细菌过滤器。②无芽孢，不运动。革兰氏染色阴性，不易被碱性染料着色，但被吉姆萨（Giemsa）染色剂染成蓝色或紫色，若以麦氏染色（Macchiavello staining）法染色后绝大多数呈红色。在光学显微镜下可见，存在于宿主细胞质或细胞核中。③具有细胞壁和细胞膜，但不能在人工培养基上生长，专性活细胞寄生，因其体内酶系不完全，一些必需的养料需从宿主细胞获得。细胞膜较疏松，营养物质易通过，可透性膜使它们易从宿主细胞获得大分子物质，也决定了它们一旦离开宿主细胞则易死亡。④以裂殖即二等分裂方式进行繁殖，直至充满整个细胞，最后宿主细胞破裂，将新的立克次氏体释放到周围液体中。⑤酶系不完全，具不完整的产能代谢途径，大多只能利用谷氨酸，不能利用葡萄糖。缺少代谢活动必需的脱氢酶和辅酶 A。⑥由于长期的适应，立克次氏体形成了一种须从一个宿主传至另一个宿主的特殊生活方式，主要以节肢动物（虱、蜱、螨等）为媒介，寄生在它们的消化道表皮细胞中，通过节肢动物叮咬和排泄物传播给人和其他动物。有的立克次氏体能引起人类的流行性斑疹伤寒、恙虫病、Q 热等严重疾病，且大多是人兽共患病原体。⑦对热、干燥、光照、脱水及普通化学剂抗性差，如较耐热的伯氏立克次氏体，在 65℃下 30 min 即死亡。对磺胺及抗生素也很敏感，如四环素、氯霉素、土霉素、红霉素等对其均有抑制作用。但立克次氏体耐低温，即使在–60℃条件下，也可存活数年。

已报道的立克次氏体有 30 多种，主要类群有普氏立克次氏体（*Rickettsia prowazekii*），借虱传播斑疹伤寒；恙虫病立克次氏体（*R. tsutsugamushi*），借螨传播恙虫病等。

四、支原体

1898 年法国的 Nocard 从患胸膜肺炎的病牛中发现了胸膜肺炎微生物（pleuropneumonia organism，PPO），后从其他动物如猪、犬、鼠、禽类和人体中也陆续分离出这类菌，称为类胸膜肺炎微生物（pleuropneumonia-like organism，PPLO）。由于其能形成有分枝的长丝，故称为支原体（mycoplasma）。其中不少是病原体，尤其是一些慢性病（呼吸道疾病、胸膜肺炎、关节炎与尿道炎等）的病原体，与泌尿生殖道感染有关，是非淋菌性尿道炎及宫颈炎的第二大致病菌。植物支原体是黄化病、矮化病等的病原体，也是组织培养的污染菌。

支原体革兰氏染色阴性，不易着色，常以吉姆萨染色法染色，细胞呈淡紫色，在光学显微镜下可见。其特点：①个体很小，直径 0.2～0.25 μm，最小只有 0.1 μm，而丝状体可从几微米到 150 μm。因细胞柔软且具扭曲性，能通过直径 0.1 μm 的细菌过滤器（图 2-57），是已知独立生长和生活的最简单的生命形式，也是最小的细胞型生物。②不具细胞壁，只有细胞膜，形态多变，具有高度多形性。即使在同一培养基中，细胞也常出现不同大小的球状、环状、长短不一的丝状、杆状及不规则形等多种形态。这些丝状体通常高度分枝。由于其细胞膜上含有藿烷类化合物（hopanoid，占 36%）而坚韧性增加，在一定程度上弥补了因缺壁而带来的不足。③基因组大小为大肠杆菌基因组的 1/5～1/2，DNA 的 G+C 含量为 23%～40%。④寄生、腐生，可在人工培养基上生长，但营养要求苛刻，需在含血清、牛心浸液、酵母浸液甚至固醇的培养基上才能生长。而腐生株在一般培养基上就可生长。需氧或兼性厌氧，有的初次培养还需要 CO_2 及 N_2。培养温度 30℃、pH 7.8 左右为宜，pH 7.0 即死亡。湿度高时易生长。生长缓慢，最快也需 24～48 h，而缓慢株 3 天才出现微小菌落，菌落直径为 0.25～0.75 mm。典型的菌落像"油煎蛋"，中央较厚，颜色较深；而边缘较薄且透明，颜色较浅，需借助低倍显微镜或解剖镜进行观察。在液体培养基中生长后轻度浑浊，有的是颗粒状。很多支原体可在鸡胚绒毛尿囊膜与组织培养的基质上生长。⑤支原体生长不受抑制细胞壁合成的抗生素如青霉素、环丝氨酸等的影响，对溶菌酶也无反应，但对干扰蛋白质合成的土霉素、四环素等敏感。新霉素或卡那霉素可抑制支原体生长。

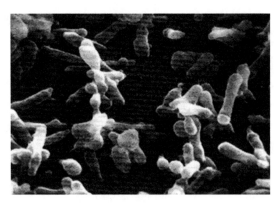

图 2-57　支原体扫描电镜图

支原体广泛分布于土壤、污水、温泉或其他温热环境，以及昆虫、脊椎动物和人体中。近年来，在正常人的唾液和咽喉部位也发现有支原体存在。已知支原体种类超过 150 种，其中寄生性的有 90 多种。

五、衣原体

衣原体（chlamydia）介于立克次氏体与病毒之间，能通过细菌过滤器，是专性活细胞寄生的一类革兰氏染色呈阴性的个体。①比立克次氏体稍小，但二者形态相似，呈球形或椭圆形。直径 0.2～0.3 μm。麦氏染色呈红色，吉姆萨染色呈紫色。②主要由蛋白质、核酸、脂类、多糖组成，但其蛋白质中缺乏精氨酸和组氨酸，DNA 的 G+C 含量约为 29%。③细胞结构与普通细菌相似，细胞壁内含胞壁酸、二氨基庚二酸。④缺乏产生能量的系统，必须依赖宿主获得 ATP，进行严格的细胞内寄生，为"能量寄生物"。⑤不耐热，在 60℃条件下 10 min 即被灭活，一般对抑制细菌的一些抗生素（红霉素、氯霉素、四环素）和药物很敏感。⑥具有独特的生活周期（图 2-58），存在具有感染能力的原体（elementary body，EB），以及无感染能力、繁殖型的始体/网状体（reticulate body，RB）两种形态。

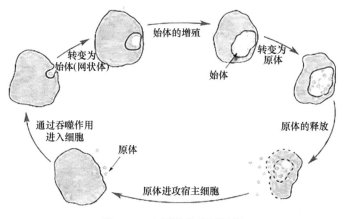

图 2-58　衣原体的生活周期

衣原体的原体细小，呈圆形颗粒状，直径约 300 nm（图 2-59）。在电镜下，原体中央有致密的类核结构，具有高度感染性。原体通过胞饮作用进入宿主细胞，在宿主细胞中，原体逐渐伸长增大，形成无感染能力的始体。始体直径 800～1200 nm，比原体大，亦为圆形颗粒，在电镜下无致密类核结构，而呈纤细的网状，外周围绕一层致密的颗粒状物质，并有两层囊膜包围。吉姆萨染色呈蓝色。始体无感染性，通过二分裂方式反复繁殖，直至形成大量新的原体，积累于细胞内，形成各种形状的包含体（inclusion body），吉姆萨染色呈深紫色。当宿主细胞破裂时原体释放，重新感染新的宿主细胞。衣原体完成一个生活周期需要 24～28 h。衣原体广泛寄生于人类、哺乳动物及鸟类，少数致病。

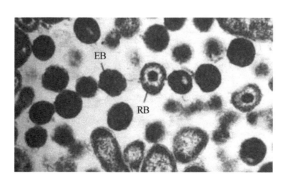

图 2-59　原体（EB）与始体（RB）

1956 年，我国微生物学家汤飞凡先生等应用鸡胚卵黄囊接种法，在国际上首先成功地分离培养出沙眼衣原体（*Chlamydia trachomatis*）。现衣原体可用多种细胞培养。

肺炎衣原体（*Chlamydia pneumoniae*）所致疾病为呼吸道感染，以肺炎为主，其可能与冠心病和心肌梗死有关。鹦鹉热衣原体（*C. psittaci*）能引起鸟的鹦鹉热，有时可传至人体。而沙眼（trachoma）是由沙眼衣原体引起的一种慢性传染性结膜角膜炎。（知识扩展 2-25，见封底二维码）

总之，细菌在自然界分布广、数量多、类群繁杂，是大自然物质循环的主要参与者。细菌结构简单，并以二分裂方式进行繁殖。细菌虽然个体微小，但群体的威力巨大。由于对它们的了解相对较少，对人类来说细菌的世界是神秘的，客观、全面地认识细菌，是利用它们的第一步。

思　考　题

1. 举例说明自然界中的球菌、杆菌和螺旋菌。
2. 细菌结构主要有哪两大类？分别有哪些成分？
3. 为什么乙醇很容易使革兰氏阴性菌脱色？
4. 请说明肽聚糖的组成，并列出肽聚糖的单体组分。
5. 革兰氏阳性菌与革兰氏阴性菌的细胞壁的肽聚糖组成有何不同？
6. 细胞壁缺陷型细菌有哪几类？各有什么异同点？

7. O 抗原存在于细胞的什么结构中？与什么成分有关？

8. 细胞膜的组分是什么？

9. 真核生物的核糖体与原核生物的核糖体组成相同吗？

10. 鞭毛由哪几部分组成，革兰氏阳性菌与革兰氏阴性菌的鞭毛有何不同？

11. 举例说明鞭毛与菌毛的差异与功能。

12. 简述荚膜的结构与功能。

13. 什么是生物塑料？

14. 芽孢的抗热机理是什么？

15. 伴孢晶体的组成成分是什么？有何实践意义？

16. 什么是菌落与克隆？

17. 按放线菌菌丝的形态和功能可将其分为几部分？

18. 放线菌的繁殖方式有哪些？

19. 蓝细菌为何能在贫瘠的沙滩及荒漠的岩石上生长？

20. 最小的细胞型生物是什么？

21. 立克次氏体为什么要专性活细胞寄生？

22. 简述衣原体独特的生活周期。

23. 如何有效地从自然界中分离产生抗生素的菌株？

参 考 文 献

Auchtung TA, Takacs-Vesbach CD, Cavanaugh CM. 2006. 16S rRNA phylogenetic investigation of the Candidate division "Korarchaeota". Applied and Environmental Microbiology, 72(7): 5077-5082.

Baker ETM, German CR. 2004. On the global distribution of hydrothermal vent fields. Geophysical Monograph, 148: 245-266.

Barns SM, Delwiche CF, Palmer JD, et al. 1996. Perspectives on archaeal diversity, thermophily and monophyly from environmental rRNA sequences. Proc Natl Acad Sci USA, 93: 9188-9193.

Huber H, Hohn MJ, Rachel R, et al. 2002. A new phylum of archaea represented by a nanosized hyperthermophilic symbiont. Nature, 417: 63-67.

Kashefi K, Lovley DR. 2003. Extending the upper temperature limit for life. Science, 301: 934.

Paper W, Jahn U, Hohn MJ, et al. 2007. *Ignicoccus hospitalis* sp. nov., the host of '*Nanoarchaeum equitans*'. Int J Syst Evol Microbiol, 57: 803-808.

Pennisi E. 2022. Largest bacterium ever discovered has an unexpectedly complex cell. Science, 375: 6584.

Powers W. 2000. Isolation of a 250 million-year-old halotolerant bacterium from a primary salt crystal. Nature, 407: 897-900.

Reysenbach AL, Cady SL. 2001. Microbiology of ancient and modern hydrothermal systems. Trends in Microbiololgy, 9(2): 79-86.

Takai K, Nakamura K, Toki T, et al. 2008. Cell proliferation at 122℃ and isotopically heavy CH$_4$ production by a hyperthermophilic methanogen under high pressure cultivation. Proc Natl Acad Sci USA, 105(31): 10949-10954.

第三章 古　菌

导　言

古菌是进化世系中不同于细菌和真核生物的一类原核生物,在生理习性、代谢途径、遗传机制等方面呈现出不同的特点。古菌具有一些奇特的生活习性与丰富的碳代谢途径,在许多生物地球化学循环中起着不可或缺的作用,如甲烷生成和厌氧甲烷氧化两个重要的碳循环过程可由厌氧古菌完成。古菌可能是最古老的生命体,其包括广古菌门,以及 TACK、DPANN 和阿斯加德(Asgard)三个超级门。

本章知识点(图 3-1):

1. 古菌所处的生态环境,也许代表着生命的极限。
2. 古菌细胞构成的特异性。
3. 古菌所包含的类群及特性。
4. TACK 超级门、DPANN 超级门和阿斯加德超级门。

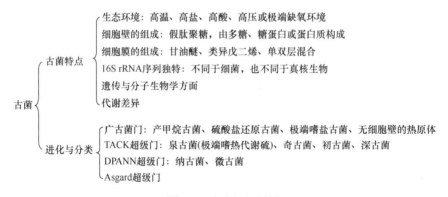

图 3-1　本章知识导图

关键词:三域学说、16S rRNA 基因、古菌、极端环境、类胡萝卜素、假肽聚糖、N-乙酰氨基塔罗糖醛酸(T)、醚键、酯键、植烷、类异戊二烯、植烷甘油醚、甘油二醚、二甘油四醚、甘油二烷基甘油四醚(GDGT)、类异戊二烯 GDGT(iGDGT)、古菌醇、泉古菌醇、sn-2-羟基古菌醇、二植烷、环戊基环、广古菌门、产甲烷古菌、硫酸盐还原古菌、极端嗜盐古菌、热原体、TACK 超级门、泉古菌门、奇古菌门、初古菌门、DPANN 超级门、纳古菌门、微古菌门、Asgard 超级门

基于小亚基 rRNA(SSU rRNA)的分子系统发育分析,1977 年美国科学家 Woese

和 Fox 等发现了生命的第三条进化线——古菌（archaea），其在 16S rRNA 的系统发育树上和其他原核生物形成了明显的独立世系（lineage），占据完全不同的地位。它既不同于原核的细菌，也不同于真核生物，是生命的第三种形式。研究认为生物界明显地存在 3 个不同的发育系统：古菌（archaea）、细菌（bacteria）与真核生物（eukaryote），这就是组成生命的三域学说。现有研究表明，古菌和细菌大约在 40 亿年前从它们的共同的生命始祖（last universal common ancestor，LUCA）分叉进化产生，而现代的真核生物又是从古菌分叉进化形成，这就使得古菌成为一种引人注目的生命形式。（知识扩展 3-1，见封底二维码）

古菌具有独特的遗传、生化和细胞特征，可利用有机或无机电子供体和受体进行各种各样的能量代谢。许多古菌可从无机来源中固定碳，并且影响温室气体的排放。尽管古菌与细菌同属于原核生物，它们在细胞形态、生长繁殖及代谢方面都较相似，但是古菌在生态、细胞结构、16S rRNA 等方面有别于细菌；研究发现，古菌的基因组结构（内含子、组蛋白）、DNA 复制、转录和翻译机制等类似于真核生物，说明古菌是一条不同于细菌和真核生物的进化线。

古菌曾被称为古细菌（archaebacteria），被发现生活于各种极端自然环境下，如大洋底部的高压热液口（hydrothermal vent）、深海热泉（hot spring）、盐碱湖、厌氧环境等。从某种程度上来说，古菌代表着高温、高压、高盐、低 pH 和缺氧等生命的极限，决定了生物圈的范围。然而，随着不依赖于培养的分子技术的快速发展，通过宏基因组研究，人们发现古菌存在于地球上的各种环境中，分布非常广泛，从淡水、土壤、河流、红树林、海洋沉积物等自然环境到人类的口腔、大肠和皮肤都有古菌存在。最新的研究表明，古菌占有地球总生物量的 20%，并参与了碳、氮、硫等重要元素的生物地球化学循环。古菌代谢非常多样，特别是甲烷生成和厌氧甲烷氧化两个过程完全由厌氧古菌完成。古菌对全球营养循环至关重要，加之其特殊的进化地位，其已逐渐成为微生物学研究的热点。

第一节 古 菌 特 点

古菌在形态、生理特征上独具特点，革兰氏染色可以是阴性或阳性，细胞团呈多种颜色，如红色、紫色、黄色和白色等（图 3-2）。古菌一般可生长在严格厌氧、高盐、热液和地热等极端环境中。其中，大部分嗜盐古菌可产生类胡萝卜素（carotenoid），以避免强光的辐射伤害。因此，当嗜盐古菌达到一定数量时，可能导致其栖息环境变为红色。

在显微镜下，古菌与细菌类似，为单细胞，但形状各异，呈球形、杆状、耳垂形、圆盘状、叶片状或块状，也有三角形、方形或不规则形状，圆盘带有附属丝或多形态等（图 3-3）。有的呈丝状体或聚集体。直径 0.1～15 μm 甚至以上，有些丝状体能生长至长度 200 μm。其繁殖方式为二分裂、出芽、裂殖等。

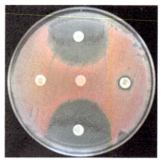

图 3-2　嗜盐古菌（*Halobacterium salinarum*）的菌落（左）与菌苔（右）

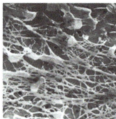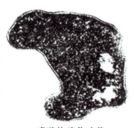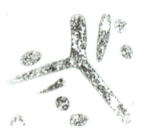

方形嗜热古菌　　　　隐蔽热网菌　　　　嗜酸热硫化叶菌　　　　嗜热变形杆菌
(*Haloquadratum walsbyi*)　(*Pyrodictium occultum*)　(*Sulfolobus acidocaldarius*)　(*Thermoproteus tenax*)

图 3-3　古菌的形状

利用现代生物学方法发现，古菌与细菌在生境、细胞的构成（如细胞壁、细胞膜）、16S rRNA 组成、遗传与分子生物学、代谢等方面都有很大的差异。

一、生态环境（知识扩展 3-2，见封底二维码）

古菌常生活于一些极端恶劣的环境中，如高温、高盐、高酸、高压或极端缺氧等，其特殊的生境与地球生命起源初期的环境很相似。

1972 年 Brock 及其研究小组在美国黄石国家公园的一处酸性热泉中分离了一株极端嗜热古菌——嗜酸热硫化叶菌（*Sulfolobus acidocaldarius*），其能在 85℃环境中生存。1981 年超嗜热古菌——炽热甲烷嗜热菌（*Methanothermus fervidus*）和嗜热变形杆菌（*Thermoproteus tenax*）在冰岛地热区分离出来。1982 年自 2600 m 深海热液口分离的詹氏甲烷球菌（*Methanococcus jannaschii*）能在高达 94℃和 20 MPa 的极端条件下生长。1983 年在深海火山口发现隐蔽热网菌（*Pyrodictium occultum*），其最适生长温度为 105℃。1997 年在大西洋黑烟囱热液喷口的热泉中分离到延胡索酸火叶菌（*Pyrolobus fumarii*），其可在高达 113℃的温度下生长。最高生长温度为 121℃的 *Geogemma barossii* 121 菌株，以及生长压力为 20 MPa 时最高生长温度为 122℃的 *Methanopyrus kandleri* 116 菌株，能受住超过水沸点的高温考验。

随着古菌研究的不断深入，生命的极限不断被刷新。嗜苦菌属（*Picrophilus*）的灼热嗜酸古菌（*Picrophilus torridus*）可以在 pH 为 0 的环境（相当于 1.2 mol/L 硫酸）下生存，是已知最耐酸的生命体。嗜盐古菌是一类需在高盐（大于 1.5 mol/L）环境下生存的古菌类群，广泛分布于盐湖、盐矿和盐田等高盐环境中（图 3-4），有些嗜盐古菌能够在饱和盐浓度（大于 5 mol/L）下生存。古菌所生存的极端环境与火星环境相近，推测这些古菌在火星上依然能够生存。

图 3-4　盐湖和盐矿栖息着大量嗜盐古菌

二、细胞壁的组成

除热原体属（*Thermoplasma*）外，其他古菌具有细胞壁。然而，古菌的细胞壁化学成分却独特而多样，与细菌细胞壁的差别也很大。已研究的一些古菌，其细胞壁没有真正的肽聚糖，而是由多糖、糖蛋白或蛋白质构成。有的是以蛋白质为主，有的含杂多糖，有的类似于肽聚糖。但不管怎样，多糖链都不含胞壁酸，也无 D 型氨基酸和二氨基庚二酸。古菌的细胞壁有以下几种类型。

1. 假肽聚糖细胞壁

甲烷杆菌属（*Methanobacterium*）的细胞壁是假肽聚糖（pseudopeptidoglycan），其多糖骨架不含 *N*-乙酰胞壁酸（M），而由 *N*-乙酰葡糖胺（G）和 *N*-乙酰氨基塔罗糖醛酸（*N*-acetyltalosominuronic acid，T）以不能被溶菌酶水解的 β-1, 3-糖苷键交替连接而成。连在 *N*-乙酰氨基塔罗糖醛酸（T）上的肽链（短肽）由 L-谷氨酸（L-Glu）、L-丙氨酸（L-Ala）和 L-赖氨酸（L-Lys）三个 L 型氨基酸组成，肽桥则是 L-谷氨酸（L-Glu）单个氨基酸（图 3-5）。青霉素对假肽聚糖无作用。因此，古菌对溶菌酶和青霉素类的 β-内酰胺类抗生素不敏感。

2. 独特的多糖型细胞壁

甲烷八叠球菌属（*Methanosarcina*）缺乏假肽聚糖，其细胞壁含有独特的多糖，如半乳糖胺（galactosamine）、葡萄糖醛酸（glucuronic acid）、葡萄糖，不含磷酸和硫酸。这类细胞壁可被染成革兰氏阳性。

3. 硫酸化多糖细胞壁

极端嗜盐的盐球菌属（*Halococcus*）细胞壁是由硫酸化多糖（sulfated polysaccharide）

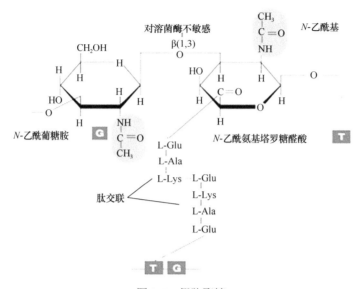

图 3-5　假肽聚糖

N-乙酰葡糖胺（G）、N-乙酰氨基塔罗糖醛酸（T）

组成的，其中含葡萄糖、甘露糖（mannose）、半乳糖（galactose）及其氨基糖，以及糖醛酸（uronic acid）和乙酸（图 3-6）。硫酸化多糖类似于动物结缔组织的软骨素硫酸盐的杂多糖。

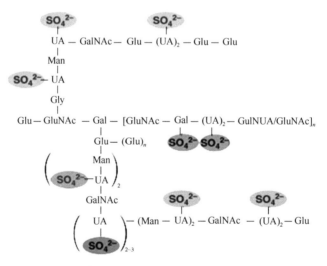

图 3-6　盐球菌属（*Halococcus*）的细胞壁组成成分

UA. 糖醛酸；Glu. 葡萄糖；Gal. 半乳糖；Gly. 甘氨酸；GluNAc. 乙酰葡糖胺；GulNUA. N-乙酰谷氨酸；Man. 麦芽糖

4. 糖蛋白型细胞壁

盐杆菌属（*Halobacterium*）的细胞壁由糖蛋白（glycoprotein）组成，其中包括葡萄糖、葡糖胺、核糖、甘露糖和阿拉伯糖，其蛋白质部分则由大量酸性氨基酸，特别是天冬氨酸（Asp）组成。这种带负电荷的细胞壁可以平衡环境中高浓度的 Na^+，从而使菌体能很好地生活在 20%～25%的高盐溶液中。

5. 蛋白质型细胞壁

蛋白质型细胞壁主要存在于少数产甲烷的古菌中，其由蛋白质组成。如甲烷球菌属（*Methanococcus*）的细胞壁由几种不同的蛋白质组成。而甲烷螺菌属（*Methanospirillum*）的细胞壁由同种蛋白质的许多亚基组成。

三、细胞膜的组成

细菌和真核生物细胞膜内的类脂是直链饱和脂肪酸或不饱和脂肪酸与甘油相连的甘油酯；古菌细胞膜内的类脂却是由分支的长链碳氢化合物形成的甘油醚（图 3-7），其碳氢化合物是异戊二烯还原形成的植烷（phytane）。所以，古菌细胞膜中所含的类脂是不可皂化的，其中中性类脂以类异戊二烯（isoprenoid）为主，极性类脂以植烷甘油醚（phytanyl glycerol ether）为主。古菌的细胞膜比细菌或真核生物具有更明显的多样性。古菌的细胞膜不含有细菌细胞膜的藿烷类化合物（hopanoid）。

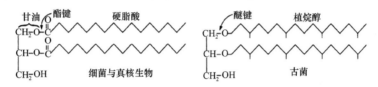

图 3-7　古菌与细菌细胞膜中类脂的结构差异

1. 具有独特的细胞学及生物化学特征

尽管古菌各类群生活习性大相径庭，但是它们有着共同的、有别于其他生物的特性。如古菌细胞膜含有分支碳氢链与 D 型磷酸甘油，而细菌及真核生物细胞膜则含有不分支脂肪酸与 L 型磷酸甘油（图 3-8）。在甘油的 3C 分子上，可连接多种不同的基团，如磷酸酯键、硫酸酯键以及多种糖基等。

2. 细胞膜磷脂分子的构成与细菌相差较大

细菌与真核生物中的磷脂分子由含 16～18 个碳原子的脂肪酸（疏水尾）通过酯键（ester linkage）与甘油骨架（亲水头）的碳位相连；而古菌的磷脂分子由 20 个碳的类异戊二烯与甘油骨架的碳位通过醚键（ether linkage）相连（图 3-9），组成疏水尾的长链烃是异戊二烯的重复单位，如四聚体植烷、六聚体鲨烯（squalene）等，疏水尾与亲水头连接成甘油二醚（glycerol diether）或二甘油四醚（diglycerol tetraether）等（图 3-10）。

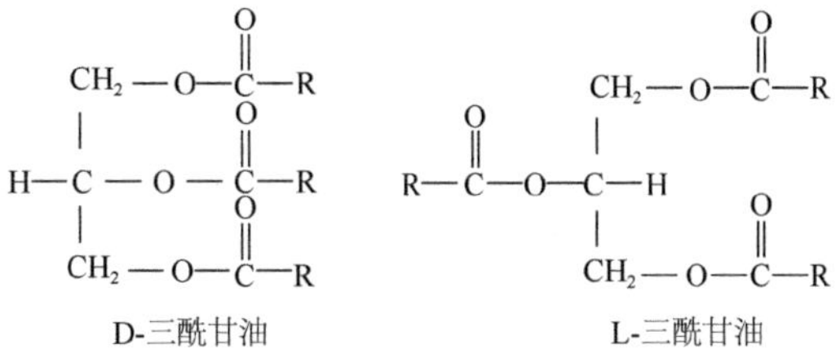

D-三酰甘油　　　　　　　　　　　L-三酰甘油

图 3-8　D 型与 L 型三酰甘油

三酰甘油加磷酸基团后即为磷酸甘油

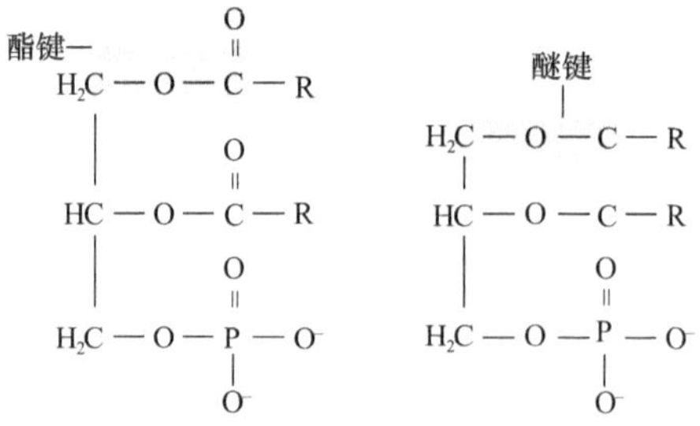

图 3-9　酯键（左）与醚键（右）

左图为细菌的脂类，右图为古菌的脂类

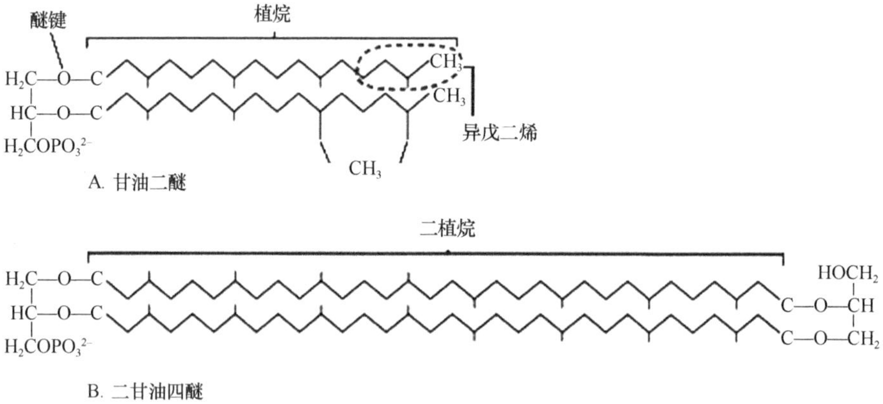

A. 甘油二醚

B. 二甘油四醚

图 3-10　甘油二醚和二甘油四醚

甘油二烷基甘油四醚（glycerol dialkyl glycerol tetraether，GDGT）包括类异戊二烯 GDGT（isoprenoid GDGT，iGDGT）和支链 GDGT（branched GDGT，bGDGT）两类。iGDGT 被认为是古菌细胞膜中所特有的，被作为古菌存在的生物标志物，其碳链带有不同数量的五元环或六元环。iGDGT 包含 0～4 个五元环（GDGT-0、GDGT-1、GDGT-2、GDGT-3 和泉古菌醇）（图 3-11），如奇古菌和广古菌。泉古菌醇（crenarchaeol）则同时携带五元环以及六元环，是奇古菌的产物。由于醚键对强酸、强碱、高温均有很强的抗性，故极端嗜盐、嗜碱、嗜热、嗜酸古菌均能在高盐、高碱、高温和高酸的环境中生活。

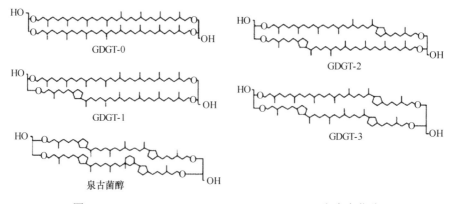

图 3-11　GDGT-0、GDGT-1、GDGT-2、GDGT-3 和泉古菌醇

3. 细胞膜为独特的单双层膜

古菌的细胞膜中存在着独特的单分子层膜，或者是单、双分子层混合膜（图 3-12）。

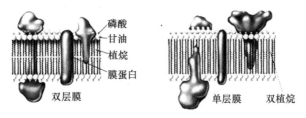

图 3-12 细菌的双层膜与古菌的单、双层膜

古菌细胞膜为双植烷甘油二醚（又称古菌醇，archaeol）构成的双分子层膜结构，以及双植烷甘油二醚二聚体双植烷二甘油四醚（caldarchaeol）或双植烷甘油诺尼醇四醚（nonitolcaldarchaeol）构成的单分子层膜结构。植烷基二醚分子可排列形成双分子层膜，即 1 分子甘油和 2 分子 C_{20} 植烷基形成甘油二醚；当磷脂为二甘油四醚时，连接两端 2 个甘油分子间的两个植烷侧链间发生共价结合，即 2 分子甘油和 2 分子 C_{40} 植烷基形成甘油四醚。双植烷（diphytanyl）就成了独特的单分子层膜。

古菌的醚键膜类脂包括具有双醚键的古菌醇系列与具有四醚键的 iGDGT 系列。iGDGT 系列化合物可构成单分子层膜，单分子层膜比双分子层膜有更高的热稳定性。广古菌的主要脂类是古菌醇和 sn-2-羟基古菌醇（sn-2-hydroxyarchaeol）（图 3-13）。而氨氧化古菌的主要脂类是含有一个六元环和 4 个五元环的泉古菌醇（crenarchaeol）（图 3-11）。这种稳定的结构使得古菌细胞膜非常坚固，可抵抗极其恶劣的外界条件。如极端嗜热的热原体属（*Thermoplasma*）和硫化叶菌属（*Sulfolobus*）几乎全都是四乙醚单层膜。目前发现单分子层膜多存在于嗜高温的古菌中，其原因可能是这种膜的机械强度要比双分子层膜更高。

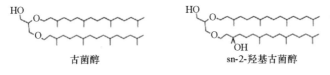

图 3-13 古菌醇和 sn-2-羟基古菌醇

细菌与古菌的细胞膜高温适应机制区别很大。极端嗜热细菌主要通过提高磷脂分子中饱和脂肪酸的比例、增加磷脂分子中磷脂酰烷基链的长度，以及提高异构化支链的比例来增强细胞膜的热稳定性（表 3-1）。饱和脂肪酸之间存在较强的疏水作用，可增强细胞膜在高温条件下的刚性，从而使其在高温条件下更加稳定。

表 3-1 细菌、古菌和真核生物细胞膜结构的比较

项目	古菌	细菌	真核生物
疏水链	类异戊二烯	脂肪酸	脂肪酸
键	醚键	酯键	酯键
膜结构	单层或双层	双层	双层
膜的增强剂	六元环/五元环	藿烷类	甾醇

4. 细胞膜形成碳原子环

古菌细胞膜中的疏水链可带分支，分支链能够形成碳原子环。二甘油四醚包含 40 个碳，其可通过环合链形成五碳的环。四醚的双植烷链包含 1～5 个数目不等的环戊基（cyclopentyl）环。一些嗜热古菌如热原体目（Thermoplasmatales）的细胞膜中每条 C_{40} 双植烷链都含有 0～4 个环戊基环结构。环戊基环可以稳定细胞膜的结构，增加环戊基环的数量，可进一步提高细胞膜的机械强度、降低细胞膜的流动性，有助于古菌生活在极端环境中，如奇古菌的细胞膜就含有 4 个五元环和 1 个六元环（图 3-14，图 3-15）。

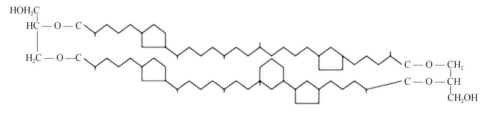

图 3-14 奇古菌细胞膜的分支链碳原子环结构

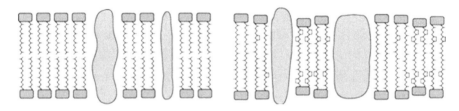

图 3-15 双分子层膜（左）与四醚的植烷链单分子层膜（右）

5. 独特脂类的细胞膜

磷脂分子上的疏水链常为异戊二烯的聚合体。异戊二烯是烯萜类化合物（图 3-16）中最简单的成员，可以连接很多种类的化合物，仅嗜盐菌类细胞膜中就已发现有紫膜质（bacteriorhodopsin）、α-胡萝卜素（α-carotene）、β-胡萝卜素、番茄红素（lycopene）、视黄醛（retinal）和萘醌（naphthoquinone）等。其中，视黄醛可与蛋白质结合成视紫红质（rhodopsin）。

图 3-16 烯萜类化合物

MVA. 甲羟戊酸；IPP. 异戊烯焦磷酸；DMAPP. 二甲基烯丙基焦磷酸；GPP. 牻牛儿基焦磷酸；FPP. 法尼基焦磷酸；GGPP. 牻牛儿基牻牛儿基焦磷酸

四、16S rRNA 序列独特

古菌既不同于细菌，也不同于真核生物，被认为是一类 16S rRNA 及其他细胞成分与细菌及真核生物均有所不同的特殊类群（图 3-17）。比较生物化学的研究结果表明，古菌与细菌有着本质的区别，这种区别与两者在系统发育学亲缘关系的疏远是一致的。

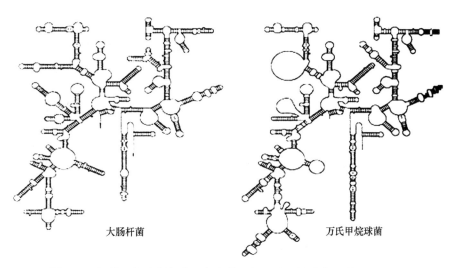

大肠杆菌　　　　　　　万氏甲烷球菌

图 3-17　细菌（如大肠杆菌）与古菌（如万氏甲烷球菌）的 16S rRNA

五、遗传与分子生物学方面

古菌和真核生物都具有细菌缺乏的特征，如组蛋白、复杂 RNA 聚合酶和以甲硫氨酸起始翻译。古菌的形态与细菌相似，虽然其基因组 DNA 也呈闭合环状，G+C 含量为 21%～68%，基因也组成操纵子，但核糖体 30S 亚基的形状、tRNA 结构及对抗生素的敏感性等均与细菌不同，tRNA 不含胸腺嘧啶，不为利福平所抑制。在基因组结构、DNA 复制、转录、翻译机制等方面，古菌具有明显的真核生物特征，如启动子、转录因子、DNA 聚合酶、RNA 聚合酶等均与真核生物相似。古菌 RNA 聚合酶由多个亚基组成，如产甲烷古菌和极端嗜热古菌的 RNA 聚合酶含有 8 个亚基，而极端嗜热古菌中至少有 10 个多肽亚基。真核生物的主要 RNA 聚合酶含有 10～14 个亚基，其多肽分子和古菌较接近。此外，白喉毒素对真核生物的蛋白质合成延长因子有抑制作用，对古菌也有抑制作用，但不影响细菌的生长。基因中的插入序列也叫内含子，但这种序列只能被转录不能被翻译。蛋白质翻译时的起始 tRNA，真核生物与古菌都是用甲硫氨酰 tRNA，而不是像细菌用甲酰甲硫氨酰 tRNA。对细菌蛋白质合成有抑制作用的抗生素，如氯霉素（chloramphenicol）、卡那霉素（kanamycin）、利福霉素（rifamycin）等对古菌和真核生物无作用，对真核生物转录有促进作用的抗生素对古菌也有促进作用。

1996 年美国研究机构对第一个嗜热产甲烷古菌——詹氏甲烷球菌（*Methanococcus jannaschii*）进行了基因组测序，使其成为继细菌——流感嗜血杆菌（*Haemophilus influenzae*）和生殖分枝杆菌（*Mycobacterium genitalium*），以及真核生物——酿酒酵母（*Saccharomyces cerevisiae*）之后第四个完成基因组测序的生物。詹氏甲烷球菌共有 1738 个基因，其中人们从未见过的基因竟占了 56%。而对 44% 功能或多或少已知的基因分析发现，古菌在产能、细胞分裂、代谢等方面与细菌相近，而在转录、翻译和复制方面与真核生物类似。

六、代谢差异

古菌各类群之间的代谢类型变化较大，没有发现 6-磷酸果糖激酶，不能利用糖酵解途径。极端嗜盐古菌和嗜热古菌采用一种 ED（Entner-Doudoroff）修饰途径异化，产生丙酮酸和还原型烟酰胺腺嘌呤二核苷酸（NADH）或还原型烟酰胺腺嘌呤二核苷酸磷酸（NADPH）。产甲烷古菌不分解葡萄糖。嗜盐古菌和产甲烷古菌以 EMP（Embden-Meyerhof-Parnas）途径之逆方向产生葡萄糖。古菌可氧化丙酮酸生成乙酰辅酶 A，产甲烷古菌没有完整的三羧酸（TCA）循环，嗜盐古菌和嗜热古菌有功能性呼吸链。甲烷的生成和厌氧甲烷氧化是碳循环的重要步骤，而这两个过程由厌氧古菌完成。氨氧化古菌（如 SCM1）可在黑暗、缺氧的环境中自行合成氧气，用于氨氧化反应。（知识扩展 3-3，见封底二维码）

第二节　古菌进化与分类

目前对于微生物的认知会受到无法培养微生物的限制，但随着基因测序技术的不断发展，基于未培养（非培养）的分子生态学技术，如荧光原位杂交（fluorescence *in situ* hybridization，FISH）、16S rRNA 基因测序、宏基因组学，以及大规模比较基因组学在研究中的应用，许多新的古菌类群不断被发现，古菌分类数量激增。截至 2021 年底，根据原核生物标准命名表（List of Prokaryotic names with Standing in Nomenclature，LPSN）（https://lpsn.dsmz.de/），古菌域共包含 18 个门，分别为谜古菌门（Ca. Aenigmarchaeota）、曙古菌门（Ca. Aigarchaeota）、泉古菌门（Crenarchaeota）、丙盐古菌门（Ca. Diapherotrites）、广古菌门（Euryarchaeota）、Ca. Hadarchaeota、Ca. Huberarchaeota、Ca. Hydrothermarchaeota、初古菌门（Ca. Korarchaeota）、洛基古菌门（Ca. Lokiarchaeota）、微古菌门（Ca. Micrarchaeota）、纳古菌门（Ca. Nanoarchaeota）、纳盐古菌门（Ca. Nanohaloarchaeota）、小古菌门（Ca. Parvarchaeota）、奇古菌门（Thaumarchaeota）、Ca. Thermoplasmatota、水古菌门（Ca. Undinarchaeota）和佛斯特拉古菌门（Ca. Verstraetearchaeota）。其中绝大多数可培养的古菌来自泉古菌门（Crenarchaeota）、广古菌门（Euryarchaeota）与奇古菌门（Thaumarchaeota）这三个门，而其他门的多数古菌则是通过微生物宏基因组测序得到的微生物暗物质（microbial dark matter）被发现，均显示为“暂定”（candidatus，Ca.）状态，故在门名称前标注“Ca.”。（知识扩展 3-4，见封底二维码）

基于从环境中挖掘未培养群体的基因组及系统发育分析，研究人员对古菌中原有的类群进行重新归纳整理，并形成了广古菌门（Euryarchaeota），以及 3 个古菌超级门（superphylum），即 TACK 超级门、DPANN 超级门和阿斯加德（Asgard）超级门（图 3-18）。

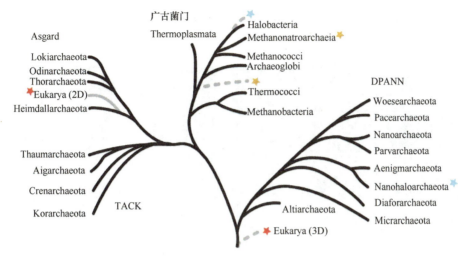

图 3-18　古菌主要类群的系统发育树

星号为最有可能进化为真核生物的分支

一、广古菌门

广古菌包含了古菌中大多数种类，其中有在动物肠道中发现的产甲烷菌、在极高盐浓度下生活的盐杆菌与超嗜热的好氧菌和厌氧菌，也有在海洋中发现的类群。它们生境不同，有不同的代谢类型。广古菌门有 8 纲 9 目 16 科，为盐杆菌纲（Halobacteria）、甲烷杆菌纲（Methanobacteria）、甲烷球菌纲（Methanococci）、甲烷微菌纲（Methanomicrobia）、甲烷火菌纲（Methanopyri）、古球状菌纲（古丸菌纲，Archaeoglobi）、热原体纲（Thermoplasmata）和热球菌纲（Thermococci）。

根据其表型特征，广古菌可分为产甲烷古菌、极端嗜盐古菌、硫酸盐还原古菌和无细胞壁的热原体 4 个独特的类群。而产甲烷古菌是这个门中的优势生理类群。

1. 产甲烷古菌

经分子钟计算，产甲烷古菌祖先大约出现在晚冥古宙或太古宙时期（38 亿～41 亿年前），是地球上生命起源较早的化能自养或异养的古菌，在形态和生理上有极大差异。这是一种严格厌氧、能在无阳光条件下生存、借助化学反应的能量或地热等进行新陈代谢的古老生物，以简单的二碳化合物和氢气、甲基物（甲酸、甲醇）、乙酸为基质产生甲烷。已鉴定的产甲烷古菌分属于甲烷杆菌目（Methanobacteriales）、甲烷球菌目（Methanococcales）、甲烷微菌目（Methanomicrobiales）、甲烷八叠球菌目（Methanosarcinales）、甲烷火菌目（Methanopyrales）、甲烷胞菌目（Methanocellales）和马赛球菌目（Methanomassiliicoccales）7 个目。前 6 个目已获得了纯培养菌株。

产甲烷古菌包括了球形、杆形、螺旋形、长丝状等不同形态，广泛存在于自然界有机质丰富的严格无氧环境中，如沼泽地、水稻田、湖泥、温泉、污水和垃圾处理场、反刍动物的瘤胃及消化道、沼气发酵池中，参与地球上的碳循环，在沼气发酵、污水处理和解决我国农村能源问题方面有广泛的应用，如嗜热自养甲烷杆菌（*Methanobacterium thermoautotrophicum*）、亨氏甲烷螺菌（*Methanospirillum hungatei*）、甲烷短杆菌属（*Methanobrevibacter*）（图 3-19）。

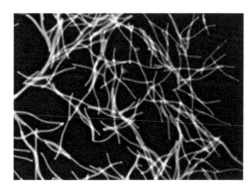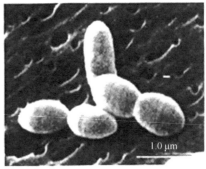

图 3-19　嗜热自养甲烷杆菌（左）与甲烷短杆菌（右）

根据产甲烷基质的不同，产甲烷古菌的三条经典代谢途径为氢营养型（hydrogenotrophic）、甲基型（methyltrophic）和乙酸型（aceticlastic）。

（1）氢营养型即 CO_2 还原型的底物为 CO_2、甲酸、CO，从 H_2、某些醇类或丙酮酸获得电子。

$$CO_2 + 4H_2 \longrightarrow CH_4 + 2H_2O \qquad \Delta G^\theta = -131 \text{ kJ/反应}$$

$$4 \text{ HCOO}^- + 4H^+ \longrightarrow CH_4 + 3 CO_2 + 2H_2O \qquad \Delta G^\theta = -145 \text{ kJ/反应}$$

$$4 \text{ CO} + 2H_2O \longrightarrow CH_4 + 3 CO_2 \qquad \Delta G^\theta = -210 \text{ kJ/反应}$$

氢营养型产甲烷古菌在生成甲烷的过程中，有许多独特的辅酶参与，如碳携带者为甲烷呋喃（methanofuran，MFR）、四氢叶酸（tetrahydrofolate，THF）、四氢甲烷蝶呤（tetrahydromethanopterin，H_4MPT）或辅酶 M（HS-CoM，2-硫基乙烷磺酸）等。电子载体包括 F_{420} 黄素单核苷酸（CoF_{420}，FMN 的衍生物）、辅酶 B 和辅酶 F_{430}（CoF_{430}，镍四吡咯）。氢营养型产甲烷古菌能通过巯基 H_4MPT/THF 甲基转移酶将 Wood-Ljungdahl（WL）途径和产甲烷过程相结合。具体而言，CO_2 首先经过 Wood-Ljungdahl 途径被还原为 H_4MPT/THF，巯基 H_4MPT/THF 甲基转移酶则将 H_4MPT/THF 转换为甲基辅酶 M，之后，甲基辅酶 M 被甲基辅酶 M 还原酶（methyl-coenzyme M reductase，MCR）还原为甲烷，即 CO_2 先被甲酰甲烷呋喃脱氢酶还原为甲酰基，然后与 H_4MPT/THF 结合，再依次被还原为次甲基、亚甲基和甲基，生成甲基四氢甲烷蝶呤/甲基四氢叶酸，甲基进一步被转移，最后生成甲烷（图 3-20）。因此，甲基辅酶 M 还原酶编码基因（*mcrA*）可作为产甲烷古菌多样性的分子标记。

（2）甲基型即甲基化合物还原型的底物有甲醇（CH_3OH）、甲基胺（$CH_3NH_3^+$）、二甲基胺[$(CH_3)_2NH_2$]、三甲基胺[$(CH_3)_3NH_2$]、巯甲基（CH_3SH）、二甲基硫[$(CH_3)_2S$]等。

$$4 CH_3OH \longrightarrow 3 CH_4 + CO_2 + 2H_2O \qquad \Delta G^\theta = -319 \text{ kJ/反应}$$

$$CH_3OH + H_2 \longrightarrow CH_4 + H_2O \qquad \Delta G^\theta = -113 \text{ kJ/反应}$$

$$4 CH_3NH_3Cl + 2 H_2O \longrightarrow 3 CH_4 + CO_2 + 4NH_4Cl \qquad \Delta G^\theta = -230 \text{ kJ/反应}$$

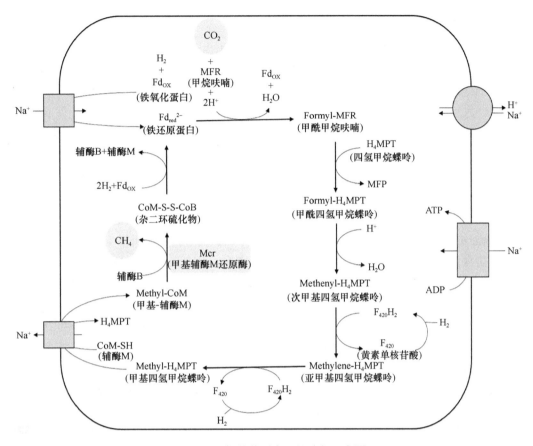

图 3-20 氢营养型产甲烷途径示意图

（3）乙酸型即乙酸裂解型的底物是乙酸，乙酸被裂解产生甲基化合物和羧基基团，而羧基基团被氧化 CO_2，产生电子供体 H_2 用于还原甲基化合物形成甲烷。

$$CH_3COO^- + H_2O \longrightarrow CH_4 + HCO_3^- \qquad \Delta G^0 = -31 \text{ kJ/反应}$$

甲烷是清洁燃料，产甲烷古菌能氧化 Fe^0 造成铁管周围重腐蚀，地球暖化现象除 CO_2 外，甲烷菌也是重要因素之一，甲烷的温室效应比 CO_2 高 4 倍。近年来又有报道，广古菌门的新型产甲烷古菌也能利用 H_2 还原甲基化合物产生甲烷（具体见第七章）。

2. 硫酸盐还原古菌

硫酸盐还原古菌（sulfate-reducing archaea）主要隶属于古生球菌目（Archaeoglobales），革兰氏阴性，细胞呈不规则的球状，常为三角形，单个或成对。在 420 nm 波长处细胞呈蓝绿色荧光。菌落呈黑绿色，光滑。严格厌氧，利用氢、甲酸盐、乳酸盐、葡萄糖和酵母粉为电子供体，硫酸盐、亚硫酸盐和硫代硫酸盐为电子受体，将电子受体还原成硫化物，但不能利用元素硫作为电子受体。代表种闪烁古生球菌（*Archaeoglobus fulgidus*），分布于深海海底、热泉和地层深部储油层。化能自养，单极多生鞭毛。古生球菌由于含有少量的 F_{420}、辅酶 M，在培养过程中会产生少量甲烷。

3. 极端嗜盐古菌

极端嗜盐古菌是在高浓度甚至接近盐饱和溶液中生活的一类菌，大多数种在 2.0～4.0 mol/L NaCl 浓度（12%～23%）时生长较好，最高生长 NaCl 浓度为 5.5 mol/L（32%～36%），而当盐浓度低于 10%（1.5 mol/L）时则不能生长。细胞为杆形、球形、三角形、多角形、方形、盘形等多形态，革兰氏阴性，极生鞭毛。好氧或兼性厌氧，化能有机营养，生长需要复杂的营养，如蛋白质和氨基酸。利用氨基酸或碳水化合物作碳源，细胞内积累高浓度盐离子或相容性溶质进行渗透调节。分布于死海、盐湖、盐碱湖和晒盐池、粗盐腌制的高盐食品（咸鱼、咸肉）表面等环境中，可引起腌制食品腐败和脱色。多数细胞内含有色的中性脂，如 C_{50} 类胡萝卜素、菌红素等，使菌体呈现红色。

截至 2020 年底，嗜盐古菌纲包括了盐杆菌目（Halobacteriales）、富盐菌目（Haloferacales）、无色嗜盐菌目（Natrialbales）3 个目。其中，盐杆菌目（Halobacteriales）下包含盐盒菌科（Haloarculaceae）、盐杆菌科（Halobacteriaceae）和 Halococcaceae；富盐菌目（Haloferacales）下包含富盐菌科（Haloferacaceae）和盐红菌科（Halorubraceae）；无色嗜盐菌目（Natrialbales）下只有无色嗜盐菌科（Natrialbaceae）1 个科。

极端嗜盐古菌不仅嗜盐，而且需要高浓度的 Na^+，甚至是接近盐饱和状态的 Na^+，以进行正常的生理功能、维持蛋白质和酶的活性与稳定性，但其细胞内的 Na^+ 浓度却不高。现认为微生物的嗜耐盐机制有两种：①内盐机制（internal salt mechanism），通过细胞质内积累"平衡离子"来抗衡渗透压，即细胞通过在细胞质内积累与外界环境相近浓度的 K^+ 来平衡细胞内外的渗透压。嗜盐古菌具有浓缩吸收外部 K^+，并向胞外排放 Na^+ 的能力。所以，细胞内外的离子浓度是相等的，只是离子的组成不同。嗜盐古菌细胞质中含有较高浓度的 K^+，有助于其细胞内酶与蛋白质的活性，在酶和蛋白质的表面引入酸性氨基酸的残基，并形成一层薄薄的水保持层，阻止蛋白质分子与酶的相互碰撞，从而避免了它们之间的凝集。②相容性溶质机制（compatibility solute mechanism），细胞通过自身合成或从外界获取相容性溶质来调节细胞内外的渗透压。目前发现的相容性溶质有甘油、糖类（海藻糖、蔗糖等）和糖苷类（葡萄糖苷）、氨基酸类（谷氨酸、脯氨酸和谷氨酰胺）、甜菜碱类（甘氨酸甜菜碱、脯氨酸甜菜碱）、四氢嘧啶和羟基四氢嘧啶，以及乙酰二氨基酸（乙酰鸟氨酸、乙酰赖氨酸）等。嗜盐古菌细胞壁中的糖蛋白含有大量的酸性亲水氨基酸（Asp 和 Glu），其负电荷区域吸收 Na^+，导致 Na^+ 被束缚在细胞壁的外表面。

极端嗜盐古菌的细胞膜上有斑片状（直径约 0.5 mm）紫色部分，即紫膜（purple membrane），是极端嗜盐古菌处于厌氧条件下，产生紫膜质（bacteriorhodopsin，BR）嵌入细胞膜中形成的，总面积约占细胞膜的一半（图 3-21）。紫膜质是一种可作为光受体的蛋白色素，由于其结构和功能类似于眼睛的视觉色素而得名。它对约 570 nm 绿色光谱区的光线有强烈吸收作用。紫膜质中含有一种类似于胡萝卜素的视黄醛（retinal）分子，其能吸收光并催化质子转移和通过细胞膜。含有此色素的细胞在光线照射下，色素脱色，质子被转运至细胞膜外，形成质子梯度，从而产生能量并合成 ATP（图 3-22）。（知识扩展 3-5，见封底二维码）

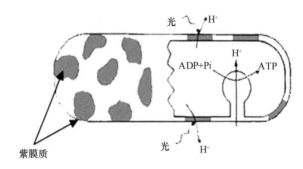

图 3-21 极端嗜盐古菌的紫膜

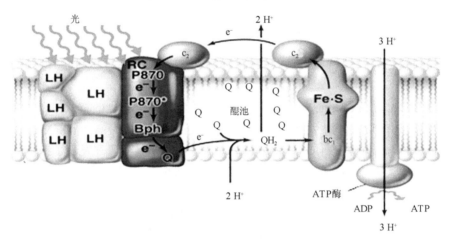

图 3-22 紫膜的光合磷酸化

LH. 捕光复合体；Fe·S. 铁硫蛋白；bc_1. 细胞色素 bc_1；c_2. 细胞色素 c_2；QH_2. 还原型醌；Q. 醌类；Bph. 细菌叶绿素；RC. 反应中心；P870*. 激发态的 P870

极端嗜盐古菌需要高盐维持生长，常被作为生命起源与进化研究的重要模式生物。极端嗜盐古菌因含有类胡萝卜素而呈现不同的红色，具有很强的抗氧化能力。利用极端嗜盐古菌生长的极端环境，可模拟地球早期的环境，探究太空中生命存在的可能性。

4. 无细胞壁的热原体

热原体细胞无壁，仅有 3 层膜包围（厚 5～10 nm）。兼性厌氧，专性嗜酸、嗜热，最适宜在 55～59℃和 pH 1～2 条件下生长，细胞在中性时自溶。在形态上，类似于无细胞壁的支原体，菌落呈典型的"煎蛋"形，周边半透明。化能有机营养型，生长和繁殖需要酵母粉。有的种具有多根鞭毛，能够运动。代表属有热原体属（*Thermoplasma*），大多数菌株自由生活在自身发热的废煤渣堆（含有大量的硫化铁）、黄铁矿、有机浸出物等环境中，如嗜酸热原体（*T. acidophilus*）、氧化硫热原体（*T. thiooxidans*）、火山热原体（*T. volcanium*）等。

热原体之所以能在渗透压条件下存活，且具有耐低 pH 和高温的双重极端条件，是因为其细胞膜具有独特的化学结构，即有一种带有甘露糖和葡萄糖单位的四醚类脂（tetratherlipid）的脂多糖化合物，同时，含有大量的二甘油四乙醚和糖蛋白（糖肽），这些物质可增加细胞膜强度，但细胞膜中无固醇类化合物，这样的细胞膜使热原体表现出对渗透压、酸、热的稳定性。此外，热原体的基因组被高度碱性的 DNA 结合蛋白包围，形成球状颗粒，类似于真核细胞中的核小体。其中蛋白质的氨基酸序列与真核细胞核的组蛋白序列有显著的同源性。

热原体有热原体科（Thermoplasmataceae）、铁原体科（Ferroplasmaceae）、嗜苦菌科（Picrophilaceae）3 个科。其中的嗜苦菌科是嗜酸微生物，最适生长 pH 为 0.7，最早从日本温热硫黄温泉中被分离获得，缺乏常规细胞壁，但细胞膜外有一 S 层，细胞呈不规则的球状、好氧，仅在 pH 3.5 以下环境中生长。灼热嗜酸古菌（*Picrophilus torridus*）可生长在 pH 为 0 的环境下，其全基因组序列分析显示，在其所有的 318 个与其他生物具有同源性的可读框（ORF）中，174 个 ORF 仅出现于灼热嗜酸古菌的基因组中，说明了酸热环境是自然界中一种古老、稳定而又独特的生命进化场所。

二、TACK 超级门

TACK 超级门是由 Lione 等根据古菌与真核生物系统发育上的相似性和共享的特殊标记提出的，包括奇古菌门（Thaumarchaeota）、曙古菌门（Ca. Aigarchaeota）、泉古菌门（Crenarchaeota）和初古菌门（Ca. Korarchaeota）。后来，又有研究发现了深古菌门（Ca. Bathyarchaeota）、Ca. Geothermarchaeota、Ca. Hydrothermarchaeota、火星古菌门（Ca. Marsarchaeota）、哪吒古菌门（Ca. Nezhaarchaeota）、变形古菌门（Ca. Proteoarchaeota）和佛斯特拉古菌门（Ca. Verstraetearchaeota）也是 TACK 超级门的成员，TACK 超级门的不同门之间的代谢功能差异很大。TACK 超级门古菌在中温沉积物和海水中广泛分布。现已分离培养的是泉古菌门和奇古菌门的菌株。

1. 泉古菌

泉古菌代表着一类主要分布于陆地热泉以及海洋热液系统的极端与超嗜热微生物，在某些海洋里的超微浮游生物中也占有相当大的比例，也有从肠道中分离出的种类（如餐古菌目 Cenarchaeales），嗜热和嗜酸的泉古菌是最易培养的。从系统发育树上看，泉古菌的分支相对较短，且非常接近古菌的基部。

泉古菌是一类极端嗜热、可代谢硫的古菌，硫代谢是其重要生理特征，H_2S、S^0、$S_2O_3^{2-}$、SO_4^{2-}、连四硫酸盐（tetrathionate）、硫化矿物（sulfide ore）和含巯基的有机物（如 L-胱氨酸、谷胱甘肽）等均能被泉古菌选择性地利用，而 S^0 的氧化还原是其中最为常见的。泉古菌依赖元素硫并能在高温（80～100℃）、高酸度（pH 1～3）下生存，广泛分布在含硫温泉、火山口、海底山口、燃烧后的煤矿、灼热的土壤等自然环境中。由于这些生境中的 H_2S 和 S^0 经过泉古菌（嗜热古菌）的生物氧化作用产生硫酸，生境呈现微碱性到弱酸性（pH 5～8），甚至呈强酸性，pH 可低于 1。

按照《伯杰氏古菌与细菌系统学手册》（*Bergey's Manual of Systematics of Archaea and Bacteria*），泉古菌门（Crenarchaeota）分为 1 纲 5 目，即热变形菌纲（Thermoprotei）的暖球形菌目（Caldisphaerales）、除硫球菌目（Desulfurococcales）、硫化叶菌目（Sulfolobales）、热变形菌目（Thermoproteales）、餐古菌目（Cenarchaeales），共 6 科 26

属 54 种，最大的两个属是硫化叶菌属（*Sulfolobus*）和火棒菌属（*Pyrobaculum*）。硫化叶菌目古菌所具有的 3-羟基丙酸/4-羟基丁酸（3-hydroxy propionate/4-hydroxy butyrate，3-HP/4-HB）循环的有氧固定 CO_2 途径，也存在于泉古菌门的 *Ignicoccus hospitalis*、*Thermoproteus neutrophilus* 等中。大部分已分离的是极端嗜热菌，许多嗜酸性和需硫。

极端嗜热古菌是泉古菌中的主要类群，其生长要求的温度为 45～110℃，最适为 70～105℃，并且要求 pH 为 1～3 的高酸度环境。绝大多数极端嗜热古菌是专性厌氧菌，有化能自养、化能异养和兼性营养三种不同的营养类型。嗜酸热硫化叶菌（*Sulfolobus acidocaldarius*）是最早发现的极端嗜热古菌，生长在富含硫磺的酸热温泉（温度达 90℃，pH 为 1～5）中，其形状呈裂片球状。大部分的异养菌能利用蛋白质和糖，少部分则是硫（氧化和还原）循环化能自养生物。

2. 奇古菌

奇古菌是地球上唯一大量存在于全球需氧陆地和海洋环境中的古菌群，2013 年麦考瑞大学 Paulsen 教授等在澳大利亚纳拉伯（Nullarbor）平原一个充满水的地下洞穴内发现了一些非同寻常、被称作纳拉伯洞穴黏菌的生物，主要是奇古菌。其在毫无光线的洞穴中生长繁盛。研究分析显示，洞穴中的生物以一种非常特殊的方式进行代谢，依靠氧化洞穴咸水中的氨获取能量，完全不需要阳光，也与外界的生态系统隔绝。有研究发现，在贫乏营养的深海好氧沉积物古菌群落中，奇古菌门占有绝对的主导地位。

氨氧化古菌（ammonia-oxidizing archaea, AOA）是奇古菌中的一个重要类群，负责将氨（NH_4^+）转化为亚硝酸盐（NO_2^-），在海洋氨氧化反应中起着重要的作用。目前已分离培养的氨氧化古菌有海洋亚硝化短小杆菌（*Nitrosopumilus maritimus*）SCM1、黄石亚硝化热泉菌（*Nitrosocaldus yellowstonii*）、加尔加亚硝化球菌（*Nitrososphaera gargensis*）、维也纳亚硝化球菌（*Nitrososphaera viennensis*）EN76、阿伯丁土壤亚硝化细杆菌（*Nitrosotalea devanaterra*）。海洋亚硝化短小杆菌 SCM1 菌株为化能自养型，能以氨氮为唯一能源进行生长，利用硝化过程产生的化学能固定 CO_2，合成自身需要的有机物。固碳途径为 3-羟基丙酸/4-羟基丁酸（3-HP/4-HB）循环（具体见第七章）。其关键酶是氨单加氧酶 α 亚基（ammonia monooxygenase α-subunit, amoA）、乙酰辅酶 A 羧化酶 α 亚基（acetyl-CoA carboxylase α-subunit, accA）。氨氧化古菌细胞的特征脂为奇古菌醇（thaumarchaeol）。

氨氧化古菌可以在黑暗、缺氧的环境中自行合成氧气，用于氨氧化反应。亚硝酸盐作为氨氧化过程的最终产物，同时也是产氧反应的起点，被亚硝酸盐还原酶还原成一氧化氮。随后，一氧化氮发生歧化反应，生成氧气和一氧化二氮，而后者会进一步被还原为氮气。

3. 初古菌

初古菌是通过 16S rRNA 序列区分的一类古菌，来源于美国黄石国家公园超热环境中的样品。通过荧光原位杂交（FISH）能够确认它们的存在。但目前还未能成功培养，与其他生物的关系也尚未确定。它们有可能并不是一个独立的类群，而是 16S rRNA 发生了某些快速或特殊突变的种类。*Korarchaeum cryptofilum* 是第一个进行基因组重建的初古菌成员。

4. 深古菌

深古菌曾被称为杂古菌类群（miscellaneous crenarchaeotal group，MCG），是地球上丰度最高、种类繁多的微生物之一，存在于缺氧的海洋与淡水及高温的温泉中，在地球元素碳循环过程中起重要作用。有研究表明，深古菌具有分布广泛、复杂多样，以及代谢能力多样的特点。深古菌的生理活动与蛋白质和纤维素的降解以及 CO_2 的固定有关。通过比较基因组分析，发现深古菌的核心代谢特征包括蛋白质、脂质、芳香化合物的降解、糖酵解途径和 WL 碳固定途径。某些深古菌还具有烷烃代谢和产乙酸的代谢，以及降解木质素的潜能，是海洋沉积物中碳循环和生态系统的核心驱动者。

三、DPANN 超级门

古菌中的另一个超级门 DPANN 是 Rinke 等提出的专门为细胞形态微小、基因组也比较小、缺乏多种生物合成途径的古菌所设立的分类单元，它们的 16S rRNA 和 tRNA 基因中也有独特的内含子，且在 DPANN 基因组中发现了一些被认为是共生或寄生关系的特征。该超级门包括纳盐古菌门（Ca. Nanohaloarchaeota）、乌斯古菌门（Ca. Woesearchaeota）、佩斯古菌门（Ca. Pacearchaeota）、纳古菌门（Ca. Nanoarchaeota）、小古菌门（Ca. Parvarchaeota）、丙盐古菌门（Ca. Diapherotrites）、微古菌门（Ca. Micrarchaeota）、谜古菌门（Ca. Aenigmarchaeota）、Ca. Altiarchaeota、Ca. Huberarchaeota 等。已有 2 个门获得纯培养，一个是纳古菌门，另一个是微古菌门，其为与热原体目（Thermoplasmatales）的共培养物。

1. 纳古菌

2002 年德国科学家 Stetter 在北冰洋海底的热泉口发现了一种纳古菌——骑行纳古菌（*Nanoarchaeum equitans*），其是从另一种火球古菌（*Ignicoccus hospitalis*）组成的超嗜热专性共生体（symbiont）中分离的。这种球形的微生物不仅是地球上最古老、最简单的生命体，也是迄今为止发现的最小生物。纳古菌呈球形，直径大约为 400 nm，基因组只有 48 万碱基对（约 0.5 Mb），这是目前已发现的有细胞生物中基因组最小的生物。科学家将其命名为纳古菌门（Nanoarchaeota）。其 16S rRNA 序列和其他生物相差很多，与其他三个古菌门的 16S rRNA 序列同源性只有 69%～81%。通过核糖体小亚基 rRNA 的系统发育树，初步将其单列为一个门。

2. 微古菌

微古菌在土壤、泥炭、高盐环境生物膜和淡水，以及世界各地的酸性矿排水（acid mine drainage，AMD）和温泉等环境中被发现，表明其具有相当高的多样性和广泛的栖息地。微古菌小型、嗜酸，与自然界中热原体目的一些成员相互作用，拥有参与异戊二烯前体生物合成的甲羟戊酸（mevalonic acid，MVA）途径的基因。此外，异戊烯基磷酸激酶基因的存在表明它们也有合成异戊烯基焦磷酸的替代途径。

四、阿斯加德超级门

阿斯加德（Asgard）超级门是一个高度多样的古菌超级门，是利用 MAG 方法所提出的古菌类群。该类菌被认为是与真核生物亲缘关系最近的古菌群，对研究真核生物与原核生物的物种起源和演化有着重要的意义。由于难以分离培养，迄今为止，只获得一种洛基古菌 *Prometheoarchaeum syntrophicum* MK-D1 和脱硫弧菌属（*Desulfovibrio*）的共培养物。

真核细胞的起源一直以来都是引人关注的问题。越来越多的证据表明，第一个真核生物细胞来源于古菌细胞和 α-变形菌细胞的共生融合体。α-变形菌是细菌，后逐渐演化为专门产生能量的线粒体，并寄生在古菌体内。2015 年，瑞典乌普萨拉大学 Ettema 等对来自北极深海的底泥样品进行了宏基因组测序，对其中的微生物进行分类，并拼接出一个较为完整的微生物基因组——洛基古菌（Ca. Lokiarchaeota），该菌的样本收集自一个名为洛基城堡（Loki's Castle）的热液区。有趣的是，洛基古菌的基因组中含有大量与真核生物高度相似的基因，这些基因能够编码与真核生物肌动蛋白同源的蛋白质、转运所需的核内分选复合物（ESCRT）以及泛素修饰体系统。洛基古菌的发现填补了单细胞微生物和真核生物之间的演化空白。

此后，越来越多与洛基古菌类似的古菌类群被发现，分别以北欧神话中的神进行命名，这些古菌共同构成了阿斯加德（Asgard，意为"仙宫"）超级门。该超级门包含海姆达尔古菌门（Ca. Heimdallarchaeaota）、海拉古菌门（Ca. Helarchaeota）、洛基古菌门（Ca. Lokiarchaeota）、奥丁古菌门（Ca. Odinarchaeota）、索尔古菌门（Ca. Thorarchaeota）和葛德古菌门（Ca. Gerdarchaeota）等。对阿斯加德古菌的 DNA 分析显示，它们存在真核细胞样基因，阿斯加德古菌被认为是最接近真核生物的一类原核生物，对这一新类群古菌的理解和认识是了解真核生物起源的关键。但一直以来，始终没有得到阿斯加德古菌的实验室纯培养菌株。

2006 年日本海洋与地球科技研究所（JAMSTEC）Imachi 所领导的研究小组开始持续关注阿斯加德古菌的分离培养，他们将采集自深海产甲烷区的底泥样本，在以甲烷为主要能量来源的厌氧生物反应器中进行了连续 5 年的富集培养，并分离得到一株属于阿斯加德超级门中洛基古菌门的微生物 MK-D1（图 3-23）。

菌株 MK-D1 最适生长温度为 20℃，最适培养基为氨基酸婴儿奶粉混合培养基，最适生长条件下迟滞期为 3～6 个月，倍增时间为 14～25 天。由于菌株 MK-D1 生长极其缓慢，他们又花费了 7 年时间进行富集培养，才获得了足够量的培养物，并将菌株 MK-D1 命名为 *Prometheoarchaeum syntrophicum*。

MK-D1 是球状厌氧古菌，直径为 300～750 nm。MK-D1 不能单独生存，必须和一种产甲烷菌（*Methanogenium* sp.）伴生共存。MK-D1 能够消化分解环境中的氨基酸并产生氢气。当氢气在 MK-D1 周围聚集时，则会严重抑制其生长。产甲烷菌可以吸收并利用这些氢气作为能量来源，从而实现互利共生。有趣的是，虽然 MK-D1 细胞内缺少类似于真核生物的明显细胞器，但是在其细胞外存在大量类似于神经突触的突起，使得伴生菌能够通过这些突起依附在其细胞周围。因此，研究人员推测，真核生物可能起源于

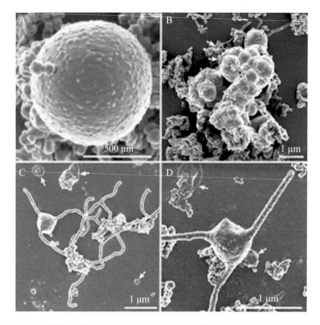

图 3-23　阿斯加德古菌 MK-D1 的透射电镜图（白色箭头为膜泡）

A 为 MK-D1 的单细胞球形图，B 为被胞外聚合物覆盖的多个聚集细胞，C 和 D 为正在产生长分支的 MK-D1 细胞

大约 27 亿年前氧气开始在地球上积累时，此时氧气对古菌是有害的。古菌通过和除氧细菌的互利共生来适应新的环境。随着氧气浓度的不断上升，古菌为了和除氧细菌形成更加亲密的互利共生关系，常常通过树突状的触手结构来捕获周围的除氧细菌（图 3-24）。后来，触手逐渐融合形成囊泡，除氧细菌也被古菌包裹在细胞内；古菌作为宿主，为体内的细菌提供氨基酸等营养物质，而细菌则通过消耗氧气为古菌提供能量，一个最原始的真核生物细胞就此诞生！此后又经历漫长的演化过程，古菌体内的除氧细菌逐渐演化为线粒体，成为真核细胞中最重要的细胞器之一。

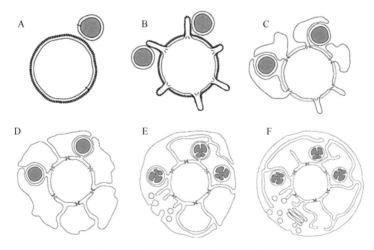

图 3-24　真核生物的起源过程模式图

A. 古菌与除氧细菌；B. 触手结构形成；C. 触手融合形成囊泡；D、E. 除氧细菌被古菌包裹在内；F. 最原始的真核细胞形成

阿斯加德古菌的发现是近年来宏基因组学和微生物学上的一个重大突破，对于揭示20多亿年前的真核生物的起源过程具有重要意义。尤其是菌株 MK-D1 的成功分离培养，使得神秘的阿斯加德古菌真实、直观地展现在人们面前。阿斯加德古菌已经成为微生物学研究的热点，随着测序技术的提高和培养条件的不断优化，将会有更多的古菌类群被发现，真核生物起源的秘密也会逐渐被揭开。

最近，又有学者通过宏基因组的研究分析发现了 6 个阿斯加德超级门的新成员。其中 5 个以北欧神话中的神命名，它们是霍德尔古菌门（Ca. Hodarchaeota）、包尔古菌门（Ca. Borrarchaeota）、巴德尔古菌门（Ca. Baldrarchaeota）、卡瑞古菌门（Ca. Kariarchaeota）与赫尔莫德古菌门（Ca. Hermodarchaeota），还有 1 个以中国神话人物命名的悟空古菌门（Ca. Wukongarchaeota）（具体见图 10-3）。其中，悟空古菌在分支上更古老，具有氢（H_2）氧化的化能自养代谢潜能，与阿斯加德超级门的其他古菌的混合代谢营养或异养的代谢模式有显著区别，认为真核生物可能起源于海姆达尔-悟空的共同祖先分支，或起源于其他更古老的未知古菌分支。

总之，古菌是一类能够在特殊生态环境中生存、具有独特适应和代谢机制，并与真核生物关系密切的古老生物类群。它们形态各异，类型多样，驱动着地球上重要元素的化学循环，维持着生态系统的稳定。虽然迄今为止只获得了很少的纯培养古菌，但近来，随着分子生物学技术，包括高通量测序技术、单细胞扩增的基因组（single cell amplified genome，SAG）技术、单细胞同位素分析，以及宏基因组学、宏转录组学、宏蛋白质组学、宏代谢组学等各种组学与宏基因组组装基因组（MAG）的发展，古菌基因组不断被拼接出来，大量未培养古菌类群的发现，使人们重新思考古菌在维持地球生态系统稳定方面的重要作用，以及在真核生物起源上所扮演的重要角色。一系列突破性的研究极大地加深了人们对古菌多样性与功能的理解。新近又发现了一类较为原始的甲基型产甲烷古菌（厌氧多碳烷烃代谢，具体见第七章），其被命名为女娲古菌门（Ca. Nuwarchaeales）。在目前发现的 34 个古菌门中，只有 6 个门的古菌有代表性物种已成功获得分离培养（表 3-2）。

表 3-2　目前发现的古菌

	古菌群	已分离培养
广古菌门	产甲烷古菌、硫酸盐还原古菌、极端嗜盐古菌、无细胞壁的热原体，1 门	广古菌门
TACK 超级门	曙古菌门（Ca. Aigarchaeota）、深古菌门（Ca. Bathyarchaeota）、泉古菌门（Crenarchaeota）、Ca. Geothermarchaeota、Ca. Hydrothermarchaeota、初古菌门（Ca. Korarchaeota）、火星古菌门（Ca. Marsarchaeota）、哪吒古菌门（Ca. Nezhaarchaeota）、变形古菌门（Ca. Proteoarchaeota）、奇古菌门（Thaumarchaeota）、佛斯特拉古菌门（Ca. Verstraetearchaeota），11 个门	奇古菌门 泉古菌门
DPANN 超级门	谜古菌门（Ca. Aenigmarchaeota）、Ca. Altiarchaeota、丙盐古菌门（Ca. Diapherotrites）、Ca. Huberarchaeota、微古菌门（Ca. Micrarchaeota）、纳古菌门（Nanoarchaeota）、纳盐古菌门（Ca. Nanohaloarchaeota）、佩斯古菌门（Ca. Pacearchaeota）、小古菌门（Ca. Parvarchaeota）、乌斯古菌门（Ca. Woesearchaeota），共 10 个门	纳古菌门 微古菌门
阿斯加德（Asgard）超级门	巴德尔古菌门（Ca. Baldrarchaeota）、包尔古菌门（Ca. Borrarchaeota）、葛德尔古菌门（Ca. Gerdarchaeota）、海姆达尔古菌门（Ca. Heimdallarchaeaota）、海拉古菌门（Ca. Helarchaeota）、赫尔莫德古菌门（Ca. Hermodarchaeota）、霍德尔古菌门（Ca. Hodarchaeota）、卡瑞古菌门（Ca. Kariarchaeota）、洛基古菌门（Ca. Lokiarchaeota）、奥丁古菌门（Ca. Odinarchaeota）、索尔古菌门（Ca. Thorarchaeota）、悟空古菌门（Ca. Wukongarchaeota），共 12 个门	洛基古菌门

此外，古菌中多种类型的 CRISPR-Cas 防御系统被陆续发现，其防御机制也被逐步解析，并被应用到其他生物的基因编辑中，显示出广阔的应用前景。可以说，目前对古菌的理解和认识可能只是冰山一角，一系列未知的科学问题等着人们去探索和研究。（知识扩展 3-6，见封底二维码）

思 考 题

1. 古菌是如何从原核生物的细菌中区分开的？
2. 简述古菌、细菌与真核生物三者的异同点。
3. 古菌的细胞壁有什么特点？
4. 简述古菌假肽聚糖的构成。
5. 古菌细胞膜与普通生物的细胞膜有什么不同？
6. 微生物的嗜耐盐机制有哪些？分别有什么样的特点？
7. 极端嗜盐古菌的紫膜有什么特征？有何应用？
8. 古菌的分类群有哪些？分别有什么样的特征？
9. 阿斯加德古菌是如何被发现的？其与真核生物起源的关系是怎样的？

参 考 文 献

Bai L, Fujishiro T, Huang G, et al. 2017. Towards artificial methanogenesis: biosynthesis of the [Fe]-hydrogenase cofactor and characterization of the semi-synthetic hydrogenase. Faraday Discuss, 198: 37-58.

Bang C, Schmitz RA. 2015. Archaea associated with human surfaces: not to be underestimated. FEMS Microbiology Reviews, 39(5): 631-648.

Barns SM, Delwiche CF, Palmer JD, et al. 1996. Perspectives on archaeal diversity, thermophily and monophyly from environmental rRNA sequences. Proc Natl Acad Sci USA, 93: 9188-9193.

Baum DA, Baum B. 2014. An inside-out origin for the eukaryotic cell. BMC Biology, 12: 76.

Blöchl E, Rachel R, Burggraf S, et al. 1997. *Pyrolobus fumarii*, gen. and sp. nov., represents a novel group of archaea, extending the upper temperature limit for life to 113℃. Extremophiles, 1(1): 14-21.

Brock TD, Brock KM, Belly RT, et al. 1972. *Sulfolobus*: a new genus of sulfur-oxidizing bacteria living at low pH and high temperature. Arch Microbiol, 84: 54-68.

Cai MW, Liu Y, Yin XR, et al. 2020. Diverse Asgard Archaea including the novel Phylum Gerdarchaeota participate in organic matter degradation. Science China: Life Sciences, 63(6): 886-897.

Céline P, Philippe D, Purificación L, et al. 2015. Rooting the domain archaea by phylogenomic analysis supports the foundation of the new kingdom Proteoarchaeota. Genome Biology & Evolution, (1): 191-204.

Cui H L, Gao X, Yang X, et al. 2011. *Haloplanus aerogenes* sp. nov., an extremely halophilic archaeon from a marine solar saltern. Int J Syst Evol Microbiol, 61(4): 965-968.

DasSanna S, Kennedy SP, Berquist B, et al. 2001. Genomic perspective on the photobiology of *Halobacterium* species NRC-1, a phototrophic, phototactic, and UV-tolerant haloarchaeon. Photosynth Res, 70(1): 3-17.

DeLong EF. 1992. Archaea in coastal marine environments. Proc Natl Acad Sci USA, 89: 5685-5689.

Edgell DR, Doolittle WF. 1997. Archaea and the origin(s) of DNA replication proteins. Cell, 89(7): 995-998.

Empadinhas N, da Costa MS. 2011. Diversity, biological roles and biosynthetic pathways for sugar-glycerate containing compatible solutes in bacteria and archaea. Environ Microbiol, 13(8): 2056-2077.

Evans PN, Parks DH, Chadwick GL, et al. 2015. Methane metabolism in the archaeal phylum Bathyarchaeota revealed by genome-centric metagenomics. Science, 350(6259): 434-438.

Fuhrman JA, McCallum K, Davis AA. 1992. Novel major archaebacterial group from marine plankton. Nature, 356: 148-149.

Fütterer O, Angelov A, Liesegang H, et al. 2004. Genome sequence of *Picrophilus torridus* and its implications for life around pH 0. Proc Natl Acad Sci USA, 101: 9091-9096.

Guy L, Ettema TJG. 2011. The archaeal 'TACK' superphylum and the origin of eukaryotes. Trends in Microbiology, 19(12): 580-587.

He Y, Li M, Perumal V, et al. 2016. Genomic and enzymatic evidence for acetogenesis among multiple lineages of the archaeal phylum Bathyarchaeota widespread in marine sediments. Nat Microbiol, 1(6): 16035.

Huber H, Hohn MJ, Rachel R, et al. 2002. A new phylum of archaea represented by a nanosized hyperthermophilic symbiont. Nature, 417: 63-67.

Imachi H, Nobu MK, Nakahara N, et al. 2020. Isolation of an archaeon at the prokaryote-eukaryote interface. Nature, 577(7791): 1-7.

Ishino Y, Ishino S. 2012. Rapid progress of DNA replication studies in Archaea, the third domain of life. Science China: Life Sciences, 55(5): 386-403.

Jay ZJ, Beam JP, Dlakić M, et al. 2018. Marsarchaeota are an aerobic archaeal lineage abundant in geothermal iron oxide microbial mats. Nature Microbiol, 3(6): 732-740.

Jones WJ, Leigh JA, Mayer F, et al. 1983. *Methanococcus jannaschii* sp. nov., an extremely thermophilic methanogen from a submarine hydrothermal vent. Arch Microbiol, 136: 254-261.

Jüttner M, Ferreira-Cerca S. 2022. Looking through the lens of the ribosome biogenesis evolutionary history: possible implications for archaeal phylogeny and eukaryogenesis. Mol Biol Evol, 39(4): msac054.

Karner MB, Delong EF, Karl DM. 2001. Archaeal dominance in the mesopelagic zone of the Pacific Ocean. Nature, 409(6819): 507-510.

Kashefi K , Lovley DR. 2003. Extending the upper temperature limit for life. Science, 301: 934.

Könneke M, Bernhard AE, de la Torre JR, et al. 2005. Isolation of an autotrophic ammonia-oxidizing marine archaeon. Nature, 437: 543-546.

Kozubal MA, Romine M, Jennings RD, et al. 2013. Geoarchaeota: a new candidate phylum in the Archaea from high-temperature acidic iron mats in Yellowstone National Park. The ISME Journal, 7(3): 622-634.

Lee EY, Lee HK, Lee YK, et al. 2003. Diversity of symbiotic archaeal communities in marine sponges from Korea. Biomol Eng, 20(4-6): 299-304.

Leipe DD, Aravind L, Koonin EV. 1999. Did DNA replication evolve twice independently? Nucleic Acids Res, 27(17): 3389-3401.

Liu Y, Makarova KS, Huang WC, et al. 2021. Expanded diversity of Asgard Archaea and their relationships with eukaryotes. Nature, 593: 553-557.

Oren A. 2011. Thermodynamic limits to microbial life at high salt concentrations. Environ Microbiol, 13(8): 1908-1923.

Paper W, Jahn U, Hohn MJ, et al. 2007. *Ignicoccus hospitalis* sp. nov., the host of 'Nanoarchaeum equitans'. Int J Syst Evol Microbiol, 57: 803-808.

Probst AJ, Ladd B, Jarett JK, et al. 2018. Differential depth distribution of microbial function and putative symbionts through sediment-hosted aquifers in the deep terrestrial subsurface. Nature Microbiol, 3(3): 328-336.

Rainey FA, Oren A. 2006. Extremophile microorganisms and the methods to handle them. In: Rainey FA, Oren A. Methods in Microbiology-Extremophiles. vol. 35. Amsterdam: Elsevier: 1-25.

Reysenbach AL, Liu Y, Banta AB, et al. 2006. A ubiquitous thermoacidophilic archaeon from deep-sea hydrothermal vents. Nature, 442: 444-447.

Rinke C, Schwientek P, Sczyrba A, et al. 2013. Insights into the phylogeny and coding potential of microbial dark matter. Nature, 499(7459): 431-437.

Sand M, Mingote A, Santos H, et al. 2013. Mannitol, a compatible solute synthesized by *Acinetobacter baylyi* in a two-step pathway including a salt-induced and salt-dependent mannitol-1-phosphate dehydrogenase. Environ Microbiol, 15(8): 2187-2197.

Schwibbert K, Marin-Sanguino A, Bagyan I, et al. 2011. A blueprint of ectoine metabolism from the genome of the industrial producer *Halomonas elongata* DSM 2581[T]. Environ Microbiol, 13(8): 1973-1994.

Singh SP, Raval V, Purohit MK. 2013. Strategies for the salt tolerance in bacteria and archaea and its implications in developing crops for adverse conditions. In: Tuteja N, Gill SS. Plant Acclimation to Environmental Stress. New York: Springer Science + Business Media: 85-99.

Spang A, Caceres EF, Ettema TJG. 2017. Genomic exploration of the diversity, ecology, and evolution of the archaeal domain of life. Science, 357(6351): eaaf3883.

Spang A, Saw JH, Jørgensen SL, et al. 2015. Complex archaea that bridge the gap between prokaryotes and eukaryotes. Nature, 521(7551): 173-179.

Stetter KO, Thomm M, Winter J, et al. 1981. *Methanothermus fervidus*, sp. nov., a novel extremely thermophilic methanogen isolated from an Icelandic hot spring. Zbl Bakt Hyg, I Abt Orig, C2: 166-178.

Turich C, Freeman KH, Bruns MA, et al. 2007. Lipids of marine Archaea: patterns and provenance in the water-column and sediments. Geochim Cosmochim AC, 71(13): 3272-3291.

Vanwonterghem I, Evans PN, Parks DH, et al. 2016. Methylotrophic methanogenesis discovered in the archaeal phylum Verstraetearchaeota. Nature Microbiology, 1: 16170.

Wang Y, Wegener G, Williams TA, et al. 2021. A methylotrophic origin of methanogenesis and early divergence of anaerobic multicarbon alkane metabolism. Science Advance, 7(27): eabj1453.

Wang YZ, Wegener G, Hou JL, et al. 2019. Expanding anaerobic alkane metabolism in the domain of Archaea. Nature Microbiol, 4(4): 595-602.

Weiss MC, Sousa FL, Mrnjavac N, et al. 2016. The physiology and habitat of the last universal common ancestor. Nature Microbiol, 1(9): 16116.

Woese CR, Fox GE. 1977. Phylogenetic structure of the prokaryotic domain: the primary kingdoms. Proc Natl Acad Sci USA, 74: 5088-5090.

Yang X, Cui HL. 2012. *Halomicrobium zhouii* sp. nov., a halophilic archaeon from a marine solar saltern. Int J Syst Evol Microbiol, 62(6): 1235-1240.

Yu T, Wu W, Liang W, et al. 2018. Growth of sedimentary Bathyarchaeota on lignin as an energy source. Proc Natl Acad Sci USA, 115(23): 6022-6027.

Zaremba-Niedzwiedzka K, Caceres EF, Saw JH, et al. 2017. Asgard archaea illuminate the origin of eukaryotic cellular complexity. Nature, 541(7637): 353-358.

Zhou Z, Zhang CJ, Liu PF, et al. 2021. Non-syntrophic methanogenic hydrocarbon degradation by an archaeal species. Nature, 601: 257-262.

Zillig W, Stetter KO, Schäfer W, et al. 1981. Thermoproteales: a novel type of extremely thermoacidophilic anaerobic archaebacteria isolated from Icelandic solfataras. Zbl Bakt Hyg, I Abt Orig, C2: 205-227.

第四章 真 菌

导 言

　　真菌是一大类进化程度较高、具有细胞核与细胞器、能进行有丝分裂的真核生物。作为有机物的主要分解者，真菌是自然界物质循环的重要一环，维持着生态系统的相对稳定与平衡。真菌包括单细胞的酵母菌、丝状的霉菌，以及具有组织分化与子实体的蕈菌。真菌菌丝可分为无隔菌丝与有隔菌丝；基于菌丝的分布和功能，可分为营养菌丝、气生菌丝与繁殖菌丝。此外，菌丝还能形成分枝繁茂的菌丝体，分为营养体与繁殖体。繁殖体通过产生不同类型的无性孢子与有性孢子进行繁殖。真菌通常按照有性阶段进行分类与命名，可分为壶菌门、接合菌门、子囊菌门、担子菌门与半知菌类。

　　本章知识点（图 4-1）：

1. 真菌在自然界中存在的类型与功能。
2. 菌丝大量生长形成的菌丝体种类。
3. 真菌的无性繁殖与有性繁殖。
4. 真菌的类群，以及有益与有害真菌。

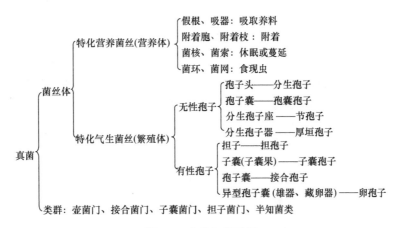

图 4-1 本章知识导图

　　关键词：真核微生物、真菌、酵母菌、霉菌、细胞结构、蕈菌、菌丝、假菌丝、无隔菌丝、有隔菌丝、营养菌丝、气生菌丝、繁殖菌丝、菌丝体、假根、匍匐枝、吸器、菌环、菌网、附着胞、附着枝、菌核、子座、菌索、孢子头、孢子囊、分生孢子器、分生孢子座、分生孢子盘、子囊果、闭囊壳、子囊壳、子囊盘、裂殖、芽殖、顶端生长、孢囊孢子、分生孢子、节孢子、厚垣孢子、掷孢子、卵孢子、雄器、藏卵器、接合孢子、同宗配合、异宗配合、子囊孢子、子囊、担孢子、锁状联合、壶菌、接合菌、子囊菌、担子菌、半知菌

凡是细胞核具有核膜、能进行有丝分裂、细胞质中存在线粒体或同时存在叶绿体等细胞器的生物均是真核生物（eukaryote）。它们是一类比原核生物的细菌与古菌结构更复杂、分化程度更高的生物，主要包括三个类群：①藻类，如绿藻、红藻、褐藻等；②原生动物，如纤毛虫、变形虫等；③真菌，包括霉菌、酵母菌、蕈菌、卵菌、地衣等。

1. 藻类

藻类是指除苔藓植物和维管植物以外，具有叶绿体、可进行光合作用，并伴有氧气释放的一类真核生物。几乎存在于任何环境，如淡水、海水、咸水、某些陆生生境和潮湿的无机物上，可以是共生（如地衣）、寄生。有的是单细胞，有些是丝状群生或多核；有的是多细胞，如褐藻类的海带长度可达 50 m。根据 Whittaker 的五界分类系统，藻类被划分为 7 个门并分属 2 个不同的界：原生生物界的金藻门（Chrysophyta，如黄绿藻、金褐藻、硅藻）、眼虫藻门（Euglenophyta）、甲藻门（Pyrrophyta，如沟鞭藻）、轮藻门（Charophyta）、绿藻门（Chlorophyta），以及植物界的褐藻门（Phaeophyta）、红藻门（Rhodophyta，可生产琼脂）。（知识扩展 4-1，见封底二维码）

藻类广泛存在于各种水体中，影响着水的质量。有些自来水的怪味就是供水系统中的藻类引起的。藻类在近海的大量繁殖，会使水中的氧气被大量消耗，引起鱼类和其他海洋生物的窒息、死亡，形成赤潮（red tide）。赤潮常发生于海滨区域，与可运动的单细胞甲藻数量增多或水华密切相关，尤其是裸甲藻属（*Gymnodinium*）和膝沟藻属（*Gonyaulax*）中的某些种。甲藻细胞内的色素是海洋呈现红色的主要原因。在这些水华的存在下，甲藻会产生一种毒性很强的神经毒素，通过抑制钠离子通道，使许多脊椎动物的横纹肌麻痹。如果人食用被毒素污染的贝类如牡蛎等，会发生麻痹性贝类中毒以致死亡。

水华的发生变得越来越频繁，多数藻类学家认为水华是营养物质如氮、磷等元素不断进入海岸区域引起的，城市的污水和农业灌溉水的排放很可能是营养物质富集最主要的来源。

2. 原生动物

原生动物是一类个体微小、无细胞壁、细胞通常无色、不能进行光合作用、能运动、行吞噬营养的单细胞生物，如鞭毛虫、变形虫、纤毛虫和孢子虫等，大量存在于海水、淡水中。其以植物式、动物式或食腐式等方式摄食，某些种类进行捕食或寄生。如人类的非洲锥虫病是由鞭毛纲的锥虫引起的；人类疟疾是由孢子虫中的疟原虫引起的；肉足纲的变形虫会使某些人的肠道产生出血性溃疡并发生腹泻，大量失水，即阿米巴痢疾（amebic dysentery）；纤毛纲的草履虫可在缺氧或厌氧环境中生活，耐污性极强。（知识扩展 4-2，见封底二维码）

3. 真菌

真菌是一类低等的单细胞或多细胞、无光合色素、细胞壁含有几丁质或纤维素的真核生物，在微生物中可称得上是个"巨人家族"，其个体较大，种类繁多，已被描述的有上万种。据估计，自然界中存在的真菌总数为220万～380万种。基于最近的高通量DNA测序方法研究未知真菌的种类，估计全球真菌达到600多万种。

真菌通常具有以下特征：①有细胞核，大多为多核细胞，行无丝分裂。②常为分枝繁茂的菌丝体（mycelium），由单个生殖细胞的孢子萌发、生长而成。在萌发时，真菌孢子长出菌丝（hypha），菌丝呈顶端生长，单个菌丝体的大小不定，只要有营养，菌丝就能向外延伸。菌丝伸长，多次分枝形成网状菌丝体。③具坚硬且富有弹性的细胞壁，大多数真菌的细胞壁为几丁质，而少数低等真菌是纤维素。④细胞质中含有线粒体但无叶绿体、叶绿素和其他光合色素，不行光合作用。无根、茎、叶的分化。通过吸收营养物质、分泌胞外酶将多聚物转化为简单的化合物被吸收，营养方式是异养型。能利用CO_2营自养生活，靠腐生或寄生的营养方式获得碳源、能源和其他营养物质。好氧、不运动（仅少数种类的游动孢子有1～2根鞭毛）。⑤通过有性繁殖和无性繁殖的方式产生孢子延续种族，孢子的大小和形态区别很大。其最适生长温度为20～30℃，多数真菌喜欢在酸性培养基（pH 4～7）上生长。

真菌按功能可分为病原菌、共生菌（地衣、菌根菌）与腐生菌。大多数植物可与微生物建立互惠合作的关系（如菌根、豆类-根瘤菌共生体），以便克服磷和氮的不足。菌根可促进植物对营养物质的获取和对非生物胁迫与生物胁迫的耐受性。基于菌根的菌丝与位置，可分为外生菌根（ectomycorrhiza）和内生菌根（endomycorrhiza）。外生菌根可在根外形成致密的菌丝网，几乎不进入寄主细胞；而内生菌根在根外只形成稀疏的菌丝网，在根内高度发达。内生菌根真菌能在植物根细胞内产生"泡囊"（vesicle）和"丛枝"（arbuscle）两大类结构。而部分真菌在根内只形成丛枝，称为丛枝菌根真菌（arbuscular mycorrhizal fungus，AMF）（图4-2）。AMF作为最主要的菌根类型，可与72%的陆地植物建立共生关系。AMF从光合作用的寄主那里获得固定的碳（糖和脂），并为寄主植物提供水分和矿质营养。（知识扩展4-3，见封底二维码）

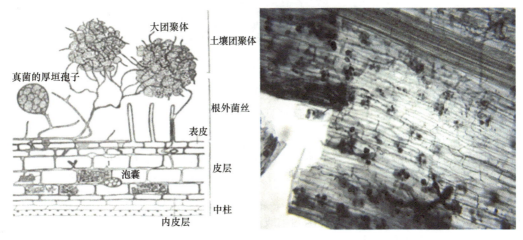

图 4-2　丛枝菌根真菌（AMF）

左图是示意图，右图是照片

真菌从形态上可分为单细胞的酵母菌（yeast）、多细胞丝状的霉菌（mould），以及具有组织分化的多细胞子实体的蕈菌（mushroom）。酵母菌是单细胞真核微生物，是真菌中几乎或完全失去形成菌丝属性的类群（图4-3）。通常以芽殖或裂殖方式进行无性繁殖。酵母菌分别属于子囊菌门（Ascomycota）、担子菌门（Basidiomycota）和半知菌类三个类群。不同的酵母菌有不同的特征和用途。如酿酒酵母（*Saccharomyces cerevisiae*）用于酿酒。酱油酵母可产生醇类、酯类、醛类与呋喃酮等一些香气风味物质，用于酱油发酵，主要为鲁氏接合酵母（*Zygosaccharomyces rouxii*）和球拟酵母属（*Torulopsis*）。鲁氏接合酵母是耐高渗透压的酵母菌，能在高糖和高盐（5%～8%）的物料中旺盛生长，甚至在饱和食盐条件下生长仍不能被完全抑制。鲁氏接合酵母的最适生长温度为28～30℃、最适生长pH为4～5，能产生活力较强的淀粉酶，是酿制酱油、甜酱的重要菌种，可以赋予产品乙醇、酯类、糠醛、琥珀酸、呋喃酮等香气成分，同时生成少量甘油、琥珀酸及其他多元醇。球拟酵母是后发酵的酯香型酵母菌，主要起增酯增香的作用，其重要芳香物质为4-乙基愈创木酚（4-ethylguaiacol，4-EG）、2-苯乙醇、4-乙基苯酚（4-ethylphenol，4-EP）、酯类等。球拟酵母还产生酸性蛋白酶，对未分解的肽链有水解作用。汉逊酵母属（*Hansenula*）可产乙酸乙酯，改进食品风味。红酵母为产β-胡萝卜素、产脂肪菌种。酵母菌广泛分布于含糖量较高的偏酸性环境中，如水果、蔬菜、花蜜的表面和果园的土壤，空气中也有不少，多为腐生型，少数为寄生型。

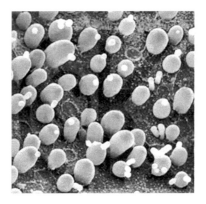

图4-3 酵母菌

霉菌是丝状真菌的统称，在自然界的土壤、水域、空气、动植物体内外均有其踪迹，常在潮湿的气候下大量繁殖，长出肉眼可见的丝状、絮状、绒毛状或蛛网状的菌丝体。霉菌有较强的陆生性。

真菌在自然界的碳循环和氮循环中，对促进地球生物圈繁荣和发展起着重要作用。①自然界中数量巨大的淀粉、纤维素和半纤维素、木质素等有机含碳化合物的分解菌为腐生型霉菌。②真菌可分解蛋白质及其他含氮化合物释放NH_3，一部分NH_3可供植物和微生物吸收同化，一部分NH_3可转化为硝酸盐，成为氮循环中的一环。③真菌在发酵工业中广泛用于生产风味食品、乙醇、抗生素（青霉素、灰黄霉素、头孢菌素、环孢霉素）、有机酸（柠檬酸、葡萄糖酸、延胡索酸等）、酶制剂（淀粉酶、果胶酶、纤维素酶等）和维生素。④真菌在农业上用于饲料发酵、产生植物生长激素（赤霉素）、用作杀虫农药、生产除莠剂等。真菌可寄生于昆虫和其他节肢动物上，有些真菌对寄主具有专一性。白僵菌属（*Beauveria*）、绿僵菌属（*Metarhizium*）、虫霉类和各种捕食线虫真菌等，具有生物防治潜力。⑤真菌可用于传统食品的生产，如酱油、干酪素、食用菌等。红豆杉的内生菌（endophyte）可产生抗癌药物紫杉醇（taxol）。

　　藻类通常在植物学中有介绍，而原生动物在动物学中有较多的描述，本章主要介绍真菌。

第一节　真菌特点

一、真菌的细胞结构

　　真菌细胞已进化出有核膜包裹的细胞核，有许多由膜包围的细胞器，如内质网、核糖体、高尔基体、溶酶体、微体、液泡、线粒体等。幼龄细胞的细胞质充满整个细胞，老龄细胞则出现大液泡，其中有糖原（glycogen）、脂肪滴及异染颗粒等多种贮藏物质。

（一）细胞壁

　　真菌细胞壁主要成分为多糖（80%～90%），其次是蛋白质、脂肪。多糖有几丁质（chitin）、纤维素（cellulose）、葡聚糖（glucan）等。酵母菌的细胞壁是一坚韧结构，幼龄较薄，随之增厚，可分三层：①外层是甘露聚糖（mannan）；②内层是β-葡聚糖；③中间夹有一蛋白质层（图4-4）。维持细胞壁强度的主要是内层的β-葡聚糖。此外，细胞壁中还含少量的类脂和环状分布在芽痕周围的几丁质，酿酒酵母细胞壁的几丁质含量为1%～2%，有的假丝酵母细胞壁几丁质含量超过2%。

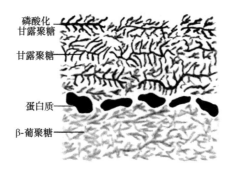

图4-4　酵母菌细胞壁

　　不同真菌的细胞壁多糖各不相同，大多数高等陆生真菌细胞壁由几丁质组成，如壶菌、子囊菌和担子菌的细胞壁以几丁质和葡聚糖为主要组分，接合菌的细胞壁含有几丁质、壳聚糖及糖醛酸构成的聚合物；而少数水生低等真菌的细胞壁以纤维素为主，如卵菌主要含纤维素和β-葡聚糖。根据真菌细胞壁化学组成的差异，可选择不同的酶类进行降解，如酵母菌可选用蜗牛酶（含葡聚糖酶、蛋白酶和酯酶等活性的复合酶）和溶细胞酶（lyticase）等。

（二）细胞膜

真菌的细胞膜主要含蛋白质（50%）、类脂（40%）和少量的糖类（图4-5）。真菌细胞膜中还含有细菌中罕见的甾醇（sterol），甾醇有增强膜强度的作用。

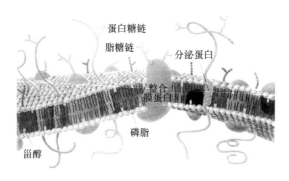

图 4-5　真菌细胞膜

（三）细胞核

细菌的核质体是一条裸露的环状 DNA，而真菌具有真正的细胞核，细胞核具有核膜、核仁，染色体呈线状且与组蛋白结合。真菌细胞核由多孔的双层单位核膜包围，核膜上存在大量直径 40～70 nm 的核孔（nuclear pore），核膜透性比细胞中的任何膜都大，可让 RNA 与生物大分子颗粒通过。核内染色体数目因种而异，如汉逊酵母属（*Hansenula*）只有 4 条，粗糙脉孢霉（*Neurospora crassa*）为 7 条，而酿酒酵母（*S. cerevisiae*）多达 16 条。

（四）细胞质

真菌细胞质含细胞基质（cell matrix）、细胞骨架（cytoskeleton）和细胞器（organelle）等。

1. 细胞基质

细胞基质是除了可分辨的细胞器外的胶状溶液，含有丰富的酶蛋白（占细胞总蛋白的 25%～50%）、各种内含物，以及中间代谢产物等。真核生物的核糖体是 80S，由 60S 和 40S 两个亚基组成（图 4-6）。

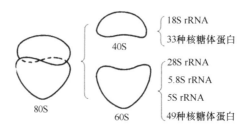

图 4-6　真核生物 80S 核糖体

2. 细胞骨架

细胞骨架由微丝（microfilament）、微管（microtubule）与中间纤维三种蛋白纤维构成（图 4-7）。

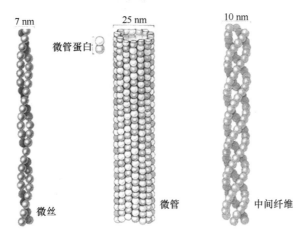

图 4-7 真菌细胞骨架

1）微丝

微丝直径为 7 nm，又称肌动蛋白丝（actin filament），两条肌动蛋白单链呈右手螺旋盘绕形成。作为一种动态结构可快速进行组装或解聚，延长或缩短，从而带动细胞器运动。微丝的功能为胞质环流和阿米巴运动。

2）微管

微管直径为 25 nm，由 α、β 微管蛋白（tubulin）二聚体螺旋排列装配。微管壁由 13 根原纤维排列构成，在横切面上呈中空状，中空直径 15 nm。微管可装配成单管、二联管（纤毛和鞭毛）、三联管（中心粒和基体）。微管能与其他蛋白共同装配成纺锤体、基粒、中心粒、鞭毛、纤毛、神经管等，主要功能是维持细胞形态，参与细胞内物质运输、鞭毛与菌毛运动、纺锤体运动。（知识扩展 4-4，见封底二维码）

3. 细胞器

细胞器是细胞内行使特定功能的线粒体（mitochondrion）、叶绿体（chloroplast）、内质网（endoplasmic reticulum，ER）、高尔基体（Golgi apparatus）、溶酶体（lysosome）、微体（microboby）与液泡（vacuole）等（图 4-8）。

1）线粒体

线粒体是能量转换器，呈 1 μm×（2～3）μm 的圆柱状和椭圆形，膜向内折叠形成嵴（crista），与呼吸有关（图 4-9）。线粒体中的 DNA 片段不受核 DNA 控制，可自我复制。线粒体是电子传递的基本单位，也是氧化还原的中心。有氧条件下，酵母细胞呼吸活性升高，线粒体数量可高达上万个，通常只有几十个。由于能量代谢主要在线粒体中进行，线粒体被称为细胞的"动力车间"。

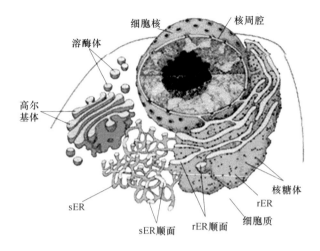

图 4-8 真菌细胞器
rER. 粗面内质网；sER. 滑面内质网

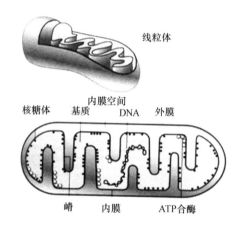

图 4-9 真菌细胞的线粒体

2）叶绿体

叶绿体与线粒体一样参与能量代谢，是装载叶绿素（chlorophyll）进行光合作用的细胞器（图 4-10）。叶绿体又称类囊体（thylakoid），层层相叠的类囊体称为基粒（granum）。

图 4-10 真菌细胞的叶绿体

3）内质网

内质网由单层生物膜围成，是蛋白质和脂类合成的场所之一。有粗面内质网（rough ER，rER）与滑面内质网（smooth ER，sER）之分（图 4-11）。在 rER 中进行蛋白质合成、修饰加工，新生肽的折叠与组装、运转；而 sER 是合成脂类的重要场所，还参与糖类代谢、肝细胞解毒、储存钙离子等。

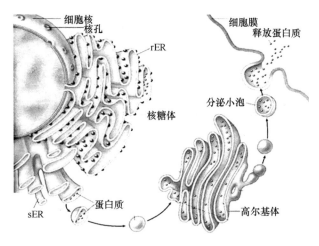

图 4-11　真菌细胞的内质网

4）高尔基体

高尔基体由单层生物膜围成，与蛋白质修饰和分泌有关。处于内质网的下游，主要功能是对内质网上合成的多种蛋白质进行加工、分类和包装，再分门别类地运送到细胞特定的部位，分泌到细胞外（图 4-12）。内质网上合成的脂类一部分也通过高尔基体向细胞膜和溶酶体膜等部位运输。可以说，高尔基体是细胞内大分子运输的一个主要交通枢纽，也是细胞内糖类合成的工厂，在细胞生命活动中起重要作用。

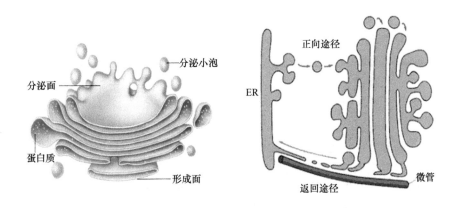

图 4-12　真菌细胞的高尔基体

左图为高尔基体图，右图为内质网与高尔基体关联图

5）溶酶体

溶酶体含有多种水解酶，由单层生物膜围成，是分解生物大分子的场所。其水解酶可催化蛋白质、核酸、脂类、多糖等生物大分子的降解，消化细胞碎渣和从外界吞入的颗粒。根据溶酶体所处不同阶段，可分为初级溶酶体（primary lysosome）、次级溶酶体（secondary lysosome）和残余小体（residual body）（图 4-13）。

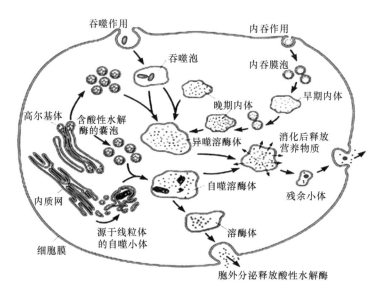

图 4-13　真菌细胞的溶酶体及功能

初级溶酶体是刚从高尔基体断裂出来的，含有多种水解酶，已发现有 60 多种酸性水解酶，包括蛋白酶、核酸酶、糖苷酶、脂肪酶、磷酸酶和硫酸酯酶等。而次级溶酶体与食物泡融合为一个较大的液泡，其中各种水解酶开始对食物进行消化和分解，将蛋白质、核酸和脂类分子水解为较小的分子，再将残渣排出细胞外，由此启动营养和防御作用。溶酶体具有营养细胞、免疫防御、清除有害物质、应激，以及清道夫的功能。

6）微体

微体是由单位膜包围的球体，常与内质网、脂肪颗粒或线粒体相连，内含氧化酶（oxidase）、乙醛酸循环酶系和过氧化氢酶（catalase），可使细胞免受 H_2O_2 的毒害，并能氧化分解脂肪酸。如酵母在糖液中生长时微体很小，在甲醇溶液中生长时微体较大，而在脂肪酸培养基中生长时微体非常发达。

7）液泡

液泡由单位膜分隔，形态、大小随细胞年龄与生理状态而变化（图 4-14）。在老龄细胞中很显著，位于中央并几乎充满整个细胞。在生长活跃的菌丝顶端，液泡很小，形状多样。一般球形或椭圆形酵母细胞只有一个液泡，而长形酵母，有的在两端各有一液泡。其功能为调节细胞渗透压、贮藏营养物质（磷酸盐）和水解酶类，并与物质交换有关。液泡也可能是贮藏钙的主要部位。

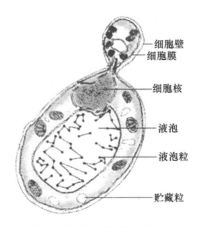

细胞壁
细胞膜
细胞核
液泡
液泡粒
贮藏粒

图 4-14 真菌细胞的液泡

（五）鞭毛

低等水生真菌的游动孢子和配子表面具有单极生或双极生的鞭毛（直径 150～200 μm）。鞭毛由伸出细胞外的鞭杆（shaft）和嵌埋在细胞膜中的基体（basal body）构成。鞭杆的横切面呈"9+2"型，即中心有一对包在中央鞘内的相互平行的中央管，其外围绕一圈（9 个）二联管（图 4-15）。

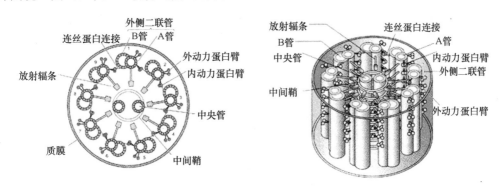

外侧二联管
连丝蛋白连接
B管 A管
放射辐条
外动力蛋白臂
内动力蛋白臂
中央管
质膜
中间鞘

连丝蛋白连接
B管 A管
中央管 内动力蛋白臂
外侧二联管
中间鞘 外动力蛋白臂

图 4-15 真核生物鞭毛的"9+2"结构
左图为横切面，右图为立体结构

整个鞭杆由细胞膜包裹，每个二联管由 A 管和 B 管组成。A 管由 13 根原纤维形成，而 B 管只有 10 根，其中 3 根与 A 管共用。从二联管的 A 管上伸出两条动力蛋白臂，动力蛋白臂上含有能被 Ca^{2+} 和 Mg^{2+} 激活的 ATP 酶，可水解 ATP 放出能量，供鞭毛运动所需。在相邻的二联管之间有连丝蛋白连接。此外每个二联管（A 管）向中央管发出放射辐条（radial spoke），其端部呈游离状态。

基体直径 120～170 nm，长 200～500 nm，电镜下观察其横切面呈"9+0"型，即外围是 9 个微管三联体，中央没有中央管和中间鞘。

二、真菌的形态

真菌形态从单细胞的酵母菌，到多细胞分枝的丝状霉菌，以及蕈菌，大小变化很大，细胞结构多样。酵母菌大多为单细胞，通常是卵形、椭圆形、圆柱形或柠檬形，直径为细菌的 10 倍，如酿酒酵母（*S. cerevisiae*）为（2.5～10）μm×（4.5～21）μm。细胞大小和形状随着菌龄及环境条件而变化。当细胞进行一系列的芽殖后母细胞与子细胞连在一起成为链状，称为假菌丝（pseudohypha）（图 4-16）。在营养条件差或细胞衰老时，卵形个体拉长变成腊肠形，但一旦环境转变为有利于它生长时，就又可长成丰满的卵形。

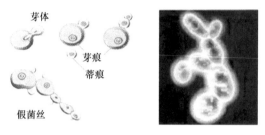

图 4-16　假菌丝

大多数真菌营养体由分枝或不分枝的菌丝（hypha）构成，直径 2～10 μm。根据形态结构，菌丝可分为无隔菌丝（nonseptate hypha）、有隔菌丝（septate hypha）（图 4-17）。无隔菌丝为长管状单细胞，细胞质含有多个细胞核，其生长只表现为菌丝的延长和细胞核的繁殖增多，以及细胞质的增加。绝大多数的壶菌及接合菌如根霉属（*Rhizopus*）、毛霉属（*Mucor*）和水霉属（*Saprolegnia*）等为无隔菌丝。有隔菌丝由横隔膜分割为成串细胞，每个细胞含有一个或多个细胞核，隔膜上有小孔，细胞核与细胞质可自由流通。子囊菌和担子菌的菌丝有隔膜，如青霉属（*Penicillium*）、曲霉属（*Aspergillus*）、白地霉（*Geotrichum candidum*）和镰刀菌属（*Fusarium*）等。

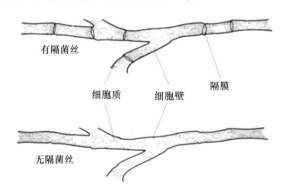

图 4-17　有隔菌丝与无隔菌丝

根据菌丝有无隔膜（septa），可将真菌分成无隔膜的低等真菌（壶菌门和接合菌门）和有隔膜的高等真菌（子囊菌门、担子菌门和半知菌类）两大类。根据菌丝的分布和功能，将伸入培养基内吸收养料的部分称为营养菌丝（vegetative hyphae）；而伸展到空气中的菌丝称为气生菌丝（aerial hyphae），气生菌丝发育到一定阶段分化成繁殖菌丝（reproductive hyphae）。许多菌丝交织在一起形成菌丝体（mycelium）（图 4-18）。

菌丝 → 菌丝体 → 密丝组织 ┫ 营养体：子座
┗ 繁殖体：子实体、接合孢子囊、子囊果、担子果

图 4-18 菌丝体类型

在一定条件下，菌丝可分化成特殊的结构或组织。有的营养菌丝可产生假根（rhizoid），许多专性寄生菌丝可特化形成吸器（haustorium），伸入寄主细胞吸收养料。菌索（rhizomorph）、菌核（sclerotium）、子座（stroma）等都是菌丝聚集的特殊菌丝组织体。

（1）匍匐枝与假根。毛霉目（Mucorales）常形成具有延伸功能的匍匐状菌丝（图 4-19）。如根霉属（*Rhizopus*）在固体基质表面上分化为匍匐枝（stolon）连接两丛孢囊梗（sporangiophore），隔一段距离匍匐枝与基质接触处分化出根状结构的假根，假根具有吸取养料、固着和支撑孢囊梗与孢子囊的功能。

（2）吸器是寄生真菌在寄主细胞间的菌丝发生旁枝，穿过细胞壁，侵入寄主细胞内分化成为指状、球状或丝状，以及吸取营养物质的特殊菌丝分枝。一般专性寄生的真菌如锈菌目（Uredinales）、霜霉属（*Peronospora*）、白粉菌目（Erysiphales）都有吸器（图 4-20）。

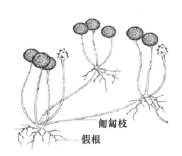

图 4-19 匍匐枝与假根

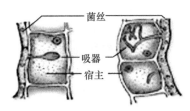

图 4-20 吸器

（3）菌环和菌网是具有捕食能力的真菌菌丝所产生的特殊结构，为菌丝陷阱，具有此种结构的大多数真菌属于捕虫霉菌和半知菌类。菌环（annulus）是捕食性真菌菌丝在分枝处形成的环形菌丝，用于捕捉线虫；菌网（macterial net）是由菌丝形成的网状结构，富有黏性，用于黏着线虫和飞蝇等（图 4-21）。如捕虫菌目（Zoopagales）在长期的自然进化过程中形成的特化菌丝构成巧妙的网，可以捕捉小型原生动物或无脊椎动物，捕获物死后，菌丝伸入其体内吸收营养。

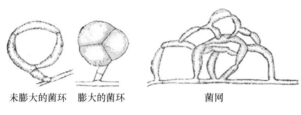

未膨大的菌环　　膨大的菌环　　　　　菌网

图 4-21　菌环和菌网

（4）附着胞与附着枝：许多植物寄生真菌在其芽管或老菌丝顶端发生膨大，并分泌黏性物，借以牢固地黏附在宿主的表面，即附着胞（appressorium）。附着胞上再形成纤细的针状感染菌丝，以侵入宿主的角质层而吸取营养（图 4-22）。（知识扩展 4-5，见封底二维码）

若干寄生真菌由菌丝生出 1～2 个细胞的短枝，将菌丝附着于宿主体上（图 4-23），即附着枝（hyphopodium）。

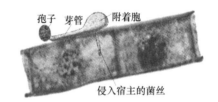

孢子　芽管　　附着胞

侵入宿主的菌丝

图 4-22　附着胞

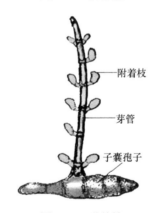

附着枝

芽管

子囊孢子

图 4-23　附着枝

（5）菌索是某些高等真菌菌丝平行排列组成的长条、绳索状结构（图 4-24）。菌索中的单个菌丝已失去独立性，而构成具有功能分化的复杂组织。这种索状物有一个厚而硬的外壳和一个生长点顶端，类似于植物的根尖，多生长在树皮下或地下，为根状、白色或其他各种颜色，能在缺少营养的环境中为菌体生长提供营养，可促进物质运输、菌体蔓延侵染宿主和抵御不良环境。菌索在不适宜的环境条件下呈休眠状态，条件好转可从生长点恢复生长，在担子菌中较为常见。

（6）菌核是由菌丝聚集与黏附而形成的一种休眠体，也是糖类和脂类等营养物质的贮藏体（图 4-25）。外层为深色厚壁菌丝，较为坚硬，内层疏松，大多呈白色。其大小、形状各异，小的只有米粒大小，大的质量可达 15 kg。一般在秋末形成，可抵抗寒冷、干燥等不良环境。条件适宜时可萌发产生子实体、菌丝和分生孢子。常见菌核有导致油菜菌核病的菌核、药用茯苓的地下块状菌核、多孔菌科真菌猪苓的干燥菌核、药用麦角的菌核。

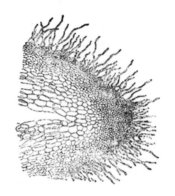

图 4-24 菌索

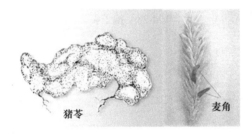

猪苓   麦角

图 4-25 菌核结构（知识扩展 4-6，见封底二维码）

（7）子座是由菌丝体交织成的一种紧密的垫座组织，有时由菌丝和寄主组织混合构成。子座为垫状、壳状或其他形状等。子座内或上面常产生繁殖结构的子实体（图 4-26）。此外，气生菌丝可特化成各种形态的子实体，即无性孢子子实体——孢子头（图 4-27）、孢子囊（图 4-28）、分生孢子座（sporodochium）、分生孢子器（pycnidium）和分生孢子盘（acervulus）等（图 4-29）。分生孢子座是一个垫状的子座，分生孢子梗从其上生出

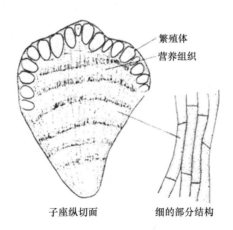

繁殖体
营养组织

子座纵切面   细的部分结构

图 4-26 子座

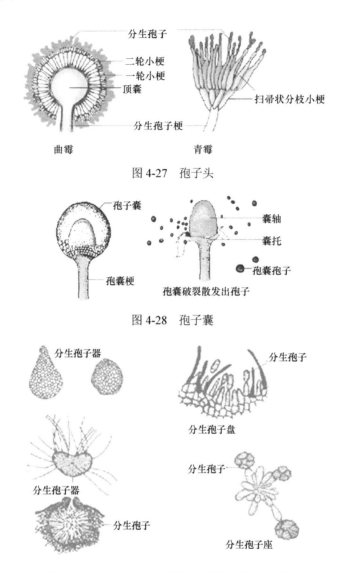

图 4-27 孢子头

图 4-28 孢子囊

图 4-29 分生孢子座、分生孢子器、分生孢子盘

并聚集在一起；分生孢子器是菌丝组织形成的球形或烧瓶状的结构，内部着生分生孢子梗；分生孢子盘呈扁平或浅盘状，其成排着生于分生孢子梗；分生孢子梗是由菌丝分化形成的一种分枝或不分枝的梗状物。在自然界中，分生孢子盘产生于植物表皮下或角质层下组织，最终突破植物表皮而外露。

多个子囊外部由菌丝体组成其共同的保护组织，具有这种结构的子实体称为子囊果（ascocarp）。其中成千上万的子囊束集在一起形成杯状或瓶状结构。因各菌种的子囊果形态、大小不同，可分成闭囊壳（cleistothecium）、子囊壳（perithecium）和子囊盘（discocarp），它们是有性孢子子实体（图 4-30）。闭囊壳的子囊产生于完全封闭的子囊果内。子囊壳的子囊由几层菌丝组成特殊的壁所包围，子囊果成熟时出现一个小孔，通过孔口放出子囊孢子。子囊盘仅在子囊基部由多层菌丝组成盘状，子囊平行排列在盘上，上部展开犹如果盘。

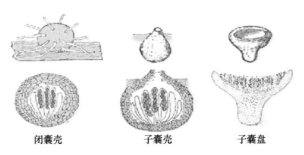

图 4-30　子囊果（闭囊壳、子囊壳、子囊盘）

上面三个图为立体图；下面三个图为剖面图

三、真菌的繁殖

真菌的繁殖能力强，方式多样，可通过无性繁殖和有性繁殖产生大量新个体，也可由任意一部分菌丝断裂进行繁殖，主要形成无性孢子或有性孢子（图 4-31）。通常真菌的细胞或菌丝生长到一定阶段，常先行无性繁殖，到后期，特别是当环境不利或营养不良时，在同一菌丝体上进行有性繁殖。

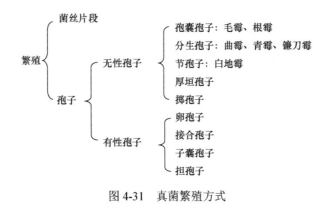

图 4-31　真菌繁殖方式

（一）无性繁殖

无性繁殖即体细胞繁殖，是指不经过两性细胞的配合，只经营养细胞的分裂和营养菌丝的分化而形成新个体的过程（图 4-32）。其包括断裂、裂殖（fission）、芽殖（budding）与产生无性孢子等。

1. 断裂

菌丝的生长是顶端生长，前端为幼龄菌丝，后面是老龄菌丝。当部分菌丝片段被接种到新鲜培养基后，菌丝的幼龄端会重新形成新的生长点，通过顶端生长使菌丝延长和分枝。每一个片段长成一个新的个体。

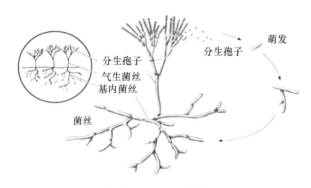

图 4-32　无性繁殖

2. 裂殖

裂殖为细胞通过横裂产生子细胞，如裂殖酵母属（*Schizosaccharomyces*）。圆形或卵圆形细胞长到一定大称为营养菌丝，核分裂为二，再在细胞中央产生隔膜，将细胞分开，两个新细胞形成后又长大而重复此循环（图 4-33）。

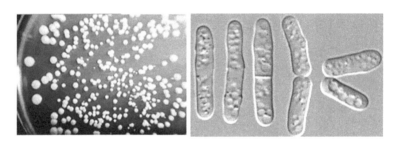

图 4-33　裂殖酵母菌落（左）与细胞裂殖（右）

3. 芽殖

体细胞或孢子出芽产生芽细胞，每个芽细胞形成一个新个体，如酿酒酵母（*S. cerevisiae*）。不论是单倍体还是二倍体，在合适的条件下成熟的细胞都可长出芽体，芽细胞长到一定程度脱离母体继续生长，然后又出芽形成新的个体（图 4-34），且芽体上还可形成新的芽体，如此循环往复。芽殖发生在细胞壁的预定点上，该点因细胞脱落而留有芽痕（bud scar）。

芽殖是大多数酵母菌的无性繁殖方式，其过程为邻近细胞核的中心体产生一小突起，细胞表面向外形成小芽（芽细胞）→母细胞部分核物质、染色体、细胞质进入芽内→芽细胞逐渐增大→芽细胞从母细胞得到一套完整的核结构、线粒体、核糖体等，并与母细胞分离，成为独立生活的细胞。如果出芽后，芽长成正常细胞大小仍与母体相连，且在子体上又长出新芽，如此反复，酵母细胞与其子代细胞连在一起便可形成假菌丝（pseudohypha），如热带假丝酵母（*Candida tropicalis*）、解脂假丝酵母（*C. lipolytica*）、产朊假丝酵母（*C. utilis*）、白假丝酵母（白念珠菌，*C. albicans*）。

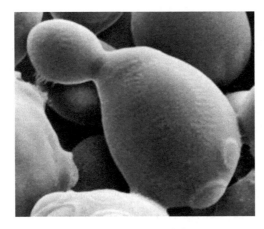

图 4-34　芽殖与芽痕

4. 无性孢子

霉菌的营养菌丝结构及遗传特性不同，通过有丝分裂可在菌丝顶端分化形成各种无性孢子。常见的无性孢子有孢囊孢子（sporangiospore）、分生孢子（conidium）、节孢子（arthrospore）、厚垣孢子（chlamydospore）、掷孢子（ballistospore）。

1）孢囊孢子

孢囊孢子形成于菌丝顶端的特化结构孢子囊（sporangium）内，孢子囊是菌丝上产生的孢囊梗顶端的膨大结构（图 4-35）。当接合菌发育到一定阶段时，菌丝上会产生一个侧枝，为孢囊梗（sporangiophore），其分枝或不分枝。孢囊梗长到一定长度，顶端细胞膨大成圆形、椭圆形或梨形的囊状结构，并聚集了许多细胞核和细胞质，在囊下面生出横隔膜，然后囊中细胞质割裂成许多小块状，每块发育成一个孢囊孢子。当孢子成熟后，孢子囊破裂释放出孢囊孢子。此外，在孢子囊内还可看到一个圆形或圆柱形的囊轴，如接合菌毛霉属（*Mucor*）、根霉属（*Rhizopus*）、犁头霉属（*Absidia*）。孢囊孢子外面形成细胞壁而成为不游动的静孢子（aplanospore）。而在壶菌和卵菌中，孢囊孢子则产生鞭毛而成为无壁的游动孢子（zoospore），游动孢子呈圆形、梨形、肾形等，具有一根或两根鞭毛，如绵霉属（*Achlya*，水生真菌）。

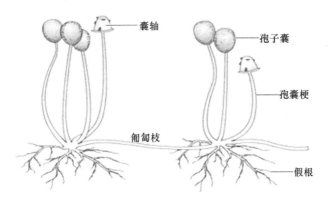

图 4-35　孢囊孢子

2）分生孢子

分生孢子是子囊菌和半知菌的无性孢子，是从菌丝分枝的顶端细胞或从菌丝分化的分生孢子梗（conidiophore）顶端细胞分割缢缩形成的单个或成簇的孢子，孢子并非包裹在囊内，仅在菌丝的顶端或侧边产生（图 4-36）。分生孢子梗在最初产生时如同菌丝的一个短侧枝，分枝或不分枝。分生孢子的形状、大小、结构有很大差异，细胞壁有薄有厚，颜色上有无色透明，或呈绿、黄、橙、红、褐、黑等各种颜色。形状上有球形、卵形、长椭圆形、针形、星形等。组成孢子的数量也从一个到多个不等。如红曲霉属（*Monascus*）、交链孢属（*Alternaria*）等的分生孢子着生于菌丝或菌丝分枝的顶端，单生成链或成簇排列，分生孢子梗的分化不明显；而曲霉属（*Aspergillus*）、青霉属（*Penicillium*）却有明显分化的分生孢子梗，梗的顶端再形成孢子。分生孢子是最常见的外生无性孢子，并可借助空气传播。

图 4-36　分生孢子

3）节孢子

节孢子是由菌丝断裂而形成的新个体。当菌丝生长到一定阶段时，出现许多横隔膜，再从横隔膜处断裂产生许多单个筒状细胞即节孢子（粉孢子）。白地霉（*Geotrichum candidum*）可产生节孢子（图 4-37）。

4）厚垣孢子

厚垣孢子因具有很厚的壁，又称厚壁孢子。厚垣孢子是真菌的休眠体，可抵抗热与干燥等不良环境条件。菌丝顶端或中间一部分原生质浓缩、变圆，类脂密集，然后在四周生出厚壁或者原来的细胞壁加厚，形成刺或疣的突起（图 4-38），如总状毛霉（*Mucor racemosus*）在菌丝中间部分往往形成厚垣孢子。白假丝酵母（*C. albicans*）能在假菌丝顶端产生厚垣孢子。厚垣孢子是一种抗性结构，可帮助真菌在不良环境下保存活力。

5）掷孢子

掷孢子是掷孢酵母属（*Sporobolomyces*）等少数酵母菌产生的无性孢子，呈镰形、豆形、肾形。这种孢子是在卵圆形的营养细胞上生出的小梗上形成的。

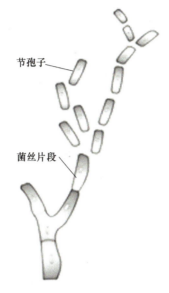

图 4-37 节孢子

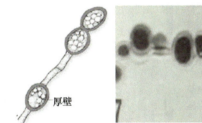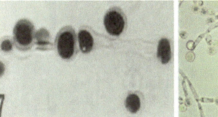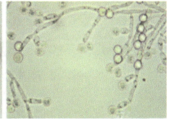

图 4-38 厚垣孢子

（二）有性繁殖

经过两性细胞结合而产生新个体的过程为有性繁殖（sexual reproduction），可分为质配（plasmogamy）、核配（karyogamy）与减数分裂（meiosis）三个阶段。①质配为两个性细胞接触后结合，细胞质融合在一起，成为双核细胞（$n+n$）——双核体（dikaryon）。②核配为双核细胞的核融合产生二倍体接合子的核（$2n$）。③减数分裂：二倍体的细胞核通过减数分裂成为 4 个单倍体的核，每个核带上周围的细胞质形成单倍体的有性孢子。各种真菌的有性繁殖过程不同，有些类群质配后紧接着核配，但有些类群质配与核配的发生在时间和空间上可相隔很远。

有性孢子的产生不如无性孢子频繁和丰富，只产生于一些特殊条件下。有性繁殖因菌种不同而异，有的两条营养菌丝可直接结合，多数霉菌则由菌丝分化形成特殊的性细胞，产生有性孢子来进行。真菌的分类鉴定主要依靠有性繁殖结构。在不同的真菌类群中，有性孢子被冠以不同的名称，分别是卵孢子（oospore）、接合孢子（zygospore）、子囊孢子（ascospore）和担孢子（basidiospore）（图 4-39）。

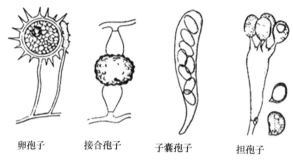

卵孢子　　　　接合孢子　　　　子囊孢子　　　　担孢子

图 4-39　有性孢子

1. 卵孢子

卵孢子由 2 个大小不同的异形孢子囊结合发育而成，小的为雄器（antheridium），大的为藏卵器（oogonium）。当雄器与藏卵器配合时，雄器中的细胞质与细胞核通过受精管进入藏卵器，与卵球结合，随后卵球生出外壁即卵孢子（图 4-40）。雄器与藏卵器结合后所形成的有性孢子为二倍体。卵孢子萌发时先长出一个芽管，再分化形成游动孢子囊，并产生游动孢子。

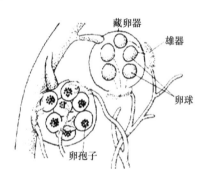

藏卵器

雄器

卵球

卵孢子

图 4-40　卵孢子

2. 接合孢子

接合孢子是由菌丝分化成的两个形状相同（或略有不同）、性别不同的配子囊（gametangium）接合而成的有性孢子（图 4-41）。根据接合孢子丝来源或亲和力的不同，接合孢子的产生可分为同宗配合（homothallism）和异宗配合（heterothallism）两类。

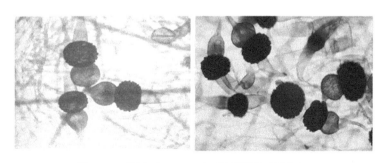

图 4-41　根霉（*Rhizopus*）的配子囊（黑色）

同宗配合是每个菌体自身可育（self-fertile），即同一个孢子萌发形成两根菌丝，发生接合而形成接合孢子；而异宗配合是每一个菌体自身不育（self-sterile），不管菌丝生理上是否有差异，都需要借助其他可亲和菌体的不同交配型来进行有性生殖，即接合孢子的产生需要两种不同菌系的菌丝相遇，但这两株具有亲和力的孢子在形态、大小上无区别，常用"+""–"来表示（图 4-42）。不同质的菌丝，在形态、大小上无法区别，更无雌雄之分，但生理上有差异，所以常通过接合作用来判断。

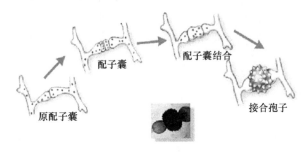

图 4-42 接合的产生

3. 子囊孢子

子囊孢子是在囊状结构的子囊内形成的有性孢子，子囊多数呈长形、棒形或圆形，每个子囊内通常含 1~8 个子囊孢子，子囊孢子的形态、大小、色泽及纹饰等是分类的依据（图 4-43）。

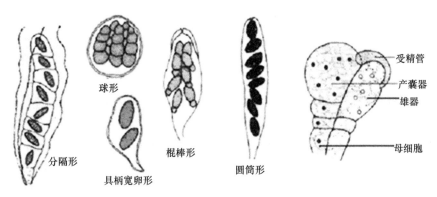

图 4-43 子囊孢子

酵母菌以形成子囊和子囊孢子进行有性繁殖。当酵母菌发育到一定阶段时，邻近的两个性别不同的细胞接近，各伸出一个小的突起而接触，接触处细胞壁溶解，局部融合形成一个通道，然后进行质配，再发生核配形成二倍体核的接合子。接合子以二倍体方式进行营养细胞生长繁殖，独立生活；在合适条件下接合子可经减数分裂，形成 4 个子核（图 4-44）或 8 个子核（图 4-45），每一个子核外包以细胞质，逐渐形成子囊孢子，而原有细胞即成为子囊（ascus）。子囊孢子萌发形成单倍体营养细胞。酵母菌子囊裸露，不形成子囊果，代表种为酿酒酵母（*S. cerevisiae*）。

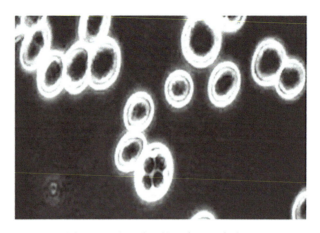

图 4-44　酿酒酵母的子囊及子囊孢子

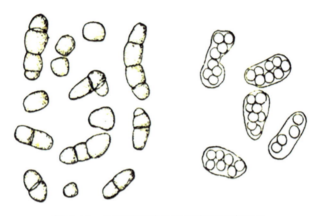

图 4-45　八孢裂殖酵母的子囊及子囊孢子

4. 担孢子

担孢子是外生孢子。担子菌的特征是产生担孢子、菌丝体常具有孔隔膜，有时还具有锁状联合（clamp connection）。营养菌丝体的主要阶段为双核体。担子菌的菌丝可分为初生菌丝（primary hypha）、次生菌丝（secondary hypha）与三生菌丝（tertiary hypha）。①初生菌丝是由担孢子萌发产生的，初期是无隔多核，不久产生横隔将细胞分成单核菌丝。②次生菌丝是由性别不同的两个初生菌丝只进行质配而不进行核配形成的双核菌丝。具有双核的次生菌丝细胞常以锁状联合的方式来增加细胞的个体数，即双核细胞分裂前，在两核之间生出一个钩状分枝（图 4-46）。细胞中的一个核进入钩中，两个核同时分裂形成 4 个核。分裂后钩状突起中的两个核，一个留在钩中，另一个进入菌丝细胞前端。而原来留在菌丝细胞中的核分裂后，一核向前移，另一核留在后面。钩向下弯曲与原细胞壁接触、溶化而沟通，同时在钩的基部产生隔膜。最后钩中的核下移，在钩的垂直方向产生一隔膜，一个细胞分成两细胞，每个细胞具有双核，锁状联合完成。③三生菌丝是次生菌丝特化形成的，特化后的三生菌丝形成各种子实体。担子菌的双核菌丝顶端细胞膨大后形成子实体——担子，担子内的两性细胞经过核配后，形成一个二倍体的细胞核，再经减数分裂，便产生 4 个单倍体的核，此时在担子顶端长出 4 个小梗，小梗顶端稍微膨大，最后 4 个单倍体核就分别进入小梗的膨大部位，从而形成 4 个外生单倍体担孢子（图 4-47）。

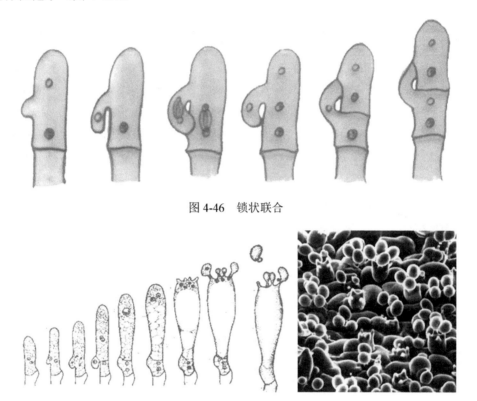

图 4-46 锁状联合

图 4-47 担孢子产生

担子菌的有性生殖器官如此简化，被视为退化的类型。担孢子通常为球形、卵形、长形、腊肠形；无色或有色，有色的担孢子颜色一般很淡，只有大量的担孢子聚集在一起才可以分辨其颜色，有绿色、黄色、橙色、粉红色、褐色或黑色等。

担子果是着生担子的高度组织化结构。多数担子菌产生担子果，如蘑菇、木耳、银耳、灵芝等。有些担子菌不产生担子果，如锈菌、黑粉菌。担子果的发育类型有裸果型（gymnocarpous）、被果型（angiocarpous）、半被果型（hemiangiocarpous）和假被果型（pseudoangiocarpous）等。①裸果型：子实层着生在担子果的一定部位，自始至终裸露于外，如猴头菌、灵芝、银耳与木耳。②被果型：子实层包裹在子实体内，担子成熟时也不开裂，只有在担子果分解或遭受外力损伤时担孢子才释放出来，如马勃。③半被果型：子实层最初有一定的包被，在担孢子成熟前开裂露出子实层，如伞菌蘑菇。④假被果型：子实体产生担孢子的结构被往里卷的菌盖包裹起来，孢子成熟时菌盖打开，暴露在外，担孢子释放出来，如虎皮香菇。

总之，真菌孢子具有小、轻、干、多，以及形态色泽各异、休眠期长和抗逆性强等特点（表 4-1），与细菌的芽孢有很大的差异（表 4-2）。霉菌孢子形态有球形、卵形、椭圆形、礼帽形、土星形、肾形、线形、镰刀形等。各个体所产生孢子数量成千上万，有时竟达到几百亿、几千亿，甚至更多。孢子的这些特点有助于真菌在自然界中随机散播和繁殖，也有利于接种、扩大培养，以及菌种选育、保藏和鉴定，但其也容易造成污染、霉变和传播动植物的真菌疾病。

表 4-1 真菌孢子的类型与特点

	孢子名称	外形	数量	着生	特点	实例
无性孢子	游动孢子 n	圆形、梨形、肾形	多	内	有鞭毛，能游动	壶菌、卵菌
	孢囊孢子 n	近圆形	多	内	水生型，有鞭毛	根霉、毛霉
	分生孢子 n	极多形	极多	外	少数为多细胞	曲霉、青霉
	节孢子 n	柱形	多	外	各孢子同时形成	白地霉
	厚垣孢子 n	近圆形	少	外	菌丝顶或中间形成	总状毛霉
	芽细胞 n	近圆形	较多	外	在酵母细胞上出芽	假丝酵母
	掷孢子 n	镰形、豆形、肾形	少	外	成熟时从母细胞射出	掷孢酵母
有性孢子	卵孢子 $2n$	近圆形	1 至几个	内	厚壁、休眠	德氏酵母
	接合孢子 $2n$	近圆形	1 个	内	厚壁休眠、大、深色	根霉、毛霉
	子囊孢子 n	多样	4～8 个	内	长在各种子囊内	脉孢霉、红曲霉
	担孢子 n	近圆形	4 个	外	长在特有的担子上	蘑菇、香菇

表 4-2 真菌孢子与细菌芽孢的比较

项目	真菌孢子	细菌芽孢
大小	大	小
数目	一条菌丝或一个细胞产生多个	1 个细胞只产 1 个
形态	形态、色泽多样	形态简单
形成部位	可在细胞内或细胞外形成	只在细胞内形成
细胞核	真核	原核
功能	最重要的繁殖方式	非繁殖方式，是休眠方式
抗热性	不强，在 60～70℃下易被杀死	极强，一般 100℃数十分钟才能被杀死
产生菌	绝大多数真菌可以产生	少数细菌可以产生

四、真菌的生活史

细胞经一系列生长、发育，且繁殖产生下一代个体的过程，称为该生物的生活史或生命周期（life cycle）。其包括无性繁殖与有性繁殖两个阶段。真菌的无性孢子在适合条件下，萌发形成菌丝体，新的菌丝体再产生孢子，如此往复多次，这就是生活史中的无性繁殖阶段。直至生长发育后期，在一定条件下开始发生有性繁殖，即分泌性激素，从菌丝体上分化出特殊的配子囊或配子，进而经过质配与核配形成二倍体的细胞核，最后经减数分裂形成单倍体孢子，孢子再萌发形成新的菌丝体（图 4-48）。

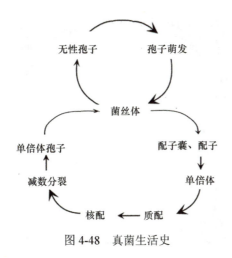

图 4-48　真菌生活史

五、真菌群体

1. 固体培养基

当接种某一真菌孢子或菌丝于适当固体培养基上时，菌丝萌发向四周蔓延生长出菌丝的群体即为菌落。真菌菌丝的生长点只局限于顶端，即顶端生长（apical growth）。

霉菌的细胞呈丝状，在固体培养基上有营养菌丝和气生菌丝的分化，菌落与放线菌接近。因其菌丝较粗而长，菌落形态也大，一般比放线菌菌落大几倍至几十倍，质地比放线菌疏松，外观呈现或紧或松的蛛网状、绒毛状或棉絮状；有些生长快的霉菌则无固定的形态，其菌落可扩展到整个培养皿。菌落正反面的颜色和边缘、中心的颜色常不同，霉菌呈放射状生长，菌体可沿培养基表面蔓延生长，菌落外围的菌丝生命力最旺盛。一般菌落中心的菌丝菌龄较大、颜色较深，而边缘为幼龄菌，颜色较浅，常形成同心环。霉菌菌落与培养基连接紧密，不易挑取。由于不同的真菌孢子含不同的色素，菌落可呈现红、黄、绿、青绿、青灰、黑、白、灰等多种颜色（图 4-49）。同一霉菌在不同成分的培养基上形成的菌落特征虽然有变化，但在一定培养基上都相对稳定，可作为鉴定的依据之一。

大多数酵母菌在适宜培养基上形成的菌落与细菌相似，菌落表面湿润、较光滑、黏稠、易挑起，菌落质地均匀，正反面和边缘、中央的颜色均一（图 4-50）。但酵母

图 4-49　各种霉菌菌落

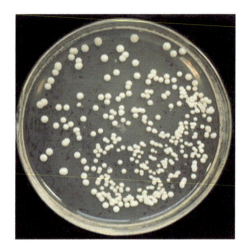

图 4-50　酵母菌菌落

菌的菌落比细菌的大而厚实，较不透明，菌落颜色多为乳白色，少数呈红色，如红酵母等。有些菌种因培养时间太长而菌落表面皱缩。不产生假菌丝的酵母菌，菌落更为隆起，边缘十分圆整；产生假菌丝的酵母菌，菌落较平坦，表面和边缘较粗糙。

2. 液体培养基

如果是静止培养，霉菌往往在表面生长，在液面上形成菌膜（图 4-51）。如果是振荡培养，生理活性好的菌丝有时相互缠绕在一起形成颗粒状的菌丝球（图 4-52），菌丝球可均匀地悬浮在培养液中或沉于培养液底部，且不会生长过密，有利于氧的传递以及营养物质和代谢物质的输送。若发酵条件控制不当，就会产生异常的菌丝球。这时菌丝球内部产生一个空腔，并可见到退化的细胞。

图 4-51　霉菌的菌膜

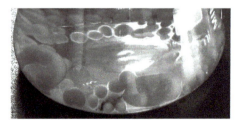

图 4-52　液体培养的霉菌菌丝球

第二节 真 菌 类 群

真菌通常按有性阶段进行分类。有些真菌在生活史中常出现无性阶段，偶然也产生有性阶段，仍用其无性阶段的名称，如曲霉属（*Aspergillus*）、镰刀菌属（*Fusarium*）。现代概念的真菌界包括壶菌门（Chytridiomycota）、接合菌门（Zygomycota）、子囊菌门（Ascomycota）、担子菌门（Basidiomycota）、半知菌类（imperfect fungus）。而原先称为真菌的一些生物，如卵菌（oomycetes）和黏菌（slime mould），与其他真菌没有亲缘关系，却与金藻、硅藻和褐藻具有亲缘关系。

一、壶菌门

壶菌是一类简单的陆生和水生真菌，通过形成游动孢子进行无性繁殖（图 4-53）。游动孢子具有单一鞭毛，如大配囊异水霉（*Allomyces macrogynus*）。菌体为多核体，合子转变成休眠体或休眠孢子囊。已知这类菌的细胞壁含几丁质和葡聚糖。壶菌是介于真正的真菌和原生动物之间的代表。

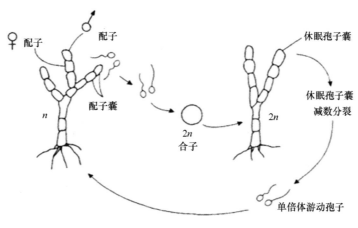

图 4-53 壶菌生活史

二、接合菌门

接合菌大多生活在腐败的植物和土壤的动物有机体上，其菌丝是多核的，无性孢子靠风传播，在气生菌丝顶端的孢子囊内形成。有性繁殖产生带有坚硬厚实细胞壁的合子——接合孢子，当环境条件恶劣、不利于生长时，就以这种形式保持休眠状态。

1. 根霉

根霉（*Rhizopus* spp.）菌丝体白色，呈棉絮状，无隔膜，单细胞。根霉的气生性强，生长迅速，大部分菌丝为匍匐于营养基质表面的气生菌丝。菌丝生节，从节向下分枝形成假根状的基内菌丝，基内菌丝伸入营养基质中吸收养料。无性繁殖的孢囊梗不分枝，直立，两三个丛生于菌丝的节上，孢子囊成熟时呈黑色，内生大量球状孢囊孢子（图4-54）。有性繁殖产生接合孢子。根霉存在于空气、土壤及各种物体表面，也常出现在淀粉、糖类食品中，是家用甜酒曲的主要菌种。根霉的用途：①酿酒工业常用的淀粉酶、糖化酶菌种，用于发酵饲料；②转化甾族化合物的重要生产菌；③工业上生产有机酸及丁烯二酸等。常见的根霉有匍枝根霉（*R. stolonifer*）、米根霉（*R. oryzae*）、黑根霉（*R. nigricans*，俗称面包霉）等。

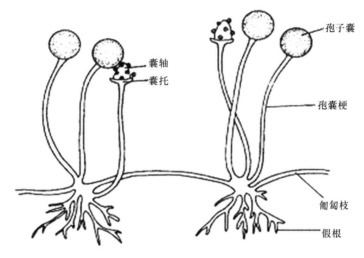

图 4-54 根霉

根霉通常无性繁殖，但如果环境条件恶劣，就开始有性繁殖。当不同交配株相互靠近时，产生激素并导致其在菌丝间形成原配子囊的突出物，进而成熟为配子囊（图4-55）。配子囊融合后，配子核发生融合形成合子，合子形成一层厚实坚硬的黑色外壳，成为休眠的接合孢子。在孢子萌发阶段发生减数分裂，接合孢子裂开产生带有无性孢子囊的菌丝，从而开始新一轮循环。

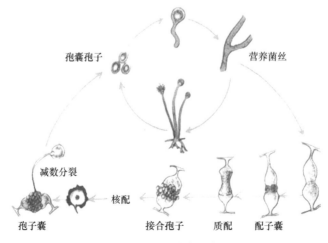

图 4-55 根霉生活史

2. 毛霉

毛霉（*Mucor* spp.）是一类较为低等的真菌，其菌丝体呈棉絮状，由许多分枝的无隔多核菌丝构成。无性繁殖形成孢子囊，孢子囊壁破裂，分散出孢囊孢子。孢囊孢子无鞭毛，不能游动，在空气中被吹散，遇到适宜的环境，萌发而形成新的菌丝体；有性繁殖形成接合孢子，接合孢子外面包被有极厚而带褐色的孢壁，孢壁表面常具有棘状或不规则的突出物。接合孢子经过一段时间休眠才能萌发，萌发时孢壁破裂，长出芽段，芽段顶端形成一孢子囊，在孢子囊中通过减数分裂，产生大量单倍体的孢囊孢子。

毛霉多为腐生，有些是寄生。毛霉的用途：①用于生产有机酸（柠檬酸、琥珀酸），如梨形毛霉（*M. piriformis*）可生产柠檬酸；②生产酶制剂，如总状毛霉（*M. racemosus*）、鲁氏毛霉（*M. rouxianus*）、高大毛霉（*M. mucedo*）可生产淀粉酶；③毛霉具有分解蛋白质的能力，是制造腐乳、豆豉等食品的重要菌种，能把豆腐中的蛋白质分解成各种氨基酸，故人们可尝到腐乳、豆豉的鲜味；④对甾族化合物具有转化作用。

三、子囊菌门

子囊菌是真菌中最大的类群，菌丝体由隔膜菌丝组成，无性繁殖形成分生孢子。而有性阶段则涉及子囊（ascus）形成。子囊内含有两个或多个子囊孢子（图 4-56）。大部分为陆生，许多是腐生，能导致食物酸败的红色、褐色、蓝绿色霉菌大多属于子囊菌。能攻击植物叶片的粉状白色霉菌，以及许多酵母菌、羊肚菌，还有粗糙脉孢霉（*N. crassa*）也是子囊菌。（知识扩展 4-7，见封底二维码）

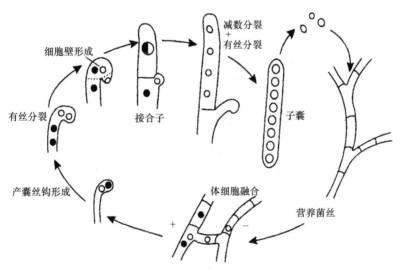

图 4-56 子囊菌生活史

子囊菌还与昆虫有密切关系，有些种可为昆虫提供食粮，有些种在适当的条件下可杀死昆虫，如球孢白僵菌（*Beauveria bassiana*）、金龟子绿僵菌（*Metarhizium anisopliae*）、罗伯茨绿僵菌（*M. robertsii*）、蝗绿僵菌（*M. acridum*）和镰刀菌属（*Fusarium*），它们已

被用作生物杀虫剂。（知识扩展 4-8，见封底二维码）

1. 粗糙脉孢霉

粗糙脉孢霉（*N. crassa*）俗称红色面包霉，在自然界广泛分布，常出现在土壤、有机物或发霉的玉米轴上，分生孢子多呈橘黄色或橘红色。1941 年 Beadle 和 Tatum 通过 X 射线诱导处理粗糙脉孢霉，获得了大量的营养缺陷突变体，提出了"一个基因一种酶"的假说，他们认为基因与酶蛋白之间存在着对应关系，获得了 1958 年的诺贝尔生理学或医学奖。粗糙脉孢霉有 7 条染色体。在其基因组中大约 1.5% 的胞嘧啶被甲基化修饰，从而成为解析真核生物 DNA 甲基化调控机制最简单的模式生物。

2. 赤霉菌

赤霉菌的许多菌株是植物的病原菌，如小麦赤霉（*Gibberella saubinetii*）、玉蜀黍赤霉（*G. zeae*）、引起水稻恶苗病菌的藤仓赤霉（*G. fujikuroi*）等。菌丝在寄主体内蔓延，并在寄主表面产生大量的白色或粉红色分生孢子。在固体培养基表面，赤霉菌形成白色、较紧密的绒毛状菌落。无性生殖产生分生孢子。先是在一些菌丝的尖端形成多级双叉分枝的分生孢子梗，在分生孢子梗上产生大小两种分生孢子，大分生孢子镰刀形、中间有 3～5 个隔膜、单生或丛生，小分生孢子卵圆形、中间没有隔膜或只有一个隔膜，大、小分生孢子都可以发芽形成新的菌丝体。有性生殖形成子囊孢子，子囊长棒状，内含 8 个子囊孢子，子囊着生于子囊壳内，子囊壳表面呈球状，光滑，蓝黑色。（知识扩展 4-9，见封底二维码）

3. 酵母菌

1）酿酒酵母（*S. cerevisiae*）

细胞圆形或椭圆形，多边出芽，少数种可形成假菌丝。其营养体既可是单倍体（haploid）也可是二倍体（diploid），两者都可以出芽方式进行繁衍，在生活史中单倍体营养阶段和二倍体营养阶段交替进行。生活史分三个阶段：①子囊孢子在合适的条件下发芽成为单倍体细胞，然后借出芽进行繁殖。单倍体细胞具有 a 和 α 两种不同的交配型。②两个性别不同的营养细胞经其细胞壁上特定的凝聚因子诱导，进行交配接合，在质配后立即发生核配形成二倍体营养细胞，二倍体营养细胞再进行出芽繁殖。③二倍体细胞在特定的条件下（如在营养缺乏的乙酸钠培养基、石膏块上，二倍体细胞是 a/α 型）转变成子囊，二倍体核经减数分裂形成 4 个子囊孢子，子囊破壁释放单倍体子囊孢子（图 4-57）。

酿酒酵母的单倍体和二倍体虽然都能出芽繁殖，但在形态上有区别（表 4-3）。单倍体比二倍体个体小；二倍体细胞出芽生殖后，自细胞成熟后易脱落，不同时出现具有两个芽孢的情况。而单倍体细胞出芽的子细胞难以从母细胞上脱落下来，接着子细胞又出芽，从而一代一代地细胞出芽形成芽簇。酿酒酵母的二倍体营养细胞因体积大、生活力强，而在发酵工业（乙醇）、科学研究等方面应用较广。

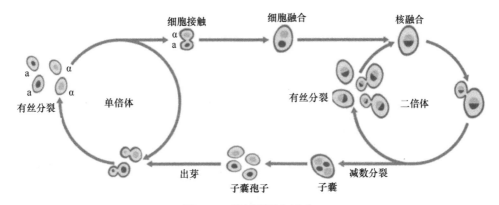

图 4-57 酿酒酵母生活史

表 4-3 酿酒酵母单倍体与二倍体的区别

菌株	细胞形态、大小	菌落	液体培养基	产孢斜面	出芽情况
单倍体	球形、小	小、形态不一	聚集成团	不产孢	一个细胞有多个芽
二倍体	卵形、大	大、形态较一致	细胞分散	产孢	一个细胞只有一个芽

2）裂殖酵母属（*Schizosaccharomyces*）

细胞筒形、方形，无性繁殖为裂殖。两个同形细胞接合后形成子囊，子囊内含 4～8 个子囊孢子（图 4-58），子囊孢子圆球形、卵形或肾形。具有发酵能力，不同化硝酸盐。如八孢裂殖酵母（*Sch. octosporus*），营养细胞为圆筒形或方形。在液体培养基中菌体沉于管底。在麦芽汁琼脂斜面上菌落乳白色，无光泽，边缘整齐。

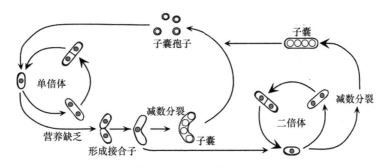

图 4-58 裂殖酵母生活史

3）汉逊酵母属（*Hansenula*）

产乙酸乙酯，可改进食品风味。

4. 红曲霉

红曲霉属（*Monascus*）菌丝有横隔，多核多分枝。由菌丝生出分生孢子梗，其顶部不形成顶囊，由细胞壁和膜向内缢缩形成分生孢子，着生在菌丝或菌丝分枝的顶端。分生孢子单生或 2～6 个成链，大多为梨形，多核，在合适的条件下萌发形成菌丝。分生孢子梗与菌丝无明显区别。有性生殖产生有柄无孔口的闭囊壳，内部散生十多个子囊，子囊球形，含 8 个子囊孢子（图 4-59）。成熟后子囊壁解体，孢子仍留在闭囊壳内。红曲霉耐酸，最适生长 pH 为 3.5～5，最适生长温度为 32～35℃，最低生长温度为 26℃。

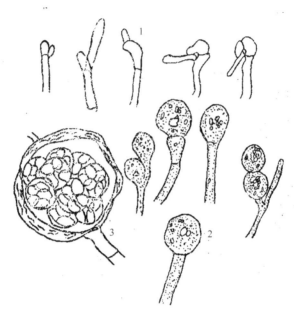

图 4-59　红曲霉闭囊壳（知识扩展 4-10，见封底二维码）

1. 有横隔菌丝；2. 菌丝顶端形成分生孢子；3. 子囊及子囊孢子

5. 稻瘟病菌

稻瘟病菌（*Magnaporthe oryzae*）能侵染水稻的根、叶、茎、节及谷物的各部分，引起黄褐色椭圆形或梭形病斑。每年由稻瘟病菌引起的水稻损失占水稻总量的 10%～30%。稻瘟病菌的致病侵染循环：①孢子随着露滴或风传播到水稻叶面，在疏水表面萌发。通常孢子的顶端细胞会萌发产生芽管，顶端形成一膨大结构。孢子中的细胞核进入芽管，行有丝分裂产生 2 个细胞核，其中一核进入膨大结构后，在基部形成隔膜，变成附着胞（appressorium），另一核则回到孢子的细胞中。②萌发时，孢子发生细胞自噬，孢子中的物质全部降解，除了提供萌发生长所需的能量外，还会转化成一些物质储存于附着胞。③附着胞细胞壁中含有黑色素层，能防止内部储存的高浓度甘油等物质溢出，产生巨大的渗透压，渗透压力会转化为机械压力。④附着胞与植物表面接触面未被黑色素层包裹且细胞壁很薄，通过巨大的机械压力，附着胞形成的侵染钉（penetration peg）穿透细胞壁，进入植物细胞，并在其中生长延伸，进入活体营养阶段。⑤侵染菌丝可通过植物胞间连丝侵染到相邻的细胞中。⑥植物细胞很快死亡，进入死体营养阶段，表现出形成黑褐色的侵染病斑。病斑中的菌丝会伸展到空气中，在高湿度的环境中分裂分化形成次生的分生孢子，再随着水滴掉落到其他的叶片上，开始新一轮的侵染（图 4-60）。

6. 冬虫夏草

冬虫夏草为麦角菌科（Clavicipitaceae）虫草属（*Cordyceps*）的成员，是我国青藏高原的特有物质，具有益肺肾、止血化痰的作用。

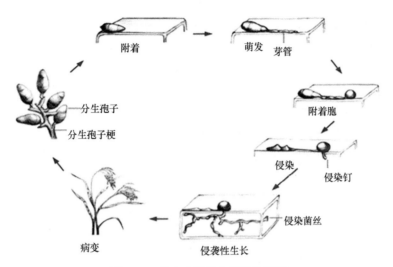

图 4-60 稻瘟病菌的致病侵染循环

四、担子菌门

担子菌是真菌中最高等的类型,陆生,许多种类能够利用纤维素和木质素作为生长的碳源和氮源,能分解木材、纸张、棉布和其他自然界中含碳的复杂有机物。大多数担子菌属于腐生菌,少数共生,与植物形成菌根;部分寄生于绿色植物。担子菌产生担子(图 4-61),多数担子菌在自然条件下没有无性繁殖。少数通过芽殖、菌丝断裂方式产生芽孢子、粉孢子或节孢子。如锈菌能以无性繁殖方式产生夏孢子;有些担孢子或菌丝可以芽殖产生芽孢子;黑粉菌通过菌丝断裂产生厚垣孢子;少数担子菌的菌丝断裂产生节孢子。

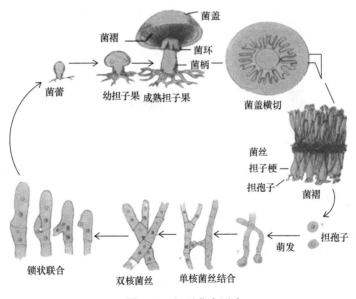

图 4-61 担子菌生活史

覃菌又称蘑菇（mushroom），具有各种子实体，常见的有金针菇（*Flammulina velutipes*）、香菇（*Lentinus edodes*）、平菇/糙皮侧耳（*Pleurotus ostreatus*）、猴头菇（*Hericium erinaceum*）、竹荪（*Phallus indusiatus*）、灰树花（*Grifola frondosa*）等。担子菌中有食用菌和药用菌，野生与栽培蘑菇可提供大量味道鲜美、营养丰富的健康食品，其干物质的蛋白质含量为22%～42%，是能提供8种必需氨基酸的优质蛋白。食用菌产业已成为农业的第五大种植业，药用菌的活性产物开发前景广阔。

（1）蘑菇属（*Agaricus*），担子果为覃子，菌盖肉质，菌盖腹面有覃，在覃内形成担子与担孢子，覃柄肉质，容易与菌盖分离，孢子卵圆形或椭圆形。该属有几十种，生于田野和林中土壤上的大部分种可食用，少数有毒。普遍栽培的是双孢蘑菇（*Agaricus bisporus*），又称洋蘑菇（图4-62），是世界第一大食用菌。

（2）香菇属（*Lentinus*），菌盖半肉质、菌褶薄，富含B族维生素、铁、钾、维生素D原，是世界第二大食用菌（图4-63）。

图 4-62　双孢蘑菇

图 4-63　香菇

（3）灵芝属（*Ganoderma*），担子果一年生或多年生，木质或木栓质，有柄或无柄，菌盖表面有坚硬的皮壳，它的柄或菌盖从下端到上端都覆盖着一层坚硬的像漆一样有光泽的物质，菌盖腹面多管孔，管孔内生担子和担孢子。该属是分解纤维素、木质素能力较强的一类真菌。在各种阔叶林、针阔叶混交林的腐木上或木桩上可找到。有的种类是重要的药材，如灵芝（*Ganoderma lucidum*）、紫芝（*G. japonicum*）等（图4-64）。

图 4-64 灵芝

（4）木耳属（*Auricularia*），担子果杯状、耳状或叶状，全部胶质或仅子实层胶质，子实层平滑，有皱褶或网格，担子圆柱形，有三个横隔，形成 4 个细胞，每个细胞上产生一个小梗，小梗上生担孢子。黑木耳（*Auricularia auricula*）是一种腐生性很强的真菌，能在死的木头上生长，吸取养分。常见的黑木耳为营养丰富的食用菌，也是保健食品（图 4-65）。

（5）银耳属（*Tremella*）是木材上的腐生菌，少数寄生于真菌。担子果裸果型，大多为胶质。典型的担子以"十"字形纵隔分成 4 个细胞，如银耳（*Tremella fuciformis*）（图 4-66）。

图 4-65 黑木耳

图 4-66 银耳

（6）鹅膏属（*Amanita*），有些蘑菇有毒，特别是一些色彩艳丽的蘑菇能产生独特的生物碱，这些生物碱有毒品和致幻剂作用，可引起腹泻、呕吐、内脏器官及神经系统损伤。因食用野生蘑菇中毒甚至死亡的事时有所闻，故在采集和食用野生蘑菇时应特别小心。被称为"破坏天使"的毒鹅膏（图 4-67）可产生鬼笔环肽（phalloidin）和 α-鹅膏蕈碱（α-amanitin）等毒素（图 4-68），鬼笔环肽主要作用于肝细胞，附着于细胞膜上，导致肝细胞崩溃，α-鹅膏蕈碱主要攻击胃及小肠黏膜细胞，并产生与蘑菇中毒密切相关的严重的肠胃感染症状。

图 4-67　毒鹅膏

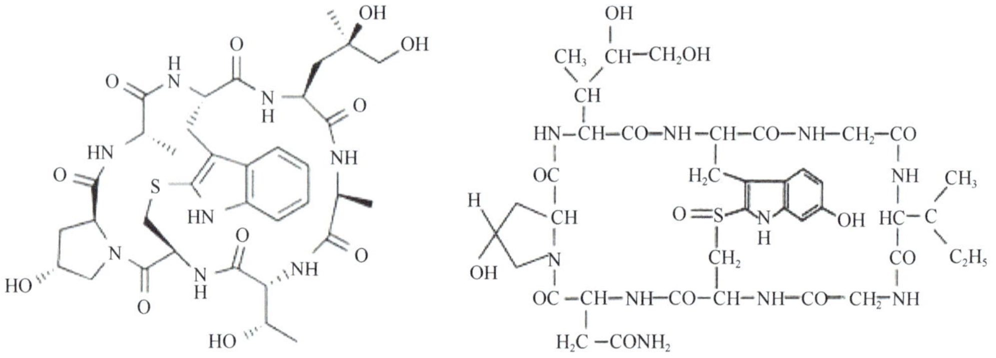

图 4-68　鬼笔环肽（左）与 α-鹅膏蕈碱（右）

此外，黑粉菌（smut）、锈菌（rust）是植物急性致病菌，其引起的黑粉病、锈病发生在玉米、小麦和其他农业谷物上，对谷物造成了很大破坏。

茭白黑粉菌（*Ustilago esculenta*）侵染菰（*Zizania latifolia*）的地下茎时，其产生的生长素吲哚乙酸（indole-3-acetic acid，IAA）刺激菰茎部膨大形成茭白。

五、半知菌类

真菌分类的主要依据是有性孢子。有些真菌在自然条件下尚未发现有性阶段。故将只有无性阶段或还没有发现有性阶段的真菌称为半知菌（imperfect fungus），一旦发现它们的有性生殖，就可根据有性生殖的特点将其归属于相应的类群。

半知菌的菌丝有隔，产生分生孢子。大多为陆生，许多半知菌所产生的化学活性物质在工业生产中有重要作用，有些对人体有害的致病菌，能导致脚气、癣和组织胞浆菌病。代表属有曲霉属（*Aspergillus*）、青霉属（*Penicillium*）、木霉属（*Trichoderma*）、头孢霉属（*Cephalosporium*）、镰刀菌属（*Fusarium*）、轮枝菌属（*Verticillium*）等。

1. 曲霉

曲霉菌丝体紧密，菌丝分枝，长入基质内，分生孢子梗由菌丝上长出，向上伸出。基质表面不分枝，顶端膨大，称为顶囊，顶囊上长满辐射小梗，小梗一层或两层，最上层小梗瓶状，顶端着生成串的球形分生孢子。分生孢子梗生长在匍匐状菌丝的一个大的足细胞上（图 4-69）。

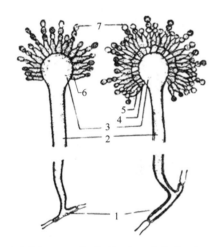
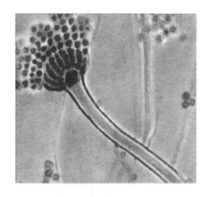

图 4-69　曲霉足细胞、分生孢子梗、顶囊、初生小梗、次生小梗、分生孢子
1. 足细胞；2. 分生孢子梗；3. 顶囊；4. 初生小梗；5、6. 次生小梗；7. 分生孢子

曲霉的菌落颜色多样，较稳定。许多种具有强大的酶活性，是发酵工业和食品加工的重要菌种。我国自古以来就利用曲霉做发酵食品，如利用米曲霉（*A. oryzae*）的蛋白质分解能力做酱，利用黑曲霉（*A. niger*）的糖化能力制酒等。现代工业利用曲霉生产各种酶制剂（淀粉酶、蛋白酶、果胶酶等）、有机酸（柠檬酸、葡萄糖酸等）、糖化饲料等。曲霉广泛分布在空气、土壤、谷物和各种类型的有机物上，许多种能引起食物及化妆品霉变。有的还产生对人体有害的毒素。

（1）黄曲霉（*A. flavus*）的某些菌系（大米、花生上的曲霉）能产生黄曲霉毒素（aflatoxin），黄曲霉毒素 B_1 为毒性及致癌性最强、最稳定的一种。其耐高温，200℃亦不被破坏。黄曲霉毒素是剧毒物，其毒性为氰化物的 10 倍、砒霜的 68 倍。如 1960 年由于食用发霉的花生饼，英国 10 万多只火鸡因黄曲霉毒素中毒而死亡。（知识扩展 4-11，见封底二维码）

（2）烟曲霉（*A. fumigatus*）在潮湿环境中普遍存在，可感染玉米、豆粕等谷物。早在 1848 年就发现烟曲霉可感染人，是临床上重要的条件致病菌，尤其是过敏体质者、器官移植患者、人类免疫缺陷病毒携带者与患者，以及重症联合免疫缺陷患者等更易感染。烟曲霉的毒素会引起马脑白质软化症，造成家禽体重减小、腹泻、饲料转化效率低和肝坏死，导致猪的胰脏坏死、肝损伤及肺水肿等。

（3）米曲霉（*A. oryzae*）是一类产复合酶的菌株，除产蛋白酶外，还可产淀粉酶、糖化酶、纤维素酶、植酸酶等，广泛应用于食品、饲料、生产曲酸、酿酒等发酵工业。

（4）黑曲霉（*A. niger*）可产生淀粉酶、糖化酶、柠檬酸、葡萄糖酸、五倍子酸等，用于食醋生产制曲、麸曲法白酒生产制曲、柠檬酸发酵等。

（5）土曲霉（*A. terreus*）能够产生临床有关的次生代谢产物他汀，他汀是降胆固醇药物。（知识扩展 4-12，见封底二维码）

2. 青霉

青霉是常见的霉腐菌，其破坏皮革、布匹、谷物、果品和饲料的作用不亚于曲霉，实验室中也常见。菌落为密毡状或松絮状，多为绿色。有隔多核的菌丝体产生扫帚状分枝的分生孢子梗，分生孢子梗基部不形成足细胞，分生孢子梗的顶端不膨大，无顶囊，经多次分枝，产生几轮小梗，小梗顶端产生成串的分生孢子，分生孢子青绿色（图 4-70）。

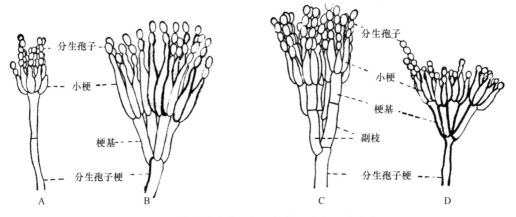

图 4-70　青霉分生孢子梗、梗基、小梗、分生孢子
A～D 图生长的轮数不同

青霉在工业上有很高的经济价值，如有些青霉能产生柠檬酸、延胡索酸、草酸等有机酸，有的可产生抗生素，如产黄青霉（*P. chrysogenum*）和点青霉（*P. notatum*）为青霉素的生产菌。展青霉（*P. patulum*）与灰黄青霉（*P. griseofulvum*）可产生灰黄霉素，抑制真菌生长。

3. 木霉

木霉菌落为絮状或致密丛束状、粉状，产孢丛常排列成同心轮纹。表面的颜色呈不同程度的绿色（图 4-71），厚垣孢子有或无，分生孢子梗从菌丝的短侧枝发生，多层次分枝，侧枝上对生，互生分枝，分枝锐角或近于直角，最后开成的分枝为小梗，小梗先端着生成簇而不成串的孢子，孢子一般圆形、椭圆形，无色或淡绿色。分生孢子有时由黏液聚集成球形的孢子头。木霉广泛分布于自然界，如腐烂的木料、种子、植物残体上。有些种寄生于某些真菌上。对多种大型真菌的子实体的寄生力很强，是食用菌栽培的致病菌。有些木霉含有活性很强的纤维素酶。木霉可产生绿毛菌素和黏菌素等抗生素。常见种有绿色木霉（*T. viride*）。

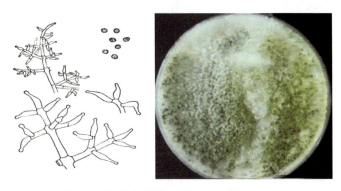

图 4-71　绿色木霉菌丝（左）与菌落（右）

4. 镰刀菌

镰刀菌的菌落为白色、粉红色、红色、紫色、黄色等各种颜色（图 4-72），有些种还能分泌色素于培养基中，其分生孢子有大、小型之分。大型分生孢子长柱形或稍弯曲成镰刀形，为多细胞，有 3～9 不平行隔膜；小型分生孢子卵圆形、球形、梨形或纺锤形，多为单细胞，也有少数具有一横隔膜。分生孢子形成于气生菌丝体上或分生孢子梗上，呈链状或者靠黏液粘成假头状。有些种能形成菌核或厚垣孢子。绝大部分镰刀菌行无性繁殖。许多种能引起植物的病害，如尖孢镰刀菌（*F. oxysporum*）是棉花枯萎病的病原菌。

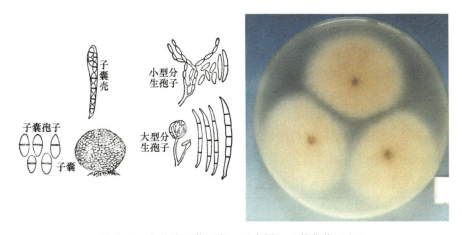

图 4-72　串珠镰刀菌（左，示意图）及其菌落（右）

镰刀菌中有的种如串珠镰刀菌也能产生植物激素——赤霉素（920），赤霉素最先在水稻恶苗病菌中分离到。赤霉素对蔬菜生长有促进作用。串珠镰刀菌属于核菌纲肉座菌目丛壳科赤霉属。1983 年我国从土壤中筛选到茄病镰刀菌/腐皮镰刀菌（*F. solani*），其可产生环孢菌素 A，环孢菌素 A 广泛用于器官移植手术的排斥反应。

5. 白念珠菌

白念珠菌（*C. albicans*）即白假丝酵母，直径 3～5 μm，菌体呈球形或长球形，以发芽或二分裂的形式增殖。随着菌芽的不断生长，可呈现假性丝状菌型，特殊条件下也可形成真菌丝型，是双相型酵母菌（图 4-73）。白念珠菌是一种重要的条件致病菌，可在人的多个系统或器官与宿主共栖生存。在人体中，无症状时常表现为酵母细胞型；侵犯组织和出现症状时常表现为菌丝型。白念珠菌为营养菌，能消化有机物，嗜气但不进行光合作用，最适生长温度为 25℃。细胞膜含有麦角甾醇、吡咯类和多烯类，抗真菌类药物正是通过抑制细胞膜的麦角甾醇合成而起抑菌作用的。

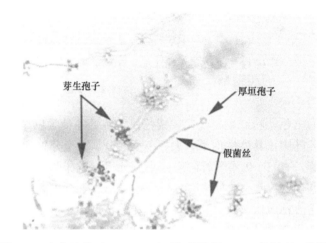

图 4-73　白念珠菌（*C. albicans*）（知识扩展 4-13，见封底二维码）

总之，真菌的结构比细菌、古菌复杂，细胞壁较厚，有明显的细胞核。许多真菌与人类的日常生活有着密切联系，用于制酱、酿酒等发酵类食品生产和制造抗生素等。少数真菌可引起人和动物某些疾病，如引起皮肤病，以及物品发霉。真菌也是物种类群极为丰富的生物体之一，作为木材等有机物的主要分解者，在许多生态系统平衡过程中起着重要作用，是影响全球碳循环的关键因素。

虽然细菌、古菌和真菌同属微生物，但它们在生物类型、结构、大小、增殖方式和基因组水平上有着诸多不同（表 4-4）。

表 4-4　细菌、古菌和真菌的比较

特征	细菌	古菌	真菌
细胞大小	约 1 μm	约 1 μm	10 μm
细胞壁	肽聚糖	蛋白质或假肽聚糖	几丁质
细胞膜	直链脂肪酸和甘油通过酯键相连	支链烃和甘油通过醚键相连	直链脂肪酸和甘油通过酯键相连
细胞膜类脂	以酯键相连	以醚键相连	以酯键相连

续表

特征	细菌	古菌	真菌
基因组结构	一条环状 DNA 分子，染色体外有质粒	一条环状 DNA 分子，染色体外有质粒	多条线状染色体
组蛋白	无	有	有
核膜	无	无	有
起始密码子	甲酰甲硫氨酸	甲硫氨酸	甲硫氨酸
多顺反子 mRNA	有	有	无
内含子	无	有	有
核糖体	70S	70S	80S
核糖体对白喉毒素	不敏感	敏感	敏感
RNA 聚合酶	单个，4 亚基	多个（每个 10～12 个亚基）	3 个（每个 12～14 个亚基）
启动结构	−35 区、−10 区	TATA 区	TATA 区

思 考 题

1. 真核微生物包括哪些类群？
2. 简述酵母菌与细菌的细胞壁差异。
3. 酵母菌的细胞膜与古菌相比是怎样的情况？
4. 简述酿酒酵母的生活史及其特点。
5. 试述真核微生物与原核微生物有哪些区别。
6. 霉菌的菌丝根据分布和功能可分为哪两类？
7. 霉菌的营养菌丝与气生菌丝分别能分化成什么样的特殊结构？
8. 霉菌菌落的中心与边缘、正面与反面有什么差异？
9. 举例说明霉菌的繁殖方式，以及产生的孢子。
10. 什么是同宗配合和异宗配合？
11. 试述霉菌的生活史。
12. 真菌杀虫剂指的是什么？
13. 植物生长激素是由什么微生物产生的？

参 考 文 献

朱旭芬, 林文飞, 霍颖异. 2019. 浙江大学校园大型真菌图谱. 杭州: 浙江大学出版社.

Anslan S, Nilsson RH, Wurzbacher C, et al. 2018. Great differences in performance and outcome of high-throughput sequencing data analysis platforms for fungal metabarcoding. MycoKeys, 39: 29-40.

Baldrian P, Větrovský T, Lepinay C, et al. 2021. High-throughput sequencing view on the magnitude of global fungal diversity. Fungal Diversity.https://link.springer.com/article/10.1007/s13225-021-00472-y [2022-12-16].

Gardes M, Bruns TD. 1993. ITS primers with enhanced specificity for Basidiomycetes -application to the identification of mycorrhizae and rusts. Mol Ecol, 2: 113-118.

Hawksworth DL, Lücking R. 2017. Fungal Diversity Revisited: 2.2 to 3.8 Million Species. Microbiol Spectrum, 5(4): doi: 10.1128/microbiolspec.FUNK-0052-2016.

He MQ, Zhao R L, Kirk PM. 2019. Notes, outline and divergence times of Basidiomycota. Fungal Diversity, 99: 105-367.

Kirk P, Cannon P, Minter D, et al. 2008. Ainsworth and Bisby's Dictionary of the Fungi. 10th edition. CABI: 9.

Yang RH, Su JH, Shang JJ, et al. 2018. Evaluation of the ribosomal DNA internal transcribed spacer (ITS), specifically ITS1 and ITS2, for the analysis of fungal diversity by deep sequencing. PLoS One, 13(10): 206428.

第五章　病毒与亚病毒

导　言

病毒是由核酸与蛋白质两类生物大分子构成的非细胞型生物，病毒的繁殖不同于其他生物，其增殖需要依赖于细胞。根据病毒对宿主的感染情况与裂解时间的长短，可分为溶原性与烈性两种类型。不同的病毒其繁殖后的群体特征也各不相同。除病毒外，还存在着仅由一类生物大分子构成的亚病毒，如类病毒、拟病毒、卫星病毒、朊病毒等，亚病毒是最小的微生物。

本章知识点（图 5-1）：

1. 病毒的基本形态与种类。
2. 病毒的繁殖过程与一步生长曲线。
3. 烈性噬菌体与溶原性噬菌体、原噬菌体、溶原菌。
4. 常见的动物病毒、植物病毒。
5. 亚病毒的类型与特征。

病毒 {
　形态：球形、砖形、杆形、蝌蚪状
　种类：植物病毒、动物病毒、昆虫病毒、噬菌体、逆转录病毒
　繁殖 {
　　过程：吸附、侵入、增殖、装配、释放
　　一步生长曲线：潜伏期、裂解期、平稳期
　　烈性噬菌体、溶原性噬菌体、原噬菌体、溶原菌
　}
　群体特征：包含体、噬菌斑(噬菌体)、空斑与病斑(动物病毒)、枯斑(植物病毒)
}
亚病毒：类病毒、拟病毒(卫星RNA)、卫星病毒、朊病毒

图 5-1　本章知识导图

关键词：病毒、细菌过滤器、壳体、壳粒、核壳体、包膜、刺突、螺旋对称、二十面体对称、五邻体、六邻体、复合对称型、颈环、尾鞘、尾髓、基板、尾钉、尾丝、辅助蛋白、吸附、感染复数、侵入、增殖、装配、释放、一步生长曲线、烈性噬菌体、溶原性噬菌体、潜伏期、裂解期、平稳期、潜伏感染、整合感染、原噬菌体、溶原菌、溶原性转换、包含体、瓜尔涅里小体、内氏小体、X 体、博林格小体、多角体、噬菌斑、效价、空斑、病斑、枯斑、核型多角体病毒（NPV）、质型多角体病毒（CPV）、颗粒体病毒（GV）、昆虫痘病毒（EPV）、类病毒、拟病毒、卫星病毒、朊病毒

人们很早就对病毒感染有记载。早在公元前 3700 年，古埃及象形文字就记载了一位患脊髓灰质炎（poliomyelitis）的牧师。古希腊哲学家亚里士多德对犬类患狂犬病（rabies）的表现也有过记载，"患病的犬类会变得易怒，所有被其咬伤的动物都会患病"。我国在几千年前（公元前 10 世纪）的文献中提到过天花（smallpox），16 世纪下半叶，

我国率先发明了人痘接种法预防天花，比英国医生琴纳（Jenner）发明的牛痘疫苗早200多年。

17 世纪荷兰种植者用嫁接的方法使健康的郁金香球茎变成病球茎——患郁金香碎色花瓣病。（知识扩展 5-1，见封底二维码）

19 世纪末，人们已经分离了多种引起传染病的微生物即细菌，但人们发现一些传染病如口蹄疫、烟草花叶病等由一群比细菌更小、非细胞型的病毒所引起。此后，人们对植物病毒、动物病毒以及微生物病毒进行了一系列相关的研究（表 5-1）。（知识扩展 5-2，见封底二维码）（知识扩展 5-3，见封底二维码）（知识扩展 5-4，见封底二维码）

表 5-1　病毒研究历史

时间	研究者	事件
1796 年	Jenner E	接种牛痘预防天花
1885 年	Pasteur L	制成狂犬病疫苗
1892 年	Iwanovski D	发现烟草花叶病毒（TMV）的滤过性
1898 年	Beijerinck MW	证实 TMV 的滤过性
1898 年	Loeffler F	发现口蹄疫病原体的滤过性
1915 年	Twort FW	发现噬菌体
1917 年	d'Herelle F	发现噬菌体
1935 年	Stanley WM	获得 TMV 结晶
1939 年	Kausche GA	在电镜下看到 TMV
1949 年	Enders JJ 等	利用单层细胞培养脊髓灰质炎病毒
1952 年	Hershey AD	证明一种噬菌体 DNA 具有感染性
1952 年	Dulbecco R	利用单层细胞培养进行蚀斑试验
1957 年	Fraenkel-Conrat H 等	证明 TMV 的 RNA 分子具有侵染性
1957 年	Isaacs A 等	发现干扰素
1960 年	Tsugita A 等	测定了 TMV 外壳蛋白的氨基酸序列
1965 年	Spiegelman S	成功地在体外复制了 Qβ 噬菌体 RNA
1967 年	Diener TO 等	阐明类病毒的本质
1968 年	Henle G 等	揭示 EB 病毒与传染性单核细胞增多症及伯基特淋巴瘤有关
1970 年	Temin HM、Baltimore D	发现逆转录酶
1977 年	Sanger F 等	测定了 ΦX174 的 DNA 全序列
1979 年	Taniguchi T	人干扰素基因工程宣告成功
1982 年	Prusiner SB	发现朊病毒
1983 年	Montagnier L、Gallo RC	分离到与获得性免疫缺陷综合征（AIDS）相关的人类逆转录病毒
1984 年	Dalgleish AG 等和 Klatzmann DE 等	发现 CD4 是人类免疫缺陷病毒（HIV）受体
1985 年	von der Patten H 等	以逆转录病毒为载体将外源基因导入小鼠
1996 年	Alkhatib G 等、Choe H 等、Deng H 等、Dragic T 等、Endres MJ 等、Wu L 等	发现 HIV 的协同受体

通过对病毒的广泛研究，了解到其是一种无细胞结构的遗传实体。①个体极小，能通过细菌过滤器。在活细胞外具有一般化学大分子特征。②具有超显微的无细胞结构，仅含有一种类型的核酸。③既无产能系统，又无蛋白质合成系统，不能进行独立的代谢作用。④严格的活细胞寄生，不能生长也无法进行二分裂，需借助宿主的代谢系统复制核酸合成蛋白质等组分，再进行装配得以增殖。⑤以复制的方式繁殖，对抗生素不敏感，但对干扰素敏感。病毒是超显微、无细胞结构，只含有一种核酸（DNA 或 RNA）的活细胞寄生物。在活细胞外以侵染性病毒粒子的形式存在，不能进行代谢与繁殖，只有进入宿主细胞才具有生命特征。故病毒是一类既具有化学大分子属性和生物体的基本特征，又具有细胞外感染性颗粒结构，在细胞内进行繁殖活动的十分独特的生物类群。

在普通病毒研究的基础上，人们也对亚病毒进行了探究。1967 年 Diener 等阐明了马铃薯纺锤块茎类病毒的本质是一种只含 RNA 而不含蛋白质的非常规病毒，说明自然界存在比病毒更简单的致病因子。1971 年 Diener 提出了类病毒（viroid）的概念。1981 年 Randles 等发现了类似于类病毒的拟病毒（virusoid）。1982 年美国 Prusiner 发现了引起羊瘙痒症的病原体是只含蛋白质而无核酸的朊病毒（prion），他获得了 1997 年的诺贝尔生理学或医学奖。朊病毒的发现，对遗传信息流的中心法则提出了挑战。各种类病毒的发现极大地丰富了病毒学的内容，使人们对病毒有了新的认识。现认为病毒是一种比较原始的、有生命特征的、在宿主细胞中能自我复制和专性活细胞寄生的非细胞生物。

第一节 病 毒

一、病毒的形态与结构

将透射电子显微镜（TEM）与负染法相结合，可用于观察病毒在宿主细胞中及细胞外的形态（图 5-2）。免疫电镜术（immunoelectron microscopy，IEM）利用抗病毒血清富集病毒颗粒，在样品低浓度的情况下，可提高检测的灵敏度。扫描电子显微镜（SEM）可用于观察细胞及病毒表面的结构特征。将冷冻电子显微术（cryo-electron microscopy）与断层扫描（tomography）技术相结合，可将瞬间冷冻的样品置于可倾斜的低温台面上，用 TEM 从多角度观察样品，并通过计算拼接产生病毒与细胞的三维结构（图 5-3）。

1. 病毒的大小

绝大多数病毒可通过细菌过滤器，测量病毒大小的单位是纳米（nm，10^{-9} m）。病毒的直径为 10～300 nm，通常约 100 nm，如天花病毒直径为 20 nm；能够引起脊髓灰质炎的脊髓灰质炎病毒直径为 28 nm。最小的病毒直径只有 12～18 nm，如玉米条纹病毒。较大的痘病毒（poxvirus）直径为 300 nm。

2. 病毒的形态

病毒的形态有球形、卵圆形、砖形、杆状、丝状及蝌蚪状，但以近似球形的多面体或杆状体为主（图 5-4，图 5-5）。动物病毒多呈球形、卵圆形或砖形；植物病毒多呈杆状或丝状，也有二十面体；细菌病毒也称噬菌体，多为蝌蚪形，也有微球形或丝状。

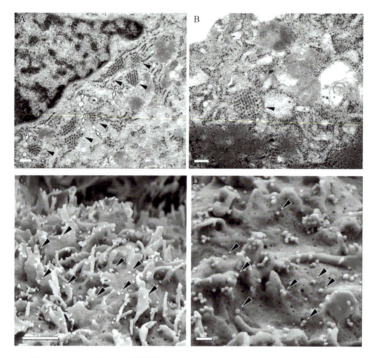

图 5-2　病毒的电子显微镜观察（Burlaud-Gaillard et al., 2014）

A、B. 黄热病毒和登革病毒的嵌合体病毒（YFV/DENV）的电镜观察。用黄热病毒和登革病毒的嵌合体病毒感染 Vero 细胞后制备细胞的超薄切片，可观察到与粗面内质网相连的囊状结构中呈晶格排列的病毒颗粒（黑箭头），以及与这些囊状结构相连的由病毒诱发形成的光滑的小泡（白箭头），标尺 0.2 μm；C、D. 扫描电镜观察被感染 2 天后 Vero 细胞表面。黑箭头指示位于细胞表面的病毒颗粒。标尺（C）1 μm，（D）0.2 μm

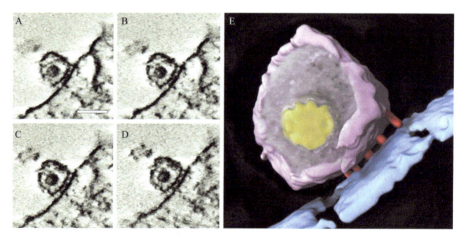

图 5-3　人类免疫缺陷病毒与 T 细胞表面接触部位的断层扫描分析（Sougrat et al., 2007）

A～D. 人类免疫缺陷病毒与 T 细胞表面接触部位的断层扫描照片，标尺 100 nm。可看到病毒与细胞接触部位由分子互作形成的棒状结构。E. 一系列的单张断层扫描照片重构出的三维模型。紫色标注的是病毒囊膜，红色标注的是由病毒和细胞表面分子互作所形成的棒状结构，黄色标注的是病毒壳体，蓝色标注的是 T 细胞膜

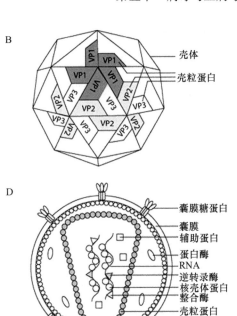

图 5-4 病毒形态举例

A. 呈杆状的烟草花叶病毒；B. 呈正二十面体的脊髓灰质炎病毒；C. 呈蝌蚪状的大肠杆菌 T4 噬菌体；D. 呈球状的人类免疫缺陷病毒

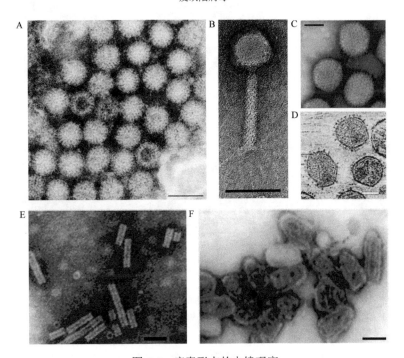

图 5-5 病毒形态的电镜观察

A. 正二十面体、无囊膜的轮状病毒，染色后可观察到内部高电子密度核心区，标尺 100 nm（McCowan et al., 2018）。B. 蝌蚪状噬菌体 KT28，标尺 100 nm（Danis-Wlodarczyk et al.,2015）。C. 正二十面体的腺病毒 Ad5，无囊膜，标尺 50 nm（Tang et al., 2009）。D. 圆形的猴免疫缺陷病毒（逆转录病毒），标尺 50 nm（Sougrat et al., 2007）。E. 杆状或盘状的烟草花叶病毒，标尺 50 nm（Li et al., 2013）。F. 子弹状的出血败血症病毒，有囊膜，标尺 100 nm（Nzonza et al., 2014）

3. 病毒的结构

病毒粒子（virion，也称病毒颗粒）是指成熟的、结构完整、有感染性的病毒个体，其基本组成包括核壳体（nucleocapsid）和包膜/囊膜（envelope）（图5-6）。

$$
\text{病毒粒子}\begin{cases}\text{核壳体}\begin{cases}\text{核心：由DNA或RNA构成}\\\text{壳体：由壳粒构成，有的病毒壳体上有刺突}\end{cases}\\\text{包膜/囊膜：由类脂或脂蛋白构成，包膜上有刺突等附属物}\end{cases}
$$

图 5-6　病毒粒子的构成

1）核壳体

核壳体（又称核衣壳）由壳体（又称衣壳，capsid）和核酸（DNA/RNA）共同组成。壳体由壳粒（capsomere）构成（图 5-7）。在一个病毒颗粒中，壳粒蛋白通常只有一种或少数几种，在宿主细胞中被大量合成出来，并快速而高效地组装成为壳体。壳粒蛋白的重复性决定了它们之间接触与互作的方式也具有重复性。通常由多个壳粒蛋白聚合成一个壳粒，而多个壳粒组成一个完整的病毒。故病毒的壳体通常具有规则对称的形状。除壳粒外，一些病毒的壳体上也含有刺突（spike）。

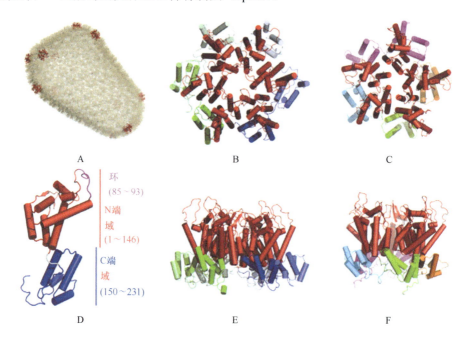

图 5-7　人类免疫缺陷病毒壳体的结构（Na et al., 2018）

A. 红色为壳粒蛋白五聚体，浅棕色为壳粒蛋白六聚体。B、E. 壳粒蛋白六聚体俯视图和侧视图。C、F. 壳粒蛋白五聚体俯视图和侧视图。D. 单个壳粒蛋白，红色为 N 端，紫色为环结构，蓝色为 C 端

壳体的内部包裹着 DNA/RNA。一种病毒只含一种核酸，植物病毒绝大多数为 RNA 型，少量为 DNA 型；而噬菌体则多数为 DNA 型，少数属 RNA 型；动物病毒有些属 DNA 型（如天花病毒等），有些属 RNA 型（如流感病毒等）。核酸有单链和双链之分，一般 DNA 型是双链（dsDNA），RNA 型则可为正义单链 RNA（positive-sense-single-stranded RNA，+ssRNA）、反义单链 RNA（negative-sense-single-stranded RNA，–ssRNA）或双链 RNA（double-stranded RNA，dsRNA）。病毒中含有几个至几百个基因。病毒的核酸通常会形成二级结构并与壳粒蛋白互作，在壳粒蛋白的组装过程中被包裹入其内部，从而形成核壳体的核心（表 5-2）。

表 5-2　代表病毒的核壳体形态及遗传物质

病毒名称	门类	病毒直径/nm	核壳体形态	包膜	遗传物质
人类免疫缺陷病毒（HIV）	逆转录病毒科（*Retroviridae*）	120	半锥形	有	+ssRNA
人乳头瘤病毒（HPV）	乳头瘤病毒科（*Papovaviridae*）	52～55	正二十面体	无	dsDNA
乙型肝炎病毒（HBV）	嗜肝 DNA 病毒科（*Hepadnaviridae*）	42	正二十面体	有	dsDNA
严重急性呼吸综合征冠状病毒（SARS-CoV）	冠状病毒科（*Coronaviridae*）	80～90	螺旋对称型	有	+ssRNA
甲型流感病毒（IAV）	正黏病毒科（*Orthomyxoviridae*）	80～120	球状壳体内包裹着八组核酸和蛋白质结合形成的复合物	有	–ssRNA
烟草花叶病毒（TMV）	帚状病毒科（*Virgaviridae*）	18	杆状	无	+ssRNA

　　每种病毒因其核酸和壳粒蛋白的形态和性质不同，而有很多特异的互作方式。很多核壳体的形态可归纳为螺旋对称型（helical symmetry）和二十面体对称型（icosahedral symmetry）两种模型，还有一些是这两种模型的混合，即复合对称型（complex symmetry）。

　　（1）螺旋对称型病毒为长形，壳粒蛋白和核酸呈螺旋对称排列，其壳体形似一中空柱，代表有杆状的烟草花叶病毒（tobacco mosaic virus，TMV）、弹状的狂犬病毒（rabies virus）。TMV 是发现最早、研究最深入的病毒。其呈杆状，全长 300 nm，壳体的外直径 18 nm，壳体的中心是一个直径 4 nm 的开放孔洞，而内层 RNA 螺旋的直径为 8 nm（图 5-8）。外层共有 2130 个壳粒蛋白，每个壳粒蛋白有 158 个氨基酸，且壳粒蛋白以逆

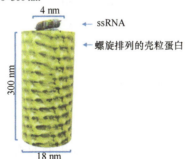

烟草花叶病毒 { 蛋白质：每个壳粒蛋白含158个氨基酸，每圈16又1/3壳粒蛋白，共130圈2130个壳粒蛋白（逆时针）
核酸：6395个核苷酸
宽度：壳体中空直径4 nm，RNA螺旋直径8 nm，壳体外直径18 nm；
长度：每圈2.3 nm×130≈300 nm

图 5-8　螺旋对称的烟草花叶病毒（TMV）（Ibrahim et al., 2019）

时针方向螺旋，每 16 又 1/3 个壳粒蛋白旋转一圈，每圈长 2.3 nm，共 130 圈。内层核酸由 6395 个核苷酸单位构成。

（2）二十面体对称型（立体对称）的病毒粒子是沿三根互相垂直的轴形成对称体，共具 20 个面（每个面是一个等边三角形）、30 条边和 12 个顶角（图 5-9）。典型代表是来自小儿扁桃体的腺病毒，其可侵染呼吸道、眼结膜和淋巴组织，是急性咽结膜炎、流行性角膜炎和病毒性肺炎等的病原体。直径 70～100 nm，壳体由 252 个壳粒组成，内有称为五邻体（penton）的壳粒 12 个分布在 12 个顶角上。还有称为六邻体（hexon）的壳粒 240 个均匀分布在 20 个面上。每个五邻体上有一根由三聚体蛋白组成的蛋白纤维刺突，腺病毒的核酸是线状双链 DNA，基因组 26～45 kb。

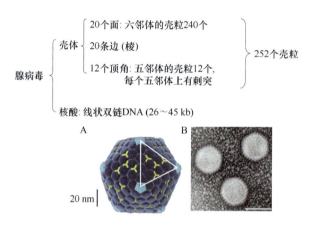

图 5-9　二十面体对称的腺病毒

A. 天蓝色是五邻体壳粒的顶点，深蓝色是六邻体壳粒，白色三角形圈出的区域是由六邻体组成的一个面，黄色是与六邻体壳粒相结合的 pIX 蛋白（Gazzola et al，2009）。B. 腺病毒颗粒的负染电镜照片，标尺 50 nm（Ostapchuk et al.，2017）

各种病毒组成的壳粒数不同，腺病毒有 252 个壳粒，脊髓灰质炎病毒有 32 个壳粒，多瘤病毒有 42 个或 72 个壳粒。噬菌体 ΦX174 只有 12 个壳粒。

（3）复合对称型或双对称，其典型代表是蝌蚪状噬菌体。如 T4 噬菌体由头部、颈部和尾部三部分组成（图 5-10）。二十面体的头部有蛋白质外壳，内含双链 DNA 基因组；头部与尾部相连处有一六角形的颈环（collar）与颈须构成的颈部；螺旋对称的尾部则由不同于头部的蛋白质组成，外围是尾鞘（tail sheath），中为一空的尾髓（tail core），尾鞘是由 144 个壳粒组成 24 环螺旋状的结构，可以收缩，尾髓中央为空管道，用于向宿主细胞中注入基因组 DNA，底部还含有基板（base plate）、尾钉（tail pin）和尾丝（tail fiber）等组分。尾部的作用是通过尾丝附着到宿主细胞，从而使基板发生构型的改变，接着尾鞘发生收缩，使尾管插入宿主细胞。有些噬菌体如 T4 噬菌体，尾鞘收缩时，其长度缩短一半，从而使噬菌体核酸注入宿主细胞。

2）包膜/囊膜

大部分带有囊膜的病毒在出芽过程中从宿主细胞的膜系统获得囊膜，如细胞膜、内质网膜、高尔基体膜和核膜。一些病毒则可利用核壳体的组装，使细胞膜形成曲面，对核壳体进行包裹，利用细胞正常的胞吐机制，如内体分选复合物（endosomal sorting complex required for transport，ESCRT）机制，完成病毒的释放（图 5-11）。病毒的囊膜内常含有来源于细胞的脂类化合物，其中 50%～60%为磷脂，其余的多为胆固醇。一些病毒的刺突可整合到病毒出芽部位的膜上，最终进入病毒的囊膜中。囊膜上的刺突多为多糖-蛋白质复合物，由病毒的基因组编码，种类因病毒而异。如流感病毒有血凝素（hemagglutinin，HA）刺突和神经氨酸酶（neuraminidase，NA）刺突两种。HA 刺突能与红细胞结合，产生红细胞凝集作用。而 NA 刺突是一种酶，能使新病毒从寄主细胞释放出来。

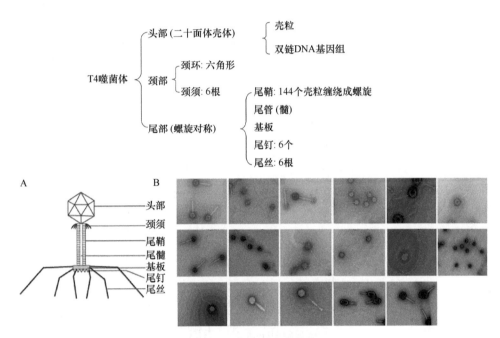

图 5-10　复合对称噬菌体

A. 复合对称的 T4 噬菌体示意图。B. 分离的形态不同的复合对称噬菌体的透射电镜照片（Akhwale et al.，2019）

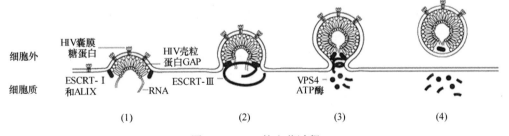

图 5-11　HIV 的出芽过程

（1）壳粒蛋白和 RNA 相互作用，在细胞膜处聚集、组装。HIV 囊膜糖蛋白也被装入病毒颗粒中。ESCRT-I 和 ESCRT 辅助蛋白 ALG2 相互作用蛋白 X（ALIX）与壳粒蛋白结合，在病毒颗粒附近聚集。（2）当一定量的壳粒蛋白组装后，球状结构逐渐形成，细胞膜发生改变，形成球状的曲面。ESCRT-I 和 ALIX 与 ESCRT-III 结合，使 ESCRT-III 聚集在圆球的颈部，并形成多聚态。（3）空泡蛋白分选相关蛋白 4（vacuolar protein sorting 4，VPS4）的 ATP 酶逐渐移除 ESCRT-III，颈部变得更加收缩。（4）当所有的 ESCRT-III 被移除后，颈部自动收缩，使病毒颗粒脱离细胞

3）辅助蛋白

除主要结构（核壳体、囊膜等）的蛋白外，很多病毒也编码一些辅助蛋白（accessory protein），以便协助病毒完成感染、复制的周期。一些辅助蛋白会被组装入病毒颗粒中，一些则只在病毒复制过程中发挥功能而不被组装到病毒颗粒中。表 5-3 列举了一些病毒的基本特征。

表 5-3 代表病毒的壳体形态、遗传物质及蛋白质特征

病毒名称	结构蛋白及其功能	辅助蛋白及其功能
人类免疫缺陷病毒 1 型（HIV-1）	Gag：壳体结构蛋白 Pol：融合蛋白，含蛋白酶、逆转录酶和整合酶 Env：囊膜表面的糖蛋白，可与受体结合	Tat：调控病毒基因表达 Rev：病毒 RNA 由细胞核向细胞质转运所必需 Nef：功能较多，如维持病毒较高的致病性等 Vif：维持病毒的感染能力 Vpr：将逆转录产生的 DNA 向细胞核中转运 Vpu：下调细胞表面受体表达，促进病毒从细胞的释放
人乳头瘤病毒（HPV）	L1 和 L2：组装形成壳体	E4：协助病毒从宿主细胞中的释放和传播 E5：有利于病毒的免疫逃逸，促进病毒的增殖 E6 和 E7：病毒的致癌基因编码的蛋白
乙型肝炎病毒（HBV）	S、M 和 L：囊膜表面蛋白 核心蛋白：组装成壳体 Pol：与病毒 RNA 结合，在新宿主细胞中用于合成病毒 DNA	HBx：功能较多，与调控病毒复制、宿主细胞信号通路和基因表达有关 HBeAg：功能较多，能够调节宿主细胞信号通路，影响宿主免疫反应
严重急性呼吸综合征冠状病毒（SARS-CoV）	S、E 和 M：囊膜蛋白 N：核壳体蛋白	3a：调控离子通道活性、引发凋亡和细胞周期停滞 3b：阻碍宿主一型干扰素的生成和信号转导，引发凋亡和细胞周期停滞 ORF6：阻碍宿主一型干扰素的生成和信号转导 7a：调节细胞信号通路、引发细胞凋亡和细胞周期停滞 7b、8a、8b、9b 功能暂不明确
甲型流感病毒（IAV）	HA、NA 和 M2：囊膜表面刺突 M1：壳粒蛋白 NP：与病毒 RNA 结合，保护 RNA PB1、PB2 和 PA：与病毒 RNA 结合，共同组成 RNA 聚合酶复合体 NEP/NS2：在壳体中与 M1 互作，将病毒 RNA 从细胞核中向外转运	PB1-F2：调控宿主免疫反应、提高病毒聚合酶活性、引发细胞凋亡 NS1：具有多种功能，可调节宿主基因表达、拮抗干扰素活性

纵观病毒的结构，可发现，病毒的主要成分是核酸和蛋白质，以及来自细胞膜系统的脂类。

（1）核酸位于中心，构成了病毒的核心，核酸决定了子代病毒的核酸及蛋白质合成。

（2）蛋白质是病毒的主要组成成分，包括壳粒蛋白、囊膜蛋白和病毒粒子酶。①壳粒蛋白包围在核心周围构成病毒粒子的壳体，壳体上的刺突也可与细胞受体结合，引发病毒进入细胞。②囊膜蛋白存在于核壳体外囊膜中，有刺突和基质蛋白两类。囊膜蛋白是病毒的主要表面抗原，如 HIV 的 gp120 和 gp41。刺突多为病毒的吸附蛋白，与细胞受体（如 HIV 受体是 CD4）相互作用启动病毒感染发生。一些刺突还能够使脊椎动物红细胞凝集或诱导细胞融合，并具有酶的活性。基质蛋白具有支撑包膜、维持病毒结构的作用，更重要的是其能介导核壳体与囊膜蛋白之间的识别，在病毒出芽成熟过程中发挥重要作用。③病毒粒子酶，病毒有其独特的酶系统，参与病毒复制、进

入、释放等过程，如 T4 噬菌体的溶菌酶可破坏宿主细胞的细胞壁；还有参与病毒大分子合成的酶，如逆转录病毒的逆转录酶、整合酶等。总之，病毒蛋白质的功能：①保护核酸免受核酸酶及其他理化因子的破坏；②决定病毒感染的特异性，促进病毒粒子的吸附；③决定病毒的抗原性，在宿主中可刺激机体产生相应的抗体；④病毒编码的酶为病毒侵染复制所必需；⑤致癌基因编码的蛋白质可在病毒感染过程中使宿主细胞癌变。

（3）病毒囊膜来源于宿主细胞膜系统，含有来源于细胞的脂类化合物。

二、病毒的繁殖

病毒在细胞外处于静止状态，与无生命的物质基本相似。当病毒进入活细胞后就可以发挥其生物活性。由于病毒缺少完整的酶系统，不具备合成自身成分的原料和能量，也无核糖体，这决定了病毒是专性活细胞寄生、繁殖的，并且在活细胞中的繁殖方式是感染细胞后"利用"甚至"接管"宿主细胞生物合成的场所、原料、能量等，按照病毒核酸的遗传特性，合成病毒的核酸与蛋白质，然后装配为成熟的、具感染性的病毒粒子。病毒粒子再以各种方式释放至细胞外，感染其他细胞，这种增殖方式即为复制。虽然动物病毒、植物病毒或细菌病毒的繁殖过程并不完全相同，但基本都可分为吸附（adsorption/binding）→侵入（penetration）→增殖（proliferation）→装配（assembly）→释放（release）5 个主要阶段（图 5-12，图 5-13）。不同的病毒、不同的宿主及不同的培养条件（如温度），病毒的繁殖周期以及每个周期的不同阶段长短都是不尽相同的。

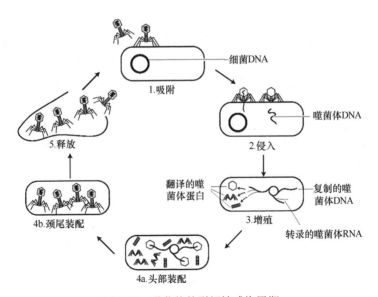

图 5-12　噬菌体的裂解性感染周期

噬菌体裂解性感染包括 5 个阶段，其中装配是 DNA 和头部壳体的装配，再与其他蛋白质装配成完整的病毒颗粒

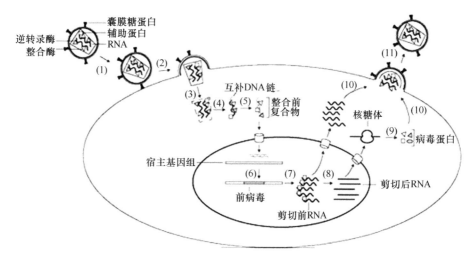

图 5-13 HIV 的复制周期

（1）吸附；（2）进入宿主细胞；（3）壳体裂解；（4）病毒 RNA 逆转录，形成 RNA-DNA 复合物；（5）双链 cDNA 合成，形成整合前复合物；（6）病毒 cDNA 整合到宿主基因组中，成为前病毒；（7）前病毒转录；（8）RNA 剪接；（9）以剪接后的 RNA 为模板，合成病毒蛋白；（10）病毒 RNA 和蛋白质组装成新的病毒颗粒，出芽；（11）释放和成熟

（一）病毒的复制周期

1. 吸附

吸附是病毒感染宿主细胞的第一步，病毒附着于敏感细胞的表面，每种病毒能够感染细胞的种类具有高度的特异性（表 5-4）。病毒与细胞的相互作用最初是偶然碰撞和静电作用的结果，是可逆的。当病毒粒子通过随机碰撞，病毒吸附蛋白（viral attachment protein，VAP）与敏感的宿主细胞表面接触后，就会结合到敏感宿主细胞的特异受体上，如 HIV 的包膜糖蛋白 gp120，其受体是 T 细胞表面的 CD4 蛋白；狂犬病的受体是细胞表面的乙酰胆碱受体；单纯疱疹病毒的受体是硫酸乙酰肝素；脊髓灰质炎病毒的受体是细胞表面的免疫球蛋白超家族，感染人体鼻、咽和脊髓前角细胞，引起脊髓灰质炎，而在非灵长类细胞上没有此受体。

表 5-4 代表病毒所利用的受体、能够感染的物种以及细胞种类

病毒名称	刺突 （与受体结合的配体）	受体	能感染的物种	能感染的 细胞种类
人类免疫缺陷病毒 （HIV）	包膜糖蛋白（gp120）	簇分化抗原 4（CD4）	人类	T 细胞、巨噬细胞
乙型肝炎病毒 （HBV）	Pre-S1	钠牛磺胆酸共转运蛋白 （NTCP）	人类、非人灵长类动物、 树鼩	肝细胞
I 型单纯疱疹病毒 （HSV-1）	gB/gC	硫酸乙酰肝素蛋白聚糖 （HSPG）	人类	上皮细胞、神经元
	gD	连接蛋白-1（nectin-1）、疱疹病 毒入胞调控因子（HVEM）、 3-O-硫酸化的硫酸乙酰肝素 （3-OS HS）		

续表

病毒名称	刺突 （与受体结合的配体）	受体	能感染的物种	能感染的 细胞种类
I 型单纯疱疹病毒 （HSV-1）	gB	配对免疫球蛋白样受体 α （PILRα）、非肌肉肌球蛋白重 链 IIA（NMHC-IIA）、髓磷脂 相关糖蛋白（MAG）	人类	上皮细胞、神经元
脊髓灰质炎病毒 （poliovirus）	与受体结合的位点包 含 VP1、VP2 和 VP3 的蛋白亚基	簇分化抗原 155（CD155）	人类	能感染多种细胞， 如上皮细胞、运动 神经元
狂犬病毒 （rabies virus）	G	烟碱型乙酰胆碱受体 （nAChR）、神经细胞黏附分子 （NCAM）、p75 神经营养因子 受体（p75NTR）	人类、多种哺乳动物	神经元
甲型流感病毒 （IAV）	HA	带有唾液酸基团的细胞 表面蛋白	禽类、猪、马、鲸鱼、 猫及人类等	柱状上皮细胞

噬菌体的吸附是通过细菌的鞭毛、纤毛和外膜等受体来实现的（图 5-14）。噬菌体的尾丝与细菌表面的受体相互作用，使其吸附于细胞上。影响吸附作用的因素主要包括：①病毒数量，感染复数（multiplicity of infection，MOI）是指在感染过程中病毒数量与敏感细胞的数量比，提高感染复数会增大病毒吸附细胞的概率，噬菌体的感染复数一般很大，达 $250 \sim 360$。②金属离子，如二价阳离子 Mg^{2+}、Ca^{2+} 等有促进吸附的作用。③ pH，中性条件有利于吸附。④辅助因子，如生物素可促进噬菌体吸附于产谷氨酸菌。

2. 侵入

侵入是指病毒的核酸或感染性核壳体穿过细胞进入细胞质的过程。一旦病毒吸附于寄主细胞表面，紧接着就是入侵细胞。其侵入方式取决于病毒和宿主细胞的性质，对有细胞壁与无细胞壁的细胞的侵入方式不同。

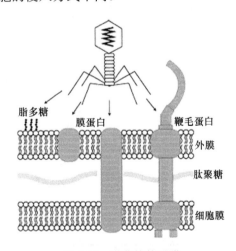

图 5-14　噬菌体的吸附
噬菌体的吸附是通过与细菌表面受体的结合来实现的，这些受体可能是脂多糖、膜蛋白以及鞭毛蛋白等

（1）由于植物有角质化或蜡质化的表皮和坚硬的细胞壁，植物病毒没有专门的侵入

机制，一般通过伤口及刺吸式昆虫口器侵入植物细胞中去。植物病毒一旦进入细胞，病毒粒子或核酸就可通过胞间连丝（plasmodesmata）由一个细胞蔓延到相邻的其他细胞。如果病毒进入输导组织，就可迅速地向其他部位扩散，引起整个植株的感染（图 5-15）。

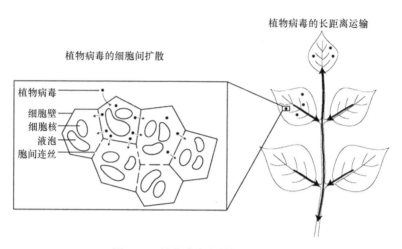

图 5-15　植物病毒在植株中的扩散

病毒入侵植物叶片后，可在表皮或叶肉细胞中复制。新病毒能通过胞间连丝在细胞间扩散，也可通过最初感染的叶片扩散到韧皮部细胞中，进行长距离运输，使病毒扩散到新的叶片中继续感染

（2）噬菌体以注射方式将其核酸注入细菌细胞（图 5-16）。按照尾部的长度，噬菌体可分为长尾噬菌体、短尾噬菌体和无尾噬菌体。而长尾噬菌体又分为尾部可收缩和不可收缩的噬菌体。短尾噬菌体可分为尾部长度足以或不足以穿透细菌细胞壁和细胞膜的

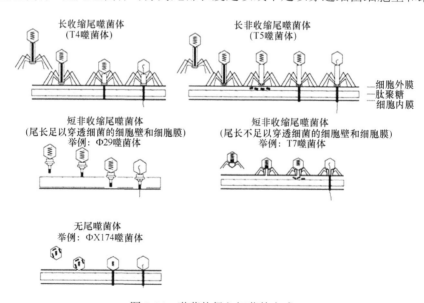

图 5-16　噬菌体侵入细菌的方式

黑色平行横线为细菌细胞膜，斜线为肽聚糖层。实心黑色竖线为穿透细胞壁的活性物质。一些噬菌体利用已组装的结构（长收缩尾噬菌体的尾鞘和一些短非收缩尾噬菌体尾部末端的蛋白）直接穿透细胞壁和细胞膜释放基因组。一些噬菌体将本身携带的一些蛋白质释放到细胞外膜和肽聚糖之间，组装成能使其基因组进入细胞内部的通道，如长非收缩尾噬菌体、一些短非收缩尾噬菌体，以及无尾噬菌体

噬菌体。当噬菌体的尾部末端附着到敏感宿主细胞表面后，借助尾丝固定于细胞上，尾部溶菌酶水解细胞壁肽聚糖，使细胞产生小孔，然后头部核酸通过中空的尾管压入宿主细胞内，其蛋白质外壳则留在细胞外。噬菌体从吸附到侵入的时间很短，在合适的温度下如 T4 噬菌体只需 15 s 即可完成侵入。

（3）动物病毒常见的侵入方式：①不含囊膜的病毒与细胞表面受体结合后，可通过吞噬作用或内吞（endocytosis）方式进入细胞（图 5-17）。在病毒与细胞结合的部位，细胞膜内陷，整个病毒被吞饮入细胞内形成囊泡，并与细胞膜分离进入细胞质。含有病毒的囊泡可发生裂解，将整个病毒颗粒释放到细胞质，如腺病毒；也可能只将核壳体或基因组释放到细胞质，如脊髓灰质炎病毒。②含囊膜的病毒其囊膜可先与宿主细胞膜融合，或被细胞内吞，病毒的囊膜再与囊泡膜发生融合，之后核壳体直接侵入细胞质中，病毒的囊膜上有融合蛋白，融合蛋白带有一段疏水氨基酸，能够介导细胞膜或囊泡膜与病毒囊膜的融合。

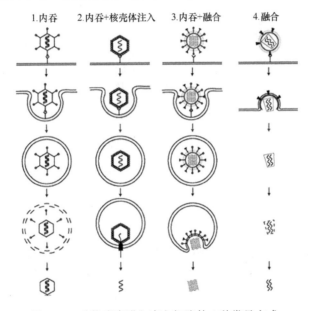

图 5-17　动物病毒进入宿主细胞的 4 种常见方式

1. 内吞。不含囊膜的病毒可通过表面蛋白与细胞表面受体的结合，引发细胞膜内陷和胞吞，最终病毒颗粒进入细胞质，如腺病毒。2. 内吞与核壳体注入。与前种方式类似，但被内吞的病毒只将核壳体注入细胞质，如脊髓灰质炎病毒。3. 内吞与融合。含囊膜的病毒在表面蛋白与细胞表面受体结合后，可引发细胞内吞。之后病毒的囊膜与包含病毒的囊泡膜融合，将核壳体释放到细胞质中，如流感病毒。4. 融合。含囊膜的病毒在表面蛋白与细胞表面受体结合后，可引发囊膜与细胞膜的融合，从而将壳体释放入细胞质中。之后壳体在细胞质中解体，将核壳体释放，如人类免疫缺陷病毒

3. 增殖或生物合成

增殖或生物合成包括核酸的复制与蛋白质的生物合成。当病毒侵入敏感宿主细胞，将其核酸注入细胞后，以病毒核酸作为"蓝图"，利用宿主细胞的合成机构和原材料（如核糖体、酶、ATP 等）复制病毒核酸，并合成大量病毒蛋白质，即先合成病毒 mRNA，再以 mRNA 为模板完成病毒的特异性酶蛋白和壳粒蛋白的合成。

病毒 mRNA 的正确合成取决于病毒遗传物质的类型，即病毒以 DNA 还是 RNA 作为遗传物质，以及核酸是双链还是单链。已知 5 种不同性质的病毒核酸可通过 6 条不同

的遗传信息途径合成 mRNA（图 5-18）。合成的原理是以原有负链 DNA 或负链 RNA 为模板合成正链 mRNA。将碱基序列与 mRNA 一致的核酸单链定义为正义链，而与 mRNA 互补的核酸单链定义为负义链。

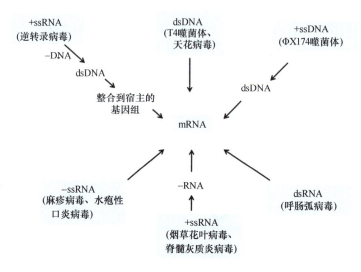

图 5-18　病毒 mRNA 的 6 种生物合成方式

逆转录病毒（retrovirus）的 mRNA 合成方式较特殊。1970 年美国科学家特明（Temin）和巴尔的摩（Baltimore）在 RNA 肿瘤中发现逆转录酶（reverse transcriptase）可以 RNA 为模板，将存在 RNA 肿瘤中的遗传信息传递给 DNA，他们获得了 1975 年的诺贝尔生理学或医学奖。

图 5-19 总结了逆转录病毒的遗传信息传递方式。逆转录病毒感染细胞后，病毒编码的逆转录酶以病毒的正义单链 RNA 为模板，合成与其互补的 DNA 链，两者结合成一种杂交双链，接着其中的 RNA 分子经核糖核酸酶 H 水解后，留下的反义单链 DNA 经复制而产生 DNA 双链，DNA 双链可整合于宿主细胞的核基因组中，以前病毒（或称原病毒，provirus）的形式存在，经长期潜伏后，发生活化，从而引发病毒 mRNA 的合成和新病毒的产生。

$$+ssRNA \xrightarrow{\text{逆转录酶}} \substack{+ssRNA与 \\ -DNA杂交} \xrightarrow{\substack{\text{核糖核酸酶H} \\ \text{水解}}} -ssDNA \xrightarrow{\text{复制}} \substack{DNA双链 \\ (原病毒)} \longrightarrow \substack{\text{整合到宿} \\ \text{主基因组}} \xrightarrow{\text{转录}} mRNA$$

图 5-19　逆转录病毒的遗传信息传递方式

在感染过程中，大量的病毒核酸被复制，并被装配到新合成的病毒蛋白质中。逆转录病毒可将整合在宿主基因组中的原病毒作为模板，复制出正义单链 RNA。其他正义单链 RNA 病毒，如脊髓灰质炎病毒可将负链 RNA 作为模板，复制出正义单链 RNA。反义单链 RNA 病毒（如麻疹病毒）的核酸可将 mRNA 作为模板进行合成。双链 RNA 病毒（如呼肠孤病毒）的负链 RNA 可以 mRNA 为模板合成，并与 mRNA 互补形成双链 RNA。双链 DNA 病毒的基因组可以其自身的核酸为模板直接合成。正义单链 DNA 病毒可以其基因为模板先复制出双链 DNA，再以双链 DNA 为模板，复制产生更多的正义单链 DNA。

4. 装配或成熟

装配或成熟即壳体的合成与装配，病毒核酸的复制与蛋白质的合成是分开的，由分别合成的"配件"组合成完整的新病毒粒子的过程即为装配。在动植物细胞中多数 DNA 病毒的核酸在细胞核内复制，蛋白质在细胞质中合成，合成的病毒蛋白质再转运到细胞核内装配。但也有例外。含 DNA 的天花病毒合成与装配都在细胞质中进行。一些有囊膜的病毒在宿主细胞核内装配成核壳体后，移至核膜上，以芽殖等方式进入细胞质中，从而获得了同宿主核膜成分一样的囊膜，如疱疹病毒。有的则是从宿主细胞膜出芽的过程中裹上囊膜，如流感病毒。而 RNA 病毒的核酸复制发生在细胞核或细胞质中，蛋白质的合成及壳体的装配均发生在细胞质中。

5. 裂解或释放

裂解或释放是成熟的病毒粒子从被感染细胞内转移到外界的过程。植物病毒主要是通过胞间连丝或融合细胞在细胞间传播的；噬菌体在宿主细胞内大量合成子代噬菌体后，通过脂肪酶水解细胞膜及溶菌酶水解细胞壁的作用，使宿主细胞裂解，从而实现噬菌体的释放。但也有些纤丝状噬菌体因其壳体蛋白在合成后沉积在细胞膜上，当噬菌体 DNA 外出经细胞膜时才与壳体蛋白结合，穿出细胞，并不破坏宿主细胞，宿主细胞仍可继续生长。动物病毒释放的方式多样：①通过细胞溶解或局部破裂而释放，如腺病毒、脊髓灰质炎病毒、痘病毒；②有的具囊膜的病毒则通过出芽方式或细胞排废的方式释放，如正黏病毒与副黏病毒；③有的沿核周与内质网相通的部位从细胞内逐渐释放出来；④病毒也可留在细胞内，通过细胞之间的接触，如上皮细胞之间的紧密连接和神经元的突触而扩散。

有些病毒从宿主细胞释放后，进而成熟形成有感染能力的病毒颗粒。如 HIV 从细胞释放后，病毒颗粒内的蛋白酶（protease）自发反应，本是融合蛋白的壳粒蛋白（Gag-Pol）被切割成多个具有完整功能的蛋白质，如与囊膜接触的基质蛋白（MA）、形成成熟壳体的壳粒蛋白（CA）、与病毒核酸相结合的核壳体蛋白（NC）、逆转录酶（reverse transcriptase）、整合酶（integrase）等，壳体的形态也由成熟前的球状变为半锥形（图 5-20）。成熟的 HIV 将具有完全的感染能力。

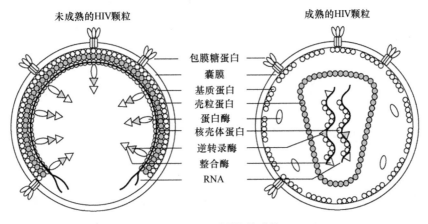

图 5-20　HIV 颗粒的成熟

未成熟的 HIV 颗粒（左）壳体呈球形，成熟的 HIV 颗粒（右）壳体呈半锥形

（二）一步生长曲线

前面已介绍病毒的繁殖可分为吸附、侵入、增殖、装配与释放 5 个阶段。对于噬菌体而言，根据噬菌体与宿主的关系，以及完成上述 5 个阶段所需时间的长短，可将其分为烈性噬菌体（virulent phage）和溶原性噬菌体（lysogenic phage，又称温和噬菌体）两大类。

烈性噬菌体是指能在短时间内完成裂解性生活的噬菌体，即当噬菌体进入细菌后，就会改变宿主的性质，使之成为制造噬菌体的"工厂"，产生大量新的噬菌体，最后导致菌体裂解死亡。如大肠杆菌 T 系噬菌体在合适的温度下，增殖周期是 15～20 min。其裂解量（burst size）对于不同的噬菌体是不同的。如 T4 噬菌体为 100 个，ΦX174 噬菌体为 1000 个，而 f2 噬菌体则高达 10 000 个，从中可知噬菌体的繁殖过程与细胞型生物完全不同，而每个被感染的细胞释放出来的新噬菌体粒子的数量可通过一步生长曲线（one-step growth curve）来测定。

1939 年 Ellis 和 Delbruck 首先用一步生长曲线试验定量测定了噬菌体的增殖数，即以一个噬菌体的稀释液与高浓度的敏感细菌相混合，数分钟后，以离心或加入抗病毒血清的方法清除过量的游离噬菌体（中和未吸附的噬菌体）；然后将上述处理的菌悬液经适当稀释后，终止抗血清的作用并防止新释放的噬菌体感染其他细胞；再置于合适温度下培养，每隔一段时间取样，用双层琼脂法测定噬菌体数目（检测培养物中的噬菌体效价）；最后以噬菌体感染的效价为纵坐标，以感染时间为横坐标，绘制出病毒特征性的繁殖曲线即一步生长曲线（图 5-21）。一步生长曲线可分为潜伏期、裂解期和平稳期三个阶段。

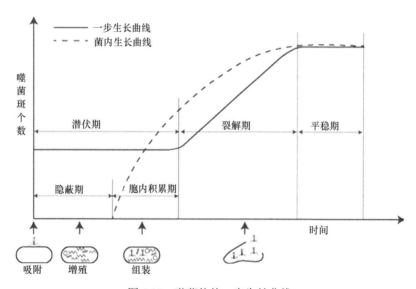

图 5-21　噬菌体的一步生长曲线

（1）潜伏期是指从噬菌体吸附到宿主细胞至释放出新的噬菌体之前的时期，分为隐蔽期和胞内积累期。隐蔽期是指噬菌体吸附并侵入细胞以及噬菌体在细胞内合成其基因组和蛋白质的时期。在该期间用氯仿裂解细胞，裂解液不具有感染性，因为新的噬菌体尚未组装。胞内积累期是指新合成的基因组和蛋白质已经开始组装成噬菌体但还没有从细胞中释放出来的时期。T2 噬菌体的潜伏期是 10.5 min。

（2）裂解期：潜伏期结束后宿主细胞迅速裂解，溶液中的噬菌体数目不断增加直至达到极限，此时噬菌体数目达最大值。

（3）平稳期是指感染后的宿主细胞已全部裂解，溶液中的噬菌体效价达最高点后噬菌体数目不再增加，曲线趋于平稳的时期。

三、病毒的非增殖性感染

病毒感染敏感细胞后，在细胞内繁殖，产生有感染性的病毒子代，这样的感染属于增殖性感染或生产性感染（productive infection）。但有一些病毒进入细胞后并不通过正常的复制周期产生新的病毒颗粒，而是发生非增殖性感染（non-productive infection）。病毒的非增殖性感染有流产感染（abortive infection）、潜伏感染（latent infection）和整合感染（integrated infection）三种类型。

（1）流产感染：如果病毒进入的细胞不能支持病毒的复制，如缺乏病毒复制所需的体系，或存在拮抗病毒功能的因子等，将会导致流产感染。另一种是依赖于病毒的流产感染，即病毒自身基因组不完整，缺损一个或多个病毒复制所必需的基因。

（2）潜伏感染：在受感染细胞内有病毒基因组（未整合到宿主的基因组上）的存在，但并无感染性病毒颗粒产生，而受感染细胞也不会被破坏，如肿瘤病毒、长期潜伏在神经元中的单纯疱疹病毒等。

（3）整合感染：逆转录病毒能够将其 RNA 逆转录为原病毒 DNA，整合到宿主细胞的基因组中，并长期潜伏于被感染细胞内，不产生新的病毒颗粒，被感染细胞也不被免疫系统清除。某些溶原性噬菌体和肿瘤病毒感染宿主细胞后，病毒基因组整合于宿主染色体上（图 5-22），并随着细胞分裂传递给子代细胞，这类感染为整合感染。

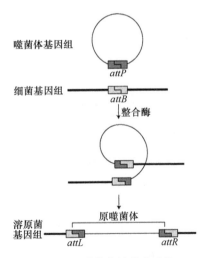

图 5-22　噬菌体的整合感染

噬菌体基因组的附着位点（*attP*）与细菌基因组的附着位点（*attB*）在整合酶的作用下发生整合，形成位点 *attL* 和 *attR*。最终噬菌体的基因组整合到细菌基因组中，成为原噬菌体，宿主细菌成为溶原菌

溶原性噬菌体，也称温和噬菌体（temperate phage），是指那些吸附并侵入细胞后，噬菌体 DNA 只整合到宿主的核染色体上，并可长期随着宿主 DNA 的复制而进行同步复制，在一般情况下不进行繁殖和引起宿主细胞裂解的噬菌体。大多数情况下，溶原性噬菌体的基因组整合到宿主染色体中，也有少数以质粒形式存在，如 P1 噬菌体。

原噬菌体（prophage，又称前噬菌体）是指附着和整合到宿主细菌染色体上，或以质粒形式存在的溶原性噬菌体的基因组。原噬菌体含有噬菌体的全部信息，可随着细菌染色体的复制而传递给子代，并且仍有控制噬菌体完成裂解性感染的潜力。

溶原菌（lysogenic bacterium）是指在核染色体组上整合有原噬菌体并能正常生长繁殖，而不裂解的细菌。溶原菌具有以下基本特性。

（1）溶原性（lysogeny）：噬菌体核酸注入细胞后，由于受温度、寄主生理状态等诸多因素的影响，噬菌体早期转录时合成一种阻遏物，阻止噬菌体基因的表达，因而噬菌体不能进入营养状态，而是整合到细菌基因组上，以遗传的方式存在，从而使细菌不被裂解。

（2）自发裂解（spontaneous lysis）：在溶原菌的分裂过程中，极少数的细菌中原来处于整合态的原噬菌体变成了烈性噬菌体（图 5-23），进行大量复制，引起宿主细胞的自发裂解，并释放出新的子代噬菌体，这些子代噬菌体又可感染敏感细菌，新感染的细菌仍可具有溶原性。

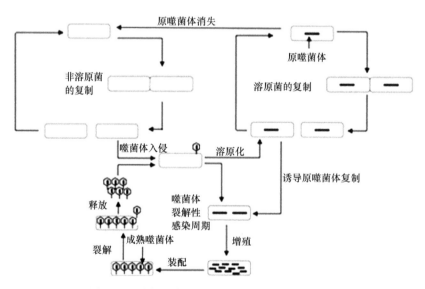

图 5-23　噬菌体感染的溶原性循环和裂解性循环

（3）诱发裂解（inductive lysis）：溶原菌在外界理化因子，如 H_2O_2、紫外线、X 射线、化学诱变剂、致癌剂、丝裂霉素 C 等的作用下，发生高频裂解现象，释放出噬菌体粒子。

（4）免疫性（immunity）：溶原菌对其本身产生的噬菌体或外来的同源噬菌体不敏感，这些噬菌体虽然可进入溶原菌，但不能增殖，也不导致溶原菌裂解。

（5）非溶原化：在溶原菌群体增殖过程中，部分个体失去其原噬菌体变成非溶原菌，这样的细菌不发生自发裂解也不发生诱发裂解，该现象即为溶原性复愈或非溶原化。

（6）溶原性转换（lysogenic conversion）：某些温和噬菌体侵染细菌后，其核酸整合到宿主细菌染色体中，成为原噬菌体，原噬菌体的存在可改变溶原菌的特性，使其获得一些新的生理特性，如白喉棒杆菌（*Corynebacterium diphtheriae*）产生白喉毒素是由于原噬菌体带有编码毒素蛋白的结构基因 *tox*。又如肉毒梭菌（*C. botulinum*）产生肉毒毒素、某些链球菌产生引起猩红热的红斑毒素都与它们的溶原菌携带原噬菌体有关。溶原菌也是研究肿瘤病毒的一个模型，因为这些病毒具有将其基因引入感染细胞进行转化的能力。

如何检验自然界中溶原菌的存在呢？将少量溶原菌与大量的敏感性指示菌相混合，然后加至琼脂培养基中倒平板。一段时间后溶原菌就长成菌落。由于在溶原菌分裂过程中有极少数个体会发生自发裂解，其释放的噬菌体可不断侵染溶原菌菌落周围的指示菌菌苔，产生一个个中央有溶原菌小菌落、四周有透明圈的特殊噬菌斑。

综上所述，溶原性噬菌体能以三种状态存在：①游离态，游离的具感染性的病毒粒子；②整合态，附着或整合到宿主细胞染色体上，且处于原噬菌体状态，并与之一道复制；③营养态，噬菌体经外界理化因子诱导后，脱离宿主核基因组，在宿主细胞内指导病毒核酸和蛋白质合成以及装配。溶原菌的命名是在菌株的名称后面加一括号，其中写上溶原性噬菌体，如 *E. coli*（λ）菌株。同一菌株可由多种噬菌体溶原化成双重或多重溶原菌。

细胞特别是真核细胞被病毒感染可出现以下几种反应（图 5-24）：①细胞无任何明显变化；②由于病毒的致细胞病变效应，细胞损伤、死亡；③细胞增生，继而或是细胞死亡，或是细胞继续失去生长控制，转化为癌细胞。按机体的病毒感染症状，可分为生产性感染（productive infection）、潜伏感染（latent infection）、急性感染（acute infection）、持续感染（persistent infection）等。

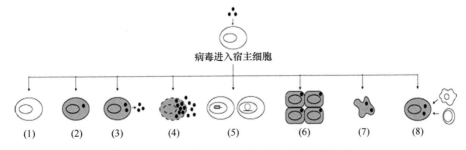

图 5-24 病毒进入动物细胞后几种常见的结果

（1）不能感染。（2）感染但不释放新的病毒颗粒。（3）感染并释放新的病毒颗粒。（4）感染并使细胞裂解，释放新的病毒颗粒。（5）潜伏感染，细胞内无新的病毒颗粒，但其遗传信息随细胞稳定存在。（6）细胞被感染后异常增殖、癌变。（7）细胞被感染后自发凋亡。（8）细胞被感染后被免疫系统识别、清除动物病毒能以多种方式直接或间接地损伤宿主细胞，常导致细胞死亡。细胞损伤的可能机制：①许多病毒可抑制宿主 DNA、RNA 和蛋白质合成。②细胞溶酶体损伤，导致水解酶释放，细胞崩解。③病毒感染细胞后通过向细胞膜中插入病毒特异性蛋白而迅速改变细胞膜的构象，导致感染细胞受到免疫系统攻击。④几种病毒（如流行性腮腺炎病毒和流感病毒）高浓度的蛋白对细胞和机体有直接毒性作用。⑤包含体会直接破坏细胞结构。⑥疱疹病毒和其他病毒感染可破坏宿主细胞染色体。⑦宿主细胞可能不受到直接的损害，但被转化成恶性细胞。⑧由干扰素介导细胞凋亡。⑨受感染细胞被免疫系统识别及清除。

四、病毒的群体特征

病毒感染会使宿主细胞发生病变，有一些病毒可在细胞内部形成独特的区域专供病毒的增殖和组装，该区域称为包含体（inclusion body）。病毒感染时，也可能会引发大量细胞的裂解、凋亡或非正常的增殖等。当大量细胞发生病变时，能通过肉眼观察出某植物或动物个体或细菌菌落已被病毒感染，如烟草花叶病毒感染后植株叶片上有枯斑、噬菌体感染细菌后菌苔上有噬菌斑。

1. 包含体

包含体多为圆形、卵圆形或不定形，是病毒颗粒在宿主细胞内包埋于蛋白质基质中形成的。①大多数包含体是完整的病毒颗粒或未装配的病毒亚基聚集成的，可含有一个或多个病毒粒子，少数包含体是宿主细胞对病毒感染的反应产物，不含病毒粒子。②包含体在细胞中的部位不同，多数位于细胞质中，具嗜酸性，如多数痘类病毒、狂犬病毒；少数位于细胞核中，具嗜碱性，如疱疹病毒；麻疹病毒在细胞质、细胞核中都有。有的包含体具有特殊的名称，如天花病毒包含体称为瓜尔涅里小体（Guarnieri body）（图 5-25A）、家禽痘病毒包含体称为博林格小体（Bollinger body）（图 5-25B）、狂犬病毒包含体称为内氏小体（Negri body）（图 5-25C）、烟草花叶病毒包含体称为 X 体、昆虫病毒形成的包含体称为多角体（polyhedron）（图 5-25D）。③包含体可从细胞中移出再接种到其他细胞引起感染。由于不同病毒包含体的大小、形状、组成以及在宿主细胞中的部位不同，故可用于病毒快速鉴别。

2. 噬菌斑

烈性噬菌体感染细菌后，使细胞破裂，连续重复感染使大量的细菌死亡（图 5-26）。如将少量噬菌体、大量宿主细胞与约 50℃半固体琼脂培养基充分混匀后，倒于固体的平板培养基上，经一段时间的培养，在平板表面布满宿主细菌的菌苔上可看见一个个透亮不长菌的噬菌斑。其是由无数个噬菌体粒子组成的群体，如果噬菌体的浓度稀释适当，每个噬菌斑可由最初与宿主细胞混合的单个噬菌体粒子形成。噬菌斑可用于检出、分离、纯化和计数噬菌体。

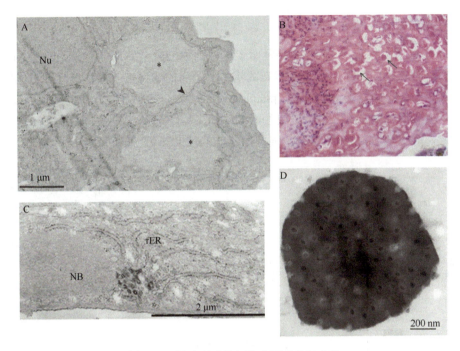

图 5-25 被病毒感染细胞内形成的包含体

A. 被牛痘病毒感染的非洲绿猴肾细胞（BSC40 细胞）中的瓜尔涅里小体。Nu 为细胞核，*指示两个分开的瓜尔涅里小体，箭头指示病毒周围正在形成的双层膜。在瓜尔涅里小体附近有线粒体（Kieseret al.，2020）。B. 被家禽痘病毒感染后的中地雀病斑的病理切片，其中角质形成细胞的细胞质中有嗜酸性的博林格小体，其形成会使细胞核形态发生扭曲，甚至会取代细胞核。箭头指示博林格小体（Parker et al.，2011）。C. 成纤维细胞系 BSR 细胞被狂犬病毒感染后在细胞质中形成的内氏小体。NB. 内氏小体，rER. 粗面内质网。NB 在粗面内质网附近形成，NB 附近有组装完成的病毒颗粒（Ménager et al.，2009）。D. 从马尾松毛虫中分离的一株质型多角体病毒的多角体。多角体中含有多个直径约 50 nm 的圆形病毒颗粒（Zhou et al.，2014）

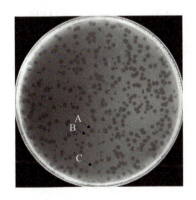

图 5-26 噬菌斑（Pan et al.，2021）

一株哈夫尼菌属的噬菌体（Ca 毒株）感染副蜂房哈夫尼亚菌（*Hafnia paralvei*）LY-23 菌株后形成的三种大小不同的噬菌斑（A、B、C）

噬菌体效价（titer）是每毫升样品中所含的侵染性噬菌体粒子数，即噬菌斑形成单位数。测量噬菌体效价时，可将原噬菌体样品稀释不同的倍数，与宿主细胞混合培养，挑选可数的单个噬菌斑的平板进行计数，计算原样品中噬菌体的效价。

3. 空斑与病斑

1953 年杜尔贝科（Dulbecco）等发明了单层动物细胞上的病毒空斑计数法，即利用覆盖一层琼脂的单层细胞进行病毒感染试验。增殖后的病毒粒子只扩散至邻近的细胞，最终形成一个与噬菌斑类似的空斑（plaque）（图 5-27）。如果用中性活性染料加以染色，不但可区别死活细胞，还可使空斑更为清晰。如果单层细胞受肿瘤病毒感染，则细胞会恶性增生（细胞剧增），形成类似于细菌菌落的病灶即病斑（lesion）。

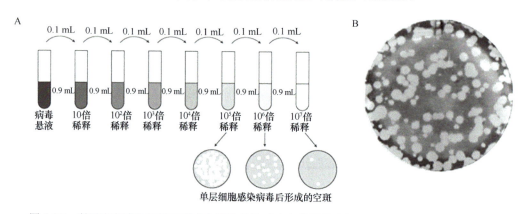

图 5-27　利用病毒感染细胞后形成空斑的特性对病毒的效价进行测定（LeGoff et al.，2012）

A. 对原病毒悬液进行 10 倍梯度稀释，用稀释 10^5、10^6 和 10^7 的样品感染单层敏感细胞，并通过对空斑的计数，计算病毒的效价。B. 甲型流感病毒 H1N1 感染单层 MDCK-SIAT1 细胞后形成的空斑

4. 枯斑

1929 年美国病毒学家霍姆斯（Holmes）用枯斑法测定了烟草花叶病毒（TMV）的数目，即把病毒试样与少许金刚砂（能破坏植物表皮与细胞壁）混合，轻轻摩擦植物叶片进行接种，2～3 天后叶子上出现局部坏死灶，即枯斑（图 5-28）。

图 5-28　植物叶片被烟草花叶病毒感染后形成的枯斑（Balique et al.，2013）

A. 未被感染的叶片对照；B、C. 被感染的叶片代表，箭头指示叶片上形成的枯斑

5. 凝集作用

一些病毒的表面分子能与细胞表面的分子结合，如流感病毒 HA 分子能与红细胞表面的唾液酸基团结合。因流感病毒表面具有多个 HA 分子，而红细胞表面具有多个唾液

酸基团，当较大量的病毒与红细胞共同存在时，会使红细胞凝集，并与病毒共同形成网络。病毒凝集细胞的活性可用实验进行衡量，如红细胞凝集试验。（e 图 5-2，见封底二维码）

五、病毒的分类

自 1892 年伊万诺夫发现病毒以来已有百年的历史，其间随着科技的发展、研究的日趋深入，截至 2018 年已发现超过 3 万个病毒的毒株，分属 100 余科 1000 余属 5000 余种。其中有 21 个科的病毒能感染人类。病毒的类别极为广泛，几乎可感染所有生物，包括各种微生物、植物、昆虫、鱼类、禽类和哺乳动物。

病毒种类很多，但因病毒专性寄生、宿主范围有限，可将病毒按照宿主的种类来分类（图 5-29）。

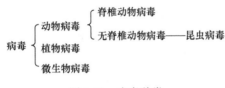

图 5-29　病毒种类

已知的植物病毒 600 多种、昆虫病毒 1700 余种、人类病毒 300 多种、细菌病毒（即噬菌体）3000 多种。

1. 细菌病毒

噬菌体是侵染细菌、放线菌等细胞型微生物的病毒。1915 年托特（Twort）、1917 年迪海莱（d'Herelle）均发现了噬菌体，迪海莱把这类寄生于细菌并引起细菌溶解的因子称为噬菌体，"phagein" 在希腊语中是吞噬的意思。噬菌体广泛分布于自然界的土壤、肥料、粪便、腐烂有机物、污水和发酵厂的下水道，凡是有细菌的地方一般都能找到相应的噬菌体。

噬菌体是微生物发酵工业的大敌，如抗生素工业、微生物农药、有机溶剂发酵工业等普遍存在着噬菌体的危害。当发酵过程中细菌受噬菌体严重感染时，常会出现一些不正常的现象，如发酵液变清、发酵周期延长、耗糖缓慢或停止、发酵液 pH 异常、发酵产物形成缓慢、镜检菌体形态异常，敏感细菌的平板检查会出现噬菌斑等，轻则延长发酵周期，影响产品的产量和质量，重则引起倒罐，甚至使工厂被迫停产。（知识扩展 5-5，见封底二维码）

噬菌体广泛存在于自然界，由于噬菌体的某些生物学特性，在人类的生产实践和理论研究中有一定价值：①利用噬菌体鉴定未知病原菌，可将某一未知细菌鉴定到种或型；②利用噬菌体制剂治疗某些传染病，早在 1949 年我国就开始生产痢疾杆菌噬菌体佐剂，以预防和治疗细菌性疾病，将噬菌体制剂与抗生素或者磺胺药物配合使用效果更好；③检验植物病原菌；④作为分子生物学研究的工具和材料，如通过对大肠杆菌噬菌体侵染过程的研究，证实了 DNA 是遗传物质的基础，噬菌体也是基因工程的重要载体。

2. 植物病毒

植物病毒大多是单链 RNA 病毒，也是严格寄生生物，但专一性不强，一种病毒能寄生在不同植物种属的栽培植物和野生植物上，而昆虫是植物病毒在自然界条件下进行传播的最主要的媒介。在植物病毒中，最早记载的是引起郁金香碎色花瓣病的病毒。绝大多数的植物病毒侵入寄主植物后可以引起植物叶片不同程度的斑驳、花叶或黄化，同时伴随不同程度的植株矮化、丛枝等病害症状，以及产量的降低。有些病毒可引起卷叶、植株畸形。少数病毒还能在叶片或茎秆上造成局部坏死或肿瘤、脉肿等增生症状。

预防农作物被植物病毒感染的方法：①对能够传播病毒的昆虫种类进行抑制；②培育能够抗病毒的农作物品种；③与不易被病毒感染的农作物种类进行轮作。

3. 昆虫病毒

昆虫病毒主要是鳞翅目昆虫的病毒。由于有些昆虫如蜜蜂、家蚕具有重要的经济作用，一旦感染上病毒就会造成重大经济损失。自然界也有些病毒可以侵染、杀死农作物害虫和森林害虫，可作为生物农药中的病毒杀虫剂。

大多数昆虫感染病毒后其细胞内可形成包含体，显微镜下包含体呈多角状的多角体，由碱溶性结晶蛋白质组成。根据是否形成多角体，以及多角体的形态、多角体在细胞中的位置，可将病毒分为五大类：①核型多角体病毒（nucleopolyhedrosis virus，NPV），位于宿主细胞核内，具有蛋白质的包含体，其数量在昆虫病毒中居首位，如棉铃虫核型多角体病毒。②质型多角体病毒（cytoplasmic polyhedrosis virus，CPV），在昆虫肠道细胞质中增殖，具有包含体，如家蚕质型多角体病毒。③颗粒体病毒（granulosis virus，GV），具有蛋白质的包含体，每个包含体内一般含一个病毒粒子，如菜青虫颗粒体病毒。④昆虫痘病毒（entomopox virus，EPV），具有蛋白质的包含体，包含体为椭圆形、球形、菱形或纺锤形，菱形或纺锤形的包含体不含病毒粒子。⑤非包含体病毒，不形成包含体，病毒颗粒呈球形，如伊蚊虹彩病毒。

昆虫病毒可感染昆虫的各种组织，昆虫感染病毒后表现为停止进食、肠道发生麻痹或发生败血症死亡。对昆虫病毒的研究具有重要意义，特别是对于昆虫防治来说，由于这类病毒对昆虫的致病力强、专一性强、抗逆性强、使用量低、作用长久、对人畜没有公害等优点，有望成为害虫的生物防治剂，前景诱人。人们希望某些昆虫病毒可以部分取代有毒化学杀虫剂的使用。

4. 脊椎动物病毒

在人类、其他哺乳动物、禽类、两栖类、爬行类和鱼类等各种动物中，广泛存在着相应的病毒。常见的病毒传染病有流行性感冒、水痘、麻疹、腮腺炎、脊髓灰质炎、肝炎、流行性乙型脑炎、艾滋病、鱼痘、猪痘、口蹄疫、鸡瘟以及狂犬病，人类的恶性肿瘤中，约有 15% 是由于感染了逆转录病毒。逆转录病毒是具有包膜的含 ssRNA 的球状病毒，壳体有不同的形状，组成较复杂，除单链 RNA、蛋白质、脂肪、糖类外，还含有逆转录酶（reverse transcriptase）、核糖核酸酶 H（RNase H，可降解 RNA-DNA 杂交分子的 RNA 链）、转化蛋白和 DNA 连接酶等，它们中有些可引起脊椎动物的肿瘤，如禽类或哺乳动物的白血病。20 世纪 80 年代以来在国际上流行的获得性免疫缺陷综合征（acquired immunodeficiency syndrome，AIDS，又称艾滋病），其病原体为人类免疫缺陷病毒（human immunodeficiency virus，HIV），HIV 也是一种逆转录病毒。另外，还有一些其他的病毒能够在宿主体内诱发肿瘤，如乳头瘤病毒、属于肝 DNA 病毒的乙型肝炎病毒、属于黄病毒的丙型肝炎病毒等。表 5-5 列举了一些由病毒感染引起的大规模流行病。

表 5-5　历史上记载的由病毒感染引起的大规模流行病举例

病毒种类	时间	主要地区	死亡人数
流感病毒	1889～1890 年	乌兹别克斯坦的布哈拉、加拿大的阿萨巴斯卡、格陵兰	超过 100 万人
流感病毒	1918 年	全球	2000 万～5000 万人
流感病毒 H2N2	1956～1958 年	中国、新加坡及美国	200 万人
流感病毒 H3N2	1968 年	新加坡、越南、菲律宾、印度、澳大利亚、欧洲、美国	100 万人
新型冠状病毒 SARS-CoV-2	2019 年 12 月至 2022 年 6 月	全球	超过 620 万人

六、代表性病毒

1. 噬菌体

噬菌体是双链 DNA，其 DNA 两端具有由 12 个核苷酸组成的黏性末端。当噬菌体 DNA 进入宿主细胞后，黏性末端互补结合，在 DNA 连接酶的作用下，碱基配对封闭形成环状分子，这 12 个碱基为 cos 位点的末端。噬菌体基因组为 3.3～500 kb，其中一半是必需基因，参与其生命活动；而另一部分是非必需基因，该区域可被外源基因取代，而不影响生命活动。如 λ 噬菌体的基因组约 48.5 kb（图 5-30）。λ 噬菌体基因组除编码头部和尾部蛋白的结构基因外，还具有附着位点 att 和一些与重组有关的基因。另外，

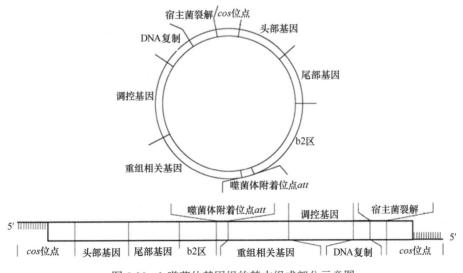

图 5-30　λ 噬菌体基因组的基本组成部分示意图

基因组中还有调控噬菌体 DNA 复制和与宿主细胞裂解有关的基因。b2 区域是对噬菌体的生存和功能非必需的区域。

噬菌体作为载体其感染效率几乎是 100%，在基因文库的构建中起着很大的作用。现已构建了一些噬菌体载体。如卡隆（Charon）载体可插入大到 23 kb 的外源 DNA 片段，当侵入宿主细胞后，外源 DNA 片段即可整合到宿主核染色体上，进行常规复制和表达；黏粒（cosmid）可克隆 45 kb 的外源 DNA 片段。一般重组后的噬菌体 DNA 长度为野生型的 75%～105%才能被包装成噬菌体颗粒。

2. 乙型肝炎病毒

乙型肝炎病毒（hepatitis B virus，HBV）属于嗜肝 DNA 病毒科（*Hepadnaviridae*）正嗜肝 DNA 病毒属（*Orthohepadnavirus*），有三种形态：一是直径约 20 nm 的球形颗粒（图 5-31）、一种是长短不一的丝状体，还有一种是丹氏颗粒（Dane granule）。乙型肝炎病毒的基因组中有表面抗原基因，其中大抗原的 pre-S1 结构域能与在肝脏中特异性表达的钠牛磺胆酸共转运蛋白（Na^+-taurocholate cotransporting polypeptide，NTCP）结合，使乙型肝炎病毒以 NTCP 为受体进入细胞。

3. 狂犬病毒

狂犬病毒（rabies virus）隶属于弹状病毒科（*Rhabdoviridae*）狂犬病毒属（*Lyssavirus*）。病毒外形呈弹状（60～400 nm×60～85 nm），一端钝圆，一端平凹，有囊膜，内含壳体，呈螺旋对称（图 5-32）。核酸是不分节反义单链 RNA（−ssRNA）。基因组约 12 kb，从 3′端到 5′端依次为编码 N、M1（P）、M2（M）、G、L 蛋白的 5 个基因，各基因间还含非编码的间隔序列。5 种蛋白都具有抗原性。M1、M2 蛋白分别构成壳体和囊膜的基质。L 蛋白为聚合酶。G 蛋白在囊膜上构成病毒刺突，与病毒致病性有关。N 蛋白为核壳体蛋白，具有保护 RNA 的功能。G 蛋白和 N 蛋白是狂犬病毒的主要抗原，可刺激宿主产生相应抗体和细胞免疫。

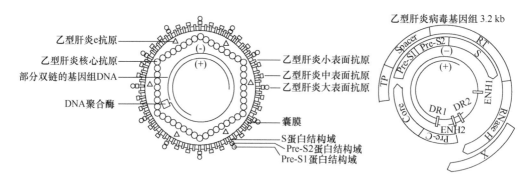

图 5-31　球状具囊膜的乙型肝炎病毒（HBV）颗粒形态及基因组示意图

乙型肝炎病毒的刺突蛋白为大、中、小三种表面抗原（HBsAg）。大表面抗原有 Pre-S1、Pre-S2 和 S 三种蛋白，中表面抗原有 Pre-S2 和 S 两种蛋白，小表面抗原有 S 蛋白。病毒的壳体是乙型肝炎核心抗原。乙型肝炎病毒颗粒中还有 e 抗原，其基因组是部分闭合 dsDNA，编码表面抗原融合蛋白、聚合酶融合蛋白以及核心融合蛋白。聚合酶融合蛋白包括末端蛋白（TP）、连接臂区、逆转录蛋白（RT）和核糖核酸酶 H（RNase H）。核心融合蛋白包括 Pre-C 和 Core 两个结构域。X 蛋白是多功能的调控蛋白。另外，乙型肝炎病毒的基因组也会表达调控区，如 DR1（direct repeat 1）、DR2、增强子 1（ENH1）和增强子 2（ENH2）（知识扩展 5-6，见封底二维码）（知识扩展 5-7，见封底二维码）

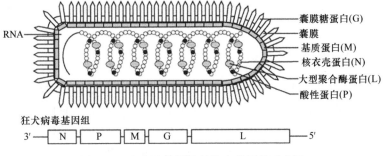

图 5-32　狂犬病毒颗粒结构和基因组示意图

（知识扩展 5-8，见封底二维码）（知识扩展 5-9，见封底二维码）

狂犬病毒对热、紫外线、日光、干燥的抵抗力弱，50℃加热 1 h、60℃加热 5 min 即被杀死，也易被强酸、强碱、甲醛、碘、乙酸、乙醚、肥皂水及离子型和非离子型去污剂灭活，于 4℃可保存一周，置 50% 甘油中于室温下也可保持活性一周。

4. 脊髓灰质炎病毒

脊髓灰质炎病毒属于小核糖核酸病毒科（*Picornaviridae*）肠病毒属（*Enterovirus*）。病毒外形呈正二十面体（图 5-33），不具有囊膜，直径约 30 nm。基因组约 7.5 kb，为正义单链 RNA（+ssRNA），从 5′端到 3′端依次为较长的具有二级结构的 5′端调控区、蛋白编码区和 3′端非编码区。脊髓灰质炎病毒的基因组被翻译成一整个融合蛋白，再由自身的蛋白酶切割成多个具有不同功能的蛋白质，如壳体结构蛋白 VP1、VP2、VP3、VP4，具有蛋白酶功能的 2A、3C，以 RNA 为模板的 RNA 聚合酶 3D，能够结合病毒 RNA 并且为病毒复制所必需的 3B（VPg）、ATP 酶 2C，以及能够改变内质网膜透性、加速内质

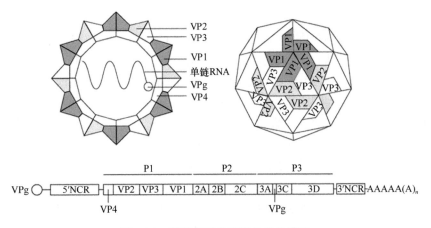

图 5-33　脊髓灰质炎病毒的壳体模型

VP1、VP2 和 VP3 组成壳体的外部，VP1 组成的五聚体形成正二十面体的五重对称的顶点，VP2 和 VP3 组成的六聚体与 VP1 组成的五聚体相邻。VP4 在壳体的内部。RNA 的 5′端有与 RNA 共价结合的 VPg 蛋白。3′端有 poly(A) 尾。5′端有长非编码区（NCR）。RNA 翻译时，先形成融合蛋白，再由蛋白酶分级切割为 P1、P2 和 P3。P1 被进一步切割成 VP4、VP2、VP3 和 VP1 四种结构蛋白。P2 段被切割成 2A 和 2BC。之后 2BC 可被进一步切割为 2B 和 2C。P3 段被切割成 3AB、3CD。之后 3AB 可再被进一步切割为 3A 和 3B（VPg），3CD 可被进一步切割为 3C 和 3D。其中 2A、3C 是蛋白酶，3D 是以 RNA 为模板的 RNA 聚合酶，2BC、2B、2C、3AB、3A 和 3B 组成病毒复制所需的蛋白质复合物（知识扩展 5-10，见封底二维码）

网膜上病毒蛋白质转运的 2B。脊髓灰质炎病毒利用人类细胞表面的 CD155 分子作为受体进入宿主细胞。

5. 人类免疫缺陷病毒

人类免疫缺陷病毒（HIV）是 1983 年在法国一位慢性淋巴结综合征的患者身上首次发现的。HIV 呈球状，直径 100～120 nm（图 5-34）。囊膜表面有糖蛋白，囊膜内部有基质和半锥形壳体。基因组是由两条相同单链 RNA 构成的双体结构，两端各有一段调控序列，5′端为 R（direct repeat）、U5（5′-unique sequence）和引物结合位点（primer binding site，PBS）；3′端为多聚嘌呤区（polypurine tract，PPT）、U3（3′-unique sequence）和 R。Ψ 序列引导新病毒颗粒中病毒 RNA 的装配。RRE（Rev response element）对于病毒 mRNA 向细胞核外的转运很重要。HIV-1 基因组编码三个结构蛋白（Gag、Pol 和 Env），以及 6 个辅助蛋白（Vif、Vpr、Tat、Vpu、Rev 和 Nef）。核酸及包裹其外的壳体蛋白（p24）构成病毒核壳体。其外侧包有两层膜结构，内层是内膜蛋白（p17），亦称基质蛋白，最外层是脂质双层囊膜，囊膜表面有刺突并含有 gp120 和 gp41 囊膜糖蛋白。核心部分还有逆转录酶、蛋白酶和整合酶。

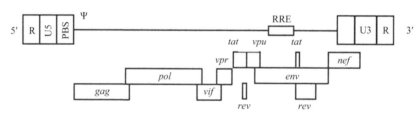

图 5-34 HIV-1 基因组示意图

HIV 感染宿主和细胞范围较窄，仅感染表面有 CD4 分子的细胞，CD4 T 细胞和巨噬细胞的细胞膜外表面都有 CD4 蛋白。HIV 囊膜中的病毒糖蛋白 gp120 能特异识别 CD4，并与 CD4 结合。gp120 与 CD4 结合后，gp120 的分子构象发生改变，从而使 gp41 中介导膜融合的肽链插入细胞膜中，并通过 gp41 进一步的构象变化完成病毒囊膜与细胞膜的融合，病毒核心释放入细胞内。除受体 CD4 外，HIV 进入细胞还需要辅助受体 CCR5 或 CXCR4。HIV 使用自己携带的逆转录酶，在细胞质内合成双链 DNA，即前病毒。然后进入细胞核，并使用整合酶，把前病毒插入细胞的基因组中，利用细胞内原料进行转录、翻译和装配，形成大量的新病毒颗粒，新病毒颗粒从细胞中释放出来，使细胞裂解死亡。由于 CD4 T 细胞和巨噬细胞都是重要的免疫细胞，这些细胞的死亡使得机体的免疫系统受到破坏，机体免疫功能崩溃，从而削弱了对细菌和病毒感染以及癌细胞的抵抗能力。（知识扩展 5-11，见封底二维码）

HIV 对理化因素抵抗力较弱，56℃加热 30 min 可被灭活，在室温下可存活几天。经化学消毒剂 0.5%次氯酸钠、10%漂白粉、50%乙醇、35%异丙醇、0.3%过氧化氢、5%来苏儿处理 10 min 可完全被灭活。

6. 冠状病毒

冠状病毒科（*Coronaviridae*）是一类有囊膜的正义单链 RNA 病毒，基因组 26～32 kb。囊膜上有多个踏板状刺突 S，使整个病毒形似日冕，故被称作冠状病毒。冠状病毒的形态整体呈不规则球状，直径 80～120 nm，囊膜上除了刺突 S 外，还有囊膜糖蛋白 E 和膜蛋白 M。内部的核壳体由 RNA 与核壳体蛋白 N 共同组成，呈螺旋对称。冠状病毒的基因组呈线性，5'端编码非结构蛋白，3'端编码 4 种结构蛋白（S、E、M 和 N），以及 3a、3b、6、7a、7b、8、9b、9c 和 10 等辅助蛋白。有的亚群也编码血凝素酯酶（hemagglutinin esterase，HE）结构蛋白，不同种类的冠状病毒所编码的辅助蛋白种类也有所差别。冠状病毒能够感染人类呼吸道中的上皮细胞，一般会引发轻微的症状，如普通感冒，但一些冠状病毒，如严重急性呼吸综合征（severe acute respiratory syndrome）冠状病毒（SARS-CoV）、中东呼吸综合征（Middle East respiratory syndrome）冠状病毒（MERS-CoV）和新型冠状病毒（SARS-CoV-2）会引发严重的呼吸系统疾病（图 5-35，图 5-36）。（知识扩展 5-12、5-13，见封底二维码）

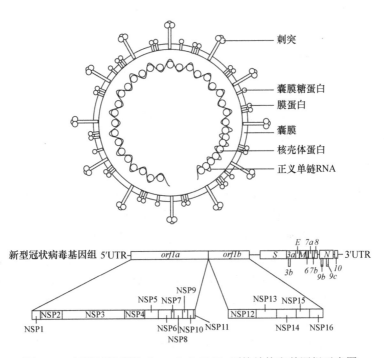

图 5-35 新型冠状病毒（SARS-CoV-2）颗粒结构和基因组示意图

SARS-CoV-2 基因组除 5'端和 3'端非翻译区（UTR）外，还包括编码两个融合蛋白的 *orf1a* 和 *orf1b*。Orf1a 融合蛋白被剪切成 NSP1、NSP2、NSP3、NSP4、NSP5、NSP6、NSP7、NSP8、NSP9、NSP10 和 NSP11 十一种非结构蛋白。Orf1b 融合蛋白被剪切成 NSP12、NSP13、NSP14、NSP15 和 NSP16 五种非结构蛋白

SARS-CoV-2 的流行始于 2019 年底，其感染造成的呼吸系统疾病被称为新型冠状病毒感染（coronavirus disease 2019，COVID-19）。截至 2022 年 6 月，COVID-19 的病例已经在全球造成超过 5.3 亿人感染，超过 620 万人死亡。在 SARS-CoV-2 的传播过程中，

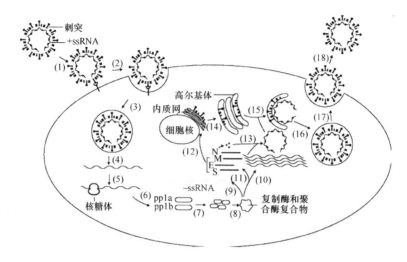

图 5-36　新型冠状病毒（SARS-CoV-2）的复制周期

（1）刺突与细胞表面受体结合。（2）细胞膜内陷。（3）病毒通过胞吞方式进入细胞。（4）病毒囊膜与细胞内的膜融合，将
+ssRNA 释放到细胞质中。（5）核糖体与病毒 RNA 结合。（6）表达 pp1a 和 pp1b 融合蛋白。（7）融合蛋白被水解成单个功
能蛋白。（8）水解产物形成复制酶和聚合酶复合物。（9）以病毒基因组为模板，合成–ssRNA。（10）合成大量的病毒 RNA。
（11）转录出 mRNA。（12）翻译为核壳体蛋白（N）、膜蛋白（M）、囊膜糖蛋白（E）和刺突蛋白（S）。（13）装配成核壳
体。（14）膜蛋白、囊膜糖蛋白和刺突蛋白从内质网转运到高尔基体。（15）携带有膜蛋白、囊膜糖蛋白和刺突蛋白的高尔
基体膜包裹核壳体。（16）新的病毒颗粒组装完成。（17）携带病毒颗粒的运输小泡通过细胞转运途径与细胞膜融合。（18）
病毒被释放。被感染的细胞可能会凋亡或死亡，细胞碎片可能会堵塞呼吸道，造成呼吸不畅

在多个国家出现了不同于最开始流行的病毒毒株的变体（variant）。（e 表 5-3，见封底二
维码）（知识扩展 5-14，见封底二维码）

7. 禽流感病毒

禽流感病毒是正黏病毒科（*Orthomyxoviridae*）流感病毒属（*Influenza virus*）的一
个成员。流感一般分为甲、乙、丙三型，乙型和丙型流感一般只在人群中传播，很少
传染到其他动物。甲型流感大部分都是禽流感，禽流感病毒一般很少使人发病，而人
类也没有掌握特异性的预防和治疗方法，仅能以消毒、隔离、大量宰杀畜禽的方法防
止其蔓延。普通的流感疫苗不能防范禽流感病毒的感染，但可防范流感与禽流感的双
重感染，进而避免两者间的基因组重组。常被鉴定出的能感染人类的禽流感病毒为 H5、
H7 和 H9 三种。

文献中记录的最早发生禽流感的时间是 1878 年，意大利发生鸡群大量死亡，当时
被称为鸡瘟。1955 年证实该致病病毒为甲型流感病毒。此后该疾病被更名为禽流感。1997
年 5 月，我国香港特别行政区 1 例 3 岁儿童死于不明原因的多器官衰竭，同年 8 月经美
国疾病控制与预防中心以及 WHO 荷兰鹿特丹国家流感中心鉴定为禽甲型流感病毒
（H5N1）引起的人类流感。从 2002 年至今，禽流感的病例已经在世界上很多国家和地
区被报道。

禽流感病毒一般为球形（图 5-37，甲型流感大部分是禽流感病毒），直径 80～120 nm，
也常有同样直径的丝状，长短不一。病毒表面有 10～12 nm 的密集纤突覆盖，纤突有

HA（棒状三聚体）和 NA（蘑菇形四聚体）两种。HA 能够与细胞表面的唾液酸基团结合，使病毒被内吞入细胞膜；NA 能够移除被感染细胞表面的唾液酸基团，有利于新产生的病毒从被感染细胞中释放出来。病毒囊膜内有螺旋形核壳体，直径 9~15 nm，由 RNA、核蛋白及三种多聚酶（PB1、PB2、PA）组成。

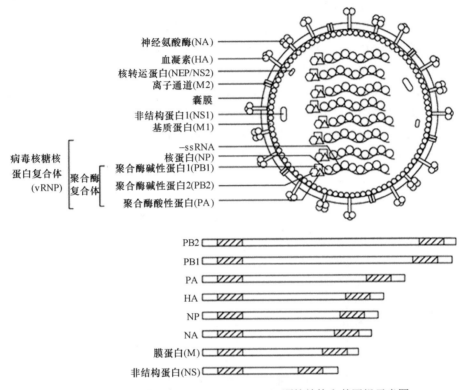

图 5-37 甲型流感病毒（influenza A virus）颗粒结构和基因组示意图

病毒囊膜内镶嵌有离子通道。核蛋白是与病毒 RNA 结合的核壳体蛋白，聚合酶碱性蛋白 1、聚合酶碱性蛋白 2 和聚合酶酸性蛋白组成合成聚合酶复合体，与核蛋白包裹的 RNA 单链共同组成病毒核糖核蛋白复合体。除结构蛋白外，病毒颗粒中还具有非结构蛋白。基因组 8 条反义单链 RNA 分别编码 PB2、PB1、PA、HA、NP、NA、M 和 NS。每条 RNA 链的 3'端和 5'端有非编码区，斜线表示每条 RNA 链上在病毒包装时被识别的序列（知识扩展 5-15，见封底二维码）

禽流感病毒基因组由 8 个反义单链 RNA 片段组成（图 5-37），分别编码 10 个病毒蛋白，其中 8 个是组成病毒粒子的结构蛋白（HA、NA、NP、M1、M2、PB1、PB2 和 PA），另两个是分子质量最小的 RNA 片段，编码两个非结构蛋白（NS1 和 NS2）。NS1 与细胞质包含体有关，NS2（NEP）可将病毒 RNA 和核壳体蛋白在细胞核中形成的病毒核糖核蛋白复合体（viral ribonucleoprotein complex，vRNP）运送出核，使之能被包装到新产生的病毒颗粒中。

禽流感病毒是囊膜病毒，对去污剂等脂溶剂较敏感。福尔马林、β-丙内酯、氧化剂、稀酸、乙醚、脱氧胆酸钠、羟胺、十二烷基硫酸钠和铵离子能迅速破坏其传染性。病毒可在加热、极端的 pH、非等渗和干燥的条件下失活。禽流感病毒常从病禽的鼻腔分泌物和粪便中排出，病毒受到这些有机物的保护，其抗灭活能力极大地增加。

8. 登革病毒

登革病毒（dengue virus）属于黄病毒科（*Flaviviridae*），病毒颗粒呈球形（图 5-38），直径 17～25 nm。病毒基因组正义单链 RNA（+ssRNA）编码三个结构蛋白（壳粒蛋白 C、膜蛋白 M 和囊膜糖蛋白 E），以及 7 个非结构蛋白（NS1、NS2A、NS2B、NS3、NS4A、NS4B 和 NS5）。NS3 为丝氨酸蛋白酶，可对病毒的复合蛋白进行水解，还可作为病毒 RNA 复制中的解旋酶。NS5 为 RNA 聚合酶、甲基转移酶和鸟苷酸转移酶。NS4A 能使病毒复制的复合体稳定在细胞核周围，也能诱发细胞自噬，防止宿主细胞因感染而死亡。NS4B 能够与 NS3 互作，调控病毒的复制。NS1 可与 NS4A 和 NS4B 互作。目前登革病毒有 5 个已知的血清型。登革病毒利用 E 蛋白与宿主细胞表面受体结合进入细胞，关于其受体分子，目前有很多观点，有硫酸乙酰肝素（heparan sulfate）、糖鞘脂 nLc4Cer、C 型外源凝集素 DC-SIGN、CD14、HSP90 等。

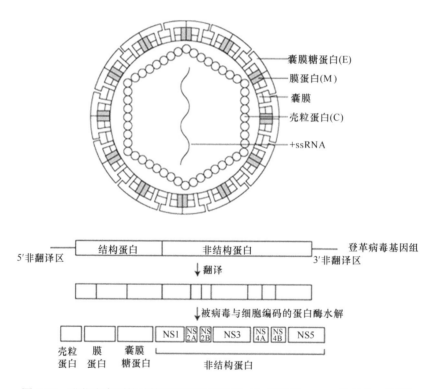

图 5-38　登革病毒颗粒结构和基因组示意图（知识扩展 5-16，见封底二维码）

9. 埃博拉病毒

埃博拉病毒（Ebola virus）于 1976 年在非洲中部出现，属丝状病毒科（*Filoviridae*），病毒呈线形（图 5-39），约 80 nm×970 nm。病毒表面的囊膜上有囊膜糖蛋白（GP）。囊膜的内侧由蛋白 VP40 和 VP24 组成,其内部包裹着螺旋状结构的核壳体。核壳体由 RNA 和蛋白质 NP 组成,并携带转录因子 VP30、聚合酶 L 及聚合酶辅助因子 VP35。埃博拉病毒的基因组是反义单链 RNA,约 19 kb。从 3′ 端至 5′ 端有 *NP*、*VP35*、*VP40*、*GP*、*VP30*、*VP24* 和 *L* 基因。埃博拉病毒可利用 T 细胞免疫球蛋白和黏蛋白结构域 1(TIM-1)分子作为受体进入宿主细胞。

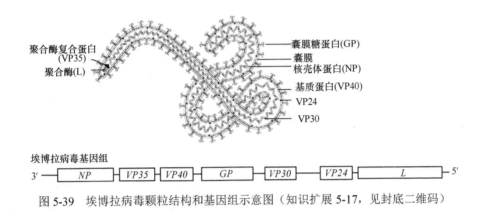

图 5-39　埃博拉病毒颗粒结构和基因组示意图（知识扩展 5-17,见封底二维码）

第二节　亚　病　毒

随着科学的发展,越来越多比病毒更小、结构更简单的不明致病因子被发现。亚病毒(subvirus)是比病毒结构更简单、仅具有某种核酸或仅具有蛋白质、能侵染动植物的微小病原体,包括类病毒(只含有 RNA)、拟病毒(又称卫星 RNA)、卫星病毒(含蛋白质,核酸为 RNA 或 DNA)和朊病毒(只含有蛋白质)4 个类群。其中,类病毒与朊病毒是能够独立复制的,拟病毒与卫星病毒必须依赖辅助病毒进行复制(表 5-6)。

表 5-6　几种亚病毒的特点

特点	类病毒	卫星 RNA	卫星病毒	朊病毒
是否含有核酸	含有 RNA	含有 RNA	含有 RNA 或 DNA	否
是否需要辅助病毒进行感染	否	是	是	否
是否与辅助病毒装配在同一个壳体中	否	是	否	否

一、类病毒

类病毒(viroid)是专性寄生于植物细胞中的一类低分子量、只含 RNA(250~400 个核苷酸)、无蛋白质外壳的分子生物,目前有 30 多种类病毒被发现。早在 1923 年就发现了马铃薯纺锤块茎病,患病马铃薯的块茎呈纺锤状,并产生块茎裂纹、植株矮化、节间缩短、上部叶片翻卷等症状。该病使马铃薯减产 20%~70%,可一直找不到病因。

1971 年在美国工作的瑞士学者 Diener 首次分离到马铃薯纺锤块茎类病毒（PSTVd），发现其比一般病毒更小，只有最小病毒的 1/80。PSTVd 的基因组为含有 359 个核苷酸、没有衣壳包裹的单链共价闭环形的核酸分子（环状 ssRNA），其分子结构是一串双螺旋和其中短的凸起子环连续排列成类似棒状的二级结构（图 5-40），整个共价闭环的结构由约 70%的配对的核苷酸对和约 27 个突起小环组成，每个凸环都有各自的功能，在自然条件下，以类似棒状的形式存在，其长度为 50 nm。

图 5-40　马铃薯纺锤块茎类病毒（PSTVd）基因组结构（Wu et al.，2020）

病毒正义链基因组的二级结构，黑数字是核苷酸编号，红数字 1～27 是环结构

现已发现的 30 多种类病毒全都以植物为感染宿主，如马铃薯纺锤块茎类病毒（PSTVd）、柑橘裂皮病类病毒（citrus exocortis viroid）、菊花矮化类病毒（chrysanthemum stunt viroid）、菊花褪绿斑驳类病毒（chrysanthemum chlorotic mottle viroid）、柑橘矮化类病毒（citrus dwarfing viroid）、啤酒花矮化类病毒（hop stunt viroid，HSVd）、椰子死亡类病毒（coconut cadang-cadang viroid）等。类病毒可划分为马铃薯纺锤块茎类病毒科（*Pospiviroidae*）和鳄梨日斑类病毒科（*Avsunviroidae*）两个科。马铃薯纺锤块茎类病毒科的类病毒，如马铃薯纺锤块茎类病毒、啤酒花矮化类病毒等（图 5-41），在宿主

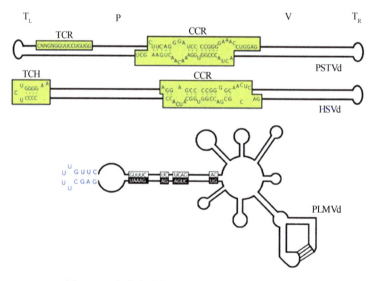

图 5-41　类病毒结构举例（Flores et al.，2012）

马铃薯纺锤块茎类病毒（PSTVd）和啤酒花矮化类病毒（HSVd）为棒状，PSTVd 还具有末端保守区（terminal conserved region，TCR），HSVd 还具有末端保守发夹（terminal conserved hairpin，TCH）结构。桃潜隐花叶类病毒（PLMVd）具有多枝的二级结构，小环之间的相互作用用连线表示。黑色和白色的方框表示类病毒的保守区，蓝色的末端发夹结构与类病毒的致病性相关

的细胞核中复制，形态为棒状，均具有位于棒状结构中心的高度保守区（central conserved region，CCR）、两侧的致病（pathogenic，P）序列、可变（variable，V）序列，以及两个末端的序列（T_L 和 T_R）；鳄梨日斑类病毒科的类病毒，如桃潜隐花叶类病毒（peach latent mosaic viroid，PLMVd），在宿主的叶绿体中复制，不具有像马铃薯纺锤块茎类病毒的 CCR 结构，而具有更为复杂的发夹结构和多枝结构。马铃薯纺锤块茎类病毒科和鳄梨日斑类病毒科类病毒 RNA 的复制方式也不同，目前的假说认为它们分别以不对称型和对称型的滚环式复制（图 5-42）。

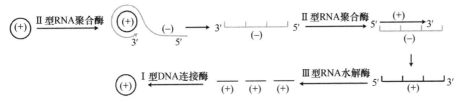

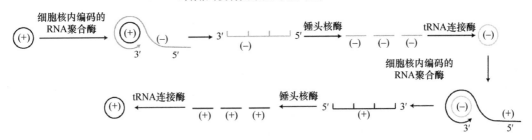

图 5-42 类病毒 RNA 的滚环式复制的假说模型

黑色和灰色分别代表正链和负链 RNA（以细胞中数量较多者为正链）。在不对称型和对称型两种滚环复制中，正链都被作为模板复制出线性的多拷贝首尾相连的负链。在不对称型复制中，线性的多拷贝首尾相连的负链不被环化，而直接被作为模板用于正链的复制。而在对称型复制中，线性的多拷贝首尾相连的负链会被核酶剪切成线性单拷贝负链，之后线性单拷贝负链闭合为环状，才被用作复制的模板进行正链合成

植物类病毒的传播与植物病毒有相似之处。在植株内部，类病毒能够利用细胞某些蛋白质成分，通过胞间连丝在细胞间传播，类病毒也能够沿着植株的韧皮部进行长距离传播，从而感染整个植株。类病毒可以进入花粉、种子，也可以通过昆虫传播。扦插、嫁接及使用类病毒污染过的工具进行耕作等也可传播。类病毒 RNA 相对分子质量小，但能独立侵染寄主，也能自我复制，不需要辅助病毒，可认为类病毒是当今所知最小的专性细胞内寄生的分子生物。关于起源，有一种假说认为类病毒是一类最原始的 RNA 分子，是从细胞出现以前的"RNA 世界"中遗留下来的"活化石"。对类病毒的研究结果可为解决生命起源和进化、生命过程的实现等生命科学重大理论问题提供依据。

二、卫星 RNA

卫星 RNA（satellite RNA）也称拟病毒（virusoid），是一类单链 RNA 病毒。卫星

RNA 分为大型线性卫星 RNA、小型线性卫星 RNA 和小型环状卫星 RNA 三种。与类病毒不同的是，卫星 RNA 不能自主地感染宿主，必须依赖辅助病毒才能感染宿主。卫星 RNA 不编码壳体蛋白，其装配由辅助病毒编码的壳体蛋白来完成。卫星 RNA 的基因组与辅助病毒的基因组无明显的同源性。

1. 大型线性卫星 RNA

这类卫星 RNA 的基因组为 0.8～1.5 kb，编码非结构蛋白，是卫星 RNA 复制所必需的。大多数已知的大型线性卫星 RNA 的辅助病毒是线虫传多面体病毒属（*Nepovirus*），由植物的种子和土壤中的线虫传播。目前已知的大型线性卫星 RNA 至少有 10 种。

2. 小型线性卫星 RNA

这类卫星 RNA 基因组小于 0.7 kb，不编码蛋白质。现已知的小型线性卫星 RNA 至少有 13 种。

3. 小型环状卫星 RNA

一些拟病毒 RNA 常是线状的，另一些拟病毒 RNA 在感染周期的某一时刻会形成环状，如在装配完成的病毒颗粒中，或在其基因组的复制过程中。

1981 年澳大利亚病毒学家 Randles 等从绒毛状烟上分离到一种直径为 30 nm 的二十面体病毒——绒毛烟斑驳病毒（velvet tobacco mottle virus，VTMoV），发现其基因组除含有一种相对分子质量较大（约 $1.5×10^6$）的线状 ssRNA（RNA1）外，还含有类似于类病毒的环状单链 RNA（RNA2）。RNA2 虽然与 RNA1 包装在同一个壳体内，但是其核苷酸的成分与 RNA1 无关联，被称作卫星 RNA。除了 RNA1 及其降解产物 RNA1a 和 RNA1b 以及环状的 RNA2，还有另一种线状 RNA 包装在壳体中，称作 RNA3。RNA3 与 RNA2 分子质量相似，说明卫星 RNA 可能有环状和线状两种结构。1986 年澳大利亚的 Francki 等从一株感染了绒毛烟斑驳病毒但症状很轻微的植株中分离了不含 RNA2 和 RNA3 的毒株，称作 K0。K0 毒株与野生型（含有 RNA1、RNA2 和 RNA3）的绒毛烟斑驳病毒毒株（R17）一样，都能组装形成病毒颗粒。当 K0 中的 RNA1 被提取，与 R17 中的 RNA2 和 RNA3 进行混合，并且一同接种到植株上时，植株产生了与野生型毒株感染相同的严重的症状。然而将从 R17 中提取出的 RNA2 和 RNA3 混合接种到植株上时，植株保持健康不被感染。这些实验证明了 RNA2 和 RNA3 是卫星 RNA，单独存在不能感染。RNA1 作为辅助病毒，虽然能够独立感染植株，但在没有 RNA2 和 RNA3 的情况下，感染力不强。可见辅助病毒与卫星 RNA 两者之间存在着互相依赖的关系。1981～1983 年研究人员又陆续从苜蓿、茉莙和地下三叶草中分离到苜蓿暂时性条斑病毒（lucerne transient streak virus，LTSV）、茉莙斑驳病毒（solanum nodiflorum mottle virus，SNMV）和地下三叶草斑驳病毒（subterranean clover mottle virus，SCMoV），它们都具有辅助病毒（RNA1）和卫星 RNA（RNA2）。

4. 卫星 RNA 对植物宿主的影响

卫星 RNA 可能会增强或减弱辅助病毒的感染能力，或者使植物感染后的症状发生改变。大型线性卫星 RNA 对其辅助病毒的感染力的影响尚不明确，但一些大型线性卫星 RNA 能够延迟植物感染后症状的产生。一些小型卫星 RNA，如绒毛烟斑驳病毒的卫星 RNA 能够增强绒毛烟斑驳病毒所引起的宿主症状。还有一些卫星 RNA 能减轻辅助病毒所引起的宿主症状，已被用于防治植物病毒病害。人们已成功地将卫星 RNA 的 cDNA 转入植物，增强其抗病毒的能力，如黄瓜花叶病毒的卫星 RNA（一种小型线性卫星 RNA）、烟草环斑病毒的卫星 RNA（一种小型环状卫星 RNA）等。

三、卫星病毒

卫星病毒（satellite virus）是一类需要依赖辅助病毒才能完成增殖的亚病毒。与拟病毒不同，卫星病毒能够编码自己的核壳体，其核酸也是组装在自身编码的核壳体中的。卫星病毒的基因组与其辅助病毒的基因组无明显的同源性，形态结构和抗原性也与辅助病毒不同。卫星病毒的辅助病毒可以是植物病毒、动物病毒或噬菌体。

1. 植物卫星病毒

卫星烟草坏死病毒（satellite tobacco necrosis virus，STNV）是第一种被发现的植物卫星病毒。从 20 世纪 40 年代开始，在对烟草坏死病毒（tobacco necrosis virus，TNV）的研究中，发现一些被感染的植株提取物中存在着两种大小的球形病毒颗粒，较小的病毒颗粒必须依赖较大的病毒颗粒而存在。直到 1962 年 Kassanis 等提取了这种小的二十面体颗粒，并测量了其大小，直径约 16.7 nm（TNV 也是二十面体，直径 30 nm），比当时已知的最小的植物病毒还小。由于这种小的病毒颗粒只有在 TNV 侵染的植株中才能复制，而单独存在时既无侵染性也不复制，故将其命名为卫星烟草坏死病毒（STNV）。STNV 能够使 TNV 感染植株后形成的病斑变小，而形成的病斑数量可能变多、变少或者不变，这取决于植株的年龄、环境温度以及 TNV 和 STNV 的比例。STNV 的颗粒非常稳定，即使在 3℃的环境中存放 17 年，或者在 90℃加热 10 min，再与有感染能力的 TNV 混合后，也依然能够感染植株，其稳定性超过 TNV，即便比 TNV 提前 5 天接种到植株上，在 TNV 被接种后，也仍然能感染植株。已有多个 STNV 的毒株被分离，其中 STNV-1 和 STNV-2 能够和 TNV 一同接种到植株叶片上进行感染。而 1970 年 Rees 等分离出的 STNV-C 不能感染叶片，只能感染植物的根部。

STNV 基因组只编码壳体的一种蛋白质，基因组 RNA 具有复杂的二级结构，其 5′端和 3′端的二级结构能够被辅助病毒的聚合酶识别，从而进行 RNA 的复制。除卫星烟草坏死病毒（STNV）外，还有卫星烟草花叶病毒（satellite tobacco mosaic virus，STMV）、卫星玉米白线花叶病毒（satellite maize white line mosaic virus，SMWLMV）、卫星稷子花叶病毒（satellite panicum mosaic virus，SPMV）。

2. 动物卫星病毒

1）腺相关病毒

腺相关病毒（adeno-associated virus，AAV）是一种含单链 DNA 的卫星病毒，是最小的病毒之一，不含囊膜，病毒颗粒呈正二十面体状，直径约 22 nm。AAV 是 1965 年被 Atchison 等发现的，开始被认为是制备腺病毒（adenovirus）时的污染物。尽管有很高比例的人群携带有 AAV（有 80%的人携带有 AAV2），但是 AAV 并不能与任何疾病相关联。虽然在一些体外培养的细胞系中，或者宿主细胞在一些特定条件下，如被代谢抑制剂处理或是 DNA 受损时，也能够支持 AAV 以较低效率复制出新的病毒，但在大多数情况下，AAV 仍然需要辅助病毒才能完成其整个复制周期。除了腺病毒外，疱疹病毒（herpesvirus）和乳头瘤病毒（papillomavirus）也能够作为 AAV 的辅助病毒。

AAV 的基因组约 4.7 kb，具有末端反向重复序列（inverted terminal repeat，ITR）的两个末端，中间有两个可读框（*Rep* 和 *Cap*）（图 5-43）。*Rep* 编码非结构蛋白，而 *Cap* 主要编码能够组装成壳体的结构蛋白。AAV 的感染周期分为溶原性感染和裂解性感染两种（图 5-44）。侵染细胞时，AAV 的壳体蛋白与细胞表面的受体硫酸乙酰肝素蛋白聚糖（heparan sulfate proteoglycan）以及一些辅助受体作用，再以内吞的方式进入细胞。当没有辅助病毒共同感染宿主细胞时，AAV 的复制受到抑制，并且可以整合到人的 19 号染色体上 AAVS1 的位点，形成潜伏性感染。当溶原性感染的宿主细胞被辅助病毒感染时，AAV 蛋白的表达被激活，AAV 进行复制和组装，最终随着辅助病毒将细胞裂解，AAV 的颗粒也被释放出去。

有多种辅助病毒的蛋白可影响 AAV 的复制。如单纯疱疹病毒（herpes simplex virus）的 ICP0 蛋白能够激活潜伏的 AAV 的 *Rep* 基因表达，腺病毒 E1A 蛋白能够结合 AAV 的 P5 启动子，调控 *Rep* 基因的表达。

由于 AAV 能进行溶原性感染，重组 AAV 可作为基因编辑的工具。将 AAV 可读框的部分替换为希望插入宿主细胞基因组的靶基因，再与编码 *Rep* 和 *Cap* 的载体一同导入细胞中，利用辅助病毒共同感染细胞，可制备重组 AAV。当重组 AAV 再次感染新的宿主细胞时，在无辅助病毒的前提下，可实现溶原性感染，从而将靶基因整合到宿主细胞的基因组中。

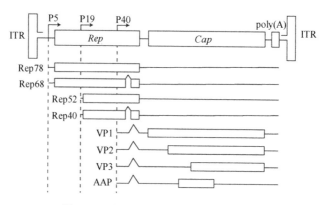

图 5-43　腺相关病毒（AAV）的基因组

基因组有三个启动子 P5、P19 和 P40。P5 和 P19 调控 *Rep* 的转录。由 P5 启动的 *Rep* 的转录产物翻译 Rep78 和 Rep68 两种蛋白。由 P19 启动的 *Rep* 的转录产物翻译 Rep52 和 Rep40 两种蛋白。P40 调控 *Cap* 的转录，最终翻译成 VP1、VP2、VP3 和装配激活蛋白（assembly-activating protein，AAP）4 种蛋白。VP1、VP2 和 VP3 是壳体的结构蛋白。AAP 对壳体蛋白（VP）在细胞中的转运与组装起重要作用

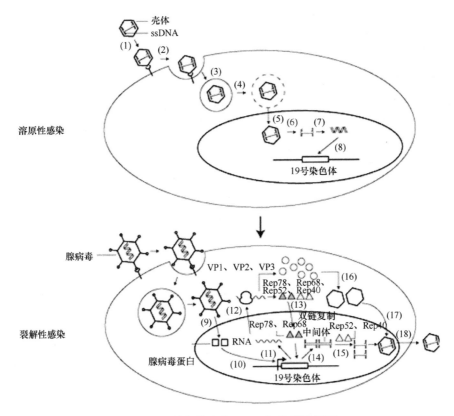

图 5-44 腺相关病毒（AAV）的感染周期

溶原性感染：（1）壳体蛋白与宿主细胞表面受体互作，吸附于细胞表面。（2）细胞膜内陷。（3）病毒通过内吞方式进入细胞。（4）胞内体膜裂解，AAV 释放。（5）AAV 被转运到细胞核内。（6）AAV 单链 DNA 被释放。（7）合成 dsDNA。（8）整合到 19 号染色体上。裂解性感染：（9）腺病毒感染，腺病毒蛋白进入细胞核。（10）一些腺病毒蛋白（如 E1B 和 E4）作用于启动子，进行转录。（11）mRNA 合成。（12）核糖体与病毒 mRNA 结合，翻译出 Rep78、Rep68、Rep52 和 Rep40，以及结构蛋白 VP1、VP2 和 VP3。（13）Rep78、Rep68、Rep52 和 Rep40 被转运到细胞核中。（14）Rep78 和 Rep68 与 Rep 结合元件（Rep-binding element，RBE）和末端解离位点（terminal resolution site，TRS）结合，参与 DNA 的复制，形成双链复制中间体。（15）dsDNA 被处理成单链 DNA，Rep52 和 Rep40 参与该过程。（16）结构蛋白 VP1、VP2 和 VP3 组装成壳体。（17）病毒基因组 DNA 被包入壳体中。（18）包装病毒颗粒经细胞裂解被释放

2）丁型肝炎病毒

丁型肝炎病毒（hepatitis D virus，HDV）是一种含有反义单链闭合环状 RNA 的病毒，基因组约 1.7 kb。HDV 颗粒呈球形，直径约 36 nm。1977 年 Rizzetto 等发现在乙肝患者的血液中存在不同于乙型肝炎表面抗原、乙型肝炎 e 抗原及乙型肝炎核心抗原的另一种抗原及其相应的抗体，并将其命名为 delta 抗原和抗体。delta 抗原和抗体只存在于携带乙型肝炎表面抗原的患者肝脏及血清中。HDV 囊膜上的刺突蛋白与乙型肝炎病毒的刺突蛋白相同（图 5-45），而 HDV 进入细胞需要刺突蛋白与细胞表面受体 NTCP 结合，HDV 依赖乙型肝炎病毒的辅助才能完成复制，被认为是乙型肝炎病毒的卫星病毒。除共用同一组刺突蛋白外，HDV 和乙型肝炎病毒在共同感染的细胞中还有其他相互作用的途径，如 HDV 抗原能够抑制乙型肝炎病毒增强子。

HDV 具有环状基因组 RNA、与基因组互补的环状 RNA，以及与基因组互补的线性 mRNA 三种 RNA 形态（图 5-46）。与基因组互补的环状 RNA 在细胞核内合成，基因组

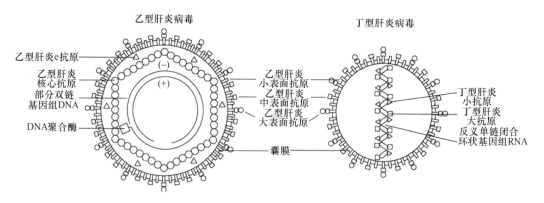

图 5-45 乙型肝炎病毒和丁型肝炎病毒的病毒颗粒形态示意图

HDV 的刺突蛋白与乙型肝炎病毒相同，均为大、中、小三种乙型肝炎表面抗原（HBsAg）。此外，HDV 编码自身的大、小两种 HDV 抗原（HDAg）。在 HDV 颗粒中，HDV 抗原与病毒的反义单链闭合环状基因组 RNA 结合，形成核糖核蛋白复合体（ribonucleoprotein complex，RNP），即病毒颗粒的核心部分

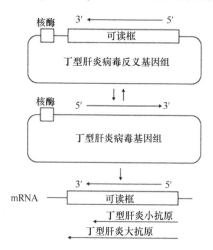

图 5-46 丁型肝炎病毒的三种 RNA

丁型肝炎病毒基因组和反义基因组互补的环状 RNA 约 1.7 kb。通过滚环复制的方式，复制出反义基因组。反义基因组也可通过滚环复制的方式复制成基因组。基因组和反义基因组上的核酶可将滚环复制中产生的连接在一起的多拷贝基因组或反义基因组切割成单拷贝。丁型肝炎病毒基因组也可作为模板转录出约 0.8 kb 的 mRNA，翻译出丁型肝炎大、小抗原。丁型肝炎大、小抗原分别为 214 aa 和 195 aa

RNA 在细胞质中合成。HDV 的 RNA 采用滚环式复制，先复制出很多份相连的基因组，再由基因组自身具有的核酶切割这些相连的基因组为单个的基因组，单个的基因组再连接成环状的 RNA。

据估计，在全世界范围内，丁型肝炎已感染了 1500 万～2000 万人。由丁型肝炎病毒感染引起的慢性肝炎被认为是最严重的病毒性肝炎，在两年内有 10%～15% 的患者，以及在 5 年内有 70%～80% 的患者会发展为肝硬化。

3. 噬菌体卫星病毒

肠杆菌噬菌体（enterobacteria phage）P4 是一种蝌蚪状噬菌体，具有正二十面体的头部，11.6 kb 的基因组为线性双链 DNA。P4 噬菌体具有溶原性和裂解性两种感染状态

（图 5-47）。P4 噬菌体的溶原性感染可由自身编码的蛋白质完成，而其裂解性感染必须在辅助病毒（如肠杆菌噬菌体 P2）的存在下才能完成。P4 噬菌体和 P2 噬菌体的大部分基因组都不具有同源性。

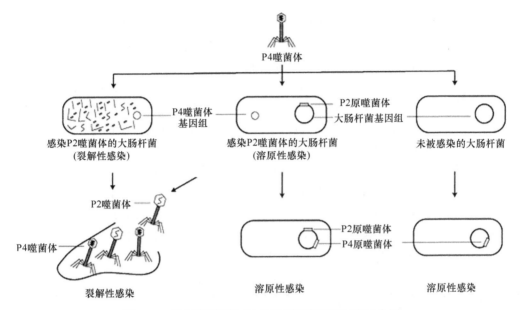

图 5-47　肠杆菌噬菌体 P4 几种常见的复制周期示意图

P4 噬菌体既可感染被 P2 噬菌体感染的大肠杆菌，也可感染未被 P2 噬菌体感染的大肠杆菌。P4 噬菌体能利用裂解性感染或溶原性感染的 P2 噬菌体作为辅助病毒。在 P2 噬菌体溶原性感染的宿主细胞中，P4 噬菌体既可诱发裂解性感染，也可进行溶原性感染。在未被 P2 噬菌体感染的大肠杆菌中，P4 噬菌体只能进行溶原性感染，而不能进行裂解性感染

当 P4 噬菌体感染不携带有 P2 噬菌体的细菌时，P4 噬菌体可利用自身编码的蛋白质，将基因组整合到宿主细菌的基因组中，或以质粒的形式复制基因组。如 P4 噬菌体编码的 α 蛋白能够特异性结合 P4 噬菌体的复制原点 *ori1*，具有引物酶和解旋酶的功能，能对基因组质粒进行 θ 型双向复制；*cnr* 能够调控基因组的复制，控制基因组质粒的拷贝数；*int* 编码整合酶，能够将 P4 噬菌体的基因组整合到细菌基因组中。

只有当 P4 噬菌体感染携带有 P2 噬菌体的细菌时，P4 噬菌体才能进行裂解性感染。因为其装配成病毒颗粒所需的结构蛋白大部分由 P2 噬菌体编码。如 P2 噬菌体编码三种组成头部壳体的蛋白（gpN、gpQ 和 gpO）。gpN 为组成壳体的壳粒蛋白，gpQ 能够形成环状结构，位于病毒颗粒的头尾连接处，是病毒基因组 DNA 进入的通道，gpO 在壳体装配过程中起支架作用，引导壳体的装配。成熟 P2 噬菌体颗粒的头部是正二十面体，直径约 60 nm，含有 415 个 gpN。P4 噬菌体头部的壳体也由 gpN 组装完成，同时需要 gpQ 和 gpO。但 P4 噬菌体头部的壳体比 P2 噬菌体小，直径只有 45 nm，只含 235 个 gpN。P4 噬菌体编码的一种 Sid 蛋白，也能在壳体装配中起支架作用，然而由 Sid 引导组装的壳体比 gpO 单独引导组装的壳体小。这种小的壳体只能容纳较小的 P4 噬菌体基因组，而不能容纳较大的 P2 噬菌体基因组（33.6 kb），因此可对 P4 噬菌体基因组进行选择性包装。值得一提的是，P4 噬菌体不仅能利用裂解性感染的 P2 噬菌体作为辅助病毒，还能利用 P2 原噬菌体。如 P4 噬菌体编码的 ε 蛋白能对 P2 原噬菌体进行解抑制，使其激

活并表达出结构蛋白，供 P4 噬菌体的装配使用。

四、朊病毒

朊病毒（prion，朊粒）是一类比类病毒还小，不含任何种类的核酸，只是一种具有致病能力的蛋白质，能引起人与动物脑的致死性中枢神经系统的退化性疾病，即传染性海绵状脑病（transmitted spongiform encephalopathy，TSE）。患者或患病动物在病理学上的特点是大脑皮层的神经元退化、空泡、变性、死亡、消失，被星状细胞取而代之，从而造成海绵状态，大脑皮层（灰质）变薄而白质相对明显，也称白质脑病，临床表现为潜伏期长、认知损伤、共济失调、震颤等。已知人和动物的传染性海绵状脑病有：①库鲁病（Kuru disease）；②克-雅病（Creutzfeldt-Jakob disease，CJD），又称早老性痴呆病；③格斯特曼综合征（Gerstmann syndrome，GSS）；④致死性家族性失眠（fatal familial insomnia，FFI）；⑤绵羊与山羊的羊瘙痒病（scrapie）；⑥鹿慢性萎缩病（chronic wasting disease of mule deer，CWD）；⑦牛海绵状脑病（bovine spongiform encephalopathy，BSE），俗称疯牛病；⑧猫海绵状脑病（feline spongiform encephalopathy，FSE）；⑨传染性水貂脑病（transmissible mink encephalopathy，TME）（表 5-7）。

表 5-7　朊病毒引起的人和动物疾病

疾病	朊病毒	天然寄主	实验寄主	潜伏期
克-雅病	是	人类	猿、猴、小鼠、山羊、豚鼠	4 个月至 20 年或更长
羊瘙痒病	是	绵羊、山羊	小鼠、猴、仓鼠	2 个月至 2 年或更长
库鲁病	是	人类	猿、猴	18 个月至 20 年或更长
格斯特曼综合征	可能	人类	猿、猴	18 个月或更长
传染性水貂脑病	是	水貂	猴、山羊、仓鼠	5 个月至 7 年或更长
鹿慢性萎缩病	可能	鹿、麋鹿	雪貂	18 个月或更长

（知识扩展 5-18、5-19、5-20，见封底二维码）

总之，从近 300 年前发现的羊瘙痒病至今，共发现有 20 余种人畜共患的传染性海绵状脑病是由朊病毒引起的。到目前为止，世界上已有 50 多个国家发现克-雅病，总病例达 4000 多例，我国有完整资料记载的克-雅病患者 55 例。近几年来我国虽然未发生疯牛病和变异型克-雅病，但周边一些国家和地区已有克-雅病患者出现，有些还是英国动物性饲料的进口国，这些都会构成威胁。所以，在目前治疗和预防都比较困难的条件下，一方面要严把国门，加强进口肉和动物性饲料的检疫；另一方面要严防医源性感染，如必须进口外国动物血清或血液制品，一定要选择厂家原料来源是无传染性海绵状脑病的国家。

1. 朊病毒的特点

①无免疫原性，对紫外线、辐射、非离子型去污剂、蛋白酶等能使病毒灭活的理化因子有较强的抗性；②高温（朊病毒在 90℃ 下保持 30 min 不失活，121℃ 高温处理 1 h，某些感染活性仍能保留）、核酸酶，以及羟胺、亚硝酸之类的核酸变性剂都不能破坏其

感染性；③对蛋白质变性剂很敏感，十二烷基硫酸钠（SDS）、尿素、苯酚等都可使之失活。朊病毒的这些特性也说明了其感染所必需的成分为蛋白质，不是核酸。1982 年美国的动物病毒学家 Prusiner 提出它们是一种蛋白质侵染颗粒，以及朊病毒致病的"蛋白质构象致病假说"，获得了 1997 年的诺贝尔生理学或医学奖。

2. 朊病毒的致病机理

朊病毒不同于普通的病毒（具有核酸和蛋白质），也不同于类病毒（仅有感染性核酸）。朊病毒的致病因子为 PrP 27-30，分子质量为 27～30 kDa，是 PrP^{Sc} 蛋白（30～35 kDa）的 N 端被切除的产物。PrP^{Sc} 蛋白是由哺乳动物中普遍具有的 *Prnp* 基因编码的，正常情况下，*Prnp* 基因表达的蛋白质 PrP^{C} 大量存在于中枢神经系统（central nervous system），在淋巴系统、骨骼肌、心脏、肾脏、消化道、肌肉、血浆、乳腺和内皮细胞中也存在。正常的 PrP^{C} 蛋白是可溶性的，具有三个 α 螺旋折叠区，占整个蛋白的 42%，而 β 折叠仅占 3%。由基因突变引起的不正常折叠的 PrP^{Sc} 蛋白则具有 43% 的 β 折叠和 30% 的 α 螺旋折叠，不可溶解，且对蛋白酶的水解有较强的抵抗性，只能被部分水解产生一个较小的蛋白质 PrP 27-30 在细胞中积累，大量的 PrP^{Sc} 蛋白呈淀粉样斑块存在，最终导致细胞死亡。

当不正常折叠的 PrP^{Sc} 蛋白进入新的宿主体内时，可与正常的 PrP^{C} 结合（图 5-48）。PrP^{C} 蛋白的一个区域先和 X 蛋白（不同物种中的 X 蛋白不同，是 PrP^{C} 向 PrP^{Sc} 转变所必需的）结合，之后 PrP^{C} 的另一个区域完成构象的转变，最终形成 PrP^{Sc}。以此循环使越来越多的 PrP^{C} 转化为 PrP^{Sc}。

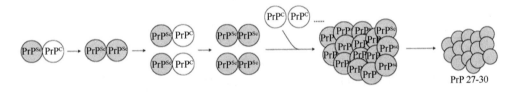

图 5-48　朊病毒的致病机理

PrP^{Sc} 进入宿主后，与正常蛋白 PrP^{C} 结合，将 PrP^{C} 转化成 PrP^{Sc}。PrP^{Sc} 增多，更多的 PrP^{C} 被召集到 PrP^{Sc} 附近，被转化成 PrP^{Sc}。PrP^{Sc} 被部分水解为 PrP 27-30。不被水解和水解的 PrP^{Sc} 在宿主神经细胞中大量积累，造成细胞功能紊乱及死亡

朊病毒的发现开辟了病因学的一个新领域，也使生物学家感到惊奇，因为朊病毒可能以蛋白质作为遗传信息，与生物中心法则相抵触，这引起了生物学家的广泛兴趣和关注。但仍有人坚持认为朊病毒中含有极微量 RNA。有关朊病毒的增殖、传播方式、感染途径以及致病机理等仍是一个谜，还有待阐明。

朊病毒的发现具有重大的理论和实践意义。从理论上讲，"中心法则"认为 DNA 复制是"自我复制"，即 DNA→DNA，而朊病毒是 PrP→PrP，为"自他复制"，这对遗传学理论有一定的补充作用，但也有矛盾，即"DNA→蛋白质"与"蛋白质→蛋白质"之间的矛盾。对这一问题的研究会丰富生物学有关领域的内容，对病理学、分子生物学、分子病毒学、分子遗传学等学科的发展至关重要，对探索生命起源与生命现象的本质有重要意义；从实践上讲，其对人畜健康有重要意义，为揭示与痴呆有关的疾病（如阿尔

茨海默病、帕金森病）的生物学机制、诊断与防治提供了信息，并为今后的药物开发和新的治疗方法的研究奠定了基础。

思 考 题

1. 病毒由哪几部分组成？主要成分是什么？
2. 病毒中的蛋白质有什么作用？
3. 一种病毒的基因组会兼有 DNA 和 RNA 吗？
4. 微生物类群中形态最小的生物是什么？
5. 病毒有哪些特点？
6. 病毒的立体结构有哪几种类型？举例说明。
7. 噬菌体的复合对称型结构是怎样的？
8. 什么是包含体、病斑、空斑、枯斑，以及噬菌斑？
9. 什么是感染复数？
10. 简述噬菌体的增殖过程。
11. 病毒的繁殖与细菌的繁殖有何不同？
12. 什么是噬菌体？按其与宿主的关系以及繁殖所需时间不同可分为几类？
13. 什么是烈性噬菌体、溶原性噬菌体、前（原）噬菌体？
14. 噬菌体的一步生长曲线可分几个阶段？
15. 什么是溶原菌？其有哪些特性？
16. 人类传染疾病可由哪些病毒引起？请举例说明。
17. 病毒的包含体必定含有病毒粒子，这句话对吗？为什么？
18. 什么是多角体？昆虫病毒的研究有什么实践意义？
19. 什么是类病毒？其核酸的结构是怎样的？
20. 类病毒、拟病毒（卫星 RNA）与一般病毒有什么不同点？
21. 什么是生物杀虫剂？哪些病毒可作为生物杀虫剂？
22. 以新型冠状病毒（SARS-CoV-2）为例，述说病毒的繁殖方式（包括如何识别感染特定的细胞，在细胞中转录、翻译、装配形成新的病毒颗粒、新的病毒颗粒的释放方式）。
23. 考虑以下病毒增殖的各步骤：吸附、侵入、复制及转录，提出一个能阻止或抑制病毒进入和在动物细胞中繁殖的药理学策略。
24. 某发酵工厂生产菌株经常因为噬菌体"感染"而不能生产，在排除了外部感染的可能性后有人认为是溶原菌裂解所致，你的看法如何？并请设计实验证明。

参 考 文 献

Aguilar-Calvo P, García C, Espinosa JC, et al. 2015. Prion and prion-like diseases in animals. Virus Research, 207: 82-93.

Akhwale JK, Rohde M , Rohde C, et al. 2019. Isolation, characterization and analysis of bacteriophages from the haloalkaline lake Elmenteita, Kenya. PLoS One, 14(4): e0215734.

Alazem M, Lin NS. 2017. Large Satellite RNAs. *In*: Hadidi A, Flores R, Randles JW. et al. Viroids and Satellites. Cambridge, Massachusetts: Academic Press: 639-648.

Atkinson CJ, Zhang K, Munn AL, et al. 2015. Prion protein scrapie and the normal cellular prion protein. Prion, 10(1): 63-82.

Balakrishnan B, Jayandharan G. 2014. Basic biology of adeno-associated virus (AAV) vectors used in gene therapy. Current Gene Therapy, 14(2): 86-100.

Balique F, Colson P, Barry AO, et al. 2013. Tobacco mosaic virus in the lungs of mice following intra-tracheal inoculation. PLoS One, 8(1): e54993.

Baltimore D. 1970. RNA-dependent DNA polymerase in virions of RNA tumour viruses. Nature, 226(5252): 1209-1211.

Bawden FC, Pirie NW, Hopkins FG. 1937. The Isolation and some properties of liquid crystalline substances from solanaceous plants infected with three strains of tobacco mosaic virus. Proceedings of the Royal Society of London. Series B - Biological Sciences, 123(832): 274-320.

Beijerinck MW. 1898. Concerning a contagium vivum fluidum as cause of the spot disease of tobacco leaves. Phytopathological Classics Number, 7: 33-52.

Bieniasz PD. 2009. The cell biology of HIV-1 virion genesis. Cell Host & Microbe, 5(6): 550-558.

Boni MF, Lemey P, Jiang X, Lam TTY, et al. 2020. Evolutionary origins of the SARS-CoV-2 sarbecovirus lineage responsible for the COVID-19 pandemic. Nature Microbiology, 5(11): 1408-1417.

Bouvier NM, Palese P. 2008. The biology of influenza viruses. Vaccine, 26(Suppl 4): D49-D53.

Burlaud-Gaillard J, Sellin C, Georgeault S, et al. 2014. Correlative scanning-transmission electron microscopy reveals that a chimeric flavivirus is released as individual particles in secretory vesicles. PLoS One, 9(3): e93573.

Cruz-Oliveira C, Freire JM, Conceição TM, et al. 2015. Receptors and routes of dengue virus entry into the host cells. FEMS Microbiology Reviews, 39(2): 155-170.

d'Herelle F. 1917. Sur un microbe invisible antagoniste des bacilles dysentérique. Acad Sci Paris, 165: 373-375.

Danis-Wlodarczyk K, Olszak T, Arabski M, et al. 2015. Characterization of the newly isolated lytic bacteriophages KTN6 and KT28 and their efficacy against *Pseudomonas aeruginosa* biofilm. PLoS One, 10(5): e0127603.

Di Serio F, Flores R, Verhoeven JT, et al. 2014. Current status of viroid taxonomy. Archives of Virology, 159(12): 3467-3478.

Flores R, Gago-Zachert S, Serra P, et al. 2014. Viroids: Survivors from the RNA World? Annual Review of Microbiology, 68(1): 395-414.

Flores R, Serra P, Minoia S, et al. 2012. Viroids: From genotype to phenotype just relying on RNA sequence and structural motifs. Frontiers in Microbiology, 3: 217.

Fraenkel-Conrat H, Singer B. 1999. Virus reconstitution and the proof of the existence of genomic RNA. Philosophical Transactions of the Royal Society of London. Series B - Biological Sciences, 354(1383): 583-586.

Friedrich L, Fro P. 1898. Report of the commission for research on foot-and-mouth disease. Zentrabl. Bacteriol. Parastenkunde Infektionkrankh., 23: 371-391.

Gajdusek DC, Gibbs CJ, Alpers M. 1966. Experimental transmission of a Kuru-like syndrome to chimpanzees. Nature, 209(5025): 794-796.

Gallo RC. 2002. The early years of HIV/AIDS. Science, 298(5599): 1728-1730.

Gazzola M, Burckhardt CJ, Bayati B, et al. 2009. A stochastic model for microtubule motors describes the in vivo cytoplasmic transport of human adenovirus. PLoS Computational Biology, 5(12): e1000623.

Gierer A, Schramm G. 1956. Infectivity of Ribonucleic Acid from Tobacco Mosaic Virus. Nature, 177(4511): 702-703.

Goelet P, Lomonossoff GP, Butler PJ, et al. 1982. Nucleotide sequence of tobacco mosaic virus RNA. Proceedings of the National Academy of Sciences of the United States of America, 79(19): 5818-5822.

Gorbalenya AE, Krupovic M, Mushegian A, et al. 2020. The new scope of virus taxonomy: Partitioning the virosphere into 15 hierarchical ranks. Nature Microbiology, 5(5): 668-674.

Henle G, Henle W, Diehl V. 1968. Relation of Burkitt's tumor-associated herpes-type virus to infectious mononucleosis. Proceedings of the National Academy of Sciences of the United States of America, 59(1): 94-101.

Hershey AD, Chase M. 1952. Independent functions of viral protein and nucleic acid in growth of bacteriophage. Journal of General Physiology, 36(1): 39-56.

Hipper C, Brault V, Ziegler-Graff V, et al. 2013. Viral and cellular factors involved in phloem transport of plant viruses. Frontiers in Plant Science, 4: 154.

Hoenen T, Watt A, Mora A, et al. 2014. Modeling the lifecycle of Ebola virus under biosafety level 2 conditions with virus-like particles containing tetracistronic minigenomes. Journal of Visualized Experiments, 91: 52381.

Holmes RK. 2000. Biology and molecular epidemiology of diphtheria toxin and the tox gene. The Journal of Infectious Diseases, 181(Suppl 1): S156-S167.

Ibrahim A, Odon V, Kormelink R. 2019. Plant viruses in plant molecular pharming: toward the use of enveloped viruses. Frontiers in Plant Science, 10: 803.

Ivanowski D. 1892. Concerning the mosaic disease of the tobacco plant. Phytopathological Classics Number, 7: 27-30.

Jackson DA, Symons RH, Berg P. 1972. Biochemical method for inserting new genetic information into DNA of Simian Virus 40: Circular SV40 DNA molecules containing lambda phage genes and the galactose operon of Escherichia coli. Proceedings of the National Academy of Sciences of the United States of America, 69(10): 2904-2909.

Jiang P, Liu Y, Ma HC, et al. 2014. Picornavirus morphogenesis. Microbiology and Molecular Biology Reviews, 78(3): 418-437.

Kamal RP, Alymova IV, York IA. 2017. Evolution and virulence of influenza A virus protein PB1-F2. International Journal of Molecular Sciences, 19(1): 96-110.

Kanagarajan S, Tolf C, Lundgren A, et al. 2012. Transient expression of hemagglutinin antigen from low pathogenic avian influenza A (H7N7) in Nicotiana benthamiana. PLoS One, 7(3): e33010.

Kieser Q, Noyce RS, Shenouda M, et al. 2020. Cytoplasmic factories, virus assembly, and DNA replication kinetics collectively constrain the formation of poxvirus recombinants. PLoS One, 15(1): e0228028.

Kovalskaya N, Hammond RW. 2014. Molecular biology of viroid-host interactions and disease control strategies. Plant Science: An International Journal of Experimental Plant Biology, 228: 48-60.

Lafon M. 2005. Rabies virus receptors. Journal of Neurovirology, 11(1): 82-87.

Lam TTY, Jia N, Zhang YW, et al. (2020). Identifying SARS-CoV-2-related coronaviruses in Malayan pangolins. Nature, 583(7815): 282-285.

Landsteiner K, Popper E. 1909. I. Ubertragung der Poliomyelitis Acuta auf Affen. Z. Immun. Frosch. Exp. Ther., 2: 377.

LeGoff J, Rousset D, Abou-Jaoudé G, et al. 2012. I223R mutation in influenza A(H1N1)pdm09 neuraminidase confers reduced susceptibility to oseltamivir and zanamivir and enhanced resistance with H275Y. PLoS One, 7(8): e37095.

Li X, Song B, Chen X, et al. 2013. Crystal structure of a four-layer aggregate of engineered TMV CP implies the importance of terminal residues for oligomer assembly. PLoS One, 8(11): e77717.

Liberski P P, Gajos A, Sikorska B, et al. 2019. Kuru, the First Human Prion Disease. Viruses, 11(3): 232.

Marra M A, Jones S J M, Astell C R, et al. 2003. The Genome sequence of the SARS-associated coronavirus. Science, 300(5624): 1399-1404.

Mayer A. 1886. Concerning the mosaic disease of tobacco. Phytopathological classics, 7: 11-24.

McCowan C, Crameri S, Kocak A, et al. 2018. A novel group A rotavirus associated with acute illness and hepatic necrosis in pigeons (Columba livia), in Australia. PLoS One, 13(9): e0203853.

Melartin L, Blumberg BS. 1966. Production of Antibody against "Australia Antigen" in Rabbits. Nature, 210(5043): 1340-1341.

Ménager P, Roux P, Mégret F, et al. 2009. Toll-like receptor 3 (TLR3) plays a major role in the formation of rabies virus Negri bodies. PLoS Pathogens, 5(2): e1000315.

Na H, Song G. 2018. All-atom normal mode dynamics of HIV-1 capsid. PLoS Computational Biology, 14(9): e1006456.

Narayanan K, Huang C, Makino S. 2008. SARS coronavirus accessory proteins. Virus Research, 133(1): 113-121.

Norazharuddin H, Lai N S. 2018. Roles and prospects of dengue virus non-structural proteins as antiviral targets: an easy digest. The Malaysian Journal of Medical Sciences, 25(5): 6-15.

Nuvolone M, Aguzzi A, Heikenwalder M. 2009. Cells and prions: A license to replicate. FEBS Letters, 583(16): 2674-2684.

Nzonza A, Lecollinet S, Chat S, et al. 2014. A recombinant novirhabdovirus presenting at the surface the E glycoprotein from West Nile virus (WNV) is immunogenic and provides partial protection against lethal WNV challenge in BALB/c mice. PLoS One, 9(3): e91766.

Ostapchuk P, Suomalainen M, Zheng Y, et al. 2017. The adenovirus major core protein VII is dispensable for virion assembly but is essential for lytic infection. PLoS Pathogens, 13(6): e1006455.

Palukaitis P. 2017. Satellite Taxonomy. *In*: Hadidi A, Flores R, Randles JW, et al. Viroids and Satellites. Cambridge, Massachusetts: Academic Press: 615-622.

Pan L, Li D, Sun Z, et al. 2021. First characterization of a Hafnia phage reveals extraordinarily large burst size and unusual plaque polymorphism. Frontiers in Microbiology, 12: 754331.

Parker PG, Buckles EL, Farrington H, et al. 2011. 110 Years of Avipoxvirus in the Galapagos Islands. PLoS One, 6(1): e15989.

Qi Y, Pélissier T, Itaya A, et al. 2004. Direct role of a viroid RNA motif in mediating directional RNA trafficking across a specific cellular boundary. The Plant Cell, 16(7): 1741-1752.

Reed W, Carroll J, Agramonte A, et al. 1900. The etiology of yellow fever—A preliminary note. Public Health Papers and Reports, 26: 37-53.

Rous P. 1911. A sarcoma of the fowl transmissible by an agent separable from the tumor cells. The Journal of Experimental Medicine, 13(4): 397-411.

Sougrat R, Bartesaghi A, Lifson JD, et al. 2007. Electron tomography of the contact between T cells and SIV/HIV-1: Implications for viral entry. PLoS Pathogens, 3(5): e63.

Spiegelman S, Haruna I, Holland IB, et al. 1965. The synthesis of a self-propagating and infectious nucleic acid with a purified enzyme. Proceedings of the National Academy of Sciences of the United States of America, 54(3): 919-927.

Stanley WM. 1935. Isolation of a crystalline protein possessing the properties of tobacco-mosaic virus. Science, 81(2113): 644-645.

Stehelin D, Varmus HE, Bishop J M, et al. 1976. DNA related to the transforming gene(s) of avian sarcoma viruses is present in normal avian DNA. Nature, 260(5547): 170-173.

Subramaniam S, Bartesaghi A, Liu J, et al. 2007. Electron tomography of viruses. Current Opinion in Structural Biology, 17(5): 596-602.

Takeda R, Ding B. 2009. Viroid intercellular trafficking: RNA motifs, cellular factors and broad impacts. Viruses, 1(2): 210-221.

Tang Y, Wu H, Ugai H, et al. 2009. Derivation of a triple mosaic adenovirus for cancer gene therapy. PLoS One, 4(12): e8526.

Temin HM, Mizutani S. 1970. RNA-dependent DNA polymerase in virions of Rous sarcoma virus. Nature, 226(5252): 1211-1213.

Tseng CH, Lai MMC. 2009. Hepatitis delta virus RNA replication. Viruses, 1(3): 818-831.

Tsugita A, Gish DT, Young J, et al. 1960. The complete amino acid sequence of the protein of tobacco mosaic virus. Proceedings of the National Academy of Sciences of the United States of America, 46(11): 1463.

Twort FW. 1915. An investigation on the nature of ultra-microscopic viruses. The Lancet, 186(4814): 1241-1243.

Wang LF, Eaton BT. 2007. Bats, civets and the emergence of SARS. Current Topics in Microbiology and

Immunology, 315: 325-344.

Williams V, Brichler S, Radjef N, et al. 2009. Hepatitis delta virus proteins repress hepatitis B virus enhancers and activate the alpha/beta interferon-inducible *MxA* gene. The Journal of General Virology, 90(Pt 11): 2759-2767.

Wu A, Peng Y, Huang B, et al. 2020. Genome composition and divergence of the novel coronavirus (2019-nCoV) originating in China. Cell Host & Microbe, 27(3): 325-328.

Wu J, Bisaro DM. 2020. Biased Pol II fidelity contributes to conservation of functional domains in the potato spindle tuber viroid genome. PLoS Pathogens, 16(12): e1009144.

Xu J, Xiang Y. 2017. Membrane penetration by bacterial viruses. Journal of Virology, 91(13): e00162-17.

Yurdaydın C, Idilman R, Bozkaya H, et al. 2010. Natural history and treatment of chronic delta hepatitis. Journal of Viral Hepatitis, 17(11): 749-756.

Zhou Y, Qin T, Xiao Y, et al. 2014. Genomic and biological characterization of a new cypovirus isolated from *Dendrolimus punctatus*. PLoS One, 9(11): e113201.

第六章　微生物营养

导　言

　　微生物需要从周围环境中不断获取所需的营养物质，以满足其生长、繁殖和完成各种生理活动的需求。微生物需要碳源、氮源、能源、生长因子、无机盐与水 6 种营养要素。通过单纯扩散、促进扩散、主动运输和基团转位 4 种运输方式运送有关营养物质，进行营养物质的吸收，以及代谢产物的分泌。基于可利用的碳源与能源的差异，可将微生物分为光能自养型、光能异养型、化能自养型与化能异养型 4 种营养类型。而微生物的培养基根据具体情况可分为不同类型。

　　本章知识点（图 6-1）：

1. 微生物培养的六大营养要素。
2. 营养物质的 4 种运输方式。
3. 能源利用的 4 种营养类型。
4. 微生物的各种培养基。

```
               ┌ 细胞化学组成：水、无机物、有机物
      营养物质 ┤
               └ 营养要素：碳源、氮源、能源、无机盐、生长因子、水
      营养类型：光能自养型、光能异养型、化能自养型、化能异养型
      营养物质运送：单纯扩散、促进扩散、主动运输、基团转位、膜泡运输
               ┌ 成分：天然培养基、合成培养基、半合成培养基
               │ 物理状态：固体培养基、液体培养基、半固体培养基、脱水培养基
               │ 特殊用途：加富培养基、选择培养基、鉴别培养基
        种类   ┤ 使用目的：富集分离培养基、种子培养基、发酵培养基
               │ 微生物种类：细菌培养基、放线菌培养基、酵母菌培养基、霉菌培养基
      培养基   └ 特殊需求：基本培养基、完全培养基、补充培养基
               └ 设计原则：营养要求、条件适宜、经济节约、灭菌处理
```

图 6-1　本章知识导图

　　关键词：营养、营养物、大量元素、微量元素、营养要素、碳源、二次生长曲线、氮源、能源、无机盐、生长因子、水、光能自养型、光能异养型、化能自养型、化能异养型、单纯扩散、促进扩散、载体蛋白、主动运输、基团转位、膜泡运输、内吞作用、胞饮作用、培养基、碳氮比、天然培养基、合成培养基、半合成培养基、固体培养基、半固体培养基、液体培养基、脱水培养基、加富培养基、选择培养基、鉴别培养基、富集分离培养基、种子培养基、发酵培养基、细菌培养基、放线菌培养基、酵母菌培养基、霉菌培养基、基本培养基、完全培养基、补充培养基、高压蒸汽灭菌、过滤除菌

微生物同其他生物一样，需要从周围环境中吸收所需的各种营养物质，合成细胞结构，以及提供机体进行各种生命活动所需的能量，从而进行正常的生长和繁殖，保持其连续性。

营养（nutrition）是指生物体从外部环境摄取和利用其生命活动所必需的物质和能量的过程。营养物（nutrient）是指那些能够满足生物机体生长、繁殖和完成各种生理活动所需要的物质。营养物在微生物机体中的作用：①参与细胞结构的组成；②构成酶活性成分及代谢调节物质，并参与物质运输；③提供机体进行各种生命活动所需的能量；④形成微生物代谢产物。营养物是微生物新陈代谢和一切生命活动的物质基础。

第一节　微生物的营养物质

一、微生物细胞的化学组成

要知道微生物需要什么样的营养物，先要了解其细胞本身的化学组分（图 6-2）。组成微生物细胞最主要的成分是 C、H、O、N、P、S 这 6 种化学元素，其占细胞干重的 93%～97%。其次，还有少量的 Na、Ca、K、Cl、Mg、Fe，以及微量元素 Mn、Cu、Co、Zn、Mo。以上这些元素主要是以水、有机物和无机物的形式存在于细胞中（表 6-1）。

细胞化学组成 { 水：占细胞全重的75%～90%
有机物：蛋白质、糖、脂肪、核酸、维生素
无机物：无机盐等灰分元素

图 6-2　微生物细胞的化学组成

表 6-1　微生物细胞化学组成

化学成分	细菌/%	酵母菌/%	霉菌/%
水分	75～85	70～85	85～90
蛋白质	50～80（干重）	72～75	14～15
碳水化合物	12～28	27～63	7～40
脂肪	5～20	2～15	4～40
核酸	10～20	6～8	1
无机元素	2～30	3.8～7	6～12

微生物细胞的化学组成并非一成不变，会因微生物的种类、培养条件、菌龄的差异，而在一定的范围内发生变化，如幼龄菌或在含氮培养基上生长的细胞比老龄菌，或在氮源贫乏的培养基上生长的细胞的含氮量高；硫细菌、铁细菌和海洋细菌分别比其他细菌含有较多的硫、铁和钠等元素。组成微生物细胞的化学元素来自微生物生长所需要的营养物。

二、微生物的营养要素

微生物细胞的化学元素因微生物种类的不同而含量各异，其生长所需化学元素的种类与含量也不尽相同。一般来说，微生物细胞化学元素的组成量与它们对营养元素的需求量是一致的，即细胞含某种元素的量较高，则对这种元素的需求量较大，反之，需求量少。

微生物生长所需要的元素主要以相应的有机物与无机物的形式提供，也有小部分可以由分子态的气体物质提供。从元素水平和营养要素水平来看，微生物需要碳源（carbon source）、氮源（nitrogen source）、能源（energy source）、生长因子（growth factor）、无机盐和水这 6 种营养要素。

1. 碳源

碳源主要是指碳水化合物，提供给微生物碳元素，菌体内碳元素约占 50%，主要用于合成糖类、脂肪及次级代谢产物。可以说，碳源是微生物各种代谢活动的物质基础，是构成菌体细胞和合成产物的骨架。此外，碳源也是供给机体生长所需能源的主要来源。在微生物工业发酵中，碳源与其他营养源相比是主要成分，用量大，且多数微生物在利用碳源时有一定的选择性（图 6-3），对碳源的利用形式以及程度也是不同的，其代谢途径也不一样。

碳源 { 无机碳：CO_2、碳酸盐
有机碳：糖及其衍生物、脂类、醇类、有机酸、烃类、芳香族和含氮化合物

图 6-3　碳源类别

有些微生物能利用多种碳源，但利用这些碳源的能力是有差异的，其中糖类是微生物最容易利用的碳源。常用的碳源有：①单糖，微生物可直接吸收，且吸收和利用都很快；②寡糖，如蔗糖、麦芽糖、棉子糖、乳糖要经过酶的水解，再以单糖形式被微生物吸收利用；③多糖，如淀粉、纤维素、半纤维素、木质素、几丁质和果胶质都需要经过一系列酶的降解，最后形成单糖才能被微生物利用；④烃类；⑤有机酸等。（知识扩展 6-1，见封底二维码）

淀粉是工业生产中常用的碳源，主要用于发酵生产。常用的淀粉质原料：①高粱、大米、小麦、玉米等粮谷类，碳水化合物含量为 70%～80%；②薯类，薯干淀粉含量为 60%～80%；③野生植物类，如麸皮、淀粉渣、米糠饼等农产品加工副产物。在发酵生产中，一般的生产菌种（如谷氨酸生产菌、酿酒酵母等）都不能直接利用淀粉、糊精等多糖原料，需先将这些原料降解为单糖或者双糖，成为可发酵性糖后，生产菌种才能利用。因此，需将淀粉等原料经过酸法、酶法或糖化剂降解的预处理，使其成为微生物能够利用的水解糖（葡萄糖）。

此外，当培养基中存在着两种碳源时，微生物先利用容易被利用的碳源（如葡萄糖），而后再利用第二种碳源，因其有关基因转录处于被抑制的状态，这种现象称为分解代谢物抑制。例如，当培养基中有葡萄糖和乳糖同时存在时，细菌先利用葡萄糖，而乳糖要在葡萄糖被利用完以后才会被利用。所以，微生物就会出现二次生长的情况（图 6-4）。

2. 氮源

氮源是能提供微生物营养所需氮元素的营养物质，是合成细胞质中含氮物质的原料，如用于构成菌体细胞的蛋白质、核酸、酶，以及各种初级和次级代谢产物的含氮有机物。通常其不作为能源物质，只有少数的自养细菌可以利用铵盐(NH_4^+)、硝酸盐(NO_3^-)作为菌体的氮源与能源。某些厌氧菌在无氧与糖类物质缺乏时，才利用氨基酸作为氮源与能源，如厌氧菌的 Stickland 反应（具体见第七章）。此外，固氮微生物能够固定空气中的氮气（N_2）作为生长需要的氮源。氮源主要来源为无机氮、有机氮与 N_2（图 6-5）。

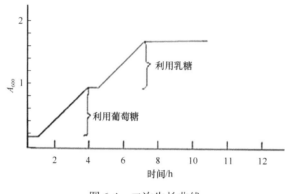

图 6-4　二次生长曲线

氮源 {
无机氮：硝酸盐、硫酸铵、尿素、氨水
有机氮：牛肉膏、蛋白胨、酵母提取物、鱼粉、黄豆饼粉、花生饼粉、玉米浆
大气中的分子氮
}

图 6-5　氮源类别

有机氮包括：①蛋白胨（peptone），即蛋白水解物；②玉米浆（corn steep liquor），即玉米制成淀粉后的副产物，含氮量约 4%；③酵母提取物（yeast extract）；④大豆饼粉，即大豆榨油后的渣，含氮量 8%～10%；⑤棉籽饼粉，含 56%蛋白质；⑥牛肉膏（beef extract）；⑦花生饼粉、葵花子饼、菜籽饼；⑧麸皮；⑨鱼粉、蚕蛹粉。有机氮是一些天然物质，常含有较丰富的蛋白质、胨、肽类、游离氨基酸，以及一些核酸、糖类、生长因子等。

无机氮有铵盐（如硫酸铵、硝酸铵和氯化铵等，随着氮源的利用培养基 pH 升高）、硝酸盐（硝酸钠，随着它的利用培养基 pH 下降）、尿素、氨水。在培养基中加入某些无机氮源能对 pH 变化起缓冲作用。由于细胞内的含氮物质都是以氨基和亚氨基的形式存在的，铵态氮可直接用于合成细胞物质。而硝酸盐则需要先还原成氨后，才能被利用。所以，微生物先利用铵态氮，而蛋白氮属于缓慢利用的氮源。只有少数微生物如根瘤菌属（*Rhizobium*）、圆褐固氮菌（*Azotobacter chroococcum*）可以利用大气中的分子氮。（知识扩展 6-2，见封底二维码）

3. 能源

能源是为微生物的生命活动提供最初能量来源的营养物。能源分为光能和化学能两类。化学能来自有机物与无机物（图 6-6）。

大多数微生物依靠各种生物化学反应，氧化各种化合物获得能量。①化能异养（chemoheterotrophy）型微生物，利用有机物分解过程中释放的能量作为生命活动的能量来源；②化能自养（chemoautotrophy）型微生物，能利用无机物（NH_4^+、NO_2^-、S、H_2S、H_2 和 Fe^{2+}）氧化过程中释放的能量作为同化 CO_2 的能量来源，如硝化细菌（nitrifying bacteria）、硫化细菌（thiobacillus）、硫细菌（sulfur bacteria）、氢细菌（hydrogen bacteria）和铁细菌（iron bacteria）等；③少数微生物，如光能营养（phototrophy）型微生物可利用光能作为同化 CO_2 的能量来源，如光合细菌（photosynthetic bacteria）、蓝细菌（cyanobacteria）、红螺旋菌属（Rhodospira）等，其中嗜盐古菌能利用紫膜（purple membrane）进行特殊的光能转化。

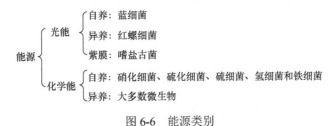

图 6-6　能源类别

4. 无机盐

无机盐为微生物的生长提供除碳源、氮源以外的其他各种重要元素，如矿质元素。无机盐的作用：①构成菌体原生质成分（P、S）；②参与酶的组成，构成酶的活性基、激活酶活性、维持细胞结构的稳定（Mg、Fe、Mn）；③调节细胞的渗透压（NaCl、KCl）、控制细胞的氧化还原电位；④参与微生物代谢产物的生物合成；⑤作为某些微生物生长的能源物质等。

根据微生物对无机盐的需求量（图 6-7），通常可分为大量元素（macroelement）与微量元素（trace element）。大量元素（10^{-4}～10^{-3} mol/L）包括 P、S、Ca、Mg、Na 等；微量元素（10^{-8}～10^{-6} mol/L）包括 Fe、Cu、Zn、Mn、Mo、Co 等。不同微生物所需的无机盐量是不同的，如革兰氏阴性菌所需的镁离子要比革兰氏阳性菌多。

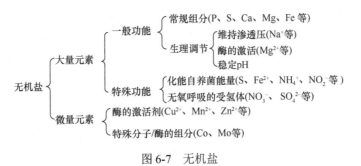

图 6-7　无机盐

常用的无机盐有硫酸盐、磷酸盐、氯化物，以及含有 K、Na、Ca、Mg、Fe 等金属元素的化合物。在配制细菌培养基时，可通过加入有关化学试剂来获取大量元素，其中

首选的是 K_2HPO_4、$MgSO_4$，可提供 4 种大量元素，而微量元素可从天然水、一般化学试剂或其他成分中获取。

5. 生长因子

生长因子是微生物正常代谢必不可少的，不能用普通的碳源、氮源自行合成，必须额外少量加入才能满足微生物生长需要的有机物质。

狭义的生长因子是指维生素；而广义的生长因子则根据其化学结构和它们在机体内的生理作用可分为维生素、氨基酸、嘌呤（嘧啶）碱基、甾醇、胺类、C5～C6 分支或直链脂肪酸等。绝大多数生长因子以辅酶或辅基的形式参与生物代谢中的酶促反应，少数生长因子还有其他的特殊功能。嘌呤（嘧啶）碱基是构成细胞核酸的组成成分，也是构成某些酶、辅酶或辅基的组分。氨基酸也是许多微生物所需要的生长因子，这与它们缺乏合成氨基酸的能力有关，因此需在微生物的生长培养基里补充这些氨基酸或者含有这些氨基酸的小肽物质，如肠膜明串珠菌（*Leuconostoc mesenteroides*）需要 17 种氨基酸才能生长。

含有生长因子的原料有酵母提取物、玉米浆、肝浸液（liver infusion）、麦芽汁（malt extract）或其他新鲜动植物组织浸液，如心脏、肝，以及番茄和蔬菜的浸液。实验中常在培养基中加入上述物质以满足某些微生物对生长因子的需要。各种微生物需要的生长因子的种类和数量是不同的（表 6-2）。

表 6-2　各种微生物需要的生长因子的种类和数量

微生物	生长因子	需要量/（μg/mL）
肺炎链球菌（*Streptococcus pneumoniae*）	胆碱	6
金黄色葡萄球菌（*Staphylococcus aureus*）	硫胺素	0.5
白喉棒杆菌（*Corynebacterium diphtheriae*）	β-丙氨酸	1.5
破伤风梭菌（*Clostridium tetani*）	尿嘧啶	0～4
肠膜明串珠菌（*Leuconostoc mesenteroides*）	吡哆醛	0.025

自养微生物和某些异养微生物如大肠杆菌不需要外源的生长因子也可以生长。不仅如此，同种微生物对生长因子的需求也会随着环境条件的变化而发生改变，如鲁氏毛霉（*Mucor rouxianus*）在厌氧条件下，生长时需要维生素 B_1 和生物素（如维生素 H）；而在好氧条件下，自身就能合成这两种物质。有时对某些微生物生长所需的生长因子还不了解，通常在培养时需要在培养基中加入酵母浸膏、牛肉浸膏及动物组织液等天然物质以满足其需求。

6. 水

水是微生物最基本的营养要素，除了少数微生物如蓝细菌能利用水中氢作为还原 CO_2 的还原剂外，其他微生物都不利用水作为营养原料，但水在微生物的生存中起着重要作用。①水是微生物细胞质的重要组分，占细胞重量的 70%～90%，是保证生命代谢活动所必需的。一般细菌的含水量为 75%～85%，酵母菌为 70%～85%，丝状真菌为 85%～90%。含水量降低时，微生物生命活动就大大减少，如细菌芽孢的含水量比营养细胞低 50% 以上。②水是一种优良的溶剂，绝大多数营养物质的吸收与代谢产物的分泌都是通过水来完成的。③水的比热高，是热的良好导体，因而能有效地吸收微生物代谢过程中放出的热，并将吸收的热迅速散发出去，避免导致细胞内温度陡然升高，有利于调节细胞温度和保持环境温度的稳定。（知识扩展 6-3，见封底二维码）

总之，在配制培养基时，可根据不同微生物对营养物质的需求，充分考虑上述六大要素的配比及平衡。

第二节　微生物的营养类型

根据生长所需要的营养物质（主要是碳源或供氢体）的性质，自然界中生物的营养类型可分为：①自养（autotrophy）型生物，以简单的无机物作为碳源（或供氢体）；②异养（heterotrophy）型生物，以复杂的有机物作为碳源（或供氢体）。生物界中动物是异养型生物；植物属于自养型生物；大多数微生物属于异养型生物，只有少数微生物为自养型。另外，根据能源的来源不同又可分为：①化能营养（chemotrophy）型生物，即依靠物质氧化过程中释放的能量进行生长；②光能营养（phototrophy）型生物，即利用光能进行生长。

因此，基于利用的能源和碳源的不同，可将微生物营养类型划分为四大基本营养类型：①光能自养（photoautotrophy）型；②光能异养（photoheterotrophy）型；③化能自养（chemoautotrophy）型；④化能异养（chemoheterotrophy）型（图 6-8，表 6-3）。

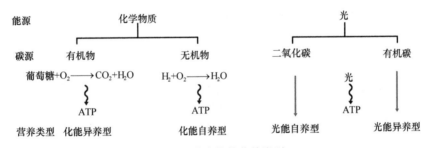

图 6-8　微生物的营养类型

表 6-3　微生物的营养类型

营养类型	能源	碳源	举例
光能自养型	光能	CO_2	紫硫细菌、红硫细菌、绿硫细菌、蓝细菌、一些藻类
光能异养型	光能	CO_2 或简单的有机物	红螺菌
化能自养型	无机物	CO_2 或碳酸盐	氢细菌、硝化细菌、甲烷杆菌、硫细菌、铁细菌
化能异养型	有机物	有机物	真菌、乳酸菌、芽孢杆菌等绝大多数原核生物

一、光能自养型

光能自养型微生物以 CO_2 为唯一碳源，利用光合作用获取生长所需要的能量，以硫化氢、硫代硫酸钠或其他无机硫化物等无机物作为电子供体（供氢体），使 CO_2 还原成细胞物质，并伴随有元素硫的放出。光能自养型微生物主要是蓝细菌、红硫细菌、绿硫细菌等少数微生物。它们由于含有叶绿素或细菌叶绿素（菌绿素）等光合色素，因而能使光能转变成化学能（ATP），供机体利用。如藻类及蓝细菌等与植物一样，能以水为电子供体（供氢体），进行产氧光合作用，合成细胞物质。红硫细菌以 H_2S 为电子供体，产生细胞物质，并伴随硫元素的产生（图6-9）。

$$CO_2 + H_2O \xrightarrow[\text{蓝细菌}]{\text{光能　光合色素}} [CH_2O] + O_2$$

$$CO_2 + 2H_2S \xrightarrow[\text{红硫细菌}]{\text{光能　光合色素}} [CH_2O] + 2S + H_2O$$

图 6-9　光能自养型微生物

二、光能异养型

光能异养型微生物是以 CO_2 或简单的有机物作为碳源（不能以 CO_2 为主要或唯一的碳源），以有机物作为供氢体，利用光能将 CO_2 还原成细胞物质，并在生长时大多需要外源的生长因子的微生物。其代表为红螺菌属（*Rhodospirillum*）中的紫色非硫细菌，其能利用异丙醇作为供氢体，使 CO_2 还原成细胞物质，积累丙酮（图6-10）。

$$2异丙醇 + CO_2 \xrightarrow[\text{红螺菌属}]{\text{光能　光合色素}} 2丙酮 + [CH_2O] + H_2O$$

图 6-10　光能异养型微生物

三、化能自养型

化能自养型微生物以 CO_2 或碳酸盐作为唯一或主要碳源，进行生长时所需的能量来自无机物氧化过程释放的化学能，即利用电子供体 NH_4^+、NO_2^-、H_2S、S^0、H_2、Fe^{2+} 等能使 CO_2 还原成细胞物质（图6-11）。这类微生物有硫细菌、硝化细菌、氢细菌、铁细

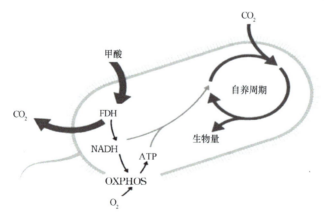

图 6-11　化能自养型微生物
FDH. 甲酸脱氢酶；NADH. 还原型烟酰胺腺嘌呤二核苷酸，又称还原型辅酶 I；OXPHOS. 氧化磷酸化

菌、甲烷杆菌等,广泛存在于土壤与水域环境中。绝大多数的化能自养型微生物为好氧微生物,在同化 CO_2 时消耗 ATP,在还原力的形成过程中也需要经过逆呼吸链电子传递,消耗 ATP。由于无机物氧化产能有限,这类微生物的生长一般比较迟缓,某些类群(如硝化细菌)甚至只能在严格的无机环境中生长,有机物(甚至如琼脂)的存在对它们有毒害作用。

四、化能异养型

化能异养型微生物生长所需的能量和碳源均来自有机物,如淀粉、糖类、纤维素和有机酸。这类有机物通常既是碳源又是能源,大多数微生物属于化能异养型。

根据化能异养型微生物利用有机物的特性,可以将其分为下列两类。①腐生型微生物:利用无生命活性的有机物作为生长的碳源。②寄生型微生物:寄生在生活的细胞内,从寄主体内获得生长所需要的营养物质。而存在于寄生与腐生之间的中间过渡类型微生物,称为兼性腐生型或兼性寄生型。

须明确,无论何种分类,不同营养类型之间的界限并非绝对,异养型微生物并非不能利用 CO_2,只是不以 CO_2 作为唯一或主要的碳源进行生长,而且,在有机物存在的情况下也可将 CO_2 同化为细胞物质。同样,自养型微生物也并非不利用有机物进行生长。此外,有些微生物在不同生长条件下生长时,其营养类型会发生改变,如紫色非硫细菌在不存在有机物时可同化 CO_2,为自养型微生物;而当有机物存在时,又可以利用有机物进行生长,此时它为异养型微生物。再如紫色非硫细菌在光照和厌氧条件下可利用光能生长,为光能营养型微生物;而在黑暗与好氧条件下,依靠有机物氧化产生的化学能生长,则为化能营养型微生物。微生物类型的可变性无疑有利于提高其对环境条件的适应能力。

第三节　营养物质的运送

培养基中的营养物质只有被微生物吸收到细胞内,才能被逐步分解和利用。此外,微生物在生长过程中又会不断地产生一些代谢产物,这些产物也只有及时被分泌到胞外,避免它在细胞内积累所产生的毒害作用,微生物才能维持其正常生长。

营养物质运送包括营养物质的吸收与代谢产物的分泌。影响营养物质运送的主要有三个因素:①营养物质本身的性质,如相对分子质量、溶解度、电荷性、极性等;②微生物所处的环境,如温度、pH 等;③微生物细胞的通透性,与细胞膜有极大的关系,细胞膜是控制营养物质进入和代谢物质排出的主要屏障,而细胞壁仅简单地排阻分子质量过大(> 600 Da)的溶质进入。一般认为物质的运送有 4 种方式:单纯扩散(simple diffusion)、促进扩散(facilitated diffusion)、主动运输(active transport)和基团转位(group translocation),其中以主动运输为最主要的运送方式(图 6-12,图 6-13)。

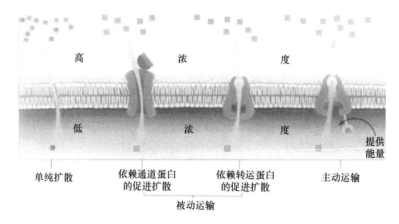

图 6-12　物质运送方式

图 6-13　物质运送类型

一、单纯扩散

单纯扩散是最简单的营养吸收方式，营养物质依靠其扩散能力，由高浓度的胞外环境向低浓度的胞内进行非特异性的扩散，并且，物质运送的速率随着细胞内外该物质浓度差的降低而减慢，直到膜内外物质的浓度达到平衡。单纯扩散的物质通过细胞膜的过程中，不与膜上任何组分发生反应，被运送物质本身的分子结构也不发生改变，也不需要消耗能量。膜上小孔的大小和形状对被扩散的营养物质分子大小有一定的选择性。由于单纯扩散不需要能量，因此，物质不能进行逆浓度的交换。

单纯扩散不是微生物运送物质的主要方式，一般能进行单纯扩散的物质是少量小分子，如水、O_2、CO_2、甘油、乙醇、脂肪酸和某些离子、氨基酸等。

二、促进扩散

促进扩散也称为协助扩散，与单纯扩散的相似之处是，在物质运送过程中都不需要消耗能量，被运送的物质结构不发生改变，也不进行逆浓度梯度运送；而不同的是，在物质运送过程中需要借助膜上的载体蛋白（carrier protein），该载体蛋白具有高度的特异性，每种载体蛋白只运送相应的物质，载体蛋白与物质之间的亲和力在膜内外表面因载体蛋白构象的改变而不同，即在膜外表面大，膜内表面小，借助这种亲和力的变化，使物质运入细胞内（图 6-14）。

因载体蛋白促进了物质的运送，具有酶的功能，故又被称为通透酶（permease）、移位酶（translocase），这些通透酶大都是一些诱导酶，只有在环境中存在机体生长所需要的物质时，运送这种物质的酶才能被诱导合成。

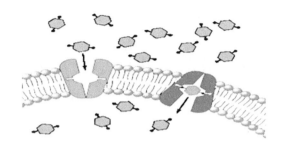

图 6-14　促进扩散

通过促进扩散进入细胞的营养物质在原核生物中主要是甘油，而真核生物则主要有氨基酸、单糖、维生素及无机盐等。

三、主动运输

主动运输是微生物中存在的一种主要运送方式，其具有以下特点：在物质运送中，需要消耗能量，可进行逆浓度梯度的运送；需要载体蛋白参与物质运送，载体蛋白对被运送的物质具有高度专一性，载体蛋白的构象改变可引起被运送物质之间的亲和力大小的改变，即消耗能量使两者亲和力降低。主动运输中所需要的能量来自：①协同运输中的离子梯度动力；②ATP 驱动泵通过水解 ATP 获取能量；③光驱动泵利用光能运输物质（图 6-15）。在主动运输的这三种能量来源形式中，最常见的是 ATP 驱动泵。根据泵蛋白的结构和功能特性，ATP 驱动泵可分为 P 型泵、V 型质子泵、F 型质子泵和 ABC 超家族四类（图 6-16）。其中 Na^+-K^+ 泵就是 P 型泵中的一种（图 6-17）。

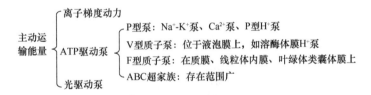

图 6-15　主动运输能量来源

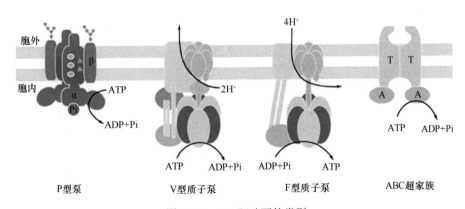

图 6-16　ATP 驱动泵的类型

α. 催化亚基；β. 调节亚基；T. 跨膜结构域；A. ATP 结合域

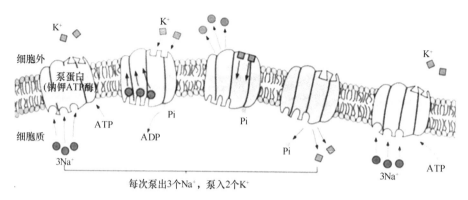

图 6-17　Na$^+$-K$^+$泵（知识扩展 6-4，见封底二维码）

由主动运输运送的营养物质主要有一些糖类（乳糖、蜜二糖或葡萄糖等）、大部分的氨基酸、有机酸，以及大量的无机离子，如硫酸根离子、磷酸根离子、钾离子等。大肠杆菌（*E. coli*）对乳糖的吸收即属于这种方式。

四、基团转位

在基团转位过程中，被运送的物质在运送前后会发生化学变化即磷酸化（图 6-18），除此之外，其他点都与主动运输相同，如需要载体蛋白、消耗能量、能逆浓度梯度运送、载体蛋白能发生构象改变等。

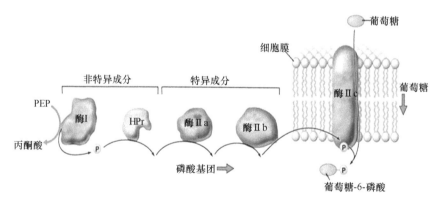

图 6-18　基团转位

PEP. 磷酸烯醇丙酮酸；HPr. 热稳载体蛋白

基团转位的运送方式存在于多种兼性和专性厌氧微生物中，主要用于糖类（葡萄糖、甘露糖、果糖、*N*-乙酰葡糖胺等）、嘌呤、嘧啶和脂肪酸的运送，物质先被磷酸转移酶系统磷酸化后才进行运输，还未发现用这种方式运送氨基酸。

大肠杆菌对葡萄糖和金黄色葡萄球菌对乳糖吸收的研究结果表明：这些糖在运送过程中发生了磷酸化，并以磷酸糖的形式存在于细胞质中，而磷酸糖中的磷酸来自磷酸烯醇丙酮酸（phosphoenolpyruvate，PEP），也就是说磷酸烯醇丙酮酸-磷酸糖系统参与此过程（图6-19）。基团转位的运送系统常由4种不同的蛋白质组成：酶I、酶II、酶III（有些菌株没有酶III）和低分子质量的热稳载体蛋白（heat-stable carrier protein，HPr）。在4种成分中，酶I和HPr是非特异性，酶II和酶III对糖有专一性，除酶II位于细胞膜上外，其余都以游离状态存在于细胞质中。

营养是生命活动之源，4种不同的营养物质运送方式各有自己的特点（表6-4）。

PEP~P + HPr ⟶ HPr~P + 酶I → 酶I~P + 丙酮酸

酶I~P + HPr ⟶ 酶I + HPr~P

HPr~P + 酶III ⟶ 酶III~P + HPr

酶III~P + 糖 ⟶ 糖~P + 酶III

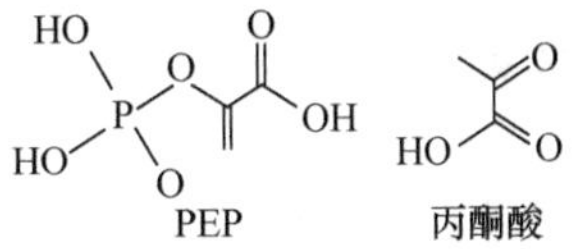

图6-19 磷酸烯醇丙酮酸-磷酸糖系统

表6-4 4种营养物质运送方式的比较

比较项目	单纯扩散	促进扩散	主动运输	基团转位
特异载体蛋白及构象	无	有，构象改变（移位）	有，构象改变（耗能）	有，构象改变（耗能）
运送速度	慢	快	快	快
溶质运送方向	由浓至稀	由浓至稀	由稀至浓	由稀至浓
被运送物质	无特异性	有特异性	有特异性	有特异性（磷酸化）
平衡时内外浓度	内外相等	内外相等	内部高	内部高
运送分子	无特异性	有特异性	有特异性	有特异性
能量消耗	不需要	不需要	需要	需要
运送前后溶质分子	不变	不变	不变	改变
逆浓度梯度	否	否	是	是
载体饱和效应	无	有	有	有
与溶质类似物	无竞争性	有竞争性	有竞争性	有竞争性
运送抑制剂	无	有	有	有
运送对象举例	水、甘油、乙醇、O_2、CO_2	糖、SO_4^{2-}、PO_4^{3-}	氨基酸、乳糖等糖类、无机离子	葡萄糖、果糖、嘌呤、嘧啶等

此外，膜泡运输是原生动物（特别是变形虫）的一种营养物质运输方式。变形虫通过趋向性运动靠近营养物质，并将营养物质吸附到膜表面，然后物质附近的细胞膜开始内陷，逐步将营养物质包围，最后形成一个营养物质的膜泡，之后，膜泡离开细胞膜，游离于细胞质中，营养物质通过这种方式由细胞外进入细胞内（图6-20）。如果膜泡中包含的是固体营养物，则为内吞作用（endocytosis）；如果是液体，则为胞饮作用（pinocytosis）。

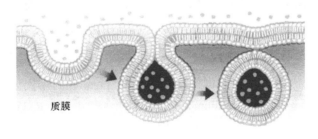

质膜

图6-20 胞饮作用

第四节　微生物的培养基

培养基是人工配制的适合于不同微生物生长繁殖和积累代谢产物的营养物质。由于各种微生物所需要的营养不同，培养基的种类也很多，据估计有数千种不同的培养基，可根据不同的使用目的、营养物质的不同来源及培养基的物理状态等进行归类。

一、培养基的种类

1. 按培养基成分划分

依据培养基成分可分为天然培养基（natural medium）、合成培养基（synthetic medium）和半合成培养基（semi-synthetic medium）。

（1）天然培养基是指一些利用动植物、微生物或其他天然来源的、难以确切知道其化学成分的原料所配制的培养基。由于其化学成分复杂、营养丰富、培养基来源充足、价格低廉，适用于实验室和大规模生产。①培养细菌的肉汤培养基：牛肉膏 0.3 g，蛋白胨 1.0 g，NaCl 0.5 g，蒸馏水 100 mL，pH 7.0～7.2。②培养真菌的马铃薯葡萄糖琼脂（potato dextrose agar，PDA）培养基：称取马铃薯 20 g，去皮，切成小块，加水煮烂，煮沸约 20 min，过滤后再加葡萄糖 2 g 与琼脂 2 g，加热熔化后再补足蒸馏水至 100 mL，自然 pH。③培养酵母菌的麦芽汁培养基（malt extract medium）：干麦芽粉加 4 倍水，在 50～60℃保温糖化 3～4 h，用碘液试验检查至糖化完全为止，调整糖液浓度为 10 巴林，煮沸后过滤，调 pH 至 6.0。

（2）合成培养基是采用已知化学成分的纯试剂所配制的，这类培养基成分明确、重复性强，适用于分类、生物测定、选种育种等研究。①培养细菌的葡萄糖铵培养基（ammonium dextrose medium）：葡萄糖 2 g，K_2HPO_4 1 g，NaCl 5 g，$MgSO_4 \cdot 7H_2O$ 0.2 g，$NH_4H_2PO_4$ 1 g，溴麝香草酚蓝 0.08 g，蒸馏水定容至 1000 mL，pH 调至 6.7～6.9。②培养放线菌的高氏 1 号培养基（淀粉硝酸盐培养基）：K_2HPO_4 0.5 g，NaCl 0.5 g，$MgSO_4 \cdot 7H_2O$ 0.5 g，KNO_3 1 g，$FeSO_4$ 0.01 g，蒸馏水定容至 1000 mL，pH 调至 7.4～7.6。③培养霉菌的察氏培养基（Czapek's medium，即蔗糖硝酸盐培养基）：$NaNO_3$ 3 g，K_2HPO_4 1 g，KCl 0.5 g，$MgSO_4 \cdot 7H_2O$ 0.5 g，$FeSO_4$ 0.01 g，蔗糖 30 g，用蒸馏水定容至 1000 mL，pH 调至 6.7。

（3）半合成培养基是在合成培养基中加入某种天然成分而制成的，如加入少量的蛋白胨以满足某种氨基酸营养缺陷型菌株生长的需要。用于分离培养霉菌的 PDA 培养基就属于半合成培养基。

2. 按培养基的物理状态划分

根据培养基的物理状态可分为固体培养基（solid medium）、半固体培养基（semi-solid medium）、液体培养基（liquid medium）和脱水培养基（dehydrated medium）。

（1）外观呈固体状态的培养基即为固体培养基，主要包括两大类：一类是用天然固体的基质制成的培养基，如用马铃薯块、胡萝卜条、麸皮、米糠、麦粒等制作的培养基；

另一类是在液体培养基中添加凝固剂（1.5%～2%琼脂、5%～12%明胶）而制成的固体培养基（表 6-5）。固体培养基在微生物分离、鉴定、计数、测定、保存方面起着重要作用。

表 6-5 琼脂与明胶的对比

项目	琼脂	明胶
常用浓度/%	1.5～2	5～12
熔点/℃	96	25
凝固点/℃	46	20
pH	微酸	酸性
氮含量/%	0.4	18.3
微生物利用能力	绝大多数微生物不能利用	许多微生物能利用

　　理想凝固剂应具备不被微生物分解、利用、液化，不因消毒灭菌而被破坏，在微生物的生长温度内保持固态，凝固点的温度对微生物无害，透明度好，黏着力强等特点。

　　（2）半固体培养基是在液体培养基中加入少量的凝固剂，使之呈半固体状态的一类培养基。如在培养基中加入 0.2%～0.7%的琼脂所制成的培养基，常被用于观察细菌的运动特征、测定噬菌体效价及培养厌氧菌等。

　　（3）液体培养基是不含任何凝固剂、以水为主体的培养基，在用液体培养基培养微生物时，通过振荡或搅拌可以增加培养基的通气量，同时使营养物质分布均匀。液体培养基的组分均匀、用途广泛，常用于微生物生理代谢的各种研究，也是大规模工业发酵生产上常用的培养基。

　　（4）脱水培养基为预制干燥培养基，其是含有除水分外的一切成分的商品培养基，主要是为了方便培养基的制作、运输和存储，把培养基所具有的成分脱水后获得干粉或颗粒，使用时只要按比例加入适量的无菌水即可。脱水培养基是一类成分精确、使用方便的现代化培养基，微生物检验机构所采用的培养基通常就是脱水培养基。

3. 按培养基特殊用途划分

　　按培养基特殊用途可分为加富培养基（enriched medium）、选择培养基（selective medium）和鉴别培养基（differential medium）等。

　　（1）加富培养基是指在基础培养基中加入有利于某种微生物生长繁殖所需的某些特殊营养物质，如血液、血清、动物（或植物）组织液或其他营养物质等，用于培养某种或某类营养要求苛刻的异养微生物。如培养百日咳博德特氏菌（*Bordetella pertussis*）需在培养基中加入血液，此类细菌才能正常生长。

　　（2）选择培养基是根据某种微生物的特殊营养要求或对某化学、物理因素的抗性而设计的培养基，这种培养基可以将某种（类）微生物从混杂的微生物群体中分离出来。选择培养基都是按照"投其所好""取其所抗"的原理配制的，即选择培养基可根据不同的用途，选择特殊的营养成分或者添加特定的抑制剂，以达到分离特定微生物的目的。在实践中可分为正选择和反选择。

正选择是在培养基中添加某种特定的成分作为主要或唯一的营养物，以分离能利用该营养物的微生物，如利用纤维素作为唯一碳源可以富集纤维素分解菌；利用石蜡油可以富集分解石油的微生物；利用甘露醇（缺乏氮源）可以富集固氮菌；利用蛋白质作为唯一氮源可以富集生产蛋白酶的微生物等。

反选择是在培养基中加入某些或某种微生物生长抑制剂，抑制所不希望出现的微生物生长，从而在混杂的微生物群体中分离所需要的目标微生物。①在培养基中加入数滴 10% 的酚或重铬酸钾抑制细菌、霉菌，可分离放线菌；②在培养基中加入青霉素、四环素或链霉素可抑制细菌和放线菌，分离酵母菌、霉菌；③在培养基中加入结晶紫（crystal violet）或提高培养基中的 NaCl 浓度，可分离革兰氏阴性菌或葡萄球菌；④在马丁培养基（1% 葡萄糖，0.5% 蛋白胨，0.1% K_2HPO_4，0.05% $MgSO_4 \cdot 7H_2O$，2% 琼脂）中加入孟加拉红（1/3 万）、链霉素（30 U/mL）和金霉素（2 U/mL）可抑制细菌生长。

从某种意义上讲，加富培养基类似于选择培养基，两者区别在于：加富培养基是用来增加所要分离的微生物的数量，使其形成生长优势，而选择培养基一般是抑制不需要的微生物的生长，使所需要的微生物增殖，从而达到分离所需微生物的目的。

（3）鉴别培养基是指在普通培养基中加入某些试剂或化学药品，使某些微生物在这种培养基中生长后，可产生某种代谢产物，这些产物能与培养基中的特定试剂或化学药品起反应（表 6-6），产生某些明显的特征性变化，从而与其他微生物相区别。如在不含糖的肉汤培养基中分别加入不同的糖类和某种酸碱指示剂，从而可根据微生物发酵糖的特点（产酸、产气），将微生物鉴定到种；伊红-亚甲蓝（eosin-methylene blue，EMB）琼脂培养基（1% 蛋白胨，0.5% 乳糖，0.5% 蔗糖，0.2% K_2HPO_4，0.04% 伊红 Y，0.0065% 亚甲蓝，pH 调至 7.2）可用于鉴别饮用水和乳制品中是否含有大肠杆菌或肠道致病菌；在麦氏琼脂（Meclary agar）上，一些发酵乳糖的细菌由于吸收了中性红染料而变红，不发酵乳糖的细菌由于不吸收染料而保持无色。（知识扩展 6-5，见封底二维码）

表 6-6 鉴别培养基

培养基名称	加入化学物质	微生物代谢产物	培养基特征性变化	主要用途
酪素培养基	酪素	胞外蛋白酶	蛋白水解圈	鉴别产蛋白酶菌株
明胶培养基	明胶	胞外蛋白酶	明胶液化	鉴别产蛋白酶菌株
油脂培养基	食用油、土温、中性红指示剂	胞外脂肪酶	由淡红色变成深红色	鉴别产脂肪酶菌株
淀粉培养基	可溶性淀粉	胞外淀粉酶	淀粉水解圈	鉴别产淀粉酶菌株
H_2S 试验培养基	乙酸铅	H_2S	产生黑色沉淀	鉴别产 H_2S 菌株
糖发酵培养基	溴甲酚紫	乳酸、乙酸、丙酸等	由紫色变为黄色	鉴别肠道细菌
远藤培养基	碱性复红、亚硫酸钠	酸、乙醛	带金属光泽的深红色菌落	鉴别水中大肠菌群
伊红-亚甲蓝琼脂培养基	伊红、亚甲蓝	酸	带金属光泽的深紫色菌落	鉴别水中大肠菌群

4. 按培养基使用的目的划分

依据培养基使用的目的可分为富集分离培养基（enrichment and separation medium）、种子培养基（seed culture medium）和发酵培养基（fermentation medium）。

（1）富集分离培养基：从自然界采集的样品中，优势菌是一些常见的微生物，而新型微生物往往是劣势种。要使样品中的劣势种变为优势种，需要进行富集培养。分离新型微生物所用的富集分离培养基：①可利用现有的培养基，如分离海洋细菌的 2216 培养基，进行 1~10 倍的稀释，分离到新型微生物的机会可增加，因为自然界有些微生物生长在寡营养的环境中。②特定培养基，如利用某一物质作为唯一碳源或氮源的培养基，可以获取能利用该物质的微生物。③利用混合菌群的培养液作为富集分离培养基的添加成分，由于微生物之间的共生关系、群体感应（quorum sensing，QS）和信息交流被阻断，微生物会因为缺乏必需的生长因子和信号分子而无法生长。总之，通过富集培养，可促进某些特定微生物生长繁殖，而抑制其他微生物生长繁殖。

（2）种子培养基主要用于培养菌种。种子培养基需含有较完全、丰富的营养物质，特别是要有充分的氮源和生长因子，以满足菌种大量生长的需求，种子培养基总体的碳氮比相对比较低。由于菌种培养时间较短，且不要求其积累大量产物，一般种子培养基中各种营养物质浓度不必太高。另外，种子培养基将直接转入发酵罐进行发酵，为了缩短发酵阶段适应期，种子培养基成分还应考虑与发酵培养基的主要成分相近，使其在种子培养过程中合成大量有关的诱导酶，以便进入发酵阶段后能够较快地适应、利用发酵培养基。所以，种子培养基既要营养丰富又要兼顾菌种对发酵条件的适应能力。

（3）发酵培养基是发酵中供菌体生长、繁殖和积累发酵产物的重要培养基，以获得最大浓度的代谢产物为目的。发酵培养基的组成需注意碳源与氮源中的速效和迟效成分的相互搭配、适当的碳氮比，以及菌体生长所需的元素、化合物与产物所需的特定元素等。发酵培养基一般数量较大，配料比较粗放，以满足菌体积累大量合成的代谢产物、缩短发酵周期、简化提取工艺的需求。有时还会在发酵培养基中添加前体物质、促进剂或抑制剂，以便获得最好的发酵产品。如果生长和合成两阶段的最佳条件要求不同，则可以考虑用分批补料来满足培养基的需求。

选择培养基、鉴别培养基与富集分离培养基在微生物的基础研究、菌种分离鉴定、临床检测和环保检验等方面有着重要的应用。

5. 按照微生物种类划分

按微生物种类可分为细菌培养基、放线菌培养基、酵母菌培养基和霉菌培养基等。

（1）细菌培养基：肉汤培养基、LB（Luria-Bertani）培养基（1%蛋白胨，0.5%酵母粉，1%氯化钠，pH 7.2，121℃灭菌 20 min 备用）、分离海洋细菌的 2216 培养基（0.5%蛋白胨，0.1%酵母粉，0.001%磷酸高铁，1.5%琼脂，海水定容，煮沸，调 pH 至 7.6~7.8）、富集好氧自生固氮菌的阿什比（Ashby）无氮培养基（1%甘露醇，0.02%磷酸二氢钾，0.02%硫酸镁，0.02%氯化钠，0.01%硫酸钙，0.5%碳酸钙）等。

（2）放线菌培养基：高氏 1 号培养基（淀粉硝酸盐培养基）。

（3）酵母菌培养基：PDA 培养基、麦芽汁培养基、酵母蛋白胨葡萄糖（YPD）培养基（2%蛋白胨，1%酵母抽提物，2%葡萄糖）等。

（4）霉菌培养基：察氏培养基、PDA 培养基、沙氏葡萄糖琼脂（Sabouraud's dextrose agar，SDA）培养基（1%蛋白胨，4%麦芽糖，2%琼脂）等。

6. 按照微生物的特殊需求划分

根据所培养微生物的特殊需求配制不同的培养基,特别是提供某种营养素,或者是缺乏某种营养素,使微生物得以鉴别、分离,如进行营养缺陷型诱变筛选的基本培养基(minimal medium,MM)、完全培养基(complete medium,CM)与补充培养基(supplemental medium,SM)。

(1)基本培养基(MM)是具有能满足微生物野生型和原养型菌株生长需要的最低成分的培养基。这种培养基往往因缺少某些生长因子,而无法满足营养缺陷型菌株生长的需要。不同微生物的营养需求不同,不同微生物的基本培养基也不同,但大多数微生物所需的基本营养物质是一样的。

(2)完全培养基(CM)是可以满足一切营养缺陷型菌株营养需要的天然或半天然培养基。完全培养基营养丰富、全面,一般可在基本培养基中全面加入富含氨基酸、维生素和碱基之类的天然物质配制而成。

(3)补充培养基(SM)是能满足相应的营养缺陷型菌株生长需要的组合培养基,它是在基本培养基中加入该菌株不能合成的营养因子。根据在基本培养基中加入的是 A或 B 等营养因子代谢物而分别用[A]或[B]等来表示。

综上,微生物的培养基种类见表 6-7。

表 6-7 微生物的培养基种类

培养基的分类依据	培养基的种类
成分	天然培养基、合成培养基、半合成培养基
物理状态	固体培养基、半固体培养基、液体培养基、脱水培养基
特殊用途	加富培养基、选择培养基、鉴别培养基
使用目的	富集分离培养基、种子培养基、发酵培养基
微生物种类	细菌培养基、放线菌培养基、酵母菌培养基、霉菌培养基
特殊需求	基本培养基、完全培养基、补充培养基

二、培养基设计的原则和方法

培养基是进行微生物科研与发酵生产的物质基础,不同的微生物有不同的营养要求,所以在设计前应先调查微生物的生态(生态模拟)、了解微生物在自然环境中的生存条件、熟悉微生物营养知识和规律,还应借鉴前人的经验,查阅有关文献资料,这对有特色的培养基配制有着重要的作用。要精心设计培养基,借助优选法或正交试验设计法等方法,研究确定不同培养基配方、单种成分来源和数量、几种成分浓度比例调配,以及小型试验放大到大型生产的条件、pH 和温度等。

1. 根据不同营养类型制备不同培养基

各类微生物有各自的营养特点,如自养微生物具有较强的生物合成能力,能利用简单的无机物合成本身需要的糖、脂肪、核酸、维生素等复杂的细胞物质。因此,培养自养微生物的培养基可由一些简单的无机化合物组成；而异养微生物的合成能力较弱，不能以 CO_2 作为唯一的碳源，其培养基中除无机物外，还需加入少量有机物（至少需要一种有机物），以满足其生长繁殖的需要。

微生物的主要类群有细菌、放线菌、酵母菌和霉菌，它们所需要的培养基成分不同。常用的培养基有：①培养细菌的牛肉膏蛋白胨培养基或 LB 培养基；②培养放线菌的高氏 1 号培养基；③培养酵母菌的麦芽汁培养基或 YPD 培养基；④培养霉菌的 PDA 培养基或察氏培养基。如果要分离、培养某种特殊类型的微生物，还需使用特殊的培养基。

2. 培养基中营养物质的浓度和配比要合适

如果培养基中营养物质浓度太低，则不能满足微生物生长的需要，会使微生物生长过慢，不利于提高产量及设备的利用率；营养物质浓度过高时，会使培养基的渗透压增加，发酵液黏度提高和溶解氧降低，抑制微生物的生长。如高浓度糖、无机盐、重金属离子等不仅不能维持和促进微生物的生长，反而起到抑制或杀菌作用。

通过菌体成分的分析可知，在各种微生物细胞中，其不同成分与元素间有较稳定的比例。一般微生物培养基中的各种营养要素含量如下，特别是培养大多数化能异养型微生物的培养基中的各元素的比例大体符合 10 倍的递减规律（图 6-21）。

$$H_2O > C > N > P、S > K、Mg > 生长因子$$
$$10^{-1} \quad 10^{-2} \quad 10^{-3} \quad 10^{-4} \quad 10^{-5} \quad 10^{-6}$$

图 6-21 营养物质需求规律

在上述各元素中碳氮比（C/N）是最重要的。碳氮比一般指培养基中元素碳与元素氮的比值，有时也指培养基中还原糖与粗蛋白两种成分之比。当培养基中氮源过多时，菌体生长过于旺盛，不利于产物积累；氮源不足，菌体生长过慢。碳源不足菌体易老化，以致自溶。培养基的碳氮比根据微生物的种类、发酵产品的种类和发酵方式而确定。

一般培养基中的碳氮比为 100/(0.2～2)。放线菌蛋白酶培养基为 100/(10～20)。柠檬酸发酵生产的碳氮比是 20/1。酵母发酵生产单细胞蛋白（SCP）的碳氮比是（10～6）/1。在利用微生物发酵生产谷氨酸的过程中，培养基碳氮比为 100/(15～21)时，菌体大量繁殖，谷氨酸积累少；当培养基碳氮比为 3/1 时，菌体繁殖受到抑制，谷氨酸产量大大增加。在抗生素发酵生产过程中，可以通过控制培养基中速效氮（或碳）源与迟效氮（或碳）源之间的比例来控制菌体生长与抗生素的合成。

培养目的不同，培养基中碳、氮的含量也不同，如种子培养基的营养成分宜丰富些，尤其氮源的含量较高，即碳氮比低；相反大量生产代谢产物的发酵培养基，其氮源含量宜比种子培养基低，即碳氮比高。应注意生产氨基酸类含氮量高的代谢产物时，氮源的比例就应高些。

3. 培养基的理化条件要适宜

培养基的 pH、渗透压、氧化还原电势和前体物质等对微生物的生长影响较大。

（1）各种微生物对最适 pH 要求不同，一般细菌、放线菌为中性和微碱性环境，酵母菌、霉菌为偏酸性环境，即细菌最适 pH 为 7.0～8.0，放线菌为 7.5～8.5，酵母菌为 3.8～6.0，而霉菌为 4.0～5.8。各种微生物都有其特定的最适 pH，但对于某些极端环境中的微生物来讲，往往可突破所属类群微生物 pH 的上限和下限。

微生物在生长、繁殖、代谢过程中，由于营养物质的分解利用和代谢产物的形成积累，会改变培养基的 pH。若不对培养基 pH 进行及时控制，往往会导致微生物生长速度以及代谢产物产量的下降。为了维持培养基 pH 的相对稳定，必须考虑在培养基中加入缓冲液，常用的缓冲液是 K_2HPO_4 和 KH_2PO_4 组成的混合物。K_2HPO_4 溶液呈碱性，KH_2PO_4 溶液呈酸性，两者等摩尔浓度的 pH 为 6.8，且可在 pH 6.0～7.6 起调节作用。此外，有些微生物，如乳酸菌能大量产酸，此时也可以在培养基中添加难溶的碳酸钙（$CaCO_3$）来不断中和微生物产生的酸，同时释放 CO_2，将培养基 pH 控制在一定范围内。生产实践中还采用流加氨水（氮源）、盐酸、碱等调节 pH，如谷氨酸生产过程中通过添加氨水，既可以调节培养基的 pH，又可以补充氮源。

（2）渗透压对微生物有一定的影响，渗透压过高时，微生物会出现质壁分离；渗透压过低则又会出现细胞吸水膨胀，对细胞壁脆弱或丧失的各种缺壁细胞（如原生质体、球形体、支原体）来说，会出现膨裂现象。所以在进行微生物原生质体培养时要考虑渗透压的影响。

（3）氧化还原电势对微生物的生长也有较大影响，好氧微生物喜欢在氧化还原电势高的环境中生长，厌氧微生物则要在氧化还原电势低的环境中才能生长。因此，针对严格厌氧菌，除了配制培养基、灭菌、接种等一切操作过程必须采用严格厌氧技术，以去除氧气，还要在培养基中加入一定量的还原剂如 0.01%～0.2%巯基乙醇、0.1%抗坏血酸、0.025%硫化钠、0.05%半胱氨酸、0.1%～1.0%葡萄糖、二硫苏糖醇和铁屑等来降低氧化还原电势。

（4）根据产物的特性及发酵机制在培养基中添加适当的前体物质、诱导物、促进剂或抑制剂。①许多微生物胞外酶的合成需要适当的诱导物；②促进剂大多数为表面活性物质，以提高细胞膜表面的通透性，增加氧传递速度；③前体物质是产物合成的限制因子，添加前体物质在某种程度上可控制生物合成的方向。如青霉素发酵中，需添加苯乙酸、苯乙酰胺等前体物质。利用栖土曲霉（*Aspergillus terricola*）发酵产生蛋白酶时，发酵 2～8 h 后添加 0.1%的脂肪酰胺磺酸钠则可将产量提高 50%；米曲霉（*A. oryzae*）发酵生产蛋白质时，加入大豆精油提取物，产量可提高 187%；生产四环素时，加入溴化物、硫脲等，可抑制金霉素产生，提高四环素产量。

4. 利用廉价、易得的原料

利用廉价、易得的原料作为培养基成分，尤其是在工业发酵中，生产量非常大，利用低成本的原料更能体现出经济价值。所以，应考虑这一点，以便降低生产成本。（知识扩展 6-6，见封底二维码）

5. 灭菌处理

要获得微生物的纯培养，必须避免杂菌污染，所以要对设备器材及工作场所进行消毒处理，对培养基要进行严格的灭菌。培养基灭菌常采用高温短时间的方法，可以减少营养成分的破坏（表 6-8）。常用的培养基灭菌方法为高压蒸汽灭菌、分批灭菌、连续灭菌、间歇灭菌和过滤除菌等。

表 6-8　灭菌温度和灭菌时间对培养基营养成分的影响

灭菌温度/℃	灭菌时间/min	营养成分被破坏的比率/%
100	400	99.3
110	36	67
115	15	50
120	4	27
130	0.5	8
145	0.08	2
150	0.01	小于 1

（1）高压蒸汽灭菌：对于移液管、培养皿、三角瓶等玻璃器皿以及斜面培养基、摇瓶种子培养基可以利用高压蒸汽进行灭菌（图 6-22），即将灭菌物体放置于加有适量水的高压蒸汽灭菌锅内，将锅内的水加热煮沸，排气一定的时间，将其中的冷空气彻底驱尽，然后升温至 121℃（蒸汽压力为 1 kg/cm^2 或 0.1 MPa）维持 15～20 min 即可达到灭菌的目的。在高压蒸汽灭菌过程中，长时间高温会使培养基中的某些成分如糖类物质形成焦糖。所以含高浓度糖的培养基，一般采用 115℃灭菌 10～15 min，并与其他培养基成分分开灭菌，灭菌后再与其他已灭菌的成分混合。此外高压蒸汽灭菌后，培养基的 pH 会发生改变，一般使 pH 降低，可根据微生物的要求，在培养基灭菌前后进行适当的调整。

图 6-22　高压蒸汽灭菌锅

（2）分批灭菌，即实罐灭菌，生产上也称实消，是将培养基直接置于发酵罐中用蒸汽加热，达到预定灭菌温度后，维持一定时间，再冷却到发酵温度，然后接种发酵。分批灭菌的灭菌温度和时间根据发酵罐大小、蒸汽压力高低以及冷却效果好坏而定。具体操作为先从隔层或冷却蛇管中间接进蒸汽，升温加热至90℃，再从罐底部直接通入蒸汽，进行加热至规定的温度（一般为105～110℃），维持5～8 min，然后关闭蒸汽，开冷却水迅速降温，并通入无菌空气维持发酵罐的正压，以防染菌。灭菌过程中应适当打开所有的排气口。分批灭菌一般适用于规模较小的发酵罐，以及起泡性强、黏度大、固形物多的培养基。分批灭菌设备简单，不需要特殊设备，操作简单易行；其缺点是发酵罐利用率低（加热、冷却所需时间长），生产周期长，无法进行高温短时间灭菌。

（3）连续灭菌也称连消，在大规模的发酵工厂中常用于培养基灭菌。将培养基在发酵罐以外的专用设备中连续不断地进行加热、维持、冷却，然后进入灭过菌的发酵罐。连续灭菌由连消塔加热、维持罐的维持与喷淋室的冷却三个部分组成。培养基一般在135～140℃条件下处理5～15 s（图6-23）。常规20 m³以上的发酵罐的培养基应采用连续灭菌。连续灭菌可以将培养基成分用少量水隔开分段灭菌。不管是实消还是连消，灭菌后的培养基都应该用无菌空气进行保压，以防染菌。

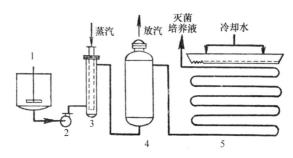

图6-23　连消塔喷淋冷却连续灭菌
1. 调浆罐；2. 连消泵；3. 连消塔；4. 维持罐；5. 喷淋冷却器

（4）间歇灭菌（factional sterilization）是将待灭菌的物品放在灭菌器或蒸笼里，每天蒸煮1次，每次煮沸1 h，连续3天重复进行。在每两次蒸煮之间，将物品（指培养基）放在37℃恒温条件下培养过夜，这样可以使每次蒸煮后未杀死的残留芽孢萌发成营养体，以便下次蒸煮时杀灭。

（5）过滤除菌（filtration sterilization）主要用于不能用加热灭菌的液体物质（如维生素、血清、抗生素），一般可用细菌过滤器（2 μm滤膜）进行除菌（图6-24）。

总之，微生物从体外环境中不断吸收各种营养物质，在细胞内不同酶的作用下，一部分营养物质同化为菌体的组成部分，或以贮藏物质的形式贮积于细胞中；另一部分营养物质经转化后，成为代谢产物排出体外，成为人们生活所需的产品。微生物拥有地球生物的所有营养类型，是生命有机物质重要的合成者和分解者。根据各类微生物的营养需求特点，以及生长代谢规律，选用合适的微生物培养基，通过物质转化，可以获得人们所需要的产品。

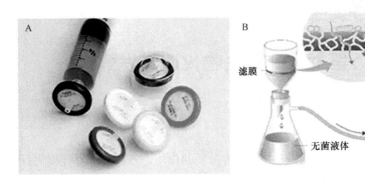

图 6-24　过滤除菌
A. 滤膜；B. 过滤除菌装置

思 考 题

1. 营养物有什么作用？

2. 微生物的 6 种营养要素是什么？什么是生长因子？

3 什么是天然培养基、合成培养基？

4. 何为固体培养基、半固体培养基、液体培养基？各有什么作用？

5. 什么是基本培养基、完全培养基、补充培养基？

6. 什么是选择培养基？试举例说明。

7. 试举例说明鉴别培养基。

8. 根据能源及碳源的不同，将微生物的营养类型分成几类，其中大多数微生物属于哪一类？

9. 如果要分离放线菌选择什么培养基？分离真菌又该使用怎样的培养基？

10. 什么是碳氮比？种子培养基与发酵培养基中所含的碳氮比相同吗？为什么？

11. 各种微生物的最适 pH 是什么？

12. 营养物质的 4 种运送方式是什么？微生物中最主要的运送方式是什么？

13. 根据所学的微生物学理论与实验知识，设计一个从自然界中分离纤维素分解微生物的整体实验方案，并详细说明实验设计原理和思路。

14. 如何从自然界中分离固氮菌？

15. 如何从自然界中分离产生抗生素的微生物？

16. 某同学利用酪素培养基平板筛选产胞外蛋白酶的细菌，在酪素培养基平板上发现有几株菌的菌落周围有蛋白水解圈，能否仅凭蛋白水解圈直径与菌落直径的比值大，就断定该菌株产胞外蛋白酶的能力大，而将其选择为高产蛋白酶的菌种？为什么？

参 考 文 献

朱旭芬, 方明旭. 2018. 细菌与古菌的多相分类. 北京: 科学出版社.

朱旭芬, 贾小明, 张心齐, 等. 2011. 现代微生物学实验技术. 杭州: 浙江大学出版社.

朱旭芬, 林文飞, 霍颖异. 2019. 浙江大学校园大型真菌图谱. 杭州: 浙江大学出版社.

第七章 微生物代谢与发酵

导　言

微生物在物质循环和能量流动中发挥着重要的作用，它们与外界环境进行物质和能量的交换，而体内也在不断地进行物质和能量的转变，从而使机体进行自我更新。生物代谢包括物质代谢和能量代谢，代谢中既有合成代谢，也有分解代谢。生物体将从外界摄取的物质与自身体内的物质加以分解，释放出能量，供机体进行生命活动。微生物的代谢具有速度快、类型多样、适应性强，以及可调节性的特点。其代谢产物可分为维持正常生命活动所需的初生代谢产物，以及结构复杂、代谢途径独特、具有各种生理功能的次生代谢产物。

本章知识点（图 7-1）：

1. 微生物的光能自养型、化能自养型与异养型，以及循环光合磷酸化与非循环光合磷酸化。

2. 有关发酵的 EMP 途径、HMP 途径、WD 途径、ED 途径及氨基酸发酵。

3. 微生物具有的独特合成途径：CO_2 固定、甲烷合成、生物固氮及肽聚糖的合成。

4. 微生物次生代谢产生的抗生素、维生素、生长激素、色素、生物碱等。

5. 微生物的酶合成与酶活性的调节。

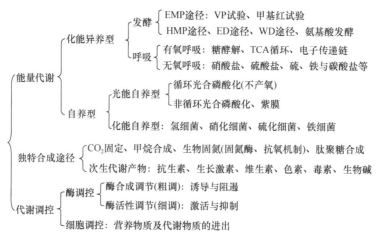

图 7-1　本章知识导图

关键词：分解代谢、合成代谢、能量代谢、光能自养型、化能异养型、发酵、EMP 途径、VP 试验、甲基红试验、HMP 途径、ED 途径、同型发酵、异型发酵、WD 途径、磷酸转酮酶、Stickland 反应、吲哚试验、硫化氢试验、乙醇发酵、乳酸发酵、呼吸、TCA 循环、呼吸链、有氧呼吸、P/O 比、无氧呼吸、硝酸盐呼吸、硫酸盐呼吸、碳酸盐呼吸、铁呼吸、硫呼吸、光合色素、循环光合磷酸化、非循环光合磷酸化、紫膜、卡尔文循环、厌氧乙酰 CoA 途径、还原性柠檬酸循环、3-羟基丙酸（3-HP）双循环、3-羟基丙酸/4-羟基丁酸（3-HP/4-HB）循环、二羧酸/4-羟基丁酸（DC/4-HB）循环、生物固氮、固氮酶、钼铁蛋白、铁蛋白、肽聚糖合成、初生代谢产物、次生代谢产物、抗生素、生长激素、维生素、毒素、色素、生物碱、组成酶、诱导酶、乳糖操纵子、色氨酸操纵子、阻遏物、二次生长、激活物

一切生命现象都直接或间接与机体内进行的化学反应有关，生物有机体进行的化学反应统称为新陈代谢（metabolism），它是一切生命有机体的基本特征，包括合成代谢（anabolism）与分解代谢（catabolism）（图 7-2）。

$$复杂有机大分子 \underset{合成代谢酶系}{\overset{分解代谢酶系}{\rightleftharpoons}} 简单小分子+ATP+[H]$$

图 7-2 新陈代谢

分解代谢是指复杂的有机大分子在分解代谢酶系的催化下，产生简单小分子、三磷酸腺苷（ATP）能量和还原力[H]的过程；而合成代谢则正好相反，是指在合成代谢酶系的催化下，由简单的小分子、ATP 能量和还原力[H]一起合成复杂的有机大分子的过程。细胞物质合成中的还原力[H]是指还原型烟酰胺腺嘌呤二核苷酸（NADH）、还原型烟酰胺腺嘌呤二核苷酸磷酸（NADPH）和还原型黄素腺嘌呤二核苷酸（$FADH_2$），其中 NADH 直接参与产能（分解）反应，而 NADPH 则主要参与生物化学中的合成反应。

分解代谢是将细胞内的大分子物质降解为小分子物质，并在该过程中产生能量。一般可将分解代谢分为三个阶段：第一阶段是将蛋白质、多糖及脂类等大分子营养物质分解为氨基酸、单糖及脂肪酸等小分子物质；第二阶段是将第一阶段的产物进一步分解成更简单的乙酰辅酶 A（乙酰 CoA）、丙酮酸，以及能进入三羧酸（tricarboxylic acid, TCA）循环的某些中间产物，在这个阶段会产生一些 ATP、NADH 及 $FADH_2$；第三阶段是通过 TCA 循环将第二阶段的产物完全分解成 CO_2，并产生 ATP、NADH 及 $FADH_2$。第二阶段和第三阶段产生的 NADH 及 $FADH_2$ 通过呼吸链被氧化，可产生大量的 ATP。在代谢过程中，微生物通过分解代谢产生的化学能，除可用于合成代谢外，还用于微生物的运动和运输，另外部分能量以热和光的形式释放到环境中。（e 图 7-1，见封底二维码）

合成代谢是细胞利用简单的小分子物质合成复杂大分子的过程，其间所消耗的能量来自微生物分解代谢产生的化学能，而光合微生物将光能转换成化学能。合成代谢所利用的小分子物质来源于分解代谢过程中产生的中间产物或环境中的小分子营养物质。（e 图 7-2，见封底二维码）

合成代谢与分解代谢既有区别又有紧密联系，合成代谢是分解代谢的基础，分解代谢为合成代谢提供能量与原料。不论是合成代谢还是分解代谢都与能量代谢联系在一起。

第一节　能量代谢

一切生命活动都与能量代谢紧密相关，对微生物来说，可利用的最初能源不外乎光能和化学能两种，所以根据最初能源的不同可将微生物分为化能营养（chemotrophy）型与光能营养（phototrophy）型。尽管这两类微生物利用最初的能源是不同的，但经过代谢活动，最终转换成的能量是一切生命活动都通用的 ATP（图 7-3）。

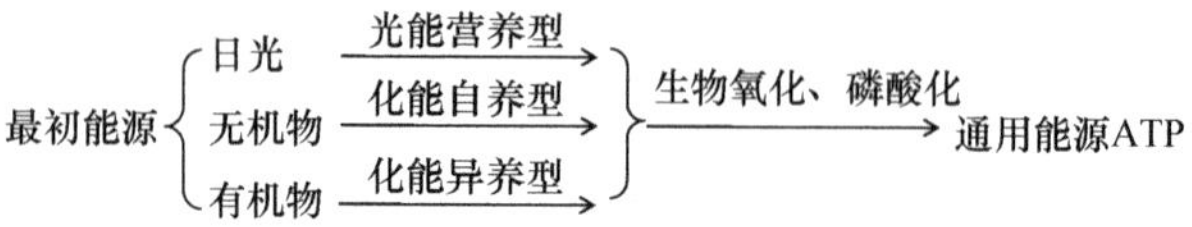

$$
最初能源 \begin{cases} 日光 & \xrightarrow{光能营养型} \\ 无机物 & \xrightarrow{化能自养型} \\ 有机物 & \xrightarrow{化能异养型} \end{cases} \left\} \begin{array}{l} 生物氧化、磷酸化 \\ \longrightarrow 通用能源ATP \end{array}\right.
$$

图 7-3　能量来源

化能营养型生物可以利用氧化有机物（如葡萄糖）或无机物（如氢气、硫化物、二价铁等）释放的能量合成 ATP，而光能营养型生物则利用不同类型的光系统来捕捉光能转化为化学能。除了能量来源的不同，也可根据碳源的不同进行生物分类，如以有机物为碳源的异养生物（heterotroph）、可以固定 CO_2 的自养生物（autotroph）。

对于高等生物来说，自养一般和光能营养一起发生，如光能自养的植物；而异养则常和化能营养一同作用，如化能异养的动物。植物在进行光合作用固定 CO_2 时，需将 CO_2 进行还原，该过程涉及将电子从水分子中剥离，经过呼吸链到还原等价物 NADPH，直到最后将来源于水的电子用于还原 CO_2。在动物体内，摄入的有机物也会被一步步氧化而产生还原等价物（NADH 及 $FADH_2$），并最终进入呼吸链。可发现，这两个过程中电子的来源完全不同，一个是水，另一个是有机物。由此可把生物分为：①以无机物为还原等价物来源的无机营养生物（lithotroph）；②以有机物为还原等价物来源的有机营养生物（organotroph）。除了水以外，硫化氢、单质硫、氢气、亚硝酸、二价铁离子等都可作为无机电子供体。至此，可根据能量来源、还原等价物来源和碳源对生物进行二分，可得到不同的基本营养类型（primary nutritional group）（表 7-1）。这些组合在自然界中均有存在，只不过一些类型不常见。我们可以很好地理解化能有机异养（动物及某些真菌）或者光能无机自养（植物）。但有机自养这样的组合可能会让人费解，一般这种情况下的有机电子供体并不是化能有机营养生物所使用的复杂而又可用于合成代谢的化合物，而是如二甲基硫（dimethyl sulfide）、甲烷（methane）这样的简单有机物，这类有机物只能提供还原力（有机电子来源），而生物合成所需要的碳仍要通过还原力来固定。同时，在不同环境下，一些微生物会切换不同的营养类型，如一些紫细菌就可根据环境是否有光及是否存在有机碳源，在光能有机异养、光能无机自养及化能有机异养间进行切换，也可以将这类生物称为混合营养生物（mixotroph）。本章着重介绍化能有机异养、化能无机自养及光能无机自养类型。

表 7-1　微生物的营养类型

能量	还原等价物	碳源	营养类型	微生物
太阳光的光能	有机物	有机物	光能有机异养	紫非硫细菌、绿非硫细菌
		CO_2	光能有机自养	海生紫细菌
	无机物	CO_2	光能无机自养	植物、蓝细菌、绿硫细菌
化合物的化学能	有机物	有机物	化能有机异养	动物、真菌
	无机物	有机物	化能无机异养	产甲烷菌
		CO_2	化能无机自养	无色硫细菌、同型乙酸细菌、产甲烷菌

生物无论是利用光能还是化学能，最终大部分能量都会被用于合成 ATP。ATP 是生物的能量贮存形式，类似于一个轻便的蓄电池，可被带到细胞的任何部位，给予化学反应的能量或参与细胞的生理过程。当 1 mol ATP 分子分解为二磷酸腺苷（ADP）和磷酸时，就可提供约 10000 cal（1 cal=4.184 J）的能量供细胞利用。任何细胞中的 ATP 分子贮存不超过几分钟，当它在微生物中被用完时，用能量化合物如糖类存的能量再合成，而产生的 ATP 分子几乎立即被利用。

在活细胞内通用能量 ATP 的产生是通过生物氧化还原反应与磷酸化反应相偶联进行的，即在产能代谢过程中，微生物通过底物水平磷酸化（substrate level phosphorylation）和氧化磷酸化（oxidative phosphorylation）将某种物质氧化释放的能量贮存于 ATP 等高能分子中（图 7-4）；光合微生物则通过光合磷酸化（photophosphorylation）将光能变成化学能贮存于 ATP 中。

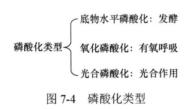

图 7-4　磷酸化类型

（1）底物水平磷酸化是指物质在生物氧化过程中，常生成一些高能键化合物，如糖酵解过程中产生的 1,3-二磷酸甘油酸、磷酸烯醇丙酮酸（PEP），这些高能键化合物可直接偶联 ATP 的合成，这种产生 ATP 的方式为底物水平磷酸化。

（2）氧化磷酸化也称电子转移磷酸化，是指物质在生物氧化过程中形成的 NADH 和 $FADH_2$，通过位于线粒体内膜和细菌内膜上的电子传递系统，将电子传递给分子氧或其他氧化型物质，在这个过程中产生的质子动力势（proton motive force，PMF）推动了 ATP 的合成。

（3）光合磷酸化是指通过类胡萝卜素及叶绿素收集到的光能将电子激发至高能态后通过呼吸链逐步释放能量，同时形成质子动力势来合成 ATP 的过程，其间可以产生还原力 NAD(P)H 用于合成有机物质。

尽管异养微生物和自养微生物在最初能源上不同，但它们的生物氧化本质是相同的，伴随着电子的释放、传递和接受的过程，可以说生物氧化与某物质的氧化、氢的传递及电子的传递相关。三大类微生物的生物氧化和产能的情况如图 7-5 所示。

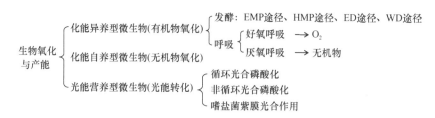

图 7-5　不同微生物的生物氧化和产能方式

发酵是以有机物作为电子的供体和受体，通过底物水平磷酸化产生 ATP 的代谢过程。而呼吸是以有机物或无机物作为电子的供体，通过呼吸链建立跨膜质子梯度进而合成 ATP 的过程。如果呼吸作用的最终电子受体是分子氧，则为有氧呼吸；而以其他化合物（硫酸盐、硝酸盐、碳酸盐）作为最终电子受体，则称为无氧呼吸。无氧呼吸能以简单有机物如二甲基亚砜（dimethyl sulfoxide，DMSO）、氧化三甲胺（trimetlylamine oxide，TMAO）为最终电子受体。

综上，微生物的三种产能代谢途径是发酵、呼吸（有氧、无氧）和光合作用，而这三种能量转换方式为底物水平磷酸化、氧化磷酸化及光合磷酸化。

一、化能异养型的生物氧化

根据生物氧化过程中是否经过呼吸链并建立跨膜质子动力势，可将化能异养型微生物的产能方式分为发酵（fermentation）与呼吸（respiration）两种主要方式。

1. 发酵

发酵是微生物在无氧条件下的一种生物氧化形式，指微生物将氧化有机物释放的电子直接交给其中间代谢有机产物的过程。在发酵过程中，有机物既是被氧化的基质（电子供体），又是氧化还原反应中电子和氢的最终受体，而这种有机物受体通常是指不完全氧化后的中间产物。因此，发酵的结果仍可积累某些有机物质，通过底物水平磷酸化合成 ATP，产能效率很低。一般严格厌氧菌能进行发酵，而兼性厌氧菌根据氧的存在与否，有氧时进行呼吸作用，而无氧时以发酵方式产能。但乳酸菌（兼性厌氧菌）即使有氧存在也进行发酵产能。本部分主要介绍与 EMP 途径、HMP 途径、ED 途径、WD 途径等有关的发酵类型。

1）EMP 途径

EMP 途径（Embden-Meyerhof-Parnas pathway）又称糖酵解（glycolysis）或己糖二磷酸途径（hexose diphosphate pathway）。这是葡萄糖的无氧代谢途径，以 20 世纪 30 年代三位科学家的名字命名。通过糖酵解，1 分子的葡萄糖可以产生 2 分子丙酮酸，也产生供机体生长的能量（图 7-6）。

从整个反应可看出，1 分子葡萄糖经 EMP 途径后可净产 2 分子 ATP 及 2 分子的 NADH，总反应为：葡萄糖＋2NAD$^+$＋2ADP＋2Pi $\longrightarrow$ 2 丙酮酸＋2NADH＋2ATP＋2H$_2$O。

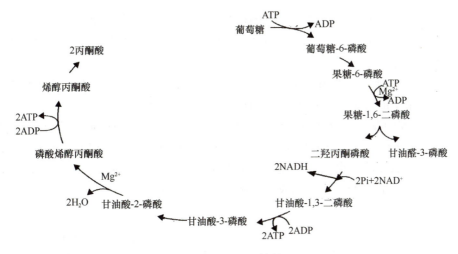

图7-6 EMP 途径

糖酵解过程不需要氧的参与，可在无氧或有氧条件下进行，整个反应产出 2 分子 NADH，如果要通过糖酵解源源不断地产生 ATP，该过程势必会将细胞内所有 NAD^+ 全部转化为还原态，并最终导致反应无法进行下去。为了保持细胞内的氧化还原平衡（redox balance），需将还原的 NADH 重新氧化。如果 NADH 通过进入呼吸链重新合成 NAD^+ 即为呼吸。而如果用糖酵解产物丙酮酸（或其他有机物）来氧化 NADH，这个过程就是发酵。

糖酵解生成丙酮酸后，再由不同的微生物进行各种发酵如乙醇发酵、乳酸发酵、丁酸发酵、柠檬酸发酵、乙酸发酵、氨基酸发酵等，发酵中不同的菌群具有特殊的电子传递途径与呼吸类型（图7-7）。（知识扩展7-1，见封底二维码）

由此可见，EMP 途径的产量很低，却衔接着许多代谢途径，在无氧条件下可以生成乙醇、乳酸、丙酮、丁醇、丁二醇等产物。此外，EMP 途径还与有氧呼吸中的 TCA 循环衔接。

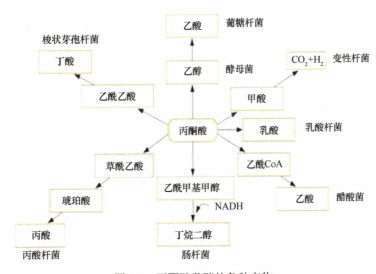

图7-7 丙酮酸发酵的各种产物

在自来水水质的检查中，通常以大肠杆菌（*E. coli*）含量的高低来衡量水被污染的程度，可通过对葡萄糖发酵液进行产酸产气、VP 试验及甲基红试验来确定水体中是否含有大肠杆菌。

（1）产酸产气情况：大肠杆菌（*E. coli*）发酵葡萄糖既产酸又产气，而志贺氏菌属（*Shigella*）由于不能使甲酸裂解成 CO_2、H_2，所以只产酸不产气。

（2）VP 试验（Voges-Proskauer test）：大肠杆菌（*E. coli*）发酵葡萄糖的 VP 试验结果呈阴性，而肠杆菌属（*Enterobacter*）则呈阳性。VP 试验是指葡萄糖发酵的中间产物乙酰甲基甲醇（acetoin，也称 3-羟基丁酮）在碱性条件下易生成二乙酰（diacetyl），二乙酰能与精氨酸的胍基起反应，生成红色化合物（图 7-8）。

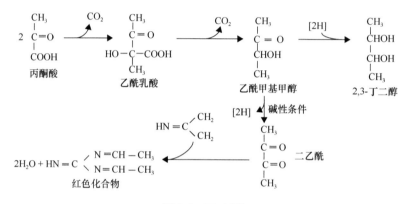

图 7-8 VP 试验

（3）甲基红试验：大肠杆菌（*E. coli*）发酵葡萄糖产生较多有机酸，使发酵液 pH 下降到 4.2 以下，加入甲基红指示剂，呈红色，为阳性反应；肠杆菌属（*Enterobacter*）则产生一些中性有机酸，使发酵液 pH 较高，加入甲基红指示剂，呈橙黄色，为阴性反应。

自来水中的细菌总数不可超过 100 个/mL（37℃，培养 24 h），如超过 500 个/mL，则不能作为生活饮用水，而大肠杆菌（*E. coli*）数不能超过 3 个/L。

2）HMP 途径

HMP 途径即己糖磷酸途径（hexose monophosphate pathway），也称戊糖磷酸途径（pentose phosphate pathway）或磷酸葡萄糖酸途径。一些异型发酵乳杆菌因缺乏 EMP 途径中的若干重要酶——醛缩酶和异构酶，而依赖 HMP 途径（图 7-9）。

$6\times$葡萄糖-6-磷酸 $+12NADP^+ +7H_2O \longrightarrow 5\times$ 葡萄糖-6-磷酸 $+12NADPH+12H^+ +6CO_2+Pi$

HMP 途径有着极其重要的作用。①为核苷酸和核酸的生物合成提供戊糖。此外，核酮糖-5-磷酸可以转化为核酮糖-1,5-双磷酸，在羧化酶的作用下固定 CO_2，对于某些光能自养菌、化能自养菌具有重要的意义。②产生大量的 NADPH 形式的还原力供生命活动需要。1 分子葡萄糖通过 HMP 途径被完全氧化时，可以产生 12 分子的 NADPH。

③在反应过程中有 C3～C7 各种糖的形成（图 7-10），从而使微生物的碳源利用范围更广。④反应过程中 C4 的赤藓糖-4-磷酸可用于合成芳香氨基酸。

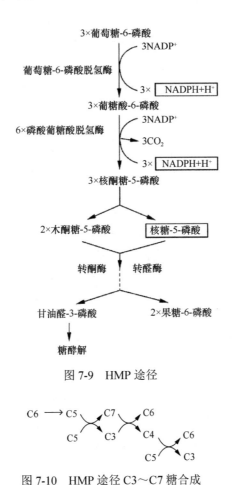

图 7-9 HMP 途径

图 7-10 HMP 途径 C3～C7 糖合成

大多数好氧和兼性厌氧微生物都具有 HMP 途径，且在同一微生物中往往同时存在 HMP 途径和 EMP 途径，只是在不同的微生物中两者的比例不同。

3）ED 途径

ED 途径（Entner-Doudoroff pathway）又称 2-酮-3-脱氧-6-磷酸葡糖酸（2-keto-3-deoxy-6-phosphogluconate，KDPG）裂解途径。这是一种缺少完整 EMP 途径的微生物所具有的一种替代途径，是 Entner 和 Doudoroff 于 1952 年在研究嗜糖假单胞菌（*Pseudomonas saccharophila*）时发现的。ED 途径将葡萄糖降解为一分子的丙酮酸和一分子的甘油醛-3-磷酸，其中甘油醛-3-磷酸可以如 EMP 途径一样继续被代谢为丙酮酸。ED 途径在革兰氏阴性菌中分布较广，特别是在假单胞菌属（*Pseudomonas*）和根瘤菌属（*Rhizobium*）的某些菌株中较多存在（图 7-11）。革兰氏阳性菌一般不存在 ED 途径。

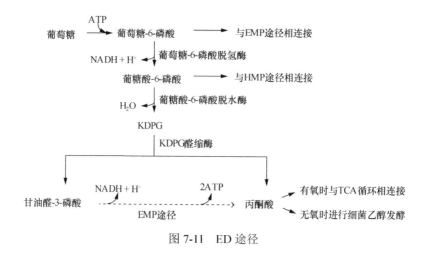

图 7-11　ED 途径

与 EMP 途径一样，ED 途径最终可产生 2 分子丙酮酸，丙酮酸可在后续 NAD$^+$重生反应中被还原成 2 个相同的产物。丙酮酸若直接被还原，则产物为乳酸，若经过一步脱羧反应生成乙醛后被还原，则产物为乙醇。葡萄糖通过 EMP 或 ED 途径发酵产生 2 个相同的产物，这种发酵称为同型发酵（homofermentation）。而 HMP 途径产生木酮糖-5-磷酸，可被磷酸戊糖解酮酶（pentose phosphoketolase，PK）裂解为乙酰磷酸及甘油醛-3-磷酸，为一种异型发酵途径。

ED 途径是少数 EMP 途径不完整的细菌如一些假单胞菌（*Pseudomonas* spp.）、发酵单胞菌（*Zymomonas* spp.）所特有的、利用葡萄糖的替代途径。这些细菌可以利用 ED 途径产生丙酮酸进行乙醇发酵，而酵母菌则利用 EMP 途径产生丙酮酸进行乙醇发酵。由于 ED 途径直接产生 1 分子丙酮酸和 1 分子甘油醛-3-磷酸，而不像在 EMP 途径中产生 2 分子甘油醛-3-磷酸，只有一半的产物可用于底物水平磷酸化。经 ED 途径 1 分子葡萄糖仅产生 1 分子的 ATP 和 2 分子的 NADH。ED 途径可不依赖于 EMP 和 HMP 途径而独立存在。

4）WD 途径

WD 途径是 Warburg、Dickens 和 Horecker 等发现的磷酸转酮酶（phosphoketolase）途径，是肠膜明串珠菌（*Leuconostoc mesenteroides*）进行异型乳酸发酵过程中分解己糖和戊糖的途径，特征酶是磷酸转酮酶。根据磷酸转酮酶的不同，把具有磷酸戊糖解酮酶（pentose phosphoketolase，PK）的称为 PK 途径（图 7-12），把具有磷酸己糖解酮酶（hexose phosphoketolase，HK）的称为 HK 途径（图 7-13）。如肠膜明串珠菌以 PK 途径进行异型乳酸发酵，而两歧双歧杆菌（*Bifidobacterium bifidum*）则利用 HK 途径分解葡萄糖。

5）梭菌的氨基酸发酵类型 Stickland 反应

Stickland 于 1934 年发现了某些厌氧梭菌在无氧条件下生长时能以一些氨基酸作为氢和电子的供体，而以另一些氨基酸作为氢和电子的受体（表 7-2），两者偶联进行氧化还原脱氨，继而脱羧形成酰基辅酶 A（acyl-CoA），从而产生能量（图 7-14）。这种反应的产能效率很低，每分子氨基酸仅产生 1 分子 ATP。

色氨酸（Trp）和酪氨酸（Tyr）既可作为电子供体，又可作为电子受体，但两者的氧化和还原相对比率不高。

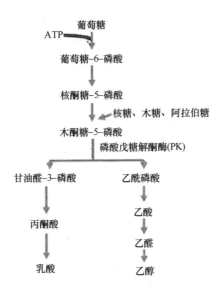

图 7-12　PK 途径

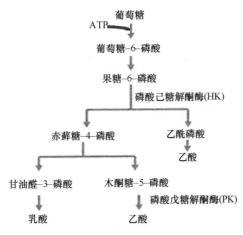

图 7-13　HK 途径（知识扩展 7-2，见封底二维码）

表 7-2　供氢体与受氢体氨基酸

供氢体氨基酸	受氢体氨基酸
丙氨酸（Ala）、亮氨酸（Leu）、异亮氨酸（Ile）、缬氨酸（Val）、苯丙氨酸（Phe）、丝氨酸（Ser）、组氨酸（His）、色氨酸（Trp）、酪氨酸（Tyr）、天冬酰胺（Asn）	甘氨酸（Gly）、脯氨酸（Pro）、羟脯氨酸（Hyp）、鸟氨酸（Orn）、精氨酸（Arg）、甲硫氨酸（Met）、色氨酸（Trp）、酪氨酸（Tyr）、半胱氨酸（Cys）
电子供给能力较强：丙氨酸（Ala）、亮氨酸（Leu）、异亮氨酸（Ile）	电子接受能力较强：甘氨酸（Gly）、脯氨酸（Pro）、羟脯氨酸（Hyp）、鸟氨酸（Orn）
电子供给能力较弱：天冬酰胺（Asn）	电子接受能力较弱：甲硫氨酸（Met）、半胱氨酸（Cys）

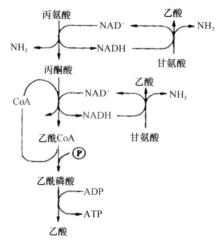

图 7-14 Stickland 反应

已知能发生 Stickland 反应的是一些专性厌氧梭菌，如生孢梭菌（*Clostridium sporogenes*）、肉毒梭菌（*C. botulinum*）、斯氏梭菌（*C. sticklandii*）和双酶梭菌（*C. bifermentans*）等。厌氧梭菌发酵蛋白质类物质的产物为氨、CO_2 和短链脂肪酸，会产生比较强烈的气味。另有一些厌氧梭菌由蛋白质代谢产生吲哚和硫化氢（H_2S），也有强烈的气味。

吲哚和硫化氢的产生可通过以下试验鉴定。①吲哚试验：有些细菌可分解色氨酸生成吲哚，吲哚与二甲氨基苯甲醛反应生成红色的玫瑰吲哚，故可根据能否分解色氨酸产生吲哚来鉴定菌种。②硫化氢试验：许多细菌能分解含硫氨基酸（胱氨酸、半胱氨酸）产生硫化氢，在蛋白胨培养基中加入重金属盐（如铁盐或铅盐），接种细菌培养后观察，若产生硫化氢，则出现黑色的硫化铁或硫化铅。

乳酸发酵（lactic acid fermentation）与乙醇发酵（alcohol fermentation）是生物体内两种主要的发酵形式。由于菌株不同，代谢途径不一样，生成的产物也不一样。两类发酵都可分为同型发酵与异型发酵。

同型乳酸发酵（$C_6H_{12}O_6 + 2ADP \longrightarrow 2$ 乳酸 $+ 2ATP$）是通过 EMP 途径实现的，如德氏乳杆菌（*Lactobacillus delbrueckii*）、嗜酸乳杆菌（*L. acidophilus*）、干酪乳杆菌（*L. casei*）、植物乳杆菌（*L. plantarum*）；而异型乳酸发酵（$C_6H_{12}O_6 + ADP \longrightarrow$ 乳酸 $+$ 乙醇 $+ CO_2 + ATP$）是通过 WD 途径实现的，如肠膜明串珠菌（*Leuconostoc mesenteroides*）、乳酸链球菌（*Streptococcus lactis*）（表 7-3）。乳酸发酵可用于加工酸奶、奶酪，用新鲜卷心菜腌制泡菜，用黄瓜生产酸黄瓜等，有一定的应用价值。乳酸在饲料青贮过程中可起到防腐、增加饲料风味和促进牲畜食欲的作用。

表 7-3 乳酸发酵

类型	途径	产物	产能	菌种代表
同型	EMP	乳酸	2 ATP	德氏乳杆菌（*Lactobacillus delbrueckii*）
异型	WD	乳酸、乙醇、CO_2	1 ATP	肠膜明串珠菌（*Leuconostoc mesenteroides*）

同型乙醇发酵是通过 EMP 途径（酵母菌、发酵单胞菌）、ED 途径（发酵单胞菌、假单胞菌）实现的；异型乙醇发酵则是通过 HMP 途径、WD 途径（肠膜明串珠菌 *L. mesenteroides*）实现的。乙醇发酵过程中，即使同一微生物利用同一底物发酵时，如果条件不同也会形成不同的产物。

酵母菌乙醇发酵包括三种类型（表 7-4）。Ⅰ型乙醇发酵，在弱酸性即 pH 3.5～4.5 及厌氧条件下，1 分子葡萄糖发酵产生 2 分子乙醇和 2 分子 CO_2，为正常酵母菌乙醇发酵。但当环境中存在亚适量 $NaHSO_3$（3%）时，则形成大量甘油和少量乙醇，为Ⅱ型乙醇发酵，因为 $NaHSO_3$ 与乙醛结合形成难溶的磺化羟基乙醛复合物，此时，乙醛不能作为受氢体，不能形成乙醇，迫使磷酸二羟丙酮代替乙醛作为受氢体，形成 α-磷酸甘油，在 α-磷酸甘油酯酶的催化下，α-磷酸甘油进一步水解脱磷酸而生成甘油。而 $NaHSO_3$ 过多，会使酵母菌中毒而停止甘油发酵。$NaHSO_3$ 仅加至亚适量，仍有部分乙醛可作为受氢体形成乙醇并产生能量，维持菌体生长。Ⅲ型乙醇发酵是指在弱碱性（pH 7.6）环境条件下，形成的主产物为甘油，少量乙醇、乙酸和 CO_2。在微碱性环境条件下，乙醛不能作为受氢体，在两个乙醛分子间发生歧化反应，1 分子乙醛被氧化为乙酸，另 1 分子乙醛被还原为乙醇。同时，磷酸二羟丙酮代替乙醛作为受氢体，被还原为甘油。Ⅲ型乙醇发酵不产生 ATP，细胞没有足够能量进行正常生理活动，是一种在静息细胞内进行的发酵。该发酵有乙酸产生，乙酸累积导致 pH 下降，使甘油发酵重新回到乙醇发酵。若利用该途径生产甘油，需不断调节 pH，维持微碱性。

表 7-4　酵母菌乙醇发酵类型

类型	条件	受氢体	ATP	主要产物
Ⅰ型	正常（弱酸）	乙醛	2	乙醇
Ⅱ型	加亚硫酸氢钠	磷酸二羟丙酮	0	甘油
Ⅲ型	pH 7.6 的弱碱性条件	磷酸二羟丙酮	0	甘油、乙醇、乙酸

以上的乳酸发酵和乙醇发酵都是厌氧发酵；而有氧发酵则产生乙酸，如醋酸杆菌属（*Acetobacter*）的纹膜醋酸菌（*A. aceti*）；己糖发酵可产生柠檬酸，如曲霉属（*Aspergillus*）的黑曲霉（*A. niger*）。

总之，发酵是专性厌氧菌和兼性厌氧菌在无氧条件下的一种生物氧化形式，其产能方式是通过底物水平磷酸化形成 ATP，产能效率低。在发酵过程中可形成多种含高能磷酸的产物，如甘油酸-1,3-二磷酸、磷酸烯醇丙酮酸（PEP）及乙酰磷酸。

除了上面介绍的发酵外，实际发酵还有一种更广的含义，在发酵工业中常指任何利用好氧或厌氧微生物，生产有用代谢产物的一类生产方式。如发酵工业中利用苏云金芽孢杆菌（*B. thuringiensis*）生产生物杀虫剂，利用酵母生产面包或乙醇，利用放线菌生产抗生素等。

2. 呼吸

呼吸是一种存在于大多数微生物体内的最普遍、最重要的生物氧化产能方式。呼吸与发酵的最大不同点是呼吸需要经过电子传递链（又称呼吸链）积累质子动力势来合成

ATP。呼吸过程中有机底物在氧化过程中按常规方式脱下氢后，不是直接交给有机物，而是通过呼吸链中一系列电子的载体，最终交给电子受体。根据呼吸中最终电子受体的性质不同，又可以将呼吸分为有氧呼吸和无氧呼吸两种，前者以分子氧作为最终电子受体，后者以除氧以外的物质如无机氧化物、硝酸盐和延胡索酸作为最终电子受体。

1）有氧呼吸

微生物在发酵过程中，1 分子葡萄糖产生 2 个 ATP，其他能量仍贮存在代谢产物中（图 7-15）。

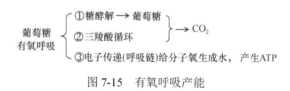

图 7-15　有氧呼吸产能

葡萄糖的有氧呼吸过程除了糖酵解作用外，还有使葡萄糖完全氧化成 CO_2 的三羧酸（TCA）循环及传递电子交给分子氧生成水即形成 ATP 的呼吸链两部分的化学反应。

（1）由于 TCA 循环的第一个产物是柠檬酸，其又称为柠檬酸循环、Krebs 循环（图 7-16），TCA 循环在绝大多数异养微生物的呼吸代谢中起着关键作用。

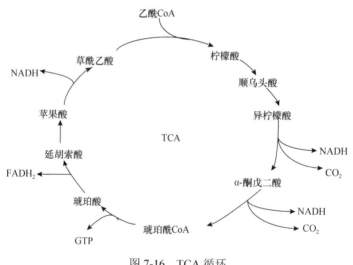

图 7-16　TCA 循环

1 分子葡萄糖经过 EMP 或 ED 途径后生成 2 分子丙酮酸，并脱氢生成乙酰 CoA，然后乙酰 CoA 与草酰乙酸（C4 分子）缩合生成 C6 分子的柠檬酸进入 TCA 循环，转变成 C5 化合物，C5 化合物再通过酶的作用转变为 C4 分子。经过一系列氧化还原反应分别生成 3 个 NADH 和 1 个 $FADH_2$。TCA 循环是在原核生物细胞质中进行的，而真核生物则是在线粒体中进行的。

（2）呼吸链（respiratory chain）又称电子传递链，位于原核生物细胞膜上或真核生物线粒体膜上，由一系列氧化还原电势升高的按顺序排列的氢与电子传递体组成，能把氢或电子从低氧化还原电势的化合物传递到高氧化还原电势的分子氧或其他无机、有机氧化物，并使其还原。在这个过程中，通过与 ATP 合酶的磷酸化反应发生偶联，产生 ATP 能量。图 7-17 中展示了一些呼吸链中氧化还原反应的电势。一般将氧化还原电势低的物质写在上方，氧化还原电势高的物质写在下方，这样就形成了氧化还原塔（redox tower）：在偶联两个氧化还原电对反应时，电子可从高处自发往低处掉落。反之，想要逆着氧化还原电势梯度进行，就需要额外的能量（ATP）输入。

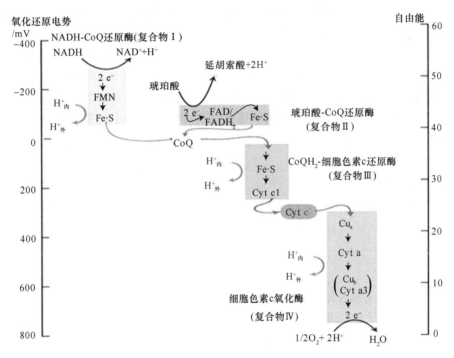

图 7-17　呼吸链中氧化还原反应的电势

电子可从两处进入呼吸链中，通过 NADH 从复合物 I 中进入，或者通过 FADH$_2$ 从复合物 II 进入。通过在这两个复合体中的一系列传递，最终这些电子都被脂溶性的呼吸醌（respiratory quinone）接受。细胞膜中有大量的呼吸醌可用于接受电子，称为醌池（quinone pool），其氧化态和还原态之间的比例会被一些细菌用作能量代谢的信号：在产能活跃时，会有大量的电子进入醌池，有更多的醌处于还原态，这时细菌可利用下游的生化途径（如固碳或固氮）来处理这些电子以保持膜上的氧化还原平衡。醌池中的电子可以有很多去处。对于一般的呼吸电子传递，下一步这些电子将被呼吸醌带入复合物III。之后，电子将由游离的细胞色素 c 带入复合物IV。复合物IV是一个终末氧化酶，意味着呼吸链将在此结束，电子被最终交给氧气。在电子传递的过程中，复合物 I、III、IV 都可以产生跨膜质子梯度，这一梯度会被 ATP 合酶用来合成 ATP。

上述呼吸链是一个典型的、在许多物种（特别是真核生物）中都存在的传递链。但在细菌中，呼吸链的情况远比这一过程复杂。正如 ATP 是通用的能量分子一样，呼吸醌可被看作膜上的通用电子来源，醌池中还原态的醌可进入很多膜上的复合体。如在一些物种中，还原态的醌可直接将电子交给细胞色素 bd 复合体，而不像真核生物线粒体中需要先经过复合物III。细胞色素 bd 复合体也是一种终末氧化酶，可直接将电子从醌中转移给氧气。原核生物还原性醌池的来源也不止 NADH 脱氢酶和琥珀酸脱氢酶，能利用硫离子作为电子供体的生物，可利用硫-醌还原酶（sulfide-quinone reductase，SQR）直接从硫化物中取得电子来还原醌，再进入呼吸链。

在微生物中最重要的呼吸链组分有：NAD 和 NADP；黄素蛋白（flavoprotein，FP）中的黄素单核苷酸（flavin mononucleotide，FMN）和黄素腺嘌呤二核苷酸（flavin adenine dinucleotide，FAD）；铁硫蛋白（Fe·S）；脂溶性泛醌（ubiquinone），也称辅酶 Q（CoQ）；细胞色素（cytochrome，Cyt）系统，其是一类含有多种铁卟啉基团（血红素，heme）的蛋白质，以细胞色素 a、b、c 等表示，并有 a1、a2、b1、b2 等之分，这些细胞色素可以游离在细胞膜上，也可以形成复合体如细胞色素 bc1 复合体，在所有真核生物的线粒体中发现的细胞色素类型都是相同的，而细菌所含的细胞色素类型则有很大差别。以上这些组分都具有氧化态与还原态两种形式，可在两种形态中转换以完成电子的传递（图 7-18）。（e 图 7-3、e 图 7-4、e 图 7-5，见封底二维码）

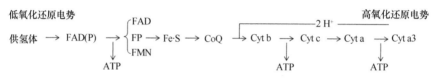

图 7-18　典型呼吸链

氢和电子通过呼吸链传递时逐步放出能量，并在 NAD(P) 与 FAD 之间、细胞色素 b 与细胞色素 c 之间、细胞色素 a 与细胞色素 a3 之间可分别生成一个 ATP。所以氢或电子从 NAD 传递至分子氧的过程中，有三处能与磷酸化反应相偶联，即有 3 分子磷酸能参与 ATP 的合成。可采用 P/O 比（mol ATP/mol 氧原子）来表示呼吸链氧化磷酸化的效率。若从 NADH 水平进入呼吸链，则 P/O 比为 3，而从 FP 进入呼吸链，则 P/O 比为 2。具有抑制电子传递、能量转移和解偶联作用的物质都会阻止氧化磷酸化，如 KCN、NaN_3、CO 等抑制电子传递；而 2,4-二硝基苯酚、短杆菌肽等为解偶联剂。

有关 ATP 的合成机制，1961 年英国学者 Mitchell 提出了化学渗透学说（chemiosmotic hypothesis），认为呼吸链的各组分在线粒体内膜中的分布是不对称的，呼吸链可看成是质子泵，当电子沿呼吸链传递时，所释放的能量可以不断地将质子从线粒体基质泵到膜间隙。由于质子不能自由通过线粒体内膜，间隙内的质子浓度高于基质，因此在内膜的两侧形成质子浓度梯度，即质子动力势（PMF）。在这个势能的推动下，膜间隙的质子通过内膜上的 ATP 酶返回到基质，所释放的能量促使 ATP 形成（图 7-19）。由一个 ATP 酶催化生成一个 ATP 需要消耗的质子数为 4。该学说获得了较多学者的认同，Mitchell 因化学渗透学说的提出于 1978 年获得了诺贝尔化学奖。

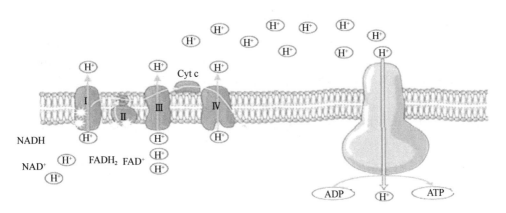

图 7-19　ATP 的合成机制
Ⅰ～Ⅳ分别代表复合物Ⅰ、复合物Ⅱ、复合物Ⅲ、复合物Ⅳ

此后，英国学者 Walker 解析了 ATP 酶 F_1 结构域晶体结构；美国学者 Boyer 提出了构象偶联学说（conformational coupling hypothesis），即质子动力势（PMF）推动跨膜运输启动并驱使 ATP 酶的构象发生变化，这种变化导致该酶催化部位对 ADP 和 Pi 的亲和力发生改变，并促进 ATP 的生成和释放。对 ATP 酶合成 ATP 的机制可用"分子马达"来描述：ATP 酶是位于线粒体膜、叶绿体膜和细菌细胞膜上的一种能量转化的核心酶，其由膜内侧可溶性球形结构域 F_1 和位于膜中的结构域 F_0 连接而成，F_1 由 α、β、γ、δ 和 ε 五种亚基组成，3 个 α 亚基与 3 个 β 亚基交替排列形成头部，催化部位在 β 亚基上。头部发生旋转运动使酶上的催化部位构象依次发生变化，以结合 ADP 和 Pi、合成 ATP 并将其释放（图 7-20）。Boyer 教授、Walker 教授及发现钠钾 ATP 酶系统的丹麦学者 Skou 共同获得了 1997 年的诺贝尔化学奖。

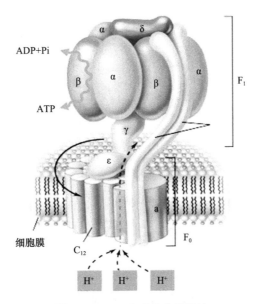

图 7-20　ATP 合成的分子马达

真核生物和原核生物的呼吸链较为相似，但原核生物的呼吸链具有多样性的特点。

原核生物使用许多不同的呼吸醌，除了在真核生物中常见的泛醌外，还有常用于无氧呼吸中传递电子的甲基萘醌（menaquinone，MK）和去甲基甲萘醌（demethyl menaquinone，DMK）、在蓝细菌光合作用及呼吸作用中传递电子的质体醌（plastoquinone，PQ）。此外，除了葡萄糖和其他有机基质外，H_2、S、S^{2-}、Fe^{2+}、NH_4^+、NO_2^-等也都可用作电子供体；除了 O_2 外，可用作电子受体的还有 NO_3^-、NO_2^-、NO^-、SO_4^{2-}、CO_3^{2-}，甚至延胡索酸、甘氨酸、二甲基亚砜（DMSO）和氧化三甲胺（TMAO）等有机物也可作为电子受体。

原核生物进行有氧呼吸，1 分子葡萄糖产生 38 个 ATP，而真核生物则产生 36 个 ATP。真核生物中电子需穿过线粒体膜，因为糖酵解发生在细胞质中，而呼吸链则存在于线粒体中。

2）无氧呼吸

无氧呼吸（anaerobic respiration）也称厌氧呼吸。在无氧呼吸中，有机物的底物按常规脱氢后，经部分呼吸链递氢，最终由无机物（NO_3^-、NO_2^-、$S_2O_3^{2-}$、SO_4^{2-}或 CO_2）或个别有机物（如延胡索酸）受氢。而根据最终受氢体的不同，又可分成硝酸盐呼吸（nitrate respiration）、硫酸盐呼吸（sulfate respiration）、碳酸盐呼吸（carbonate respiration）、硫呼吸（sulfur respiration）、铁呼吸（iron respiration）、延胡索酸呼吸（fumarate respiration）、甘氨酸呼吸（glycin respiration）和氧化三甲胺（TMAO）呼吸（图 7-21）。有些兼性厌氧菌既可以进行发酵，也能以硝酸盐作为最终电子受体进行厌氧呼吸产生 ATP。而以硫酸盐和碳酸盐作为最终电子受体进行厌氧呼吸的细菌是严格厌氧菌。

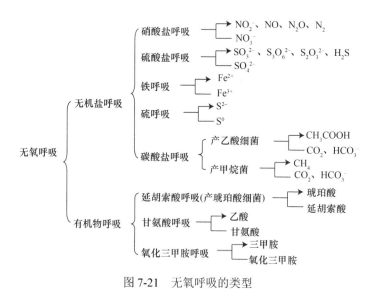

图 7-21 无氧呼吸的类型

（1）硝酸盐呼吸也称为反硝化作用（denitrification），如假单胞菌属（*Pseudomonas*）和芽孢杆菌属（*Bacillus*）能够利用 NO_3^- 作为最终的电子受体。NO_3^- 被还原成 NO_2^-，NO_2^-可进一步被还原成 NO_2 和 N_2（图 7-22）。

$$NO_3^- + 2H^+ + 2e^- \xrightarrow{\quad H_2O \quad} NO_2^- \xrightarrow{\quad \text{还原} \quad} N_2$$

图 7-22 反硝化作用

反硝化细菌（硝酸盐还原细菌）能进行硝酸盐呼吸（能还原硝酸盐），也是兼性厌氧菌。这些细菌主要生活在土壤或水环境中，如地衣芽孢杆菌（*Bacillus licheniformis*）、铜绿假单胞菌（*Pseudomonas aeruginosa*）、脱氮副球菌（*Paracoccus denitrificans*）、脱氮硫杆菌（*Thiobacillus denitrificans*）和生丝微菌属（*Hyphomicrobium*）一些成员等。反硝化作用分两步进行：第一步是将硝酸盐还原成亚硝酸盐，大肠杆菌只能进行到这一步；第二步是将亚硝酸盐继续还原成一氧化氮、一氧化二氮（氧化亚氮），乃至最终还原为氮气。

由于好氧机体的呼吸作用，氧被消耗，造成局部的厌氧环境，此时如果环境中有硝酸盐存在，反硝化细菌就能通过厌氧呼吸进行生活（反硝化细菌都有其完整的呼吸系统，只有在无氧条件下，才能诱导出反硝化作用所需的还原酶）。但在有氧条件下，这些细菌进行有氧呼吸，氧的存在可抑制位于细胞膜上的硝酸盐还原酶的活性。这类细菌通常是兼性厌氧菌（facultative anaerobe）。反硝化细菌在厌氧条件下所产生的反硝化作用，对农业生产及地球氮循环起着重要作用：①反硝化作用可使土壤中植物能利用的氮（硝酸盐）还原成氮气而消失，从而降低了土壤的肥力。克服反硝化作用的有效方法之一是松土，保持土壤的疏松状态，排除过多的水分，保证土壤中有良好的通气条件。②反硝化作用在氮循环中也有重要作用。硝酸盐易溶解于水，通常通过水从土壤流入水域中。如果没有反硝化作用，硝酸盐将在水中积累，会导致水质变坏以及地球上氮循环的中断。

（2）硫酸盐呼吸是一种异化性的硫酸盐还原作用，硫酸盐还原菌（sulfate-reducing bacteria，SRB）把经过呼吸链传递的氢交给硫酸盐。硫酸盐还原菌是一些严格依赖于无氧环境的专性厌氧菌，如脱硫脱硫弧菌（*Desulfovibrio desulfuricans*）、巨大脱硫弧菌（*D. gigas*）、脱硫单胞菌属（*Desulfuromonas*）、脱硫球菌属（*Desulfococcus*）、脱硫肠状菌属（*Desulfotomaculum*）、脱硫八叠球菌属（*Desulfosarcina*）等都是严格厌氧菌。细菌利用硝酸盐和硫酸盐作为最终电子受体，进行无氧呼吸是自然界中进行氮循环和硫循环所必需的。

（3）硫呼吸是以无机硫（元素硫）作为呼吸链的最终氢受体产生 H_2S 的生物氧化作用（图 7-23）。进行硫呼吸的为厌氧菌或兼性厌氧菌，主要为硫还原球菌属（*Desulfurococcus*）、脱硫单胞菌属（*Desulfuromonas*）。

$$CH_3COOH + 2H_2O + 4S \longrightarrow 2CO_2 + 4H_2S$$

图 7-23 硫呼吸

（4）铁呼吸（iron respiration）：呼吸链的末端受体是 Fe^{3+}。进行铁呼吸（$Fe^{3+} \to Fe^{2+}$）的为兼性厌氧菌或厌氧菌（图 7-24），这方面的研究目前仅在氧化亚铁硫杆菌（*Thiobacillus ferrooxidans*）中有报道。

（5）碳酸盐呼吸：呼吸链的末端氢受体是 CO_2 或重碳酸盐。产甲烷菌通过碳酸盐呼吸将 CO_2、重碳酸盐还原成甲烷；而产乙酸菌通过碳酸盐呼吸将 CO_2、重碳酸盐还原成乙酸（图 7-25）。进行碳酸盐呼吸的为专性厌氧菌。

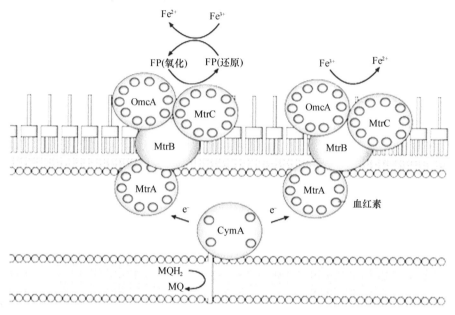

图 7-24 兼性厌氧菌与厌氧菌的铁呼吸

MQ. 甲基萘醌；MQH_2. 还原型甲基萘醌；FP. 黄素蛋白；CmyA、MtrA、MtrB、MtrC、OmcA 将内膜上甲基萘醌携带的电子传递至外膜以及胞外的 Fe^{3+}

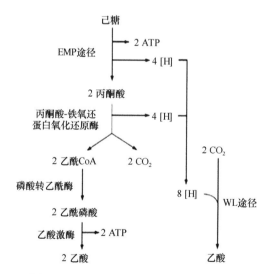

图 7-25 乙酸菌通过碳酸盐呼吸产生乙酸

而有机物呼吸，如延胡索酸呼吸，呼吸链的末端氢受体是延胡索酸，琥珀酸是还原产物，在兼性厌氧菌，如大肠杆菌（*E. coli*）、变形杆菌属（*Proteus*）、沙门氏菌属（*Salmonella*）和克雷伯氏菌属（*Klebsiella*）等中存在。近年来，又发现了几种类似于延胡索酸呼吸的无氧呼吸，它们都以有机氧化物作为无氧环境下呼吸链的末端氢受体，包括甘氨酸呼吸

（甘氨酸→乙酸），存在于兼性厌氧菌中；氧化三甲胺呼吸（TMAO→三甲胺），存在于兼性厌氧菌中；二甲基亚砜呼吸（DMSO→二甲硫醚）。（e 图 7-6，见封底二维码）

厌氧呼吸的产能较有氧呼吸少，但比发酵多（表 7-5），可使微生物在无氧情况下仍然通过电子传递和氧化磷酸化产生 ATP，对很多微生物非常重要。除氧以外的多种物质可被各种微生物用作最终电子受体，充分体现了微生物代谢类型的多样性。

表 7-5 呼吸和发酵的比较

比较项目	有氧呼吸	无氧呼吸	发酵
环境条件	有氧	无氧	有氧、无氧
最终氢（电子）受体	分子氧	无机物或有机物	有机物
磷酸化类型	底物水平磷酸化与氧化磷酸化	底物水平磷酸化与氧化磷酸化	底物水平磷酸化
产能效率	高	中	低

在无氧条件下，某些微生物在没有氧、氮或硫作为呼吸作用的最终电子受体时，能用磷酸盐替代，最终生成一种易燃气体磷化氢（PH_3）。当有机物腐败变质时，常会发生这种情况。若埋葬尸体的坟墓封口不严，这种气体就很易逸出。在夜晚，气体燃烧会发出绿油油的光，长期以来人们无法正确解释这种现象，将其称为"鬼火"。

二、自养型的生物氧化

自养型微生物在生命活动中最重要的反应是把 CO_2 还原成简单的碳水化合物 [CH2O]，再进一步合成复杂的细胞成分，这是一个大量耗能及消耗还原力[H]的过程。根据 ATP 及还原力的来历不同可将自养型微生物分为化能自养型和光能营养型。

1. 化能自养型

化能自养型微生物绝大多数是好氧菌，这类微生物能以无机物（NH_4^+、S^{2-}、SO_3^{2-}、$S_2O_3^-$、Fe^{2+}、H_2）作为氧化的底物（即为电子供体，以区别于无氧呼吸中无机物作为电子受体），并利用该物质在氧化过程中放出的能量进行生长（图 7-26）。其主要借助经过呼吸链的氧化磷酸化产能，有的也以底物水平磷酸化产能。合成的 ATP 为还原同化 CO_2 提供能量。这类微生物包括氢细菌（hydrogen bacteria）、硫化细菌（thiobacillus）、硝化细菌（nitrifying bacteria）和铁细菌（iron bacteria）等，广泛分布于土壤和水域中，进行氮的氧化、硫的氧化、铁的氧化和氢的氧化，对自然界的物质转化起着重要的作用。从无机底物脱氢后电子进入呼吸链的部位向右传递可产生 ATP，向左传递则消耗 ATP，并产生还原力 NADH。

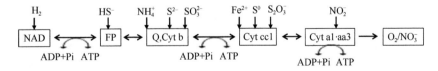

图 7-26 无机底物氧化时氢或电子进入呼吸链的部位

Q. 醌；Cyt b. 细胞色素 b；Cyt cc1. 细胞色素 cc1；Cyt a1·aa3. 细胞色素 a1·aa3

各种无机底物的氧化与呼吸链相偶联的具体位点取决于被氧化无机物的氧化还原电位。不同的无机底物，其氧化后释放的电子进入呼吸链的位置不同。H_2 的氧化还原电位比 NAD 低，可直接还原 NAD，并使其电子通过 NADH 脱氢酶进入呼吸链。其余的无机电子供体的氧化还原电位都很高，故无法直接还原 NAD，但可以还原呼吸醌或一些细胞色素，电子从这些位置进入呼吸链（图 7-26）。

化能自养型微生物对底物的要求具有严格的专一性。无机物不仅可作为最初的能源供体（图 7-27）向右传递电子进行氧化供能，其中一些底物（NH_4^+、H_2S、H_2 等）还可作为质子供体，通过逆向电子转移（back electron transfer）的方式产生用于还原 CO_2 的还原力 NADH。在逆向电子转移的过程中，一般无机底物会先还原呼吸醌，而 NADH 脱氢酶可进行逆反应（在氧化磷酸化时，NADH 脱氢酶会氧化 NADH 并还原醌，同时将质子泵出膜外产生质子动力势），消耗质子动力势逆氧化还原电势把醌上的电子转移给 NAD^+，将其还原。该过程减少了质子动力势的积累，最终会使 ATP 合成减少。因为自养过程需要大量还原力用于同化 CO_2，所以化能自养型微生物产能效率并不高。

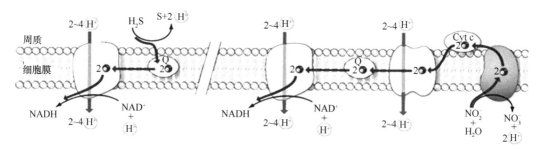

图 7-27　化能自养型微生物进行氧化供能

化能自养细菌的能量代谢特点：①无机底物的氧化直接与呼吸链发生联系。②呼吸链的组分更为多样化。③P/O 比小，产能效率低。

（1）硝化细菌可分为两个亚群：亚硝化菌，也称氨氧化细菌（ammonia-oxidizing bacteria，AOB）；硝化菌，也称亚硝酸盐氧化细菌（nitrite-oxidizing bacteria，NOB）。氨与亚硝酸是可以作为能源的无机氮化合物，能被硝化细菌氧化（图 7-28）。氨氧化为硝酸的过程分为两个阶段：先由亚硝化菌将氨氧化为亚硝酸，再由硝化菌将亚硝酸氧化为硝酸。硝化细菌是一些专性好氧的革兰氏阳性菌，以分子氧作为最终的电子受体，且大多数是专性无机营养型。硝化细菌生长缓慢，平均代时 10 h 以上。

从上面的呼吸链可看出，呼吸链中正向传递产生 ATP，逆向传递消耗 ATP，即经呼吸链只产生一个 ATP，而还原 CO_2 所需要的大量[H]，则通过逆呼吸链传递消耗大量的 ATP 才能形成。所以即使在硝化旺盛的土壤中，也只有少量的硝化细菌。亚硝化菌代表种类有亚硝化单胞菌属（Nitrosomonas）、亚硝化螺菌属（Nitrosospira）和硝化螺菌属（Nitrospira）；硝化菌代表种类有硝化杆菌属（Nitrobacter）、硝化球菌属（Nitrococcus）和硝化刺菌属（Nitrospina）等。

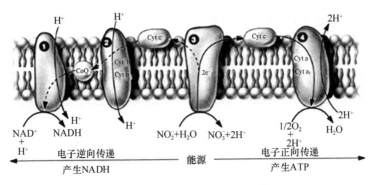

图 7-28　硝化细菌进行氧化供能

（2）硫（化）杆菌能利用一种或多种还原态或部分还原态的硫化物（包括 H_2S、元素硫、硫代硫酸盐、多硫酸盐和亚硫酸盐）作能源。硫氧化的分子和生化机制较为复杂，其本质为氧化还原态硫化物获取能量，以及从还原态硫化物中获得电子用于还原 CO_2。代表类群有硫杆菌属（*Thiobacillus*）、硫小杆菌属（*Thiobacterium*）和硫微螺菌属（*Thiomicrospira*）等，少数种类如氧化硫硫杆菌（*Thiobacillus thiooxidans*）因能产酸而使环境 pH 降到 2.0 以下，可用于细菌冶金（图 7-29）、从含硫废矿渣中回收铜等有色金属。亚铁（Fe^{2+}）只有在酸性条件（pH 低于 3.0）下才能保持可溶解性和化学稳定性；当pH 大于 4～5 时，亚铁（Fe^{2+}）很容易被氧气氧化为高价铁（Fe^{3+}）。嗜酸氧化亚铁硫杆菌（*Acidithiobacillus ferrooxidans*）可以氧化黄铁矿中的硫，产生硫酸，该过程会使环境 pH保持在较低水平，并将亚铁离子从矿物中溶解出来，亚铁离子可以在低 pH 环境中进一步被该细菌氧化，整个过程会产生强酸性的橙黄色水体（Fe^{3+}），称为酸性矿排水（acid mine drainage）。

$$2FeS_2 + 7O_2 + 2H_2O \xrightarrow{\text{氧化}} 2Fe^{2+} + 4SO_4^{2-} + 4H^+$$

$$2Fe^{2+} + 1/2O_2 + 2H^+ \xrightarrow{\hspace{2cm}} 2Fe^{3+} + H_2O$$

图 7-29　氧化硫硫杆菌用于细菌冶金

（3）氢细菌是一些呈革兰氏阴性的兼性化能自养菌，具有氢化酶，能利用分子氢氧化产生的能量同化 CO_2，也能利用其他有机物生长，如氢细菌属（*Hydrogenbacter*）。

（4）铁细菌可氧化 Fe^{2+} 为 Fe^{3+} 获取能量并同化 CO_2。铁细菌多分布于温泉、池塘和河流等二价铁含量较高的水体中。（e 图 7-7，见封底二维码）

化能自养型微生物以无机物作为能源，一般产能效率低，生长慢，但生态学角度看，它们所利用的能源物质是一般化能异养生物所不能利用的。故与产能效率高、生长快的化能异养型微生物之间并不存在生存竞争。

2. 光能营养型

有些微生物能通过光合作用把简单有机物合成复杂有机物。光合作用可将来自太阳的光能转变成化学能，然后用来转化 CO_2 产生还原性的有机物。光合作用有光反应与暗反应两个阶段。在光反应阶段，光能被用于合成 ATP，电子载体 NADP 被还原为 NADPH；

而暗反应阶段，不需要光的参与，电子和 ATP 一起被用于还原 CO_2 产生糖（图 7-30）。

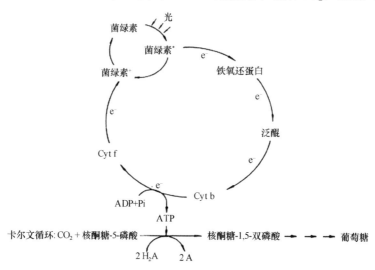

图 7-30 卡尔文循环产生葡萄糖
*表示激发态的菌绿素，+表示带正电的菌绿素

　　光能自养型微生物是一类通过光合色素吸收光能，将光能转变成通用能量 ATP，来维持生长的微生物。光合细菌主要分两类：一类进行产氧光合作用（oxygenic photosynthesis），主要类群是蓝细菌（cyanobacteria），蓝细菌可进行与植物一样的光合作用，利用 H_2O 作为电子供体，并产生 O_2；另一类光合细菌进行不产氧光合作用（anoxygenic photosynthesis），这类细菌不能利用 H_2O 作为还原 CO_2 的电子供体，只能利用还原态的 H_2S、H_2 或有机物作为供氢体，光合作用中不产生 O_2。根据产生的色素的不同，可将不产氧光合细菌分为紫细菌（purple bacteria）和绿硫细菌（green sulfur bacteria）等。

　　光合色素是光合生物所特有的物质，在光能转换过程中起着重要作用，共分为叶绿素（chlorophyll）或细菌叶绿素（又称为菌绿素，bacteriochlorophyll）、类胡萝卜素（carotenoid）和藻胆素（phycobilin）三类（图 7-31）。紫细菌的细菌叶绿素具有与蓝细菌及高等植物中的叶绿素相似的化学结构，因其卟啉环上的侧链与键饱和度的不同，细菌叶绿素主要吸收红外光区（715～1052 nm）的能量，这样在生态位上和产氧光合作用所利用的叶绿素（有 430～470nm 与 630～680nm 两个吸收峰）有分隔，形成对自然资源利用的互补。（e 图 7-8，见封底二维码）

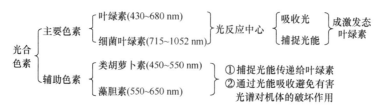

图 7-31 各种光合色素

　　类胡萝卜素是一种类异戊二烯多聚体的衍生物，虽然不直接参与光合作用，但能捕

获光能，将吸收的光高效地传给细菌叶绿素。此外，类胡萝卜素还可作为叶绿素所催化的光氧化反应的猝灭剂，保护光合机构不受光氧化损伤。在一些光合细菌中，含有类胡萝卜素的光能捕获系统（light-harvesting complex）会围绕含有叶绿素/细菌叶绿素的光反应中心形成有序的结构，更高效地进行光能传递。

藻胆素是一类线性的四吡咯（tetrapyrrole）。其他四吡咯分子包括血红素、维生素B_{12}，以及叶绿素，这些四吡咯分子都为环状卟啉分子。藻胆素是蓝细菌的光能捕获系统使用的辅助色素。在一些蓝细菌中，含有藻胆素的藻胆蛋白（phycobiliprotein）会与光反应中心形成藻胆蛋白体（phycobilisome）（图7-32）。（e图7-9，见封底二维码）

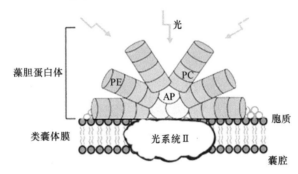

图7-32　藻胆素与藻胆蛋白体（e图7-9，见封底二维码）
PE. 藻红素（phycoerythrin）；PC. 藻蓝素（phycocyanin）；AP. 别藻蓝蛋白（allophycocyanin）

光反应的光合磷酸化是指光能转变为化学能的过程。当一个叶绿素分子吸收光量子时，叶绿素被激活，导致叶绿素释放一个电子而被氧化，释放的电子在传递过程中逐步释放能量。光能自养型微生物的能量代谢途径主要分为以下三类。

（1）循环光合磷酸化（cyclic photophosphorylation），主要存在于厌氧光合细菌中，通过光反应中心的细菌叶绿素经吸收光能使自己处于激发态而逐出电子，被逐出的电子经铁氧还蛋白、呼吸醌及一系列细胞色素组成的呼吸链传递后，再重新返回叶绿素原来的状态，电子在传递的过程中，位于膜上的细胞色素复合体可以将质子泵出形成驱动力来合成ATP。

循环光合磷酸化只产生ATP，无NADP(H)，也不产生分子氧。产生的ATP用于卡尔文循环以固定CO_2变成葡萄糖。这类细菌主要是厌氧光合细菌，包括紫硫细菌（purple sulfur bacteria）、绿硫细菌（green sulfur bacteria）、紫色非硫细菌（purple non-sulfur bacteria）、绿色非硫细菌（green non-sulfur bacteria），它们是非产氧的光合细菌。不过，进入醌池的电子仍可进行逆向电子转移，通过上文讨论过的NADH脱氢酶逆向反应产生还原力（图7-33）。

（2）非循环光合磷酸化（noncyclic photophosphorylation）主要存在于各种绿色植物、藻类和蓝细菌中，包括光合色素组成的光系统Ⅱ（PSⅡ）和光系统Ⅰ（PSⅠ）（图7-34）。PSⅡ吸收光能，使水光解放出电子，并伴随氧的产生。放出的电子通过呼吸链还原PSⅠ的叶绿素分子，电子在传递过程中可产生ATP。PSⅠ吸收光能激发电子，通过电子传递体，将NADP还原成NADPH，为还原CO_2提供了还原力。PSⅠ还能进行环状电子传递，该过程只能产生合成ATP的质子动力势（PMF），而不能产生还原力。

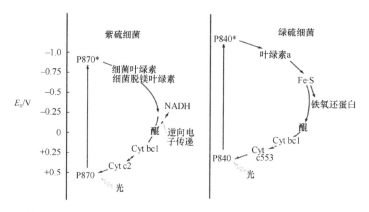

图 7-33 紫硫细菌与绿硫细菌循环光合磷酸化的电子传递过程

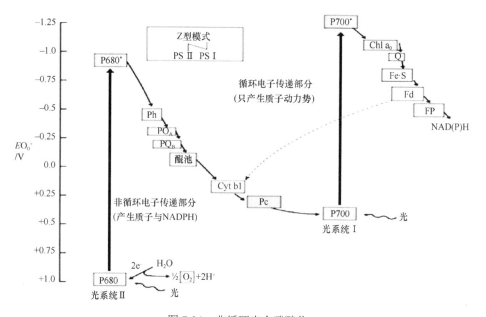

图 7-34 非循环光合磷酸化

Ph. 褐藻素；Pc. 质体蓝素；Fd. 铁氧还蛋白；FP. 黄素蛋白；Chl a₀. 叶绿素；Q. 醌

非循环光合磷酸化可通过光解水产生质子、电子和氧气，其中电子经过两个电子传递系统的传递，最终传递给 NADP，产生还原力 NADPH。同时在电子传递过程中有两处发生光合磷酸化反应，产生 ATP。PS II 产生 ATP 和 O_2，PS I 产生 ATP 和还原力。

有的光合细菌只有一个光系统，但也以非循环光合磷酸化的方式合成 ATP，如绿硫细菌。从光反应中心释放出的高能电子经铁硫蛋白（Fe·S）至铁氧还蛋白（ferredoxin，Fd），最后用于还原 NAD 生成 NADH 或可直接参与固碳。光反应中心的还原依靠外源电子供体，如 S^{2-}、$S_2O_3^{2-}$ 等。外源电子供体在氧化过程中放出电子，经电子传递系统传给失去电子的光合色素，使其还原。同时偶联 ATP 的产生。

总之，激发电子从叶绿素跃迁到电子载体，在传递过程中，质子被泵过膜，利用化学渗透作用，ADP 转化为 ATP。在循环光合磷酸化中，电子最终返回叶绿素；在非循环光合磷酸化中，电子从叶绿素释放后不返回叶绿素，而被整合进 NADPH。电子从叶绿素中损失，重新从水或其他可氧化的化合物如 H_2S 中获得。非循环光合磷酸化的产物是 ATP、氧和 NADPH。

（3）极端嗜盐古菌紫膜（purple membrane）的光合作用是一种无叶绿素或细菌叶绿素参与的独特光合作用。极端嗜盐古菌的细胞膜可分成红色和紫色两部分，前者主要含细胞色素和黄素蛋白等，作为氧化磷酸化的呼吸链的载体；后者则十分特殊，在膜上呈斑片状（直径约 0.5 μm）独立分布，其总面积约占细胞膜的一半，这就是能进行独特光合作用的紫膜。极端嗜盐古菌的紫膜含有 25% 的脂类和 75% 被称为紫膜质（bacteriorhodopsin，BR）的蛋白质。紫膜质与人眼视网膜上柱状细胞中所含的视紫红质（rhodopsin）很相似，两者都以视黄醛（retinal）作辅基。研究表明，紫膜质（在光谱 570 nm 的绿色区域对光有强吸收）与叶绿素相似，在光量子的驱动下，具有质子泵的作用，即视黄醛每吸收一个光量子，便推动 2 个质子跨膜转移到膜外，使紫膜内外形成质子梯度差。根据化学渗透学说，等细胞外侧表面积累了足够的质子，便可驱动质子通过膜上 ATP 酶的作用合成 ATP，为细胞活动提供能量。

极端嗜盐古菌只在环境中氧浓度很低和有光照时才能合成紫膜。此时，通过正常的氧化磷酸化已无法满足其能量需要，能量转而由紫膜的光合磷酸化来提供。通过紫膜的光能转化建立的质子梯度除了可驱动 ATP 合成外，还可使极端嗜盐古菌在高盐环境中建立跨膜的钠离子电化学梯度，并由此完成一系列的生理生化功能。极端嗜盐古菌紫膜光合磷酸化的发现，使在经典的依赖叶绿素和细菌叶绿素（菌绿素）所进行的光合磷酸化之外又增添了一种新的光合作用类型。紫膜的光合磷酸化是迄今为止所发现的最简单的光合磷酸化，是研究化学渗透作用的一个好模型。

第二节 微生物的分解代谢

微生物的细胞膜为半透膜，只有小分子物质才能透过细胞膜进入细胞，被微生物分解利用。单糖、双糖、氨基酸及其他小分子有机物可直接进入细胞。而大分子物质，如淀粉（starch）、纤维素（cellulose）、半纤维素（hemicellulose）、果胶（pectin）、木质素（lignin）、脂肪、蛋白质及核酸等不能直接进入细胞，必须经胞外酶在细胞外部降解为小分子物质后才能进入细胞。

一、多糖与含碳聚合物水解

1. 淀粉

淀粉包括直链淀粉（热水可溶）和支链淀粉。淀粉的链状结构决定了有一端的六元环可被打开（半缩醛水解）而露出还原性的醛基，即为还原端；相应的，另一端为非还原端。直链淀粉以 α-1,4-糖苷键相连接，而支链淀粉以 α-1,6-糖苷键连接。

淀粉酶（amylase）是一系列与淀粉分解有关的酶的总称，包括 α-淀粉酶、β-淀粉酶、糖化酶与异淀粉酶。这些酶以不同的方式联合作用，催化淀粉转化为葡萄糖。（e 图 7-10，见封底二维码）

（1）α-淀粉酶（淀粉 1,4-糊精酶）可将直链淀粉分解成麦芽糖，或含有 6 个葡萄糖分子的单位。它对支链淀粉的 α-1,6-糖苷键不起作用，但能越过此键，从分子内部水解 α-1,4-糖苷键，故在支链淀粉的水解产物中，除有 6 个葡萄糖分子外，还有短链的分子，这些小分子化合物统称为糊精。淀粉被水解后，黏度下降，表现出液化，故有液化酶之称。α-淀粉酶主要由黑曲霉（*A. niger*）、米曲霉（*A. oryzae*）、枯草芽孢杆菌（*B. subtilis*）、巨大芽孢杆菌（*B. megaterium*）、嗜热脂肪芽孢杆菌（*B. stearothermophilus*）产生。

（2）β-淀粉酶（淀粉 1,4-麦芽糖苷酶）从淀粉的非还原端开始分解，每次分解出一个麦芽糖分子。β-淀粉酶可将直链淀粉彻底分解成麦芽糖，但不能作用于 α-1,6-糖苷键，也不能越过此键，故在分解支链淀粉时，遇到分支点的 α-1,6-糖苷键即停止分解，留下较大分子的极限糊精。产生 β-淀粉酶的主要是细菌，如多黏类芽孢杆菌（*Paenibacillus polymyxa*），霉菌中的黑曲霉（*A. niger*）、米曲霉（*A. oryzae*）、根霉属（*Rhizopus*）也产生 β-淀粉酶。

（3）糖化酶（又称葡萄糖淀粉酶、淀粉 α-1,4-葡萄糖苷酶）。自淀粉的非还原端一个个地切下葡萄糖单位，水解的最终产物是葡萄糖。糖化酶主要由根霉属（*Rhizopus*）、红曲霉属（*Monascus*）、黑曲霉（*A. niger*）产生。

（4）异淀粉酶（淀粉 1,6-糊精酶）专门分解 α-1,6-糖苷键，水解淀粉后的产物为直链糊精。异淀粉酶的产生菌有产气克雷伯氏菌（*Klebsiella aerogenes*）、产色链霉菌（*Streptomyces chromogenes*）和假单胞菌属（*Pseudomonas*）。

淀粉分解菌在食品发酵上应用很广，如在白酒生产中，常用淀粉（如番薯干、大米、玉米等）作原料，先用糖化菌，如曲霉属（*Aspergillus*）、毛霉属（*Mucor*）、根霉属（*Rhizopus*）将淀粉水解，然后加酵母菌进行乙醇发酵。如果没有糖化菌的水解作用，酵母菌就不能进行乙醇发酵。

2. 纤维素

纤维素（cellulose）是葡萄糖通过 β-1,4-糖苷键相连而成的，分子量 100 万以上。葡萄糖在溶液中会形成稳定的吡喃环椅式构象，其 1 号碳上的羟基可以平行或垂直于吡喃环平面，用 α 和 β 加以区分（图 7-35）。一个葡萄糖分子的 4 号碳如果与 α-葡萄糖的 1 号碳形成糖苷键，则称为 α-1,4-糖苷键；如果与 β-葡萄糖的 1 号碳形成糖苷键，则称为 β-1,4-糖苷键。

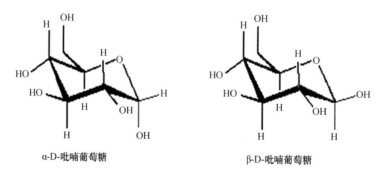

α-D-吡喃葡萄糖　　　　　　β-D-吡喃葡萄糖

图 7-35　α 和 β 吡喃环（e 图 7-11，见封底二维码）

纤维素酶（cellulase）由 E_1（C_1）、E_2（C_X）和 E_3 组成。E_1（C_1）为内切型，可任意水解纤维素内部的 β-1,4-糖苷键，产物为寡糖；E_2（C_X）为外切型，从非还原端开始，逐步水解，产物为纤维二糖；E_3 为 β-葡萄糖苷酶，可将纤维二糖水解为葡萄糖（图 7-36）。

$$(C_6H_{10}O_5)_n \xrightarrow[\text{C}_1\text{酶·C}_X\text{酶}]{+H_2O} C_{12}H_{22}O_{11} \xrightarrow[\text{β-葡萄糖苷酶}]{+H_2O} C_6H_{12}O_6$$
（纤维素）　　　　　　（纤维二糖）　　　　（葡萄糖）

图 7-36　纤维素降解

纤维素酶主要由微生物产生，霉菌生产能力较强，如木霉属（*Trichoderma*）、根霉属（*Rhizopus*）、曲霉属（*Aspergillus*）和青霉属（*Penicillium*）等。细菌与放线菌中有些菌种也有较强的分解纤维素的能力。细菌有噬纤维菌属（*Cytophaga*）、生孢噬纤维细菌属（*Sporocytophaga*）和纤维单胞菌属（*Cellulomonas*）。放线菌有黑红旋丝放线菌（*Actinomyces melanocyclus*）、玫瑰色放线菌（*A. roseus*）、纤维放线菌（*A. cellulosae*）。真菌有绿色木霉（*Trichoderma viride*）、变异青霉（*Penicillium variable*）、黑曲霉（*A. niger*）、根霉属（*Rhizopus*）和须氏多孔菌（*Polyporus schwinitaii*）等。

3. 半纤维素

半纤维素（hemicellulose）为植物细胞壁成分。在一年生作物中，半纤维素占细胞壁的 25%～40%。在木材中，半纤维素占细胞壁的 5%～35%。半纤维素由戊糖（主要为木糖和阿拉伯糖）和己糖（半乳糖与甘露糖）缩合而成。半纤维素可分为仅含一种单糖，如木聚糖（xylan）、半乳聚糖（galactan）、甘露聚糖（mannan）等的同聚糖，以及有多种单糖或糖醛酸同时存在的异聚糖两类。半纤维素较纤维素易分解。

半纤维素不能直接进入细胞质，只有在胞外木聚糖酶（xylanase）的作用下水解为单糖后才能被利用。木聚糖酶既有结构酶，也有诱导酶。半纤维素酶可分为三种类型：①内切酶，能任意切割半纤维素基本单元间的连接键，将大分子破碎成不同大小的片段。②外切酶，能从半纤维素的一端开始，依次切下一个单糖或二糖，经内切酶水解后，半纤维素可出现很多末端，有利于外切酶的进一步作用。③糖苷酶（glycoside hydrolase），其作用是水解寡糖或二糖，产生单糖或糖醛酸。糖苷酶对底物有一定的专一性。一种微生物可含有多种不同的半纤维素酶，故可分解多种半纤维素。真菌中的曲霉、青霉及木霉等均能分解半纤维素，分解产物为相应的单糖。

4. 果胶

果胶（pectin）是植物细胞间质组分，使细胞壁相连，由半乳糖醛酸单体以 α-1,4-糖苷键聚合而成（图 7-37）。聚合态半乳糖醛酸称为果胶酸（pectic acid），果胶酸羧基甲基化的产物称为果胶。果胶又分为可溶性果胶与不溶性果胶（原果胶），有酸和糖存在时，可形成果冻，使果酱有凝胶状的性质。天然的原果胶在原果胶酶（protopectinase）的作用下，可被转化成可溶性果胶，可溶性果胶进一步被果胶甲基酯酶（pectin methylesterase）催化脱掉甲酯基团，生成果胶酸，最后果胶酸被多半乳糖醛酸酶（polygalacturonase，又称果胶酸酶）水解，α-1,4-糖苷键被切断，生成半乳糖醛酸（图 7-38）。

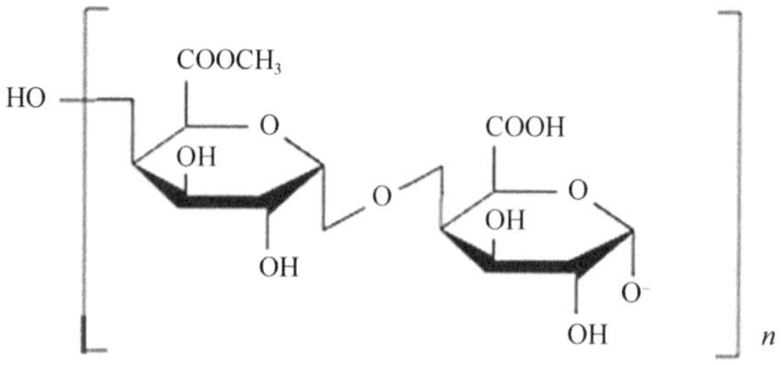

图 7-37　果胶结构

$$\text{原果胶(不溶解)} \xrightarrow{\text{原果胶酶}} \text{可溶性果胶}$$

$$\text{可溶性果胶} + H_2O \xrightarrow{\text{果胶甲基酯酶}} \text{果胶酸} + \text{甲醇}$$

$$\text{果胶酸} + H_2O \xrightarrow{\text{多半乳糖醛酸酶}} \text{半乳糖醛酸}$$

图 7-38　果胶降解

能分解果胶的有细菌和真菌，其中霉菌分解能力最强，如温特曲霉（*Aspergillus wentii*）、黑曲霉（*A. niger*）等。细菌中，好氧性细菌以芽孢杆菌居多，如枯草芽孢杆菌（*B. subtilis*）、多黏芽孢杆菌（*B. polymyxa*）、浸软芽孢杆菌（*B. macerans*）。在厌氧性细菌中，能分解果胶类物质的主要有蚀果胶梭菌（*Clostridium pectinovorum*）和费氏梭菌（*C. felsineum*），前者是大杆菌，芽孢端生，菌体呈鼓槌状，菌落无色，其分解果胶的最终产物为丁酸、乙酸、氢及 CO_2；后者较小，芽孢近端生，使菌体呈梭状，菌落黄色或橙黄色，其分解果胶的最终产物除上述各组分外还有少量丙酮与丁醇。

在麻类植物中，纤维通过果胶质与其他组织结合存在于茎秆的韧皮部内。果胶质的微生物分解实质上是利用能分解果胶质的微生物，去除其中的原果胶质和薄壁细胞而获得麻纤维的过程。我国民间采用的堆积脱胶法、粪堆堆积法、水池浸泡法、保温加营养法等许多脱胶制麻方法，都是基于微生物分解果胶质的原理。

5. 木质素

木质素（lignin）主要由紫丁香基、愈创木酚和少量的对羟苯基单元等通过复杂的醚键和碳碳键连接而成的具有三维网状结构的生物分子。木质素是芳香化合物的多聚体，由以苯环为核心带有丙烷支链的一种或多种芳香化合物（苯丙烷、松柏醇等）氧化缩合而成（图 7-39）。木质素一般占植物干重的 15%～20%，木材的木质素含量可高达

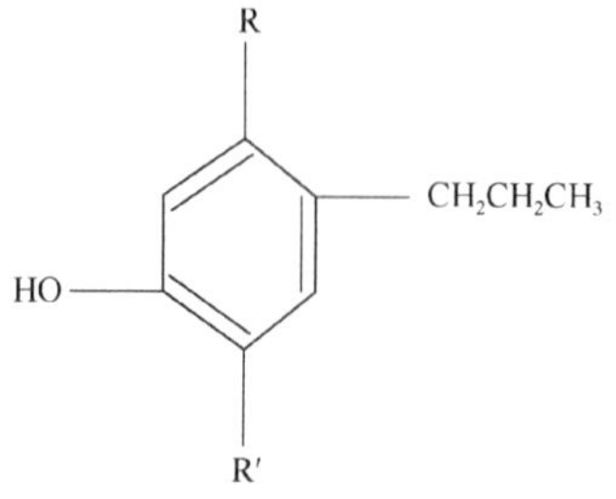

图 7-39　木质素单体

30%。在植物细胞壁中，木质素与纤维素紧密结合，其含量对纤维素的生物分解有很大影响。木质素含量达 20%～30%时，纤维素的分解速度明显减慢，至 40%时，由于木质素屏蔽了纤维素，微生物不能直接与其接触而难以将其分解。

能分解木质素的好氧菌有假单胞菌属（*Pseudomonas*）、节杆菌属（*Arthrobacter*）、微球菌属（*Micrococcus*）与黄单胞菌属（*Xanthomonas*）等属中的一些菌。真菌分解木质素的能力较细菌强，主要是担子菌纲中的干朽菌属（*Gyrophana*）、多孔菌属（*Polyporus*）及蘑菇属（*Agaricus*）等属的一些种。乳酸镰刀菌（*Fusarium lactis*）、雪腐镰刀菌（*Fusarium nivale*）、木素木霉（*Trichoderma lignorum*），以及交链孢霉属（*Alternaria*）、曲霉属（*Aspergillus*）、青霉属（*Penicillium*）的一些种也能分解木质素。木质素在土壤中分解缓慢，好气条件下分解较快。

6. 脂肪

脂肪是甘油和脂肪酸形成的酯。土壤中的脂类主要来自植物残体，少量来自动物与微生物。在脂肪酶（lipase）的作用下，脂肪可被水解为甘油和脂肪酸。甘油按己糖分解途径进一步分解。脂肪酸通过 β-氧化（β 碳原子氧化断裂）途径生成乙酰 CoA，乙酰 CoA 再进入 TCA 循环或其他途径完全分解，形成 CO_2、H_2O 和 ATP。

分解脂肪的好氧性细菌有荧光假单胞菌（*P. fluorescens*）、黏质沙雷氏菌（*S. marcescens*）、色杆菌属（*Chromobacterium*）、无色杆菌属（*Achromobacter*）、黄杆菌属（*Flavobacterium*）及芽孢杆菌属（*Bacillus*），真菌有白地霉（*Geotrichum candidum*）、曲霉属（*Aspergillus*）、芽枝霉属/枝孢属（*Cladosporium*）和青霉属（*Penicillium*）。放线菌中能分解脂肪的物种也为数不少。

7. 烃类化合物

烃类化合物是一类高度还原性的物质，有氧条件下可被一些微生物分解，主要是假单胞菌属（*Pseudomonas*）、分枝杆菌属（*Mycobacterium*）、诺卡氏菌属（*Nocardia*）、某些酵母菌等。

（1）甲烷氧化是一种产能与固碳方式，有一些细菌和古菌能利用甲烷作为唯一能源及碳源，被称为甲烷营养（methanotrophy）型。甲烷氧化可在有氧或无氧情况下进行。在有氧情况下，甲烷氧化细菌会利用单加氧酶（monooxygenase）将甲烷氧化成甲醇，甲醇被进一步氧化，最终甲醛可作为碳源进入代谢通路，其中一条是丝氨酸通路（serine pathway），另一条是核酮糖单磷酸（ribulose monophosphate，RuMP）途径。

丝氨酸通路是通过将 C2 的甘氨酸和甲醛转变为 C3 的丝氨酸而固碳（图 7-40）。这条通路中另一关键步骤还包括利用磷酸烯醇丙酮酸羧化酶（PEP carboxylase）将磷酸烯醇丙酮酸（PEP）和碳酸根转化为草酰乙酸（oxalacetate），这也是一个固碳步骤，景天酸代谢和 C4 植物也使用该反应。

核酮糖单磷酸（RuMP）途径是利用甲醛固碳的好氧甲烷氧化通路（图 7-41），该途径使用 C5 的核酮糖-5-磷酸来同化甲醛，生成 C6 化合物。C6 化合物最终会变为果糖-6-磷酸。每生成的 3 分子的果糖-6-磷酸中的 2 分子会转变成 4 分子的三碳糖，其中 1 分子

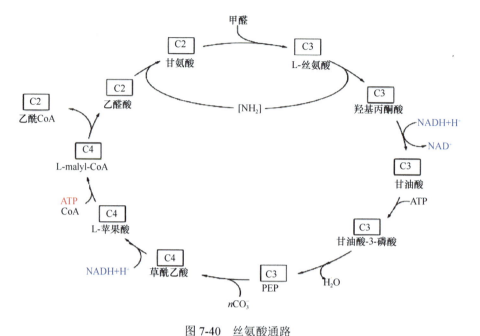

图 7-40　丝氨酸通路

PEP. 磷酸烯醇丙酮酸；malyl-CoA. 苹果酰 CoA；CoA. 辅酶 A

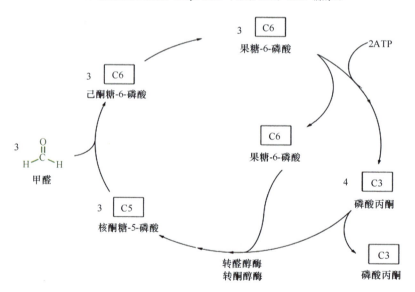

图 7-41　核酮糖单磷酸途径

的 C3 化合物会进入细胞代谢，而另外 3 分子的 C3 化合物会与之前的果糖-6-磷酸重生为 3 分子的核酮糖-5-磷酸完成循环。总之，3 分子的甲醛经过该循环可被固定到 1 分子的丙糖中。

有氧情况下的甲烷氧化由细菌进行，而古菌只在无氧情况下进行甲烷氧化。此时，甲烷氧化会与无氧呼吸相耦合，这两个过程一般不发生在同一细菌中，甲烷氧化古菌能将甲烷中的电子通过胞外电子传递的方式传给其他细菌，通常是以硫酸盐或硝酸盐进行无氧呼吸的细菌。

（2）正烷烃氧化：有一些细菌和真菌可直接分解直链烷烃从而将其作为能源。它们利用单加氧酶（monooxygenase）在烷烃的末端甲基或次末端的亚甲基上加入一个羟基（图 7-42）。如果在末端甲基上加入羟基，其可进一步被氧化成脂肪酸，脂肪酸通过 β-氧化途径生成乙酰 CoA，有一些微生物也会将烷烃另一端（ω 端）氧化再进行 β-氧化；如果在烷烃的次末端引入羟基，其可进一步被氧化成酮，此后一种特殊的单加氧酶——Baeyer-Villiger 单加氧酶在羰基碳和亚甲基之间引入一个氧原子，形成酯键，可被酯酶水解后进入细胞代谢。

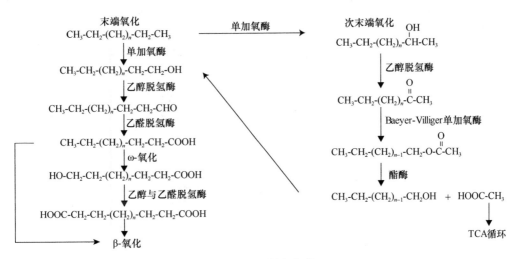

图 7-42 正烷烃氧化

（3）芳香化合物氧化：芳香化合物是一类含有苯环的联苯类化合物，较简单的芳香化合物是苯及苯胺(aniline)，其可被氧化生成儿茶酚(catechol，又称邻苯二酚)（图 7-43）。复杂的联苯类芳香化合物在氧化过程中逐步生成儿茶酚或原儿茶酸，儿茶酚或原儿茶酸可在苯环的邻位或间位上被氧化打开，生成脂肪族化合物，然后脂肪族化合物逐步分解成糖代谢途径中的中间体，这些中间体再按糖代谢的方式进行分解，即苯/联苯→儿茶酚/原儿茶酸→开环（邻位、间位）→继续降解。

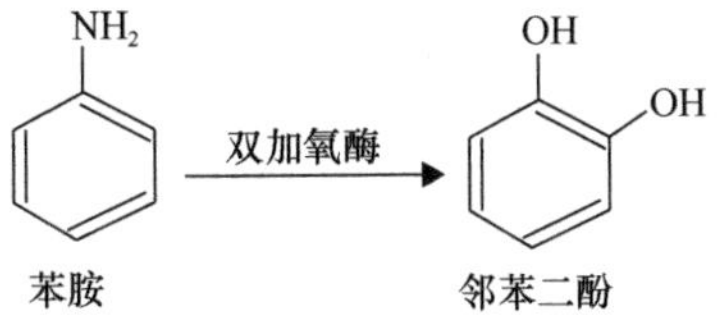

图 7-43 芳香化合物（苯胺）氧化

各类简单的芳香化合物在土壤中的分解所涉及的微生物分布广，但微生物的专一性不强。细菌主要有假单胞菌属（Pseudomonas）、分枝杆菌属（Mycobacterium）、不动杆菌属（Acinetobacter）、节杆菌属（Arthrobacter）和芽孢杆菌属（Bacillus）等。放线菌有诺卡氏菌属（Nocardia）和链霉菌属（Streptomyces）。假单胞菌属（Pseudomonas）、鞘氨醇单胞菌属（Sphingomonas）、鞘氨醇杆菌属（Sphingobacterium）等中的一些种能分解萘（naphthalene）、菲（phenanthrene）、蒽（anthracene）等多环芳香化合物。真菌中的青霉属（*Penicillium*）、曲霉属（*Aspergillus*）、脉孢霉属（*Neurospora*）、杂色云芝（*Coriolus versicolor*）等都能分解芳香化合物，其中包括单宁等物质。

　　苯胺降解菌以好氧菌为主，有诺卡氏菌属（*Nocardia*）、食酸丛毛单胞菌（*Comamonas acidovorans*）、人苍白杆菌（*Ochrobactruma anthropi*）、乙酸钙不动杆菌（*Acinetobacter calcoaceticus*）、红串红球菌（*Rhodococcus erythropolis*）、产碱杆菌属（*Alcaligenes*）、假单胞菌属（*Pseudomonas*）和芽孢杆菌属（*Bacillus*）、黄杆菌属（*Flavobacterium*）、代尔夫特菌属（*Delftia*）。降解苯胺的厌氧菌有苯胺脱硫杆菌（*Desulfobacterium aniline*）。

　　苯胺的微生物降解：在双加氧酶的催化下，苯胺转化为邻苯二酚，邻苯二酚经邻位（ortho position）或间位（meta position）途径开环裂解，分别由邻苯二酚-1,2-双加氧酶或邻苯二酚-2,3-双加氧酶催化（图 7-44，图 7-45）。经邻苯二酚-1,2-双加氧酶的作用，在两个羟基之间切割邻苯二酚，再经多步反应产生琥珀酸和乙酰辅酶 A。经邻苯二酚-2,3-双加氧酶的作用，在其中一个羟基的旁侧切割邻苯二酚，最后产生丙酮酸和乙醛。

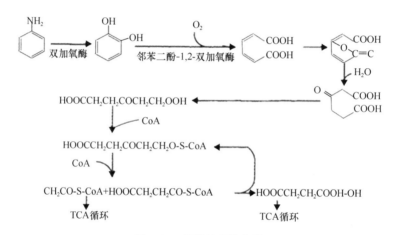

图 7-44　苯胺的邻位代谢

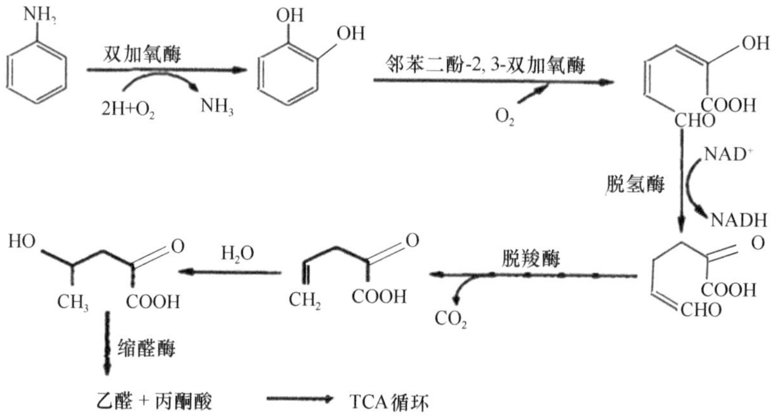

图 7-45　苯胺的间位代谢

在厌氧条件下，苯胺先羧基化形成对氨基苯甲酸，再在 4-氨基苯甲酰辅酶的作用下进行还原脱氨生成苯酰，然后进一步代谢分解（图 7-46）。

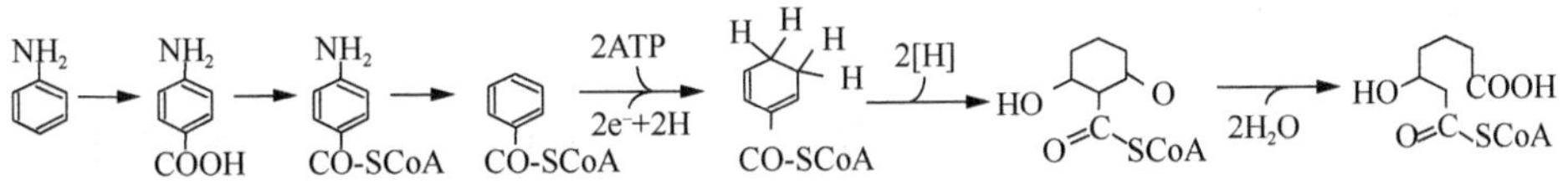

图 7-46 苯胺的厌氧代谢

二、蛋白质与几丁质

1. 蛋白质

在蛋白酶与肽酶的作用下，蛋白质水解为肽及氨基酸。氨基酸直接进入细胞后参与细胞内的一系列复杂的生化反应。蛋白酶是一种胞外酶。一般真菌分解蛋白质的能力强，并能分解天然的蛋白质，大多数细菌不能利用天然蛋白质，只能利用某些变性蛋白及蛋白胨、肽等蛋白质的降解产物，这与大多数细菌能合成肽酶有关。根据肽酶作用部位不同，可分为作用于有游离氨基端肽键的氨肽酶（aminopeptidase）、作用于有游离羧基端肽键的羧肽酶（carboxypeptidase）。

2. 几丁质

几丁质（chitin）广泛存在于自然界。昆虫翅膀、许多真菌细胞壁，特别是很多担子菌细胞壁含有这种物质。几丁质是一种含氮多聚糖，其基本单位是 *N*-乙酰葡糖胺，由 *N*-乙酰葡糖胺连成长链。几丁质与纤维素结构类似，只是纤维素中每个葡萄糖单位中的一个羟基被乙酰胺取代。纯几丁质含氮 6.9%，被微生物分解时既可作为碳源，也可作为氮源。几丁质不溶于水和有机酸，也不溶于浓碱及稀酸，只能溶于浓酸或被微生物分解。

真菌细胞壁和某些甲壳动物的甲壳成分——多缩乙酰氨基葡萄糖，在几丁质酶的作用下，形成氨基葡萄糖和乙酸，氨基葡萄糖经脱氨形成氨和葡萄糖。嗜几丁质类芽孢杆菌（*Paenibacillus chitinophilum*）和几丁质色杆菌（*Chromobacterium chitinochrona*）分解几丁质的能力强，均为好气性杆菌。这两种细菌分解几丁质时利用生成的氨和葡萄糖作为氮源、碳源及能源。在土壤中，几丁质分解菌中放线菌占 90%～99%，包括链霉菌属（*Streptomyces*）、诺卡氏菌属（*Nocardia*）、小单孢菌属（*Micromonospora*）、游动放线菌属（*Actinoplanes*）及链孢囊菌属（*Streptosporangium*）等。由于利用几丁质的放线菌种类多，可用几丁质制作放线菌的选择培养基。真菌及细菌中也有很多属分解几丁质的能力较强，真菌包括被孢霉属（*Mortierella*）、木霉属（*Trichoderma*）、轮枝菌属（*Verticillium*）及拟青霉属（*Paecilomyces*）、黏鞭霉属（*Gliomastix*）等，细菌包括芽孢杆菌属（*Bacillus*）、假单胞菌属（*Pseudomonas*）、梭菌属（*Clostridium*）等。

微生物对几丁质的分解，不仅可为植物提供有效态氮，还有利于消灭植物病原真菌。土壤中加入几丁质后，土生镰刀菌引起的病害明显减少。

三、核酸与磷脂

1. 核酸

核酸为单核苷酸 3,5-磷酸二酯键大分子聚合物。特殊情况下（如营养物质耗尽时），短期内微生物可通过核酸酶将胞内核酸（如 RNA）或其他生物的核酸降解，以维持生命。生长过程中，微生物通过核酸酶作用使胞内核酸不断更新。核酸降解产物嘌呤及嘧啶进一步分解为有机酸、NH_3 及 CO_2，有机酸与核苷分解产物核糖进入糖分解途径进一步氧化。

2. 磷脂

磷脂是细胞膜成分。死亡细胞的磷脂经分解可被重新利用。卵磷脂是含胆碱的磷酸脂，在卵磷脂酶的作用下水解为甘油、脂肪酸和胆碱，胆碱进一步分解形成 NH_3、CO_2 及有机酸（醇）。

第三节　微生物的合成代谢

按照不同的分类依据，可将微生物细胞内的合成反应分为不同类型。将小分子物质、能量和还原力 NAD(P)H 作为合成的原料（图 7-47），原料可直接从外界环境吸取，也可以从分解代谢中获得。

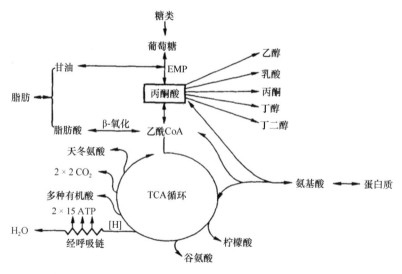

图 7-47　TCA 循环在微生物分解代谢与合成代谢中的地位

微生物有其独特的合成代谢，如 CO_2 的固定、甲烷的合成、生物固氮与肽聚糖的合成等。

一、CO₂ 的固定

自养微生物经生物氧化或光合作用获取能量，这些能量主要用于 CO_2 的固定。自然界主要存在卡尔文循环（Calvin cycle）、厌氧乙酰 CoA 途径（anaerobic acetyl-CoA pathway）、还原性柠檬酸循环（reductive citric acid cycle）、3-羟基丙酸（3-hydroxy propionate，3-HP）双循环、3-羟基丙酸/4-羟基丁酸（3-hydroxy propionate/4-hydroxybutyrate，3-HP/4-HB）循环，以及二羧酸/4-羟基丁酸（dicarboxylate/4-hydroxybutyrate，DC/4-HB）循环 6 种生物固碳途径。除了卡尔文循环和 3-羟基丙酸双循环外，其他 4 种固碳途径在古菌中都有发现。

（1）卡尔文循环也称还原戊糖磷酸途径，或核酮糖-1,5-双磷酸 （ribulose-1,5-biphosphate，RuBP）途径。该途径除了存在于好氧性自养型微生物与光合细菌外，还存在于绿色植物、蓝细菌中。这是一条 CO_2 还原与固定的主要途径（图 7-48），直接参与 CO_2 固定的酶为核酮糖-1,5-双磷酸羧化酶/加氧酶 （ribulose-1,5-bisphosphate carboxylase/oxygenase，Rubisco）。卡尔文因发现了此循环途径而获得了 1961 年的诺贝尔化学奖。

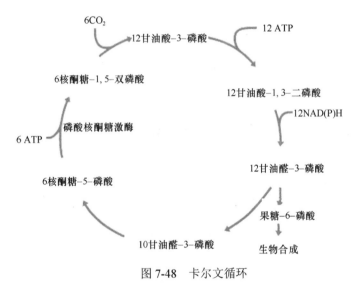

图 7-48 卡尔文循环

总反应：$6CO_2 + 12NAD(P)H + 18ATP \longrightarrow$ 葡萄糖 $+ 12NAD(P) + 18ADP + 18Pi$

合成 1 分子葡萄糖，循环 6 次，需要 6 分子 CO_2、18 分子 ATP 和 12 分子 NAD(P)H。

卡尔文循环有三个重要反应。①羧化反应，C5 糖即核酮糖-1,5-双磷酸固定 CO_2 转变形成 C3 的甘油酸-3-磷酸。②还原反应，即甘油酸-3-磷酸上的羟基还原成醛基，这是一个逆向 EMP 途径，且是一个耗能和耗还原力的过程。③CO_2 受体的再生，甘油醛-3-磷酸通过逆向 EMP 途径形成葡萄糖，此外，经耗能和 HMP 途径，最终再生核酮糖-1,5-双磷酸，从而再进行 CO_2 固定。在卡尔文循环中，甘油醛-3-磷酸可以合成葡萄糖，也可以合成其他的细胞成分，如脂肪、蛋白质等，卡尔文循环是一个很重要的细胞成分合成途径（图 7-49）。

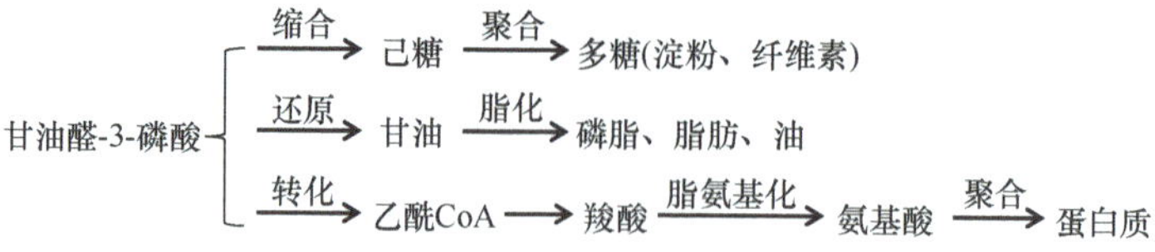

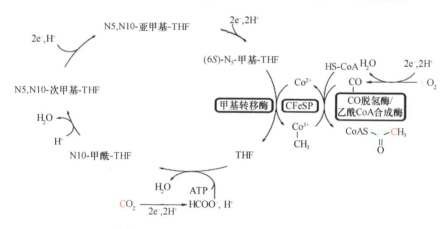

图 7-49　生物大分子合成

（2）厌氧乙酰 CoA 途径是 20 世纪 70 年代 Wood 和 Ljungdahl 确定的，故称 WL 途径或活性乙酸途径（activated acetic acid pathway）。这是一种以氢气为能源、固碳能耗最低、严格厌氧的 CO_2 固定途径（图 7-50）。存在厌氧乙酰 CoA 途径的自养型厌氧菌有甲烷菌、硫酸盐还原菌、产乙酸菌等。该固碳过程始于四氢叶酸（THF）接受一分子 CO_2 并将其还原为甲基，然后将甲基转移至类咕啉-铁硫簇蛋白（corrinoid iron-sulfur protein，CFeSP）的辅酶 B_{12} 上。然后将甲基转移后，四氢叶酸（THF）得以再生。另一分子的 CO_2 则被还原为 CO，和类咕啉-铁硫簇蛋白（CFeSP）上的甲基及 CoA 一起合成乙酰 CoA，该反应被认为是整个 WL 途径的限速反应。合成的乙酰 CoA 随即可进入下游细胞代谢途径。WL 途径实质是使用 1 分子 ATP 和 2 分子 NAD（P）H，将 2 分子 CO_2（或 1 分子 CO_2 与 1 分子 CO）合成一分子乙酰 CoA。其关键酶复合物是 CO 脱氢酶/乙酰 CoA 合成酶，此途径是唯一的非循环固定 CO_2 途径，反应步骤最少，耗能最低。

图 7-50　厌氧乙酰 CoA 途径（WL 途径）

CFeSP. 类咕啉-铁硫簇蛋白；THF. 四氢叶酸

WL 途径是最古老的也是唯一在古菌与细菌中均存在的 CO_2 固定途径。地球早期存在大量氢气和 CO_2，自养型生物利用氢气作为电子供体来还原 CO_2，合成 ATP，并产生甲烷或乙酸。它们是严格厌氧微生物，通过 WL 途径提供生命所需的能量。而共同的生命始祖（LUCA）可能是一类严格厌氧的自养型生物，生活在富含氢气、CO_2 和还原型铁离子的环境中，并依赖氢气生存，利用 WL 途径进行 CO_2 固定，且能固氮。自养产乙酸是非常简单的原始能量代谢形式。

（3）还原性柠檬酸循环是利用草酰乙酸与 2 分子 CO_2 反应，形成柠檬酸，该途径也称反向 TCA（reverse TCA，rTCA）循环。开始只在少数光合紫色细菌、绿硫细菌和一些硫酸盐还原菌中发现了 rTCA 循环。在广泛进行环境基因组研究后，rTCA 循环被发现存在于更多的厌氧微生物中，如嗜高温的硫化叶菌目（Sulfolobales）和热变形菌目（Thermoproteales）。在 rTCA 循环中，有的反应是不可逆的，如乙酰 CoA 和草酰乙酸生成柠檬酸，以及 α-酮戊二酸脱羧生成琥珀酰 CoA，而剩余的其他过程是由和 TCA 循环中同样的酶催化的可逆反应（图 7-51）。

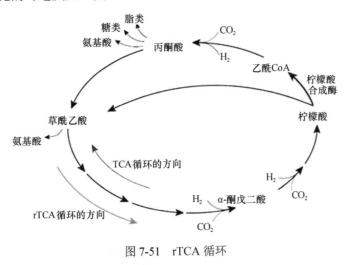

图 7-51　rTCA 循环

（4）3-羟基丙酸（3-HP）双循环是一种自养固碳途径，主要存在于光合绿色非硫细菌、嗜热光合细菌如橙色绿屈挠菌（*Chloroflexus aurantiacus*），以及一些古菌中（图 7-52）。该途径是 3-HP 循环与甲基苹果酸循环偶联形成的双循环，由光能驱动，有 13 个酶催化 16 步酶促反应。在消耗 5 分子 ATP 与 6 分子 NADPH 后，将 3 分子的 CO_2 转化为 1 分子丙酮酸。

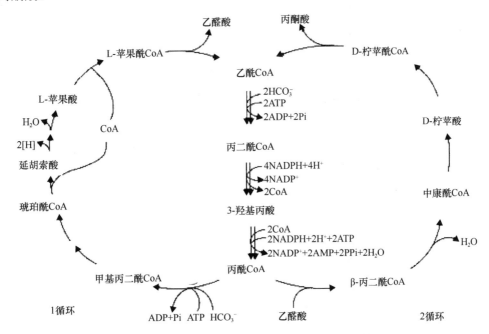

图 7-52　橙色绿屈挠菌（*C. aurantiacus*）3-HP 双循环

（5）3-羟基丙酸/4-羟基丁酸（3-HP/4-HB）循环是 2007 年发现于泉古菌中的有氧固定 CO_2 途径，为双循环偶联的代谢途径，其关键产物是 3-HP 与 4-HB（图 7-53）。该循环利用 2 个 HCO_3^- 分子，在乙酰 CoA 羧化酶/丙酰 CoA 羧化酶的作用下合成乙酰 CoA。奇古菌门中的氨氧化古菌的固碳途径即为 3-HP/4-HB 循环。

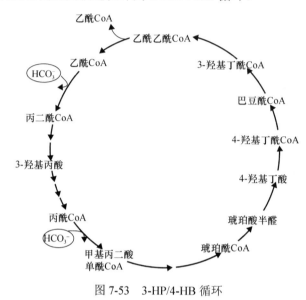

图 7-53　3-HP/4-HB 循环

（6）二羧酸/4-羟基丁酸（DC/4-HB）循环是 2008 年发现的古菌严格厌氧固定 CO_2 的途径，能量来源于氢气和单质硫，底物是 1 分子的 CO_2 和 HCO_3^-。参与固碳的酶是 PEP 羧化酶。DC/4-HB 循环在酶的作用下，消耗 3 分子 ATP 和 1 分子 NAD(P)H 合成 1 分子乙酰 CoA。该途径存在于泉古菌门的 *Ignicoccus hospitalis*、*Thermoproteus neutrophilus* 等中（图 7-54）。

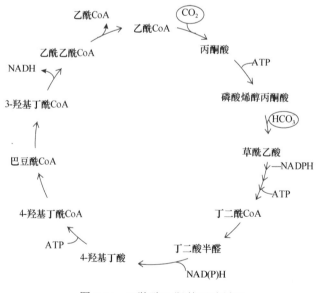

图 7-54　二羧酸/4-羟基丁酸循环

总之，固碳途径中的卡尔文循环广泛存在于绿色植物、蓝细菌、藻类、紫色细菌和一些变形菌中。3-HP/4-HB 循环、3-HP 双循环、DC/4-HB 循环常见于一些极端嗜热嗜酸菌中。卡尔文循环、3-HP 双循环和 3-HP/4-HB 循环存在于好氧生物中，其他 3 条途径 rTCA 循环、DC/4-HB 循环和 WL 循环仅存在于厌氧生物中。

二、甲烷的合成

全球的甲烷排放量为 $5 \times 10^9 \sim 6 \times 10^9$ kg/年，大约 74% 的甲烷排放为生物产生的，且大气中的甲烷含量正以每年 2% 的速度递增。据统计，大气中每年有 10 亿 t 的甲烷产自产甲烷古菌，相当于全球年固定碳的 2%。

微生物可通过二氧化碳还原型途径、乙酸营养型途径、甲基营养型途径、甲基还原型途径及烷基营养型途径 5 条途径产生甲烷。

（1）二氧化碳还原型途径：底物是 H_2/CO_2，利用 H_2、甲酸为主要电子供体，还原 CO_2 产生甲烷。通常认为二氧化碳还原型微生物为产甲烷古菌的祖先类型，绝大多数产甲烷古菌利用该途径合成甲烷，如甲烷短杆菌属（*Methanobrevibacter*）。二氧化碳还原型产甲烷古菌是在演化出一个新的巯基 H_4MPT 甲基转移酶之后，将产甲烷过程和 WL 途径相结合。WL 途径将 CO_2 还原为甲基四氢甲烷蝶呤（H_4MPT），巯基 H_4MPT 甲基转移酶则将甲基 H_4MPT 转换为甲基辅酶 M，最终甲基辅酶 M 被甲基辅酶 M 还原酶还原为甲烷。

（2）乙酸营养型途径：底物是乙酸盐，通过裂解乙酸产生甲基和羧基，羧基再进一步被氧化产生电子供体 H_2 用于还原甲基为甲烷，如甲烷鬃菌属（*Methanosaeta*）。

（3）甲基营养型途径：底物为含甲基的化合物，通过 H_2 还原甲基化合物中的甲基产生甲烷，或通过甲基化合物自身的歧化反应产生甲烷。即以甲醇、甲胺、甲硫醇等甲基化合物为底物，4 份甲基化合物经过四氢甲烷蝶呤 S-甲基转移酶（tetrahydromethanopterin S-methyltransferase，Mtr）的激活，其中 1 份经过反向 H_2/CO_2 还原途径被氧化为 CO_2，剩下的 3 份被还原为甲烷，如甲烷球菌属（*Methanococcus*）。

（4）甲基还原型途径：直接利用甲氧基芳香化合物上的甲基生成甲烷，其中 H_2 充当电子供体。而甲基化合物只作为电子受体接收 H_2 中的电子，随后甲基化合物直接被还原为甲烷。该途径最先发现于广古菌中，后又在 TACK 超级门的深古菌门（Ca. Bathyarchaeota）和佛斯特拉古菌门（Ca. Verstraetearchaeota）中被发现。有研究推测，该途径作为自然环境中吉布斯自由能最高的产甲烷途径，在厌氧、H_2 浓度低的环境中占主导地位。

（5）烷基营养型途径：底物是烷烃，如产甲烷古菌 Ca. *Methanoliparum* 可经烷基辅酶 M 还原酶启动烷烃的降解，并通过 β-氧化和 WL 途径进入产甲烷代谢过程。该途径可以高效降解长链烷烃，以及含有较长烷基侧链的环己烷和烷基苯。

三、生物固氮

N_2 约占空气总体积的 78%，这种分子态氮不能直接被动物、植物和大多数微生物利用，只有当它被还原成氨以后，才可以被植物吸收、被微生物用作生长的氮源和能源。为了解决该难题，德国 Haber 在 1910～1912 年对 2500 多种催化剂进行了 6800 次艰苦试验和评价，终于发现了一种高活性 Fe-K$_2$O-Al$_2$O$_3$ 体系催化剂，从而奠定了合成氨化学工业的基础，Haber 因此获得 1918 年的诺贝尔化学奖。但是该催化剂在高温（250～350℃）、高压（约 30 MPa）、高纯度氮气和氢气的条件下才能发挥作用。

自然界中有一小部分微生物（自生固氮菌、根瘤菌）能利用氮气作为养料，可在常温、常压下高效地将大气中的分子态氮还原成氨，这种分子态氮通过固氮生物还原成氨的作用即为生物固氮（biological nitrogen fixation）。生物固氮就是指某些微生物和藻类通过体内固氮酶的作用将分子态氮转变成氨（ammonia）的过程，生物固氮对维持自然界的氮循环和供应植物生长所需要的氮来源起着重要作用。（知识扩展 7-3，见封底二维码）

1. 固氮酶的组成

固氮微生物各种各样，但其固氮能力只在不含化合氮的培养基上生长时才能获得，且只有在提供 ATP 还原力以及在严格厌氧微环境下，才能使固氮酶催化分子态氮还原成氨。固氮酶（nitrogenase）普遍存在于细菌和古菌中，有铁-铁（FeFe）、钒-铁（VFe）和钼-铁（MoFe）三类，它们在序列、结构和功能上具有相似性，但其金属辅助因子不同。三类固氮酶均由两种物质组成：*anfDGK*、*vnfDGK* 或 *nifDK* 分别编码的含铁、钒或钼的固氮酶催化成分；*anfH*、*vnfH* 或 *nifH* 编码的含铁的电子转运蛋白。如钼-铁（MoFe）类固氮酶由分子量较小的铁蛋白和分子量较大的钼铁蛋白组成，铁蛋白只是一种固氮"还原酶"，而真正的"固氮酶"则是钼铁蛋白。这两种蛋白对氧都很敏感，由它们组成的固氮酶对氧也很敏感。*nifH* 是用来检测环境中固氮微生物的标记基因。

双固氮酶（dinitrogenase）是一种钼铁蛋白，是由 4 个亚基（α$_2$β$_2$）组成的异源四聚体，含有 2 个钼原子、24～32 个铁原子，以及数目大致相等的不稳态的硫原子（催化中心）(图 7-55)。一些固氮生物的固氮酶钼铁蛋白的一级结构表明，其氨基酸序列有 47%～66% 的相似性，保守性相当高，尤其是半胱氨酸，其位置往往相同或接近，推测其是钼-铁形成配位键所必需的。

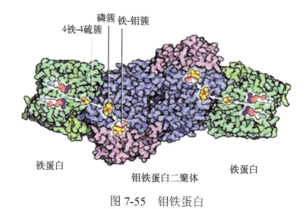

图 7-55　钼铁蛋白

双固氮酶还原酶（dinitrogenase reductase）是一种铁蛋白，是由 2 个相同亚基组成的二聚体，分子质量 59～73 kDa，含有 4 个铁原子及 4 个不稳态的硫原子，组成一个 [4Fe-4S] 的原子簇（iron-sulfur cluster，电子活动中心）。测定不同固氮酶铁蛋白的一级结构，显示其不含色氨酸，酸性氨基酸多于碱性氨基酸。各属种间的同源性为 45%～90%，表明铁蛋白的基本结构较保守，特别是 5 个半胱氨酸残基都处于高度保守区，所有的铁蛋白在 101（或 100）位均有一个精氨酸残基。

2. 固氮机理

固氮作用是一个耗能反应，固氮反应必须在有固氮酶和 ATP 的参与下才能进行，每固定 1 mol 氮气约需要 21 mol ATP，这些能量来自氧化磷酸化或光合磷酸化。在体内进行固氮时，还需要一些特殊的电子传递体，其中主要是铁氧还蛋白（ferredoxin，Fd）和黄素单核苷酸（flavin mononucleotide，FMN）作为辅基的黄素氧还蛋白，其电子供体来自 NADPH，受体是铁蛋白。铁蛋白会将电子转移至固氮酶，以还原氮气（图 7-56）。

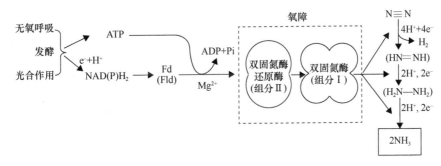

图 7-56　固氮酶的催化机制
Fd. 铁氧还蛋白；Fld. 黄素氧还蛋白

总反应：$N_2 + 6e^- + 6H^+ + 12ATP \longrightarrow 2NH_3 + 12ADP + 12Pi$

大多数固氮菌都是好氧菌，需要利用 O_2 进行呼吸和产生能量。但氧气对固氮生物是有害的，既阻遏固氮酶的生物合成，又破坏固氮酶的活性。故固氮酶必须始终受活细胞中的各种"氧障"的严密保护，否则会失活，固氮生物在长期进化过程中形成了抗氧机制。

3. 固氮菌的抗氧机制

氧气的暴露会使固氮酶失效，故含氧的光能利用菌会使固氮作用和光合作用从空间或时间上分开。而非光合作用的生物体生活在含氧环境中则需要采用增加氧气呼吸、超氧化物歧化酶的解毒作用，以及固氮酶的构象变化等"多重保险"式的保护机制保证固氮酶的功能。

（1）呼吸保护是指固氮菌以较强的呼吸作用迅速将周围环境中的氧消耗掉，使细胞周围的微环境处于低氧状态，以此保护固氮酶。如豆科植物共生根瘤菌中含有一种豆血红蛋白（leghemoglobin），其和动物的血红蛋白、肌动蛋白一样是一种氧结合蛋白，起运输氧的作用。它可向类菌体提供低浓度、高流量的氧气，以保证固氮类菌体（根瘤菌）

呼吸所需的氧气。由于豆血红蛋白与氧有极强的亲和力，可大幅降低周围环境氧浓度，从而防止局部氧浓度增高，使氧稳定在固氮酶最合适的范围内，形成有利于固氮酶的兼氧微环境。这样既保证了固氮酶不因高氧分压而失活，又充分保证了固氮菌进行氧化磷酸化所需要的氧气供给，使固氮酶呈现较高的固氮活性。

（2）构象保护，当固氮菌处于高氧分压环境下时，固氮酶即形成一个无固氮活性但能防止氧损伤的特殊构象，即活性"关闭"。氧分压下降后，活性"启动"。这是因为固氮酶与一个或多个稳定因子如蛋白质、磷脂等结合改变了构象。

（3）分隔保护，根瘤菌的固氮酶为类菌体周膜所包围，蓝细菌的固氮酶存在于厚壁的异形胞（heterocyst）中，弗兰克氏菌属（Frankia）的固氮酶位于囊泡中，有的固氮菌具有较厚的荚膜或黏液层阻拦氧的渗入。这些特殊的细胞结构在空间上对固氮酶进行了分隔保护，而另外有一些蓝细菌利用自身的生物钟调控基因表达，在白天有阳光的时候表达光合作用基因，而在夜晚表达固氮酶。这样可以将产氧的光合作用过程和需要低氧固氮作用在时间上进行分隔。

4. 固氮生物的种类

目前资料表明，能进行生物固氮的是一些原核生物，主要类群有细菌、放线菌及蓝细菌，近50属，依据它们各自的固氮方式可分为自生固氮菌、共生固氮菌与联合固氮菌（图 7-57）。①自生固氮菌是指能独立进行固氮的微生物，自生固氮体系又可分为光能自生固氮和化能自生固氮；②共生固氮菌是指必须与他种生物共生在一起时才能固氮的微生物；③联合固氮菌在某些作物的根系黏质鞘内发生发育，并把固定的氮供给植物，但不形成类似于根瘤的共生结构。

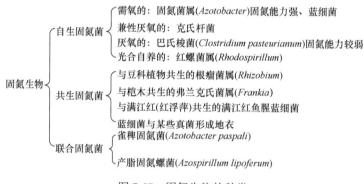

图 7-57　固氮生物的种类

自生固氮菌的固氮效率较低，固氮量也少，但种类多，习性各异，分布广泛，尤其在氮源贫瘠、碳丰富的环境中可大量繁殖，在古代地球表面的氮转换方面曾做出了重大贡献。因而其在固氮机理的研究方面有着重要的意义。

在各种固氮生物中，共生固氮菌的固氮效率最高，固氮量也多，年固氮量占生物年总固氮量的4/5，在农业生产和自然界氮平衡中发挥着重要作用。

（1）根瘤菌与豆科植物共生固氮，根瘤菌是革兰氏阴性杆菌，快生型具有周生鞭毛，慢生型为单生鞭毛，无芽孢，细胞外可形成大量黏液物质。与豆科植物共生时，根瘤菌形态经历了不同变化。根瘤菌从土壤进入根内为很小的杆菌，随着根瘤发育，进入根瘤细胞内的菌体逐渐膨大或分叉，形成了梨形、棒槌形、"T"形或"Y"形，这些特殊形态的根瘤菌称为类菌体（bacteroid）。在类菌体形成前开始固氮，在类菌体充分成熟阶段进行旺盛的固氮作用。快生型根瘤菌的大类菌体具有固氮功能而失去繁殖能力，而含菌组织中另一类小杆菌仍保持有繁殖能力，从根瘤中分离培养的根瘤菌实际是小杆菌的后代。

（2）蓝细菌与植物的共生固氮，如满江红鱼腥蓝细菌（*A. azolla*）与满江红（红浮萍）的共生固氮体系，红浮萍是热带、亚热带地区分布很广、生长迅速、极为繁茂的水生蕨类植物，红浮萍可提供光合作用的产物，这些产物可作为满江红鱼腥蓝细菌的碳源和能源，而满江红鱼腥蓝细菌进行固氮作用。这种共生体的固氮效率很高，且红浮萍具有高含量、易降解的有机物，是我国南方稻田及沼泽地区中很有经济价值的水田绿肥。

（3）蓝细菌与真菌的共生体是地衣，其在自然界中广泛分布于岩石、树皮、土壤，对于土壤的形成具有重要作用，地衣中常见的念珠蓝细菌属（*Nostoc*）、眉蓝细菌属（*Calothrix*）具有固氮作用，固定的氮可供给真菌。蓝细菌的固氮量仅次于豆科植物与根瘤菌形成的共生固氮体系，并且蓝细菌的固氮作用与放氧型光合作用相偶联，在进化上有特殊地位，蓝细菌在固氮的同时也放氧，是一个有应用前景的太阳能生物转化系统。

（4）弗兰克氏菌与非豆科植物的共生固氮，弗兰克氏菌是一种能与非豆科植物共生结瘤固氮的放线菌，能形成具有固氮功能的顶囊。已报道有 200 多种木本双子叶植物与其共生结瘤固氮，如桤木属（*Alnus*）、杨梅属（*Mgrica*）、木麻黄属（*Casuarina*）、马桑属（*Coricuria*）、沙棘属（*Hippophae*）等。这类植物通称为放线菌结瘤植物，其分布广、适应性强，主要分布在南温带和北温带，个别植物如木麻黄可延伸到亚热带地区。从江河、池塘和沼泽地区的潮湿环境，到沙丘，甚至沙漠的干旱环境，从海岸地区到高海拔地区都有放线菌结瘤植物的存在。因其具有固氮作用，故能培肥、改良土壤，在植树造林上常用于营造混交林，是森林生态系统中的重要供氧者，也是绿化荒山荒地的先锋树种。我国放线菌结瘤植物研究始于 20 世纪 70 年代末。已从赤杨属、沙棘属、胡颓子属、木麻黄属和杨梅属 5 个属中获得了弗兰克氏菌的纯培养，并进行了回接验证。木麻黄、沙棘、赤杨等是森林生态工程建设中的战略树种。

（5）2024 年，加州大学的 Zehr 教授带领团队研究表明，有一类群的蓝细菌在进化过程中因为其固氮能力和一些真核藻类形成了细胞内共生，逐渐演变为一种新型的细胞器——固氮体（Nitroplast）。这一类的真核藻类有三种原核生物来源的细胞器，分别为进行细胞呼吸的线粒体，进行光合作用的叶绿体以及固氮的固氮体。

总之，据估计，大气中储存的氮气（氮素含量）为 3.9×10^{15} t，全球固氮微生物固定的氮素为 1.75×10^8 t。

四、肽聚糖的合成

肽聚糖是绝大多数细菌细胞壁所含有的结构分子，其合成较复杂，肽聚糖的合成可分为以下几个阶段（图 7-58）。①*N*-乙酰葡糖胺（G）和 *N*-乙酰胞壁酸（M）的合成（在细胞质中）；②*N*-乙酰胞壁酸合成"Park"核苷酸（在细胞质中）；③肽聚糖亚单位的合成（在细胞膜上）；④通过转糖基作用及转肽酶催化的转肽反应形成完整的肽聚糖分子（在细胞壁的生长点上）。

在由葡萄糖合成 N-乙酰葡糖胺（G）的过程中，要利用谷氨酰胺和乙酰 CoA，并消耗一个尿苷三磷酸（UTP）形成有生物活性的 N-乙酰葡糖胺-UDP，再经过与磷酸烯醇丙酮酸（PEP）之间的缩合反应与还原反应，即可生成 N-乙酰胞壁酸-UDP（图 7-59），反应在细胞质中进行。

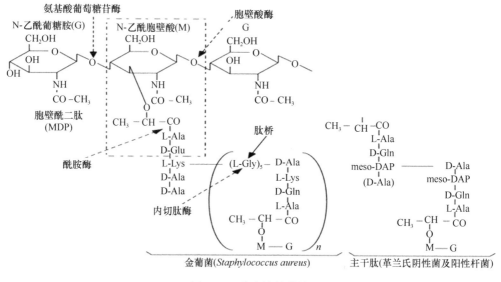

图 7-58　肽聚糖的结构

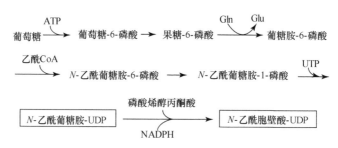

图 7-59　N-乙酰葡糖胺-UDP 与 N-乙酰胞壁酸-UDP 的合成

N-乙酰胞壁酸（M）合成后组成短肽的 5 个氨基酸，在革兰氏阳性的金黄色葡萄球菌中，按 L-丙氨酸、D-谷氨酸、L-赖氨酸、2 个 D-丙氨酸的顺序逐步加到 N-乙酰胞壁酸（M）上，形成 N-乙酰胞壁酸肽-UDP，也称为 "Park" 核苷酸（Park's nucleotide）（图 7-60）。在这个肽键的形成过程中需要 ATP，且还有一个合成 D-丙氨酰-D-丙氨酸的反应，该反应可被环丝氨酸（cycloserine）抑制。该过程中会有一些特殊构象的氨基酸——D 型氨基酸，参与到细胞壁的构建当中。在革兰氏阴性的大肠杆菌中，短肽中的 L-赖氨酸由内消旋二氨基庚二酸（meso-DAP）替代。

"Park" 核苷酸与细胞膜上的类脂载体结合后，进一步接上 N-乙酰葡糖胺（G）及甘氨酸五肽桥（金黄色葡萄球菌），最后，被转到膜的外表面，与细胞壁上已有的肽聚糖形成糖苷键，实现肽聚糖链的延长（图 7-61）。不同层的肽聚糖之间以甘氨酸五肽桥相连，以增加肽聚糖整体的稳固性。不同的物种使用不同的短肽进行桥连，其中革兰氏阴性的大肠杆菌则直接通过内消旋二氨基庚二酸（meso-DAP）和 D-丙氨酸（D-Ala）之间形成的肽键交联。

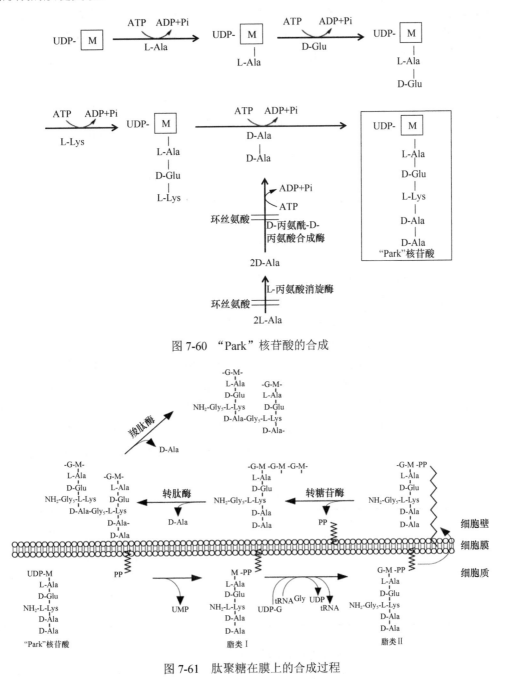

图 7-60 "Park" 核苷酸的合成

图 7-61 肽聚糖在膜上的合成过程

青霉素是肽聚糖亚单位五肽末端的 D-丙氨酰-D-丙氨酸的结构类似物（图 7-62），两者会发生相互竞争与转肽酶结合，使肽聚糖内的肽桥非正常交联，从而使形成的肽聚糖成为缺陷型肽聚糖。青霉素阻碍细菌特有的细胞壁生长，从而抑制细菌感染。有研究表明，除破坏肽聚糖外，β-内酰胺类抗生素还可在耐甲氧西林金黄色葡萄球菌（methicillin resistant *Staphylococcus aureus*，MRSA）的细胞壁上打孔，并穿透整个细胞壁。随着细胞生长，孔洞也随之扩大。最终，细胞壁的孔洞越来越大，造成了细菌死亡。青霉素只能抑制新的细胞壁合成而无法破坏已有的细胞壁结构，故青霉素只作用于生长的细菌，而对生长停止的细菌没有抑制作用。

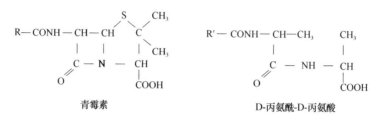

图 7-62　青霉素与其结构类似物 D-丙氨酰-D-丙氨酸

第四节　微生物的次生代谢

初生代谢（primary metabolism）普遍存在于一切生物中，是与生物的生存有关、涉及产能耗能的代谢类型。初生（级）代谢产物（primary metabolite）是指微生物产生的维持其生命代谢活动（生长与繁殖）所必需的物质，如蛋白质、核酸和维生素等（表 7-6）。次生代谢（secondary metabolism）是 1958 年植物学家 Rohland 首先提出的，1960 年 Bulock 把其引入微生物学领域。次生代谢是生物为了避免在初生代谢过程中某种中间产物积累而产生不利的影响，从而产生的一类对微生物生命活动无明确功能、对生存有利的代谢类型。次生代谢产物以初生代谢产物为前体合成，不是机体所必需的物质。次生代谢途径和代谢产物因生物的不同而不同，即同种生物也会因培养条件不同而产生不同的次生代谢产物。次生代谢通常在微生物的对数生长末期或稳定期才出现，与机体的生长并不呈现平行关系。

表 7-6　微生物的代谢产物

项目	初生代谢产物	次生代谢产物
功能	生长繁殖必需	自身非必需
产生时间	全程产生	生长后期产生
菌种特异性	无	有
分布	细胞内	细胞内或细胞外
种类	氨基酸、核苷酸、多糖、脂类和维生素等	抗生素、生长激素、维生素、生物碱、色素和毒素等

次生（级）代谢产物（secondary metabolite）是微生物产生的、与其生长繁殖无关、不影响其生命活动的一类物质。在菌体活跃增殖阶段几乎不产生次生代谢产物。接种一定时间后，细胞停止生长，进入到稳定期才开始活跃地合成次生代谢产物。次生代谢产

物包括抗生素（antibiotic）、生长激素（growth hormone）、某些维生素（vitamin）、生物碱（alkaloid）、色素（pigment）和一些毒素（toxin）等。

1. 抗生素

抗生素是各种生物在其生命活动过程中产生的一类天然有机化合物，具有在低浓度下能选择性地抑制或杀灭其他微生物和生物细胞的作用，是人类控制感染性疾病、保障身体健康及防治动植物病虫害的重要化疗药物。现发现的抗生素已有上万种，但实际上用于研究和临床的仅不到1%。

根据抗生素的化学结构分为：①β-内酰胺类抗生素（β-lactam antibiotics），其分子结构中有一个四元的 β-内酰胺环，如青霉素、头孢菌素及其衍生物等，可抑制细胞壁合成。②氨基糖苷类抗生素（aminoglycoside antibiotics），其分子结构中含有一个氨基糖苷和氨基醇环，并通过糖苷键连接，如链霉素、卡那霉素、庆大霉素、新霉素和春雷霉素等，可抑制蛋白质合成。③四环素类抗生素（tetracyclines），其以四并苯为母核，如四环素、金霉素和土霉素等，可抑制蛋白质合成。④大环内酯类抗生素（macrolide antibiotics），其分子结构中含有一个大环（14~16 元环）内酯，如红霉素、麦迪霉素、螺旋霉素等，可抑制蛋白质合成。⑤多肽类抗生素（polypeptide antibiotics），其是由多种氨基酸通过肽键缩合而成的线状、环状或带侧链的多肽，如杆菌肽（bacitracin）、短杆菌肽（gramicidin）、黏菌素（colistin）和放线菌素 D（actinomycin D）等，可破坏细胞膜的完整性导致细胞死亡。⑥多烯类抗生素（polyene antibiotics），其分子结构中含有一个大环内酯，在内酯中有共轭双键，如制霉菌素等，可破坏细胞膜的完整性导致细胞死亡。

微生物是抗生素的主要产生者。①放线菌产生的最多，如链霉素、土霉素、制霉菌素、庆大霉素、卡那霉素和红霉素等。放线菌中以链霉菌属（*Streptomyces*）产生的抗生素最多，诺卡氏菌属（*Nocardia*）产生的较少。②真菌次之，其产生的抗生素是脂环芳香类或氧杂环类，多数为酸性化合物，如青霉素、灰黄霉素（griseofulvin）和头孢菌素等。③细菌也可产生抗生素，如杆菌肽、短杆菌素（tyrothricin）和多黏菌素（polymyxin）等是环状或链环状多肽类物质，一般为碱性，这类抗生素多数对肾脏有毒性。

2. 生长激素

生长激素是主要由植物和某些细菌、真菌等微生物合成并能刺激植物生长的一类生理活性物质。赤霉素（gibberellin，GA）是其中的一类，由引起水稻恶苗病的藤仓赤霉（*Gibberella fujikuroi*）产生，已知赤霉素共有 GA_1、GA_2、GA_3（主要成分）等 15 种，以 GA_3、GA_4 和 GA_7 作用较强。赤霉素是已知效能最高的植物生长素，能中断休眠状态，促进种子发芽，强化植物生长，诱导植物开花，刺激果实生长，影响叶片形状与大小，改变枝条、叶柄及叶片的向地性，影响植物生长发育。此外，许多霉菌、放线菌和细菌的培养液中也积累吲哚乙酸（IAA）和萘乙酸（naphthalene acetic acid，NAA）等生长素类物质。

3. 维生素

酵母类细胞中含有大量的维生素 D 前体，如硫胺素（维生素 B_1）、核黄素（维生素

B$_2$）、烟酰胺、泛酸（维生素 B$_5$）、吡哆酸、维生素 B$_{12}$ 和麦角固醇。某些分枝杆菌能利用碳氢化合物合成吡哆酸与烟酰胺；某些假单胞菌能合成生物素；某些醋酸细菌能过量合成维生素 C；各种霉菌在不同程度上可积累核黄素等。

4. 色素

各种微生物在代谢过程中合成各种有色的次生代谢产物积累在细胞内或分泌到细胞外。如黏质沙雷氏菌（*Serratia marcescens*）产生的灵菌红素（prodigiosin）在细胞内积累使菌落呈现红色。放线菌和真菌产生的色素分泌到体外，使菌落底面的培养基着有紫、黄、绿、褐、黑等颜色。而积累于体内的色素多在孢子、孢子梗或孢子器中，使菌落表面呈现各种颜色。红曲霉属（*Monascus*）可产生红曲色素（monascin）。如紫色红曲霉（*M. purpureus*）产生 6 种红曲色素，红、紫、黄各 2 种，其中红色最稳定，耐光、热，不受金属离子、氧化还原反应的影响，着色力强，对人体无害，可酿制红豆腐乳。类胡萝卜素（carotenoid）是目前国际上开发和应用最广泛的天然色素之一。

5. 毒素

毒素是一些微生物产生的、对人和动植物细胞有毒杀作用的物质，包括细菌毒素、真菌毒素。毒素大多是蛋白质类物质，如白喉棒杆菌（*Corynebacterium diphtheriae*）产生的白喉毒素、破伤风梭菌（*C. tetani*）产生的破伤风毒素、肉毒梭菌（*C. botulinum*）产生的肉毒毒素等；许多其他病原菌如葡萄球菌属（*Staphylococcus*）、链球菌属（*Streptococcus*）、沙门氏菌属（*Salmonella*）、志贺氏菌属（*Shigella*）等也都能产生各种外毒素和内毒素。苏云金芽孢杆菌（*B. thuringiensis*）产生的伴孢晶体也是一种毒素。真菌中能产生毒素的种类也很多，如很多担子菌科产生蘑菇毒素，黄曲霉（*A. flavus*）可产生黄曲霉毒素（aflatoxin）等，黄曲霉毒素很耐热，当加热到 268℃时才开始分解。微生物产生的毒素常威胁着人的健康，如腐生于花生、玉米上的黄曲霉产生的黄曲霉毒素可引起人和动物的肝癌。

6. 生物碱

大部分生物碱是由植物合成的，但某些霉菌也可以合成一种生物碱即麦角生物碱（ergot alkaloid），麦角生物碱在临床上主要用于防止产后出血，治疗交感神经过敏、周期性偏头痛和降血压等。（知识扩展 7-4，见封底二维码）

第五节　微生物的代谢调控与发酵

微生物个体小，细胞内的空间有限，所处的环境条件又十分多变，为了生存和发展，就需要有一套比高等生物更复杂、更精确的代谢调控系统，以保证其新陈代谢准确无误、有条不紊地进行。微生物细胞的代谢调节核心是酶，酶的存在与否和多少、酶活性的高低是一个反应能否进行，以及反应速率高低的决定因素。所以，酶作用的调节是最原始、最基本的调节。在大肠杆菌细胞中存在 2500 多种蛋白质，其中上千种是催化正常新陈代谢的酶。

研究表明，大肠杆菌在以葡萄糖和乳糖为混合碳源和能源的培养基上生长时，先利用葡萄糖，然后利用乳糖。因为利用葡萄糖的酶系是组成酶，而利用乳糖（或阿拉伯糖、半乳糖等）的酶系是诱导酶，诱导酶的表达受葡萄糖分解代谢产物的调控。所以，根据酶合成与底物的关系，可将细胞内存在的酶分成两类：一类是组成酶，不论底物是否存在，这类酶都存在于细胞中；另一类是诱导酶，其是在底物或其类似物存在时才合成的，诱导酶的总量占细胞总蛋白量的 10%。在一定生理条件下，微生物只合成当时所需要的酶。这是在长期的进化过程中通过自然选择逐步建立的一套十分巧妙且高效经济的酶控制的代谢调节方式（图 7-63）。

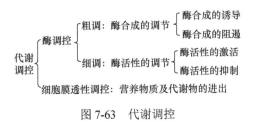

图 7-63　代谢调控

酶合成的调节主要是指发生在基因表达水平上，以反馈阻遏与阻遏解除为主的调节（即酶合成的诱导和阻遏）；而酶活性的调节主要是指发生在酶分子结构水平上的调节，包括酶活性的激活和抑制两方面。总之，代谢调控的核心是酶，归根结底代谢调节是通过控制酶量和酶活性来实现的。

一、酶活性的调节

酶活性的调节是指一定数量的酶，通过其分子构象或结构的改变以及修饰来调节其催化反应的速率，是一种精细调控。这种调控方式可使微生物细胞对环境变化做出迅速的反应。酶活性的调节包括激活和抑制两个方面。

酶活性的激活是指在分解代谢途径中，后面的反应可被前面的中间产物促进。粗糙脉孢霉（*N. crassa*）的异柠檬酸脱氢酶的活性可受到柠檬酸的促进。

酶活性的抑制主要是指反馈抑制（feedback inhibition），是指代谢途径中的末端产物过量时可以反过来抑制该途径上游酶的活性，从而使反应减慢或停止，避免末端产物的过多积累。反馈抑制的特点：①只有代谢的最终产物或者它的结构类似物具有反馈抑制作用。②受到抑制的一般是一系列酶中的第一个酶。③具有作用直接、快速以及当末端产物浓度低时又可自行解除等特点。反馈抑制的类型有许多种，如同工酶反馈抑制模式，协同反馈抑制模式、积累反馈抑制模式及顺序反馈抑制模式等。

1. 同工酶反馈调节

同工酶（isoenzyme）是指能催化相同的生化反应，但酶的分子结构、生理、免疫和理化特性有差异的一类酶，它们分别受不同的分支代谢最终产物的抑制。每一种代谢终产物只对一种同工酶具有反馈抑制作用，只有当几种终产物同时过量时，才能完全阻止反应的进行（图 7-64）。

2. 别构酶的调节

一般产生反馈抑制的代谢途径中的第一个酶往往是别构酶（allosteric enzyme），此酶具有至少两个不同性质的接受部位，其中之一是与底物相结合后具有催化活性的部位（活性中心），另一个是与代谢产物或效应物相结合而发生变构的部位（调节中心）。当酶与效应物相结合时，可引起别构酶分子结构变化，从而促进或降低活性中心与底物的亲和力或酶促反应速率，从而影响酶的活性（图 7-65）。

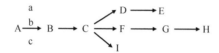

图 7-64 同工酶反馈调节

a、b、c 为三个同工酶，催化 A→B 的同一反应，但它们分别受最终产物 E、H、I 的抑制。环境中只要有一种最终产物过多，就能抑制相应酶的活性，而不致影响其他几种最终产物的形成

图 7-65 别构酶调控

3. 修饰调节

修饰调节是通过共价调节实现的。共价调节通过修饰酶催化其多肽链上某些基团进行可逆的共价修饰，使其处于活性和非活性的互变状态，从而导致调节酶的活化与抑制，以控制代谢的速率和方向。已知修饰类型有磷酸化（phosphorylation）与去磷酸化、乙酰化（acetylation）与去乙酰化、甲基化（methylation）与去甲基化、腺苷酰化（adenylation）与去腺苷酰化、尿苷酰化（uridylation）与去尿苷酰化、二硫键形成（disulfide bond formation）与去二硫键等。随着质谱和蛋白质组学的发展，越来越多的共价修饰被了解。酶促共价修饰使酶分子共价键发生改变，即酶的一级结构发生变化。酶促共价修饰对调节信号具有放大效应，其效率比别构酶要高。

二、酶合成的调节

酶合成的调节是一种通过调节酶的合成量实现代谢速率调节的机制，是一种基因表达水平上的代谢调节，为间接而缓慢的粗放调节，可分成诱导和阻遏两种类型。

诱导（induction）是指促进酶合成的现象。如大肠杆菌的培养基中有乳糖存在时，细胞合成β-半乳糖苷酶和半乳糖渗透酶等相应的酶类，从而能在乳糖培养基上生长。酶合成的诱导又分为同时诱导和顺序诱导。阻遏（repression）是 1953 年由莫诺（Monod）发现的，大肠杆菌培养基中含有色氨酸时，大肠杆菌对色氨酸合成酶的生成就阻遏，并且在色氨酸生物合成过程中，所有酶类的合成都由于培养基中出现色氨酸而受到阻遏。有关诱导和阻遏的现象，1961 年莫诺（Monod）和雅各布（Jacob）提出了操纵子（operon）

假说（图7-66）。

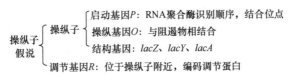

$$
\text{操纵子假说}
\begin{cases}
\text{操纵子}
\begin{cases}
\text{启动基因}P\text{：RNA聚合酶识别顺序，结合位点}\\
\text{操纵基因}O\text{：与阻遏物相结合}\\
\text{结构基因：}lacZ\text{、}lacY\text{、}lacA
\end{cases}\\
\text{调节基因}R\text{：位于操纵子附近，编码调节蛋白}
\end{cases}
$$

图 7-66　操纵子

调节基因通过产生阻遏物（repressor）或激活物（activator）来调节操纵区，从而控制结构基因的功能，控制着转录的起始。负调控是阻遏物与 DNA 结合，转录被抑制；正调控是激活物与 DNA 结合，转录受到促进。

1. 酶合成的诱导

乳糖操纵子是诱导型的负调控，调节蛋白是阻遏物。这类基因平时是关闭的，因为调节基因的产物——阻遏物与操纵基因结合，造成空间障碍，RNA 聚合酶无法实现转录。而当培养基中存在乳糖时，阻遏物与乳糖结合后，分子构型发生改变，不再与操纵基因结合，转录作用随之开始，乳糖就此诱导了操纵子的表达。

大肠杆菌中的 *lacI* 基因与乳糖操纵子的作用就是典型的负调控诱导。在这个操纵子中有 *lacI* 调节基因、CRP-cAMP 复合体结合位点（C）、启动子（P）、操纵区（O），以及三个结构基因 *lacZ*、*lacY*、*lacA*。在缺乏乳糖时，调节基因的产物——阻遏物结合在操纵基因上，RNA 聚合酶便不能转录结构基因，乳糖操纵子是受阻的（图7-67）。

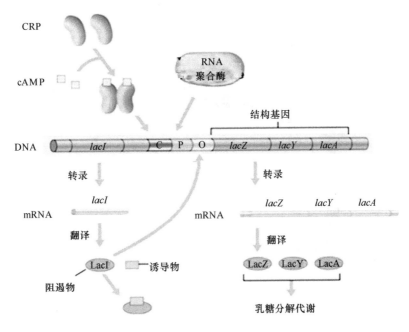

图 7-67　乳糖操纵子负调控
CRP. cAMP 受体蛋白

而当环境中有诱导物——乳糖存在时，乳糖作为诱导物与阻遏物紧密结合，使阻遏物的构型发生改变而不能识别操纵区（O），也不能与之结合，操纵子的开关打开，因而RNA 聚合酶能顺利转录结构基因，形成多顺反子 mRNA，并进一步翻译合成三种不同的蛋白质：β-半乳糖苷酶、通透酶以及乙酰转移酶。当诱导物乳糖耗尽时，阻遏物再次与操纵基因结合，这时转录的开关被关闭，酶就无法合成。

此外，在启动子前面还有一个 C 位点，是 CRP-cAMP 复合体的结合位点。cAMP受体蛋白（cAMP receptor protein，CRP）为分解代谢物激活蛋白（catabolite activator protein，CAP）。

2. 酶合成的阻遏

酶合成的阻遏可分为末端产物的阻遏与分解代谢物的阻遏两类。

1）末端产物的阻遏

通常操纵子中的一类基因是开启着的，因为调节基因的产物——阻遏物不能与操纵基因结合，而当一个辅阻遏物的小分子与阻遏物结合后，这个复合物即可与操纵基因结合抑制转录。色氨酸操纵子是阻遏型的负调控。

大肠杆菌色氨酸操纵子（trp operon）上有启动子（P）、操纵基因（trpO）、前导区，以及 5 个结构基因 trpE、trpD、trpC、trpB、trpA（按色氨酸合成途径催化反应的先后次序排列）（图 7-68），但编码调节蛋白的 trpR 基因不在一处。结构基因的转录是通过操纵子与阻遏物控制的，其效应物是色氨酸（Trp），操纵基因编码生物合成途径中的末端产物。在没有末端产物的情况下，阻遏物不能与操纵基因结合，则操纵基因的"开关"是打开的，这时转录、翻译可正常进行，诱导酶大量合成；反之，当色氨酸很丰富时，它结合到游离的阻遏物上诱发变构转换，使阻遏物紧密地与操纵基因结合，使转录"开关"关闭，从而无法进行转录和翻译。色氨酸起着辅阻遏物（corepressor）的作用。

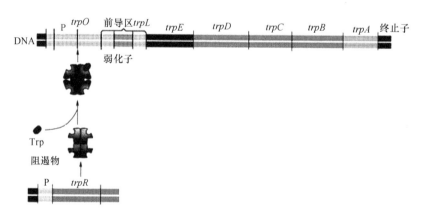

图 7-68　色氨酸操纵子

由于微生物具有末端产物的阻遏的调节系统，其在已合成足够所需要的物质，或加入外源的这种物质时，就停止合成有关的酶类。当该物质被消耗后，又可以合成这些酶。因此微生物在正常的生理状况下不会合成过量的细胞物质。

2）分解代谢物的阻遏

1940 年莫诺（Monod）等发现大肠杆菌在以葡萄糖和乳糖作为混合碳源和能源的培养基上生长时，先利用葡萄糖，葡萄糖用完后，才利用乳糖；在糖源转变期，细菌的生长会出现停顿，即产生"二次生长"（diauxic growth）。这是因为利用葡萄糖的酶系是组成酶，而利用乳糖（或阿拉伯糖、半乳糖等）的酶系是诱导酶，诱导酶的表达受葡萄糖分解代谢产物的调控。在有葡萄糖的情况下，葡萄糖降解物抑制腺苷酸环化酶（adenylate cyclase）的活性，细胞内的环腺苷酸（cAMP）水平低，cAMP 不与分解代谢物激活蛋白（catabolite activator protein，CAP，又称 cAMP 结合蛋白，cAMP receptor protein，CRP）结合，RNA 聚合酶不能结合启动子，转录不能进行。如此一来，葡萄糖阻遏了乳糖操纵子的表达。只有当葡萄糖被耗尽之后，cAMP 浓度上升，cAMP 与 CAP 结合，RNA 聚合酶与启动基因结合，转录进行，乳糖才能诱导利用它的酶系合成（图 7-69）。乳糖操纵子在两个层面上受到调控：一是葡萄糖耗尽，二是存在乳糖。而合成新的酶系需要一定的时间，所以在第二次生长之前出现了一段停滞期。上述这种酶合成的诱导和阻遏在代谢调节中起粗调作用。莫诺（Monod）和雅各布（Jacob）由于发现了上述的调节基因，荣获 1965 年的诺贝尔生理学或医学奖。

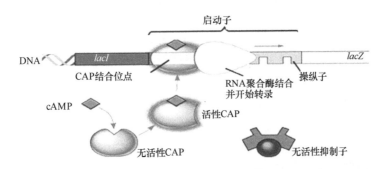

图 7-69　乳糖操纵子正调控

综合酶控制的代谢调节，可了解酶合成的调节是一种基因转录水平上的调节，通过酶的合成量来调节代谢速率。该调节方式比较缓慢，也较间接粗放。而酶活性的调节是在酶分子水平上的调节，通过改变酶分子的活性来调节代谢速率。该方式作用直接、效率高，末端产物浓度变化时，又可及时得到反馈。可以说，酶合成的调节是一种"粗调"，而酶活性的调节是"细调"（表 7-7）。在正常代谢中，两者往往是互相协调、密切配合的，从而达到最佳的调节效果。

表 7-7　有关酶的代谢调控

项目	酶合成的调节	酶活性的调节
调节对象	诱导或阻遏酶的合成	酶的活性
调节机制	基因表达的调控	反馈调控
特点	间接、缓慢	快速、精细
调节物	诱导物或阻遏物（反应底物）	代谢产物
结局	改变酶的种类与数量	改变酶的活性
功能	避免能量与物质的浪费	避免代谢产物的积累

三、细胞膜透性调节

我们已了解细胞膜控制着细胞内外物质进出，且根据代谢调控机理，当细胞内的物质积累到一定程度时，如不及时地使细胞中的代谢产物浓度降低，就会产生反馈抑制，从而停止此产物的合成。要想大量得到某一产物，就必须想办法改变细胞膜或细胞壁的结构，使细胞膜的通透性不断增加，促使细胞质中所积累的代谢产物及时地分泌出去，从而保证某一物质的合成代谢不断进行。

总之，微生物代谢是维持其生长、繁殖、运动的基础，而能量代谢是新陈代谢的主要内容。微生物是生理活性产物的重要来源，在适宜的条件下，能将各种原料经过特定的代谢途径转化为各种产品。微生物代谢具有多样性和复杂性，在自然界物质的合成、分解、循环等方面具有重要功能，将在解决粮食危机、能源短缺、资源耗竭、生态恶化和人口剧增等危机中发挥作用。

思 考 题

1. 微生物利用的能源有哪几类？化能异养型微生物产能方式分为哪两类？
2. 什么是 VP 试验、甲基红试验？说明其原理。
3. 试述 HMP 途径在微生物生命活动中的重要性。
4. 什么是酵母菌的同型乙醇发酵？
5. 什么是细菌的异型乙醇发酵？
6. 什么是细菌的同型乙醇发酵？
7. 发酵的广义和狭义含义是什么？
8. 什么是有氧呼吸、无氧呼吸？
9. 呼吸链由哪些成分组成？
10. 什么是 P/O 比？从 NADP 或 NAD 进入呼吸链，其 P/O 比是多少？从 FP 进入呢？
11. 在化能自养细菌中，硝化细菌是如何获得其生命活动所需的 ATP 和还原力 [H] 的？
12. 微生物中的光合色素有哪些，各有什么作用？
13. 什么是循环光合磷酸化、非循环光合磷酸化？
14. 光系统 I、光系统 II 各有什么作用？
15. 简述嗜盐菌紫膜光合作用的基本原理。
16. 简述甲烷合成途径。
17. CO_2 固定有哪几条途径？
18. 什么是生物固氮作用？
19. 固氮酶含有哪两个成分？各成分的功能是什么？
20. 什么是氧障？好氧性微生物的固氮保护机制是怎样的？
21. 根瘤菌的抗氧机制，蓝细菌的固氮酶保护作用各是什么？
22. 肽聚糖的合成分成几个阶段？什么是"Park"核苷酸？

23. 青霉素与溶菌酶对细菌的作用机制有什么不同？

24. 什么是次生代谢产物？

25. 酶活性的调节与酶合成的调节有何不同？它们之间有何联系？

参 考 文 献

Anraku Y. 1988. Bacterial electron transport chains. Annu Rev Biochem, 57: 101-132.

Berg IA. 2011. Ecological aspects of the distribution of different autotrophic CO_2 fixation pathways. Appl Environ Microbiol, 77: 1925-1936.

Berg IA, Kockelkorn D, Buckel W, et al. 2007. A 3-hydroxy propionate/4-hydroxybutyrate autotrophic carbon dioxide assimilation pathway in Archaea. Science, 318(5857): 1782-1786.

Bird LJ, Bonnefoy V, Newman DK. 2011. Bioenergetic challenges of microbial iron metabolisms. Trends Microbiol, 19: 330-340.

Bowien B, Schlegel HG. 1981. Physiology and biochemistry of aerobic hydrogen-oxidizing bacteria. Annu Rev Microbiol, 35: 405-452.

Cain JA, Solis N, Cordwell SJ. 2014. Beyond gene expression: the impact of protein post-translational modifications in bacteria. J Proteomics, 97: 265-286.

Chubukov V, Gerosa L, Kochanowski K, et al. 2014. Coordination of microbial metabolism. Nat Rev Microbiol, 12: 327-340.

Coale TH, Loconte V, Turk-kubo KA, et al. 2024. Nitrogen-fixing organelle in a marine alga. Science, 384(6692): 217-222.

Dixon R, Kahn D. 2004. Genetic regulation of biological nitrogen fixation. Nat Rev Microbiol, 2: 621-631.

Evans PN, Boyd JA, Leu AO, et al. 2019. An evolving view of methane metabolism in the archaea. Nat Rev Microbiol, 17: 219-232.

Gregersen LH, Bryant DA, Frigaard NU. 2011. Mechanisms and evolution of oxidative sulfur metabolism in green sulfur bacteria. Front Microbiol, 2: 116.

Harwood CS, Burchhardt G, Herrmann H, et al. 1998. Anaerobic metabolism of aromatic compounds via the benzoyl-CoA pathway. FEMS Microbiology Reviews, 22: 439-458.

Hoffman BM, Lukoyanov D, Yang ZY, et al. 2014. Mechanism of nitrogen fixation by nitrogenase: the next stage. Chem Rev, 114: 4041-4062.

Hohmann-Marriott MF, Blankenship RE. 2011. Evolution of photosynthesis. Annu Rev Plant Biol, 62: 515-548.

Jahn U, Huber H, Eisenreich W, et al. 2007. Insights into the autotrophic CO_2 fixation pathway of the archaeon *Ignicoccus hospitalis*: comprehensive analysis of the central carbon metabolism. Journal of Bacteriology, 189(11): 4108-4119.

Kohanski MA, Dwyer DJ, Collins JJ. 2010. How antibiotics kill bacteria: from targets to networks. Nature Reviews Microbiology, 8: 423-435.

Kuypers MMM, Marchant HK, Kartal B. 2018. The microbial nitrogen-cycling network. Nat Rev Microbiol, 16: 263-276.

Pinhassi J, DeLong EF, Béjà O, et al. 2016. Marine bacterial and archaeal ion-pumping rhodopsins: genetic diversity, physiology, and ecology. Microbiol Mol Biol Rev, 80: 929-954.

Price MN, Ray J, Wetmore KM, et al. 2014. The genetic basis of energy conservation in the sulfate-reducing bacterium *Desulfovibrio alaskensis* G20. Front Microbiol, 5: 577.

Salamaga B, Kong L, Pasquina-Lemonche L, et al. 2021. Demonstration of the role of cell wall homeostasis in *Staphylococcus aureus* growth and the action of bactericidal antibiotics. Proc Natl Acad Sci USA, 118(44): e2106022118.

Spaepen S, Vanderleyden J, Remans R. 2007. Indole-3-acetic acid in microbial and microorganism-plant signaling. FEMS Microbiology Reviews, 31: 425-448.

Stokes JM, Lopatkin AJ, Lobritz MA, et al. 2019. Bacterial metabolism and antibiotic efficacy. Cell Metab, 30: 251-259.

Typas A, Banzhaf M, Gross CA, et al. 2011. From the regulation of peptidoglycan synthesis to bacterial growth and morphology. Nat Rev Microbiol, 10: 123-136.

Vignais PM, Colbeau A. 2004. Molecular biology of microbial hydrogenases. Curr Issues Mol Biol, 6: 159-188.

Zhou Z, Zhang CJ, Liu PF. et al. 2022. Non-syntrophic methanogenic hydrocarbon degradation by an archaeal species. Nature, 610(7892): 257-262.

第八章 微生物的生长及控制

导 言

微生物无处不在，数量巨大。在适宜的条件下，微生物可以不断地吸收营养，进行生长、繁殖与物质代谢。不同微生物有不同的最适生长条件，表现出特定的生长规律，典型的细菌群体生长包括延迟期、对数期、稳定期与衰亡期四个时期。自然界的微生物是混杂群居的群体，其具有精密的种群调控机制。采用一些方法可分离纯化微生物，并对纯培养微生物的生长繁殖、生理代谢、遗传特征进行研究。此外，还可利用一定的物理、化学与生物手段，促进或控制有益微生物的生长与繁殖，抑制或消灭有害的微生物。

本章知识点（图 8-1）：

1. 微生物的纯种分离及纯培养的技术。

2. 微生物的生长曲线与生长测定方法。

3. 物理、化学、生物等环境因子对微生物生长的影响。

4. 微生物对环境的反应。

生长规律 { 个体：纯培养物（平板划线法、倾注培养法、涂布培养法、单细胞或单孢子分离法、选择培养基分离法）
群体：生长曲线（延迟期、对数期、稳定期、衰亡期）

培养与生长测定 { 培养：好氧培养、厌氧培养、分批培养和连续培养、同步培养
测定：比浊法、细胞计数法、平板菌落计数法

环境影响 { 温度：高温灭菌（干热灭菌法、湿热灭菌法）；低温保藏
氧气：好氧（专性、兼性、微好氧）、厌氧（耐氧、专性厌氧）；密封保存
理化：pH、渗透压、干燥、辐射、过滤、超声波、抗微生物剂
生物：抗代谢物、抗生素（MIC、MBC）

对环境的反应：趋向性、抗生素抗性、抗高温、极端pH抗性、抗盐、抗重金属离子、抗辐射

图 8-1 本章知识导图

关键词：生长、繁殖、生物量、纯培养物、单菌落、平板划线、倾注培养、涂布培养、单细胞分离、生长曲线、延迟期、对数期、稳定期、衰亡期、生长速率、好氧培养、厌氧培养、液体浅层静置培养、振荡培养、厌氧手套箱、分批培养、连续培养、同步培养、生长测定、比浊法、细胞计数、平板菌落计数、灭菌、消毒、防腐、化疗、干热灭菌、湿热灭菌、巴氏消毒、干燥、电离辐射、微波、紫外线、γ射线、过滤、抗微生物剂、抗代谢物、抗生素、最低抑制浓度（MIC）、最低杀菌浓度（MBC）、纸片琼脂扩散法、稀释法、趋向性、抗生素抗性、抗高温、抗盐、抗辐射

微生物无处不在，不仅种类繁多，而且数量巨大。微生物在合适的环境条件下，不断地吸收营养物质，按照自身的方式进行新陈代谢。当同化作用超过异化作用时，细胞

的原生质量不断增多，体积增大，重量增加，表现为生长（growth）。而细胞的生长是有限的，当达到一定程度就开始分裂，形成两个相似的子细胞，引起个体数目的增加，即繁殖（reproduction）。细胞新陈代谢引起个体的生长，而个体生长到一定程度即引起个体繁殖，最终发展成为一个群体；群体中个体数目的不断增多，就引起群体的生长，即群体生物量（biomass）的增长。（知识扩展 8-1，见封底二维码）

搞清楚微生物的生长繁殖规律，有助于我们研究微生物的生理、生化、遗传等方面的问题，且微生物在生产实践中的各种应用，以及对致病、霉腐微生物的防治，都与其生长繁殖的促进和抑制紧密相关。

第一节　微生物生长规律

一、微生物纯培养

微生物个体生长包括细胞基因组 DNA 的复制与分离、细胞壁的合成与扩增、细胞的分裂与调节等内容。在适宜条件下，大肠杆菌（E. coli）完成一个分裂周期约需 20 min。

自然环境是微生物群居的场所，要想获得其中的各种微生物就需要进行菌株的分离纯化。微生物学中把一个细胞或一群相同的细胞经过培养繁殖获得的后代，称为纯培养物（pure culture）。纯种分离可通过"菌落纯"与"细胞纯"的方法进行，如平板划线法（streak plate method）、倾注培养法（pour plate method）与涂布培养法（spread plate method）、单细胞或单孢子分离法（isolation of single cell）、选择培养基分离法（isolation medium of selective medium）等。

1. 平板划线法

平板划线是采用无菌接种环蘸取少许待分离的菌株，在无菌的平板培养基表面进行平行划线、扇形划线或其他形式划线的无菌操作（图 8-2）。微生物细胞数量将随着划线次数的增加而减少，并逐步被分散，如果划线条件适宜，微生物细胞能一一分散，经培养后，可在平板表面得到单菌落（single colony）。

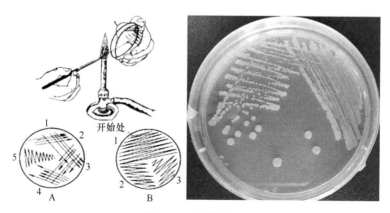

图 8-2　平板划线法

2. 倾注培养法

倾注培养法是先将待分离的微生物用无菌水或 0.9%的生理盐水进行一系列的稀释（如 10^{-1}、10^{-2}、10^{-3}、10^{-4}、…），然后分别取不同梯度的稀释液少许（0.2～1 mL），加入无菌培养皿中，再注入适量冷却至 50℃左右的琼脂培养基摇匀。待琼脂凝固后，制成可能含菌的琼脂平板，倒置培养一定时间即可长出菌落（图 8-3）。在适宜的稀释度上，在平板表面或琼脂培养基内部就可出现分散的单个菌落，该菌落可能是由一个细胞繁殖形成的。随后挑取该单菌落，重复以上操作数次，便可得到纯培养物。

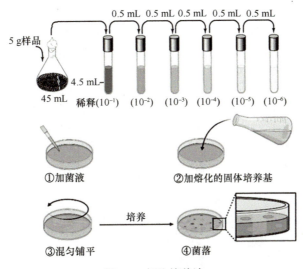

图 8-3　倾注培养法

3. 涂布培养法

涂布培养法是先制备平板培养基，等琼脂凝固后，分别取不同稀释液少许（0.05～0.2 mL）于平板表面，用无菌涂棒（三角刮刀）进行均匀涂布（图 8-4），再通过适当的培养就可在平板表面获得密度不同的单菌落（图 8-5）。

图 8-4　涂布培养法

4. 单细胞或单孢子分离法

采用显微分离法从混杂群体中直接分离挑出单个细胞或个体进行培养以获得纯培

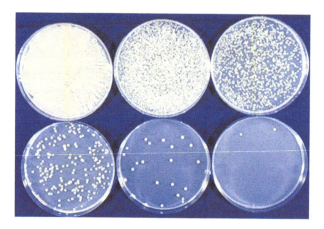

图 8-5　涂布培养法培养的不同稀释度的菌落

养物，该方法需在显微镜下进行操作（图 8-6）。单细胞分离法的难度与细胞或个体的大小成反比，较大的微生物如藻类、原生动物较容易，个体较小的细菌则较难。单孢子分离需要在显微镜下使用单孢子分离器进行机械操作，挑取单个孢子进行培养。也可采用特制的毛细管在载玻片的琼脂涂层上选取单孢子并切割下来，然后移到合适的培养基进行培养。单细胞或单孢子分离法对操作技术要求较高，多限于专业的科学研究中。

图 8-6　单细胞分离的显微操作

5. 选择培养基分离法

各种微生物对不同化学试剂、染料、抗生素等具有不同的抵抗能力，利用这些特性可配制适合某种微生物而限制其他微生物生长的选择培养基，用来培养目标微生物以获得纯培养物。

另外，还可以对样品预处理，消除不希望分离的微生物，如加热杀死营养体而保留芽孢，过滤去除丝状体而保留孢子等。（知识扩展 8-2，见封底二维码）

二、微生物群体的生长繁殖

将少量纯种的单细胞、非丝状体微生物接种到新鲜液体培养基后，在适宜的条件（如温度、氧气、pH）下培养，其群体就会有规律地生长，定期测定活细胞数量可发现，开始时细胞数目并不增加，之后数目增加很快，继而又趋向平稳，最后逐渐下降。如果以活细胞数目的对数值作为纵坐标，以培养时间作为横坐标，可画出一条有规律的曲线，即生长曲线（growth curve）。根据微生物生长速率的不同，生长曲线可分为延迟期（lag phase）、对数期（log phase）、稳定期（stationary phase）、衰亡期（decline phase）4 个时期（图 8-7）。

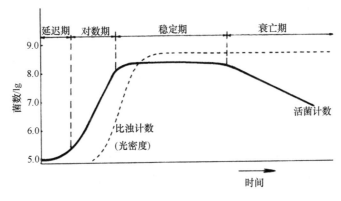

图 8-7　生长曲线

1. 延迟期

当菌种接种到新鲜培养基时，并不立即生长繁殖，而是需要通过自身生理机制的调节适应新的环境。开始一段时间内细胞数量几乎不增加，即为延迟期（也称调整期、适应期）。该期的特点：①细胞数目不增加，生长速率常数等于零。②细胞体积增大。如巨大芽孢杆菌（*B. megaterium*），在延迟期末的细胞平均长度比刚接种时大 6 倍。③细胞内 RNA（特别是 rRNA）含量增高。此时细胞内合成代谢活跃，核糖体、酶类和 ATP 的合成加快，易产生诱导酶。④对外界不良条件敏感。说明延迟期的细胞生长活跃，只是分裂迟缓。此后少数细胞开始分裂，曲线略有上升。

不同微生物的延迟期长短不同，其影响因素：①菌种的遗传特性；②菌种菌龄；③接种量，一般为 1%～10%（*V*/*V*）；④培养基成分。造成延迟期的原因是缺乏分解有关底物的酶，以及缺乏充分的中间代谢物。由于延迟期的存在会延长生产周期，降低设备利用率，可采取增加接种量，以及使用生长和分裂旺盛的对数期菌种进行接种等措施来缩短延迟期。

2. 对数期

延迟期末细胞开始恢复分裂进入对数期或指数期（exponential phase），细胞数量按几何级数增加，发生对数生长，即 $2^0 \rightarrow 2^1 \rightarrow 2^2 \rightarrow 2^3 \rightarrow 2^4 \rightarrow 2^n$，如一个细胞繁殖 n 代即产生 2^n 个细胞。假设在时间 t_0 时细胞数为 X_0，繁殖 n 代后到时间 t_1，细胞数目为 X_1，则 $X_1 = X_0 \times 2^n$，即 $\lg X_1 = \lg X_0 + n \lg 2$。

$$\text{繁殖代数} \quad n = (\lg X_1 - \lg X_0) / \lg 2 = 3.322 (\lg X_1 - \lg X_0)$$
$$\text{生长速率} \quad R = n / (t_1 - t_0) = 3.322 (\lg X_1 - \lg X_0) / (t_1 - t_0)$$
$$\text{代时} \quad G = (t_1 - t_0) / n = (1/3.322)(t_1 - t_0) / (\lg X_1 - \lg X_0)$$

不同种微生物的代时变化很大，多数微生物的代时为 $1 \sim 3$ h，然而有些快速生长的微生物的代时还不到 10 min，有些微生物的代时却可长达几小时或几天。此外，同一种微生物在不同的生长条件下其代时也不同，但在一定条件下，每种微生物的代时是恒定的，这是微生物种的一个重要特征。对数期的特点：①生长速率最大；②细胞进行平衡生长，菌体内各种成分最均匀；③酶系活跃，代谢旺盛。

影响对数期代时的因素：①菌种本身的代时差别；②营养成分及培养温度；③营养物质浓度等。在生产实践中，利用对数期的菌体作为种子可以缩短延迟期。在发酵工业中，若以获取菌体为目的，则需要尽量延长对数期以获得更高的菌体密度。但应避免有害微生物进入对数生长。此外，对数期的菌体处于平衡生长，是进行生理代谢、遗传分析、染色和形态观察等微生物研究的最佳材料。

3. 稳定期

在一定容积的培养基中，细胞不可能按对数期的高生长速率无限生长，而是随着周围环境的变化，细胞的生长速率逐渐下降。当死亡和新生的细胞数趋于平衡时，活菌数目保持相对稳定，即稳定期，又称恒定期。稳定期的特点：①生长速率为 0，繁殖速率等于死亡速率；②菌体产量最高；③细胞开始贮藏物质，如糖原、异染颗粒和脂肪酸等；④芽孢杆菌形成芽孢；⑤开始合成次生代谢产物，如单细胞蛋白（single cell protein，SCP）、乳酸、抗生素等。

形成稳定期的原因：①营养物质，尤其是生长限制因子的耗尽；②营养物质比例失调，如碳氮比不适宜；③酸、醇、毒素或 H_2O_2 等有害代谢物质的积累；④pH、氧化还原电位等物化条件越来越不适宜。

稳定期活菌数目达最高水平，初生代谢产物持续积累，次生代谢产物开始合成，如某些放线菌大量形成抗生素就在此时期，因此稳定期是菌体和代谢产物的最佳收获期。生产上常通过补料、调节 pH、调整温度等措施来延长稳定期，以获取更多的代谢产物。

4. 衰亡期

稳定期后，如果继续培养，则细胞活力不断衰退，细胞死亡率增高，以致死亡数超过新生数，总活菌数减少，表现为曲线下降，即为衰亡期。衰亡期特点：①群体的死亡速率大于繁殖速率，整体呈负生长，生长速率为负值，同时个体代谢活性降低。②细胞形态呈多样化，膨大、不规则，有时产生畸形，细胞大小悬殊，甚至 G^+ 会变成 G^-。③细胞衰老并自溶（autolysis），蛋白水解酶活性上升。④产生并释放次生代谢产物，如生长激素、转化酶、外肽酶或抗生素，以及芽孢脱落。导致衰亡期的主要原因是进一步恶化的生长环境，引起细胞内的分解代谢大大超过合成代谢，继而导致细胞死亡。

总之，微生物的生长曲线反映了在一定生活环境中的微生物生长、繁殖和死亡的规律（表8-1），其既可作为研究营养基质、环境因素影响的理论指标，也可作为控制微生物生长发育的实践依据。

表 8-1　微生物生长特点

	延迟期	对数期	稳定期	衰亡期
细胞分裂	不分裂	快速分裂	细胞增加等于死亡	细胞死亡速度（或死亡数量）大于增加速度（或增加数量）
原因	对新环境适应	生长条件适宜	空间、营养减少	生存条件恶化
细胞数量	不增加	呈几何级数增加	活菌数达到顶峰	活菌数下降
代谢特点	代谢活跃	代谢旺盛	积累代谢产物	释放代谢产物
菌体形态	体积增加	个体形态稳定	细菌形成芽孢	细胞多样，开始解体
应用	加大接种量可缩短延迟期与生产周期	对数后期，作为菌种和科研材料	添加营养，控制培养条件延长稳定期，可获取更多产物	

第二节　微生物培养与生长测定

一、微生物培养

针对不同的微生物，采取不同的措施以保证其正常生长，即微生物培养（microbiological culture）。微生物的培养方法分为好氧培养（aerobic culture）、厌氧培养（anaerobic culture）、分批培养（batch culture）、连续培养（continuous culture）、同步培养（synchronous culture）等。

1. 好氧培养

大多数微生物如细菌、放线菌、真菌、藻类和原生动物的培养都需要氧气，即为好氧培养。微生物的好氧培养方法包括固体的平板培养与斜面培养、液体浅层静置培养（culture in shallow liquid medium）、振荡培养（shake cultivation）或深层液体培养（deep liquid culture）等。

为了使微生物得到充分的氧气，可将其培养在固体培养基的表面，如斜面与平板的表面。好氧的液体培养方法包括：①液体浅层静置培养，通过增加液体与空气的接触面积，来促进氧气在培养基中的溶解和扩散。②振荡培养，将液体培养基装入带有硅胶塞或帽盖的试管（装液量一般为3～5 mL/管），或用多层纱布或过滤膜包扎的三角瓶（装液量一般为1/5～1/3 容积）（图8-8）。由于氧气只微溶于水，而微生物生长过程中的溶解氧消耗很快，依靠空气自发地扩散到培养基中进行溶解氧的补充，效率很低，需采取一定的措施促进通气。如接种后利用摇床进行振荡培养（图8-9），可增加液体培养基中的溶解氧。摇床有往返式和回转式两种。往返式摇床的转速约为120 r/min，振幅为80～120 mm。回转式摇床的转速为120～180 r/min。③深层液体培养是一种大规模的工业生产法，其采用十几吨甚至上百吨的发酵容器进行菌体培养。培养时，需连续不断地从底部通入净化的无菌空气，内部还需要不断地进行搅拌（图 8-10），以确保培养液中有足够的溶解氧，并且在发酵过程中监测微生物的菌体量、供氧量、底物消耗量及代谢产物产量等（图 8-11）。

图 8-8　摇瓶

图 8-9　空气浴摇床

图 8-10　工程发酵罐

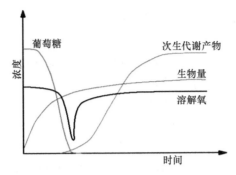

图 8-11　生长与代谢曲线

2. 厌氧培养

培养兼性厌氧或耐氧微生物，可用深层静置培养的方式。而对专性厌氧微生物则要进行严格的厌氧培养，即采用物理、化学或生物的方法来降低培养基的氧化还原电位，同时排除培养容器中的空气或氧气，创造无氧的条件。培养基中一般加入还原剂，如半胱氨酸（cysteine）、D 型维生素 C、硫化钠（Na_2S）等。可利用焦性没食子酸（pyrogallic acid）吸收培养容器中的氧气。也可以利用真空泵抽出密封容器内的空气，再充入其他惰性气体，以保证无氧。抽气前，容器内放入指示剂（如刃天青、亚甲蓝）和培养物。

目前培养厌氧微生物简便而有效的技术包括厌氧罐（anaerobic jar）法、厌氧袋（Bio-bag）法、焦性没食子酸（pyrogallic acid）法、亨氏滚管法（Hungate roll-tube technique）与厌氧手套箱（anaerobic glove box）法等。

1）厌氧罐法

厌氧罐是一个带密封口的罐（图 8-12），里面放有培养微生物所需的试管、培养皿及其他容器，以某种气体（自养型多为 CO_2、H_2，异养型多为 N_2）取代培养容器中的空气，可以利用镁与氯化锌遇水后发生反应产生氢气，以及碳酸氢钠加柠檬酸溶液后产生 CO_2，或者直接从罐外通入气体直至将罐内空气完全驱除。

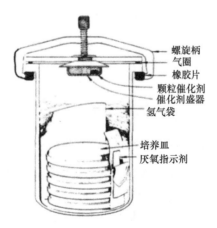

螺旋柄
气圈
橡胶片
颗粒催化剂
催化剂盛器
氢气袋

培养皿
厌氧指示剂

图 8-12　厌氧罐

厌氧罐中使用指示剂检查系统中的还原条件，一般实验室中可用葡萄糖-亚甲蓝指示剂，其根据亚甲蓝在氧化态时呈蓝色，而在还原态时呈无色的原理设计。

2）厌氧袋法

厌氧袋透明而不透气，内装气体发生管（装有硼氢化钠、碳酸氢钠固体以及 5%柠檬酸溶液的安瓿）、亚甲蓝指示剂管、钯催化剂管、干燥剂。放入已接种好的平培养皿后，尽量挤出袋内空气，然后密封袋口。先折断气体发生管，后折断亚甲蓝指示剂管，一般袋内将在半小时内形成无氧环境。

3）焦性没食子酸法

焦性没食子酸与碱溶液（NaOH、Na$_2$CO$_3$ 或 NaHCO$_3$）作用后形成易被氧化的焦性没食子酸盐（alkaline pyrogallate），再通过氧化作用形成橙红色的焦性没食子橙，从而除掉密封容器中的氧。所以，先将焦性没食子酸放在容器底部，把接种厌氧菌的培养皿架空放入容器内，然后加入 NaOH 溶液，立即盖上盖子，并用石蜡或凡士林密封，造成一个封闭空间，放到室温下培养。要除去 100 mL 空气中的氧气需要焦性没食子酸固体1 g 和 10% NaOH 溶液 10 mL。该法适用于非专性厌氧菌的培养，较为简单。

4）亨氏滚管法

1950 年美国微生物学家 Hungate 首次提出并应用厌氧滚管技术，即在密封的试管壁上附着一薄层固体培养基，为厌氧菌提供生长的场所（图 8-13，图 8-14）。

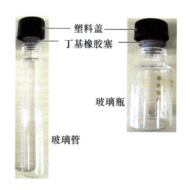

图 8-13　厌氧管

图 8-14　滚管壁上的厌氧菌菌落形态

亨氏滚管法采用物理、化学相结合的方式驱除密封试管内的氧气，并长时间维持无氧状态。①煮沸液体培养基以驱除溶解氧。②向培养基中加入还原剂，如 0.05% Na$_2$S、0.04%半胱氨酸，利用其还原作用进一步去除溶解氧，并降低氧化还原电位。③填充高纯度 N$_2$（或 H$_2$、CO$_2$）驱除小环境气相中的氧气。④利用丁基橡胶塞和螺口塑料盖密封试管，并保持一定的正压状态。该技术利用接种后的热融琼脂培养基通过滚动均匀分布于滚管壁，再通入非氧气体，并排出其中的 O_2，最后用橡胶塞盖住瓶口以达到厌氧状态进行培养。通过上述操作，可保证在培养基的配制、分装、灭菌和贮存，以及菌种的接种、培养、观察、分离、移种和保藏等过程中始终处于无氧条件，从而保证专性厌氧菌的存活。

5）厌氧手套箱法

厌氧手套箱是迄今为止国际上公认的培养厌氧菌的最佳仪器之一。它是一个密闭的大型箱，箱体正面是透明面板，板上装有两个手套，可通过手套在箱内进行操作（图 8-15）。工作室内有气体检测装置、温度调节装置和除氧催化剂。箱体一侧为交换室，设有内侧与外侧两个传递窗，内侧窗连接箱体和交换室，外侧窗连接交换室与外部，每次只能有一个窗口开启，以保证箱内始终处于密闭的状态。

图 8-15 厌氧手套箱

厌氧手套箱外部的物品必须通过交换室放入箱内，操作如下。①打开交换室外侧窗，放入物品后即刻关闭，此时交换室形成一个独立的封闭空间。②对交换室内进行抽气和换气（H_2、CO_2、N_2），直至达到无氧状态。③操作者通过手套打开交换室内侧窗，将物品移入箱内后即刻关闭。通过持续充气，厌氧手套箱内能够长时间处于无氧状态，主要是利用充气中的氢在催化剂钯的催化下，随时和箱中残余的氧合成水，从而维持厌氧环境。④厌氧室内进行接种等操作。由于适量的 CO_2（2%～10%）对大多数厌氧菌的生长有促进作用，可提高厌氧菌分离效率，一般向箱体内供应 H_2 和 CO_2 的混合气体。

3. 分批培养和连续培养

将微生物置于恒定容积的培养基中培养，微生物可呈现典型的生长曲线，这种培养方式称为分批培养（batch culture）（图 8-16）。在分批培养中，培养基一次加入后不再更换和补充。随着微生物的生长，培养基中的营养物质逐渐消耗，代谢产物不断积累，对数期不可能长期持续。如果能使营养物质得以不断补充，代谢产物及时排出，从理论上讲，对数期可不断延长，形成连续生长。

连续培养（continuous culture）技术出现于 20 世纪 50 年代。在发酵工艺研究和生产中，为了长期维持对数期，采用连续培养法（图 8-17）。即当微生物进入对数期时，一方面以一定的速度源源不断地输入新鲜培养基，另一方面以同样速度缓缓地流出培养液（包括菌体和代谢产物），就可以保证微生物始终处于适宜的条件下进行指数生长。

图 8-16   用于分批培养的锥形瓶

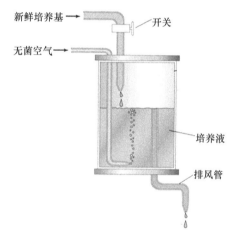

图 8-17   连续培养装置

连续培养有恒浊连续培养与恒化连续培养两种。

（1）恒浊连续培养：借助浊度计，以光电效应的电信号的强弱来调节和控制培养基与培养液的流速，从而使容器内培养液的浊度（菌体密度）保持恒定。此方法能使微生物保持最高生长速率，多用于生产大量菌体，以及与菌体生长相平行的某些代谢物质，如乳酸、乙醇等。相比于分批培养，恒浊连续培养的优点：①可缩短发酵周期，提高设备利用率；②便于自动化控制；③降低动力消耗及体力劳动强度；④产品质量较稳定。

（2）恒化连续培养：设法使培养液流速保持不变，使微生物的生长速度与营养物质的浓度基本恒定。同时，通过控制营养物质中某一生长限制因子，一般是氨基酸、氨和铵盐等氮源，或是葡萄糖、麦芽糖等碳源，或者是无机盐、生长因子等的浓度，使微生物在低于最高生长速率的水平恒定生长。由于生长速率可以调节，恒化连续培养多用于实验室科学研究，是进行微生物营养、生长、繁殖、代谢和基因表达与调控等基础研究的重要手段。（知识扩展 8-3，见封底二维码）

4. 同步培养

在分批培养中，微生物群体虽然以一定速率生长，但并非所有的细胞都同步进行分裂，即培养中的细胞并非处于同一生长阶段，因而又发展了同步培养（synchronous culture）技术（图 8-18），即通过特定的培养方法，使培养液中的所有细胞尽可能处于同一生长阶段和分裂周期，这有助于通过群体的特征研究个体细胞的特性。这种通过同步培养而获得的分裂步调一致的群体生长状态，即为同步生长（synchronous growth）。

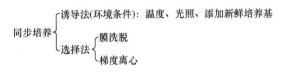

图 8-18　同步培养（知识扩展 8-4，见封底二维码）

二、微生物生长测定

微生物生长测定是指对微生物的生长量进行定量分析，有计重、计数和生理指标分析等方法，根据总的细胞数量、体积或重量的变化进行直接测定，或针对某种细胞物质的含量以及细胞中某些生理活性的变化进行间接测定（图 8-19）。其中，细胞数量的测定可分为细胞总数（total count）的测定和活细胞数（viable count）的测定两种。通过微生物生长的测定可客观地评价培养条件、营养物质等对微生物生长的影响，或评价不同的抗菌物质对微生物的抑制作用或杀灭效果，客观反映微生物的生长规律。

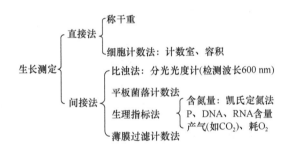

图 8-19　微生物生长测定法（知识扩展 8-5，见封底二维码）

1. 比浊法

比浊法是一种能快速、简便地测定培养液中细胞浓度的实验室常用方法。在一定范围内，菌悬液中的细胞浓度与浊度成正比，即与被吸收的光密度（optical density，OD）成正比，菌体越浓，OD 值越大。由于光束通过菌悬液时，细胞的吸收作用降低了透光率（transmittance），可用分光光度计在浊度与吸光度呈线性关系的波长范围内（450～650 nm）对菌悬液进行光密度测定，分析其生长情况。实践中多采用 600 nm 波长，菌体浓度需控制在合适的范围内（OD_{600} 为 0.1～1.5），以保证测量结果的线性关系和仪器的精准度。该法不适合颜色太深的样品以及除细胞以外还含有其他悬浮物的样品，该法也无法区分死活细胞。

2. 细胞计数法

细胞计数法采用特制的计数板,在显微镜下进行直接的细胞计数。计数板包括红细胞计数板(适合酵母菌或真菌孢子计数)(图 8-20)和细菌计数板两种。在计数板上的指定区域覆盖上盖玻片后,即形成相对封闭的计数室,计数室底部有刻度,以标记出计数区。计数室的底面积为 1 mm ×1 mm,深度则根据计数对象的个体大小而设定,红细胞计数板一般为 0.1 mm,细菌计数板一般为 0.02 mm。可通过计数板对一定容积的菌悬液中的细胞数目进行计数并计算其细胞浓度。如图 8-21 所示,通过计数室底部的刻度,将计数室的薄层空间划分为计数区和非计数区,其中计数区处于计数室的中心位置,由 25 个中格或 400 小格(每个中格含 16 个小格)组成。计数时只需要从 25 个中格中选取细胞分布均匀的 5 个(通常为计数区的四角和中心)进行细胞计数。获得的细胞数目可换算成单位体积中的细胞数($1 cm^3$=1 mL),即细胞浓度。

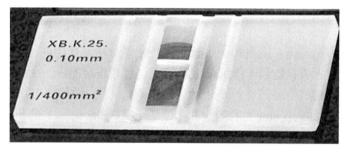

图 8-20　红细胞计数板

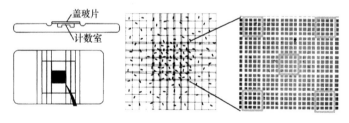

图 8-21　细胞计数板的计数室、计数区结构

红细胞计数板:细胞浓度(个/mL)= [(5 个中格细胞总数/5)×25]×10^4×稀释倍数。

该法适用于个体较大且不运动的细胞,如酵母菌、真菌孢子和较大的细菌等。不适合个体特别小的细菌,原因是:①细胞体积若小于计数室深度,则不易沉降,或容易堆积;②在油镜下不易看清网格线,计数误差较大。

3. 平板菌落计数法

由于每个活细胞在适宜的培养基和良好的生长条件下可生长繁殖成单菌落,因此平板菌落计数法是一种通过菌落数计数活菌细胞数的方法。取一定体积的菌悬液进行梯度稀释(10^0、10^{-1}、…、10^{-n}),然后选择三个适宜的稀释度,分别取 0.1 mL 稀释液涂布平板(图 8-22)。在适当条件下培养后,培养基表面长出菌落,根据最适宜的稀释度下所形成的单菌落数量即可按以下公式计算出原菌液的活细胞浓度:原菌液活细胞浓度(个/mL)=同一稀释度下三个以上重复培养皿内的菌落平均数×稀释倍数/0.1。

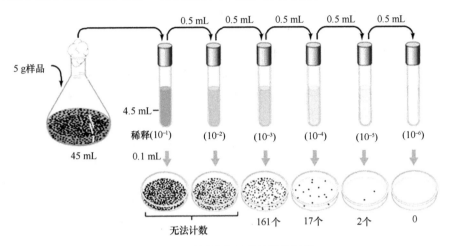

图 8-22 平板菌落计数法操作过程

通常以在直径 9 cm 的培养皿中形成 50～300 个单菌落的稀释度为宜。此方法在微生物生长测定中较常使用，但需要操作者具有熟练、准确的操作技术。第一，所有菌悬液均需充分混匀；第二，每支移液管及涂布棒只能接触一个稀释度的菌悬液；第三，同一稀释度涂布三个以上重复培养皿，取平均值；第四，计数平板上的菌落数目适宜，便于准确计数。

平板菌落计数法所测得的结果有可能偏低，因为一个单菌落可能是由两个或多个单细胞形成的。科研中一般用菌落形成单位（colony forming unit，CFU）来表示。此外，该法可因操作不熟练而造成污染。尽管如此，平板菌落计数法仍是教学、科研和生产上常用的方法。诸如土壤、水、牛奶、食品和其他材料中所含细菌、酵母、芽孢与孢子等的计数也可采用此法。但此法不适于丝状微生物，如放线菌、霉菌、丝状蓝细菌等的计数。（知识扩展 8-6，见封底二维码）（知识扩展 8-7，见封底二维码）（知识扩展 8-8，见封底二维码）

第三节　环境影响微生物生长

微生物与其所处的环境之间具有复杂的相互影响和作用，一方面，各种环境因素对微生物的生长繁殖有影响；另一方面，微生物的生长繁殖也会影响和改变环境。人们常通过控制和调节各种环境因素，促使某些微生物的生长，发挥它们的有益作用，或抑制和杀死另一些微生物，以消除它们的有害活动。

控制微生物生长繁殖的方法主要有灭菌（sterilization）、消毒（disinfection）、防腐（antisepsis）和化疗（chemotherapy）。①灭菌是采用强烈的理化因素，使所有微生物永远失去其生长繁殖的能力，分为：杀菌（bacteriocidation），如 121℃ 20 min 处理；溶菌（bacteriolysis），如溶菌酶处理。②消毒是采用较温和的理化因素，仅杀死物体表面或内部对人体有害的病原菌，如巴氏消毒法。③防腐是利用某种理化因素完全抑制霉腐微生物的生长繁殖，从而防止食品等发生霉腐的措施，如低温、除氧、干燥、高渗等。④化疗是利用具有高度选择毒力的化学物质来抑制宿主体内病原微生物的生长繁殖，以达到治疗该传染病的目的。

各种理化因素对微生物的影响不同，且理化因子的强度或浓度不同，其作用效果也不同，如有些化学物质低浓度有抑菌作用，高浓度则起杀菌作用。即使是同一浓度，作用时间长短不同，效果也不一样。另外，不同微生物对理化因子的敏感性不同，即使是同一种微生物，所处的生长时期不同，对理化因子的敏感性也不同。

影响微生物生长的外界因素很多，如营养条件中的六大要素（碳源、氮源、能源、生长因子、无机盐、水），此外还涉及许多理化因素，如温度、pH、氧气、水活度、辐射等。故与之相应的加热、紫外辐射与电离辐射等都是常用的控制微生物繁殖的物理方法。而化学方法有使用表面消毒剂、抗代谢物、抗生素等制剂。

一、温度

与其他生物一样，各种微生物有其最适、最低和最高的生长温度，即生长温度三基点（three cardinal point of growth temperature）。最适温度（optimum temperature）是指菌体分裂代时最短或生长速率最高时的培养温度。以最适温度为基点，随着温度的上升或下降，微生物的生长速率均呈下降趋势。超出最高生长温度时，微生物会快速死亡，可利用高温进行灭菌（图8-23）；而超出最低生长温度时，微生物将停止生长，进入休眠，利用低温在一定时间内可保存食物。当温度低至冰点以下时，则会导致微生物死亡。但应注意的是，对同种微生物来说，其不同的生理生化过程有着不同的最适温度，如在谷氨酸发酵工艺中，会根据不同的生理代谢过程而采用不同的培养温度，菌体生长阶段以32℃最适，而进入产酸期后即把温度提高至35～37℃，以促进谷氨酸的大量合成。因此利用温度条件，可以控制微生物的生长繁殖。

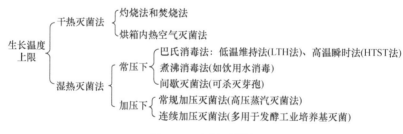

图 8-23　高温灭菌法

1. 干热灭菌法

干热灭菌（dry heat sterilization）包括灼烧法、焚烧法、烘箱内热空气灭菌法。

1）灼烧法和焚烧法

灼烧是直接用火焰杀死微生物，适用于微生物实验室的接种环等耐热金属和玻璃器材的消毒。焚烧（incineration）限于处理废弃的污染物品，如无用的衣物、纸张和垃圾（特别是医疗垃圾）等，焚烧应在专用的焚烧炉内进行。

2）烘箱内热空气灭菌法

将金属制品或玻璃器皿（三角烧瓶、培养皿等）放入电热烘箱内，在 160℃下维持 2～3 h 即可达到杀菌效果，该法能保持物品干燥，但不适于塑料和橡胶等不耐热的物品。

2. 湿热灭菌法

在同样的温度下，湿热灭菌（moist heat sterilization）的效果要比干热灭菌好，主要原因是蒸汽穿透力强，易于传递热量；细胞原生质（蛋白质等）在含水量高的情况下更易变性凝固。湿热灭菌包括煮沸消毒法（boiling disinfection）、巴氏消毒法（pasteurization）、间歇灭菌法（fractional sterilization，又称丁达尔灭菌法）、高压蒸汽灭菌法（autoclaving）等。

1）煮沸消毒法

煮沸消毒法多用于饮用水、玻璃注射器、金属用具、解剖用具等的消毒。将待消毒物品放在水中煮沸 15 min 或更长时间，以杀死细菌或其他微生物的营养体和少部分的芽孢或孢子。如果在水中添加 1%的碳酸钠或 2%～5%的石炭酸则杀菌效果更好。

2）巴氏消毒法

巴氏消毒法是用较低的温度（63℃ 30 min 或者 72℃ 15 s）处理牛乳、酒类、酱油、果汁等，在不损失营养、不影响食物风味的基础上杀死病原菌的保鲜消毒方法。巴氏消毒法可分为低温维持法（63℃，30 min；72～85℃，15 s）和高温瞬时法（120～140℃，2～4 s）。此方法基于结核杆菌的致死条件（62℃，15 min）设定，虽然不能达到灭菌的效果，但可以杀死所有致病菌，并能降低非致病菌的污染水平，大大减慢了食品变质的速度。（知识扩展 8-9，见封底二维码）

3）间歇灭菌法或分段灭菌法

间歇灭菌法或分段灭菌法适用于不耐热的药品、营养物质、特殊培养基等。首先在 80～100℃蒸煮 15～60 min，杀死营养体，然后在室温 37℃下保温过夜，此时残留的芽孢萌发成营养细胞，再用同样的方法反复处理三次，即可达到灭菌的效果。

4）高压蒸汽灭菌法

高压蒸汽灭菌法是最为常用的一种灭菌方法，通过加压提高水的沸点，从而获得高于 100℃的水蒸气。高压蒸汽灭菌的条件是 1 kg/cm^2（0.1 MPa），121℃，维持 15～20 min（表 8-2）。此方法适用于各种耐热物品，如培养基、生理盐水等各种溶液、玻璃器皿、金属器皿、工作服等的灭菌。

表 8-2 纯蒸汽压力和温度间的关系

蒸汽压力/（kg/cm^2）	蒸汽压力/MPa	温度/℃
0.75	0.075	115
1.0	0.1	121
1.5	0.15	125
2.0	0.2	135

在发酵生产中常采用连续灭菌法进行培养基灭菌，即利用高压蒸汽进行高温瞬时灭菌，既可起到灭菌的作用，又能最大限度地减少营养成分的破坏，同时还易于自动化控

制。具体操作如图 8-24 所示，即经过热交换器（换热器）预热的培养基连续通过高压喷射加热器，利用压力在 2～2.5 kg/cm² 、温度在 135～140℃的高压蒸汽持续处理 5～15 s，继而流经保温维持器进一步延长灭菌时间，再经过热交换器冷却后投入发酵罐。

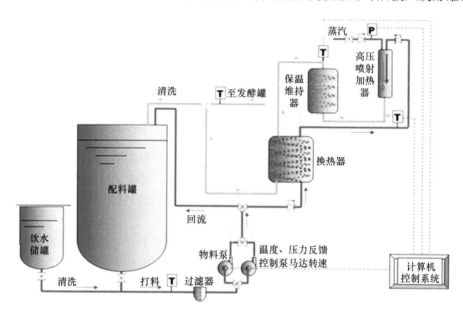

图 8-24　连续高压蒸汽灭菌流程图

总之，高温灭菌是一种较常用、有效的方法，但应注意影响其灭菌效果的各种因素，如因混合空气而导致的温度不足。同时应采取积极措施尽可能地消除高温对培养基等的有害影响，如避免羰基化合物（糖类）和氨基化合物（氨基酸、蛋白质）在高温下发生的美拉德反应等。

3. 低温保藏

冷藏和冻结可抑制或杀死微生物。4℃冷藏可减慢大多数微生物的生长繁殖速度，如大多数病原菌是嗜温微生物（最适温度 20～45℃），在 4℃左右几乎不生长，但也不能完全丧失活性，4℃冷藏仅作为一个短期保存食品的方法。

在–20℃或更低的温度下水会发生冻结，在细胞内形成冰晶。冻结速度对冰晶形成有很大影响，缓慢冻结，形成的冰晶大，对细胞损伤大；快速冻结，形成的冰晶小，冰晶分布均匀，对细胞的损伤小。因此，在利用冷冻法对菌种进行保藏时，应先加入 10%～20%（V/V）的保护剂如甘油、二甲基亚砜，以减缓冻结过程中的强烈脱水作用，同时应采用快速冷冻以减小冰晶的影响，最后以–30℃或–80℃的低温冰箱来贮存培养物。

在不加保护剂的情况下，大多数微生物会因为冻结而死亡，主要原因是：①冰晶损伤，冻结时细胞内水分变成冰晶，对细胞膜等内膜产生机械损伤，导致膜内物质外漏；②溶质损伤，细胞外水分冻结过程中，细胞外电解质浓度随之升高，导致细胞脱水。此外，由于冻结过的食品可能依然含有未被杀死的微生物，融化后仍应立即进行加工和食用，以避免病原菌的滋长。

二、氧气

地球大气中氧气约占 21%，氧气对微生物的生命活动有着极其重要的影响。微生物对氧的需求或忍耐有很大差异，按照微生物与氧的关系，可分成好氧菌（aerobe）与厌氧菌（anaerobe），并进一步细分成专性好氧菌（strict aerobe）、微好氧菌（microaerophilic bacteria）、兼性厌氧菌（facultative anaerobe）、专性厌氧菌（strict anaerobe）与耐氧菌（aerotolerant anaerobe）五类（图 8-25，图 8-26，表 8-3）。

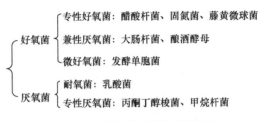

图 8-25 对氧气需求不同的微生物

图 8-26 各种需氧微生物的生长状态
从左至右为专性好氧菌、专性厌氧菌、兼性厌氧菌、微好氧菌、耐氧菌

表 8-3 微生物与氧的关系

微生物	需氧情况	产能方式	酶系	举例
专性好氧菌	正常大气氧分压 0.2 bar*	有氧呼吸产能	有 SOD 及 CAT（少数缺）	绝大多数真菌、多数细菌和放线菌
兼性厌氧菌	有氧或无氧	有氧、无氧呼吸或发酵产能	有 SOD 及 CAT（少数缺）	酵母菌、部分细菌
微好氧菌	低氧 0.01～0.03 bar	有氧呼吸产能	少量 SOD	霍乱弧菌等
耐氧菌	无氧或有氧	专性发酵产能	有 SOD 及 POD，无 CAT	多数乳酸菌
专性厌氧菌	绝对无氧	发酵、无氧呼吸产能	缺乏 SOD 和细胞色素氧化酶，大多菌无 CAT	不产氧光合细菌、产甲烷菌

*1 bar $=10^5$ Pa$=1$ dN/mm^2

（1）专性好氧菌需在有分子氧的条件下才能生长，有完整的呼吸链，以分子氧作为最终电子受体，细胞含有超氧化物歧化酶（superoxide dismutase，SOD）和过氧化氢酶（catalase，CAT）。

（2）微好氧菌只能在低于 21% 的氧浓度下才能正常生长，通过呼吸链并以分子氧作为最终电子受体而产能，细胞仅含有 SOD。

（3）兼性厌氧菌在有氧或无氧条件下均能生长，但有氧情况下生长得更好，有氧时靠有氧呼吸产能，无氧时靠发酵或无氧呼吸产能，细胞含有 SOD 和 CAT。

（4）厌氧菌是缺少呼吸系统或呼吸系统不能利用分子氧作为电子受体的一类微生物，可分为耐氧菌与专性厌氧菌两类。①耐氧菌可在分子氧存在的情况下进行厌氧生活。由于不具有呼吸链，依靠专性发酵获得能量，因此生活不需要氧的参与，但分子氧对它也无毒害作用。细胞内存在 SOD 和过氧化物酶（peroxidase，POD），但缺乏 CAT。②专性厌氧菌，分子氧对其有毒害作用，短期接触也会抑制其生长甚至致死，如在含有 $10\% \ CO_2$ 的空气中，在固体培养基表面不能生长，只有在完全无氧或低氧化还原电位的环境中才能生长。生命活动所需能量通过发酵、无氧呼吸或循环光合磷酸化提供。细胞内缺乏 SOD 和细胞色素氧化酶，大多数还缺乏 CAT。

有关厌氧菌的氧毒害机制，1971 年 Mccord 和 Fridovich 提出了厌氧菌的超氧化物歧化酶（SOD）学说（图 8-27），认为严格厌氧微生物并不是被气态的氧杀死的，而是因为不能解除某些氧代谢产物的毒性而死亡的。在分子氧被还原为水的过程中，会不可避免地形成某些有毒的中间产物，如过氧化氢（H_2O_2）、氢根（OH^-）、超氧化物阴离子自由基（$\cdot O_2^-$）和臭氧（O_3），这类超氧化物可引起基因突变和染色体畸变，造成细胞的代谢失常甚至死亡。其中，超氧化物阴离子自由基为活性氧（reactive oxygen species，ROS），兼有分子和离子的性质，反应力极强，极不稳定，可破坏膜和重要的生物大分子，对微生物有致命的影响。严格厌氧的微生物由于缺乏超氧化物歧化酶，易被细胞内极易产生的超氧化物阴离子自由基毒害致死。而好氧微生物则具有一系列降解这些中间产物的酶，包括过氧化氢酶、过氧化物酶、超氧化物歧化酶等，因而受影响不大。

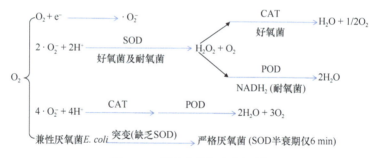

图 8-27　厌氧菌的氧毒害机制

需要补充说明的是，超氧化物阴离子自由基在细胞内可由酶促或非酶促形成，极易产生。而超氧化物歧化酶是生物在进化过程中发展的一种自我保护方式。有研究表明，兼性厌氧菌大肠杆菌（*E. coli*）在发生 SOD 缺失突变后，就会变成一种"严格厌氧菌"。

此外，微生物除了对氧气有不同的要求外，对生长环境的氧化还原电位（Eh）也有不同的要求，一般好氧微生物的 Eh > +0.1 V，最适 Eh 为+0.3～+0.4 V；厌氧微生物则要求 Eh 低于–0.1 V；严格厌氧的产甲烷细菌要求 Eh 达到–330 mV；而指示剂刃天青的还原指示电位为–42 mV。

三、pH

酸碱度通常以某溶液中氢离子浓度的负对数即 pH 来表示。环境中的酸碱度对微生物的生命活动具有很大影响。①影响膜表面电荷的性质及膜的通透性，进而影响微生物对营养物质的吸收能力（图 8-28）。②改变酶活性、酶促反应的速率，从而改变代谢途径。如酵母菌在 pH 4.5～5 时产乙醇，在 pH 6.5 以上则产甘油和酸。③环境 pH 还影响培养基中营养物质的离子化程度，从而影响营养物质的可吸收性，或有毒物质的毒性。

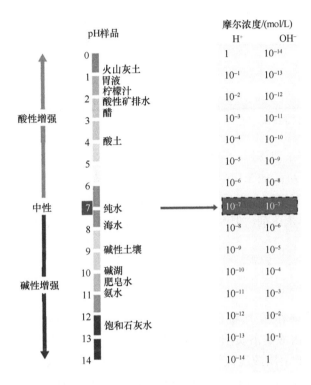

图 8-28 不同环境中的 pH 分布

微生物生长总体的 pH 范围较广，大多数微生物的生长 pH 为 5～9，只有少数可在 pH 低于 2 或高于 10 的环境下生长，如氧化硫硫杆菌（*Thiobacillus thiooxidans*）与嗜酸氧化亚铁硫杆菌（*Acidithiobacillus ferrooxidans*）能生长在酸性环境下，可用于生物冶金。嗜苦菌属（*Picrophilus*）是迄今为止发现的最为嗜酸的古菌，最适 pH 为 0.7。而在高 pH 的碱水泉中，曾分离出一株黄杆菌（*Flavobacterium* sp.），其在 pH 11.4 的条件下生长良好。

各种微生物都有其生长的最低、最适和最高 pH，即微生物生长的 pH 三基点。低于最低或高于最高 pH 时，微生物的生长都将受到抑制或导致死亡。不同微生物的最适 pH 不同，据此可将微生物分为嗜碱微生物（硝化细菌、尿素分解菌、多数放线菌）、耐碱微生物（许多链霉菌）、中性微生物（绝大多数细菌、一部分真菌）、嗜酸微生物（硫杆菌属）和耐酸微生物（乳杆菌、醋酸杆菌）。

如表 8-4 所示，微生物有其生长的最低、最适和最高 pH。大多数细菌的最适 pH 在 6.5～8.0，放线菌为 pH 7.0～8.5，酵母菌为 pH 4.0～6.0，霉菌为 pH 4.0～5.8。

表 8-4　一些微生物的生长 pH

微生物	最低 pH	最适 pH	最高 pH
细菌	3.0～5.0	6.5～8.0	8.0～10.0
圆褐固氮菌	4.5	7.4～7.6	9.0
大豆根瘤菌	4.2	6.8～7.0	11.0
亚硝酸细菌	7.0	7.8～8.6	9.4
氧化硫硫杆菌	1.0	2.0～2.8	4.0～6.0
嗜酸乳杆菌	4.0～4.6	5.8～6.0	6.8
放线菌	5.0	7.0～8.5	10.0
酵母菌	2.0～3.0	4.0～6.0	8.0
霉菌	1.0～3.0	4.0～5.8	9.0

（知识扩展 8-10，见封底二维码）

强酸与强碱具有杀菌作用。无机酸如硫酸、盐酸等杀菌力强，但由于腐蚀性大，不宜作消毒剂。一些有机酸如苯甲酸可作防腐剂。在生活中，人们腌制酸菜以及饲料青贮等，就是利用乳酸菌发酵产生的乳酸可抑制腐败性微生物的滋长，从而实现了长期保存。强碱性的石灰可用作杀菌剂，但因其毒性大，仅局限于排泄物、仓库、棚舍等环境的卫生消毒。

四、渗透压

当细胞内的溶质浓度与细胞外溶液的溶质浓度相等时为等渗溶液（isotonic solution）；当细胞外溶液的溶质浓度高于细胞内溶质浓度时则为高渗溶液（水活度即 a_w 低）；当细胞外溶液的溶质浓度低于细胞内溶质浓度时即为低渗溶液（水活度即 a_w 高）。适于微生物生长的渗透压（osmotic pressure）范围比较广，且微生物本身有一定的适应能力。但是，只有在适宜的渗透压下，微生物才能保持正常的生理活动和细胞形态，若渗透压发生大幅度的改变，则将使微生物失去活性。

假如将微生物置于高渗溶液（hypertonic solution），如 20% NaCl 溶液中，水将通过细胞膜从低溶质浓度的细胞内进入细胞周围溶液中，细胞脱水引起质壁分离，脱水的细胞不能生长甚至死亡。相反，将微生物，尤其是原生质体置于低渗溶液（hypotonic solution），如 0.01% NaCl 或水中时，水将从细胞外进入细胞内，引起细胞吸水膨胀，甚至导致细胞破裂死亡。

通常含盐 5%～30% 或含糖 30%～80% 的高渗条件可抑制或杀死一些微生物。因此，日常生活中可用高浓度盐或糖来保存食物，如用 10%～15% 的盐腌渍鱼、肉、蔬菜等食品，就是通过高渗透压，一方面直接抑制微生物滋生，另一方面使新鲜食品脱水，降低它们的水活度，从而不利于微生物在上面生长。又如新鲜水果通过加糖（50%～70%）制成果脯、蜜饯也是相同的原理，即抑制微生物的生长与繁殖，起到防止腐败变质的作用。

五、干燥

水分对于维持微生物的正常生命活动是必不可少的。干燥会引起细胞失水、蛋白质变性和盐类等电解质浓度提高，从而导致代谢活动的停止，并抑制微生物生长或造成其死亡。日常生活中常用烘干、晒干和熏干的方法来保存食物。

由于孢子的抗干燥能力强，可以利用砂土法保藏产孢子的菌种。在生产或科研中，真空干燥法也是常用的有效保存菌种的方法，即将菌体先悬浮于少量保护剂（如脱脂牛乳）溶液中，再分装到安瓿管内，在−80℃低温中使其迅速冰冻，随即在真空条件下使水分升华，最终安瓿管内达到真空干燥状态。

六、辐射

阳光是地球上各种电磁辐射（electromagnetic radiation）的主要来源，包括γ射线（< 1 pm）、X射线（1 pm～10 nm）、紫外线（10～400 nm）、可见光（400～700 nm）、红外线（750 nm～1000 μm）、无线电波（>1 mm）（图8-29）。

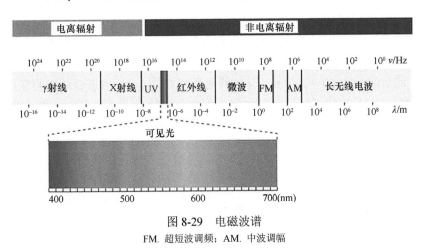

图 8-29　电磁波谱

FM. 超短波调频；AM. 中波调幅

电磁辐射包括电离辐射（ionizing radiation）和非电离辐射（non-ionizing radiation）。可见光是周围环境中最常见的一种非电离辐射，地表生物圈的所有生命都依赖光合生物从阳光获得的能量。除了可见光以外，太阳辐射有60%在红外区（infrared region，IR），红外线是地球热量的重要来源。

微波是长波辐射的一类，波长1 mm～1 m，有时也称红外线（infrared ray），也属于非电离辐射。微波能使介质内杂乱无章的极性分子在微波场的作用下，按波的频率往返运动、互相冲撞和摩擦而产生热，介质的温度随之升高，从而起到消毒作用。如采用微波加热食品时，即通过激活振动食物中的水分子而产生热效应，使蛋白质、酶等物质变性，导致微生物死亡。微波加热的特点是加热均匀、热能利用率高、加热时间短，常用于食品消毒、灭菌。需要注意的是，微波可穿透玻璃、塑料薄膜与陶瓷等物品，但不能穿透金属表面，因此微波加热不能用金属容器，否则会出现火花。

一般认为，微波的杀菌机制除热效应以外，还有电磁共振效应等。消毒操作中常用的微波有 2450 MHz 和 915 MHz 两种。此外，人若受到微波的长期照射，可产生眼睛的晶状体浑浊、神经功能紊乱等全身性反应，须注意关好门后再进行操作。

许多电离辐射，如高频紫外线、X 射线和 γ 射线等，都具有潜在的抑制微生物生长的能力。这些射线引起水与其他物质的电解离，形成化学自由基，其中最重要的是羟基。自由基可与细胞中的大分子反应并使其失活。所以，低剂量电离辐射会使细胞产生突变并可能导致死亡，而高剂量电离辐射则具有直接的致死效应。

1. 紫外线

波长小于 200 nm 的紫外线（ultraviolet，UV）被高空大气层中的氧强烈吸收，波长 200～280 nm 的紫外线则被地表上空 25～30 km 处的臭氧层吸收，同时释放氧气。由于紫外线对生物有很强的副作用，因此，臭氧层对紫外线的消除作用对地球上的生命非常重要。

高频紫外线能够使物质电离，是一种低能量的电离辐射，而低频紫外线则主要使 DNA 分子中相邻的嘧啶形成嘧啶二聚体，抑制 DNA 的复制与转录，从而杀死微生物。由于核酸（DNA、RNA）的吸收峰为 260 nm，蛋白质的吸收峰为 280 nm，故波长 260～280 nm 的紫外线的杀菌能力最强。

无菌室、生物安全柜（超净台）内都装有紫外灯进行消毒（图 8-30）。使用紫外灯照射，可根据 1 W/m³ 来计算剂量，若以面积计算，一般 30 W 的紫外灯可用于 15 m² 的房间消毒，照射时间为 20～30 min，有效照射距离约为 1 m。由于紫外线的穿透能力差，不易透过物质，即使一层玻璃也会被过滤，因此，紫外线只适用于一定空间内的空气及物体表面的消毒。此外，紫外线对人的皮肤和眼睛有害，当进入这些场所时，务必将紫外灯关闭。

图 8-30　超净台（知识扩展 8-11，见封底二维码）

2. X 射线和 γ 射线

X 射线和 γ 射线的波长短，能量高，有较强的杀伤力，能使水和其他物质氧化或产生自由基，再作用于生物大分子。γ 射线是由某些放射性同位素如 ^{60}Co 所发射的高能射线，具有很强的穿透力和杀菌效果。高剂量的 γ 射线可用于对抗体、激素、医用缝合线、一次性塑料注射器等物品进行灭菌，还可用于对肉类和其他食品进行灭菌，以杀死那些具有威胁性的病原菌，如大肠杆菌 O157:H7、金黄色葡萄球菌（*S. aureus*）和空肠弯曲杆菌（*Campylobacter jejuni*），灭菌剂量一般为 20～50 kGy（1 Gy = 1 J/kg）。

七、过滤

高压蒸汽灭菌可杀死液体培养基中的微生物，但对空气和热敏感物质的灭菌是不适宜的。过滤（filtration）是减少空气或者含有热敏感物质溶液中的微生物数量的方法，它只是通过物理拦截作用，将微生物从样品中过滤除去，而不是直接杀死。

过滤除菌有三种类型：①最早的过滤除菌工具是在一个容器的两层滤板中间填充棉花、玻璃纤维、石棉或多层滤纸（图 8-31），空气通过它就可以达到除菌的目的。为了缩小这种滤器的体积，后来改进为在两层滤板之间放入多层滤纸，这种除菌方式主要用于发酵工业。②膜过滤器（filter），采用的过滤介质是由乙酸纤维素、硝酸纤维素、聚碳酸酯、聚偏二氟乙酸或其他物质制成的厚约 0.1 mm 的圆形滤膜，分布有 0.22 µm 孔径，液体通过就可将细菌以及体积比细菌大的其他微生物细胞、孢子等除去（图 8-32），但对个体比细菌小得多的病毒无效。由于处理体积有限，过滤法主要应用于科研，包括对酶、血清、抗生素、维生素和氨基酸等热敏物质的除菌。过滤操作时常要使用注射器、泵或真空吸器以促进液体通过。③核孔滤器，由用核辐射处理得很薄的聚碳酸胶片（厚度为 10 µm）经化学蚀刻而制成。辐射使胶片局部破坏，化学蚀刻又使被破坏的部位成孔，而孔的大小则由蚀刻溶液的强度和蚀刻的时间来控制。溶液通过这种滤器时就可以将微生物除去。与普通膜过滤器一样，核孔滤器也主要用于科学研究。

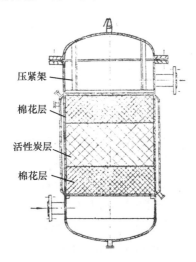

压紧架
棉花层
活性炭层
棉花层

图 8-31　棉花、活性炭过滤器

图 8-32　膜过滤器

过滤法还可对空气进行除菌，如外科口罩和培养微生物所用容器的棉塞、瓶口纱布等，均基于过滤除菌的原理。此外，层流生物安全柜（laminar flow biological safety cabinet）利用高效空气过滤器（high efficiency particulate air filter）进行除菌，可过滤掉空气中99.97%的粒径>0.3 μm 的颗粒。当空气通过高效空气过滤器后，在操作台开口处形成一个无菌气帘，使操作柜内空间与外部环境及操作人员隔离，以避免污染。因此，当实验中用到一些危险材料时，如结核分枝杆菌（*M. tuberculosis*）、致肿瘤病毒等，须在层流生物安全柜内进行操作。

八、超声波

超声波（ultrasound）是振动频率超过 20 000 Hz 的声波，通过强烈的振动，引起探头周围水溶液的高频率振动，当探头和水溶液间的高频率振动不同步时，即能在溶液内产生空穴，空穴内处于真空状态，只要悬液中的细菌接近或进入空穴区，细胞内外的压力差就能导致细胞破裂，从而达到灭菌的目的，超声波的这种作用称为空化作用（cavitation）（图 8-33）。

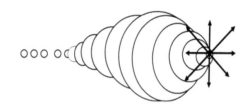

图 8-33　空化作用

此外，在超声波振动过程中，机械能转变成热能，导致溶液温度升高，引起微生物细胞膜热穿孔，内含物外溢，蛋白质热变性，从而抑制微生物生长或杀死微生物。其作用效果与超声波的频率、强度、处理时间，微生物种类，以及细胞大小、形状和数量等多种因素有关。一般球菌的抗性比杆菌强，病毒由于颗粒小、无细胞结构，对超声波也有较强的抗性。而芽孢的壁厚、抗逆性强，几乎不受超声波处理的影响。在科研实验中，常用超声波来破碎细胞，提取细胞内物质（代谢产物、酶等）。需要注意的是，为了防止超声波处理过程中的产热对目标蛋白质等成分的破坏，一般应在冰浴上进行，并采用间歇处理的方法。

九、抗微生物剂

抗微生物剂（antimicrobial agent）是一类能够抑制微生物生长或杀死微生物的化学物质，其是人工合成的或是生物合成的产物。抗微生物剂又称杀菌剂或表面消毒剂，对一切活细胞都有毒性，不能用作活细胞内的化学治疗药物。抗微生物剂包括重金属盐、红汞、盐类、卤族（碘酒）及其化合物、70%乙醇、新洁尔灭、表面活性剂、有机化合物、染料等。这些物质能使蛋白质失活变性，具有抑菌、消毒及杀菌的效果，可分为消毒剂（disinfectant）和防腐剂（antisepsis）。消毒剂通常用来杀死非生物材料上的微生物，而防腐剂具有杀死微生物或抑制微生物生长的能力，但对动物或人体无毒害作用。抗微生物剂广泛用于热敏物质或不耐热用具，如体温计、带有透镜的仪器设备、聚乙烯管或导管等的消毒和灭菌。在食品工业、发酵工业、自来水厂等，常用抗微生物剂消除墙壁、楼板、仪器设备表面和自来水中的微生物。对于空气中的微生物，则可用甲醛、石炭酸（苯酚）、高锰酸钾等化学试剂，采用熏、蒸、喷雾等方式杀死它们。表 8-5 中列出了一些生活中常用的消毒剂、防腐剂及其作用机理。（知识扩展 8-12，见封底二维码）

表 8-5　常用的消毒剂、防腐剂及其作用机理

类型	名称及使用方法	作用原理	应用范围
醇类	70%～75%乙醇	脱水、蛋白质变性、溶解膜脂	皮肤、器皿、超净台的表面消毒，以及温度计、小型器械的浸泡消毒（10～15 min）
醛类（烷化剂）	0.5%～10%甲醛 2%戊二醛（pH 8）	蛋白质变性	用于厂房、无菌室或传染病患者家具、物品等的熏蒸消毒（不适合食品厂）
酚类	3%～5%石炭酸（苯酚） 2%来苏儿 3%～5%来苏儿	破坏细胞膜、蛋白质变性	地面、器具（空气喷雾消毒） 皮肤 地面、器具
氧化剂类	0.1%～1%高锰酸钾 3%过氧化氢 0.2%～0.5%过氧乙酸	氧化蛋白质活性基团，酶失活	皮肤、水果、蔬菜 皮肤（清洗伤口）、物品表面 水果、蔬菜、塑料等
重金属盐类	0.05%～0.1%升汞 2%红汞 0.1%～1%硝酸银 0.1%～0.5%硫酸铜	蛋白质变性、酶失活	非金属器皿 皮肤、黏膜、伤口 皮肤、新生儿眼睛 防治植物病害
表面活性剂	0.05%～0.1%新洁尔灭 0.05%～0.1%杜灭芬	蛋白质变性、破坏细胞膜	皮肤、黏膜、手术器械 皮肤、金属、棉织品、塑料
卤素及化合物	0.2～0.5 mg/L 氯气 10%～20%漂白粉 0.5%～1%漂白粉 2.5%碘酒	破坏细胞膜、蛋白质变性	饮水、游泳池水 地面 水及游泳池的消毒、空气消毒（喷雾） 外科手术前的皮肤消毒
染料	2%～4%龙胆紫	与蛋白质的羧基结合	皮肤、伤口消毒
酸类	0.1%苯甲酸 0.1%山梨酸	抑制细菌与真菌生长	食品防腐 食品防腐

各种抗微生物剂的相对杀菌强度可用石炭酸系数（苯酚系数，phenol coefficient）来表示。石炭酸系数是指一定时间内（10 min）被试药剂能杀死全部供试菌——金黄色葡萄球菌（*S. aureus*）或伤寒沙门氏菌（*S. typhi*）的最高稀释度与达到同样效果的石炭酸的最高稀释度的比值。表 8-5 中，来苏儿（lysol）是酚醛的混合物。10%甲醛溶液既有杀菌作用又有抑菌效果。无水乙醇的消毒效果不如 70%～75%乙醇，无水乙醇与菌体接触后可能使其迅速脱水，表面蛋白质凝固，从而形成保护膜，阻止乙醇进一步渗入。此外，1%～3%石灰水可对粪便消毒；用 5～10 mL 乙酸/m³ 熏蒸房间，可对空气消毒。

十、抗代谢物

有些化合物在结构上与生物体所必需的代谢物很相似，可与特定的酶结合，从而阻碍酶的功能，干扰代谢的正常进行，这些物质称为抗代谢物（antimetabolite）。

抗代谢物与正常代谢物同时存在时，即成为相应酶的竞争性底物。（知识扩展 8-13，见封底二维码）

磺胺类药物（sulphonamide）是具有对氨基苯磺酰胺结构的药物的总称，对氨基苯磺酰胺结构与细菌生长因子对氨基苯甲酸（*p*-aminobenzoic acid，PABA）高度相似（图 8-34）。对氨基苯甲酸是微生物生长和分裂所必需的叶酸组成部分之一，但是细菌自身不能合成该物质，必须从外界获取。故当磺胺类药物与对氨基苯甲酸同时被摄入时，两者间就会发生竞争性拮抗作用（图 8-35），前者通过抑制叶酸的生物合成而抑制细菌的生长繁殖。

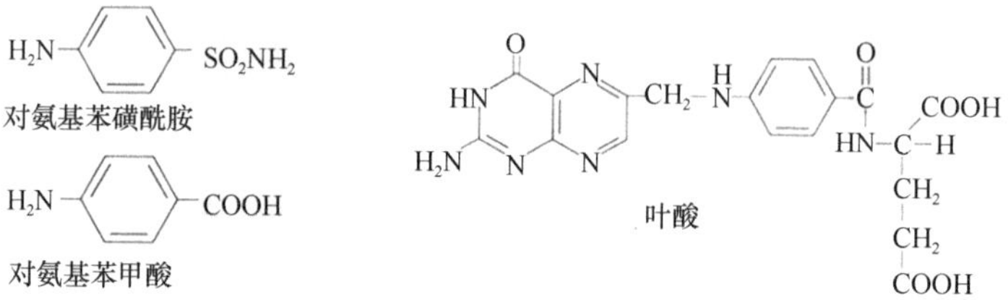

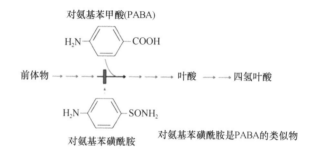

图 8-34　磺胺类药物、对氨基苯甲酸与叶酸

图 8-35　磺胺类药物的竞争性拮抗机理（知识扩展 8-14，见封底二维码）

十一、抗生素

抗生素（antibiotic）是一种重要的化学治疗剂，曾称抗菌素。抗生素是微生物在其生命活动过程中产生的一种次生代谢产物或人工衍生物（表 8-6），在低浓度时即能抑制或杀死其他生物，因此可作为优良的抗菌药物。抗生素有天然和人工半合成两类。抗生素的主要产生菌是放线菌。

表 8-6　抗生素来源

微生物	产生的抗生素
细菌	多黏菌素、杆菌肽
真菌	青霉素、头孢菌素、灰黄霉素、环孢霉素
放线菌	链霉素、庆大霉素、卡那霉素、四环素、红霉素等70%的抗生素

每种抗生素均有特定的抑菌范围，即抗菌谱（antimicrobial spectrum）。有的抗生素既能作用于革兰氏阳性菌又能作用于革兰氏阴性菌，被称为广谱抗生素，如四环素

（tetracycline）、青霉素（penicillin）、红霉素（erythromycin）、头孢菌素（cephalosporin）、氯霉素（chloramphenicol）等，在医药中使用较多。有的抗生素仅作用于单一微生物类群，被称为窄谱抗生素，如链霉素（streptomycin）、卡那霉素（kanamycin）、金霉素（aureomycin）等，主要用于杀死革兰氏阴性菌。新生霉素（novobiocin）、杆菌肽（bacitracin）、万古霉素（vancomycin）等拮抗革兰氏阳性菌。制霉菌素（nystatin）、放线酮（actidione）、新霉素（neomycin）等拮抗真菌。

抗生素种类繁多，作用机制与抗菌谱各异，应用范围广泛，但总体来讲，其主要是通过阻止微生物新陈代谢的某些环节，钝化某些酶的活性来达到抗菌效果的（图 8-36，表 8-7）。

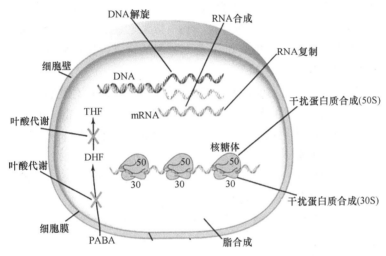

图 8-36　抗生素的作用机制

THF. 四氢叶酸；DHF. 二氢叶酸；PABA. 对氨基苯甲酸

表 8-7　抗生素抗菌机制

名称及类型	作用机制
抑制细胞壁合成	
D-环丝氨酸	抑制催化 L-丙氨酸变为 D-丙氨酸的消旋酶的活性
万古霉素、瑞斯托霉素、杆菌肽	抑制糖肽聚合物的延长
青霉素、氨苄青霉素、头孢菌素	抑制肽尾与肽桥间的转肽作用
干扰细胞膜的功能	
短杆菌酪肽	损害细胞膜，减弱呼吸作用
短杆菌肽	使氧化磷酸化解偶联，与膜结合
多黏菌素	使细胞膜上的蛋白质释放，破坏脂膜结构
抑制蛋白质的合成（大环内酯类抗生素、氨基糖苷类抗生素）	
链霉素、新霉素、卡那霉素、四环素	与 30S 核糖体亚基结合，干扰蛋白质的合成
嘌呤霉素、氯霉素、红霉素、林可霉素	与 50S 核糖体亚基结合，干扰蛋白质的合成
抑制 DNA 复制	
萘啶酮酸	作用于复制基因，切断 DNA 合成
丝裂霉素	抑制 DNA 复制后的分离
抑制 RNA 转录	
放线菌素 D	与 DNA 中的鸟嘌呤结合
利福平、利福霉素	与 RNA 聚合酶结合

（1）影响细胞壁的结构，包括抑制细胞壁的形成和引起细胞壁的降解，如青霉素、头孢菌素、万古霉素。

（2）影响细胞膜的功能，如两性霉素 B、曲古霉素、制霉菌素等多烯类抗生素，又如多黏菌素（polymyxin）可使脂膜溶解。

（3）干扰蛋白质的合成，如四环素、氯霉素等，对人体副作用较大。又如春日霉素、新霉素、卡那霉素、庆大霉素等，可与核糖体 30S 小亚基结合，抑制蛋白质的合成，螺旋霉素可与核糖体 50S 大亚基结合，抑制蛋白质的合成。由于真核生物无 30S、50S 核糖体亚基，因此上述药物对人体基本上无副作用。

（4）阻碍核酸（DNA 或 RNA）的合成（复制、转录），如博来霉素、丝裂霉素、放线菌素 D 等抑制 DNA 的合成；光神霉素、利福霉素、色霉素等抑制 RNA 的合成；链霉素、金霉素、土霉素等抑制叶酸、维生素 B_{12} 等的合成，进而间接影响 DNA、RNA 的合成，可作为抗癌药物。

（5）影响其他代谢和细胞功能，如链霉素、土霉素、金霉素对某些氨基酸合成、TCA 循环中间产物的氧化均有影响；链霉素对听觉细胞影响最大；青霉素可抑制细胞膜对氨基酸的转运，对葡萄球菌从环境中吸收 K^+、Na^+、Mg^{2+} 等有阻碍作用；短杆菌肽、四环素对金属离子的吸收也有影响。

（6）具有表面张力作用，如多黏菌素、短杆菌肽、枯草菌素等可降低细胞的表面张力，使细胞破裂，但对人体的毒性也较大。

需注意，病毒没有抗生素所能干扰的功能和结构，一般不受其影响。但也有一些能够干扰病毒复制的抗生素可用于治疗。如抗病毒的抗生素有齐多夫定（zidovudine，AZT）、阿昔洛韦（acyclovir）和更昔洛韦（ganciclovir，GCV）。其中，AZT 用于中断 HIV 的复制，阿昔洛韦用于抗疱疹病毒和水痘带状疱疹病毒，GCV 用于抗巨细胞病毒。此外，金刚烷胺（amantadine）也常用于抗流感病毒。

抗生素抗菌活性的测定可采用最低抑制浓度（minimum inhibitory concentration，MIC）与最低杀菌浓度（minimum bactericidal concentration，MBC）等指标。细菌对抗生素的敏感性可分为敏感性（sensitivity，s）和耐药性（resistance，r），常采用纸片琼脂扩散法（disc agar diffusion method）与稀释法（dilution test）进行测定。

（1）由 Kirby 和 Bauer 建立的纸片琼脂扩散法，将纸片以一定浓度的抗生素浸润后干燥，再平贴于已接种被检细菌的琼脂培养基上，此时纸片上的抗生素呈梯度向周围扩散，经培养后，可在纸片周围出现无菌生长区，称为抑菌圈（图 8-37）。抑菌圈的直径大小与 MIC 呈负相关关系，即抑菌圈越大的抗生素，MIC 越小。该方法中，被检细菌

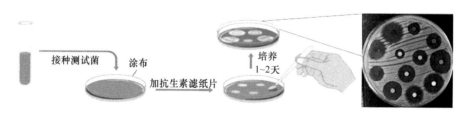

图 8-37　纸片琼脂扩散法

的预培养时间很关键，时间太短，菌株还没有进入对数期，平板上菌量稀疏，可能造成假阳性结果；时间太长，平板上菌层已经很厚，不易观察到抑菌圈，造成假阴性结果。

（2）稀释法　先以水解酪蛋白液体培养基将抗生素稀释成不同的浓度梯度，然后将相同量的被检菌接种入各抗生素梯度管中，在35～37℃条件下培养18～24 h，观察结果。培养液澄清，微生物不能生长的最低浓度梯度即为该抗生素的MIC（图8-38）。

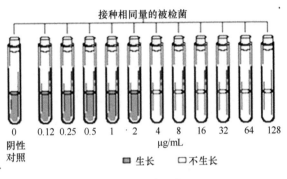

图 8-38　稀释法

第四节　微生物对环境的反应

一、趋向性

微生物的趋向性有趋化性（chemotaxis）与趋光性（phototaxis）等。趋化性是微生物对不同种类的化学物质或不同浓度的化学物质所产生的一种向性或背向性的响应。趋光性则指有些细菌，尤其是光合细菌对光的反应，它们能区分不同波长的光而聚集在一定波长的光区内。微生物可以通过不同的运动方式，如鞭毛运动、螺旋体式运动、滑行运动、变形虫式运动、气泡浮动等实现趋向性，以达到趋向营养物质，避开有害物质的目的。

二、抗生素抗性

抗生素改变了人类对抗病菌的历史，挽救了数以万计的生命。而21世纪以来，细菌耐药性（又称抗药性）已成为全球人类健康的巨大威胁。随着抗生素的大量不合理使用与滥用，某些病原微生物如金黄色葡萄球菌、大肠杆菌、痢疾杆菌、结核分枝杆菌等均出现了日益严重的抗生素抗性（antibiotic resistance）现象。如20世纪60年代就发现一种被称为超级细菌的耐甲氧西林金黄色葡萄球菌（MRSA）就耐受多种抗生素。此外，1990年出现的耐万古霉素肠球菌（vancomycin resistant Enterococcus，VRE）和耐碳青霉烯类肠杆菌（carbapenem resistant Enterobacteriaceae，CRE）等，给疾病的治疗带来了困难与新的危机。2000年至今，出现了绿脓杆菌，其对氨苄青霉素、阿莫西林等8种抗生素的耐药性达100%；多重耐药菌感染的激增使抗生素药物面临严峻挑战，尤其是致命的多重耐药革兰氏阴性菌感染，已严重威胁人类健康，成为全球面临的重要医学难题。

抗生素产生菌株会免受其自身抗生素的拮抗作用是因为菌株本身形成了一套能中和或破坏自身抗生素的遗传机制，如抗性基因的存在，从而保证自身免受抗生素的破坏（图 8-39）。针对某些对抗生素不敏感的菌株的研究表明，抗性菌株具有以下特点。

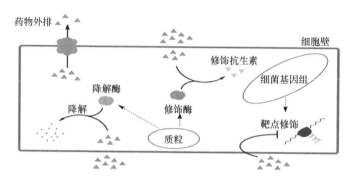

图 8-39　抗生素的抗性机制

（1）菌株本身缺乏抗生素的作用位点，如支原体没有细胞壁，因此对作用于细胞壁的抗生素不敏感。

（2）灭活作用，微生物产生某种酶催化抗生素转变成非活性形式，如抗青霉素菌株和抗头孢菌素菌株能产生 β-内酰胺酶（β-lactamase），该酶使这两种抗生素结构中的内酰胺环开环（图 8-40），破坏了抗生素的分子结构，从而使其失去拮抗活性。又如氯霉素转乙酰酶、卡那霉素磷酸转移酶分别使氯霉素酰化、卡那霉素磷酸化，从而使它们失去拮抗活性。总之，修饰甲基化酶、乙基化酶和磷酸化酶等都能使相应抗生素失活。

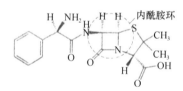

图 8-40　氨苄青霉素开环失活

（3）微生物可能会修饰或改变抗生素作用的靶位点，包括 RNA 聚合酶（利福平靶位点）、核糖体（红霉素和链霉素靶位点）、DNA 解旋酶（喹诺酮靶位点）等，从而使抗生素无"用武之地"而失去拮抗作用。以抗链霉素的菌株为例，其通过突变而使自身 30S 核糖体亚单位的 P10 组分发生改变，从而使链霉素不再与这种变异的亚单位结合。

（4）通过基因突变使抗生素所抑制的代谢途径发生变化，形成补救途径（salvage pathway），如有些抗青霉素的菌株，降低了细胞壁中肽聚糖的含量，即减少了青霉素作用的位点，同时合成另外的细胞壁多聚体以作为补充。

（5）改变细胞膜对抗生素的渗透性，增强外排作用。如抗四环素的委内瑞拉链霉菌（*Streptomyces venezuelae*）的细胞膜透性改变，可阻止四环素进入细胞，并使四环素易于排出细胞。

（6）通过主动外排系统把进入细胞内的药物泵出细胞外。近年来发现了铜绿假单胞菌（*P. aeruginosa*，也称绿脓杆菌）的多重耐药性菌株，其耐药机制除了外膜的通透性较低外，还存在着主动外排系统。

普通微生物可能通过与抗生素产生菌之间的基因交换而获得抗性基因。抗生素的抗性可以在染色体和质粒水平上编码，与这种抗性有关的质粒称为抗性质粒（R 质粒）。在实验室中，抗生素抗性菌多数是从大量的敏感培养物中分离出来的，这种抗性的获得往往是染色体突变的结果。而从患者体内分离出来的抗性细菌中，则较多地含有带抗性基因的 R 质粒。上述两种抗性菌株的抗性机制是不同的。多数情况下，由染色体基因编码的抗生素抗性会伴随着作用靶位点的修饰而出现。而 R 质粒的抗性依赖于其编码产生的多种酶，这些酶可以使抗生素失活，也可以阻止抗生素的吸收或将抗生素排出。

抗生素的广泛使用为带有一种或几种抗性基因的 R 质粒的传播提供了选择条件。抗生素的过度使用则加速了病原微生物中抗生素抗性的发展。如果有足够的时间和药量，微生物会对所有的抗生素产生抗性。因此应谨慎地使用抗生素：①第一次使用时药量要足；②避免一个时期或长期多次使用同种抗生素；③不同的抗生素，或与其他药物混合使用；④对抗生素进行改造，制造已有药物的类似物；⑤筛选新的更有效的抗生素，提高治疗效果。

三、抗高温

微生物按其生长的最适温度不同可分为嗜冷菌、嗜温菌、嗜热菌、极端嗜热菌与超嗜热菌（图 8-41）。

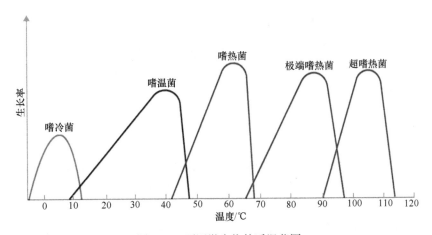

图 8-41　不同微生物的适温范围

整体来看，微生物生长的温度一般在-10~100℃，极端下限为-30℃，极端上限为300℃。但对于特定的某一种微生物而言，只能在一定的温度范围内生长，且每种微生物都有自己的生长温度三基点，即最低、最适、最高的生长温度（图 8-42）。多数细菌和真菌的营养细胞在 60℃左右处理 5~10 min、酵母菌和真菌的孢子在 80℃以上处理10~15 min、细菌的芽孢在 121℃处理 15 min 以上即能被杀死。

$$\text{生长温度三基点} \begin{cases} \text{最低温度（一般为}-10\sim-5℃\text{，极端为}-30℃\text{）} \\ \text{最适温度} \begin{cases} \text{低温菌（}<20℃\text{）} \\ \text{中温菌（}20\sim45℃\text{）} \begin{cases} \text{室温菌（约}25℃\text{）} \\ \text{体温菌（约}37℃\text{）} \end{cases} \\ \text{高温菌（}>45℃\text{）} \end{cases} \\ \text{最高温度（一般为}80\sim95℃\text{，极端为}300℃\text{）} \end{cases}$$

图 8-42　微生物的生长温度（知识扩展 8-15，见封底二维码）

　　嗜热菌耐高温的原因在于其具有特殊的细胞膜、热稳定的蛋白质组及受保护的基因组。同时，其生活方式多为化能自养型，通过摄取简单无机物就可产生能量。嗜热菌耐高温的具体机制包括：①嗜热菌的甘油醛-3-磷酸脱氢酶（glyceraldehyde-3-phosphate dehydrogenase，GAPDH）分子量比常规的酶低，提高了酶的耐热性。②嗜热菌蛋白质的热稳定性与维持其内部立体结构的化学键，如氢键、二硫键的存在数量有关。③嗜热菌核酸的 G+C 含量普遍较高。④嗜热菌细胞膜磷脂的脂肪酸与耐热菌一样，主要也是一些分支的长链饱和脂肪酸（C_{17}、C_{18}、C_{19}）。⑤嗜热菌对高温的抗性也与一些保护因子（Mg^{2+}、Ca^{2+}或多胺等）的作用相关。⑥热激蛋白（heat shock protein，HSP）的产生可提高耐高温能力，HSP 还在嗜热菌细胞内充当分子伴侣。

　　总之，嗜热菌具有代谢快、酶促反应温度高和增代时间短等特点，在发酵工业、城市和农业废物处理等方面均具有特殊的作用。但嗜热菌的良好耐高温性使其不易通过加热消除，造成了食品保存上的困难。

四、极端 pH 抗性

　　极端 pH 条件一般指 pH<4.0 或>9.0，微生物对极端 pH 环境的适应机理目前还不完全了解，一般认为是由细胞膜对氢离子的不透性引起的，或者是通过主动分泌 OH^- 来保持细胞内 pH 处于中性范围。

五、抗盐

　　微生物的抗盐（或嗜盐）机制包括：①Na^+依存性，Na^+与细胞膜成分发生特异作用，从而增强膜的机械强度，这对阻止嗜盐菌的溶菌作用十分重要。嗜盐菌中氨基酸和糖的主动运输系统需要 Na^+ 存在，且 Na^+ 作为产能的呼吸反应中的一个必需因子起作用。②酶的盐适应性，嗜盐酶只在高盐浓度下有活性，在低盐浓度（1.0 mol/L NaCl 和 1.0 mol/L KCl）下大多变性失活。③质膜/色素/质子泵作用，嗜盐菌具有异常的膜，膜外有一个亚基呈六角形排列的 S 单层，由磺化的糖蛋白组成，磺酸基团使 S 层呈负电性，使组成亚基的糖蛋白被屏蔽，从而在高盐环境中保持稳定。④排盐作用，嗜盐菌生长在高钠环境，但其细胞内的 Na^+ 浓度并不高，这是因为由光介导的 H^+ 质子泵具有 Na^+/K^+ 反向转运功能，嗜盐菌具吸收和浓缩 K^+ 及向胞外排放 Na^+ 的能力，其通过在细胞内积累高浓度 K^+ 来对抗胞外的高渗环境。

　　嗜盐菌的紫膜质（bacteriorhodopsin，BR）可强烈吸收 570 nm 处的绿色光谱，其视觉色基通常以一种全-反式结构存在于细胞膜的内侧，当被激发后，其可随着光的吸收而暂时转换成顺式状态，这种转型的结果使 H$^+$被转移到细胞膜的外侧。此后，随着紫膜质分子的松弛，在黑暗状态下其吸收细胞质中的 H$^+$，此时顺式状态又转换成更为稳定的全-反式异构体（见第三章图 3-21）。随着再次的光吸收，紫膜质又被激发，从而再次转移 H$^+$。通过如此循环往复，可在质膜内外形成 H$^+$梯度，即在质子泵（H$^+$泵）两侧产生电化学势，嗜盐菌就是利用这种电化学势，在 ATP 酶的催化下进行 ATP 的合成，为菌体贮备生命活动所需要的能量。

六、抗重金属离子

通常微生物对重金属离子的需求极为微量（0.1 mg/L 或更少）。微量的重金属离子具有一定的刺激微生物生长的作用，过量则产生毒害作用。但也有些微生物可在重金属离子浓度大大超过毒性阈值的环境中生存。

微生物对重金属离子的抗性机制包括：①改变细胞膜透性，阻止重金属离子进入细胞；②产生一些螯合剂，如胞外多糖，以解除重金属离子的毒害；③不同价态的重金属离子毒性不同，因此可通过酶促氧化还原反应，使有毒物质转变成无毒物质。

七、抗辐射

一些微生物对辐射具有抗性或耐受性。辐射包括可见光、紫外线、X 射线和 γ 射线等，微生物的抗辐射能力常见的是对紫外线的抗性。如耐辐射异常球菌（*Deinococcus radiodurans*）可在极高的辐射环境里存活。一般人吸收 10 Gy 辐射就会死亡，而耐辐射异常球菌能够在 20 kGy 下生存，耐受剂量是人致死剂量的 2000 倍。耐辐射异常球菌对电离辐射、紫外线和一些 DNA 损伤剂都具有极强的抵抗能力，其抗性机制可能与其 DNA 损伤的高效修复、对活性氧自由基的有效清除、含有一些特殊结构的物质（如色素等），以及其生存方式等多种防御机制有关。基于对辐射的高耐受性，耐辐射异常球菌可应用于含放射性物质的有毒废料的清除。

总之，微生物无处不在，生长迅速，其活动是一切生物地球化学循环的基础。针对好氧或厌氧等不同微生物采用不同的培养方法，以及合适的培养条件，可以促进有益微生物的大量生长，实现微生物高效发酵和转化，生产所需的有用产物；但是，一旦有害微生物大量生长暴发，就可能带来毁灭性的灾难。所以，要掌握微生物的生长繁殖规律，采用适当的方法控制与杀灭有害微生物。

思　考　题

1. 描述怎样把细菌培养物稀释成 10^{-7}？
2. 典型生长曲线可分为几个期？它们各有什么特点？
3. 出现延迟期的原因是什么？如何缩短延迟期？
4. 为什么细胞会进入稳定期？对数期、稳定期的微生物有何实际应用？
5. 什么是最适温度？每种微生物的最适温度是恒定不变的吗？

6. 什么是灭菌、消毒、防腐、化疗？

7. 巴氏消毒法的具体条件是怎样的？

8. 目前认为氧对厌氧菌的毒害机制是什么？

9. 耐氧菌与厌氧菌有何不同？

10. 大多数微生物能在什么 pH 范围下生长？

11. 在日常生活中利用高浓度盐和糖保存食品的依据是什么？

12. 举例说明表面消毒剂的作用。

13. 试述磺胺类药物的作用机制。

14. 抗生素的作用机制有哪些？

15. 如何有效地对下列物品进行灭菌：玻璃平皿和吸管、胰胨肉汤培养基、抗体溶液、琼脂培养基、生物安全柜、包好的塑料平皿？

16. 举例说明日常生活中人们是如何保存食物的，为什么？

17. 试举例说明日常生活中防腐、消毒和灭菌的实例。

18. 结合本章的知识，总结在日常生活中有哪些措施是被用来抑制或杀灭微生物的。

19. 如何培养好氧或兼性厌氧微生物？以大肠杆菌为例进行说明。

20. 如何筛选、分离耐高温的微生物？

21. 获得微生物纯培养物的方法有哪些？

22. 抗生素治疗疾病的原理是什么？综述现实生活中抗生素利用的现状与滥用抗生素导致的后果，并提出应对措施。

参 考 文 献

朱旭芬, 方明旭. 2018. 细菌与古菌的多相分类. 北京: 科学出版社.

朱旭芬, 贾小明, 张心齐, 等. 2011. 现代微生物学实验技术. 杭州: 浙江大学出版社.

Blöchl E, Rachel R, Burggraf S, et al. 1997. *Pyrolobus fumarii* gen. nov., sp. nov., represents a novel group of archaea extending the upper temperature limit of life to 113℃. Extremophiles, 1: 14-21.

Huber R, Huber H, Stetter KO. 2000. Towards the ecology of hyperthermophiles: biotopes, new isolation strategies and novel metabolic properties. FEMS Microbiology Reviews, 24: 615-623.

Jørgensen BB , Boetius A. 2007. Feast and famine-microbial life in the deep-sea bed. Nature, 5: 770-781.

Kashefi K, Lovley DR. 2003. Extending the upper temperature limit for life. Science, 301: 934.

第九章　微生物的遗传与变异

导　　言

遗传与变异是生命的基本特征，也是物种形成和生物进化的基础，涉及遗传物质DNA。遗传是储存于DNA分子中的遗传信息的继承和传递，始于生命过程的信息化或节律化，而变异则源于DNA上基因突变、基因重组与染色体畸变。基因突变与重组是产生微生物多样性的根源，也是微生物得以持续发展、进化的重要因素。自然界变异的频率很低，可通过诱变的方法提高。微生物经历漫长的演化历程，存在着一系列复杂的DNA损伤修复机制，以保持DNA的完整性。此外，利用点突变、基因工程与基因编辑也可对生物基因组DNA进行人工改造。

本章知识点（图9-1）：

1. 遗传物质DNA基础与基因组。
2. 基因突变及DNA损伤修复的机制。
3. 基因重组的内容与形式。
4. 微生物的诱变育种，以及基因工程与基因编辑。

- 遗传物质
  - DNA、RNA、朊病毒的发现
  - 基因组
  - 小DNA：F因子、R因子、Col因子、Ti质粒、Ri质粒、2 μm质粒等
- 基因突变及修复
  - 突变机制：碱基置换、移码突变、染色体畸变
  - DNA修复：直接修复、碱基切除修复、核苷酸切除修复、碱基错配修复、重组修复、SOS修复
- 基因重组：转化、转导、接合、位点特异性重组、有性杂交
- 育种
  - 原生质体融合、诱变育种、基因工程
  - 基因编辑(ZFN技术、TALEN技术、CRISPR-Cas技术)

图9-1　本章知识导图

关键词：遗传、变异、基因型、表型、修饰、基因组、质粒、F因子、R因子、Col因子、Ti质粒、Ri质粒、2 μm质粒、基因突变、野生型、营养缺陷型、原养型、正向突变、影印平板培养试验、碱基置换、移码突变、染色体畸变、转座子、插入序列、回复突变、直接修复（DR）、碱基切除修复（BER）、核苷酸切除修复（NER）、错配修复（MMR）、重组修复、SOS修复、光复活、同源重组、转化、转导、普遍性转导、局限性转导、溶原性转换、接合、位点特异性重组、F^+菌株、F^-菌株、Hfr菌株、F′菌株、FLP/FRT重组、Cre/loxP重组、有性杂交、原生质体融合、诱变育种、定点突变、基因工程、基因编辑、ZFN、TALEN、CRISPR-Cas

遗传（heredity）是指亲代生物传递给子代的一整套遗传信息的行为和功能。变异

（variation）是因环境因素等的影响，在遗传物质水平上发生了改变，从而引起某些相应性状发生改变，且这种变异可以遗传。由于生物遗传物质的变异频率很低（通常为 $10^{-9}\sim 10^{-6}$），变异也常表现为群体中极少数个体的行为。（知识扩展 9-1，见封底二维码）

基因型（genotype）是指某一生物个体所含的全部遗传因子，即基因的总和。表型（phenotype）是指某一生物体所具有的一切外表特征及内在特性的总和，即一定基因型的个体在特定环境条件下通过生长发育所表现出来的形态等生物学特征的总和。基因型相同的生物，在不同的外界条件下，会呈现不同的表型，这种表型的差异只与环境有关，表现为暂时性不可遗传，且表现为个体的行为。表型修饰（modification）是指不涉及遗传物质的结构改变，只发生在转录、翻译水平上的表型变化。表型修饰的特点：①几乎整个群体中的每一个个体都发生同样的变化；②性状变化的幅度小；③因遗传物质不变，故修饰不能遗传。涉及修饰的因素消失后，表型即可恢复。（知识扩展 9-2，见封底二维码）

第一节　微生物的遗传物质基础

一、遗传物质的研究（知识扩展 9-3、9-4，见封底二维码）

1. DNA 作为遗传物质

1）转化试验

1928 年格里菲斯（Griffith）等用肺炎双球菌进行试验，发现了转化的现象。肺炎双球菌有许多不同的菌株，有荚膜、菌落表面光滑（smooth）的是 S 型，而不形成荚膜、菌落外观粗糙（rough）的为 R 型。（知识扩展 9-5，见封底二维码）

2）噬菌体试验

1952 年美国赫尔希（Hershey）和蔡斯（Chase）用同位素标记法研究了 T2 噬菌体的感染作用，证明 T2 噬菌体的 DNA 带有全部遗传信息。（知识扩展 9-6，见封底二维码）

2. RNA 作为遗传物质

1957 年弗伦克尔-康拉特（Fraenkel-Conrat）等用含有 RNA 的烟草花叶病毒（TMV）与它近缘的霍氏车前病毒（HRV）进行重组试验，证明了 RNA 病毒中的遗传物质的基础是核酸。（知识扩展 9-7，见封底二维码）

至今大多数生物特别是大分子基因组的生物都以 DNA 作为遗传物质，而只有一些基因组小、结构简单的病毒以 RNA 为遗传物质，这与它们具有的特殊结构有关。

3. 朊病毒的发现（知识扩展 9-8，见封底二维码）

无论 DNA 还是 RNA 作为遗传物质的基础已无可置疑，但 1982 年美国普鲁西纳（Prusiner）等发现的朊病毒以蛋白质作为增殖的模板，这对于"蛋白质不是遗传物质"的定论带来了疑问与冲击。这到底是生命界的一个特例，还是因为目前人们的认识和技术所限而尚未揭开生命之谜呢，还有待于进一步去认识和探索。

二、微生物基因组的特点

基因组（genome）是生物体内遗传信息的集合，是某个特定物种细胞内全部 DNA 的总和。生物几乎全部的 DNA 都集中在细胞核或核质体中。原核生物基因组 DNA 是环状的大分子 DNA。真核生物基因组 DNA 主要存在于细胞核中，与组蛋白形成大小不一的染色体。核外也有少量 DNA，如线粒体 DNA（mitochondrial DNA，mtDNA）、叶绿体 DNA（chloroplast DNA，cpDNA）和质粒 DNA（plasmid DNA）。病毒的 DNA 为几至几十千碱基对（kb），细菌为 10^3 kb，酵母菌则近 10^4 kb。目前已对多种微生物的基因组进行了测序，并绘制了它们的染色体基因图谱。

1. 大肠杆菌基因组

大肠杆菌（*E. coli*）与其他原核生物的基因数基本接近（图 9-2）。①双链环状的 DNA 分子，一般不含内含子，遗传信息是连续而非中断的。②功能相关的结构基因组成操纵子（operon）结构。操纵子是由功能相关的几个基因前后相连，再加上一个共同的调节基因和一组共同的控制位点在基因转录时协同动作的。③结构基因为单拷贝，rRNA 基因为多拷贝。④基因组的重复序列少而短，1995 年底大肠杆菌 K12 菌株（$4.72×10^6$ bp）基因组测序完成，其有 4288 个基因，其基因组 DNA 绝大部分编码蛋白质、RNA，共有 2584 个操纵子。

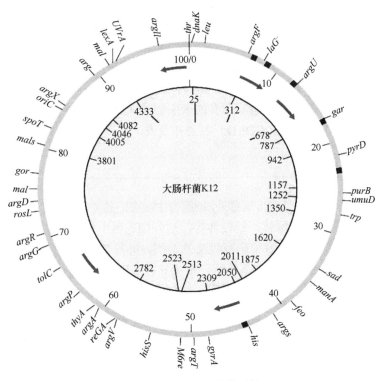

图 9-2 大肠杆菌 K12 的基因组 DNA

2. 酵母基因组

酿酒酵母（*S. cerevisiae*）具有典型的染色体结构，基因组为 $1.35×10^7$ bp，分布于 16 条染色体上。染色体 DNA 上有着丝粒（centromere）和端粒（telomere），并有许多较高同源性的 DNA 重复序列，有间隔区（即非编码区）和内含子序列，但无明显的操纵子结构，含有 5885 个基因。酿酒酵母的基因组测序从 1989 年 1 月开始，在欧洲、美国、加拿大和日本等的 100 多个研究室参与下，历时 7 年于 1996 年 1 月完成。研究发现约有 30%的酵母可读框（open reading frame，ORF）与哺乳类基因具有同源性。由于酵母是最简单的真核生物，其存在着一些与人类疾病基因同源的基因，其成为用于确定与人类疾病相关基因的功能，或发展新的人类疾病治疗药物的模式生物。酿酒酵母的遗传物质除核染色体外，还有 84 kb 的线粒体 DNA，含 24 个 tRNA 基因。生长中的酵母细胞线粒体 DNA 占细胞总 DNA 量的比例可高达 18%。

3. 古菌基因组

詹氏甲烷球菌（*Methanococcus jannaschii*）有一个 $1.66×10^6$ bp 的环状 DNA 和质粒，具有 1682 个 ORF。功能相关的基因经常组成操纵子，在 16S rRNA、23S rRNA 和 tRNA 等基因中发现了内含子结构。其负责信息传递的功能基因的复制、转录和翻译与细菌不同，而类似于真核生物，特别是其转录起始系统基本上与真核生物一样。古菌的 RNA 聚合酶在亚基组成与亚基序列上类似于真核生物的 RNA 聚合酶 II 和III，是一个由多达 14 个亚基组成的复合体（大肠杆菌约为 4 个亚基）。启动子结构也类似于真核生物。在转录起始位点上游 20～30 个核苷酸处有 TATA 盒。古菌的 RNA 聚合酶与真核生物相似，通过结合在 DNA 上的一些转录因子的协助识别，与启动子结合。古菌的翻译信号类似于细菌，但翻译延伸因子、氨酰 tRNA 合成酶基因、复制起始因子等均与真核生物相似，其蛋白质合成的起始氨基酸与真核生物一样都是甲硫氨酸，而细菌是甲酰甲硫氨酸。古菌有 5 个组蛋白基因，暗示了古菌基因组可能如同典型的真核生物的真正染色体结构。

随着测序技术的不断发展，越来越多的微生物基因组全序列数据在基因组在线数据库（Genomes Online Database，GOLD）中公开发表。

三、质粒等小 DNA

微生物中除了基因组携带遗传信息外，细胞器中也有能独立自主复制的 DNA（图 9-3）。真核微生物的细胞器包括叶绿体、线粒体等，这些细胞器中的 DNA 携带有编码相应酶的基因，如线粒体 DNA 携带有编码呼吸酶的基因，叶绿体 DNA 携带有编码光合作用酶系的基因。细胞器中的 DNA 常呈环状，数量只占基因组 DNA 的 1%以下，其结构复杂而多样，虽然功能不一，数目多少不同，但都是生命活动不可缺少的。

核外基因载体 { 真核生物：线粒体、叶绿体、中心体、2 μm质粒
原核生物：F因子、R因子、Col质粒、Ti质粒、巨大质粒、降解性质粒

图 9-3　细胞核外的基因载体

微生物除了核 DNA 外，细胞内还存在一种遗传物质载体即质粒。原核生物的质粒是游离于染色体外、具有独立复制能力的小型共价闭合环状 DNA，一般不超过 200 kb。质粒的复制子有严紧型与松弛型两种，严紧型的复制子与核染色体复制是同步的，在细胞中只有 1～2 个拷贝。而松弛型是指质粒的复制与核染色体不同步，含有 10 个以上甚至上百个拷贝。

细胞中的质粒除具有自我复制的功能外，还具有：①可转移性，某些质粒可通过细胞间的接合作用等从供体细胞向受体细胞转移；②可整合性，在某种特定的条件下，质粒 DNA 能可逆性地整合到宿主基因组上；③可重组性，即质粒与质粒间、质粒与核染色体间发生重组；④可消除性，经某些因素处理如加热或加丝裂霉素、溴化乙锭等，质粒可以被消除，不影响宿主细胞的生存与活动，只是宿主细胞会失去由质粒控制的某些表型性状。质粒现已成为基因工程中不可缺少的运载工具。

1. F 因子

F 因子为致育因子（fertility factor）或性因子，是决定细菌性别的环状双链 DNA（图 9-4），大肠杆菌的 F 因子大小为 94.5 kb，约为核染色体 DNA 的 2%，其中 1/3 的基因（*tra* 区）与接合有关。F 因子存在于假单胞菌属（*Pseudomonas*）、嗜血杆菌属（*Haemophilus*）、奈瑟菌属（*Neisseria*）、链球菌属（*Streptococcus*）等细菌中，可决定性别。

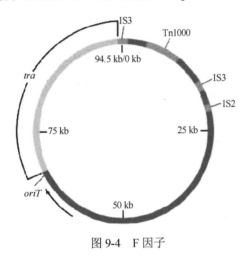

图 9-4 F 因子

2. R 因子

R 因子由抗性转移因子（resistance transfer factor，RTF）和抗性决定因子结合而成（图 9-5）。RTF 控制质粒拷贝数及复制，抗性决定因子带有多种抗生素抗性基因，如氯霉素抗性基因、链霉素抗性基因、氨苄青霉素抗性基因、卡那霉素抗性基因，有些人工组建的质粒利用 R 因子的抗性基因作为筛选标记。许多 R 因子能使宿主细胞对许多金属离子呈现抗性，如碲、砷、汞、镍、钴、银、镉等。R 因子最初被发现存在于痢疾志贺氏菌（*Shigella dysenteriae*）中，后来发现还存在于沙门氏菌属（*Salmonella*）、弧菌属（*Vibrio*）、芽孢杆菌属（*Bacillus*）、假单胞菌属（*Pseudomonas*）和葡萄球菌属（*Staphylococcus*）中。

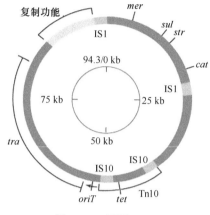

图 9-5 R 因子 R100

3. Col 因子

大肠杆菌（*E. coli*）的某些菌株能分泌细菌素，其是由 Col 因子（colicinogenic factor）编码的一种能杀死其他细菌的蛋白质，分为两类：①ColE1，无接合作用，为小分子，多拷贝；②Col2b，可通过接合转移，为大分子，1～2 个拷贝。细菌素是通过核糖体直接合成的多肽类物质（表 9-1），与细菌素运输和发挥作用有关的基因，以及赋予宿主对该细菌素具有"免疫力"的相关基因常位于质粒或转座子上。细菌素根据产生菌的种类命名，如大肠杆菌产生的细菌素为大肠菌素（colicin），而质粒被称为 Col 质粒。枯草芽孢杆菌（*B. subtilis*）产生的细菌素被命名为枯草杆菌蛋白酶（subtilisin）等。

表 9-1　细菌素与抗生素的区别

细菌素	抗生素
抑制或杀死近缘，甚至同种不同株的细菌	较广的抗菌谱
通过核糖体直接合成的多肽类物质	次级代谢产物
编码基因及相关的基因位于质粒或转座子上	无直接的结构基因，相关酶的基因多在染色体上

4. Ti 质粒

根癌农杆菌（*Agrobacterium tumefaciens*）中有一个大型的 Ti（tumor inducing，致瘤）质粒，为 150～200 kb（图 9-6），含有转移 DNA 区（transferred-DNA region，T-DNA 区）、毒性区（virulence region，*vir* 区）、接合转移编码区（conjugation encoding region，*Con* 区）、生物碱代谢区与复制起始位点 *ori* 等功能区。其中，T-DNA 区与 *vir* 区是植物转基因所必需的。当含有 Ti 质粒的细菌侵入双子叶植物细胞后，其中的 T-DNA 片段与植物细胞中的核染色体发生整合，破坏控制细胞分裂的激素调节系统，使植物细胞变成癌细胞。Ti 质粒已成为植物基因工程研究中的重要载体，外源靶基因可通过 DNA 重组技术插入质粒中，从而进一步整合到植物染色体上，达到改变植物遗传性状、培育优良品种的目的。

5. Ri 质粒

Ri 质粒为来自发根农杆菌（*Agrobacterium rhizogenes*）的根诱导（root inducing，Ri）

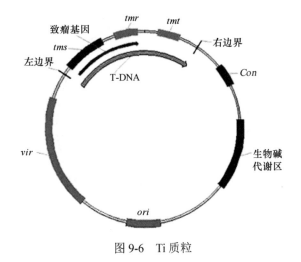

图 9-6　Ti 质粒

质粒，也包含 T-DNA 区、*vir* 区、*ori* 区和其他区域。T-DNA 区的左边界（left border，LB）和右边界（right border，RB）上含有 25 bp 重复序列。Ri 质粒的 T-DNA 有的是连续的，而农杆碱型 Ri 质粒的 T-DNA 包含 2 个片段，即 T_L-DNA、T_R-DNA（图 9-7）。T_R-DNA 含有与生长素（auxin）合成有关的基因，即指导吲哚乙酸（IAA）合成的 *tms1* 和 *tms2* 基因，还有编码农杆碱或甘露碱的 *ags* 基因。T_L-DNA 区含与毛状根形成有关的 *rolA*、*rolB*、*rolC*、*rolD* 基因群。而 *vir* 区基因群由 7 个基因（*virA*～*virG*）组成。

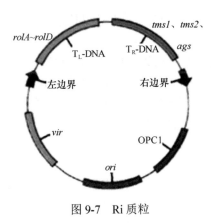

图 9-7　Ri 质粒

6. 2 μm 质粒

酵母菌中的 2 μm 质粒为 6318 bp 的 DNA 片段（图 9-8），为闭合环状 DNA 分子，在细胞中的拷贝数高达 60～100 个；DNA 量约占细胞总 DNA 量的 1/3，含有约 600 bp 的一对反向重复序列，仅带有与复制和重组有关的 4 个蛋白质基因（*REP1*、*REP2*、*REP3* 和 *FLP*），可作为外源 DNA 片段的载体，不赋予宿主任何遗传表型。2 μm 质粒含有共有的自主复制序列（autonomously replicating sequence，ARS）。

7. 其他质粒

其他质粒还有巨大质粒与降解性质粒等。巨大质粒（megaplasmid）发现于根

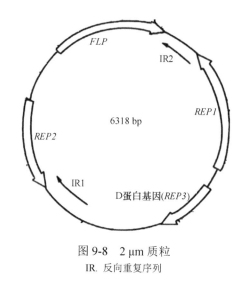

图 9-8　2 μm 质粒

IR. 反向重复序列

瘤菌属（*Rhizobium*），比一般质粒大几十倍到几百倍，具有一系列固氮基因。在假单胞菌属中和其他芳香族化合物降解菌中发现了携带有分解或降解某种芳香族化合物的酶系基因的质粒，这类质粒编码降解一些复杂物质的酶，能利用一般细菌所难以分解的物质作碳源，从而能使宿主细胞代谢降解一些大分子，如二甲苯、水杨酸、甲苯、樟脑、扁桃酸、萘等。

第二节　微生物基因突变与修复

基因突变（gene mutation）是指生物体内的遗传物质的分子结构突然发生了可遗传性的变化，即 DNA 分子某一位置的结构改变的结果。在微生物中，突变是经常发生的，研究突变的规律有助于了解基因定位和基因功能，在生产实践中，它是诱变育种的理论基础，同时与医疗保健等有着密切关系。

1. 突变类型

（1）按起源分为自然条件下的自发突变与外界理化因素条件下的诱发突变，自发突变与诱发突变在遗传效应上无区别，只在突变频率上明显不同。

（2）按突变机制分为点突变与染色体畸变。点突变涉及 DNA 的一个或少数几个碱基的改变，导致密码子的意义发生变化。而染色体畸变是某些诱变剂引起 DNA 的大损伤。

（3）按表现情况分为形态突变与生理突变。生理突变包括生化突变（营养缺陷型）、抗性突变（抗药性、抗噬菌体）、条件致死突变、产量突变、抗原突变等。常见的是营养缺陷型（auxotroph）菌株因缺乏合成某种生长物质的能力，无法在满足野生型菌株营养要求的最低成分的基本培养基（MM）上正常生长，需在外界补给维生素、氨基酸等物质的补充培养基（SM）上生长。相反，那些没有发生突变的细胞，或营养缺陷型突变菌株回复突变或重组后产生的菌株，则称原养型（prototroph），与野生型的表型相同。

条件致死突变是指某一条件下具有致死效应，而另一条件下无致死效应的突变。如

T4 噬菌体的温度敏感突变体在 25℃ 条件下能形成噬菌斑，而在 42℃ 条件下则不能。其突变机制可能是它们体内的某些重要酶蛋白的肽链中更换了几个氨基酸，从而导致了抗热性的大大降低。

2. 突变规律

生物的遗传物质基础相同，其遗传变异也有相同的规律。

（1）稀有性和独立性：自发突变产生的概率即突变率低，一般在 $10^{-9} \sim 10^{-6}$，通常约 1 亿个细胞中有 1 个细胞发生自发突变，且群体中各性状的突变彼此独立，即某一基因发生的突变不会影响其他基因的突变，而两个基因同时发生突变的概率更低。

（2）自发性和诱变性：各种性状的突变，可在无人为的诱变因素处理下自发产生；而通过某些理化因素即诱变剂的处理，突变率可显著提高。

（3）稳定性：由于突变是遗传物质的改变，因而突变后的新性状也是稳定的、可遗传的，需注意基因突变所造成的某种抗菌性与生理适应所造成的抗药性是有区别的，由生理适应造成的抗药性是不稳定的。

（4）可逆性：野生型变为突变型的过程，为正向突变（forward mutation），相反的过程为回复突变（back mutation），回复突变的频率与正向突变的频率相同。

（5）非对应性：突变的结果与突变的原因间无直接的对应关系，即抗青霉素的突变并非由接触青霉素所引起，抗噬菌体突变也不是由噬菌体所引起的，这些抗性都可通过自发的或其他诱变剂的诱发后获得，而其中的青霉素、噬菌体等实际上仅用于淘汰原有的"野生型"个体而已，即只起到选择作用。这些观点的争议最终通过实验得到了解决。（知识扩展 9-9，见封底二维码）

基因突变中抗性突变最常见，但对这种抗性产生的原因争论已久。有观点认为，突变是通过适应发生的，即各种抗性是由其环境（指其中所含的抵抗对象）诱发出来的，突变的原因和突变的性状是相对应的，并认为这就是"定向变异"，也有人称其为"驯化"或"驯养"。但另一观点认为，基因突变是自发的，与环境不对应。由于其中有自发突变、诱发突变、诱变剂与选择条件等多种因素错综在一起，难以探究问题的实质。

从 1943 年起，经过几个严密而巧妙的试验设计（变量试验、涂布试验与影印平板培养试验），攻克了检出在接触抗性因子前已产生的自发突变株的难题，终于解决了这场纷争。其中影印平板培养（replica plating）试验是一个很有说服力，并让人易理解的试验（图 9-9）。

通过上述一系列重复，在根本未接触过任何一点链霉素的情况下就可以筛选到抗链霉素的突变株。说明某一突变株与相应的药物环境毫不相干。药物只是起到浓缩突变体的作用。

一、基因突变机制

基因突变是指基因在结构上发生碱基组成或排列顺序的改变。一般基因是十分稳定的，能进行精确的复制，但这种稳定是相对的。基因突变包括点突变（point mutation）

与染色体畸变（chromosomal aberration）（图 9-10）。其中点突变包括碱基置换（base substitution）与移码突变（frameshift mutation）。基因突变与 DNA 复制、DNA 损伤修复等有关，也是生物进化的重要因素之一。

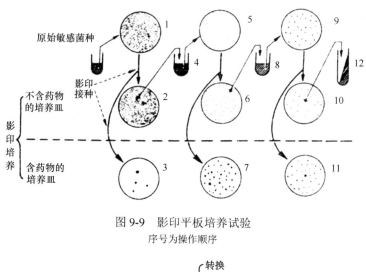

图 9-9　影印平板培养试验
序号为操作顺序

图 9-10　基因突变

1. 碱基置换

碱基置换是指一对碱基被另一对碱基置换，对 DNA 来说碱基置换属于一种染色体的微小损伤（microlesion）。而碱基置换又可分为转换（transition）和颠换（transversion）。转换是同型碱基（即嘌呤或者嘧啶内部间）的改变，即链中的一个嘌呤被另一个嘌呤或者是一个嘧啶被另一个嘧啶置换；而颠换是异型碱基（即嘌呤与嘧啶之间）的改变，指一个嘌呤被另一个嘧啶或一个嘧啶被另一个嘌呤置换。碱基置换的重要特点之一是具有很高的回复突变率。

单一碱基的置换可引起 3 种不同结果：同义突变（synonymous mutation）、错义突变（missense mutation）、无义突变（nonsense mutation）（图 9-11）。

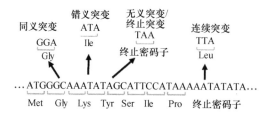

图 9-11　碱基置换（知识扩展 9-10，见封底二维码）

在蛋白质编码区有1/4至1/3的DNA点突变是不会改变氨基酸序列的,即同义突变。长期以来,人们认为同义突变不会改变细胞的功能,也不会对生物的适应度(生存和生殖能力)产生影响。这些突变应是中性的、无害的。但最新研究表明,同义突变绝大多数是有害的,大多会改变基因mRNA的浓度。而真正有益的同义突变仅约1%。研究发现,同义突变会影响除蛋白质序列外的很多生物学过程,如转录因子的识别,mRNA的剪接、折叠和降解,以及蛋白质翻译的起始、效率和准确性等。

2. 移码突变

移码突变是指诱变剂使DNA分子中发生一个或少数几个核苷酸的插入或缺失,使后面的遗传密码发生转录和翻译错误的一类突变,从而其相应的氨基酸也发生了改变(图9-12)。

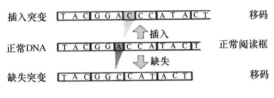

图9-12 移码突变(知识扩展9-11,见封底二维码)

3. 染色体畸变

染色体畸变是指染色体水平上较大范围的结构变化,包括缺失(deletion)、重复(duplication)、插入(insertion)、易位(translocation)和倒位(inversion)。染色体的部分缺失或重复可造成基因的减少或增加,而发生倒位和易位则可造成基因顺序的改变。染色体内畸变只涉及一条染色体的变化,而染色体间畸变涉及非同源染色体间的易位。

最早人们认为DNA是固定不动的,但后来发现有的DNA片段不仅可在染色体上移动,还可在染色体间、质粒间、细胞间跳动,甚至还能从一个细胞转移到另一个细胞。在这些DNA序列的跳跃过程中,往往导致DNA链的断裂或重接,从而产生重组、交换或使某些基因启动或关闭,结果导致突变的发生。基因移动的代表为转座因子(transposable element),是指在染色体组中或染色体组间能改变自身位置的一段DNA顺序,也称跳跃基因(jumping gene)或可移动基因(movable gene),主要有插入序列(insertion sequence, IS)、转座子(transposon, Tn)(表9-2)与Mu噬菌体三类。

插入序列(IS)含有短的末端反向重复序列(15~25 bp),有编码转座酶的基因,靶位点存在5~9 bp的短正向重复序列。转座子(Tn)中间区域含转座酶基因以外的标记基因,两端具有插入序列(IS),两末端是反向重复序列(图9-13)。

通过诱变机制的研究,对自发突变的机制考虑如下。

(1)背景辐射和环境因素的诱变,如环化剂、核苷酸类似物、电离辐射产生的自由基与活性氧、错误复制等各种内因与外因可造成DNA组成与结构的变化。

(2)微生物自身有害代谢产物的诱变效应。如普遍存在于微生物体内的过氧化氢是一种诱变剂也是一种正常的代谢产物。其诱变作用可因加入过氧化氢酶而减弱,如果在

表 9-2　不同的转座子及其性质

转座子	大小/kb	抗药性	插入序列	末端插入序列方向
Tn1、Tn2、Tn3	5.0	Amp（氨苄青霉素）		
Tn4		Amp、SM/Str（链霉素）、Su（磺胺）		
Tn5	5.7	Kan（卡那霉素）	IS50	反向
Tn6		Kan		
Tn7		TMP（甲氧苄啶）、SM		
Tn9	2.5	Cam（氯霉素）	IS1	正向
Tn10	9.3	Tet（四环素）	IS10	反向
Tn903	3.1	Kan		反向
Tn551	5.3	Em（红霉素）		
Tn917	5.4	Em		

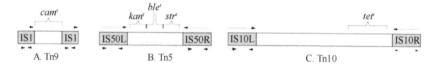

图 9-13　转座子（知识扩展 9-12，见封底二维码）

加入酶的同时又加入酶的抑制剂 KCN，则可提高突变率。说明过氧化氢很可能是"自发突变"中的一种内源性诱变剂，在许多微生物的陈旧培养物中易出现自发突变株。

（3）互变异构效应。碱基的 6 位碳为酮式或烯醇式，以及氨基式或亚氨基式，一般碱基 6 位碳的平衡趋于酮式或氨基式（图 9-14）。在偶然情况下，在 DNA 复制到达这一位置的瞬间，当 T 以稀有的烯醇式出现时，其相对位置上就出现 G；同样，如果 C 以稀有的亚氨基形式出现在 DNA 复制到达这一位置的瞬间，则在新合成 DNA 单链中与 C 相对应的位置上就将是 A（图 9-15）。这可能就是发生相应的自发突变的原因。

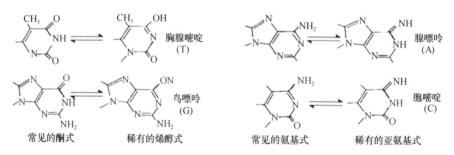

常见的酮式　　　稀有的烯醇式　　　常见的氨基式　　　稀有的亚氨基式

图 9-14　碱基的互变异构

二、DNA 损伤与修复

作为遗传物质基础的 DNA 易受细胞代谢、紫外线辐射、有毒性活性分子等诸多因素的影响，这些因素可引起有害突变，甚至细胞死亡。DNA 损伤包括碱基脱落、碱基

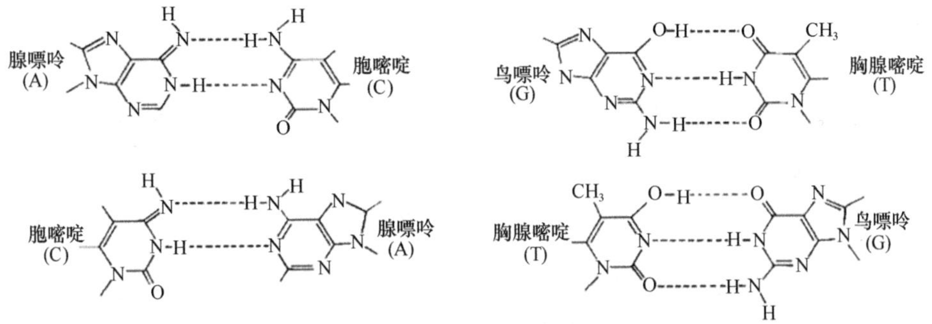

图 9-15 互变异构引起的非正常碱基配对

结构破坏、嘧啶二聚体形成、DNA 单链或双链断裂、DNA 交联等。有研究表明，大肠杆菌 DNA 在复制过程中产生碱基配对错误的概率为 10^{-2}，而复制后经校正，错配率降为 10^{-9}。因此，DNA 检测与修复对于有机体维持其基因组完整性及其功能至关重要。2015 年诺贝尔化学奖授予在"DNA 修复的机制"领域做出卓越贡献的瑞典林达尔（Lindahl）、土耳其桑贾尔（Sancar）与美国莫德里奇（Modrich）三位科学家。现已知的 DNA 损伤修复机制包括直接修复（direct repair，DR）、碱基切除修复（base excision repair，BER）、核苷酸切除修复（nucleotide excision repair，NER）、错配修复（mismatch repair，MMR）、重组修复（recombination repair）和 SOS 修复（SOS repair）六类（表 9-3）。

表 9-3 DNA 损伤修复途径

修复途径	修复对象	参与修复的主要酶或蛋白质
直接修复	嘧啶二聚体	光复活酶
碱基切除修复	受损碱基	DNA 糖基化酶、AP 核酸内切酶
核苷酸切除修复	嘧啶二聚体、DNA 螺旋结构改变	大肠杆菌的 UvrA、UvrB、UvrC、UvrD 蛋白
错配修复	复制或重组中的碱基配对错误	大肠杆菌的 MutS、MutL、MutH 等蛋白 酵母菌 MSH1～MSH6、PMS1、MLH1～MLH3
重组修复	双链断裂	RecA、Ku 蛋白
SOS 修复	大范围损伤或复制中未被修复的损伤	RecA、LexA、其他类型 DNA 聚合酶

1. 直接修复（DR）

DR 是最简单的 DNA 损伤修复，是通过一种可连续扫描 DNA、识别出损伤部位的修复酶，将损伤部位直接修复的方法，不用切断 DNA 或切除碱基，如嘧啶二聚体的光复活修复、无嘌呤位点的修复、单链断裂的修复、烷基化碱基的修复等。

紫外线（UV）是一种多功能的诱变剂，可引起 DNA 的断裂、DNA 分子内和分子间的交联、核酸与蛋白质的交联、胞嘧啶与尿嘧啶的水合作用等。UV 照射导致同链相邻胸腺嘧啶间形成共价结合的胸腺嘧啶二聚体（图 9-16），从而会减弱双链间氢键的作用，并引起双链结构扭曲变形，阻碍碱基间的正常配对，有可能引起突变或死亡。微生物本身能以多种方式修复损伤的 DNA，如光复活（photoreactivation）及暗修复（dark repair）。

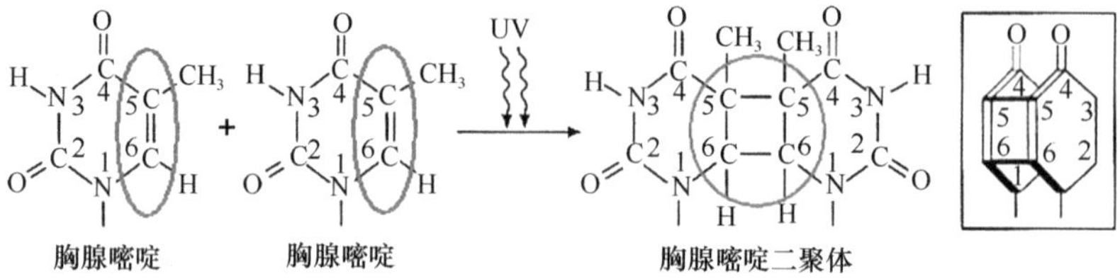

图 9-16 胸腺嘧啶二聚体的形成

将经紫外线照射后的微生物即刻暴露于可见光下，可明显降低其死亡率。其作用机制是经紫外线照射后形成的胸腺嘧啶二聚体分子，会与光复活酶（photoreactivating enzyme）即光裂合酶（photolyase）结合，它们形成的复合物暴露在可见光（300～600 nm）下，会因获得光能而发生解离，从而使胸腺嘧啶二聚体重新成为单体。与此同时光复活酶也从复合物中释放出来，以便重新执行功能（图 9-17）。所以，在用紫外线诱变育种时，需在红光下进行照射及处理。（知识扩展 9-13，见封底二维码）

图 9-17 光复活

2. 碱基切除修复（BER）

DNA 含有 A、T、C、G 四种碱基，其中有些碱基会发生脱氨，如胞嘧啶、腺嘌呤和鸟嘌呤脱氨分别形成尿嘧啶、次黄嘌呤和黄嘌呤（图 9-18）。当细胞再次进行复制时就可引发 DNA 突变。而 DNA 糖基化酶（DNA glycosylase）能识别 DNA 中损伤部位的不正确碱基，并可切断这些碱基的 N-糖苷键，将该碱基除去（图 9-19），形成碱基脱落位点（AP位点）。随后，被 AP 核酸内切酶切去脱氧核糖 5-磷酸（deoxyribose 5-phosphate，dRP），然后在 DNA 聚合酶的作用下，合成一个正确的核苷酸。最后通过 DNA 连接酶将切口封闭。每种 DNA 糖基化酶通常对一种类型的碱基损伤特异，在原核生物中常见的 DNA 糖基化酶是 Fgp、MutY、AlkA、UDG 等。碱基切除修复（BER）主要用于修补微小的碱基损伤，这些损伤并不严重影响 DNA 双螺旋结构。损伤的发生是由体内自发的生物化学反应或体外环境造成的，表现形式除了碱基的去氨基化外，还有氧化或甲基化。

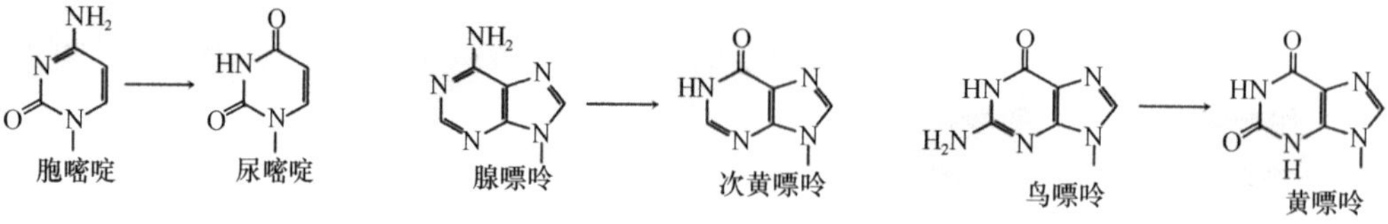

图 9-18　胞嘧啶、腺嘌呤和鸟嘌呤脱氨基

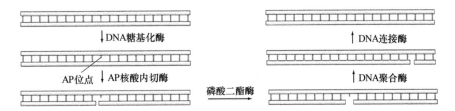

图 9-19 碱基切除修复

3. 核苷酸切除修复（NER）

NER 也称暗修复，是细胞内的主要修复系统，可用于被诱变剂（包括紫外线、烷化剂、X 射线和 γ 射线等）损伤的 DNA 的修复。通过切除-修复内切酶使 DNA 损伤消除的方法：①核酸内切酶（endonuclease）在胸腺嘧啶二聚体的 5′侧切开一个 3′-OH 和 5′-P 的单链缺口；②核酸外切酶从 5′-P 至 3′-OH 方向切除胸腺嘧啶二聚体及其前后各几个核苷酸，总长度 12～13 nt；③DNA 聚合酶修补缺口，即以 DNA 的另一条互补链为模板，从原有链上暴露的 3′-OH 端起逐个延长，重新合成一段缺失的 DNA 链；④DNA 连接酶连接裂口，把新合成的寡核苷酸的 3′-OH 端与原链的 5′-P 端相连接，从而完成修复。大肠杆菌的核苷酸切除修复主要由 UvrA、UvrB、UvrC 和 UvrD（解旋酶）四种蛋白质完成（图 9-20）。核苷酸切除修复是最复杂的 DNA 损伤修复机制，可移除造成 DNA 双螺旋结构扭曲的损伤、碱基配对错误及 DNA 复制和转录被阻断造成的损伤。

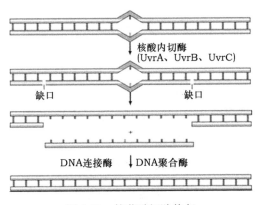

图 9-20 核苷酸切除修复

4. 错配修复（MMR）

尽管 DNA 聚合酶具有较高的保真度，但在 DNA 复制过程中，DNA 的错误复制会导致新合成的链与模板链之间产生碱基的错配。通常 DNA 复制过程中模板链的 GATC 序列中 A 被甲基化（m⁶A），而新合成 DNA 链的 GATC 序列中的 A 最初未被甲基化。MMR 只校正新合成的未被甲基化的 DNA。大肠杆菌的 MMR 系统包括 MutS、MutL、MutH 等蛋白。首先，MutS 识别新生链错配或未配对碱基，并与其结合，再与 MutL 形成复合物，进一步激活 MutH 的核酸内切酶活性。从错配位点附近非 m⁶A 的 GATC 序列处，将 DNA 链切割至错配位点整段去除（图 9-21）。若被切割的 GATC 位点在错配位点的 3′端，则由核酸外切酶Ⅰ（exonuclease Ⅰ）从 3′到 5′方向酶切含错配碱基的 DNA 区段。从 3′还是从 5′方向切除取决于不正确碱基的相对位置。然后通过 DNA 聚合酶Ⅲ 和 DNA 连接酶的作用，合成正确配对的双链 DNA，完成修复。酵母的 MMR 系统含有 6 个 MutS 同源物（MutS homolog，MSH）MSH1～MSH6，以及 4 个与 MutL 同源的蛋白 PMS1、MLH1～MLH3，它们共同参与 MMR。

图 9-21　错配修复

5. 重组修复

DNA 在严重损伤时需进行重组修复，如双链断裂（double-strand break，DSB）或单链断裂。双链断裂（DSB）的重组修复包括高保真的同源重组（homologous recombination，HR）修复和低保真易错的非同源末端连接（non-homologous end joining，NHEJ）两种类型（图 9-22）。

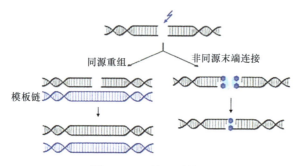

图 9-22　双链断裂修复

同源重组（HR）修复越过损伤、不将损伤碱基除去，而是通过复制后经染色体交换，使子链上的空隙部位与正常的单链相对。在这种情况下，DNA 聚合酶和 DNA 连接酶就可对空隙部分进行修复。重组修复需在 DNA 复制下进行，又称复制后修复重组，需要 RecA、RecB 与 RecC 等蛋白的参与。同源重组要求序列同源性的最低长度因不同的生物而不同，一般为 25～300 bp。大肠杆菌（E. coli）的同源重组至少要求 20～40 bp 的同源序列；大肠杆菌与 λ 噬菌体或质粒的重组同源要求大于 13 bp 的同源序列；枯草芽孢杆菌基因组与质粒同源重组要求 70 bp 的同源序列。真核生物同源重组发生在减数分裂过程中，重组酶以两个螺旋 DNA 分子中任何一对同源序列作底物进行交换。而低保真的非同源末端连接（NHEJ）修复在酶的帮助下，强行将两个悬空的末端连接起来，导致 DNA 发生随机碱基数目的减少或错配，从而使基因中断。

6. SOS 修复

SOS 修复是 DNA 分子受到较大范围的损伤时诱导产生的一种应急反应，涉及 LexA-RecA 操纵子及一些修复基因，如 *recA* 及 *uvrA*、*uvrB*、*uvrC*（图 9-23）。这些修复基因在 DNA 未受损伤时受 LexA 阻遏物的抑制，使 mRNA 和蛋白质合成都保持在低水平状态，只合成少量 Uvr 修复蛋白，对那些自发突变产生的零星损伤进行切除修复。当细胞受到紫外线照射时，产生大量的二聚体，少量的修复酶处理不了这些二聚体，复制后留下空隙和单链。这时细胞中少量存在的 RecA 蛋白立即与 DNA 单链结合，其修复活性被激活。被激活的 RecA 蛋白切除 LexA 阻遏物（使阻遏物 LexA 失活），使修复基因得以表达，产生的修复蛋白对损伤的 DNA 部分进行切除修复（图 9-24）。在 SOS 系统中，某些 DNA 的修复是在无模板情况下进行的，因而会出现许多错误导致突变。SOS 系统察觉到细胞中 DNA 的损伤后，便启动修复机制，一旦修复完成，SOS 系统就关闭，新的突变就不再产生。

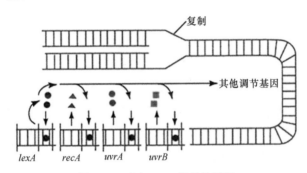

图 9-23　参与 SOS 修复的基因

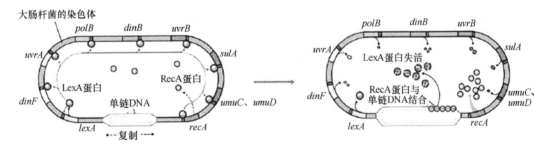

图 9-24　SOS 修复过程

第三节　微生物基因重组

基因重组是分子水平上的概念，是指把两个不同性状个体内的基因转移到一起，经过基因间的重新组合，形成新的基因型个体的方式。其包括转化（transformation）、转导（transduction）、接合（conjugation）、位点特异性重组（site-specific recombination）、有性杂交（sexual hybridization）（图 9-25）。

$$
重组 \begin{cases} 原核生物：转化、转导、接合 \\ 真核生物：有性杂交 \\ 位点特异性重组 \end{cases}
$$

图 9-25　基因重组方式

一、转化

转化是指游离 DNA 分子被自然或人工感受态细胞摄取，以及这些基因的表达，完成基因转移的过程。受体菌直接吸收来自供体菌的 DNA 片段，并将其整合到自己的基因组中，从而获得了供体菌的部分新的遗传性状（图 9-26）。（知识扩展 9-14，见封底二维码）

图 9-26　转化

DNA 也可被感受态细胞摄取并产生有活性的病毒颗粒，该过程称为转染（transfection），其特点是提纯的噬菌体 DNA 以转化（而非病毒感染）的方式进入细胞并表达后产生完整的病毒颗粒。与转化不同，病毒或噬菌体并非基因的供体菌，中间也不发生任何基因的交换或整合，最后也不产生具有杂种性质的转化子，如 DNA 转移至动物细胞的过程。

二、转导

转导是以温和噬菌体为媒介，把供体细胞 DNA 小片段携带到受体细胞中，从而使后者获得部分遗传性状的现象（图 9-27）。根据媒介噬菌体性质不同可分为普遍性转导（generalized transduction）和局限性转导（specialized transduction）（图 9-28）。

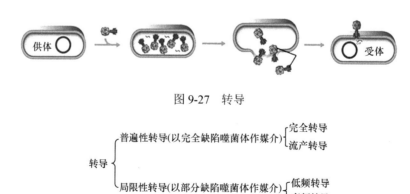

图 9-27　转导

$$
转导 \begin{cases} 普遍性转导(以完全缺陷噬菌体作媒介) \begin{cases} 完全转导 \\ 流产转导 \end{cases} \\ \\ 局限性转导(以部分缺陷噬菌体作媒介) \begin{cases} 低频转导 \\ 高频转导 \end{cases} \end{cases}
$$

图 9-28　转导类型

1. 普遍性转导

普遍性转导是指通过完全缺陷噬菌体对供体菌 DNA 小片段的"误包"过程实现其遗传性状传递至受体菌的转导现象。普遍性转导又根据供体菌 DNA 片段进入受体菌后，是否进行交换、整合和复制的情况分为完全转导（complete transduction）与流产转导（abortive transduction）。完全转导以完全缺陷噬菌体为媒介，供体菌的 DNA 片段进入受体菌后，与受体菌染色体组上的同源片段配对，再通过双交换而整合到受体菌染色体上，进行复制、转录及翻译。流产转导通过转导而获得的供体菌 DNA 片段在受体菌中不进行交换、整合和复制，也不消失，只是进行转录、翻译和性状表达，并随着细胞进行分裂，来自供体菌的 DNA 片段进入其中的一个细胞，仅仅转录、翻译，所形成的少量产物是酶，因此在表型上出现轻微的供体菌特征，且这种特征随着分裂一次就"稀释"一次，能在选择培养基平板上形成微小菌落就是流产转导的特点。

2. 局限性转导

通过部分缺陷噬菌体把供体菌的少数特定基因携带到受体菌中，并获得表达的转导现象为局限性转导。温和噬菌体感染受体菌后，其染色体会整合到细菌染色体的特定位点上，如 λ 噬菌体基因组 PP'整合插入细菌基因组 BB'位点两侧的分别是 *gal* 和 *bio* 基因（图 9-29）。

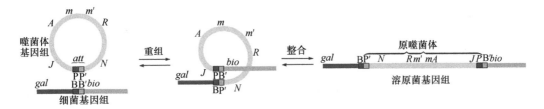

图 9-29 局限性转导

根据转导频率的高低又把局限性转导分成低频转导和高频转导两类。如果溶原菌因诱导发生裂解，则在原噬菌体两侧的少数宿主基因，会因偶尔发生的不正常切割而连接在噬菌体 DNA 上，产生一类特殊的缺陷噬菌体。形成的杂合 DNA 分子能够在宿主细胞内像正常的 λ 噬菌体 DNA 分子一样进行复制、包装，形成转导颗粒。但该缺陷噬菌体无正常噬菌体的溶原性和增殖能力，感染受体细胞后，其 DNA 通过整合进入宿主染色体，形成稳定的转导子。由于误切的部分缺陷噬菌体携带其整合位点两侧的基因，当感染宿主细胞并整合到核基因组时，即可使宿主细胞形成局限性转导，这种非正常切离的频率极低（$10^{-6}\sim10^{-4}$），称为低频转导。

局限性转导与普遍性转导的主要区别：①被局限性转导的基因共价地与噬菌体 DNA 连接，与噬菌体 DNA 一起进行复制、包装及被导入受体细胞中，而普遍性转导包装的可能全部是宿主菌的基因；②局限性转导颗粒携带特定的染色体片段并将固定的个别基因导入受体。

3. 溶原性转换

溶原性转换（lysogenic conversion）和转导相似，但其本质上是一种不同的较特殊的现象，其采用正常温和噬菌体，通过将噬菌体的基因整合到宿主的核基因组上，而使宿主既获得免疫性又得到其他新的性状（图9-30），溶原性转换有以下几个特点：使用的噬菌体是正常非缺陷的；宿主得到的不是供体菌的 DNA 片段，获得的新性状来自噬菌体本身；溶原化的宿主细胞不是转导子；其新的性状可以随噬菌体的消失而同时消失。例如，白喉棒杆菌的无毒力株常寄居在咽喉部，不致病，可通过感染 β-噬菌体后变成溶原菌而具有致病性，获得产生白喉毒素（由噬菌体的 *tox* 基因编码）的能力，引起白喉（图9-31）。

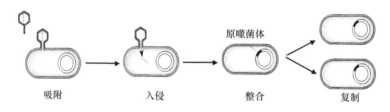

图 9-30　溶原性转换

温和噬菌体 $\xrightarrow{\text{感染}}$ 白喉棒杆菌 $\longrightarrow$ 产毒的致病菌(本身不产白喉毒素)

图 9-31　溶原菌获得新性状

溶原性转换与转导的不同：①温和噬菌体不携带任何供体菌的基因，当宿主丧失这一噬菌体时，通过溶原性转换而获得的性状也同时消失；②这种噬菌体是完整的，而非缺陷的。

三、接合

供体菌通过其性菌毛与受体菌相接触，把其不同长度的单链 DNA 传递给受体菌，进行双链化，或进而与核染色体交换整合，从而使受体菌获得供体菌的遗传性状的现象称为接合。在细菌和放线菌中都有接合现象（图9-32）。

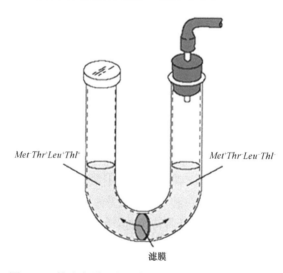

图 9-32　接合实验（知识扩展9-15，见封底二维码）

细菌特别是大肠杆菌是由 F 因子决定其性别的，F 因子既可脱离基因组而在细胞质内游离存在，也可整合到基因组上。F 因子既可以通过接合获得，又可通过吖啶类化合物、溴化乙锭或丝裂霉素等的处理而从细胞中消失。

根据 F 因子是否存在以及其存在方式的不同可把大肠杆菌分成 4 种菌株：F^+ 菌株、F^- 菌株、高频重组菌株（high frequency of recombination strain，Hfr 菌株）与 F′ 菌株。

（1）F^+ 菌株（雄性菌株）存在游离的 F 因子，在 F^+ 菌株表面还有与 F 因子数目相当的性菌毛。F^+ 菌株可通过性菌毛将 F 因子转移到 F^- 菌株内，使其成为 F^+ 菌株（图 9-33）。

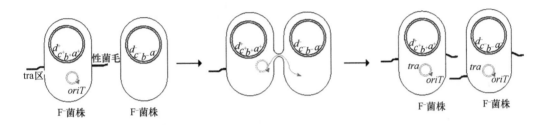

图 9-33　接合过程（知识扩展 9-16，见封底二维码）

（2）F^- 菌株（雌性菌株）不含 F 因子，细胞表面也没有性菌毛。

（3）Hfr 菌株具有 F 因子，且 F 因子已从游离状态转变成正在核基因组特定位点上的整合状态。Hfr 菌株与 F^- 菌株接合后发生重组的频率比 F^+ 菌株与 F^- 菌株接合后重组频率高出数百倍，由此得名。当 Hfr 菌株与 F^- 菌株发生接合时，其 DNA 双链中的一条单链在 F 因子处发生断裂，由环状变成线状，F 因子位于线状单链 DNA 的末端。线状单链 DNA 以 5′ 端为引导等速地转移至 F^- 菌株（图 9-34）。

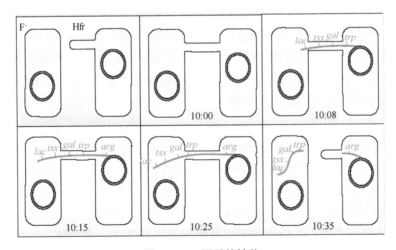

图 9-34　F 因子的转移

（4）Hfr 菌株内的 F 因子因非正常切离而脱离核基因组，重新形成游离但携带一小段基因组 DNA 的特殊 F 因子，即 F′ 因子。带有 F′ 因子的菌株即 F′ 菌株，次生 F′ 菌株是一个部分二倍体（图 9-35）。

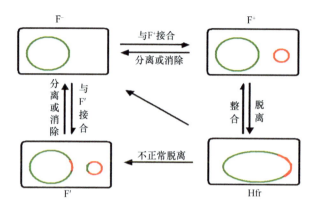

图 9-35　四种含不同 F 因子的菌株转变

四、位点特异性重组

位点特异性重组依赖于小范围同源序列的联会，发生在特异位置的短同源区，需要位点特异性蛋白分子参与。重组时可发生精确的切割、连接反应。特异性位点 DNA 序列通常由几十个碱基组成，含有一个 6～8 bp 的核心区域和一对反向重复序列。重组酶的识别序列由核心序列与侧翼序列组成，侧翼序列完全相同但方向相反，是酶的结合位点。由 8 对碱基组成的核心序列呈不对称性，决定整合位点的方向。

1. FLP/FRT 重组

源于酿酒酵母 2 μm 质粒的 FLP（flippase）为位点特异性重组酶，其特异性位点为 FLP 识别靶点（FLP recognition target，FRT）。FLP 分子质量为 34 kDa，催化 2 μm 质粒 FRT 位点（48 bp）重组，该重组酶的最适温度为 30℃，其作用不需要任何辅助因子。有功能的最小的 FRT 片段为 34 bp 的 DNA 序列（图 9-36），由两端 13 bp 的反向重复序列和一个 8 bp 的不对称的核心序列组成，且在 34 bp 的 DNA 序列侧翼还有一个反向重复序列，可增强 FLP 介导的重组反应，在体外可影响重组过程中的切口形成与链交换。FLP/FRT 是真核细胞内的同源重组系统。

GAAGTTCCTATAC**TTTCTAGA**GAATAGGAACTTGGGAATAGGAACTTC
CTTCAAGGATATG**AAAGATCT**CTTATCCTTGAACCCTTATCCTTGTTG

图 9-36　FRT 序列

2. Cre/loxP 重组

P1 噬菌体含有重组位点 loxP 和 Cre 重组酶重组系统。Cre 重组酶是一种由 343 个氨基酸组成的 38 kDa 单体蛋白，负责 P1 噬菌体特异性位点 loxP 的 DNA 重组。loxP（locus of X-over in P1）位点由 34 个核苷酸组成，两端为 13 bp 反向重复序列，其是 Cre 重组酶识别的位点，中间为 8 bp 的非回文序列（图 9-37）。任何序列的 DNA，当其位于两个 loxP 位点之间时，在 Cre 重组酶的作用下，都会被删除（两个 loxP 位点的方向相同），或重组基因的方向发生倒转（两个 loxP 位点的方向相反），Cre 重组酶发挥作用的最佳温度为 37℃，Cre/loxP 重组系统最适合在动物体内使用。

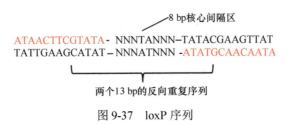

图 9-37　loxP 序列

　　Cre/loxP 重组系统可引发 DNA 重组，不需要其他的辅助因子。Cre 重组酶介导的两个 loxP 位点间的重组可出现三种情况：①如果两个 loxP 位点位于一条 DNA 链上，且方向相同，那么 Cre 重组酶能有效切除两个 loxP 位点间的 DNA 片段，导致缺失；②如果两个 loxP 位点位于一条 DNA 链上，但方向相反，那么 Cre 重组酶能导致两个 loxP 位点间的基因倒位；③如果两个 loxP 位点分别位于两条不同的 DNA 链或染色体上，那么 Cre 重组酶能介导两条 DNA 链的交换或染色体易位（图 9-38）。此外，Cre 重组酶不仅可识别 loxP 的 2 个反向重复序列和核心间隔区，而且当一个反向重复序列或核心间隔区发生改变时仍可以识别并发生重组。Cre 重组酶的编码基因可置于任何一种启动子的调控之下，从而使这种重组酶在生物体不同的细胞、组织、器官中发挥作用。

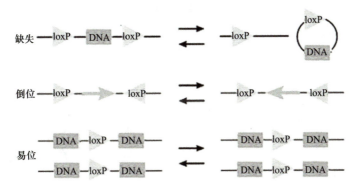

图 9-38　Cre/loxP 重组系统

　　位点特异性重组已被广泛用于微生物与高等动植物等模式生物的基因敲除、基因敲入、点突变、缺失突变等多种基因操作研究中。

五、有性杂交

　　有性杂交（sexual hybridization）是指在细胞间的接合和随之发生的染色体重组并产生新后代的一种技术，如酿酒酵母的有性杂交（图 9-39）。

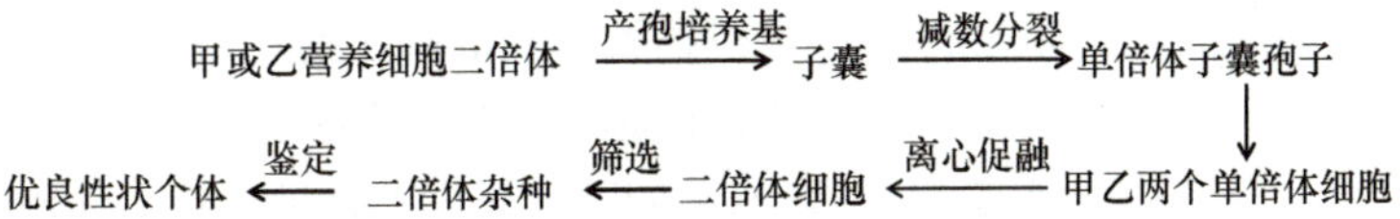

甲或乙营养细胞二倍体 —产孢培养基→ 子囊 —减数分裂→ 单倍体子囊孢子

优良性状个体 ←鉴定— 二倍体杂种 ←筛选— 二倍体细胞 ←离心促融— 甲乙两个单倍体细胞

图 9-39　酿酒酵母的有性杂交

第四节　微生物育种

微生物育种是对某种生产菌株进行改造，以提高产品的产量和质量的技术方法。已从常规的突变和筛选技术发展到原生质体融合（protoplast fusion）、诱变育种（mutation breeding）、定点突变（site-directed mutagenesis）、基因工程（gene engineering）、基因编辑（gene editing）等育种方法。

一、原生质体融合

原生质体融合是指通过人为的方法，使遗传性状不同的两个细胞的原生质体发生融合，并进而发生遗传重组以产生同时带有双亲性状、遗传性稳定的融合体的过程。原生质体融合广泛应用于真核生物的不同细胞。

原生质体融合的主要步骤（图 9-40）：①选择两个带有选择性标记的亲本。②在高渗溶液中利用脱壁酶（细菌、放线菌用青霉素；真菌选用蜗牛酶或纤维素酶）进行去壁处理，使原生质体释放到高渗溶液中。③通过化学因子诱导和电场诱导进行原生质体融合。常用的化学促融合剂是聚乙二醇（polyethylene glycol，PEG），在高渗溶液中加入 PEG 以及 Ca^{2+}、Mg^{2+} 等阳离子，并利用电脉冲穿孔原生质体膜，导致融合。④再生细胞壁，融合后的原生质体，需涂布在再生培养基上进行培养。再生培养基以高渗培养基（如高于 0.3 mol/L 的蔗糖）为主。⑤利用影印接种法将其接种到选择培养基上鉴定融合体（fusant）。⑥选择优良性状的融合体。原生质体融合的重组率已大于 10^{-1}。

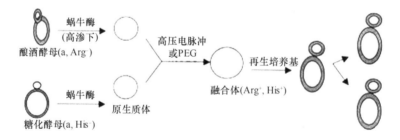

图 9-40　原生质体融合

二、诱变育种

由于自发突变概率很低，单靠自发突变获得的突变体很少，从中筛选出个别有价值的优良突变体的机会就更少。诱变育种是之前常用的微生物育种方法。

诱变剂有物理诱变剂、化学诱变剂及拟辐射物质等。①物理诱变剂有紫外线、激光、X 射线、γ 射线和快中子等；②化学诱变剂主要有烷化剂、碱基类似物和吖啶类化合物；③拟辐射物质，有些烷化剂如氮芥、硫芥和环氧乙烷等除了能诱发各种点突变外，还能诱发一般只有辐射才能诱发的染色体畸变，被称为拟辐射物质。在物理诱变剂中，尤以紫外线最为方便，而在化学诱变剂中常选择效果较为显著的亚硝基胍（NTG）、甲基磺

酸乙酯（EMS）、乙烯亚胺及硫酸二乙酯。（知识扩展 9-17，见封底二维码）

诱变育种流程：原始出发菌种→纯化→斜面/液体培养→单孢子/单细胞悬液→诱变处理（计算成活率）→平板分离（观察菌落形态变异，挑取单菌落）→移至斜面→初筛→复筛→小试→中试。其中重要的是诱变处理与筛选两步。

（1）诱变处理：在诱变育种中，通常倾向于使用较低剂量，紫外线作为诱变剂，常采用其杀菌率为 70%～75%，甚至低至 50%的相对剂量进行诱变处理，特别是经多次诱变后的高产菌株育种更是如此。

（2）诱变后筛选：诱变处理后，需从大量不定向的突变体中有效地筛选所需的正变个体。一般可把筛选过程分为初筛与复筛两个过程。初筛的目的是去掉明确不符合要求的大部分菌株，把生产性状类似的菌株尽量保留下来。初筛工作以量为主，初筛手段应尽可能快速、简单，如采用变色圈法、透明圈法、生长圈法、抑菌圈法、梯度平板法等平板快速检测法。复筛用于确认符合要求的菌株。复筛以质为主，对突变株的生产性能进行比较精确的测量，可精确测定每个菌株的生产指标。（知识扩展 9-18，见封底二维码）

（3）营养缺陷型的筛选：三种培养基为基本培养基（MM）、完全培养基（CM）、补充培养基（SM）。三种遗传个体是：①野生型，自然界分离到的任何微生物，在其发生营养缺陷突变前的原始菌株，为该微生物的野生型；②营养缺陷型，经诱变产生的一些合成能力出现缺陷，而必须在培养基内加入相应有机养分才能正常生长的变异菌株，如赖氨酸缺陷型（lys^-）、生物素缺陷型（bio^-）；③原养型是指营养缺陷型突变菌株回复突变或重组后产生的菌株，与野生型的表型相同。

营养缺陷型的筛选一般分为四个步骤：诱变、缺陷型的浓缩（淘汰野生型）、营养缺陷型的分离和检出、营养缺陷型的鉴定。营养缺陷型菌株可作为标记菌株，用于原生质体融合、质粒的研究（图 9-41）。

出发菌株
多数死亡
少数存活
多数未突变
少数突变
多数负变
少数正变
多数幅度小
少数幅度大
多数不宜投产
少数可投产
存活率
突变率
正变率
高产率
投产率

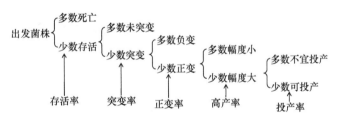

图 9-41　菌株诱变后筛选环节

从自然界分离得到的野生型菌株，生产能力通常很低，不能作为生产菌种，而经诱变育种后，菌株生产能力可提高几倍乃至几百倍（图 9-42）。

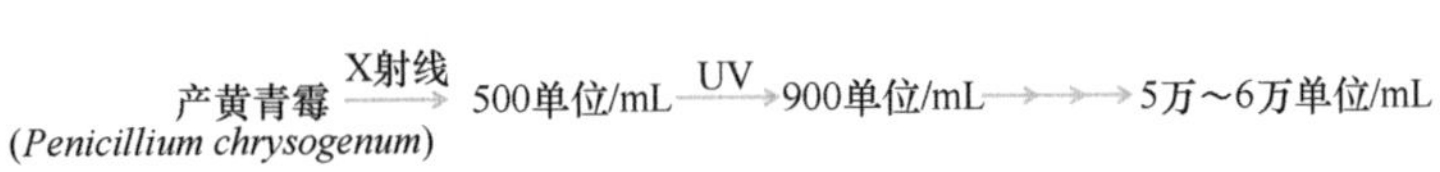

产黄青霉
(*Penicillium chrysogenum*)
X射线
500单位/mL
UV
900单位/mL
5万～6万单位/mL

图 9-42　高产青霉素菌株的筛选

三、定点突变

重组 PCR 的定点突变是在 PCR 的基础上，运用重叠延伸 PCR 将突变序列引入 PCR

产物的中间部位，通过改变基因特定位点的核苷酸序列来改变所编码的氨基酸序列，研究某个或某些氨基酸残基对蛋白质的结构或功能的影响（图 9-43）。该方法有一对内部突变引物和一对侧翼通用引物，需经三次 PCR，即在两轮 PCR 中分别采用两个具有相同碱基突变的内侧突变引物，扩增形成两条有一端可彼此重叠的具有同样突变的双链 DNA 片段。由于具有重叠的序列，这两条双链 DNA 片段经变性和退火处理，可形成两种不同形式的异源双链分子，其中一种是具有 3′凹末端的双链分子，可通过 *Taq* DNA 聚合酶的延伸作用，产生具有重叠序列的双链 DNA 分子，这种 DNA 分子用两个外侧引物进行第三轮 PCR 扩增，就可产生一种突变体 DNA。总之，利用 PCR 进行定点突变，可以使突变体大量扩增，同时也提高了突变率。

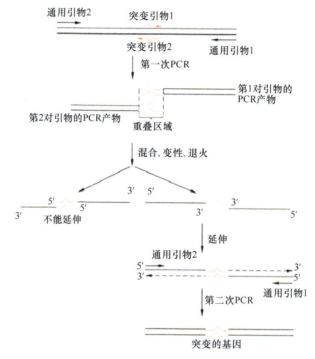

图 9-43　重叠延伸定点突变

通用引物为基因两端的引物，突变引物为中间的两互补引物，该互补引物中引入了突变位点

四、基因工程

基因工程是在体外对不同生物的遗传物质（基因）进行剪切、加工，再与不同亲本 DNA 分子重新组合，插入载体分子中，然后转入微生物细胞中，通过复制、转录、翻译和表达，使生物获得新的遗传性状（图 9-44）。

1. 基因工程四大要素

基因工程涉及工具酶、载体、供体的靶基因及宿主（受体）4 个基本要素。

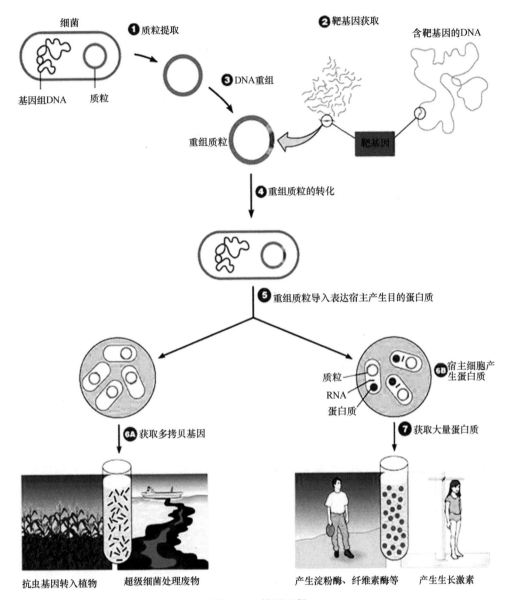

图 9-44　基因工程

（1）工具酶有多种，常用的是合成 DNA 或 RNA 的 DNA 聚合酶或 RNA 聚合酶、用于 PCR 的 *Taq* DNA 聚合酶、以 mRNA 为模板合成 DNA 的逆转录酶、切割 DNA 的限制性核酸内切酶、连接不同 DNA 分子的连接酶，以及去除 DNA 分子末端磷酸基团的碱性磷酸酶等。它们在基因的合成、重组、修饰、突变等过程中发挥着重要的作用。

（2）载体：作为基因的运载工具，载体有轻便快捷的质粒、高效灵活的病毒，以及大装载量的人工染色体载体三大类（表 9-4）。通常它们都具有复制起点、多克隆位点（multiple cloning site，MCS）以及筛选的标记基因。质粒可分为克隆质粒、表达质粒等。克隆质粒主要是用于基因扩增和保存 DNA 片段的载体；而表达质粒是用于表达基因成为 RNA，或获得大量目标蛋白的载体。而真核生物的表达质粒又包含穿梭质粒与整合质粒。穿梭质粒含有两个复制起点与两套标记基因，这类质粒可以携带外源基因在大肠杆菌中复制，又可以在真核细胞（如酵母）中进行表达；而整合质粒具有两个标记基因，但只含原核生物的复制起点，不含真核生物的复制起点，不能在真核生物中独立于染色体进行复制，但其含有染色体 DNA 片段的同源序列，即可将外源靶基因定点插入真核生物基因组中进行表达的整合介导区。

表 9-4　各种 DNA 的载体

载体	结构	宿主细胞	插入片段/kb	举例
质粒	环状	大肠杆菌	7～10	pUC18/19、T-载体 pGEM
λ 噬菌体	线状	大肠杆菌	9～24	EMBL 系列、λgt 系列
黏粒	环状	大肠杆菌	35～45	pJB8、pWE15/16
Fosmid	环状	大肠杆菌	35～45	pCC2FOS
PAC	环状	大肠杆菌	100～300	pCYPAC1
YAC	线性染色体	酵母细胞	100～2000	pYAC4
BAC	环状	大肠杆菌	≈300	pBeloBAC 系列
MAC	线性染色体	哺乳类细胞	>1000	—

注：PAC. P1 人工染色体，YAC. 酵母人工染色体，BAC. 细菌人工染色体，MAC. 哺乳动物人工染色体

（3）供体：提供靶基因的生物基因组 DNA。

（4）受体（宿主）：大肠杆菌通常作为基因克隆的宿主；而表达宿主可以是原核生物的大肠杆菌，也可以是真核生物的酵母及高等的动物与植物细胞等。

2. 基因工程流程

基因工程流程包括：核酸提取→基因克隆→基因重组→基因表达→蛋白质纯化。

（1）靶基因的获取：通常可利用已知的靶基因序列设计引物，并以基因组 DNA 或质粒 DNA 为模板，通过 PCR 扩增获得所需要的靶基因片段。如果是真核生物的基因，需要先获取 RNA，再通过反转录 PCR 获取靶基因 cDNA（图 9-45）。

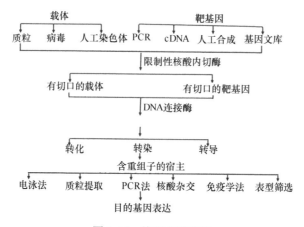

图 9-45　基因工程流程

（2）载体的选用：通过综合各种因素，选用合适的表达质粒，然后通过扩增、提取

表达质粒 DNA。

（3）重组表达质粒的构建：用适当的方法获取靶基因，与提取的质粒分别进行酶切反应，然后将两者连接、转化宿主，并通过筛选获取含有靶基因的重组质粒。

（4）诱导表达：将重组质粒引入适当的表达宿主细胞，通过适当的方法诱导靶基因表达，并进一步纯化获得表达产物，或者获得具有新性状的物种。

基因工程可以打破物种间的限制，依照人们的设计，通过体外 DNA 重组和转基因等技术，高效表达靶基因编码的产物或修饰、改造生物物种的特性，使其表现出新的遗传性状。基因工程技术已广泛应用于工业、农业、医疗、环境等产业，并在生物制药、疾病治疗、现代农业、环境污染治理以及传统生物技术改造等方面取得了巨大成就，对人类的健康以及生产、生活产生了巨大影响。

五、基因编辑

由于分子生物学的发展，基因编辑得到了很大发展，其可对生物基因组进行基因灭活、点突变、缺失突变、外源基因定位引入、染色体大片段删除等改造，使遗传修饰生物体表达突变性状成为可能。

基因编辑技术是利用特定基因的靶向剪切，再对基因组进行自我修复，可对基因序列进行编辑"改正或修正"，实现对生物基因的敲除或敲入的改造。通常是先利用核酸内切酶在靶基因的特定位点进行切割，使基因产生 DNA 双链断裂（DSB）。随后细胞启动 DNA 修复机制，包括高保真的同源重组（HR）修复和低保真易错的非同源末端连接（NHEJ）修复。利用同源重组修复就可将外源靶基因进行定点敲入（图 9-46）。而低保真的非同源末端连接修复在酶的帮助下，强行将两个悬空的末端连接起来，从而使基因中断，实现特定靶基因的敲除。

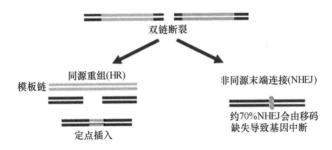

图 9-46　剪切与修复

目前已发展了三代编辑技术，第一代是锌指核酸酶（zinc finger nuclease，ZFN）技术，第二代是转录激活因子样效应物核酸酶（transcription activator-like effector nuclease，TALEN）技术，第三代是 CRISPR-Cas 技术。特别是第三代 CRISPR-Cas 技术因简便、快捷高效、打靶效率高、无痕编辑等优点，而迅速风靡于世界各地。

CRISPR-Cas 原本是细菌与古菌在长期演化过程中形成的一种适应性免疫防御机制，用于对抗入侵病毒及外源 DNA，并在自身基因组中留下外来基因片段作为"记忆"（图 9-47）。

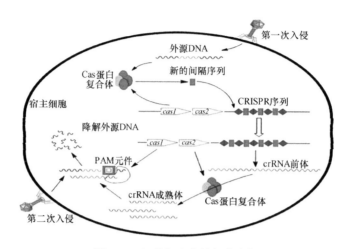

图 9-47　细菌与古菌的免疫防御

规律间隔成簇短回文重复序列（clustered regularly interspaced short palindromic repeats，CRISPR）是一种独特的 DNA 直接重复序列家族，涉及细菌与古菌基因组中独特的 DNA 区域，储存着病毒 DNA 片段，从而允许细胞能够识别任何试图再次感染的病毒。CRISPR 由高度保守的重复序列（24～37 bp）与长度相似的间隔序列（21～72 bp）排列而成。间隔序列多样，大多来自入侵的噬菌体或病毒。cas 基因编码一种多功能的蛋白，其具有核酸酶、解旋酶、聚合酶、多核苷酸结合蛋白等活性，Cas 蛋白可以是单个效应蛋白，也可能是多酶复合物。

根据 Cas 蛋白的结构和进化关系，CRISPR-Cas 系统最先被分为 I 型、II 型和III型。随着研究的深入，更多类型如IV型、V 型和VI型被发现。其中 II 型、V 型和VI型为单个效应蛋白，如 Cas9 蛋白、Cas12a 蛋白（Cpf1）、Cas13a 蛋白（C2c2）（图 9-48），应用较为广泛。不同的 Cas 蛋白具有不同的活性和特异性（表 9-5），如 Cas12 能够切割双链 DNA，Cas13 能够切割单链 RNA，而 Cas14 能够切割单链 DNA。

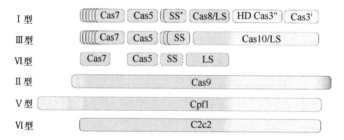

图 9-48　各型 CRISPR-Cas 系统的效应蛋白

表 9-5　三种 Cas 蛋白的比较

项目	Cas9	Cas12a（Cpf1）	Cas13a（C2c2）
结构域	HNH、RuvC	类似于 RuvC	HEPN
向导 RNA	tracrRNA	crRNA	crRNA
靶向	DNA	DNA	RNA
PAM	5'NGG	5'TTN	3'A、U 或 C
切割机制	靶向平末端特定双链断裂	靶向带有 5'垂悬的特定双链断裂	特定 RNA 切割

（1）CRISPR-Cas9 为 II 型系统，只需要一个向导 RNA（guide RNA，gRNA）的核酸酶 Cas（CRISPR associated system，CRISPR 相关系统）就能完成对靶位点的切割，Cas9 核酸酶最常用。CRISPR-Cas9 系统有三个关键组分：反式激活 crRNA（*trans*-activating crRNA，tracrRNA）、Cas 蛋白和 CRISPR 来源 RNA（CRISPR-derived RNA，crRNA）。其中 crRNA 起识别靶基因特定序列的关键作用；tracrRNA 序列区为反向 crRNA，可与 crRNA 互补配对；*cas* 基因序列区编码的 Cas 蛋白具有非特异性核酸内切酶活性（图 9-49）。

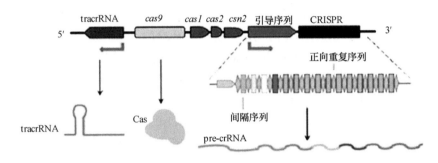

图 9-49 CRISPR-Cas9 系统

由于 crRNA 与 tracrRNA 有一些序列互补，通过碱基配对，crRNA 与 tracrRNA 结合形成被称为单向导 RNA（single guide RNA，sgRNA）的二元复合体（图 9-50），从而可以特异识别基因组序列。II 型 CRISPR-Cas9 技术是通过融合 crRNA 与 tracrRNA 序列形成 sgRNA，经转录的 sgRNA 折叠成特定的三维结构后与 Cas9 蛋白形成复合体，指导 Cas9 核酸内切酶识别特定靶位点，在原间隔序列邻近基序（protospacer adjacent motif，PAM）（5′-NGG-3′）上游处切割 DNA 造成 DNA 双链断裂（DSB），从而启动细胞内源的 DNA 双链断裂修复机制（NHEJ 或 HR），实现对基因的敲除或敲入（图 9-46）。CRISPR-Cas9 技术操作简单、成本低、编辑位点精确，基因编辑效率超过 30%，法国 Charpentier E 和美国 Doudna JA 因开发了该技术而获得了 2020 年的诺贝尔化学奖。

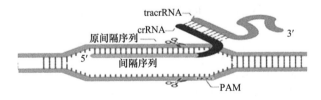

图 9-50 RNA 介导的 CRISPR-Cas9 剪切系统

（2）CRISPR-Cas12 属于 V 型系统，Cas12a（Cpf1）在较短的 crRNA 引导下即可切割双链 DNA，不需要 tracrRNA 的参与（图 9-51）。Cas12a 识别的是富含胸腺嘧啶的 PAM（通常为 TTTN），在 PAM 下游 18 nt 处（正链）和 23 nt 处（负链）对 DNA 双链进行切割，形成黏性末端。Cas12a 切割 DNA 后形成黏性末端，增加了同源重组修复发生的概率，有利于 DNA 片段的定点插入和替换；而 Cas12b 识别富含胸腺嘧啶的 PAM（更倾向 ATTV 和 GTTG），其需要 crRNA 和 tracrRNA。Cas12b 比 Cas9 和 Cas12a 更小，且具有较高的靶向特异性。

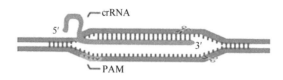

图 9-51　Cas12a 的作用机制

（3）CRISPR-Cas13 为Ⅵ型系统，是向导 RNA 介导的 RNA 靶向内切酶系统，现有 Cas13a、Cas13b、Cas13c 和 Cas13d 等。其中，Cas13a（C2c2）是一种 RNA 指导的核糖核酸酶（RNase），无需 tracrRNA 的辅助，仅需要 crRNA 的指导，可与类似于 PAM 的原间隔区侧翼位点（protospacer flanking site，PFS）附近的互补区域杂交（图 9-52）。Cas13a 能与特异性 RNA 靶向结合，在生物体内特异性地降解靶向 RNA，属于 RNA 水平上的基因编辑，可实现在 DNA 不损伤的条件下对 RNA 进行干扰。由于 Cas13a 是一种以 RNA 为导向靶向和降解 RNA 的核酸内切酶，有望被开发用于 RNA 敲低、RNA 定点编辑、RNA 检测及 RNA 剪接调控等研究，进而扩展 CRISPR 系统在基因编辑方面的应用。

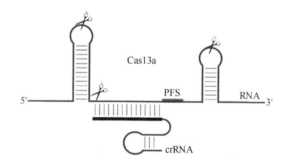

图 9-52　Cas13a 系统作用机制

　　CRISPR-Cas14 为现有最小的基因编辑系统，Cas14 来源于古菌，不需要 PAM 就可以靶向单链 DNA 并对其进行切割。CRISPR-Cas14 具有较小的体积，可用于编辑小细胞或某些病毒中的基因。

　　CRISPR 基因编辑技术被广泛应用于各类生物体内和体外体系的遗传学改造，可通过改造特定的基因来研究基因功能。

　　总之，遗传与变异是生物的基本特征，在维持微生物品种的稳定，以及促进生物的进化中发挥重要作用。作为遗传信息的 DNA 分子需要保持结构的完整性，而 DNA 又易受到各种环境因素的影响，导致突变的发生。为此，DNA 损伤修复机制需要持续不断地监测基因组，并快速发现与修复受损的 DNA 区域。此外，微生物育种技术已从常规的突变与自然筛选、诱变育种、基因重组发展到定点突变、基因工程、基因编辑等，育种效果不断提高，利用这些技术可开发出更具应用价值的微生物资源。

思 考 题

1. 简述历史上证明核酸是遗传物质基础的著名实验。
2. 古菌的基因组 DNA 有什么特点？
3. 严紧型与松弛型质粒有什么区别？
4. 什么是转换、颠换？引起碱基置换的诱变剂可分为哪两类？
5. 紫外线引起的胸腺嘧啶二聚体对微生物有何影响？
6. 什么是光复活？其作用机制怎样？
7. 什么是暗修复（核苷酸切除修复）？其作用机制如何？
8. 试述营养缺陷型的筛选方法。
9. 什么是基因重组？包括哪些内容？
10. 什么是转化、转化子？
11. 什么是感受态细胞？
12. 什么是转导、普遍性转导、局限性转导？什么是溶原性转换？
13. 什么是 Hfr 菌株、F′菌株？初生 F′菌株与次生 F′菌株有何不同？
14. 简述进行原生质体融合的主要方法。
15. 设计一个实验，利用影印培养法获得大肠杆菌赖氨酸营养缺陷型。
16. 简述基因编辑技术。

参 考 文 献

李洋, 申晓林, 孙新晓, 等. 2021. CRISPR 基因编辑技术在微生物合成生物学领域的研究进展. 合成生物学, 2(1): 106-120.

朱旭芬. 2016. 基因工程实验指导. 3 版. 北京: 高等教育出版社.

朱旭芬. 2021. 基因工程. 2 版. 北京: 高等教育出版社.

Freije CA, Myhrvold C, Boehm CK, et al. 2019. Programmable inhibition and detection of RNA viruses using Cas13. Molecular Cell, 76(5): 826-837.

Gootenberg JS, Abudayyeh OO, Kellner MJ, et al. 2018. Multiplexed and portable nucleic acid detection platform with Cas13, Cas12a, and Csm6. Science, 360(6387): 439-444.

Gootenberg JS, Abudayyeh OO, Lee JW, et al. 2017. Nucleic acid detection with CRISPR-Cas13a/C2c2. Science, 356(6336): 438-442.

Harrington1 LB, Burstein D, Chen JS, et al. 2018. Programmed DNA destruction by miniature CRISPR-Cas14 enzymes. Science, 362(6416): 839-842.

Meeske AJ, Nakandakari-Higa S, Marraffini LA, et al. 2019. Cas13-induced cellular dormancy prevents the rise of CRISPR-resistant bacteriophage. Nature, 570: 241-245.

Zhang WY, Fang MX, Zhang WW, et al. 2013. *Extendomonas vulgaris* gen. nov., sp. nov., a member of the family Comamonadaceae. Int J Syst Evol Microbiol, 63: 2062-2068.

第十章 微生物生态

导 言

微生物分布广泛、资源丰富。微生物之间、微生物与其他生物之间、微生物与自然环境之间存在着各种相互作用。在生物圈中，植物是生产者，动物是消费者，而微生物则主要是生产者（自养微生物）和分解者（异养微生物）。微生物分解有机物质还原为无机物质，是自然界物质循环的重要一环。微生物是天然的清洁工，在生物进化、污染物的降解转化、资源的再生利用、无公害产品的开发、环境修复与检测、生态保护等方面发挥着极为重要的作用。微生物群落的代谢活动能驱动氧化还原反应，影响全球的生物地球化学过程，对于生命演化和持续发展起着决定性的作用。

本章知识点（图 10-1）：

1. 微生物在水、陆、空的自然分布。

2. 微生物与其他生物、环境等的各种关系。

3. 微生物在自然界物质循环中的功能。

4. 微生物与环境保护和修复的关系。

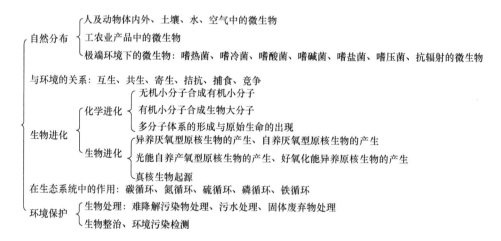

图 10-1 本章知识导图

关键词：微生物生态学、非培养、荧光原位杂交（FISH）、宏基因组组装基因组（MAG）、单细胞扩增的基因组（SAG）、正常菌群、肠道菌群、菌膜、生物拮抗、微生物大本营、富营养化、嗜极微生物、黄曲霉毒素、互生、共生、寄生、拮抗、捕食、竞争、群体感应（QS）、自诱导物（AI）、化学进化、生物进化、碳循环、氮循环、硫循环、磷循环、铁循环、环境污染、生物处理、污水处理、氧化塘法、滴滤池法、活性污泥法、生物转盘法、厌氧消化法、固体废弃物处理、生物整治、微生物检测、埃姆斯试验

前面章节所叙述的都是局限于人为控制条件下的各种微生物的生命活动规律。在自然界，微生物个体很少单独存在，也很难找到纯培养状态下生长的微生物。微生物彼此间聚集在一起形成庞大且高度动态的群落，它们通过细胞间不断的物质、能量和信息交流，相互作用形成错综复杂的生态网络。自然条件下各种类群的微生物，根据它们与所处环境的不同反应，组成各种不同的生态系统。不同的自然环境中分布着不同的微生物，同一环境中的微生物也因环境的变化而不同。这些对于生态系统的组成、结构和功能至关重要。

微生物生态学（microbial ecology）是研究微生物与其周围生物、非生物环境之间相互关系和相互作用规律的科学。探究微生物生态可以了解微生物在自然界中的分布规律，对于开发和利用微生物资源、修复被污染与破坏的环境具有重要的意义。近年来，随着测序技术以及生物信息学的飞速发展，微生物生态学发生了翻天覆地的变化。

1. 经典研究方法

微生物生态学关注微生物群落与环境之间的相互作用，而其最基本的研究问题是：有哪些微生物存在于某一特定的环境中？自从在显微镜下观察到微生物后，人们便一直尝试更好地回答该问题。最直观的方法是将环境样本浸出物或水样直接置于显微镜下观察，基于镜下微生物的形态在一定程度上将不同的微生物类群分开，如凭借光学显微镜能看到某一样品中存在球菌和杆菌，以及它们的相对数量，但其能提供的信息十分有限。这种非培养（culture-independent）的研究方法在显微镜被发明后一直发展，至今已经可以使用荧光原位杂交（FISH）技术将各种类群的细菌标记上不同的荧光在镜下观察，可让我们看到在原生环境中细菌之间的结构。在图 10-2 中可看见三种不同细菌组成的跨物种的共生结构，好氧菌在外，而厌氧菌在内。类似的，电子显微镜也可提供一定的细菌的原位结构信息。

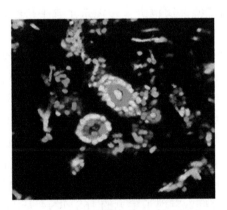

图 10-2　三种不同细菌组成的跨物种的共生结构

另外，人们还尝试从不同的环境中分离微生物，然后在试管中研究微生物的生理和生化过程。这些研究通常可以发现微生物对所处环境的适应。比如，在海水中分离出的细菌通常需要在有氯化钠的培养基中生存，而很多从肠道中分离出的细菌只能在厌氧条件下存活。加上微生物的形态，这种基于培养（culture-dependent）的研究在很大程度上推进了对微生物种类的认识。但迄今为止能在实验室中培养的微生物种类可能还不到1%，仍有很多对环境或者人类健康十分重要的微生物无法进行纯培养。得益于分子生物学的发展，基于序列比对的微生物分类成为可能。伍斯（Woese C）率先提出可将 16S rRNA 基因序列作为分子钟，其是进行分子进化研究的标尺。

2. 宏基因组组装基因组（MAG）

高通量测序技术大大增加了人们对环境微生物的了解，对 16S rRNA 扩增的引物是根据已知物种的 16S rRNA 序列中保守部分设计的。如果有一类微生物非常不同，那么它们是否就会逃脱这种基于扩增的探查呢？答案是肯定的。近年来，生物信息学的发展，使得研究者可利用直接从环境样本中获得的 DNA 短序列拼出一种微生物完整或接近完整的基因组，将其称为宏基因组组装基因组（MAG）。在分析某些 MAG 时发现，其 16S rRNA 基因十分独特，无法被通用引物扩增；且一些物种的 16S rRNA 基因中还插入了其他序列，类似于真核生物的内含子，从而使其长度远超 1500 bp。由于这些特点，某些微生物的丰度在之前的基于 16S rRNA 基因扩增的研究中被大大低估了。

对于无法培养的微生物，也就无法了解其生理和代谢信息。但有了 MAG 方法后，就可获得无法培养的微生物基因组信息，就此重构其代谢通路，这极大地增加了人们对环境中不可培养微生物的了解。另一种不需要培养就能获得基因组的技术是基于单细胞的基因组测序，由此获得的基因组称为单细胞扩增的基因组（SAG）。该方法使用流式细胞术（flow cytometry，FCM）将单一微生物细胞分离出来，在一个微小的空间内将其裂解并扩增其基因组，进而进行测序、基因组拼接。然而 MAG 及 SAG 所提供的信息仍然有限，因为基因组的注释是基于与已知功能的基因做序列比对，通过序列的相似性推出功能的相似性，所以对于与已知基因序列相差很多的基因，并不能有效地预测其功能，以至于在一些拼出的基因组中存在超过一半的未知功能基因，极大地限制了对非培养微生物的了解。这也进一步揭示了基于传统培养的研究方法仍是不可或缺的。

由于有了 MAG 和 SAG 提供的接近完整的基因组，更多的分子标记序列[如核糖体蛋白质序列（ribosomal protein sequence）]可以被获得并用于构建系统发育树。对于大量原核生物及真核生物的核糖体蛋白质序列进行的系统发育分析显示，过去的分类系统大大低估了原核生物的丰度。1987 年伍斯根据 16S rRNA 基因序列将细菌分为 11 个门；而到了 2020 年，已经有约 90 个门被 rRNA 数据库 Silva（https://www.arb-silva.de/）认可，其中大概只有 30%的门拥有可在实验室内培养的菌株。在探索这些新细菌的研究中，加州大学伯克利分校的吉利恩·班菲尔德（Jillian Banfield）教授做了很多重要的工作，包括发现了许多新的细菌类群、发现了罕见的 16S rRNA 基因剪切，以及绘制了新的生命之树（The tree of life）。从新的生命之树上我们能看到一个很大的新分支——候选门级辐射类群（candidate phyla radiation，CPR），该分支上的细菌，除了少数几个类群如单糖菌门（Saccharibacteria，之前也称 TM7），一般只有基因组信息而无可培养的菌株（图 10-3）。这一新分支的发现几乎倍增了已知的细菌分类单元，而令人惊奇的是，这一分支里的很多细菌就生活在我们身边的一般土壤甚至是人的口腔中，只是在 MAG 技术出现之前没有办法探查到它们的存在（虽然一些分类单元如 TM6、TM7 及 WS5 等的 16S rRNA 序列在很早之前就已经被克隆并测序了）。对基因组的分析表明，CPR 中的细菌多数缺乏完整的已知的能量代谢通路，很多也没有完整的氨基酸合成通路，暗示很多细菌进行很独特的代谢或者营寄生。而这一类群中最早被培养的一株 Saccharibacteria 门下的菌株（TM7x）也被发现寄生在一种放线菌上。

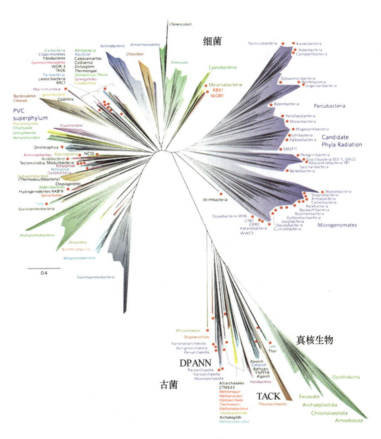

图 10-3 包含未培养微生物的新的生命之树
图片来自 Jillian Banfield 实验室

新的研究方法不仅加深了人们对细菌的认识，也增加了很多古菌的类群。新的生命之树还发现古菌和真核生物的关系比我们之前想得还要近，而对于阿斯加德（Asgard）古菌的研究也印证了这一点。阿斯加德古菌中第一个被组装出的基因组来自格陵兰岛和挪威之间的洛基城堡（Loki's castle）的大洋中脊，该古菌被命名为洛基古菌（Lokiarchaeota）。后来发现的类似物种也被冠以北欧神话中的名字，如索尔古菌（Thorarchaeota）和奥丁古菌（Odinarchaeota），而这些古菌构成的一个大类群，则以北欧神话中诸神的居住地阿斯加德（Asgard）命名。这一类群的独特之处在于，其基因组中编码了先前被认为只存在于真核生物中的特征蛋白（eukaryotic signature protein）如细胞骨架蛋白、泛素化修饰系统及囊泡运输蛋白。这些菌种的发现动摇了细菌-古菌-真核生物三域分类的基础，填补了古菌和真核生物之间的间隙，提示了真核生物有可能直接从古菌进化而来。最近有日本科学家表示在实验室中花费了 12 年的时间培养出了阿斯加德古菌，这将给我们带来直接研究阿斯加德古菌的机会，从而使人们能更好地回答真核生物是怎么进化来的这一重要问题。

由于近年来微生物生态及分类的研究日新月异，而当知识编纂成书籍时候已经落伍，随时可能会被更新的研究改写，希望读者能抱以审慎的态度来阅读。

在了解一个特定环境中存在哪些微生物后，就可探索这些微生物以何种代谢模式在环境中生存。这个问题涉及微生物与环境之间，以及微生物与微生物之间的相互作用。对于任何生物来说，温度、光照、氧气和水分都是非常重要的环境因素。相较于其他生命形式，微生物，尤其是原核微生物，可以在更大范围的环境条件下存活。在表层土壤中，会有许多微生物进行有氧呼吸；而在深层土壤中，更多的厌氧微生物会被观察到。在温度适宜的海洋表层，会有光合微生物利用射入水中的光进行光能自养；而在酷热的深海热液口，也有化能自养的细菌使用硫化物作为电子供体固定二氧化碳。如果想从某个环境中分离出光能自养的细菌，可使用不含碳源的培养基在光照条件下富集光能自养细菌。同样，也可采用不同的培养基来富集有其他特殊代谢能力，如固氮、还原硫酸盐、氧化硫化物等的细菌。富集培养基对于研究微生物的生理学和生态学十分重要。

除了基于培养分离的方法，也可将某个环境中的微生物作为整体来研究。比如要研究一个地区的土壤微生物是否具有利用氢气的能力，可以将土壤置于含一定量氢气的密封容器中，定时监测氢气浓度是否下降，并做好对照（如准备另一容器，其中的土壤则经过预先处理，已杀死所有微生物），从而可以利用环境样品直接进行生理生化实验。这样做的好处是可以在微生物的真实生境中探查其特性，一些类似的实验甚至可以在野外直接进行。同样，也可以进行原位的同位素标记实验。与前述实验类似，可以将重原子标记的氮气或二氧化碳充入装有环境样品的密闭容器中，然后追踪重原子的去向以了解在环境中存在哪些代谢途径。

测序技术的发展也让重构环境中微生物的代谢途径变得容易。直接测序环境样品中的 DNA 所得到的短片段即可预测代谢途径，而无须经过组装。凭借强大的计算能力，现已有很多平台，如 MG-RAST（https://www.mg-rast.org/）可直接通过比对短片段序列预测基因功能，并构建代谢网络。同时可通过某些基因片段丰度的定量分析，进行不同环境中微生物的固氮能力的比较。当然该方法的缺陷是有很多已经死亡或休眠微生物的基因组仍然会被测序，影响定量分析的结果。解决的方法是进行 RNA 测序（RNA-seq）。RNA 的半衰期很短，一旦微生物死亡，RNA 很快就会降解，且 RNA 的表达紧跟环境的变化，同一环境不同时间、不同季节的活跃微生物会十分不同，这些是 DNA 测序结果比较难提供的信息。

第一节　自然界微生物的分布

微生物在自然界中分布最广泛，高山、陆地、淡水、海洋、空气以及动植物体内都有它们的踪迹。据估计，环境中 99%以上的微生物无法通过传统的培养技术得到成功培养。

一、人及动物体内外的微生物

胎儿肠道中是否为无菌环境仍然存在争议，但最近一些严格控制无菌环境的实验结果均指向胎儿肠道中并无微生物定植的结论。人自出生后，外界微生物就逐渐进入人体中，数量很多，种类较稳定，通常都是有益无害的微生物，即正常菌群（normal flora）（表 10-1）。其分布于人的皮肤、黏膜、眼、耳的外部，以及一切与外界环境相通的腔道（如口腔、鼻咽腔、胃肠道、呼吸道与泌尿道）等，而人体在健康的情况下与外界隔绝的组织和血液中是不含微生物的。一般情况下，正常菌群与人体保持着一个平衡状态，在菌群内部的各种微生物间也可以相互制约，从而维持相对稳定。心脏、肝脏、脑、肌肉和生殖器官中没有正常菌群。血液、脑脊液和精液中也无正常菌群。

表 10-1　人体各部位的正常菌群

部位	正常菌群
皮肤	表皮葡萄球菌、金黄色葡萄球菌、类白喉杆菌、绿脓杆菌、耻垢杆菌等
口腔	唾液链球菌、乳杆菌、拟杆菌、类白喉杆菌、螺旋体、梭形杆菌、白念珠菌、表皮葡萄球菌、肺炎球菌、奈瑟氏球菌等
肠道	拟杆菌、普雷沃氏菌、瘤胃球菌、双歧杆菌、乳杆菌、大肠杆菌、厌氧性链球菌、粪链球菌、葡萄球菌、白念珠菌、变形杆菌、破伤风杆菌、产气荚膜杆菌等
鼻咽腔	葡萄球菌、类白喉杆菌、甲型链球菌、奈氏球菌、肺炎球菌、流感杆菌、乙型链球菌、绿脓杆菌、大肠杆菌、变形杆菌等
眼结膜	表皮葡萄球菌、结膜干燥杆菌、类白喉杆菌等
阴道	乳杆菌、白念珠菌、类白喉杆菌、大肠杆菌等
尿道	表皮葡萄球菌、类白喉杆菌、耻垢杆菌等
胃	除少数耐酸菌（幽门螺杆菌）外，进入胃中的微生物很快被杀死

虽然人体细胞有 40 万亿～60 万亿个，但体内的微生物数量却高达 100 万亿个，其集合称为"微生物组（microbiome）"，也被称为"第二人类基因组"。每个人的身体携带着 500～1000 种微生物。肠道、口腔、皮肤与阴道是人体四大菌库，其中肠道最多，肠道菌群最具代表性（图 10-4）。皮肤上常见的是某些革兰氏阳性球菌，以表皮葡萄球菌（*Staphylococcus epidermidis*）多见，有时也有金黄色葡萄球菌（*S. aureus*）存在；口腔中经常存在着大量的唾液链球菌，以及乳杆菌属（*Lactobacillus*）和拟杆菌属（*Bacteroides*）的成员。鼻腔中常见的有葡萄球菌、类白喉杆菌（*Diphthemid bacillus*）等。人体肠道呈中性（或弱碱性），且含有被消化的食物，适于微生物的生长繁殖，肠道菌群中占主导地位的是拟杆菌、普雷沃氏菌属（*Prevotella*）、瘤胃球菌属（*Ruminococcus*）。拟杆菌在某些人体内占了整个微生物组的 80%，影响着人的很多方面，包括疾病、体质、性格甚至寿命。近来也逐渐发现肠道菌群会导致口服药物失效，肠道中数以万亿计的微生物也可能会对大脑产生深远的影响，微生物组参与了慢性炎症性肠道疾病的发展，与糖尿病、肥胖，以及多发性硬化和帕金森病等神经系统疾病有关。

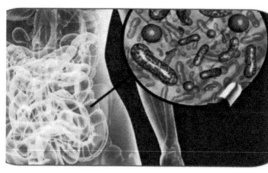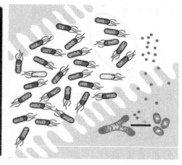

图 10-4　肠道菌群

正常菌群的生理功能：①生物拮抗作用，正常菌群通过黏附和繁殖能形成一层自然菌膜（生物膜，biofilm），这是一种非特异性的保护膜，可促进机体抵抗致病微生物的侵袭及定植，对宿主起到一定程度的保护作用。正常菌群除与病原菌争夺营养物质和空间位置外，还可通过其代谢产物及产生抗生素、细菌素等起作用。可以说，正常菌群是人体抵御外源病原菌入侵的生物屏障。②刺激免疫应答，正常菌群释放的内毒素等物质可刺激机体免疫系统保持活跃状态，是非特异性免疫功能的一个不可缺少的组成部分。③合成维生素，有些微生物能合成核黄素（维生素 B_2）、生物素（如维生素 H）、维生素 B_{12}、叶酸、吡哆醇及维生素 K 等，供人体吸收利用。在进行抗生素治疗后，应注意补充相应的维生素。④降解食物残渣，肠道中的正常菌群可互相配合，降解未被人体消化的食物残渣，便于机体进一步吸收。

正常菌群是相对可变的、有条件的。①机体防御机能减弱时，一部分正常菌群会成为病原微生物，引起自身感染。例如，皮肤黏膜受伤（特别是大面积烧伤）、身体受凉、过度疲劳、长期消耗性疾病等，可导致正常菌群的自身感染。②正常菌群由于寄居部位的改变，发生定位转移，在非正常部位时也可引起疾病。如大肠杆菌进入腹腔或泌尿道，可引起腹膜炎、泌尿道感染。人体表面的正常菌群，一旦进入伤口也会引起感染。③由于外界因素的影响，正常菌群之间的相互制约关系被打破，也会引起疾病，产生菌群失调现象。（知识扩展 10-1，见封底二维码）（知识扩展 10-2，见封底二维码）

在研究中会使用无菌动物（germ-free animal）即不能检出任何活的微生物和寄生虫的动物进行实验，如此可排除正常菌群的干扰，从而能更深入、更精确地研究动物的免疫、营养、代谢、衰老和疾病等问题。此外，粪菌移植（fecal microbiota transplantation，FMT）或许可以调节肠道菌群失衡，提升有益微生物的比例，重建正常的肠道微生态系统。最近的研究表明，自体粪菌移植具有治病潜能。

二、土壤中的微生物

土壤是微生物最适宜的环境，具有微生物所需的一切营养物质，以及微生物进行生长、繁殖及生命活动的各种条件。①丰富的碳源和氮源，大量而全面的矿质元素；②适宜的含水量；③不同的通气状况；④适宜的温度范围，温度变幅小而缓慢；⑤适宜的 pH 范围。所以土壤有"微生物天然培养基"或"微生物大本营"的称号，是人类最丰富的

"菌种资源库"。土壤中微生物的数量和种类都很多，包含细菌、放线菌、真菌、藻类和原生动物等类群。其中细菌最多，占土壤微生物总量的 70%～90%，放线菌、真菌次之，藻类和原生动物等较少。一般土壤中各种微生物的分布情况如图 10-5 所示。

细菌 > 放线菌 > 霉菌　酵母菌 > 藻类 > 原生动物
~10^8　　10^7　　10^6　　10^5　　10^4　　10^3

图 10-5　土壤中的各类微生物

土壤微生物的数量和分布：①主要受营养物质、含水量、氧、温度、pH 等因子的影响，并随土壤类型的不同而有很大变化。在有机质含量丰富的黑土、草甸土、磷质石灰土和植被茂盛的暗棕壤中，微生物的数量较多；而在西北干旱地区的棕钙土，华中、华南地区的红壤和砖红壤，以及沿海地区的滨海盐土中，微生物的数量较少。②受季节影响，通常冬季气温低，有些地区土壤几个月呈冰冻状态，微生物数量明显减少。当春季到来，气温回升时，随着植物的生长，根系分泌物增加，微生物的数量迅速上升。有的地区，夏季炎热干旱，微生物数量也随之下降，至秋天雨水来临，加上秋收后大量植物残体进入土壤，微生物数量又急剧上升。一年里土壤中会出现两个微生物数量高峰。③微生物的数量也与土层的深度有关。一般土壤表面的微生物数量少，由于缺水、受紫外线照射，微生物易死亡；在 5～20 cm 土层中微生物数量最多，植物根系附近的微生物数量更多；自 20 cm 土层以下，微生物数量随土层深度增加而逐步减少，至 1 m 深处减少了 95%，至 2 m 深处，因缺乏营养和氧气每克土中仅有几个。最近基于宏基因组的研究显示，在一些原本被认为无生命存在的土壤中仍然有很多未知的微生物。

土壤中的微生物绝大多数是对人类有益的，参与大自然的物质循环，分解动物的尸体与排泄物，固定大气中的氮，供植物利用。从土壤中可分离出多种有用微生物，如产抗生素的微生物。土壤微生物通过其代谢活动可改变土壤的理化性质，进行物质转化。土壤微生物是构成土壤肥力的重要因素。进入土壤中的病原微生物易死亡，但一些形成芽孢的细菌，如破伤风梭菌（*C. tetani*）、炭疽芽孢杆菌（*B. anthracis*）、肉毒梭菌（*C. botulinum*）等可在土壤中存活几年。所以，土壤与创伤和战伤的厌氧性感染有关。（知识扩展 10-3，见封底二维码）

三、水中的微生物

地球表面约 71% 被水覆盖，水是一种良好的溶剂，溶解有 O_2 及 N、P、S 等无机营养元素，还含有不少的有机物，虽然营养不及土壤丰富，但也足以维持微生物的生存。此外，水环境中的温度、pH、渗透压等也适合微生物生长繁殖。天然水体是微生物栖息的第二场所，在江、河、湖、海和下水道等各种淡水、咸水中都生存着相应的微生物，甚至温泉中也可找到微生物。在富营养化的水体中，微生物的含量更高。水中微生物的数量与种类因水源而异，一般地面水比地下水含菌量多，并易被病原菌污染。自然界中水源虽然不断受到污染，但是其也经常进行自净化作用。日光及紫外线可使水表面的微生物不断死亡，水中原生生物可吞噬细菌、藻类和噬菌体，并能抑制一些细菌的生长。另外，水中的微生物也常伴随一些颗粒下沉至水底污泥中，使水中的微生物大为减少。

江河中的微生物特点：①微生物的数量和种类与接触的土壤有密切关系，远离人居住地区的湖泊、池塘和水库有机物含量少，微生物也少，并且微生物以自养型种类为主，如化能自养的硫细菌、铁细菌，以及含光合色素的蓝细菌、绿硫细菌（green sulfur bacteria）和紫细菌等。色杆菌属（Chromobacterium）、无色杆菌属（Achromobacter）和微球菌属（Micrococcus）等腐生型细菌能在营养物质含量低的清水中生长。霉菌中也有一些水生种类，如水霉属（Saprolegnia）和绵霉属（Achlya）的一些种可生长于腐烂的有机体上。藻类及一些原生动物常在水面生长，数量一般不多。这些生物通常被认为是清洁水体的微生物。②微生物更多的是吸附在悬浮于水中的有机物上及水底。③淡水中的微生物可运动，某些淡水中的细菌如柄细菌具有异常的形态，这些异常形态使得菌体的表面积与体积之比增加，从而使这些细菌能有效地吸收有限的营养物质。④靠近城市或城市下游水中流入了大量人畜排泄物、生活污水和工业废水等，水体中的有机物含量增加，微生物数量多，达 $10^7 \sim 10^8$ 个/mL，这些水体中有时还含有很多对人和动物健康不利的细菌，因此，不宜作为饮用水源与养殖用水。（知识扩展 10-4，见封底二维码）

海水中微生物的特点：①水体中有机物越丰富，微生物越多。接近海岸和海底淤泥表层的海水中及淤泥中微生物较多。离海岸越远，微生物越少。一般在河口、海湾的海水中，细菌约为 10^5 个/mL，而在远洋的海水中，只有 $10 \sim 250$ 个/mL。②嗜盐，海水含有 3.2%～4% 的盐分，含盐量越高，则渗透压越大。海洋微生物多为嗜盐菌，并能耐受高渗透压，如盐生盐杆菌。一些海洋细菌在缺少氯化钠的情况下不能生长。③低温生长，除了热带海水表面，在其他海水中发现的细菌多为嗜冷菌。④耐高压（特别是深海细菌），少数微生物如水活微球菌和弧菌，甚至可在 60 MPa 下生长。⑤大多数海洋细菌为革兰氏阴性菌，并具有运动能力。⑥具有明显的垂直分层分布特征，如透光区、无光区、深海区、超深渊海区。不管是淡水中还是在海水中，微生物多分布于距离水面 5～20 m 的水层中，水中微生物的含量对该水源的作用价值影响很大。⑦海洋是氧气的重要来源，50%～80% 的氧气来自海洋中的光合物种，绝大多数是微生物。生活在海洋中的原绿球藻属（Prochlorococcus）是已知最小的光合生物。（知识扩展 10-5，见封底二维码）

四、空气中的微生物

由于空气中缺乏营养物质、合适的温度和充足的水分，并且有阳光与紫外线的照射、干燥等不利于微生物生命活动的因素，空气本不是微生物生长繁殖的适宜环境，故没有固定的微生物种群。然而，因空气中有飞扬的灰尘，水面吹起的小水滴，人和动物体表的干燥脱落物和呼吸道排泄物等，空气中还是飘浮着一定数量的微生物，且能随空气流动到处传播。微生物在空气中的分布很不均匀，其具有以下几个特点。①无原生的微生物区系。②来源于土壤、水体及人类的生产、生活活动。③主要为真菌和细菌，一般微生物种类与其所在的环境有关，室外空气中常见各种球菌、芽孢杆菌、产色素细菌，以及对干燥和射线有抵抗力的真菌孢子等。④微生物数量取决于尘埃数量，尘埃量多的空气中微生物也多。在终年积雪的山脉或高纬度地带的空气中，微生物数量则甚少（表 10-2）。由于尘埃的自然沉降，越接近地面的空气，微生物含量越高。但有关微生物在高空中分布的记录越来越高：20 km→30 km→70 km→85 km。⑤微生物在空气中的停留时间和尘埃大小、空气流速、湿度、光照等因素有关。⑥微生物与人类生活关系密切，室内空气中的微生物比室外多。（知识扩展10-6，见封底二维码）

表 10-2 不同场所空气中的细菌数

场所	空气中的细菌数/（个/m³）
畜舍	$1\times10^6\sim2\times10^6$
宿舍	2×10^4
城市街道	5×10^3
公园	200
海面	$1\sim2$
北极	$0\sim1$

凡需进行空气消毒的场所，如手术室、病房、微生物接种室或培养室等处均可用紫外线消毒，或药物擦拭与熏蒸。

探索微生物在大气中的传播途径及变化规律，对研究大气污染、防止有害微生物特别是流行性病原菌的传播具有重大意义。

五、工农业产品中的微生物

由于粮食和食品含有丰富的营养物质，是微生物良好的天然培养基。粮食中的微生物特别是霉菌，会使粮食霉烂变质，降低粮食的营养价值，使其失去食用价值。据统计，全世界每年因霉变而损失的粮食约占粮食总产量的 2%。各种粮食和饲料中的微生物以曲霉属、青霉属和镰孢（霉）属的一些种为主，以曲霉危害最大，青霉次之。有些真菌可产生真菌毒素，有的真菌毒素是致癌物，其中以黄曲霉（A. flavus）部分菌株产生的黄曲霉毒素最为常见。（知识扩展10-7，见封底二维码）

食品的种类繁多，有面包、糕点、罐头、蜜饯等。由于在食品的加工、包装、运输和贮藏等过程中都不可能完全无菌，经常受到细菌、霉菌、酵母菌等的污染。在适宜的温度、湿度条件下，它们又会迅速繁殖。其中有的是病原微生物，有的能产生细菌毒素或真菌毒素，从而引起食物中毒或其他严重疾病的发生，所以食品卫生就显得格外重要。要有效地防止食品的霉腐变质，除在加工制作过程中注意清洁卫生外，还要控制保藏条件，尤其要采用低温、干燥、密封等措施，此外，也可在食品中添加少量无毒的化学防腐剂，如苯甲酸、山梨酸等。

对工业产品来说，微生物会引起其劣化，如霉变与腐烂变质等造成损失。大量工业制品都是用动植物产品作原料来制造的纤维制品、木制品、革制品、橡胶制品、油漆、卷烟、化妆品等；有些工业产品如塑料、建筑涂料等也可以被很多微生物分解利用；光学仪器上的镜头，建筑泥浆、钢缆、地下管道、金属材料等，各种电讯器材、文物、书画等也可被特殊的微生物破坏。

六、极端环境下的嗜极微生物

微生物以抗严寒酷暑、耐酸、耐碱、耐盐等惊人的适应力被誉为"生物之最"。在温泉、堆肥处也有微生物存在，即使在太平洋海沟高压 350℃ 的热液口附近也能发现嗜热菌。近年来，科学家在深海、火山、冰川、盐湖等极端环境中又陆续发现了多种新的生命形式——一些具有独特基因类型的嗜极微生物（extremophile），在这些"生命禁区"中繁衍生息的嗜极微生物代表着生命活性的极限。如好氧火棒菌（*Pyrobaculum aerophilum*）能在接近生命系统耐受的最高温度（113℃）下旺盛生长；嗜热古菌，如 *Methanopyrus kandleri* 能够在 122℃ 条件下生长。此外，嗜冷菌可在南极 100 MPa −18℃ 环境下生长，嗜酸硫杆菌可在 pH 0.5 的酸性有色金属浸矿水中生长，极端嗜碱菌可在 pH 12～13 的环境下生长，某些嗜盐菌甚至能在 32% 的盐溶液中生长（表 10-3）。综上，在其他生物难以生存的各种极端环境中蕴藏着大量的微生物资源。

表 10-3　嗜盐微生物的分类

嗜盐微生物	最适生长盐浓度	例子
非嗜盐微生物	<0.2 mol/L NaCl	淡水微生物
弱嗜盐微生物	0.34～0.85 mol/L（2%～5%）NaCl	大多数海洋微生物
中度嗜盐微生物	0.85～3.4 mol/L（5%～20%）NaCl	某些细菌和藻类
极端嗜盐微生物	3.4～5.2 mol/L（20%～32%）NaCl	盐杆菌和盐球菌
耐盐微生物	0.2～2.5 mol/L NaCl	金黄色葡萄球菌、耐盐酵母等

对极端环境下微生物的研究有三个方面的重要意义：①开发利用新的微生物资源，包括特异性的基因资源；②为微生物生理、遗传和分类乃至功能基因组学、生物电子器材等的研究提供新的课题和材料；③为生物进化、生命起源的研究提供新的材料。（知识扩展 10-8，见封底二维码）

自然界中存在的微生物被人们认识的不到 1%（表 10-4），因为大多数微生物在目前的实验室条件下不能进行人工培养，也无法对其进行形态及生理、遗传等特性研究。除了使用非培养技术对环境微生物进行探查外，更多的培养方法正在被开发出来以增进人们对环境微生物的认识。

表 10-4　环境样品中细菌的可培养率

生活环境	可培养率/%
海水	0.01～0.10
沉积物	0.25
淡水	0.25
土壤	0.3
中等营养湖水	0.1～1.0
无污染的江河水	0.1～3.0
活性污泥	1～15

第二节　微生物与生物环境间的相互关系

自然环境中的微生物一般都非单独存在，它们具有个体、种群、群落、生态系统和生物圈从低到高的组织层次。（知识扩展 10-9，见封底二维码）

在自然界中，微生物的区系除受理化环境的影响之外，还受生物环境的影响，在每一个特定的生物区系中，各种不同的生物不是彼此孤立存在的，而是相互影响的。一般来说，在生态系统中，微生物之间、微生物与其他生物间存在着 6 种最常见的相互关系，包括互生（metabiosis）、共生（symbiosis）、寄生（parasitism）、拮抗（antagonism）、捕食（predation）与竞争（competition）。

在探讨微生物之间的相互作用前，先讨论一下微生物如何区分自身和他物。虽然细菌是单细胞生物，但其行为以种群为基础。对于单细胞的细菌来说，其他的任何细胞都是他物（甚至包括同一菌落内的其他细胞），它们之间对于有限的资源可能存在着竞争关系。但对于由自身直接分裂而来的细胞，如果采用过于严苛的方式进行竞争，那将不利于延续自身的遗传物质。一些细菌就发展出生物膜（biofilm），将同一细胞分裂而来的类群聚集在一个充满多糖与蛋白质的黏稠基质（matrix）中形成群落（图 10-6）。

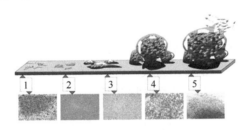

图 10-6　生物膜的产生

1. 可游动的细菌在固体表面附着；2. 细菌分泌多糖等基质开始建立生物膜；
3. 生物膜初步形成；4. 生物膜继续成长成熟；5. 生物膜释放可游动的细菌以建立新的生物膜

生物膜无处不在，细菌可借助复杂的生物膜系统相互交流，应对营养的缺失。生长在基质中的细菌细胞会共享一些资源，如靠近电子来源的细胞会将还原态的电子载体（如一些细胞色素）释放至基质中供其他细胞使用。生长在生物膜中的细菌能获得更好地应对抗生素、氧化应激等的抗逆性。故生物膜的产生对一些有害微生物的治理十分不利。有些不同种的微生物可共同组成一个多物种生物膜而和谐共生；而对于另一些微生物来说，甚至同一物种的不同菌株形成的生物膜都无法相互融合，其中的差别需进一步探究。

有的微生物会向环境中分泌释放一些独特的信号分子，如自诱导物（autoinducer，AI）以便让同种微生物了解到环境中存在同类，称为群体感应（quorum sensing，QS）。QS 是细菌通过自诱导物的产生、感应和反馈，从而产生群体间化学信号交流的过程，它使细菌能够根据种群密度变化和附近细菌种类组成同步化群体行为。革兰氏阴性菌用于种内 QS 的一类主要自诱导信号分子是酰基高丝氨酸内酯（acyl-homoserine lactone，AHL）；而在革兰氏阳性菌中用作 QS 交流的主要是被称为自诱导肽（autoinducer peptide，AIP）的短肽。AIP 可分为两类：一类是长链或被修饰的肽段，其感受器为细菌的膜受体；另一类为未被修饰的短肽段，可与细胞质内的感受器相互作用。这些多肽在序列和结构上各不相同，它们通过专用的转运蛋白从细胞主动运输至胞外。当这类微生物不停地生长分裂，信号分子浓度增加到一定程度（临界浓度）时，会启动某一些基因的表达，从而产生在种群密度比较低时没有的群体行为，如生物发光（bioluminescence）及产生致病性等。现有的研究发现，同一个属（如弧菌属 *Vibrio*）的不同种会合成相似但不同的信号分子，同时它们又可合成同一种属的信号分子，以此来辨认近亲和远亲（图 10-7）。（知识扩展 10-10，见封底二维码）

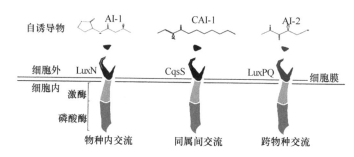

图 10-7　哈维氏弧菌（*Vibrio harveyi*）群体感应自诱导物及受体

一、互生

互生是指两种可单独生活的生物，当它们共同生活在一起时，通过各自的代谢活动而有利于对方，或偏利于一方的生活方式。这是一种"可分可合，合比分好"的相互关系。在自然界中，微生物间的互生关系非常普遍，也很重要。如人体肠道正常菌群与宿主间的关系主要是互生，但在特殊情况下亦会转变成寄生。又如在土壤中，纤维素分解菌与好氧自生固氮菌生活在一起时，后者可将固定的有机氮化物供前者利用，而前者因分解纤维素而产生的有机酸可作为后者的碳养料和能源物质，两者相互为对方创造有利的条件，促进了各自的生长繁殖。

二、共生

共生是指两种生物共居在一起，相互分工协作，相依为命，甚至形成在生理上表现出一定的分工，在组织和形态上产生新结构的特殊共生体。共生一般有互惠共生（二者均得利）和偏利共生（一方得利，但另一方并不受害）两种情况。

1. 微生物间的共生关系

地衣是微生物间典型的互惠共生形式，是藻类和真菌形成的复合体（图 10-8）。地衣中的真菌一般是子囊菌，藻类为绿藻或蓝细菌。藻类或蓝细菌进行光合作用，为真菌提供有机营养。而真菌以其产生的有机酸来分解岩石中的某些成分，为藻类或蓝细菌提供所必需的矿质元素。这种共生关系对土壤形成具有重要的生态学意义。

2. 微生物和植物间的共生关系

①根瘤菌与豆科植物间的共生关系：根瘤菌固定大气中的氮为植物提供氮养料，而

图 10-8　地衣

A、D. 壳状；B、E. 叶状；C、F. 枝状

豆科植物的根系分泌物能刺激根瘤菌的生长，同时，还可为根瘤菌提供保护和稳定的生长条件（图 10-9）。②有些真菌能在一些植物根上发育，菌丝体包围在根面或侵入根内，如菌根（mycorrhiza）是真菌和大多数植物根所形成的共生体。菌根可分为外生菌根（ectomycorrhiza）和内生菌根（endomycorrhiza）两类（图 10-10）。外生菌根的真菌在根外形成致密的鞘套，少量菌丝进入根皮层细胞的间隙。外生菌根常见于森林树木，内生菌根存在于草、林木和各种作物中。内生菌根的菌丝体主要存在于根的皮层中，在根外较少。内生菌根又分为两种类型（图 10-11）：一种是由有隔膜真菌形成的菌根，另一种是无隔膜真菌形成的菌根，后者一般称为 VA 菌根，即丛枝菌根。在自然界中，80%～90% 的植物都具有菌根共生现象。植物与菌根真菌共生，可从土壤中获得更多的营养，并将约 20% 的光合产物传递给真菌。

图 10-9　豆科植物与根瘤菌

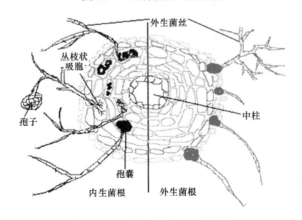

图 10-10　外生菌根与内生菌根

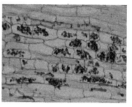

图 10-11 内生菌根（VA 菌根，左图）与外生菌根（哈氏网，右图）

3. 微生物与动物的共生关系

反刍动物，如牛、羊、骆驼、长颈鹿等以植物的纤维素为主要食物，它们在瘤胃中通过厌氧微生物发酵变成有机酸和菌体蛋白，再供动物吸收利用（图 10-12）。与此同时，瘤胃也为里面居住的微生物提供必要的营养和生长条件。瘤胃中存在的产甲烷菌在降解纤维素时会释放大量甲烷，所以畜牧业是甲烷这一温室气体的重要来源。

图 10-12 微生物与动物共生

偏利共生（commensalism）是两种生物存在于同一环境中，对一种生物的生长有利，而对另一种的生长无影响。如金黄色葡萄球菌（*S. aureus*）的生长为本来在平板上不能生长的流感嗜血杆菌（*Haemophilus influenzae*）提供生长因子，后者在其菌苔周围形成卫星菌落（图 10-13）。

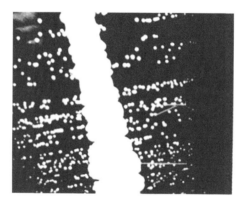

图 10-13 偏利共生

三、寄生

寄生是指一小型生物生活在另一较大型生物的体内或体表，从中取得营养并进行生长繁殖，并使后者蒙受损害，甚至被杀死的现象。前者为寄生物（parasite），后者为宿主或寄主（host）。①病毒寄生于细菌、放线菌；蛭弧菌寄生于细菌。第一个被培养出来的候选门级辐射类群（CPR）菌株 TM7x 有着很小的基因组，且缺失了一些已知的氨基酸合成通路。相应的是，这个菌株在被分离出来时就体外寄生于一种放线菌。在显微镜下可看到小的 TM7x 细胞通过某种方式附着在较长的杆状放线菌上。②微生物寄生于植物之中，常引起植物病害。其中以真菌引起的病害为主，95%担子菌的病原菌能引起小麦铁锈病和黑穗病；半知菌类可引起棉花炭疽病、立枯病、黄萎病，以及水稻稻瘟病等；子囊菌可引起大麦和苹果白粉病等。受侵染的植物会发生腐烂、淬倒、溃疡、根腐、叶腐、叶斑、萎蔫、过度生长等症状，严重影响作物产量。③真菌寄生于昆虫，如白僵菌、绿僵菌（图 10-14）。

图 10-14　寄生（左为寄主虫体，右为长有霉菌的虫体）

择生生物也称悉生生物（gnotobiote）或定菌生物，是人为地接种上某已知纯种微生物的无菌生物。悉生生物干扰因素少，操作易控制，既可进行定性分析，也可进行定量分析，有利于了解微生物与宿主之间复杂的关系和作用机制。

四、拮抗

拮抗是指由某一种生物所产生的某种代谢产物可抑制他种生物的生长发育，甚至致死的一种相互关系，可分为非特异性拮抗和特异性拮抗两类。在制造泡菜、青贮饲料的过程中，乳杆菌能产生大量乳酸导致环境 pH 下降，从而抑制了其他微生物的生长繁殖，并赋予食品特有的风味，这是一种非特异性拮抗关系。而某些微生物产生抗生素具有选择性地抑制或杀死他种微生物的作用，是一种特异性拮抗关系。如青霉产生的青霉素可抑制革兰氏阳性菌生长，链霉菌产生的制霉菌素可抑制酵母菌和霉菌等生长（图 10-15）。

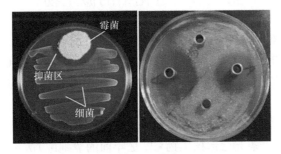

图 10-15　产青霉素的霉菌抑制革兰氏阳性菌的生长

左图为霉菌产生物抑制细菌的生长，右图为不同微生物的发酵液所产生的抑菌圈

有一些细菌还有编码毒素和抗毒素的基因，它们会将毒素注入其他细菌中，如果该细菌没有抗毒素基因则会被杀死。此外，某些微生物的生长可引起其他条件的改变（如缺氧、pH 改变等），从而抑制其他种生物的生长。

五、捕食

捕食是指一较大型的生物直接捕捉吞食另一小型生物以满足其营养需要的相互关系。①食物链中原生动物吞食细菌和藻类的现象。②真菌常表现出有趣的捕食技巧，某些真菌利用有黏性的菌丝或菌环、菌网来捕获原生动物，如节丛孢属（*Arthrobotrys*）的物种采用菌环捕获线虫，线虫被捕获后，菌丝生长进入猎物，以其细胞质作为营养。③黏细菌（Myxobacteria）以及蛭弧菌属（*Bdellovibrio*）的一些类群可以吞食细菌。

六、竞争

竞争是指两个种群或同一种群间因需要相同的生长基质或其他环境因子，致使增长率和种群密度受到限制时发生的相互作用，其结果对两者都不利。如在同一培养基平板上，如果菌数过多，菌落就会很小。

在产生拮抗、捕食和竞争关系的物种间会观察到协同进化的现象，如在分泌抗生素的放线菌附近生长的细菌久而久之会产生抗性，而这种抗性反过来又对放线菌产生选择压力，促使其修饰分泌的抗生素以产生新的抑菌能力。这种竞赛的结果是两方中任何一方对于另一方的适应性增加。这种"处于竞争中的物种必须不停进化才能生存"的理论被称为红皇后假说（Red Queen hypothesis）。而近年针对红皇后假说又产生了黑皇后假说（Black Queen hypothesis），即生活在同一环境中的不同物种无须不停进化，反而是偷懒的物种能获得更多的益处，致使共生环境中的生物向着更简单的基因组去演化。黑皇后假说用来解释互生、共生或寄生关系的形成。从上面可发现，简单的微生物也存在着复杂的社会关系。近年来，对于微生物社会行为的研究开始增多。一些社会学或博弈论中对于合作及公共产品的概念，如公地悲剧和囚徒困境等，都可以在微生物的世界中找到例子。（知识扩展 10-11，见封底二维码）

第三节　进化中的微生物

地球形成已有 46 亿年左右，有证据表明，微生物在地球上至少存在了 35 亿～39 亿年，比动植物的出现（3.5 亿～4 亿年前）早 30 多亿年。20 世纪 70～80 年代，在澳大利亚西部地区发现了距今 35 亿年的叠层石，其中可能含有丝状蓝细菌微化石（图 10-16）。

根据碳-13 丰度检测，确认这些微化石中的结构是生物，而其中有光合细菌、产甲烷古菌及甲烷氧化细菌。产氧光合原核生物（27 亿年前的蓝细菌）大量出现之后，在 20 亿～24 亿年前发生了大氧化事件。在这个阶段，大气中的氧气浓度突然升高，该过程有很多地质学的证据，条状铁层的形成（banded iron formation，BIF）即为其中之一。大气中增加的

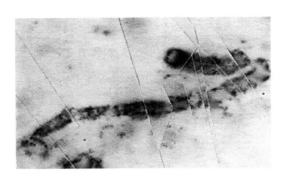

图 10-16 距今 35 亿年的叠层石中的丝状蓝细菌微化石

氧气导致水中溶解的二价铁离子被氧化成氧化铁,氧化铁沉积在海底的地层中(图 10-17)。而从条状铁层一层间隔一层的结构来看,其形成经历了诸多反复,揭示了大氧化事件并不是一蹴而就的。从地球形成到微生物的出现不到 10 亿年,甚至可能更短,其间经历了一系列的进化过程,现普遍接受的观点是,在地球刚形成时,由于当时的特定条件,在地球上先出现化学进化阶段,继而发展到生物进化阶段。(知识扩展 10-12,见封底二维码)

图 10-17 条状铁层显示氧化铁在地质史上反复形成、沉积

一、化学进化

地球初期的大气是厌氧环境,大部分由无机小分子和水蒸气组成。辐射、地热、放电、放射性等能量使这些无机物合成有机小分子,有机小分子再向更复杂的大分子和聚合物形式缓慢演变进化。形成的大分子具有倾向于互相聚集和形成膜样物质的结构,与周围的液体环境形成明显的界限,这就是最初级的细胞形式的前体。化学进化阶段可分为三个重要过程。

1. 无机小分子合成有机小分子

原始大气中 CH_4、NH_3、H_2O、H_2S 和 H_2 等在紫外线、宇宙射线、闪电及局部高温等高能条件下,自然合成一些简单有机物,如氨基酸、核苷酸和单糖等。(知识扩展 10-13,见封底二维码)

2. 有机小分子合成生物大分子

在原始海洋中氨基酸和核苷酸经过长期的积累、互作，在适当的条件下（吸附在无机矿物黏土上），通过缩合或聚合作用，形成生物大分子中最重要的原始蛋白质和核酸。如模拟原始地球环境，用乙基偏磷酸盐在50℃下，使单核苷酸缩合成多核苷酸。有人把氨基酸混合物加热到60℃，在多磷酸的存在下，经过约一天就可得到一种蛋白质，其可含200多个氨基酸。当大量氨基酸在水溶液中蒸发干燥后，可发生脱水反应，形成构成生命所必需的蛋白质。

3. 多分子体系的形成与原始生命的出现

通过蒸发或吸附于黏土表面进行浓缩，蛋白质和核酸可形成多分子体系。还可以使浓缩物的内部产生一定的理化结构，并在外部形成一层界面膜，使浓缩物成为一个微小独立系统，如 Oparin 提出的团聚体学说（coacervate theory）和 Fox 的微球体学说（microsphere theory）等。（知识扩展10-14、10-15，见封底二维码）

不管是团聚体学说还是微球体学说，都没有解决在生命活动中至关重要的酶催化作用的起源与遗传密码的起源问题，在细胞起源中还有许多基本理论仅停留在"合理设想"阶段。而较一致的看法是在生命发生前，原始海洋经过了一个充满着有初步结构和一定功能的某种有机凝胶状小体的阶段，再通过长期的自然选择，为细胞起源提供了必要的物质前体。一个比较有名的 RNA 世界假说认为地球上最早出现的生物分子是 RNA，因为 RNA 分子既可作为遗传密码储存信息（如一些病毒的 RNA），又可作为酶而催化反应（如核糖体中的 RNA）。一种分子兼具两个重要生命活动的功能，使其在早期进化中更有可能出现。该假说的问题在于，迄今为止仍未找到一个可以自我复制的 RNA 分子。（知识扩展10-16，见封底二维码）

有关遗传密码的起源与进化，据美国生化学家戴霍夫（Dayhoff MO）的推测，在化学进化和生物进化过程中，遗传密码经历了 GNC→GNY→RNY→RNN→NNN 的5个变化阶段。

遗传密码的进化向着有利于生物稳定、避免错误的方向发展。①随着化学进化中氨基酸种类的增加，遗传密码由 GNC 扩展为 GNY，即密码子第三位碱基易发生变化。这种扩展虽然决定4种氨基酸，但变化后仍可被携带同一种氨基酸的 tRNA 反密码子识别，避免了多肽链中氨基酸的错误替代，从而增加了 mRNA 突变的可能性，密码子的简并性使得密码子向减少错误的方向进化。②由 GNY 扩展为 RNY，密码子的第一位碱基也易读错，常造成氨基酸的变化。不过，第一位碱基读错后掺入的氨基酸化学性质相似，均为同性质氨基酸。这也是遗传密码进化中减少错误的一种方式。③摇摆性（wobble）：密码子与反密码子配对时，反密码子与 mRNA 的第三个核苷酸配对时，不严格遵从碱基配对原则，可出现 U-G、I-C、I-A，这些配对为不稳定配对，即摇摆性。（知识扩展10-17，见封底二维码）

在化学进化中出现了双层膜样包围的球形结构，其与周围环境形成了明显的界限，还可像细胞分裂一样，由一个球形结构形成两个球形结构。在球形结构内部可发生各种化学反应，而不波及外部环境，还可选择性地从环境中吸收各种物质，具备了初步的细胞功能，这就是最古老的细胞形式的生命。再经过漫长的进化，逐渐形成了真正细胞形式的生命。

二、生物进化

化学进化后出现了一系列的生物进化。据推测，在生命起源前的原始地球表面，在还原性大气层下，有一个充满着丰富的团聚体、微球体等大分子物质和氨基酸、核苷酸、糖类、脂类等小分子有机物的海洋——"原始汤"（primordial soup）。在特定条件下，原始汤产生并依次演变出一系列相应生理类型和独特形态构造的原核生物。同时，周围环境逐渐演变成有氧气的大气层，为真核生物的形成和发展创造了良好的条件。

1. 异养厌氧型原核生物的产生

①原始的支原体（mycoplasma）类可能是最早出现的生物。其有细胞膜而无细胞壁，对渗透压的适应能力差；只能吸收环境中大量现成的有机物，通过 EMP 和 HMP 的发酵方式由效率极低的底物水平磷酸化产生能量；酶系极其简单。②原始的拟杆菌类（*Bacteroides*），与原始的支原体类有相似的营养和产能方式，但已产生了细胞壁，可适应环境中不同的渗透压。③原始的梭菌类（*Clostridium*），有细胞壁和鞭毛，已分化出芽孢；出现了氢化酶，能通过铁氧还蛋白的氧化而释放 H_2；能生长在还原性底物上，有的已存在能固定大气氮的固氮酶；除能通过一般的发酵方式产生能量外，还能进行 Stickland 反应产能。④原始的脱硫弧菌类（*Desulfovibrio*），能利用铁进行厌氧呼吸产能。厌氧条件下能进行电子传递链的磷酸化，最终电子受体是环境中大量存在的由 H_2S 与臭氧相互反应的产物——硫酸盐。

2. 自养厌氧型原核生物的产生

①原始的产甲烷菌（methanogen），当"原始汤"中的有机营养物质慢慢耗尽时，能利用原始大气中的 H_2 使 CO_2 还原成 CH_4 的自养型厌氧古菌开始出现。它们已具有电子传递链磷酸化系统，能产生质子梯度并导致 ATP 的形成；估计在其能量代谢中已出现了含 Fe 和 Ni 的四吡咯类辅酶；此外，还可借乙酰 CoA 途径固定 CO_2。②原始的紫细菌（purple bacteria），可能是能在厌氧条件下利用光能和同化有机物的最原始的光合细菌（光能有机营养菌）。出现了镁卟啉和细菌叶绿素，并能利用 H_2S 作电子供体，通过循环光合磷酸化的方式产生能量，即不产氧光合作用（anoxygenic photosynthesis）（图 10-18）。③原始的绿菌类（*Chlorobium*），是光能无机营养菌，除能利用光能通过循环光合磷酸化产生 ATP 外，还能通过卡尔文循环中的核酮糖-1, 5-双磷酸（RuBP）羧化酶固定 CO_2，产生有机物。

3. 光能自养产氧型原核生物的产生

一些原始的蓝细菌（cyanobacteria）以非循环光合磷酸化的方式利用日光产生 ATP，并借助卡尔文循环固定 CO_2，合成大量有机物（图 10-19），且通过水的光解作用产生还

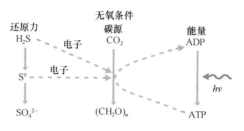

图 10-18　不产氧光合作用

原 CO_2 所需的氢，同时释放出能根本改造地球大环境的 O_2。蓝细菌所含的细菌叶绿素以单条状形式分散在细胞内的类囊体中。由于产氧光合作用（oxygenic photosynthesis）释放出 O_2，自从蓝细菌在地球上出现后，就逐步改变了地球大气层的性质，使原来一直呈还原性的大气逐步转化成氧化性的大气，为高能量的好氧型生物的起源和发展开辟了前所未有的广阔前景。

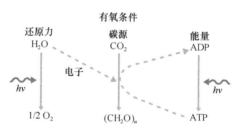

图 10-19　产氧光合作用

　　地球上只有产生了具有超氧化物歧化酶（SOD）的好氧生物后，生物进化的速度才大为提高，并导致真核生物的起源和繁荣发展。另外，有了 O_2，在强烈的紫外线和雷电的作用下，在 $20\sim25$ km 高空的原始大气层中形成了一个臭氧层屏障，避免来自太阳的对一切生物有强大杀伤力的紫外线辐射到地球表层，使生物的生存环境从岩石底下或海洋深层逐步上升到地表和海洋表层，最终使地球表面充满着繁茂的各种类型的动物、植物和微生物。此外，O_2 还对地球表层的岩石风化、矿物形成和地貌变迁产生了巨大的推动力。

4. 好氧化能异养原核生物的产生

　　厌氧条件的生物产能效率极低，在大气中累积一定浓度的 O_2 后，生物进化就朝向高效产能的有氧呼吸方向发展。原始的假单胞菌类（Pseudomonas）和球菌类如脱氮副球菌（Paracoccus denitrificans）可能是最早的一批好氧化能异养菌。它们有一套原始的呼吸链进行氧化磷酸化产能，其细胞色素已演变到能利用 O_2 作为最终电子受体的末端氧化酶阶段，进而衍生出多种类型的能执行独特呼吸功能的原核生物呼吸链。地质学上已证明在 27 亿年前就已有少量 O_2。估计好氧呼吸原核生物可能在 20 亿年前就已出现。至此，若干主要原核生物类型的进化轮廓已有了初步描绘。

5. 真核生物的起源

内共生学说（endosymbiotic theory）是真核生物起源的较有代表性的假说。真核生物的细胞器线粒体和叶绿体分别来自 α-变形菌（α-Proteobacteria）及蓝细菌（cyanobacteria）。可以说真核生物的前身是吞噬了细菌（需氧型异养原核生物）的古菌（厌氧型异养原核生物）（图 10-20）。据推测，12 亿年前，地球上生物进化的进程加速，且建立在真核植物产氧光合作用的基础上。直至 6 亿年以前，大气含氧量从约 2% 开始，由于高等绿色植物在地球陆地表面繁茂地生长，才逐步达到今天的 21% 的水平。

$$\text{厌氧型异养生物} \xrightarrow[\text{带鞭毛的原核生物}]{\text{吞进需氧型异养原核生物}} \underset{\text{(有线粒体、鞭毛)}}{\text{真核生物细胞}} \xrightarrow{\text{再吞入蓝细菌}} \underset{\text{(有线粒体、叶绿体)}}{\text{真核植物}}$$

图 10-20 真核生物的起源

自真核生物起源以来，生物进化的主线是有性生殖方式的起源、生态系统建立、细胞的分化和多细胞生物的形成，生物生存范围从水生扩大到陆生，从低等到高等，直至从猿到人。

第四节 微生物在生态系统中的作用

自然界的物质循环主要有两个方面：一是无机物的有机质化，即生物合成作用；另一个是有机物的无机质化，即矿化作用（mineralization）或分解作用。这两个过程构成了自然界的物质循环。其中，以陆地的高等绿色植物及海洋中的藻类为主的生产者，在无机物的有机质化过程中起作用；而以异养型微生物为主的分解者，在有机质的矿化过程中起作用。如果没有微生物的作用，自然界各类元素及物质，就不可能周而复始地循环利用，自然界的生态平衡就不可能保持。①微生物是有机物的主要分解者，其分解生物圈内存在的动物、植物和微生物残体，将复杂的有机物转化为简单的无机物，再供初级生产者利用。②微生物是物质循环中的重要成员，参与所有的物质循环。其中有些起主要作用，有些起独特作用，有些起关键作用。③微生物是生态系统中的初级生产者，如光能营养和化能营养微生物，可直接利用太阳能、无机物的化学能来固定 CO_2。④微生物是物质和能量的贮存者，在土壤、水体中有大量的微生物生物量，贮存了丰富的物质和能量。化石燃料的形成就是由于有机物（死去的动植物）沉积到地下深处后，被微生物分解，再在高温和厌氧的条件下形成石油和煤炭。据认为，地下沉积物中碳的总量为 10^{16} t。有证据表明，这些沉积到地下形成化石燃料的有机物 90% 以上来自细菌。90% 的石油等的前体物质是油原（油母质，kerogen），而油原主要是由细菌特有的藿烷类化合物（hopanoid）所组成的。据估计，地下沉积物中细菌特有的藿烷类化合物含量高达 $10^{11}\sim10^{12}$ t，与目前地球上存在的活的生物体内的有机碳含量总和相当。故藿烷类化合物被认为是地球上含量最丰富的有机分子。⑤微生物是地球生物演化的先锋种类，是最早出现的生物体。

一、碳循环

地球上 90% 的 CO_2 是靠微生物的分解作用形成的。光合作用固定的 CO_2，其中 60%构成了木材，75%构成了纤维素、半纤维素、淀粉，20%构成了木质素、木聚糖，1%构成了蛋白质。

分解纤维素的微生物主要是真菌，一些放线菌、细菌和原生动物等也具有这种能力。真菌分解纤维素的能力最强，包括一些子囊菌、半知菌和担子菌。真菌在分解半纤维素的开始阶段较为活跃，后期主要靠放线菌。能分解半纤维素的真菌很多，大大超过了能分解纤维素的真菌。半纤维素的分解产物有己糖、戊糖、糖醛酸等（图 10-21）。

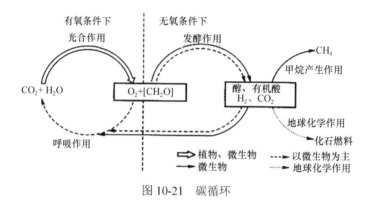

图 10-21　碳循环

二、氮循环

氮是限制地球上所有生命体的主要营养成分。氮元素在自然界中以铵盐（NH_4^+）、亚硝酸盐（NO_2^-）、硝酸盐（NO_3^-）、有机氮、游离氮（N_2）等方式存在，从–3 价态到+5 价态的含氮化合物主要包括 8 种不同氧化状态下的无机氮（图 10-22）。

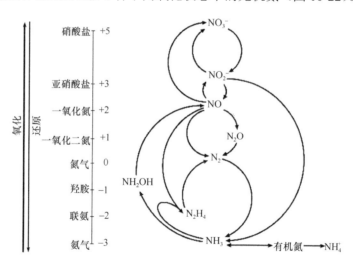

图 10-22　氮元素的存在方式

全球的氮循环主要包括同化作用（assimilation）、氨化作用（ammonification）、硝化作用（nitrification）、反硝化作用（denitrification）、厌氧氨氧化作用（anaerobic ammonium oxidation，ANAMMOX）和固氮作用（nitrogen fixation）等。在氮循环过程中，微生物起关键作用，形成了连接氮转化反应的复杂网络（图10-23）。微生物的氮转化过程通常被认为：氮气（N_2）先通过固氮作用变成氨（NH_3），再经同化作用转化成生物有机氮，然后经氨化作用转变成铵盐，即 $N_2 \longrightarrow NH_3 \longrightarrow$ 有机氮 $\longrightarrow NH_4^+$。而铵盐通过硝化作用被氧化成硝酸盐（$NH_4^+ \longrightarrow NO_2^- \longrightarrow NO_3^-$），最终经反硝化作用被还原为氮气（$NO_3^- \longrightarrow NO_2^- \longrightarrow NO \longrightarrow N_2O \longrightarrow N_2$），或经厌氧氨氧化作用被还原为氮气（$NO_2^- + NH_4^+ \longrightarrow N_2$）。

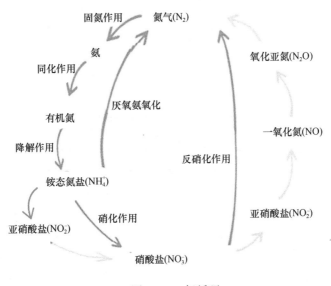

图 10-23　氮循环

（1）固氮作用是分子态氮经由生物作用被还原成氨的过程。氮气占空气体积的78%，但植物及大多数微生物都不能直接利用它作为氮素养料，只有少数固氮微生物才能进行固氮作用，它们是共生固氮的根瘤菌（*Rhizobium*）、共生固氮放线菌、蓝细菌、自生固氮菌，每年生物固氮 1.7×10^8 t。

（2）硝化作用是氨态氮经化能自养细菌的氧化，成为硝态氮的过程，可分两个阶段（图10-24）。

$$NH_4^+ \xrightarrow[\text{（氨氧化细菌）}]{\text{亚硝化细菌}} \text{亚硝酸盐} \xrightarrow[\text{（亚硝酸氧化细菌）}]{\text{硝化细菌}} \text{硝酸盐}$$

图 10-24　硝化作用

第一阶段是氨态氮被氧化成亚硝酸盐，由氨氧化细菌（AOB）与氨氧化古菌（AOA）完成。氨氧化细菌隶属于变形菌门的 β-变形菌（β-Proteobacteria）与 γ-变形菌（γ-Proteobacteria），如亚硝化单胞菌属（*Nitrosomonas*）、亚硝化叶菌属（*Nitrosolobus*）

等。氨氧化古菌隶属于奇古菌门（Thaumarchaeota），如海洋亚硝化短小杆菌（*Nitrosopumilus maritimus*）SMC1 可通过将氨氧化成亚硝酸盐进行自养生长。第二阶段是亚硝酸盐被氧化为硝酸盐，靠硝化细菌完成，主要有硝化杆菌属（*Nitrobacter*）、硝化刺菌属（*Nitrospina*）和硝化球菌属（*Nitrococcus*）的一些种类。还有一些类群可以一并完成上述两个阶段（图 10-25），将氨完全氧化成硝酸盐，被称为完全氨氧化菌（comammox），如硝化螺菌属（*Nitrospira*）中的 Ca. *Nitrospira inopinata*。硝化作用在自然界氮循环中是不可缺少的一环，硝酸盐支持了至少 20% 的海洋藻类的生长。

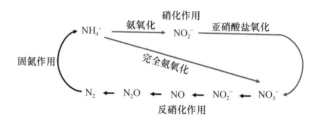

图 10-25　完全氨氧化菌（comammox）的作用

　　自然界中除了化能自养菌为硝化作用的主要推动者外，还有化能异养菌参与硝化作用。大量施用铵盐或硝酸盐肥料，所产生的硝酸盐除了被植物吸收和微生物固定外，还有相当一部分随水流失，不但造成氮素损失，还会引起环境污染。硝酸盐若进入地下水或流入水井，会导致饮用水中硝酸盐浓度升高。人畜饮用污染水后，硝酸盐将在肠胃里还原成亚硝酸盐，后者进入血液并与其中的血红蛋白作用而形成氧化态血红蛋白，损害机体内氧的运输，使人类患氧化血红蛋白病。反刍动物也会因饮入过量硝酸盐而死亡。硝酸盐流入河流、湖泊、海岸水域等水体，可使水体营养成分增加，导致水生系统富营养化（eutrophication），使浮游生物和藻类旺盛生长。

　　（3）同化作用包括硝酸盐同化作用与氨同化作用。硝酸盐同化作用（nitrate assimilation）：几乎一切植物和多种微生物都可利用硝酸盐作为氮素营养源，硝酸盐被还原成 NH_4^+ 后用于合成各种含氮有机物。氨同化作用（ammonia assimilation）由绿色植物和许多微生物进行，以铵盐作为营养，合成含氮有机物如蛋白质、氨基酸、核酸和其他含氮有机物。

　　（4）氨化作用是含氮有机物如蛋白质、几丁质等经微生物分解产生氨的作用。分解蛋白质的微生物种类有荧光假单胞菌（*P. fluorescens*）、普通变形杆菌（*Proteus vulgaris*）、巨大芽孢杆菌（*B. megaterium*）、枯草芽孢杆菌（*B. subtilis*）、蕈状芽孢杆菌（*B. mycoides*）、腐败梭菌（*Clostridium putrificum*）；分解尿素的有脲芽孢八叠球菌（*Sporosarcina ureae*）和巴氏芽孢杆菌（*Bacillus pasteurii*）；分解几丁质的有嗜几丁质类芽孢杆菌（*Paenibacillus chitinophilum*）等。氨化作用在农业生产上十分重要，施入土壤中的各种动植物残体和有机肥料，包括绿肥、堆肥和厩肥等都富含含氮有机物，需通过微生物的作用，尤其是先通过氨化作用才能成为植物能吸收和利用的氮素养料。

　　（5）反硝化作用也称脱氮作用（denitrification），是指微生物还原硝酸盐（NO_3^-）成为亚硝酸盐（NO_2^-），再进一步释放出分子态氮（N_2）或一氧化二氮（N_2O）的过程（$NO_3^- \rightarrow NO_2^- \rightarrow NO \rightarrow N_2O \rightarrow N_2$）。主要是少数异养或化能自养微生物在厌氧条件下进行的，如地衣芽孢杆菌（*B. licheniformis*）、脱氮副球菌（*Paracoccus denitrificans*）、铜绿假单胞菌（*P. aeruginosa*）、施氏假单胞菌（*P. stutzeri*）、脱氮硫杆菌（*Thiobacillus denitrificans*），以及螺菌属（*Spirillum*）、莫拉氏菌属（*Moraxella*）等。异养菌利用 NO_2^- 和 NO_3^- 为呼吸作用的最终电子受体，把硝酸还原成氮气。大多数反硝化细菌都是兼性好氧菌，能以有机物为氮源和能源进行无氧呼吸。

硝酸盐还原菌存在于缺氧环境，如淹水土壤、死水塘、低氧区、海洋沉积物和人类胃肠道中。海洋进化分支 SAR11 的一些成员只把硝酸盐还原为亚硝酸盐；许多微生物能将亚硝酸盐还原为一氧化氮，如变形杆菌属（*Proteus*）、厌氧氨氧化菌和拟杆菌属（*Bacteroides*）。

反硝化作用是造成土壤氮素损失的重要原因之一。在农业上常采用中耕松土的办法，以抑制反硝化作用。但从整个氮循环来说，反硝化作用是有利的，否则自然界氮循环将会中断，硝酸盐将会在水体中大量积累，对人类的健康和水生生物的生存造成很大威胁。反硝化作用还产生相当数量的一氧化二氮（N_2O，也称氧化亚氮/笑气），一氧化二氮是一种很强的温室效应气体，可导致臭氧层的破坏。

（6）厌氧氨氧化作用（ANAMMOX）是指在厌氧条件下，微生物直接以 NH_4^+ 作为电子供体，利用 NO_2^- 作为电子受体，将 NH_4^+ 或 NO_2^- 转变为氮气的生物氧化过程（$NH_4^+ + NO_2^- \longrightarrow N_2 + 2H_2O$）。该反应发现较晚，但对于氮循环十分重要，有 30%~50% 的海洋产生的氮气来自该过程。该过程也被广泛用于处理含铵盐的污水。

近来人们发现了羟胺（NH_2OH）氧化为一氧化氮（NO）的反应，NO 通过歧化作用（dismutation）转变成 N_2 和 O_2。人们还发现了联氨（N_2H_4）的合成反应、N_2H_4 氧化成 N_2 的反应。其中 N_2H_4 的合成假设从一氧化氮还原为羟胺，然后羟胺与氨一同发生归中反应（与歧化反应相对）产生 N_2H_4。

三、硫循环

硫元素是生命物质所必需的，是一些必需氨基酸和某些维生素、辅酶等的成分（表 10-5），其需要量大约是氮元素的 1/10（在生物体内 C∶N∶S=100∶10∶1）。

表 10-5　硫循环

硫循环	过程	代表微生物种类
硫化作用	$H_2S \rightarrow S^0 \rightarrow SO_4^{2-}$	硫杆菌属（*Thiobacillus*）、贝氏硫菌属（*Beggiatoa*）、紫色和绿色光合细菌
硫酸盐还原	$SO_4^{2-} \rightarrow H_2S$	脱硫弧菌属（*Desulfovibrio*）、脱硫杆菌属（*Desulfobacter*）
歧化反应	$S_2O_3^{2-} \rightarrow H_2S + SO_4^{2-}$	脱硫弧菌属（*Desulfovibrio*）
脱硫作用	有机硫 $\rightarrow H_2S$	许多菌

自然界中硫和硫化氢经微生物氧化形成 SO_4^{2-}，被植物和微生物同化还原成有机硫化物；动物食用植物、微生物，将其转变成动物有机硫化物；当动植物和微生物残体的

有机硫化物被微生物分解时，以 H_2S 和 S 的形式返回自然界。另外，SO_4^{2-} 在缺氧环境中可被微生物还原成 H_2S。硫循环可分为脱硫作用（desulfidation）、同化作用（assimilation）、硫化作用（sulfur oxidation）和反硫化作用（desulfurication）。微生物参与了硫循环的各个过程，并在其中起很重要的作用（图 10-26）。

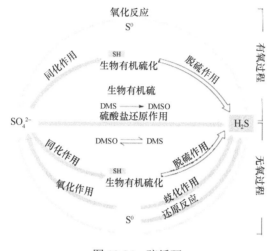

图 10-26　硫循环
DMSO. 二甲基亚砜；DMS. 二甲基硫

（1）脱硫作用是动植物和微生物残体中的含硫有机物被微生物降解成 H_2S 的过程。

（2）硫化作用即硫的氧化反应，是指硫化氢、硫化亚铁或元素硫等在微生物的作用下被氧化生成更高价态的元素硫或硫酸盐的过程。自然界能氧化无机硫化物的微生物主要是硫细菌。一些微生物可以靠这个过程产生大量硫酸，使环境 pH 下降至 1。

（3）同化作用由植物和微生物引起，可把硫酸盐转变成还原态的硫化物，然后再固定到蛋白质等成分中。

（4）反硫化作用即硫酸盐的还原作用，是指硫酸盐在厌氧条件下被微生物还原成 S^{2-} 的过程，又称为硫酸盐呼吸。

微生物不仅在自然界的硫循环中发挥着巨大的作用，而且与硫矿的形成，地下金属管道、舰船、建筑物基础的腐蚀，铜、铀等金属的细菌沥滤（bacteria leaching，又称细菌浸出）有着密切的关系。在农业生产上，由微生物硫化作用所形成的硫酸盐，不仅可作为植物的硫营养源，还有助于土壤中矿质元素的溶解，对农业生产有促进作用。在通气不良的土壤中所进行的反硫化作用，会使土壤中 H_2S 含量提高，H_2S 对植物根部有毒害作用。（知识扩展 10-18，见封底二维码）

四、磷循环

自然界中存在许多难溶性的无机磷矿石以及来自死亡的生物残体中的有机核酸和磷脂，这些磷化物一般很难被植物利用。但岩石和土壤中含有的难溶性的磷酸盐矿物，如磷酸三钙、含氟磷灰石等可以在微生物（假单胞菌属、分枝杆菌属、小球菌属、芽孢杆菌属、曲霉属等）的作用下发生有效转化，即在微生物产生的有机酸和无机酸作用下，转变为可溶性的有效磷（如磷酸一钙、磷酸二钙或磷酸亚铁），促进植物生长。此外，有些微生物还能将土壤中难溶性的含钾的铝硅酸盐转化为有效钾，有效钾为硅酸盐细菌肥料（图 10-27）。

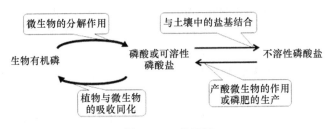

图 10-27　磷循环

五、铁循环

自然界中的铁主要在二价（Fe^{2+}）和三价（Fe^{3+}）间循环（图 10-28）。在中性水体中，Fe^{2+} 会被迅速氧化成 Fe^{3+} 而无法稳定存在。一些硫化细菌产生的硫酸可以降低水体 pH 而使 Fe^{2+} 稳定存在，硫化细菌就可与其他细菌通过氧化 Fe^{2+} 至 Fe^{3+} 而获得能量。而在厌氧环境中，Fe^{3+} 可被用作厌氧呼吸中的最终电子受体而被还原为 Fe^{2+}。Fe^{2+} 与作为电子受体的硫离子（S^{2-}）可形成 FeS 沉淀而析出。

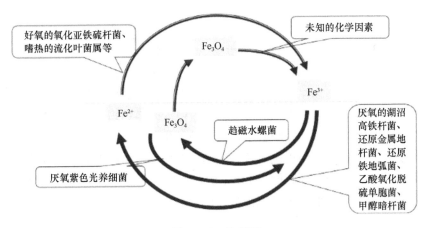

图 10-28　铁循环

第五节　微生物与环境保护

地球上生存着各种各样的生物，包括植物、动物与微生物，它们与其生存的自然环境相互依存、相互制约，构成了一个完整的物质循环系统，以及自然净化、自我调节、自我维持的协调系统。在没有或只受到有限人为活动所造成的污染时，地球能自然维持生态平衡和环境洁净。但随着人类活动领域及规模的不断扩大，人口剧增，大量生活废弃物、工业三废（工业生产过程中排出的废气、废水、废渣），以及农业上使用化肥、农药的残留物等不断增加，给自然环境造成了严重的污染。大量没有经过处理的污染物的排放量已突破并远远超出了自然环境所固有的自然净化的负荷。对生物栖息地的破坏，以及对气候和生物地球化学圈稳定性的严重干扰，致使生物资源的灭绝速度远远超过了自然演变速度，极大地威胁着人类的生存和发展。

环境污染（environmental contamination）主要指生态系统的结构和机能受到外来有害物质的影响或破坏，超出了生态系统的自然净化能力，打破了正常的生态平衡，给人类造成严重危害。保护生态环境已成为人类最关心的大问题。

微生物群落对维持自然环境生态平衡起着极为重要的作用。环境的生物净化是由一个有多种微生物参与、具有较稳定结构和功能的生态系统完成的。环境限制因子的作用，导致微生物群落的多样性、复杂性和可修饰性发生变化。自然界存在的多种物质，特别是有机化合物，包括某些生物外源性有机物，几乎都可找到使之降解或转化的微生物。微生物在环境保护和治理中的应用主要有生物处理（biotreatment）和生物整治（bioremediation）两方面。

一、生物处理

生物处理是指利用微生物的代谢活动以及各种特性来处理各种废弃物的过程，主要针对各种污染源和小范围的环境污染，最大特点是无二次污染。对于固体与液体的各种废弃物以及各种污染都可以进行生物处理。

1. 难降解污染物处理

难降解污染物有农药、炸药、合成聚合物、重金属、放射性核素、多氯联苯（polychlorinated biphenyl，PCB）、多环芳烃、酚、氰和丙烯腈等。污染物对人类的危害是极其复杂的，有些污染物在短期内通过空气、水、食物链等多种媒介侵入人体，造成急性危害。还有些污染物通过小剂量持续不断地侵入，经相当长时间，才显露出对人体的慢性危害或远期危害，甚至影响到子孙后代的健康。污染物的生物降解是酶促反应，降解过程中大部分降解酶是由染色体基因编码的，但一些降解酶特别是难降解化合物的降解酶却是由降解性质粒所控制的。细菌中的降解性质粒与细菌所处环境污染程度密切相关，从污染地区分离的细菌 50% 以上含有降解性质粒。

1）农药等有毒污染物的降解

农药是除草剂、杀虫剂、杀菌剂等化学制剂的总称。我国每年使用 50 多万吨农药，利用率只有 10%。绝大部分残留在土壤中，有的被土壤吸附，有的经空气、江河传播扩散，引起大范围污染。实验证明，环境中农药的清除主要靠细菌、放线菌、真菌等微生物的降解作用，方式有两种：一是以农药作为唯一碳源和能源，或作为唯一的氮源，此类农药能很快被微生物降解，如新型除草剂氟乐灵可作为曲霉属的唯一碳源，易被分解；二是通过共代谢作用，一些很难降解的有机物，虽然不能作为微生物的唯一碳源或能源被降解，但可在微生物利用其他有机物作为碳源或能源的同时被降解。

2）金属的转化

环境污染中所说的重金属是指汞、镉、铬、铅、砷[①]、银、硒、锡等。细菌与真菌可改变重金属在环境中的存在状态，使化学物质毒性增强，引起严重环境问题，还可浓缩重金属，并通过食物链积累。另外，通过微生物直接和间接的作用也可去除环境中的重金属，有助于改善环境。

汞所造成的环境污染最早受到关注。汞在工业上应用广泛，如生产电池、路灯、继电器等都需要汞，生产氯乙烯塑料和乙醛也都要用氯化汞作催化剂，很多化学农药中亦含有无机汞或有机汞。无机汞对肾脏有毒害作用，甲基汞对脑组织有毒性作用。

汞的微生物转化包括三个方面：①无机汞（离子汞）的甲基化；②无机汞还原成元素汞；③甲基汞和其他有机汞化合物裂解并还原成元素汞。自然界中有些微生物如产甲烷菌可将元素汞和离子汞转化为甲基汞。芽孢杆菌属（$Bacillus$）、分枝杆菌属（$Mycobacterium$）、脉孢霉属（$Neurospora$）、假单胞菌属（$Pseudomonas$）等和真菌通过甲基化作用形成可溶性的甲基汞和二甲基汞。汞的甲基化可在厌氧或好氧条件下发生。厌氧条件下汞主要转化为二甲基汞。二甲基汞难溶于水，有挥发性，易散逸到大气中，但其易被光解为甲烷、乙烷和汞，故大气中二甲基汞的存在量很少；在好氧条件下汞主要转化为甲基汞，微生物利用底物中的维生素、甲基维生素 B_{12}，在细胞内甲基转移酶的作用下，促使甲基转移而形成甲基汞（$Hg^0 \rightarrow Hg^{2+} \rightarrow$甲基汞，或 $Hg \rightarrow Hg^{2+} \rightarrow$二甲基汞）。在 pH $4\sim5$ 的弱酸性条件下，二甲基汞也可转化为甲基汞。甲基汞为水溶性物质，是一种神经毒素。（知识扩展 10-19，见封底二维码）

许多微生物如铜绿假单胞菌（$P.\ aeruginosa$）、金黄色葡萄球菌（$S.\ aureus$）、大肠杆菌（$E.\ coli$）等含有无机汞还原酶和有机汞裂解酶，能将进入细胞内的无机汞和有机汞转化为元素汞，元素汞再转运到细胞外，从而大大减轻汞的危害。微生物的抗汞功能由质粒控制，编码有机汞裂解酶和无机汞还原酶的是 mer 操纵子。微生物对其他重金属也有转化能力，硒、铅、锡、镉、砷、铝、镁、钯、金也可被甲基化转化。一些微生物抗镉和砷的毒害作用是因为能合成一种酶，该酶可迅速将进入细胞内的毒性化合物或离子排出细胞外。微生物虽然不能降解重金属，但能通过对重金属的转化作用，控制其转化途径，达到减轻毒性的目的。

2. 污水处理

环境污染中水源污染危害最广、最严重。水源污染主要是生活污水、工业有机污水（如屠宰、造纸、淀粉和发酵工业）、工业有毒污水（如农药、炸药、石油化工、电镀、印染、制革等行业）和其他污水（如医院）。生活污水中含有大量有机物，流入江河湖海，可产生毒害作用。此外，生活污水还可能传播肠道病原菌。工业污水含有机或无机的有毒物，使动植物的生长条件恶化，鱼类受到损害，人类的生活和健康受到不良影响。为了保护环境及资源、保护人畜健康，污水在排入江河湖海前，需进行净化处理。

排放标准一般使用 BOD_5 及 COD 值来衡量。BOD_5 是五日生化需氧量（biochemical

[①] 砷为类金属，其化合物具有金属性质，因此将其归类为重金属。

oxygen demand），是指在 20℃下 1 L 污水中所含的有机物在进行微生物氧化时，5 天内所消耗的分子氧的毫克数。BOD$_5$ 的测定起始于英国（1870 年），目的是判断河水污染的程度以便保护河流。由于英国的泰晤士河水自源头至大海流程为 5 天，且英国夏天河水的平均温度在 20℃左右，故至今全世界一直以该条件为依据来测定 BOD$_5$。COD 是化学需氧量（chemical oxygen demand），是使用强氧化剂使 1 L 污水中的有机物迅速进行化学氧化时所消耗分子氧的毫克数。COD 能在短时间内测得，这种快速检测方法一般使用强氧化剂 KMnO$_4$ 与 K$_2$Cr$_2$O$_7$，后者效果更好。BOD$_5$ 和 COD 的比值越高，表示污水中可生物降解的有机物所占的比例越大。（知识扩展 10-20，见封底二维码）

污水处理一般包括一级处理（primary treatment）、二级处理（secondary treatment）和三级处理（tertiary treatment）等多步骤（图 10-29）。通过活性炭吸附、臭氧消毒和生物脱除等物理、化学和生物学方法去除氮磷营养盐、难降解物质、病原体等污染物。

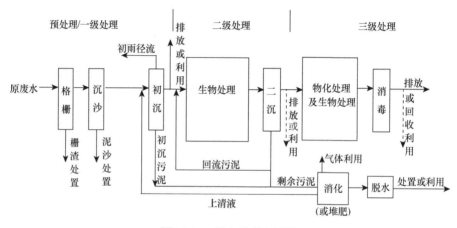

图 10-29　污水处理全过程

一级处理即预处理，主要通过格栅栏除去污水中的粗砂粒和大的固体物质，再静置数小时，使水体中的悬浮固体颗粒沉淀下来，除掉漂浮物和油污。此步骤可去除 70%～80%的悬浮固体、降低 25%～40%的 BOD$_5$，减轻后续处理工艺的负荷并提高处理效果。一级处理后的污水含有高浓度的营养物质。二级处理为生物处理，主要是利用构筑物内或特定环境中的微生物去除水中溶解的或胶体状态的有机物，使污水中的有机物含量减少到可排放的程度。此步骤可降低 80%～95%的 BOD$_5$，使城市污水 BOD$_5$ 下降到 30 mg/L以下。三级处理是一个理化过程，利用沉淀、过滤和加氯消毒法可以快速降低废水的无机营养物水平，特别是磷酸盐和硝酸盐。

在自然界中存在着各种能分解相应污染物的微生物类型，微生物处理污水是指在一个小型生态系统中，利用各种微生物类群间的相互配合，在有氧条件下进行物质循环，从而使污水中的有机物和毒物不断降解、氧化、转化或吸附沉降，进而达到除去污染物以及沉降、分层的效果，而下层的废渣则可通过厌氧处理，生产有用的沼气和有机肥料（图 10-30）。

有关污水的处理有氧化塘（oxidation pond）法、滴滤池（trickling filter）法、活性污泥（activated sludge，AS）法（包括推流式曝气法、完全混合曝气法）、生物膜法[包括生物转盘（rotating biological contactor，RBC）法、塔式滤池法]和厌氧消化（anaerobic digestion，AD）法（图 10-31）。其中活性污泥法和厌氧消化法是常用的处理法，分成两个阶段。

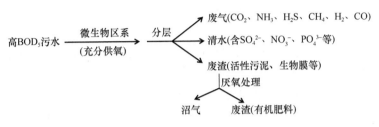

图 10-30　高 BOD$_5$ 污水的处理

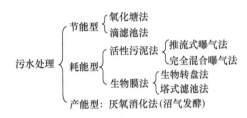

图 10-31　污水处理方法

1）生物转盘（RBC）法

生物转盘法是利用生物膜（biofilm）处理污水的方法（图 10-32）。由于微生物的吸附和繁殖，在一些物体（如小石块）表面会形成一层薄的滑腻、以菌胶团为主体的暗色薄膜，即生物膜。在生物膜的小环境中，表面为好氧层，内层为厌氧层，中间生长着大量的兼性厌氧菌，其表面还含有丰富的原生动物群落。膜中的微生物不断生长繁殖使生物膜逐渐加厚。

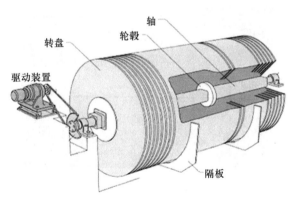

图 10-32　生物转盘

在生物膜的表面总是吸附着一层薄薄的污水，即附着水层。其外可自由流动的污水为运动水层。当"附着水"中的有机物被生物膜中的微生物吸附、吸收、氧化分解时，附着水层中有机物浓度随之降低。而高浓度运动水层中的有机物，便迅速地向附着水层转移，并不断地进入生物膜被微生物分解。微生物所需要的 O$_2$ 从空气进入运动水层，再进入附着水层，微生物分解有机物的代谢产物及生成的无机物与 CO_2 等，则沿相反方向移动。生物转盘的盘片上附有生物膜，工作时会浸入接触反应槽中，在驱动装置的带动下转动。这样的转动使盘片上的生物膜交替与空气及污水接触，加快分解污水中的有机物。（知识扩展 10-21，见封底二维码）

2）滴滤池法

滴滤池是一个厚度约为 2 m、石块直径 2.5～10 cm 的碎石滤床。污水由顶部洒入，沿碎石块表面缓慢下流通过碎石床。其中所含的微生物在滤床的适宜生境下，附着于碎石表面，生长繁殖成生物膜。污水中的污染物在通过这些生物膜时得以净化。初期的生物膜是好氧的，但随着厚度的增加，膜下层逐渐形成厌氧环境。污水中的有机物在生物膜表面的好氧区被细菌分解，分解产物作为养料被原生动物吞食，后者又成为多细胞动物的食物，从而在生物膜上形成一个特殊的降解污水有机质的食物链。随着处理时间的增加，附着于石块上的生物膜厚度不断增加，过厚的生物膜最终因其基部附着力的减弱而脱落。

3）活性污泥（AS）法（知识扩展 10-22，见封底二维码）

活性污泥是由菌胶团形成菌、原生动物、有机胶体、无机胶体及悬浮物组成的絮状体或称绒粒，在污水处理过程中具有很强的吸附、氧化和分解有机物的能力，在静止状态时，又具有良好的沉降性能。活性污泥是一种特殊、复杂的生态系统，在多种酶的作用下进行着复杂的生化反应。活性污泥中的微生物主要是细菌，细菌占 90%～95%，常见的还有生枝动胶菌属（*Zoolocaramigera*）、假单胞菌属（*Pseudomonas*）、无色杆菌属（*Achromobacter*）、黄杆菌属（*Flavobacterium*）、节杆菌属（*Arthrobacter*）、亚硝化单胞菌属（*Nitrosomonas*）、原生动物钟虫属（*Vorticella*）等。活性污泥与生物膜中的微生物基本相似，均以菌胶团的形式存在，具有良好的食物链关系（图 10-33）。

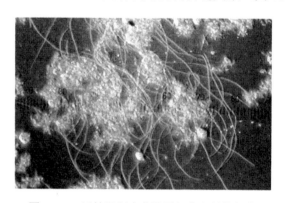

图 10-33　活性污泥中菌胶团细菌和丝状细菌

污水处理中的特殊微生物根据污水性质不同需进行筛选与培养，组建各种优势菌群，以处理相应的污水。①分解氰的微生物：诺卡氏菌属（*Nocardia*）、茄病镰刀菌/腐皮镰刀菌（*Fusarium solani*）、假单胞菌属（*Pseudomonas*）、棒杆菌属（*Corynebacterium*）等；②分解多氯联苯的微生物：红酵母属（*Rhodotorula*）的少数物种、假单胞菌属（*Pseudomonas*）、无色杆菌属（*Achromobacter*）等；③分解多环芳烃的微生物：产碱杆菌属（*Alcaligenes*）、假单胞菌属（*Pseudomonas*）、棒杆菌属（*Corynebacterium*）、诺卡氏菌属（*Nocardia*）等；④分解硝基炸药的微生物：柠檬酸杆菌属（*Citrobacter*）、肠杆菌属（*Enterobacter*）、克雷伯氏菌属（*Klebsiella*）、埃希氏菌属（*Escherichia*）、假单胞菌属（*Pseudomonas*）等若干菌种；⑤降解高分子物质的微生物：恶臭假单胞菌（*Pseudomonas putida*）、芽孢杆菌属（*Bacillus*）。筛选特殊的微生物，降解相应的难分解的有毒污染物，以降低 BOD_5，提高污水处理质量。活性污泥法根据曝气方式不同，可分为多种方法，目前最常用的是完全混合曝气法。

废水或污水先流入一次沉淀池（初沉池），将悬浮固体沉下。一次沉淀池的出水再流入曝气池，与活性污泥充分混合。在不断充气、搅拌的情况下，污水中的有机物和其他毒物被污泥中的好氧性微生物区系降解、氧化或吸附，活性污泥中的微生物群体得到充分的繁殖，环境中有机物不断减少，使污水得到净化。曝气池内的混合液再以低 BOD_5 流入二次沉淀池（二沉池）（图10-34，图10-35），进行固液分离，上清液是处理后的水，被排放到系统外。活性污泥通过静止、凝集、沉淀和分离，一部分回流曝气池再生。回流污泥可增加曝气池内微生物含量，加速生化反应。其余部分运到污泥消解器中停留 $5\sim10~h$，使可溶性物质吸附到菌胶团上，部分作厌氧消化处理。通过此过程，废水的 BOD_5 可降低 $75\%\sim90\%$。

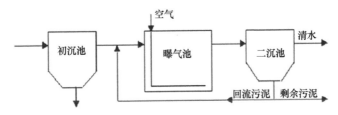

图 10-34 活性污泥法的简化工艺流程

图 10-35 初级曝气池

4）氧化塘法

氧化塘是利用自然生态系统净化污水的一处大面积、敞开式的污水处理池塘（图10-36）。氧化塘是利用细菌和藻类的共生来分解有机污染物的。细菌利用藻类光合作用产生的氧，以及空气溶解在水中的溶解氧来氧化分解塘内的有机污染物；藻类将细菌氧化分解产生的无机物和小分子有机物作为营养源进行自身繁殖。如此不断循环，使有机物逐渐减少，污水得以净化。过多的细菌和藻体易被微型动物捕食。

图 10-36　氧化塘

此外，流入污水中沉淀的固体及衰亡的细胞沉入塘底，这些有机物被兼性厌氧菌分解产生有机酸、醇等简单有机物，其中一部分简单有机物被上层好氧菌或兼性厌氧菌继续分解，另一部分被污泥中的产甲烷细菌分解成甲烷。效果好的氧化塘，能使污水中 BOD_5 下降 80%～95%，磷减少 90%，氮去除率达 80%以上。由于供氧量低，处理同量污水，与生物转盘相比，氧化塘所需面积大、时间长。但氧化塘构筑简单，投资少，操作容易。此法适宜处理生活污水，以及制革、造纸、石油化工、乙烯生产、焦化和农药生产等产生的工业废水，氧化塘还可养藻、养鱼、养鸭、养鹅等。

5）厌氧消化（AD）法

厌氧消化法是在缺氧条件下，利用厌氧微生物（含兼性厌氧微生物）分解污水中有机污染物的方法。因发酵产生甲烷，又称甲烷发酵或沼气发酵（图 10-37）。此法既能消除环境污染，又能开发生物能源。

图 10-37　厌氧消化装置

污水厌氧消化是一个极为复杂的生态过程，涉及多种交替的菌群，需要不同的基质和条件，形成复杂的生态体系。厌氧消化包括三个阶段（图 10-38）：①液化阶段，由厌氧或兼性厌氧的细菌将复杂的有机物如纤维素、蛋白质、脂肪等分解为有机酸、醇等。②产氢产乙酸阶段，由产氢产乙酸细菌将液化阶段产生的各种脂肪酸、醇等进一步转化为乙酸、CO_2 和 H_2。③产甲烷阶段，产甲烷菌将乙酸、甲酸、甲醇、CO_2、H_2 等转化为甲烷。产甲烷菌属于古菌，严格厌氧，主要包括甲烷杆菌属（*Methanobacterium*）、甲烷八叠球菌属（*Methanosarcina*）和甲烷球菌属（*Methanococcus*）等。污水的厌氧消化需在厌氧消化池中进行。

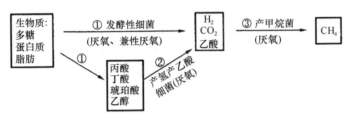

图 10-38　厌氧消化三阶段（知识扩展 10-23，见封底二维码）

发酵后的污水和污泥分别从池的上部和底部排出，所产生的沼气则由顶部排出，可作为能源加以利用。发酵池中也可产生如 H_2S、CO 等一些有毒的气体，故不能贸然进入发酵池（罐）。此法主要用于处理农业和生活废弃物或污水厂的剩余污泥，也可用于工业废水处理。（知识扩展 10-24，见封底二维码）

3. 固体废弃物处理

由于人类的活动，每天都有大量的固体废弃物产生。固体废弃物中不仅含有各种无机物如玻璃、金属制品，还含有大量的有机物，包括可降解的淀粉、蛋白、纸张和不可降解的塑料等。因此，先要进行垃圾分类，将一些可利用的物质如金属制品、玻璃、纸张、塑料等回收利用，减少固体的废弃量。其余固体废弃物的处理有很多方法，如填埋、堆肥、焚烧、垃圾发电等无害化处理。

1）填埋

填埋是将固体废弃物填置在使用价值较低的土地的下层，其中厌氧和兼性厌氧微生物对废弃物中的有机物进行降解，使固体废弃物得到处理。填埋处理的问题：①占有土地面积；②固体废弃物中有机物的厌氧降解很缓慢，需要 40～50 年，且不彻底；③很多污染物可通过渗透作用进入地下水，从而引起地下水的污染；④有可能引起火灾，由于有机物主要通过厌氧降解，可产生大量的甲烷等可燃气体，这些可燃气体逸出地面，遇到明火就可引发火灾。

2）堆肥

堆肥化处理是利用微生物分解固体废弃物中的有机物。在处理前需要将固体废弃物分为无机物和有机物。将垃圾分类后的有机部分（如厨房垃圾）进行堆肥处理，即微生物处理。所用的微生物可来自天然基质如淤泥，也可人工接种，如各种降解微生物，把有机废弃物转化成无毒的腐殖质。堆肥可提高土壤肥力，或直接用作农业肥料。根据氧的状态，可分为好氧堆肥和厌氧堆肥。

好氧堆肥与污水生物处理相似，是指好氧微生物将有机废弃物转变为有利于土壤性状改良并有利于作物吸收和利用的有机物的方法（图 10-39）。

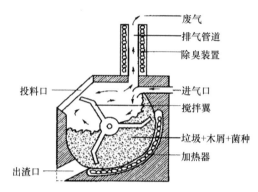

废气
排气管道
除臭装置
投料口
进气口
搅拌翼
垃圾+木屑+菌种
加热器
出渣口

图 10-39　有机垃圾好氧处理反应器

从堆肥到腐殖质的整个过程中有机污染物发生复杂的分解与合成的变化，可分为三阶段。①发热阶段：堆肥初期，中温性好氧细菌和真菌，充分利用堆肥中易分解、可溶性物质（淀粉、糖类）而旺盛增殖，释放出热量，使堆肥温度逐渐上升。②高温阶段：堆肥温度上升到 50℃ 以上，中温性微生物逐步被高温性微生物取代，堆肥中除剩余的或新形成的可溶性有机物继续被分解转化外，复杂有机物也开始分解，腐殖质开始形成。在 50℃ 左右，堆肥中的微生物主要是嗜热性真菌和放线菌，温度达到 60℃ 时，真菌几乎全部停止活动，只有嗜热放线菌和细菌活动，当温度升到 70℃ 时，微生物大部分死亡，或进入休眠状态。高温可使有机物快速腐熟，并可杀灭病原性生物。③降温腐熟保温阶段：当高温持续一段时间后，易分解或较易分解的有机物已大部分被利用，剩下难分解的物质（如木质素）和新形成的腐殖质。此时微生物活动减弱，产生的热量少，温度下降，中温性微生物逐渐形成优势种群。残留物质进一步被分解，腐殖质积累不断增加，堆肥进入腐熟阶段。为避免堆肥有机物矿化损失肥效，应把堆肥压紧，形成厌氧状态。

厌氧堆肥是在空气隔绝的条件下，微生物通过厌氧发酵将堆料有机废弃物转化为有机肥料，使固体废物无害化的过程。其机制与污水处理中的厌氧消化相似，最后可产生甲烷、CO_2 等产物。厌氧堆肥用于城市下水道污泥、农业固体废弃物如秸秆和粪便处理。厌氧堆肥温度低，腐熟及无害化所需时间长。

二、生物整治

生物整治也称生物修复，对于大面积、广泛污染的环境（如农田、河流、湖泊、海洋）必须采用国际上最新的处理环境污染的生物工程技术，即生物整治，主要利用微生物的代谢活动来减少污染现场的污染物浓度或使其无害化。生物整治需遵循的基本原则：①污染物的生物可降解性，生物整治只对那些可降解的有机污染物的污染才有效；②环境条件的可变性，生物整治通常需要改变污染区域的环境条件；③降解活性微生物的存在，降解活性微生物包括污染区域原有的降解菌和人工接种的降解菌；④最低的污染物浓度。生物整治有两种具体操作方法。一是进行环境条件的修饰，如通气、适量补充矿质营养，特别是 N 和 P，以促进污染区原有微生物的生长及提高它们的降解代谢速度。此外，还可进行水量的调节、环境 pH 的调节。总之，要调整到适合微生物充分发挥其降解作用的条件。二是接种合适的微生物以降解污染物，这些微生物可从天然样品中分离筛选，也可使用基因工程改造的工程菌。

三、环境污染的微生物检测

环境监测是测定代表环境质量的各种指标数据的过程，包括环境分析、物理测定和生物监测。生物监测是将生物对环境污染所产生的各种信息作为判断环境污染状况的一种手段。生物长期生活在自然界中，不仅可反映多种因子污染的综合效应，也能反映环境污染的历史状况。故生物监测可以弥补物理、化学分析测试的不足，特别是微生物具有得天独厚的特点，与环境关系极为密切。因此，微生物学方法在生物监测中占有特殊的地位与作用。

1. 粪便污染指示菌

粪便中肠道病原菌对水体的污染是引起霍乱、伤寒等流行病的主要原因。沙门氏菌属（Salmonella）、志贺氏菌属（Shigella）等肠道病原菌数量少，鉴定有困难，但可以将与病原菌并存于肠道的大肠杆菌作为指示菌，从大肠杆菌的数量来判断水质污染程度和饮水的安全性。大肠菌群是一群与大肠杆菌相似的好氧及兼性厌氧的革兰氏阴性无芽孢杆菌，能在 48 h 内发酵乳糖产酸产气，包括埃希氏菌属（Escherichia）、柠檬酸杆菌属（Citrobacter）、肠杆菌属（Enterobacter）等属。我国生活饮用水卫生标准为 1 L 水中大肠杆菌数不得超过 3 个。

2. 致突变物质的微生物检测

人类在生活中不断与环境中的各种化学物质接触，这些物质对人类有怎样的影响与危害，特别是致癌效应如何，是人们普遍关心的问题。据了解，80%~90%的人类癌症是由环境因素（主要是化学因素）引起的。目前世界上常见的化学物质有 7 万多种，其中致癌性研究较充分的仅占 1/10，而每年又至少新增千余种新的化合物。采用传统的动物实验法和流行病学调查法已远远不能满足需要。现今以致突变试验应用最广，测试结果不仅可反映化学物质的致突变性，而且可推测其潜在的致癌性。可用于致突变试验的微生物有鼠伤寒沙门氏菌（Salmonella typhmurium）、大肠杆菌（E. coli）、枯草芽孢杆菌（B. subtilis）、脉孢霉属（Neurospora）、酿酒酵母（S. cerevisiae）、构巢曲霉（Aspergillus nidulans）等。

美国加利福尼亚大学的埃姆斯（Ames）教授于 1975 年研究与发表的致突变试验，即埃姆斯试验（Ames test），是利用微生物营养缺陷型来检验"三致"物质的方法（图10-40），利用鼠伤寒沙门氏菌的组氨酸营养缺陷型菌株（his⁻）的回复突变来进行。鼠伤寒沙门氏菌的组氨酸营养缺陷型由于在合成组氨酸的关键基因中含有突变，在基本培养基上不生长，只有在培养基中加入组氨酸才能生长。而在经过诱变剂处理后可以产生回复突变重新获得合成组氨酸的能力而生长在基本培养基上。

埃姆斯试验是通过某待测物质对微生物的诱变能力间接判断其致癌能力的，具有简便、快速（3天）、灵敏准确（准确率大于85%）和费用低等优点，已广泛应用于食品、饮料、医药、饮水等方面的试样致癌物质的检测。（知识扩展10-25，见封底二维码）

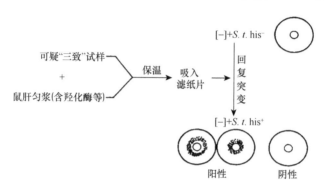

图 10-40 埃姆斯试验

3. 发光细菌检测法

发光细菌（luminescent bacteria）是一种兼性厌氧、革兰氏阴性、有极生鞭毛的杆菌或弧菌，在有氧条件下能发出波长 475～505 nm 的光，多为海水源。常见的发光细菌有发光杆菌属（*Photobacterium*）、弧菌属（*Vibrio*）和贝内克氏菌属（*Beneckea*）等。细菌发光需要荧光素酶（luciferase）催化，以长链脂肪酸（R-CHO）为作用底物、黄素单核苷酸（FMN）为电子传递体、O_2 为电子受体（图 10-41），其发光反应式如下：

$$NADH_2 + FMN \longrightarrow NAD + FMNH_2$$

$$FMNH_2 + O_2 + R\text{-}CHO \xrightarrow{\text{发光酶}} FMN + H_2O + R\text{-}COOH + 光$$

图 10-41 细菌发光机理

微生物的发光一般由群体感应控制，单个或较稀的细胞群不发荧光，当细胞达到一定浓度尤其是形成菌落或菌苔时才会启动 *lux* 基因簇的表达而发光。明亮发光杆菌（*Photobacterium phosphereum*）在生长对数期发光能力极强，但当环境条件不良或有毒物质存在时，发光能力受到影响而减弱，其减弱的程度与毒物的毒性大小和浓度成一定比例，故可通过灵敏的光电测定装置检查发光细菌的发光强度来评价待测物的毒性。发光细菌是环境污染监测中的重要指示生物。

4. 硝化细菌的相对代谢率试验

硝化细菌在好氧条件下，将铵离子氧化成硝酸根的硝化作用在生态系统的氮循环中有重要作用，这个过程只有微生物才能进行。利用硝化细菌的相对代谢率试验对水体、土壤及其他环境污染物的生物毒性进行检测、评价，对于宏观生态环境的评价有重要意义。

总之，微生物在自然界的物质循环与能量流动中发挥着至关重要的作用，是生物地球化学循环的基础。作为生态系统的重要组成部分，微生物直接或间接地参与所有的生态过程。微生物群落的构成和演变、多样性都与其环境相关。微生物生态学研究已成为微生物学中最活跃的研究方向，微生物生态对于自然生态系统的稳定和持续演化起到至关重要的作用。

思　考　题

1. 为什么说土壤是"微生物大本营"或"菌种资源库"？
2. 土壤中微生物的分布规律是什么？
3. 我国饮用水的标准中为什么要把大肠杆菌数作为重要测定指标？
4. 微生物与其他生物之间有哪几种相互关系？
5. 环境污染中污染最严重的是什么？
6. 什么是 BOD_5？从已知的一个水源的 BOD_5 可以获得什么信息？哪一种具有更高的 BOD_5，是饮用水，还是污水？为什么？
7. 什么是 COD？
8. 微生物处理污水的原理是什么？污水处理有哪几种方法？
9. 什么是生物膜？它有什么功能？
10. 什么是活性污泥？
11. 请检索垃圾处理中所用的微生物。
12. 试述用埃姆斯试验检测致癌剂的理论依据、一般方法及其优点。
13. 埃姆斯试验为什么能检测回复突变？能否使用该试验检测正向突变？

参　考　文　献

Barko PC, McMichael MA, Swanson KS, et al. 2018. The gastrointestinal microbiome: A review. Journal of Veterinary Internal Medicine, 32(1): 9-25.

Brown CT, Hug LA, Thomas BC, et al. 2015. Unusual biology across a group comprising more than 15% of domain Bacteria. Nature, 523(7559): 208-211.

Castelle CJ, Banfield JF. 2018. Major new microbial groups expand diversity and alter our understanding of the tree of life. Cell, 172(6): 1181-1197.

Clarke SF, Murphy EF, O'Sullivan O, et al. 2014. Exercise and associated dietary extremes impact on gut microbial diversity. Gut, 63(12): 1913-1920.

Dandekar AA, Chugani S, Greenberg EP. 2012. Bacterial quorum sensing and metabolic incentives to cooperate. Science, 338(6104): 264-266.

Donlan RM. 2002. Biofilms: microbial life on surfaces. Emerging Infectious Diseases, 8(9): 881-890.

Durack J, Lynch SV. 2019. The gut microbiome: Relationships with disease and opportunities for therapy. The Journal of Experimental Medicine, 216(1): 20-40.

Ghurye JS, Cepeda-Espinoza V, Pop M. 2016. Metagenomic assembly: overview, challenges and applications. The Yale Journal of Biology and Medicine, 89(3): 353-362.

Hohmann-Marriott MF, Blankenship RE. 2011. Evolution of photosynthesis. Annual Review of Plant Biology, 62: 515-548.

Jiang YN, Wang WX, Xie QJ, et al. 2017. Plants transfer lipids to sustain colonization by mutualistic mycorrhizal and parasitic fungi. Sicence, 356: 1172-1175.

Kashefi K, Lovley DR. 2003. Extending the upper temperature limit for life. Science, 301(5635): 934.

Kuypers MMM, Marchant HK, Kartal B. 2018. The microbial nitrogen-cycling network. Nat Rev Microbiol, 16: 263-276.

Miller MB, Bassler BL. 2001.Quorum sensing in bacteria. Annual Review of Microbiology, 55: 165-199.

Petersen LM, Bautista EJ, Nguyen H, et al. 2017. Community characteristics of the gut microbiomes of competitive cyclists. Microbiome, 5(1): 98.

Rinke C, Schwientek P, Sczyrba A, et al. 2013. Insights into the phylogeny and coding potential of microbial dark matter. Nature, 499(7459): 431-437.

Stein LY, Klotz MG. 2016. The nitrogen cycle. Current Biology, 26(3): R94-R98.

Takai K, Nakamura K, Toki T, et al. 2008. Cell proliferation at 122℃ and isotopically heavy CH_4 production by a hyperthermophilic methanogen under high pressure cultivation. Proc Natl Acad Sci USA, 105(31): 10949-10954.

Ulrih NP, Gmajner D, Raspor P. 2009. Structural and physicochemical properties of polar lipids from thermophilic archaea. Applied Microbiology and Biotechnology, 84(2): 249-260.

Van Kessel MAHJ, Speth DR, Albertsen M, et al. 2015. Complete nitrification by a single microorganism. Nature, 58(7583): 555-559.

Waters CM, Bassler BL. 2005. Quorum sensing: cell-to-cell communication in bacteria. Annu Rev Cell Dev Biol, 21: 319-346.

Woyke T, Doud D, Schulz F. 2017. The trajectory of microbial single-cell sequencing. Nature Methods, 14(11): 1045-1054.

Zaremba-Niedzwiedzka K, Caceres EF, Saw JH, et al. 2017. Asgard archaea illuminate the origin of eukaryotic cellular complexity. Nature, 541(7637): 353-358.

第十一章　微生物与免疫

导　言

病原微生物通过合适的入侵门径进入机体，能否引起感染，取决于病原微生物的毒力、机体的免疫力以及所处的环境条件。如果病原微生物突破了人体设置的防控线，就会引起感染，最终会产生相应的疾病。而人在抵抗微生物感染的过程中，也会产生各种免疫应答阻挡或消灭病原微生物，如非特异性的第一道防线（皮肤、黏膜、毛发、生理屏障）与第二道防线（吞噬细胞），还有特异性的第三道防线（免疫器官、免疫细胞与免疫分子）。一旦这些防线被层层突破，机体就会发生隐性感染、病原携带状态或显性感染等不同的感染结局。

本章知识点：

1. 微生物感染源与感染途径、致病力以及感染的结局。
2. 非特异性免疫的第一道与第二道防线。
3. 特异性免疫的第三道防线。
4. 微生物感染的防御。

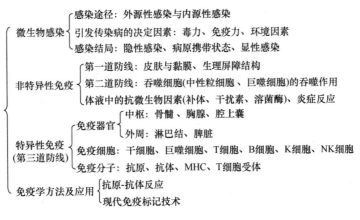

图 11-1　本章知识导图

关键词：传染、免疫、外源性感染、内源性感染、入侵门径、毒力、免疫力、半数致死量（LD_{50}）、侵袭力、外毒素、类毒素、抗毒素、内毒素、鲎试验、隐性感染、病原携带状态、显性感染、非特异性免疫、先天免疫、第一道防线、生理屏障、第二道防线、吞噬作用、补体、干扰素、溶菌酶、炎症反应、特异性免疫、第三道防线、免疫器官、免疫细胞、T 细胞、巨噬细胞、B 细胞、抗原、抗体、初次免疫应答、再次免疫应答、克隆选择学说、免疫网络学说、单克隆抗体、生物制品、人工主动免疫、疫苗、人

Ⅰ被动免疫、免疫球蛋白

说到传染和免疫也许有人会认为这是一个动物免疫学上的内容，与微生物学无多大关系。其实，传染、免疫和微生物有着直接的、不可分割的关系，引起一些传染病的因子与病原微生物有关。已知的病原微生物有细菌、螺旋体、病毒、真菌、衣原体、立克次氏体、支原体、朊病毒等。病原微生物引起的致命传染病有疟疾、天花、流感、肺结核、鼠疫、艾滋病、霍乱、斑疹伤寒、麻疹、猩红热等。当宿主感染病原微生物后能否发生疾病与微生物的毒力、致病机制，以及宿主对病原微生物的免疫应答直接相关。（知识扩展 11-1，见封底二维码）

虽然一些烈性传染病如天花、鼠疫等已基本得到控制，但是病原微生物对人类健康的危害仍然存在，如由病原微生物引起的 2003 年严重急性呼吸综合征（也称非典型性肺炎，severe acute respiratory syndrome，SARS）、2009 年甲型 H1N1 流感、2012 年中东呼吸综合征（Middle East respiratory syndrome，MERS）、2014 年埃博拉疫情、2015 年寨卡病毒（Zika virus）病，2019 年新型冠状病毒感染（corona virus disease 2019，COVID-19）等。研究微生物的毒力因子、致病机制和宿主对病原微生物的免疫应答，是研究微生物与宿主相互作用的一个领域，该研究不仅可实现控制或消灭某些严重危害人类健康的传染病，还可揭示微生物基因的表达产物在宿主内的生物学作用，以及宿主的免疫网络作用与微生物及其产物的应答与效应。（知识扩展 11-2，见封底二维码）

传染（infection）也称感染，是指当外源或内源的少量病原微生物突破宿主机体的"三道防线"，即机械性防御（mechanical defense）、吞噬性防御（devouring defense）和特异性防御（specific defense）后，在机体的一定部位生长繁殖，并引起一系列病理生理的过程。而免疫（immunity）是指机体抵抗病原微生物免疫传染性疾病的能力。随着发展，免疫的概念已超出抗传染性免疫的范围。现代概念认为，免疫是机体识别和排除抗原性异己物质的一种保护性功能（表 11-1），以维持内环境的平衡与稳定，包括免疫防御（immunologic defense）、免疫稳定（immunologic homeostasis）、免疫监视（immunologic surveillance）等一整套生理功能。免疫的特点包括：①可识别自我、排除非我，如病原体、移植器官、肿瘤细胞等；②免疫具有记忆性，这是疫苗的理论基础；③免疫具有特异性，免疫细胞能识别抗原间细微的差别；④免疫具有两面性，免疫并非对机体都有利，有时甚至有很大损伤；⑤免疫具有多样性，免疫分子可以识别成千上万种不同结构的抗原。

表 11-1　机体免疫功能

类别	功能正常	功能异常
免疫防御	防御病原微生物的侵害和中和其毒素（抗传染性免疫）	反应过高引起变态反应、过低则引起反复感染或免疫缺陷综合征
免疫稳定	清除体内自然衰老或损伤的细胞，进行免疫调节，以维护机体内环境的相对稳定性	识别紊乱，导致自身免疫病的发生
免疫监视	某些免疫细胞发现并清除复制错误或突变的自身细胞（癌细胞）	功能失调时，导致癌变或持续感染的发生

第一节 微生物感染

生长在其他生物体内或体外的微生物称为寄生物。感染是寄生物居留在寄主体内，并生长繁殖的过程，如果寄生物能使寄主受到损伤，就是病原微生物。

一、感染途径

感染具有外源性（exogenous）与内源性（endogenous）。外源性感染是指来源于宿主体外的感染，主要来自患者、健康带菌（毒）者和带菌（毒）动植物。内源性感染大多为正常菌群，滥用抗生素导致菌群失调或某些因素致使机体免疫功能下降时，宿主体内的正常菌群可引起感染。

假如微生物具有病原性，在对宿主致病前必须有一个合适的入侵门径（portal of entry），如呼吸道、消化道、创伤、接触感染与节肢动物叮咬感染。许多情况下，微生物都需要穿透皮肤、黏膜、肠上皮及障碍物表层，才能引发致病性。如伤寒沙门氏菌需由口进入人体，先定位在小肠淋巴结中生长繁殖，再进入血液循环而致病；破伤风梭菌入侵深部创伤才有可能引起破伤风，经口吞入则不发病；肺炎球菌、脑膜炎球菌、流感病毒、麻疹病毒经呼吸道传染；乙型脑炎病毒是以蚊子为媒介叮咬皮肤后经血液传播的。也有些病原微生物的入侵门径有多种。如结核分枝杆菌和炭疽芽孢杆菌，既能由呼吸道传播，又能从皮肤创伤和消化道传播。各种病原微生物有特定的入侵门径，一般认为与病原微生物的习性及病原微生物在宿主不同组织器官的微环境中生长繁殖有关。（知识扩展 11-3，见封底二维码）

病原微生物进入寄主体内后，就会集中到一个区域进行繁殖，产生一个小感染点，如起泡、红肿或生成小疙瘩。另外，病原微生物也可通过淋巴器官沉积到淋巴结上，如果病原微生物到达血液，将分布到身体更远的部位，通常会在肝、脾内聚集。通过血液和淋巴系统蔓延的病原体会在许多组织上生长。

二、引发传染病的决定因素

当病原微生物侵入机体后，能否引起传染病，主要取决于以下三个方面：①病原微生物的致病能力即毒力（virulence，也称致病力）；②宿主的抵抗能力即免疫力（immunity）；③外界环境因素。毒力是反映微生物致病性高低的指标，通常以半数致死量（median lethal dose，LD_{50}）或半数感染量（median infective dose，ID_{50}）来表示，分别表示在规定时间内，通过指定的感染途径，能使一定体重或年龄的某种动物半数死亡或者半数感染需要的微生物或其产生的毒素的剂量。

1. 病原微生物的毒力

细菌的致病性是对特定宿主而言的，能使宿主致病的为致病菌，反之为非致病菌，二者并无绝对界限。有些细菌在一般情况下非致病，但在某种特殊情况下亦可致病，称为条件致病菌或机会致病菌（opportunistic pathogen）。病原微生物的致病作用包括抗吞噬作用、病原微生物酶的致病作用以及毒素的致病作用。

毒力是指病原微生物（又称病原体）对生物机体体表的吸附，向体内侵入，在体内定植、生长、繁殖，向周围扩散蔓延，对宿主防御机能的抵抗以及产生损害机体的毒素等一系列能力的总和。构成毒力的因素为侵袭力（invasiveness）和毒素（toxin）（图 11-2）。

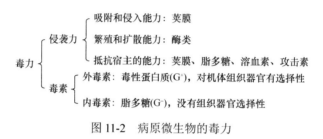

图 11-2 病原微生物的毒力

1）侵袭力

侵袭力是指病原微生物突破宿主机体的防御机能，并能在宿主体内定居，进行生长、繁殖和扩散的能力，包括吸附和侵入能力、繁殖与扩散能力，以及对宿主防御机能的抵抗能力三方面。

（1）吸附和侵入能力：菌毛等黏附因子与细菌的致病性有关。细菌通过具有黏附能力的结构如革兰氏阴性菌的菌毛黏附于宿主的呼吸道、消化道及泌尿生殖道黏膜上皮细胞的相应受体，在局部繁殖，积聚毒力或继续侵入机体内部。（知识扩展 11-4，见封底二维码）

病原微生物在宿主细胞表面，有的不再侵入，仅在原处生长繁殖并引起疾病，如霍乱弧菌（*Vibrio cholerae*）；有的侵入细胞内生长繁殖并产生毒素，使细胞死亡，造成溃疡，如痢疾志贺氏菌（*Shigella dysenteriae*）；有的则通过黏膜上皮细胞或细胞间质侵入表层下部组织或血液中进一步扩散，如溶血链球菌（*Streptococcus haemolyticus*）引起化脓性感染等。

（2）繁殖与扩散能力：病原微生物在生长繁殖过程中产生、分泌水解性酶类，这些酶类通常不具有毒性，但能使宿主组织疏松、通透性增加，有利于病原微生物在宿主机体组织中的生长与扩散，因而对传染过程起重要作用。（知识扩展 11-5，见封底二维码）

（3）对宿主防御机能的抵抗能力：①细菌的荚膜和微荚膜具有抵抗吞噬和体液中杀菌物质的作用，有助于病原菌在体内的存活，有些病原微生物如肺炎链球菌、鼠疫耶尔森氏菌等在一定条件下能形成荚膜，从而使其在机体内能迅速繁殖，引起疾病的发生。②致病性葡萄球菌产生的血浆凝固酶有抗吞噬作用（加速血浆凝固成纤维蛋白屏障）。③有的病原微生物可分泌一些活性物质如溶血素，抑制白细胞的趋化作用。④有的病原微生物能抵抗被吞噬细胞杀死，寄生于吞噬细胞内，如伤寒沙门氏菌和丙型副伤寒沙门氏菌表面的 Vi 抗原，以及某些大肠杆菌的 K 抗原等具有抗吞噬作用及抵御抗体和补体的作用。

2）毒素

毒素主要分外毒素（exotoxin）与内毒素（endotoxin）两类。

（1）外毒素是病原微生物在生长繁殖期间分泌到周围环境中的毒性蛋白质，主要由革兰氏阳性菌（产气荚膜梭菌、金黄色葡萄球菌、链球菌等）产生，如破伤风毒素、白喉毒素、肉毒毒素等（表 11-2）；其次是革兰氏阴性菌（如痢疾杆菌、鼠疫耶尔森氏菌、霍乱弧菌）产生。小剂量的毒素就可能引起死亡，如 1 mg 肉毒毒素纯品可杀死 2 亿只小鼠或 100 万只豚鼠，毒性比 KCN 大 1 万倍，中毒后的死亡率近 100%。

表 11-2　常见的几种外毒素

细菌名称	外毒素种类	作用
白喉棒杆菌	白喉毒素	抑制多种细胞的蛋白质合成
破伤风梭菌	破伤风毒素	阻断上下神经元之间正常抑制性冲动传递
肉毒梭菌	肉毒毒素	抑制运动神经释放乙酰胆碱
霍乱弧菌	霍乱毒素	激活腺苷酸环化酶，促进胞内 cAMP 升高

（知识扩展 11-6、11-7、11-8，见封底二维码）

外毒素怕热，一般 60～80℃加热 0.5 h 后，其毒性完全丧失。外毒素有不同类型，如溶血素（hemolysin）是破坏红细胞的外毒素，可降低机体携带氧的能力。另一类外毒素如杀白细胞素，可破坏白细胞结构，降低机体的防御能力。外毒素对机体的组织器官有选择性，这些毒性蛋白质抗原性强，但毒性极不稳定。用 0.3%～0.4%甲醛处理，可使其毒性完全丧失，但其仍保持抗原性，这种经处理的外毒素即为类毒素（toxoid）（图 11-3）。利用类毒素刺激机体即可产生抗毒素（antitoxin）。类毒素和抗毒素在疾病防治中具有实际意义，前者主要用于人工主动免疫，后者则用于紧急预防（人工被动免疫）。

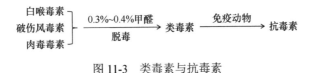

图 11-3　类毒素与抗毒素

（2）内毒素是大部分革兰氏阴性菌的外壁物质，主要是脂多糖。因在活细菌中不被分泌到体外，仅在细菌死亡、自溶或人工裂解后才释放，故称内毒素。如脑膜炎双球菌、伤寒沙门氏菌等含有内毒素。内毒素较稳定，在 100℃下煮沸 1 h 也不被破坏，有时人们即使吃了煮熟的食物还照样得病。不过内毒素毒性不大，也没有组织器官选择性（表 11-3）。不同病原微生物所产生的内毒素引起的症状大致相同，均为无力、头痛、发热、腹泻、出血性休克和其他组织伤害等，严重时也可能发生休克，甚至死亡。内毒素引起发热几乎是一个普遍的症状，因为内毒素可刺激寄主细胞释放一种内源性热蛋白，从而刺激下丘脑体温调节中枢，影响大脑的温度控制中心。此外，内毒素也可能引起腹泻。

内毒素的测定方法为鲎试验（limulus amoebocyte lysate test）（图 11-4）。鲎是一种甲壳类动物，生活在海洋中，是具 3 亿年历史的"活化石"。鲎血液中含有一种变形细

表 11-3　内毒素与外毒素的主要区别

比较项目	外毒素	内毒素
产生菌	以革兰氏阳性菌为主	以革兰氏阴性菌为主
存在部位	分泌到胞外的代谢产物中	细胞壁的成分，菌体裂解后释放
化学成分	蛋白质	脂多糖
释放时间	一般随时分泌	菌体死亡裂解后释放
致病特异性	不同外毒素各不相同	基本相同，均导致发热、腹泻、出血性休克等
毒性作用	强，有组织器官选择性，常致死	较弱，无组织器官选择性，很少致病
抗原性	强，刺激宿主产生抗毒素	弱
甲醛反应	经甲醛处理可产生类毒素	经甲醛处理不能形成类毒素
热稳定性	不稳定，60～80℃加热半小时即可被破坏	耐热性强，160℃加热2～4 h才被破坏

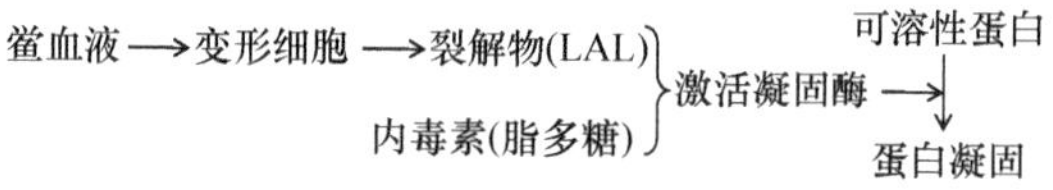

图 11-4　内毒素的测定

胞，其裂解物可与细菌的内毒素发生特异性强、灵敏度高的凝胶化反应。将革兰氏阴性菌注入鲎体内后，内毒素会引起鲎全身性血液凝固而致命。可利用超声波破碎细胞提取鲎变形细胞裂解物（LAL）制成鲎试剂商品，用于检测微量的内毒素。鲎试验测定内毒素具有灵敏、专一、准确、简便和快速等优点，已被广泛应用。

除了病原微生物的毒力和数量外，要完成对宿主的感染并引起疾病，还必须有一个合适的入侵门径。（知识扩展 11-9，见封底二维码）

2. 宿主的免疫力

宿主机体具有三道防线，不同的生物由于其免疫力不同，所以接触病原微生物后，其结局也不同，有的患病，而有的安然无恙，有关免疫后面详细介绍。

3. 环境因素

传染的发生与发展除取决于病原微生物毒力与宿主机体的免疫力外，还与宿主环境和外界环境因素有关。宿主环境包括年龄、遗传、营养、精神、锻炼等，外界环境包括气候、季节、温湿度、地理环境及社会环境等，如呼吸道传染病易发生在寒冷的冬季和春季，消化道传染病易发生在夏秋季。

三、感染结局

由于病原体（pathogen）的毒力和机体的免疫力两方面的力量不同，再加上环境因素的影响，会有三种可能结局：隐性感染（inapparent infection）、病原携带状态（carrier state）与显性感染（apparent infection）。而传染病专指后一种显性感染情况，表现为有临床症状。传染病的基本特征是有病原体，有传染性，有流行性、地方性和季节性，有免疫性。

1. 隐性感染

如果宿主的免疫力很强，而病原体的毒力相对较弱、数量又较少，传染后只引起宿主的轻微伤害，且宿主很快就将病原体彻底消灭，宿主基本上不表现临床症状，称为隐性感染。

2. 病原携带状态

如果病原体与宿主双方都有一定的优势，病原体仅被限制于某一局部区域，且无法大量繁殖，二者长期处于僵持状态，就是病原携带状态。而这种长期处于病原携带状态的宿主，称为带菌者。致病菌在隐性感染或显性感染后并未消失，在体内继续留存一定时间，与机体免疫力处于相对平衡的状态，并不断向体外排菌，该机体就可能成为该传染病的重要传染源。这种情况在伤寒、白喉等传染病中时有发生。（知识扩展 11-10，见封底二维码）

3. 显性感染

如果宿主的免疫力较低，或入侵病原体的毒力较强、数量较多，则病原体很快在体内繁殖并产生大量有毒产物，使宿主的细胞和组织蒙受严重损害，生理功能异常，于是就出现了一系列临床症状，这就是显性感染。按发病时间的长短，可分为急性感染（acute infection）和慢性感染（chronic infection）。前者的病程仅数日至数周，如流行性脑脊髓膜炎和霍乱等；后者的病程往往长达数月至数年，如结核病、麻风病等。

急性感染一般由对宿主吞噬细胞吞噬敏感的病原体造成，这些病原体在机体内被吞噬细胞吞噬后迅速被破坏，属于细胞外寄生物，即它们伤害宿主组织仅在吞噬细胞外的时间内。而与此相反，细胞内寄生物能在细胞内存活和繁殖，常引起慢性感染。按发病的部位可分为局部感染（localized infection）与全身感染（systemic infection）（图 11-5）。

```
        ┌ 局部感染
发病    │           ┌ 毒血症：毒素进入血液——白喉、破伤风等
部位    │           │ 菌血症：病原体侵入血液但未繁殖或少量繁殖
        └ 全身感染 ─┤ 败血症：病原体进入血液大量繁殖、产生毒素
                    └ 脓毒血症：全身炎症
```

图 11-5　病原体感染（知识扩展 11-11，见封底二维码）

第二节　非特异性免疫

机体免疫力可分为由第一道防线与第二道防线组成的非特异性免疫（non-specific immunity），以及第三道防线的特异性免疫（specific immunity）（图 11-6）。非特异性免疫是指生物在长期进化过程中形成的生来具有、相对稳定、无特殊选择性的对所有病原微生物的天然抵抗力，又称为先天免疫（innate immunity）。在抗感染过程中，其发挥作用快、范围广、强度弱，主要包括皮肤、黏膜、生理屏障、体液因素、细胞因素、炎症反应等。

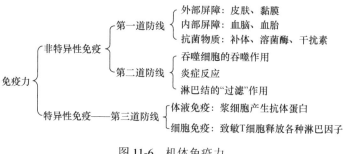

图 11-6　机体免疫力

一、第一道防线

第一道防线有皮肤与黏膜、生理屏障等。

1. 皮肤与黏膜

人体完整的皮肤表面以及与外界相通腔道（呼吸道、消化道、泌尿生殖道等）的黏膜层和眼睛的结膜是体内无菌环境与外环境的分界，是抗感染的第一道天然屏障。皮肤与黏膜可通过机械阻挡、分泌化学物质和表面正常菌群的生物拮抗等机制构成第一道非特异性屏障。

（1）机械的阻挡和排除作用：健康机体的外表面覆盖着连续完整的皮肤和黏膜结构，一般成年人的皮肤表面积为 $2 m^2$，而黏膜表面积为 $300\sim400 m^2$。（知识扩展 11-12，见封底二维码）

如果有些病原微生物侵入皮肤下的组织，它们将遭遇被称为皮肤相关淋巴组织（skin-associated lymphoid tissue，SALT）的一些特殊细胞，SALT 细胞的主要功能是将侵入的微生物限制在皮肤狭小区域内，防止其进入血液。

（2）产生抗菌分泌物：汗腺分泌物中的乳酸、皮肤腺分泌物中的长链不饱和脂肪酸、唾液、泪水、乳汁、鼻涕及痰中的溶菌酶（lysozyme）、胃液中的胃酸、肠液中的蛋白酶、精液中的精胺以及黏膜所分泌的黏液等都具有化学性屏障作用和一定的杀菌、抑菌作用，并且能与细胞表面的受体竞争病毒的神经氨酸酶而抑制病毒进入细胞。

（3）共生菌群：人的体表和与外界相通的腔道中存在大量正常菌群，通过在表面部位竞争必要的营养物质，或产生大肠菌素、酸类、脂类等抑制物，从而抑制多数具有致病潜能的细菌或真菌生长。临床上长期大量应用广谱抗生素，肠道内对药物敏感的细菌被抑制，破坏了菌群间的拮抗作用，往往引起菌群失调症，如耐药性金黄色葡萄球菌性肠炎。

2. 生理屏障

体内的某些部位具有特殊的结构而形成阻挡微生物和大分子异物进入的局部屏障，即生理屏障（physiologic barrier），如血脑屏障与血胎屏障，对保护该器官、维持局部生理环境稳定有重要作用。（知识扩展 11-13，见封底二维码）

二、第二道防线

第二道防线为吞噬细胞的吞噬作用与体液中的杀菌物质。吞噬细胞有大小两种。小的吞噬细胞是外周血中的中性粒细胞或多型核白细胞（PMN）。大的吞噬细胞是血中的单核细胞和多种器官、组织中的巨噬细胞。而体液杀菌物质包括溶菌酶、淋巴因子、抗体等（图 11-7）。

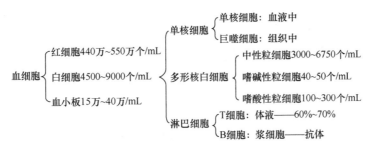

图 11-7　血细胞组成

当病原微生物突破皮肤和黏膜屏障进入组织、体液或血液后，就会遇到吞噬细胞的吞噬作用。病原微生物在生长繁殖过程中释放的产物和趋化因子，吸引中性粒细胞和单核吞噬细胞至感染部位，进行吞噬灭杀，未被灭杀的病原微生物经淋巴管到邻近的淋巴结，遭到淋巴结内吞噬细胞的抵抗。淋巴结的免疫过滤对病原微生物感染的防御起重要作用。（知识扩展 11-14，见封底二维码）

三、体液的抗微生物因素

正常体液中有着各种抗微生物因子，如补体（complement）、溶菌酶（lysozyme）、防御素（defensin）、白细胞素（leukin）等，虽然它们本身不能直接杀死病原微生物，但能配合其他免疫细胞发挥免疫功能。

1. 补体

补体是存在于人和动物血清中的一组非特异性血清球蛋白，已知含有 30 多种成分，主要是 β 球蛋白及 γ 球蛋白，由肝细胞和巨噬细胞产生，通常以无活性形式存在于血清和体液中。当抗原与特异性抗体结合为抗原抗体复合物时，抗体构象发生变化，暴露出补体结合位点，从而激活补体。激活后的补体攻击侵入细胞导致病原微生物溶解。

补体作用无特异性，有杀菌、溶细胞和灭活病毒等功能，并能非特异性地促进吞噬细胞的吞噬作用。补体成分在血清中的含量不因免疫接种而增加。补体极不稳定，对热敏感。56℃经 30 min 或 61℃经 2 min 即被灭活。许多理化因素如紫外线照射、机械振荡、酸、碱、乙醇等均可破坏补体。（知识扩展 11-15，见封底二维码）

激活后的补体具有溶解细胞、杀死病原微生物、改变白细胞的趋化性、促进吞噬作用、使细胞释放组胺等功能。在抗体产生前，补体系统可通过旁路途径进行杀菌和促进吞噬。

补体的生物学作用：①溶解和杀伤细胞功能，激活的补体能溶解多种细胞，包括红细胞、血小板、淋巴细胞，以及许多革兰氏阴性菌如沙门氏菌、嗜血杆菌、弧菌等的细胞。有些革兰氏阴性菌和肿瘤细胞虽然不被溶解但可被杀死。②中和病毒作用，有些病毒与抗体结合后，在补体产生时，能黏附到红细胞上，从而有助于单核巨噬细胞的吞噬和消化。补体成分与抗体致敏的病毒颗粒结合后，可阻断病毒颗粒对靶细胞的黏附和穿透。补体成分可使抗体对疱疹病毒颗粒的灭活作用显著增加。③趋化作用，补体具有趋化作用，能促使吞噬细胞向病原微生物移行和集中，从而可集中对病原微生物进行吞噬。④免疫黏附作用，许多细胞上存在补体受体，如 B 细胞、中性粒细胞、单核细胞、巨噬细胞、灵长类和人类的红细胞等，补体受体和连接在抗原细胞上的补体相连，使抗原抗体复合物能黏附于这些细胞上，易为吞噬细胞所吞噬、消灭。

2. 干扰素

1957 年 Issacs 和 Lindenmann 首先发现受到病毒感染的细胞会产生一种物质，该物质可帮助其他细胞抗御多种病毒的感染，将其命名为干扰素（interferon，IFN）。现干扰素定义为由干扰素诱导剂作用于细胞后，由活细胞产生的一种糖蛋白，当干扰素再作用于其他细胞时，其他细胞能立即获得抗病毒和抗肿瘤等多方面的免疫力。病毒、细菌、立克次氏体、真菌以及原虫等都能诱导细胞产生干扰素。细菌的内毒素、外毒素、放线菌素 D 等也能诱导细胞产生干扰素。人工合成的物质如聚次黄嘌呤核苷酸（聚肌苷酸）、聚胞嘧啶核苷酸（聚胞苷酸）等也能诱导干扰素的产生。（知识扩展 11-16，见封底二维码）

诱导干扰素产生的物质有病毒、双链 RNA 和代谢抑制物。已确认干扰素有三种类型：α 型、β 型、γ 型。INF-α 是由病毒感染的白细胞合成的一个有 20 种不同分子的家族，INF-β 由病毒感染的成纤维细胞产生，INF-γ 由抗原激活的 T 细胞产生。INF-α 与 INF-β 属于 I 型干扰素，抗病毒能力强；INF-γ 属 II 型干扰素，主要起免疫调节作用，可作用于机体的多种免疫细胞。干扰素的作用（图 11-8）：①抑制病毒的复制、增强自然杀伤细胞（natural killer cell，NK 细胞）杀伤病毒感染，具有广谱抗病毒、抗肿瘤和免疫调节作用，对病毒只有抑制作用而无杀灭作用，对已整合的病毒无作用；②抑制癌细胞的分裂，增强机体抗肿瘤的免疫力，如促进巨噬细胞对肿瘤细胞的杀伤作用等；③活化单核巨噬细胞，促进 T 细胞、B 细胞分化，激活中性粒细胞和 NK 细胞等；④改变细胞膜生物学特性等。

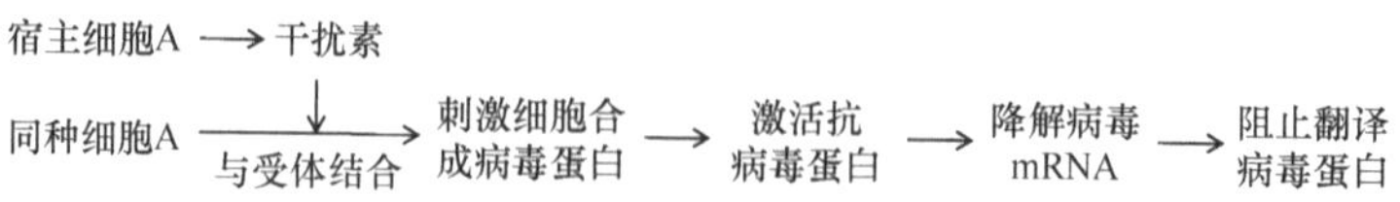

图 11-8　干扰素的作用

干扰素对于防治病毒感染和肿瘤可能是一条新的途径。猴的干扰素已用于治疗人的痘苗性角膜炎、流感等。但干扰素普遍都有毒性而部分有抗原性，故临床应用受到一定的限制。干扰素的基因工程已获得成功，在病毒性疾病的治疗上具有广阔的应用前景。

3. 溶菌酶

溶菌酶是一种不耐热、富含精氨酸的碱性蛋白质。鼻与气管黏膜分泌液、唾液、眼泪和乳液等体液中，以及溶酶体颗粒中均含有溶菌酶，溶菌酶能杀死革兰氏阳性菌，水解革兰氏阳性菌细胞壁中的肽聚糖，引起细胞崩解。溶菌酶对革兰氏阴性菌无效。

此外，体液中的其他物质如血小板生成素、白细胞素、组蛋白、正铁血红素和精胺碱等也具有免疫作用。

四、炎症反应（知识扩展 11-17，见封底二维码）

炎症（inflammation）是机体受到有害刺激（如各种理化因素及病原微生物感染）时所表现的一系列局部和全身性防御应答，可看作非特异性免疫的综合作用结果，其可清除有害异物、修复受伤组织、保持自身稳定性。炎症常发生在局部，而比较严重的炎症如病原微生物在体内蔓延扩散时，常出现明显的全身性反应。①内、外源性热原物质作用于下丘脑导致发热；②吞噬细胞的溶酶体的酶释放或泄漏会损伤自身组织成分；③各种毒性产物与活性介质将刺激正常机体组织；④死亡白细胞与破坏裂解的靶细胞共同酿成脓液（化脓）。

第三节　特异性免疫

特异性免疫是指生物机体接触了外来的微生物及其他物质时所产生的特异性抵抗力，又称获得性免疫（acquired immunity），可分为自然获得性免疫（natural acquired immunity）与人工获得性免疫（artificial acquired immunity）两类（图 11-9）。自然获得性免疫是经历天然的事件过程而自然发生的免疫力；而人工获得性免疫是特意接种某些外源物质刺激免疫应答而获得的免疫力。特异性免疫可通过感染、人工接种后自动获得，或者通过输血或注射现成的抗体等被动获得。其特点是后天形成，有特异性，出现慢，针对性与功能强。从母亲经过胎盘和脐带传递到胎儿中形成的抗体，自出生后在婴儿体内保持 6 个月。

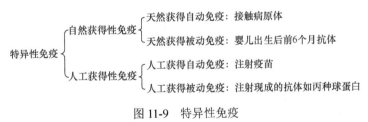

图 11-9　特异性免疫

免疫系统具有免疫监视、防御与调控的作用，可以区分自我和非我，能"识别自己，排斥异己"。出生前机体就清点了存在的蛋白质及各种其他大分子，除去了大部分对自身决定簇特异的 T 细胞。随之自身物质可区别于非自身物质，淋巴细胞能对非自身物质产生免疫反应，并将其除去。免疫系统包括免疫器官、免疫细胞（immunocyte）与免疫分子（图 11-10）。

一、免疫器官

免疫器官包括中枢免疫器官、外周免疫器官与淋巴器官等。骨髓（bone marrow）和

- 免疫系统
  - 免疫器官
    - 中枢免疫器官：骨髓、胸腺、腔上囊
    - 外周免疫器官：淋巴结、脾脏
    - 淋巴器官：骨髓、胸腺、淋巴结、脾脏、扁桃体、阑尾等
  - 免疫细胞
    - 干细胞、巨噬细胞、粒细胞、辅佐细胞
    - T细胞、B细胞
    - 其他淋巴细胞：K细胞、NK细胞、抗原呈递细胞
  - 免疫分子
    - 抗体
    - 补体
    - MHC、细胞因子

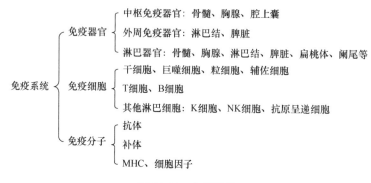

图 11-10　免疫系统

胸腺（thymus）、腔上囊（cloacal bursa）构成了中枢免疫器官。淋巴结（lymph node）与脾脏（spleen）构成了外周免疫器官。

（1）骨髓是形成各类淋巴细胞、巨噬细胞和各种血细胞的场所，免疫细胞 T 细胞、B 细胞就起源于骨髓中的干细胞，骨髓也是 B 细胞成熟的场所（图 11-11）。

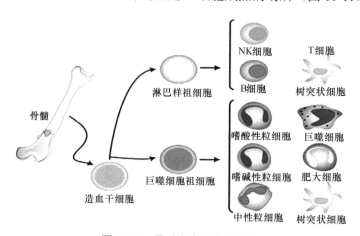

图 11-11　骨髓产生的各种细胞

（2）胸腺是 T 细胞分化与成熟的场所（图 11-12）。胸腺在新生儿中相对较大，青春期前最大，性成熟后逐渐萎缩。

骨髓 ⟶ 干细胞 ⟶(胸腺激素) 不足5%分化成T细胞 ⟶ 细胞免疫作用

图 11-12　胸腺与免疫

（3）腔上囊是鸟类所特有的，位于泄殖腔的后上方，参与体液免疫（图 11-13）。

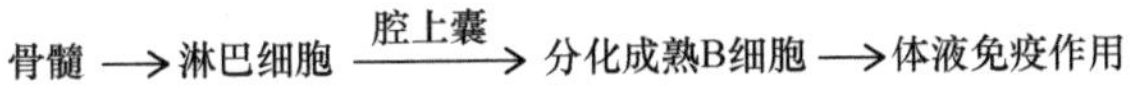

$$骨髓 \longrightarrow 淋巴细胞 \xrightarrow{腔上囊} 分化成熟B细胞 \longrightarrow 体液免疫作用$$

图 11-13　腔上囊与免疫

（4）淋巴结为哺乳动物所特有，呈豆形，成群分布于肠系膜、肺门、腹股沟、腋下、颈部等淋巴回流的通路上。淋巴结主要由 B 细胞与巨噬细胞所组成，是消除侵入机体有害异物的重要器官，还有过滤功能。淋巴结专门用于捕获局部组织中的微生物和抗原，对细菌的清除率可达 99.5%。淋巴结有 500～600 个，分布于全身，使分散于全身的免疫细胞成为一个相互关联的统一体。淋巴结增大、增多是体液免疫应答的重要标志。

（5）脾脏富含血管，有造血、储存和调节血量的血库作用，是产生致敏淋巴细胞和抗体的重要场所，还具有过滤和清除衰老细胞、微生物和抗原的功能。胚胎早期脾脏有造血功能，骨髓造血后，在严重缺血时脾脏可以恢复造血功能。

二、免疫细胞

免疫细胞泛指所有参与免疫反应的细胞与其前身（图 11-14）。免疫细胞是能够特异地识别抗原，并在免疫过程中进行分化、增殖和产生抗体或淋巴因子，以产生特异性免疫应答的一类细胞群，主要包括巨噬细胞（macrophage）和淋巴细胞（lymphocyte）。淋巴细胞在免疫反应中起重要作用，是机体内最为复杂的一个细胞系统，占血液循环中白细胞（leukocyte）的 20%，具有特异识别外来异物的能力。根据其功能的不同，可分为胸腺依赖 T 细胞、骨髓依赖 B 细胞、自然杀伤（NK）细胞、抗体依赖的细胞毒性细胞。T 细胞和 B 细胞是免疫系统的主要组成部分。

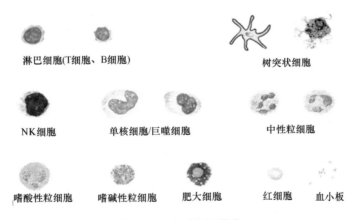

图 11-14　免疫细胞种类

1. 干细胞

干细胞（stem cell）首先出现在胚胎期的卵黄囊内，出生后定居于骨髓中。骨髓中的干细胞能分化为髓样干细胞和淋巴干细胞。髓样干细胞发育成红细胞系、粒细胞系、单核巨噬细胞系和巨核细胞系等细胞。淋巴干细胞发育成各类淋巴细胞，如 T 细胞、B 细胞、K 细胞、NK 细胞等。

2. 巨噬细胞

巨噬细胞是一群具有很强的吞噬和杀灭微生物能力的细胞，在特异性免疫中也发挥重要的作用。无论是细胞免疫还是体液免疫都需要巨噬细胞的参加，其在识别和处理抗原异物后能将抗原信息传递给 T 细胞或 B 细胞。巨噬细胞的功能：①吞噬和杀菌作用，巨噬细胞有多种胞内酶和胞外酶，能杀死、消化被吞入的病原体和异物，能清除体内衰老、损伤或死亡的细胞；②非吞噬的细胞毒作用，激活的巨噬细胞可通过直接接触、非特异性地抑制和杀伤一切增长迅速的有核细胞，特别是肿瘤细胞；③加工和呈递抗原的作用，巨噬细胞可摄取、加工、处理抗原（图 11-15），释放有效的抗原决定簇，使抗原的免疫性增强，然后将抗原的免疫信息传递给 T 细胞、B 细胞；④释放白细胞介素（interleukin，IL），白细胞介素属于非特异性可溶性因子。

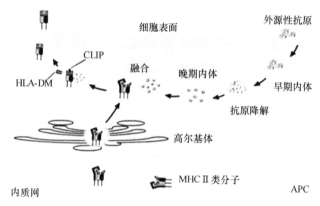

图 11-15　巨噬细胞的抗原呈递作用

CLIP. MHCⅡ类相关不变链；HLA-DM. MHCⅡ亚型之一，人体白细胞抗原；APC. 抗原呈递细胞

3. T 细胞

T 细胞占人体淋巴细胞总数的 60%～70%，起源于骨髓。骨髓中的部分干细胞从胚胎发育的第 11 周起通过血液循环进入胸腺后，在皮质区分化为无特异性表面抗原的嗜碱性的较大淋巴细胞（前 T 细胞），在胸腺激素的作用下，前 T 细胞进一步分化为具有免疫活性的胸腺依赖淋巴细胞（thymus dependent lymphocyte），即 T 细胞（图 11-16）。少部分 T 细胞又流进血液，转移至周围淋巴结和脾脏内的一定区域集聚或不断进行循环。当抗原物质进入机体后，一般经过巨噬细胞的吞噬消化，然后巨噬细胞与 T 细胞密切接触，将抗原决定基传递给 T 细胞，使 T 细胞发生一系列增殖和分化产生一系列淋巴因子，从而参与细胞免疫。在 T 细胞增殖与分化过程中，有一部分细胞沿路停留下来成为"免疫记忆"。

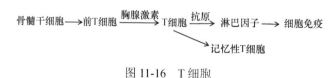

图 11-16　T 细胞

根据 T 细胞表面抗原受体特异性蛋白的分化群（cluster of differentiation，CD）的差异，人 T 细胞表面的抗原有 CD2、CD3、CD4、CD8、CD5 和 CD1。根据 T 细胞发育阶段、表面标志及功能，可分成 CD4 类 T 细胞和 CD8 类 T 细胞两个主要的亚群。（知识扩展 11-18、11-19，见封底二维码）

4. B 细胞

B 细胞发生于胚胎肝脏（前 B 细胞），在骨髓或进入周围组织中繁殖，分化成为骨髓依赖性 B 细胞。鸟类的 B 细胞则在腔上囊（法氏囊）中发育成熟。成熟的 B 细胞离开骨髓或腔上囊，随血液进入外周免疫器官，主要分布在淋巴结和脾脏的生发中心以及髓索部分，也有的存在于消化管黏膜下的淋巴小结中。

已生成的 B 细胞在适当刺激下转化、分裂并分化成产生游离抗体的浆细胞。B 细胞可分为前 B 细胞、B 细胞和浆细胞（plasma cell）三个阶段（图 11-17）。前两个阶段可在正常机体内完成，后一阶段的转变是在抗原或分裂原刺激下实现的。当抗原进入机体后，先经巨噬细胞的识别、吞噬与消化，降解后将抗原决定基传递给 T 细胞，再由 T 细胞传给 B 细胞，也有不经过 T 细胞而直接传递给 B 细胞的。当抗原暴露后，B 细胞分化成熟转化为浆细胞或记忆细胞（图 11-18）。

前B细胞 ⟶ 成熟B细胞 ──抗原──→ 浆细胞 ⟶ 抗体 ⟶ 体液免疫
⟶ 记忆性B细胞

图 11-17　B 细胞

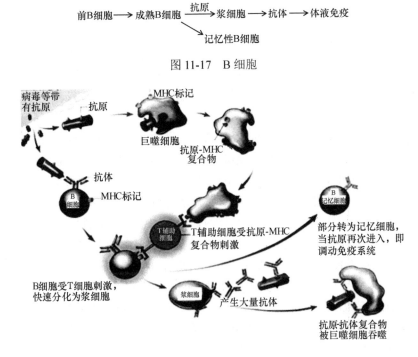

图 11-18　免疫反应

浆细胞具有合成和分泌抗体的能力，由 B 细胞经抗原刺激后分化而来。浆细胞呈圆形或卵圆形。浆细胞每秒钟可合成 2000 个免疫球蛋白，免疫球蛋白聚集成泡状，通过反向胞饮作用而排出浆细胞外。由浆细胞产生的大量抗体参与细胞免疫，分化产生抗体的浆细胞只存活数日。记忆细胞是长寿的。

抗体与相应抗原结合后，降低了该抗原（如病毒）的致病作用，又加速了巨噬细胞对抗原的吞噬和清除。巨噬细胞、T 细胞与 B 细胞等三类免疫细胞的相互作用如图 11-19 所示。

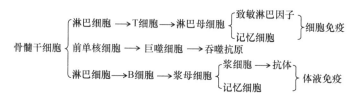

图 11-19　免疫细胞的相互作用

B 细胞与 T 细胞的区别：①B 细胞参与体液免疫，T 细胞参与细胞免疫，两者在功能上是互相支援的；②两种细胞在未被抗原活化时，形态相似，只是 B 细胞略大，表面绒毛样突起略多，但两者细胞表面蛋白很不同；③寿命不同，B 细胞的寿命很短，不过几天或一两周，而 T 细胞可以生活几年，甚至 10 年以上；④在分布上，B 细胞大多集中在淋巴结等淋巴器官中，血液淋巴细胞 80% 是 T 细胞。（知识扩展 11-20，见封底二维码）

5. 其他淋巴细胞

除 B 细胞与 T 细胞主要参与免疫外，其他一些淋巴细胞也有参与。

（1）K 细胞，即杀伤细胞（killer cell），在形态上与 T 细胞和 B 细胞相似，属大颗粒淋巴细胞，占淋巴细胞总数的 5%～15%，主要存在于腹腔渗出液、脾、淋巴结和血液中。K 细胞膜上既无分泌型抗体又无绵羊红细胞（sheep red blood cell，SRBC）受体，但有 Fc 受体和 C3 受体。当抗体（IgG）的 Fab 段与靶细胞上的抗原决定基特异结合后，Fc 段被活化，从而能与 K 细胞上的 Fc 受体结合，导致 K 细胞被激活，对靶细胞进行杀伤或破坏，故 K 细胞也称抗体依赖细胞介导的细胞毒作用（antibody-dependent cell-mediated cytotoxicity，ADCC）淋巴细胞。K 细胞本身的杀伤作用无特异性，凡结合了抗体的靶细胞，均可被它杀伤。抗体和靶细胞是有特异性的，故 K 细胞是通过抗体介导而产生杀伤作用的，且杀伤力极强。在体内，K 细胞主要对恶性肿瘤、移植物、自身组织或寄生虫等不易被吞噬的较大的病原体以及自身衰老细胞有破坏、杀伤作用。

（2）自然杀伤（NK）细胞，主要位于脾和外周血中，是一种单核细胞。因个体较大（直径约 15 μm），故也称为非吞噬大颗粒性淋巴细胞，它与 K 细胞不同，既无须依赖于抗体，又可在无抗原致敏的情况下去杀伤某些肿瘤细胞或病毒感染的细胞。NK 细胞的主要功能：①抗肿瘤，NK 细胞无须事先致敏就具有对肿瘤细胞的细胞毒作用，这种杀伤作用不需要抗体和补体，是机体抵抗自发性肿瘤和病毒感染的第一道防线；②抗病毒感染，NK 细胞能识别病毒感染的细胞表面已改变的抗原，然后结合在靶细胞上杀伤它们；③分泌干扰素，NK 细胞可促进其他组织的抗病毒作用，如释放肿瘤坏死因子（TNF-α、TNF-β），改变靶细胞溶酶体的稳定性，导致水解酶释出而破坏细胞以及引起细胞凋亡；④参与移植排斥反应，清除同种异型淋巴细胞，如抗骨髓移植和移植物抗宿主反应，以及参与免疫调节等作用。NK 细胞可直接与靶细胞接触，通过穿孔素裂解靶细胞。

（3）抗原呈递细胞（antigen presenting cell，APC）是一组混合细胞，除白细胞外，内皮细胞和上皮细胞也有呈递抗原的功能。专职 APC 主要位于皮肤、淋巴结、脾脏及胸腺。位于皮肤的是郎格罕细胞；位于淋巴结和脾脏的是滤泡树突状细胞（follicular dendritic cell，FDC），此类细胞数量少，分布广，具有 II 类主要组织相容性复合体（MHC-II），多具树枝状突起，其抗原呈递能力强于巨噬细胞；位于胸腺的是并指状树突状细胞（interdigitating dendritic cell）。APC 能捕获和处理抗原，形成抗原肽-MHC 复合物，将抗原肽呈递给 T 细胞，并激发 T 细胞活化、增殖。

三、免疫分子

免疫分子是具有免疫能力的物质，包括抗原（antigen）、抗体（antibody）、主要组织相容性复合体（major histocompatibility complex，MHC）、T 细胞受体（T cell receptor，TCR）等。

1. 抗原

抗原是一类能刺激人或动物机体的免疫系统，诱发免疫应答产生抗体或致敏淋巴细胞，并能在体内外与之发生特异性结合反应的物质，包括细菌、细菌分泌的毒素、疫苗、移植器官、组织、肿瘤抗原。抗原可分为完全抗原（complete antigen）、半抗原（hapten）与超抗原（superantigen）等。完全抗原有两种特性：一是刺激机体产生免疫应答的免疫原性（immunogenicity，抗原性），二是具有与免疫应答产物产生特异性反应的免疫反应性（immunoreactivity）。半抗原是指只具有免疫反应性而无免疫原性的物质，如药物、脂类和多糖等低分子物质。但当半抗原和蛋白载体结合后，它们形成的高分子复合物就成为完全抗原。典型的例子是青霉素，青霉素本身没有抗原性，但当它结合于致敏个体的某些血清蛋白时，结合分子启动剧烈的、有时是致命的变态免疫应答。在这种情况下半抗原成为载体分子的抗原决定簇。超抗原是可激发强烈的免疫应答的抗原，超抗原通过与抗原呈递细胞（APC）的 MHC-II 及 T 细胞受体相互作用而非特异性地刺激 T 细胞扩增，如引起食物中毒的葡萄球菌内毒素和毒性休克综合征毒素。超抗原通过刺激 T 细胞释放大量细胞因子而引起症状，并可能与一些慢性疾病如风湿热、关节炎、特应性皮炎等有关。抗原具有异物性（foreignness）、分子量大、结构复杂、特异性等特点。

1）异物性

进入机体组织内的抗原必须与机体组织和体液成分有差别，才能诱导机体产生免疫应答。抗原的异物性包括：①异种间的物质，亲缘关系越远，抗原性越强；②同种异体间的不同成分，如人的红细胞可以区别出 ABO 血型，不同个体的皮肤会出现移植排斥；③自体内隔绝成分、晶状体蛋白质、甲状腺球蛋白、精子蛋白等，因外伤或疾病等原因进入血液时，也能诱发免疫反应；④变了性的自身成分，如自体组织蛋白因电离辐射、烧伤等理化、生物因素的作用而发生变性，也能被机体视为"异己"物质，如红斑狼疮、慢性肝炎就是这种情况。（知识扩展 11-21，见封底二维码）

2）分子量大

分子形状不影响免疫原性，而大小却很重要。分子量大于 10^4 的免疫原是良好的免疫原，且分子量越大，免疫原的抗原性越强。如氨基酸、脂肪酸、嘌呤、嘧啶与单糖常无免疫原性，但与大分子载体结合成复合物时，即可获得免疫原性。故作为抗原物质一般不应口服而需注射入机体，以免被肠胃道消化成小分子而失去抗原性。

3）结构复杂

抗原除需较大的分子量外，还需一定的化学组成与结构。如分子量超过 10^4 的右旋糖酐无抗原性，而分子量只有 5800 Da 的胰岛素具有抗原性。多聚 L-Lys 或多聚 L-Gly 通常不单独成为抗原，如果与合适的蛋白载体结合就可具有免疫原性。

生物体内大分子的抗原性为蛋白质>复杂多糖>核酸（半抗原）。类脂一般不具抗原性。蛋白质抗原中的芳香族氨基酸起很大作用，含大量芳香族氨基酸的蛋白质抗原性最强。此外，各种大分子的抗原性强弱还与其构象和易接近性有关。

4）特异性

特异性是由抗原分子表面特定化学基因即抗原决定簇（antigenic determinant）又称抗原表位（epitope）所决定的。抗原决定簇既是供产生抗体的细胞作为"异物"来识别的"标志"，又是与相应抗体进行特异结合的部位，对诱发机体产生特异性抗体起决定性作用。抗原决定簇包括糖、氨基酸侧链、有机酸、碱基、烃和芳香基团，半抗原通常是一个抗原决定簇。

细菌、病毒、立克次氏体等都是很好的抗原，由它们刺激机体所产生的抗微生物抗体都有保护机体不受该微生物再次侵害的能力。微生物的化学成分复杂，有各种不同的蛋白质，以及与蛋白质结合的各类多糖和类脂，每种微生物都是一个由多种抗原组成的复合体。（知识扩展 11-22，见封底二维码）

2. 抗体

抗体是高等脊椎动物在抗原的刺激下，由浆细胞所产生的一类能与相应抗原特异性结合的免疫球蛋白（immunoglobulin，Ig）。

1）抗体结构与种类

抗体具有链（L 链、H 链）、端（N 端、C 端）、区（V 区、C 区、铰链区）、数（构成抗体的氨基酸个数）、重链类（五类）、轻链型（二型）、价（抗原结合价）、体（单体、双体、五体）等结构或类型。

1963 年英国学者波特（Porter）提出 IgG 由 4 条肽链组成（图 11-20），其中两条较

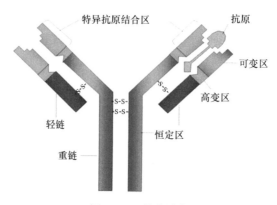

图 11-20　抗体结构

长的肽链为重链（heavy chain，H 链），两条较短的是轻链（light chain，L 链）。两条重链间通过二硫键接起来，呈"Y"形，两条轻链通过二硫键连接在"Y"形的两侧，整个抗体分子结构是对称的。波特和埃德尔曼（Edelman GM）因发现抗体的化学结构而获得了 1972 年的诺贝尔生理学或医学奖。（知识扩展 11-23，见封底二维码）

抗体分子与抗原结合前后，其构象会发生改变，从"T"形变成"Y"形，即抗体与抗原结合后，铰链区发生弯曲，使原先隐蔽的补体结合部位（糖基）暴露出来，从而激活了与补体有关的免疫反应。

根据抗体的理化性质与免疫学特性，人及动物血清中的抗体可分成 5 类，即 IgG、IgA、IgM、IgD、IgE（图 11-21）；而按轻链的抗原型来分，则分为两个型，即 κ 型、λ 型（表 11-4）。

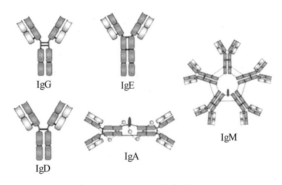

图 11-21　五类抗体

表 11-4　抗体的分布作用

类型	含量/%	类	型	含糖量/%	分子	性质及功能
IgG	75～80	γ	κ 或 λ	3	单体，2 价	起抗体的主力免疫作用，且人体的 IgG 可以通过胎盘结合补体
IgA	20	α	κ 或 λ	7	单体 85%，2 价；二聚体 4 价	分泌型 IgA 不能被消化，存在于母乳中，在肠道黏膜免疫中起作用
IgM	5～10	μ	κ 或 λ	1	五聚体，一般是 5 价，也可 10 价	最先出现在免疫动物中，即初次免疫应答，起先锋免疫作用。
IgD	1～3	δ	κ 或 λ	9	单体，2 价	识别抗原、激发 B 细胞和调节免疫应答
IgE	0.02	ε	κ 或 λ	13	单体，2 价	与肥大细胞及血液中嗜碱性粒细胞结合，可引起 I 型超敏反应

（1）IgG 是人类血清中抗体的主要成分，占血清抗体的 75%～80%，能很好地发挥抗感染、中和毒素及调理作用，参与抗细菌、抗病毒和抵抗毒素反应，也是唯一能通过胎盘自母体到达胎儿的血液中的抗体，对新生儿抗感染起重要作用。

（2）IgM 主要在脾中合成。其相对分子质量大，不能透过血管壁离开血液，故 IgM 存在于血液中，占正常血清抗体的 5%～10%。IgM 可激活补体经典途径，也可引起 I 型、II 型超敏反应，是一种细胞毒性抗体。在有补体系统参与下，可破坏肿瘤细胞，在细菌和红细胞的凝集、溶解和溶菌作用上均较 IgG 强。同时 IgM 是 B 细胞膜上的抗原受体，能与抗原结合，从而调节浆细胞产生抗体。IgM 是一种高效能的抗体，由 5 个单体组成五聚体（图 11-21），根部以 J 链连接在一起，排列成星状，是抗体中最大的分子，称为巨球蛋白。免疫后 IgM 是血液中最先抑制抗原的抗体，是初次免疫应答的主要成分。

（3）IgA 是血液和黏膜分泌物中的抗体，约占抗体总量的 20%，含量仅次于 IgG。IgA 具有显著的抗菌、抗毒素和抗病毒的功能，对保护呼吸道和消化道黏膜起重要作用。IgA 若无 IgM 参加，不能激活补体。IgA 在血清中主要是单体形式（血清型 IgA）。少数以二聚体、三聚体、四聚体等形式存在。人体外分泌液中的 IgA 以二聚体（分泌型 IgA）占优势（图 11-21），两单体通过分泌的 J 链连在一起。胎儿不能从胎盘得到母体的 IgA，出生后婴儿可由母乳获得。

（4）IgD 在血清中含量很少（1%～3%），作为 B 细胞表面的特异性抗原的重要受体，在识别抗原、激发 B 细胞和调节免疫应答中起重要作用。IgD 和 IgE 的结构与 IgG 相似，为单体，抗原结合价为二价。

（5）IgE 在血清中含量甚微（不足 1%），在许多变态反应中体现其功能，能与人组织中的肥大细胞和血液中的嗜碱性粒细胞结合。当特异性抗原再次进入人体后，结合在细胞上的 IgE 又能与抗原结合，促使细胞脱颗粒，释放组胺，引起 I 型超敏反应。（知识扩展 11-24，见封底二维码）

2）抗体形成的规律

在一定条件和范围内，抗体的形成具有普遍的规律。抗原初次进入机体后，须经一段潜伏期，才能在血液中检出抗体，且抗体效价低、维持时间短，很快会下降，为初次免疫应答（primary immune response）。初次免疫应答所产生的抗体主要为 IgM。一定时间后（即抗体下降期）再次注射同样的抗原，抗体量迅速上升到最高水平，可达到初次注射水平的 10～100 倍，且保持的时间较长，为再次免疫应答（secondary immune response），也称回忆应答。再次免疫应答所出现的主要是 IgG（图 11-22）。

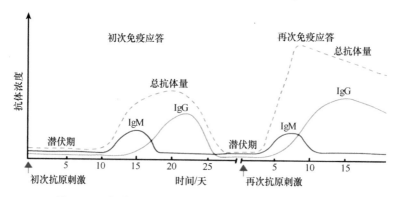

图 11-22 初次免疫应答与再次免疫应答产生抗体的规律

各类抗体出现的顺序：IgM 最先出现，然后是 IgG，最后是 IgA（图 11-23）。

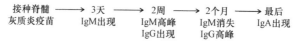

图 11-23 抗体出现的顺序

根据抗体形成的规律，预防接种一般都采用两次或多次接种，否则所产生的抗体水平低，维持时间短，达不到预防的目的。如乙肝疫苗出生后 24 h 内接种第一针，一个月后接种第二针，6 个月后接种第三针，成功接种后的 5 年内应考虑再次接种加强针。而制备抗体也常采用多次注射抗原的方法。在疾病诊断中，也可根据几类抗体出现的先后，进行早期快速诊断。

抗体的功能是与病毒表面结合，在病毒要复制时阻止病毒黏附到宿主细胞表面；抗体与细菌鞭毛结合，阻止其功能；与纤毛结合，阻止细菌黏附到组织上；在某些情况下，抗体促进吞噬作用的发生。另外，抗体还能激活补体系统，使微生物表面成洞和穿孔，导致细胞质漏出和细胞分解。

3）抗体形成的机制

关于抗体形成的学说很多，可大致归纳为模板学说（template theory）、选择学说（selection theory）和免疫网络学说（immune network theory）（图 11-24）。

图 11-24　抗体形成学说（知识扩展 11-25，见封底二维码）（知识扩展 11-26，见封底二维码）

（1）澳大利亚学者伯内特（Burnet）因提出了关于抗体形成原理的克隆选择学说以及发现并证实了动物抗体的获得性免疫耐受性而被授予 1960 年的诺贝尔生理学或医学奖（图 11-25）。

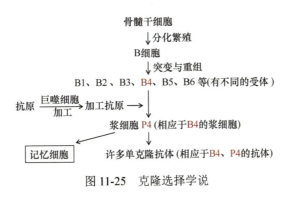

图 11-25　克隆选择学说

克隆选择学说的内容：①由于遗传基因的控制，动物体内存在着不同受体的免疫细胞克隆。②某一抗原进入机体后，与其相应淋巴细胞上的受体发生特异结合，从而发生"扳机作用"使某一克隆得到活化、增殖和分化，一部分浆细胞产生抗体，而一部分浆细胞成为免疫记忆细胞。③禁忌克隆（forbidden clone）形成，胚胎期某一克隆接触了相应抗原，与抗原（外来或自身）发生特异性结合，不增殖产生抗体，因此该结合抗原的克隆被消除或受到抑制，从而成为禁忌克隆，以后就失去与该抗原结合及产生免疫应答的能力，形成天然的耐受状态。④禁忌克隆的复活与突变。⑤免疫细胞克隆，若此禁忌克隆得到恢复，则会与此抗原重新发生反应。若为自身抗原，就会导致自身免疫病。此学说能解释抗原-抗体反应的特异性、免疫记忆及免疫耐受性等。

通常认为，一种基因对应一种蛋白，高等动物机体内要产生与所有抗原相应的抗体，就必须先具备数量庞大的抗体基因。揭开此谜团的是日本学者利根川进（Tonegawa）博士，他认为抗体的多样性是 B 细胞中抗体基因片段的重排和突变造成的，据估算，抗体基因通过 DNA 重排和突变可产生 100 亿种不同抗体。利根川进因发现了抗体多样性产生的遗传学原理而独享了 1987 年的诺贝尔生理学或医学奖。

根据抗体基因结构分析可知，轻链的可变区（C 区）是由 V_L 与 J_L 基因片段编码的，重链的可变区（V 区）是由 V_H、D_H 和 J_H 基因片段编码的，即一条免疫球蛋白肽链是由单个 C 区和多个 V 区基因分开编码的，当 B 细胞分化成抗体形成细胞时，这两个基因序列才连接起来，形成一个完整的抗体肽链基因（V+C），并在细胞中得到表达（图 11-26）。

$$
\text{多样性}
\begin{cases}
\text{J、D、C序列的多样性}\\
\text{V基因多样性}\\
\text{轻链V-J基因间组合多样性}\\
\text{重链V-D-J基因间组合多样性}\\
\text{轻链与重链组合多样性}\\
\text{V除与J连接外，偶尔可与不同的C发生误连}
\end{cases}
$$

图 11-26　抗体多样性

D. 多样性基因；J. 连接基因；V. 可变区基因；C. 恒定区基因

轻链三个基因不连续：可变段 V_L（500 个）、连接段 J_L（5～6 个）、恒定段 C_L（10～12 个）。轻链的 V_L—J_L 跃迁重排，再与 C_L 剪拼加工（图 11-27）。

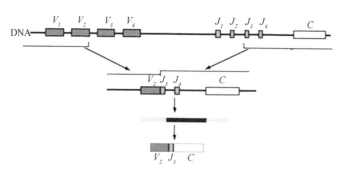

图 11-27　抗体轻链基因

重链 4 个基因不连续：可变段 V_H、多样段 D_H、连接段 J_H、恒定段 C_H。重链的 V_H—D_H—J_H 跃迁重排，再与 C_H 剪拼加工（图 11-28）。

克隆选择学说不仅解释了抗体产生的机理，也解释了抗原识别、免疫记忆、免疫耐受、移植物免疫排斥以及自身免疫等免疫生物学现象。

（2）免疫网络学说：孔克尔（Kunkel）和乌丹（Oudin）等于 1963 年分别报道了免疫球蛋白含有共同的和独特的抗原决定簇。1974 年英国科学家杰尼（Jerne）根据现代免疫学对抗体分子独特的认识提出了免疫网络学说（immune network theory），杰

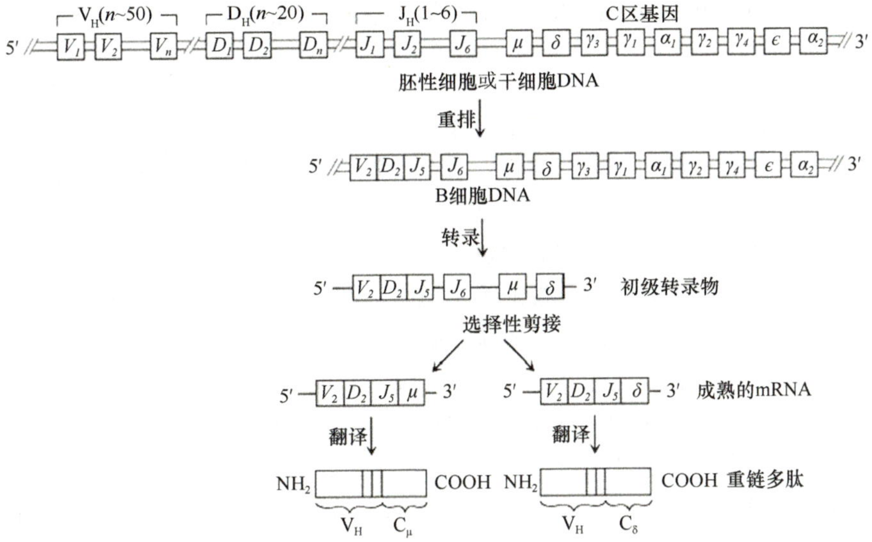

图中：

$V_H(n\sim50)$ — $D_H(n\sim20)$ — $J_H(1\sim6)$ — C区基因

$5'$ —〔V_1 V_2 — V_n〕—〔D_1 D_2 — D_n〕—〔J_1 — J_6〕—〔μ δ γ_3 γ_1 α_1 γ_2 γ_4 ϵ α_2〕— $3'$

胚性细胞或干细胞DNA

重排↓

$5'$ —〔V_2 D_2 J_5 J_6〕—〔μ δ γ_3 γ_1 α_1 γ_2 γ_4 ϵ α_2〕— $3'$

B细胞DNA

转录↓

$5'$ —〔V_2 D_2 J_5 J_6〕—〔μ δ〕— $3'$ 初级转录物

选择性剪接↙ ↘

$5'$ —〔V_2 D_2 J_5 μ〕— $3'$ $5'$ —〔V_2 D_2 J_5 δ〕— $3'$ 成熟的mRNA

翻译↓ 翻译↓

NH_2 ▯▯▯▯ $COOH$ NH_2 ▯▯▯▯ $COOH$ 重链多肽

V_H C_μ V_H C_δ

图 11-28 抗体重链基因重排、转录后加工和翻译

尼和科勒（Kohler G）、米尔斯坦（Milstein C）获得了 1984 年的诺贝尔生理学或医学奖（图 11-29）。该学说认为，机体免疫系统是一个建立在识别自身抗原的基础上识别外来抗原的系统，免疫球蛋白分子的可变区（V）具有双重特性，通过抗原结合部位与抗原决定簇结合，又借助独特型决定簇引发、调节自身的免疫应答反应。抗体独特型（idiotype，Id）的一个重要特性就是具有自身免疫原性，可诱发自身抗体。在机体中，一方面抗体带有的独特型 Id（Ab1）必然刺激与之互补的另一个克隆产生 AId 即抗 Ab1 的抗体（Ab2）。而 Ab2 抗体也有自己的独特型，同样又刺激与之互补的另一克隆产生抗 Ab2 的抗体即 Ab3，依次类推，机体内可以诱发产生一系列的 Ab4、Ab5 等，从而形成级联式的 Id-AId 应答；另外，抗体作为免疫球蛋白（Ab1）既可结合抗原，又可结合独特型抗体 AId（Ab2），与后者的结合又具有细胞调节功能、提高或抑制淋巴细胞的免疫功能。故免疫网络学说也被称为独特型网络学说（idiotye network theory）。

图 11-29 免疫网络学说

有关免疫网络学说的内容：①免疫系统由两种类型的克隆组成，一是用于识别抗原决定簇的抗体结合部位（antibody combining site）或称互补位（paratope），二是专注于识别抗体的差异或独特型表位。②免疫网络是有方向性的。③免疫网络的基本作用类型是抑制，即确保非致命动物各个克隆之间以及免疫应答的各个不同时相克隆之间的平衡。

抗原进入后，激活网络中某一与抗原匹配的免疫细胞克隆，在网络的某一环打破原来的免疫网络的平衡。当抗原逐渐被消去后，免疫系统通过网络控制机制逐渐抑制并平息，重新恢复平衡稳定。免疫网络结构的特点是既有正调控也有负调控作用，能适时地

加以控制，不出现过度的反应而达到新的平衡。（知识扩展 11-27，见封底二维码）

3. MHC

主要组织相容性复合体（MHC）是机体唯一自身标志性分子，是大多哺乳动物细胞表面的糖蛋白，具有种属与个体特异性。MHC 是引起移植排斥的细胞表面抗原，不仅控制着种内移植排斥反应，而且与机体免疫应答、免疫调节及某些病理状态的产生密切相关，处于机体特异免疫应答的中心地位。（知识扩展 11-28，见封底二维码）

当某种病毒或细胞突破非特异性的第一道防线和第二道防线时，巨噬细胞就会启动免疫应答。巨噬细胞先对其所遇到的捕获细胞进行吞噬、消化、识别，加工后的抗原分子可穿过细胞膜，与细胞表面的 MHC 嵌合或结合，MHC 嵌合抗原的细胞称为抗原呈递细胞（APC），抗原呈递细胞可将加工后的抗原提交给 T 细胞。已知有两种不同的抗原加工过程，分别为 I 类和 II 类抗原呈递。

MHC I 在内质网中产生并和其他蛋白质如病毒抗原和肿瘤抗原组装一起。有些蛋白质在内质网中被消化。消化的肽结合到 MHC I 上并被运到细胞表面，与 T 细胞受体（TCR）发生作用。CD8 辅助受体加入 MHC I 中形成一个强大的复合体。然后细胞毒性 T 细胞（cytotoxic T cell，Tc 细胞）释放细胞因子和细胞毒性蛋白，将靶细胞杀死。Tc 细胞利用其 CD8 辅助受体与 MHC I 型嵌合抗原相互作用。

MHC II 与加工的外来肽段结合，运送到细胞表面，并与辅助性 T 细胞（helper T cell，Th 细胞）的 TCR 及 CD4 相互作用，致使 Th 表面释放细胞因子，刺激 B 细胞产生抗体。而 Th 细胞利用其 CD4 受体与 MHC II 嵌合抗原相互识别，使巨噬细胞与 Th 细胞结合并相互作用，分泌白介素 IL-1，IL-1 又进一步刺激 Th 细胞分泌 IL-2，以及穿孔素，使病原体感染的靶细胞解体和死亡。IL-2 还能刺激 B 细胞，使之迅速分化成浆细胞和记忆细胞。

4. T 细胞受体

所有 T 细胞表面都有 T 细胞受体（TCR），其是由二硫键连接的 α 链与 β 链两条肽链构成的一种跨膜蛋白，两条肽链都嵌入 T 细胞膜中。T 细胞受体的识别位点伸展于膜外，末端可变部分与抗原片段互补。T 细胞对暴露于抗原呈递细胞（APC）表面的抗原片段应答，大多数 APC 是巨噬细胞、树突状细胞（dendritic cell，DC）和 B 细胞。尽管 T 细胞不产生抗体，但其识别抗原，识别过程依赖于 TCR。TCR 只能识别正常细胞表面与自身蛋白结合的抗原，由 MHC 的基因所编码。

四、淋巴细胞杂交瘤技术

1975 年米尔斯坦（Milstein）和科勒（Kohler）开发了利用淋巴细胞杂交瘤生产单克隆抗体（monoclonal antibody，McAb）技术。McAb 技术使 B 细胞和骨髓瘤细胞两者融合形成一种既能在体内外大量繁殖又能产生大量单克隆抗体的杂种细胞（图 11-30）。米尔斯坦、科勒与提出免疫网络学说的杰尼（Jerne）共同获得了 1984 年的诺贝尔生理学或医学奖。

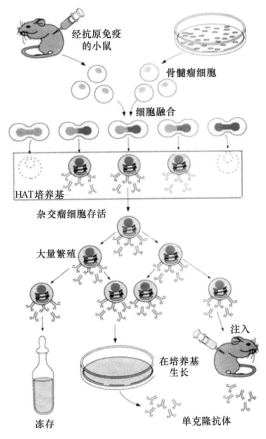

图 11-30 单克隆抗体的制备

HAT. 含次黄嘌呤（H）、氨基蝶呤（A）、胸腺嘧啶核苷（T）的细胞培养基

McAb 技术的理论基础为特异抗体的结构、抗体合成机制与细胞调节、抗原机体反应机制。实践中应用的"生物导弹"，运载体是单克隆抗体，弹头就是对肿瘤有杀伤力的药物。

五、生物制品

在人工免疫中，用于预防、治疗和诊断的各种抗原和抗体制剂以及免疫调节剂，统称为生物制品（biological product）。人工免疫包括人工主动免疫（artificial active immunity）与人工被动免疫（artificial passive immunity）。

1. 人工主动免疫

人工主动免疫是将疫苗（vaccine）或类毒素接种于人体，使机体产生获得性免疫力的一种防治措施，主要用于预防。疫苗是由病原微生物本身加以制备的，包括细菌制品即菌苗，以及病毒制品、立克次氏体制品。当机体内注射疫苗后，机体产生应答反应，出现特异性抗体或致敏淋巴细胞，达到特异性免疫的效果。

1）死疫苗

死疫苗是被杀死的病原微生物，其已失去毒力，但仍具有抗原性。死疫苗易长时间保存，且无感染的危险性，但需较大的注射量和较多的注射次数才能达到较好的免疫效果。死疫苗有百日咳疫苗、伤寒疫苗、副伤寒疫苗、霍乱疫苗、流行性乙型脑炎疫苗和斑疹伤寒疫苗等。

2）活疫苗

活疫苗是用失去毒力或降低毒力，但仍保持抗原性的病原体突变型制成的活微生物制品，如有毒菌株长期在人工培养基上传代培养，可使细菌的毒力减弱或消失，如卡介苗（BCG）、牛痘疫苗、鼠疫疫苗、麻疹疫苗和脊髓灰质炎疫苗等。抗结核的卡介苗（BCG）是用有毒的牛型结核分枝杆菌（*Mycobacterium bovis*）在含有胆汁的甘油、马铃薯培养基上，经过 13 年，连续 230 代的接种传代，获得的一株细菌毒力减弱但仍保持免疫原性的变异株。活疫苗更有效，因其进入机体后还有一定的繁殖能力，故一般接种量低，只需注射一次就可获得持久的免疫力，但活疫苗不易保存。

3）亚单位疫苗

将病原微生物某种抗原成分提取出来制成不含核酸、能诱发机体产生抗体的疫苗，称为亚单位疫苗（subunit vaccine）。根据细菌抗原分析，查明不同致病菌的主要保护性免疫原存在的组分，再将其制成疫苗。

4）基因工程疫苗

近年来应用 DNA 重组技术将病原微生物的致病基因提取后与载体连接，然后转入合适的受体菌中，使致病菌基因得到表达，将表达产物加工制成的疫苗称为基因工程疫苗，如乙肝疫苗。（知识扩展 11-29，见封底二维码）

5）核酸疫苗

核酸疫苗或称 DNA 疫苗、基因疫苗、mRNA 疫苗和环状 RNA 疫苗等，是将能编码引起保护性免疫应答的病原体免疫原基因片段和质粒载体直接注射入宿主体内以表达目的免疫原，进而诱导出体液免疫和细胞免疫的新型疫苗。

（1）mRNA 疫苗：通过脂质纳米粒（lipid nanoparticle，LNP）将 mRNA 导入体内表达抗原蛋白，以刺激机体产生特异性免疫反应。如 2019 年底新型冠状病毒（COVID-19）暴发后，针对性的 mRNA 疫苗在多种疫苗类型中脱颖而出。（知识扩展 11-30，见封底二维码）

（2）环状 RNA 疫苗：环状 RNA（circular RNA，circRNA）呈共价闭合环状结构，不含 5′-Cap 和 3′-poly（A）结构；且不需要引入修饰碱基，其稳定性高于线性 RNA。如针对新型冠状病毒及其变异株，设计编码新型冠状病毒刺突蛋白受体结构域（RBD）的环状 RNA 疫苗。

6）类毒素

细菌外毒素经 0.3%～0.4% 甲醛处理 3～4 周后，毒性消失，但仍保持免疫原性，成为类毒素。注射类毒素可使机体产生抗毒素，抗毒素对相应的外毒素有免疫作用，如白喉毒素与破伤风毒素的类毒素。

2. 人工被动免疫

注射含有特异性抗体的免疫血清或纯化免疫球蛋白，或细胞因子等免疫制剂，使机体即刻获得特异性免疫力以达到治疗和应急预防的目的。但这些免疫物质不是患者自己产生的，故维持时间短，主要用于治疗或紧急预防（表 11-5）。

表 11-5 人工主动免疫与人工被动免疫的比较

比较项目	人工主动免疫	人工被动免疫
免疫物质	抗原	抗体或细胞因子等
免疫出现时间	慢，2～4 周	快，即刻
免疫维持时间	长，数月至数年	短，2～3 周
主要用途	预防	治疗或紧急预防

（1）抗毒素：将类毒素注射于马体后，所得到的马血清即为抗毒素，如针对白喉、破伤风与蛇咬伤的抗毒素等。

（2）抗病毒血清：用病毒免疫动物取其血清制成的制品即为抗病毒血清，如狂犬病毒血清。

（3）丙种球蛋白、胎盘球蛋白：血浆丙种球蛋白是从正常人的血浆中提取的，胎盘球蛋白是从健康产妇的胎盘中提取的，主要用于麻疹病毒和传染性肝炎病毒等感染的潜伏期治疗和预防。

（4）细胞免疫制剂：有杀伤性 T 细胞、干扰素等。

第四节　免疫学方法及其应用

早期的免疫学方法所用的抗体大多取自血清，因此，称为血清反应，而现代免疫学方法已大大超出了血清学的范围。

抗原-抗体反应具有以下规律。①特异性，抗原与抗体间的反应具有高度特异性，这种特异性是由抗原决定簇与抗体分子可变区间的分子引力所决定的，可用于各种检测。②可逆性，抗原与抗体结合是相对稳定的，但仅是表面的结合，在一定条件下是可逆的，抗原并未改变。③定比性，抗原与抗体需要适当的比例才能结合成大的分子基团而沉淀下降成为可见反应。抗原的抗原决定簇数目较多，为多价，而抗体多数为单体 2 价，抗原或抗体过多都会阻碍结合物互相聚合。④阶段性，抗原与抗体间的结合有两个阶段：第一阶段为不可见的结合阶段，抗原、抗体进行特异性结合，此阶段时间很短（数秒）；第二阶段为反应阶段，抗原、抗体结合后受环境因素（比例、pH、温度、电解质、补体等）的影响，进一步交联和聚集，表现为凝集、沉淀、溶解、补体结合介导的生物现象等肉眼可见的反应（图 11-31）。

一、抗原-抗体反应

1. 凝集反应

凝集反应（agglutination reaction）是颗粒性抗原如细菌或红细胞等与其特异性的抗

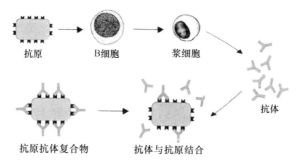

图 11-31 抗原-抗体反应

体在合适的条件下反应并出现凝集团的现象，抗原为凝集原，抗体为凝集素。凝集反应中一般稀释抗体，因为抗原体积巨大、结合价少。（知识扩展 11-31，见封底二维码）

2. 沉淀反应

沉淀反应（precipitation reaction）是由可溶性抗原（如血清蛋白及细菌浸出液等）与其相应的抗体在合适的条件下反应并出现沉淀物的现象，抗原为沉淀原，抗体为沉淀素。沉淀反应中一般稀释抗原，因为抗原分子小、表面的抗原决定簇相对较多。（知识扩展 11-32，见封底二维码）

3. 补体结合试验

补体是存在于人和动物血清中的正常蛋白质成分，虽然其作用无特异性，可与任何抗原抗体复合物结合，但不能单独与抗原或抗体结合。补体的主要作用是在有特异性抗体存在下，可以溶解细胞（溶菌或溶血）。补体结合试验分为待检反应系统与指示系统两个系统。待检反应系统为已知抗原或抗体、待检的血清或抗原。如果抗原与抗体是相应的，它们就结合，并且补体也与之结合。反之补体则游离于液体中。指示系统为绵羊红细胞与溶血素（即绵羊红细胞的特异抗体）（图 11-32）。补体结合试验很灵敏，但在操作中要严格控制补体的用量，不可过量，否则会造成假象。

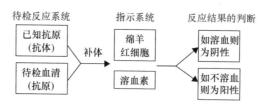

图 11-32 补体结合试验

二、现代免疫标记技术

免疫标记技术是指将抗原与抗体用荧光元素、酶、放射性同位素或电子致密物质等加以标记，借以提高其灵敏度的一类新技术。具体其包括免疫荧光技术（immunofluorescence technique）、酶联免疫吸附测定（enzyme-linked immunosorbent assay，ELISA）、放射免疫测定（radio immuno-assay）、化学发光免疫技术（chemiluminescence immunoassay）与免疫电镜技术（immuno-electron microscopy）等。可利用酶标仪、荧光显微镜、射线测量仪、电子显微镜和发光测定仪等直接进行镜检或自动化分析。

（1）免疫荧光技术：抗体与某些特定的荧光物质结合而成为荧光标记抗体，当其与特异性的抗原结合时，在荧光显微镜下可观察到有抗原（病原微生物）的部位结合有荧光抗体而显示绿色荧光。常用的荧光物质有异硫氰酸荧光素（fluorescein isothiocyanate，FITC）、罗丹明 KB200、二氯三嗪基氨基荧光素（dichlorotrazinylamino-fluorescein，DTAF）。

（2）酶联免疫吸附测定（ELISA）：用酶标记的抗体与抗原进行反应，由于酶的催化作用，原来无色的底物通过水解、氧化或还原反应显颜色，通过比色仪观察颜色变化。ELISA 比免疫荧光技术更具直观性。

（3）放射免疫测定：利用同位素技术检测抗原-抗体反应，此方法具有高灵敏度和高特异性，但放射性对人体有影响，需要隔离操作，废液需要回收处理以防污染环境。

总之，微生物与人类生活息息相关，在造福人类的同时，也极大地影响着人类的健康与生存，干预着人类文明的进程。病原微生物是引起各种传染病的罪魁祸首，威胁人们的生命安全。而人类可以充分利用和发挥机体的三道防线，改善人体共生微生态环境，提高人体自身的免疫力。此外，也可利用病原微生物研制疫苗，开发抗生素、免疫诊断剂等微生物药物，发挥其在人类保健、医疗事业中的作用。

思 考 题

1. 病原微生物侵入机体后，能否引起传染病主要取决于哪三方面因素？
2. 什么是毒力？构成毒力的因素是什么？
3. 试述外毒素、内毒素的区别。
4. 什么是类毒素、抗毒素？
5. 简述机体免疫的三道防线。
6. 什么是补体？
7. 试述巨噬细胞在免疫中的作用。
8. 什么是抗原？抗原物质应具有哪些条件？
9. 试述完全抗原与半抗原的区别。
10. 免疫球蛋白（抗体）的基本结构是怎样的？
11. 试述五类免疫球蛋白的名称、结构及基本功能。
12. 产生抗体需要几种免疫细胞的参与？试分别说明其功能。
13. 试述抗体形成的规律。
14. 抗体形成的学说有哪些？
15. 试述克隆选择学说的要点。
16. 什么是单克隆抗体技术？研究单克隆抗体有何理论与实践意义？
17. 什么是补体结合试验？试述其原理和方法及应注意的点。
18. 以 HIV 为例，述说 HIV 的繁殖方式，以及感染 HIV 后机体会出现哪几种结果？

19. 如果某人被铁钉深度刺伤，医生首先应考虑给予注射（　　　　）。
　　a. 破伤风类毒素　　b. 破伤风抗毒素　　c. 百白破三联疫苗　　d. 破伤风减毒活疫苗

参 考 文 献

周德庆. 2020. 微生物学教程. 4 版. 北京: 高等教育出版社.

Lam LKM, Murphy S, Kokkinaki D, et al. 2021. DNA binding to TLR9 expressed by red blood cells promotes innate immune activation and anemia. Sci Transl Med, 13(616): eabj1008.

Owen J, Punt J, Stranford S, et al. 2013. Kuby Immunology. 7th Edition. New York: W. H. Freeman and Company.

第十二章 微生物分类

导 言

微生物出现早、研究晚、类群繁多。大量未知的微生物或许是环境微生物的主体，需进行分离、鉴定与命名。针对细菌和古菌，可进行多相分类研究，在普通杂志上进行合格发表，在《国际系统与进化微生物学杂志》（*International Journal of Systematic and Evolutionary Microbiology*）上进行有效发表，最终将汇总于《伯杰氏古菌与细菌系统学手册》（*Bergey's Manual of Systematics of Archaea and Bacteria*）。对于真菌分类通常趋向于采用安斯沃思（Ainsworth）和比斯比（Bisby）的《真菌字典》（*Dictionary of the Fungi*）中的分类系统。而病毒常用国际病毒分类委员会（ICTV）的分类系统。研究的微生物需要在世界培养物保藏联盟的菌种保藏机构进行保藏，以便他人索取。

本章知识点：

1. 生物分类的五界系统与三域学说。
2. 细菌与古菌的分类系统与方法。
3. 真菌分类系统与方法。
4. 病毒的分类系统。
5. 菌种保藏方法与保藏机构。

分类单元与命名 {
　通用分类：五界系统、三域学说
　分类单元：界、门、纲、目、科、属、种
　命名原则：学名（双命名或三名法）

分类系统 {
　细菌分类系统：《伯杰氏系统细菌学手册》
　真菌分类系统：Ainsworth & Bisby 系统《真菌字典》
　病毒分类系统：基于核酸类型分为8类，以及亚病毒因子

分类鉴定方法 {
　细菌分类方法（多相分类法）
　真菌分类方法：有性孢子、ITS
　病毒分类方法：ICTV的15级分类法

菌种保藏：菌种保藏方法、菌种保藏机构

图 12-1 本章知识导图

关键词：分类、鉴定、命名、五界系统、小亚基 rRNA（SSU rRNA）、三域学说、细菌域、古菌域、真核生物域、属、俗名、学名、种、亚种、双名法、三名法、《国际细菌命名法规》、《国际系统与进化微生物学杂志》、合格发表、有效发表、《伯杰氏鉴定细菌学手册》、《伯杰氏系统细菌学手册》、《真菌字典》、《真菌概论》、国际病毒分类委员会（ICTV）、病毒分类系统、双歧式分类检索表、数值分类、多相分类、表型特征、基因型特征、分子计时器、化学分类特征、16S rRNA、G+C mol%、核酸杂交、平均核苷酸同一性（ANI）、多位点序列分析（MLSA）、脂肪酸、呼吸醌、极性脂、内在转录

间隔区（ITS）、菌种保藏、菌种保藏机构、世界培养物保藏联盟（WFCC）、国际培养物保藏机构（IDA）、《布达佩斯条约》

地球上的生物从无到有、从少到多、从简单到复杂、从低等到高等发展进化。各种生物都是历史的产物，有其历史渊源，各生物之间都有或近或远的亲缘关系。传统的微生物研究通过纯培养，但自然界中存在的很多种微生物在实验室中无法培养，进行培养的研究只能捕捉到自然界中不到 1%的微生物。据预估，地球上可能有超过 1 万亿种微生物，其中 99%以上都尚未被发现。

微生物分类学（microbial taxonomy）是一门按微生物的亲缘关系，把它们安排成条理清楚的各种分类单元或分类群的科学，包括了分类（classification）、鉴定（identification）和命名（nomenclature）三个方面。分类是根据相似性或相关性（进化亲缘关系）将生物归属为分类群或分类单元。鉴定是决定某一特定分离物归属于某一已确定分类单元的过程。命名是给予分类单元与公布规则相符的名称。

由于微生物形体微小、结构简单、易受外界条件的影响而发生变异，故对微生物进行系统分类有许多困难。但随着科学技术的发展，特别是分子生物学的飞速推进，用于微生物分类的新技术、新方法越来越多，这为微生物的分类开拓了新的前景。

第一节　微生物分类单元与命名

一、通用分类

在生物发展历史上曾将整个生物分为二界、三界、四界、五界、六界，1970 年后又回归于三域，即二界（1753）→三界（1860）→六界（1949）→四界（1956）→五界（1969）→三域（1978）。（知识扩展 12-1，见封底二维码）

1969 年康奈尔大学的惠特克（Whittaker）根据生物细胞的结构特征和能量利用方式的基本差异，在《科学》杂志上发表了《生物界级分类的新观念》，提出了生物分类的五界系统（five kingdoms system），即动物界（Animalia）、植物界（Plantae）、原生生物界（Protista）、原核生物界（Monera）与真菌界（Myceteae）（见第一章图 1-2）。五界系统学说以纵横统一的观点表明了三大进化阶段和三大进化方向，纵向显示了从低等到高等的生物进化，即原核生物→真核单细胞生物→真核多细胞生物的三大进化阶段；横向显示了自然生态系统中的营养类型演化，即光合营养→吸收营养→摄食营养的动物生物演化三大进化方向。该学说引起了学术界的巨大反响和普遍支持。

在五界系统中没有包含非细胞型的病毒。1977 年我国学者王大耜等在五界系统的基础上加了一个病毒界（图 12-2），提出了三总界六界系统，即无细胞生物总界——病毒，原核生物总界——细菌和蓝细菌，真核生物总界——植物、真菌和动物三界。但因病毒没有典型的细胞结构和生命新陈代谢特征，被认为不是一种生命形式。需要说明的是，1977 年提出的六界系统与 1949 年提出的六界系统的内容是不同的。

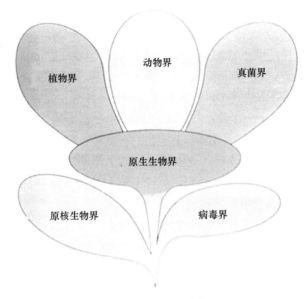

图 12-2　六界系统

1977 年美国伍斯（Woese）等在对大量微生物和其他生物的核糖体小亚基 rRNA（SSU rRNA）基因片段进行测序及同源性对比分析时，发现甲烷细菌 16S rRNA 基因序列与原核生物内其他微生物以及真核生物的 18S rRNA 基因序列的相似性均低于 60%，从而发现了第三类生物——古菌（archaea）（图 12-3）。

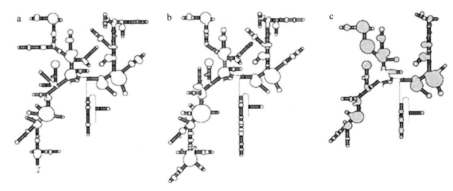

图 12-3　16S rRNA 或 18S rRNA 基因序列
a. 大肠杆菌（16S rRNA）；b. 甲烷菌（16S rRNA）；c. 酵母菌（18S rRNA）

1990 年伍斯等提出了三域学说（three domain theory），认为地球上的生物都是由一个共同祖先——LUCA 兵分三路经过长进化，形成了三个域，即细菌域（bacteria）、古菌域（archaea）与真核生物域（eukarya）。随后人们对 RNA 聚合酶的亚基、延伸因子 EF-Tu、ATP 酶等其他相对保守的生物大分子的进化也进行了分析，分析结果进一步支持了伍斯提出的三域学说。

在生物进化过程中，最早出现在地球上的细菌可能是厌氧微生物（35 亿～39 亿年前），蓝细菌和产氧光合作用产生于 25 亿～30 亿年前或更早，现代的真核细胞似乎起源于 18 亿～20 亿年前的原核生物。（知识扩展 12-2，见封底二维码）

二、微生物分类单元

与高等动植物一样，微生物的分类单元有 7 级，即界（kingdom）、门（phylum）、纲（class）、目（order）、科（family）、属（genus）、种（species）。1993 年 Gordfellow 和 O'Donnell 认为，可将微生物 DNA 的 G+C mol%差异≤10%～12%以及 16S rRNA 的序列同源性≥95%的种归于一个属。（知识扩展 12-3，见封底二维码）

有关种，在高等生物中，"生殖隔离"是区分物种的标准，物种通常被看作是彼此杂交能繁殖的自然群体，该群体与其他群体在生殖上是隔离的。微生物中种的定义很困难，但可认为种是一个基本的分类单元，由许多具有共同稳定特征的菌株或克隆组成，在形态和生理上具有高度的相似性和遗传的稳定性。

以大肠杆菌为例，说明它在生物中的分类地位。

界（kingdom）：细菌（Bacteria）

门（phylum）：变形杆菌门（Proteobacteria）

纲（class）：γ-变形菌纲（γ-Proteobacteria）

目（order）：肠杆菌目（Enterobacteriales）

科（family）：肠杆菌科（Enterobacteriaceae）

属（genus）：埃希氏菌属（*Escherichia*）

种（species）：大肠杆菌（*E. coli*）

种下面还有变种（variety，var.）、亚种（subspecies，subsp.或 ssp.）、菌株（strain）、型（type）。

亚种是指在实验室中获得的稳定的变异种。只有一个特性与典型种（模式种）不同，其他特性都与典型种相同的一类微生物。当某一种内的不同菌株存在少数明显而稳定的变异特征或遗传性状，而又不足以区分成新种时，可将这些菌株细分成两个或更多的亚种，如金黄色葡萄球菌的厌氧亚种（*S. aureus* subsp. *anaerbius*）。亚种是正式分类单元中地位最低的分类级别。变种（var.）是亚种的同义词。在《国际细菌命名法规》（1976年修订本）发表以前，变种是种的亚等级，因"变种"一词易引起词义上的混淆，故 1976年后，细菌种的亚等级一律采用亚种，不再使用变种。（知识扩展 12-4，见封底二维码）

菌株（strain）是种后的分类等级，指同种微生物不同源的纯培养物。一个菌株是指由一个单细胞繁衍而来的克隆（clone）或无性繁殖系中的一个或微生物群体。一种微生物可以有许多菌株，其在遗传上是相似或一致的。同种微生物的不同菌株虽然在一些主要性状上是相同的，但在次要性状（如生化性状、代谢产物和产量性状）上有差异。同一种微生物可以有许多菌株，菌株常用字母和编号来表示。（知识扩展 12-5，见封底二维码）

种以下的分类单元中还有一些非正式的、含义不太明确，因而不常使用的名称，如类群（group）、小种（race）、相（phase）及态（state）等。

三、微生物命名原则

同种微生物在不同的国家和地区有不同的名称即俗名。俗名（common name）通俗易懂，但往往含义不确切，易重复，使用有局限性。而学名（scientific name）是按照《国际细菌命名法规》命名、国际学术界公认、通用的科学名称。如红色面包霉（俗名）为粗糙脉孢霉（*Neurospora crassa*）（学名）、白念珠菌（俗名）为白假丝酵母（*Candida albicans*）（学名）、绿脓杆菌（俗名）为铜绿假单胞菌（*Pseudomonas aeruginosa*）（学名）。

有关原核微生物的命名，《国际细菌命名法规》（*International Code of Nomenclature of Bacteria*，ICNB）是目前公认的命名法典，其规定：①细菌名称发表的优先权，在1980年1月1日以前，以斯克尔曼（Skerman）教授为主对世界上的细菌名称进行清理，保留了3500个菌名，废除了26 400个菌名。从1980年1月1日起，凡是保留的3500个菌名以外的有优先命名发表权。②新种的命名不应与已发表的真菌、藻类、原生动物同名。③种名用拉丁文的双名法，新种与新属要有典型菌株与典型种，并同时发表菌种的保藏号。④新种（属）要在《国际系统与进化微生物学杂志》（*International Journal of Systematic and Evolutionary Microbiology*，IJSEM）上发表。⑤学名的更改要得到国际细菌命名仲裁委员会的同意，并在IJSB/IJSEM上发表才有效。在科学杂志上进行公开发表为有效发表；而在IJSEM杂志上发表，或者是在其他杂志上发表后在IJSEM上进行了备案才是合格发表。（知识扩展12-6，见封底二维码）

微生物的命名和其他生物一样，也采用林奈（Linnaeus C）所创立的"双名法"（binomial nomenclature），即用两个拉丁文来称呼一个生物类群。微生物名称一般体现其颜色、形状、生理生化特征或分离环境等，也可用相关人名来命名。（知识扩展12-7，见封底二维码）

（1）学名=属名+种名+（首次定名人）+现名定名人和定名年份。

学名由一个属名加一个种名构成。属名（genus name）在前，是名词，由微生物的形态、构造或某著名科学家名字而来，用于描述微生物的主要特征；种名（species name）在后，是形容词，为微生物的颜色、形态、来源、病名、地名、生理特性、寄主或某科学家的名字等，用于描述微生物的次要特征。在种名后附上首次定名人的姓、现名定名人及定名年份，也可省略。如金黄色葡萄球菌（*Staphylococcus aureus*）、破伤风梭菌（*Clostridium tetani*）、巴斯德酵母（*Saccharomyces pastori*）。

（2）学名第一次出现在文章以及出版物的摘要中要用全名。属名第一个字母要大写。在同属的一系列学名中，除第一个学名全名外，其属名可缩写成一个、两个或三个字母，在其后加一点，*Aspergillus*（曲霉属）可写成"*A.*"或"*Asp.*"。属名和种名必须采用斜体字，如手写或没有斜体字时，在其学名下加一横线 E. coli。

（3）发表新名称时，应在新名称后加上所属新分类等级的缩写词，如新目（order nova）"ord. nov."、新属（genus nova）"gen. nov."、新种（species nova）"sp. nov."，且是正体字。如 *Pyrococcus furiosus* sp. nov.（强烈炽热球菌）表明该菌是一个新发表的种。

（4）当某一微生物是变种/亚种时，学名就按"三名法"命名，即学名+var.（正体字）+变种名，或+subsp.（正体字）+亚种名。属名、种名与亚种名（变种名）印刷体一律斜体，如酿酒酵母椭圆变种（*Saccharomyces cerevisiae* var. *ellipsoideus*）。

（5）在实际工作中，有时筛选到一个有用菌种，其属名很易确定，但种名还未确定。发表论文或学术交流时，即常用的是属名（斜体字）+sp.（正体字），表示一种菌（单数）。

而属名（斜体字）+spp.（正体字），表示一批菌（复数）。

（6）菌株的名称都放在学名的后面，可随意地由字母、符号、编号构成，如 *Escherichia coli* K12、*E. coli* MV1184。（知识扩展 12-8，见封底二维码）

第二节 微生物的分类系统

微生物不是生物分类学上的名称，它们分别属于五界系统中的原核生物界、原生生物界、真菌界；属于三域中的细菌、古菌，以及部分真核生物。

就生命基本单元细胞而论，微生物包括了原核细胞与真核细胞，还包括了无细胞形态的大分子生物病毒；就个体水平而言，包括分化和无分化两大类微生物。因此，在研究微生物的系统分类时，其分类系统有自身的一些特点。微生物的分类系统包括细菌、放线菌、丝状真菌、酵母菌与病毒等分类系统。而每个分类系统又有不同学者提出的若干分类系统。

一、细菌与古菌分类系统

有 4 个比较全面的细菌与古菌分类系统，包括苏联克拉西里尼科夫（Krassilnikov）、法国普雷沃（Prévot）、我国学者王大耜，以及美国伯杰氏等分类系统。

（1）苏联克拉西里尼科夫（Krassilnikov）于 1949 年著有《细菌和放线菌的鉴定》（中译本于 1957 年出版）。这一分类系统是在植物界原生植物门下分为裂殖菌类及裂殖藻类，将所有的细菌及近似于细菌的裂殖菌都归入裂殖菌类，其下分 4 个纲，为放线菌纲、真细菌纲、黏细菌纲和螺旋菌纲（图 12-4）。各纲下设目、科、属、种。该分类系统以形态作为分类的主要依据，特别强调鞭毛的有无。

裂殖菌类 { 放线菌纲：放线菌目、分枝杆菌目、球菌目
真细菌纲：真细菌目、铁细菌目、硫细菌目、衣细菌目
黏细菌纲：黏细菌目
螺旋菌纲：螺旋菌目

图 12-4 克拉西里尼科夫的细菌分类

（2）法国普雷沃（Prévot）于 1961 年著有《细菌分类学》，并于 1977 年撰写了《细菌学概论》。普雷沃把细菌归入原核生物界，下分真细菌门、分枝杆菌门、藻杆菌门和原生动物状细菌门四大类群（图 12-5），下设纲、目、科、属、种。

细菌界 { 真细菌门：无芽孢菌纲、芽孢菌纲
分枝杆菌门：放线菌纲、黏细菌纲、固氮细菌纲
藻杆菌门：铁杆菌纲、硫杆菌纲
原生动物状细菌门：螺旋体纲
分类位置不明类群：支原体目、立克次氏体目

图 12-5 普雷沃的细菌分类

（3）我国细菌分类学家王大耜教授于 1977 年在《细菌分类基础》一书中提出了检索系统（图 12-6）。

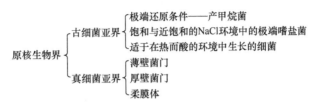

图 12-6　王大耜提出的细菌分类

（4）由美国细菌学家协会所属的细菌鉴定和分类委员会直接指导、布里德（Breed）等主编了一本有代表性、参考价值高、较全面系统的细菌分类手册《伯杰氏鉴定细菌学手册》（*Bergey's Manual of Determinative Bacteriology*）。该手册自 1923 年出版第 1 版后，于 1925 年、1930 年、1934 年、1939 年、1948 年、1957 年、1974 年相继出版了第 2～8版，每个版本都反映了当时细菌学发展的新成就。特别是第 7 版到第 8 版的修改很大，其中第 8 版有美国、英国、德国、法国等 14 个国家 130 多位细菌学家参与编写工作，对系统内的每个属与种都做了较详细的属性描述。近年来，细胞学、遗传学和分子生物学的渗透，大大促进了细菌分类学的发展，使分类系统与真正反映亲缘关系的自然体系日趋接近。

1984 年初，美国威卢克斯公司（Williams & Wilkins）分卷出版了伯杰氏系统的另外一种手册，称为《伯杰氏系统细菌学手册》（*Bergey's Manual of Systematic Bacteriology*）。至 1989 年共出版了 4 卷，即 1984 年第 1 卷、1986 年第 2 卷，3、4 卷于 1989 年出版。（知识扩展 12-9，见封底二维码）

1994 年出版的《伯杰氏鉴定细菌学手册》第 9 版几乎是《伯杰氏系统细菌学手册》的缩写版。此手册在着重表观特征描述的基础上，结合化学分类、数值分类，特别是DNA 相关性分析，以及 16S rRNA 基因序列在生物种群间的亲缘关系研究，显示了细菌分类的研究从表观向系统发育体系的发展。新版不仅记载了细菌鉴定方面的内容，而且增加了细菌的生态分布、分离方法、菌种保存和特殊性状的测定等方面的内容，提高了手册的实用性。

第 9 版手册中实质性的变化象征着细菌分类学的发展进入新的阶段。①第 9 版由于内容增加、范围扩大，实用性提高，指出了各类细菌间的关系，故原名《伯杰氏鉴定细菌学手册》更名为《伯杰氏系统细菌学手册》；②第 9 版分成 4 卷，及时反映了研究新进展；③第 9 版与以前版本相比，细菌分类地位无变动，但其高级分类单元有很大变化，尤其是嗜盐细菌和产甲烷细菌，根据细胞壁以及 DNA 序列分析，另列疵壁菌门、古菌纲；④在各级分类单元中全面应用核酸研究，在表型特征的基础上，依据DNA 资料给予决定性的判断，使人为的分类体系过渡到趋近自然体系。（知识扩展12-10，见封底二维码）

原本的《伯杰氏系统细菌学手册》又出版了第 2 版，共有 5 卷，第 1 卷 2001 年问世，至 2004 年出版第 5 卷。将原核生物分为古菌和细菌 2 域，下设 25 门 27 纲 73 目 186

科，包括 870 余属 4900 多种，分为 31 个部（section）进行描述（表 12-1）。

表 12-1　《伯杰氏系统细菌学手册》第 2 版

卷	部	类群	域
第一卷 古菌、蓝细菌、光合细菌和位于古老进化分支的细菌群（最先分化的细菌）	1	热变形菌（Thermoprotei）、硫化叶菌（Sulfolobus）、嗜压菌（Barophiles），21 属 36 种	I 古菌
	2	产甲烷菌（Methanogen），21 属 97 种	
	3	盐杆菌（Halobacteria），14 属 50 种	
	4	热原体（Thermoplasma），2 属 4 种	
	5	热球菌（Thermococci），5 属 19 种	
	6	产液菌（Aquifex）和相关细菌，3 属 5 种	II 细菌
	7	栖热袍菌（Thermotogae），1 属 8 种	
	8	异常球菌（Deinococci），1 属 8 种	
	9	栖热菌（Thermus）和归属不明的属，10 属 21 种	
	10	产金菌（Chrysiogenes），1 属 1 种	
	11	绿弯菌（Chloroflexi）和滑柱菌（Herpetosiphons），5 属 11 种	
	12	热微菌（Thermomicrobia），1 属 2 种	
	13	蓝细菌（Cyanobacteria），69 属 73 种	
	14	绿菌（Chlorobia），6 属 17 种	
第二卷 革兰氏阴性的变形菌	15	α-变形菌（α-Proteobacteria），117 属 392 种	
	16	β-变形菌（β-Proteobacteria），117 属 392 种	
	17	γ-变形菌（γ-Proteobacteria），150 属 854 种	
	18	δ-变形菌（δ-Proteobacteria），39 属 128 种	
	19	ε-变形菌（ε-Proteobacteria），6 属 56 种	
第三卷 低 G+C 含量的革兰氏阳性菌	20	梭菌（Clostridium）和相关细菌，73 属 403 种	
	21	柔膜菌（Mollicutes），10 属 191 种	
	22	芽孢杆菌（Bacillus）和乳杆菌（Lactobacilli），55 属 535 种	
第四卷 浮霉状菌、螺旋体、丝杆菌、拟杆菌、梭杆菌	23	浮霉状菌（Planctomycetes）和衣原体（Chlamydia），5 属 14 种	
	24	螺旋体（Spirochaetes），13 属 92 种	
	25	纤维杆菌（Fibrobacteres），3 属 5 种	
	26	拟杆菌（Bacteroidetes），20 属 130 种	
	27	黄杆菌（Flavobacteria），15 属 72 种	
	28	鞘氨醇杆菌（Sphingobacteria），22 属 76 种	
	29	梭形菌（Fusoforms），6 属 29 种	
	30	疣微菌（Verrucomicrobia）及相关细菌，2 属 5 种	
第五卷 高 G+C 含量的革兰氏阳性菌	31	放线细菌（Actinobacteria），117 属 1371 种	

　　上述两种不同手册的变化是鉴定方法的革新，历来细菌分类鉴定都是以表型特征为基础的，各学者强调的特征不尽相同，造成了分类上的混乱。近 30 多年来，人们开始对细菌的遗传物质进行研究，DNA 中 G+C mol% 含量的测定、DNA 杂交、RNA 寡核苷酸的顺序分析、细胞化学分析、数值分类等方法应用到细菌的分类学上，改变了过去细菌分类过多依赖人为因素的局面。总之，新版在原版本的基础上，把细菌分类从人为的

分类体系向自然的分类体系推进了一大步。

在上述 4 个细菌分类系统中，伯杰氏分类系统是最具权威性、代表性和参考价值的分类系统。《伯杰氏系统细菌学手册》也是当今国际上微生物工作者进行细菌分类鉴定的必备重要手册。

二、真菌分类系统

真菌是微生物中的一个大类，在土壤、水、空气和腐败的有机物上都有存在，是一群数目十分庞大的真核生物。从 1729 年至今已有 10 余个有代表性的菌物分类系统。其间主要依据形态的描述鉴定一些属种，并以比较形态学的观点建立一些分类系统。据统计，世界上已有记载的真菌有 12 万种以上，总数在 220 万～380 万种。近来基于高通量 DNA 序列分析研究未知真菌的种类，估计全球真菌达到 600 多万种。

我国真菌资源异常丰富，但实际上被描述的还不到 8000 种，如我国真菌学家戴芳澜教授（1893～1973）估测我国的真菌约有 4 万种，在他所著的《中国真菌总汇》中记载了 7000 种。戴芳澜分类系统中的真菌属于真菌亚门，真菌亚门分为藻状菌纲、子囊菌纲、担子菌纲与半知菌类。在数量巨大的真菌中，如何建立符合客观规律的自然分类系统是一个难题。在真菌分类中有代表性的分类系统为以 Martin 为代表的分类系统（1950 年）、Margulis 分类系统（1974 年）、Alexopoulos 分类系统（1979 年）、Alexopoulos & Mins 分类系统（1996 年）、Ainsworth 分类系统（1973 年、1983 年、1995 年、2001 年）等。随着研究的不断深入和技术的发展，对真菌分类系统演化的认识趋向于参照和运用 Ainsworth & Bisby 分类系统。

1. 以 Martin 为代表的分类系统

Martin 在其《真菌大纲》（*Outing of the Fungi*，1950 年出版）和 Ainsworth 等编著的《真菌字典》（1954 年第四版，1961 年第五版）中，将真菌归属于植物界的菌藻植物门，下分黏菌和真菌两个亚门。真菌亚门根据其营养体的形态特征和繁殖方式，分为藻状菌纲（Phycomycetes）、子囊菌纲（Ascomycetes）、担子菌纲（Basidiomycetes）与半知菌纲（Deuteromycetes）4 个纲。藻状菌纲的菌丝体无分隔，或者不形成真正的菌丝体；子囊菌纲的菌丝体有分隔，有性阶段形成子囊孢子；担子菌纲的菌丝体有分隔，有性阶段形成担孢子；半知菌纲的菌丝体有分隔，未发现有性阶段。

主要根据营养体的性质及有性繁殖形成的孢子类型，将藻状菌纲分为古生菌亚纲（Archimycetidae）、卵菌亚纲（Oomycetidae）与接合菌亚纲（Zygomycetidae）3 个亚纲。古生菌亚纲的营养体非真正的菌丝体，而是原生质团，无性繁殖产生游动孢子；卵菌亚纲的营养体为无隔的菌丝体，有性生殖形成卵孢子，无性繁殖产生游动孢子；接合菌亚纲的营养体为无隔菌丝体，有性生殖形成接合孢子，无性繁殖不产生游动孢子。

2. Ainsworth & Bisby 分类系统

《真菌字典》（*Dictionary of Fungi*）从 1943 年第 1 版开始，每隔几年修订一次，即 1943

年第 1 版、1945 年第 2 版、1950 年第 3 版、1954 年第 4 版、1961 年第 5 版、1971 年第 6
版、1983 年第 7 版、1995 年第 8 版、2001 年第 9 版，到 2008 年已经出到第 10 版。20
世纪 80 年代出的版本利用计算机，而 1999 年后建立了真菌网站（http://www.
indexfungorum.org/），并一直更新至今。

Ainsworth 分别于 1973 年在其《真菌进展论文集》（*The Fungi an Advanced Treatise*）
第 4 卷以及 1983 年在《真菌字典》第 7 版中进行了说明，根据营养方式、细胞壁成分和
形态等特点，将真菌分为黏菌门和真菌门 2 个门，真菌门下设 5 个亚门：鞭毛菌亚门
（Mastigomycotina）、接合菌亚门（Zygomycotina）、子囊菌亚门（Ascomycotina）、担子菌
亚门（Basidiomycotina）、半知菌亚门（Deuteromycotina），共 18 纲 66 目 244 科。《真菌
字典》中的菌物分类系统得到了学术界较广泛的使用。（知识扩展 12-11，见封底二维码）

国际真菌学研究的权威机构英国国际真菌研究所（International Mycological
Institute）1995 年出版的第 8 版《真菌字典》（*Dictionary of Fungi*）中，将原来的真菌界
划分为原生动物界、假菌界和真菌界三个界。真菌界仅包括 4 个门，即壶菌门
（Chytridiomycota）、接合菌门（Zygomycota）、子囊菌门（Ascomycota）、担子菌门
（Basidiomycota），以及有丝孢真菌类。卵菌、丝壶菌和网黏菌被发现与硅藻类和褐藻类
具有亲缘关系，这一类群被称为藻界、假菌界，而其他黏菌被认为属于原生动物界。

3. Alexopoulos & Mins 分类系统

该系统于 1979 年由 Alexopoulos 和 Mins 提出，1996 年第 4 版《真菌概论》（*Introductory
Mycology*）中引进了 RNA 序列分析，把真菌界分为壶菌门（Chytridiomycota）、接合菌门
（Zygomycota）、子囊菌门（Ascomycota）和担子菌门（Basidiomycota）。

20 世纪 90 年代初，研究人员提出以菌物代替真菌，目前认为菌物与真菌两者的关
系为菌物界（Mycetalia）包括真菌门、黏菌门与假菌门（卵菌类）。现代概念的真菌界
只包括 4 个类群，分别代表 4 个门：壶菌门（Chytridiomycota）、接合菌门（Zygomycota）、
子囊菌门（Ascomycota）、担子菌门（Basidiomycota）。

真菌的命名也采用双名法，属名与种名后面的括号内是首次定名者的姓名或是姓名
缩写（缩写时需加"."），再后面则是再定名者（图 12-7）。定名人的缩写如 Linnaeus 缩
写为 L.，Fries 缩写为 Fr.，Persoon 缩写为 Pers.等。二人共同命名，则在两个姓之间加
"&"或"et"。如果一个学名由一学者命名后，未曾合格发表，后由另一学者合格发表
了，两个姓之间加"ex"。当某一真菌只知其属名，而其种名未确定时，其种名可用 sp.
或 spp.表示。

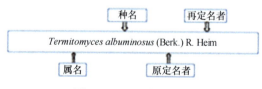

图 12-7 双名法的表示

当表示生物的变种（variety，var.）或变型（form，f.）时，学名就采用三名法，其是以双名法为基础而成的，即学名=属名+种名+变种（亚种、变型、栽培变种）符号+变种（亚种、变型、栽培变种）加词。通常属名、种名与亚种名印刷体一律斜体，而变种（亚种、变型、栽培变种）符号为正体（图 12-8）。变型是指寄生于特定寄主变化的真菌物种，根据对同科不同属寄主植物的寄生专化性、致病力不同而划分的类型。真菌属以上的各分类单元在名称上有一定的词尾，如门（-mycota）、纲（-mycetes）、目（-ales）、科（-aceae）。

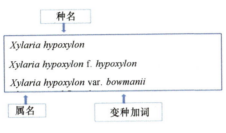

图 12-8　三名法的表示

由于单细胞酵母菌具有不同于丝状真菌的特性与研究方法，在系统学上其已形成了独立的分类系统。酵母菌有 3 个分类系统。①荷兰学者 Lodder 的分类系统，为目前普遍采用的一个系统，如 1970 年的《酵母菌的分类学研究》（*The Yeasts，A Taxonomic Study*）第 2 版。②苏联 Kudriavzev 的分类系统，如 1954 年的《酵母菌分类学》。③1984 年 Kreser-Van Rij 在 Lodder 酵母菌分类系统的基础上作了适当调整，提出了较新的酵母菌分类系统，见《酵母菌分类学研究》（第 3 版）。

通常采用 Lodder（1970 年）的分类系统，也适当参考 Kreser-Van Rij（1984 年）的分类系统。属以上的分类依据以形态为主、生理为辅，并结合细胞壁的化学组分等特点；在种的划分上主要根据生理特性，其中糖类的发酵与同化为首要指征。酵母菌有三个亚门：子囊菌亚门、担子菌亚门、半知菌亚门。

（1）子囊菌亚门：能形成子囊孢子的酵母菌。

（2）担子菌亚门：能产生冬孢子和担孢子的酵母菌，如冬孢菌纲、黑粉菌目、黑粉菌科，共 9 个科；能产生掷孢子的酵母菌，如冬孢菌纲、掷孢酵母科。

（3）半知菌亚门：不能产生有性孢子，尚未发现有性过程的酵母菌。许多重要的有经济意义的酵母菌都在这个亚门中。

三、病毒分类系统

经长期的探索，病毒的分类和命名已有很大发展。过去根据病毒对宿主的选择性将其分为动物病毒、植物病毒、细菌病毒等几个大类。而这种分类法，得不到统一公认。1961 年以前，各自研究领域的科学家提出和建立了一些分类系统，进展缓慢，且缺乏国际协作。1966 年在莫斯科国际微生物学学术会议之际建立了国际病毒命名委员会（International Committee on Nomenclature of Viruses，ICNV），1971 年后病毒的分类与命名得到了巩固和发展。1974 年在伦敦召开的 ICNV 执行委员会上一致同意，ICNV 改为国际病毒分类委员会（International Committee on Taxonomy of Viruses，ICTV），负责管理病毒的正式分类与命名。

1976 年 ICTV 病毒分类与命名的第二次报告将病毒按照宿主进行分类，病毒的化学组成、形态结构、生理生化仍是重要的分类依据，其中包括核酸类型、核酸股数、病毒的形态大小与复制情况；增加了科、属、群名词的词源。会上介绍了 27 个科和 71 个属。

1978 年 ICTV 病毒分类与命名的第三次报告将全部病毒，包括动物病毒、植物病毒及细菌病毒，按照病毒核酸的类型、病毒有无囊膜分为七大群；再根据宿主、病毒的形态、病毒的组成和结构分成 50 个科或组。

1981 年 ICTV 病毒分类与命名的第四次报告按照病毒核酸的类型、病毒有无囊膜，然后考虑病毒的复制方式、形态、大小、结构以及对称形式和感染宿主的类型（图 12-9 列举了一些病毒科的特征），介绍了 54 个科或组。1996 年在第十次国际病毒大会上提出了 38 条新病毒命名规则。

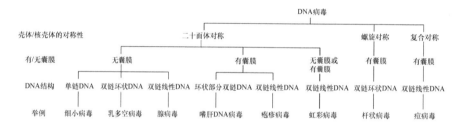

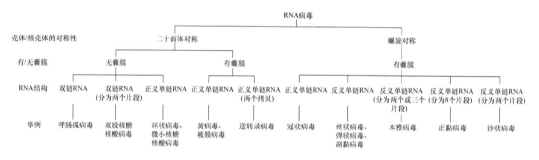

图 12-9　病毒按照形态、核酸组成的分类举例

1999 年 ICTV 病毒分类与命名的第七次报告提出了最新的分类系统：将所有已知的病毒根据核酸的类型分成八大类群：①DNA 病毒——单链 DNA 病毒；②DNA 病毒——双链 DNA 病毒；③DNA 与 RNA 逆转录病毒；④RNA 病毒——双链 RNA 病毒；⑤RNA 病毒——反义单链 RNA 病毒；⑥RNA 病毒——正义单链 RNA 病毒；⑦裸露 RNA 病毒；⑧类病毒。此外，还增设亚病毒因子（subviral agent）。第七次报告认可的病毒约 4000 种，设有三个病毒目：①有尾噬菌体目，包括肌尾噬菌体科（*Myoviridae*）、长尾噬菌体科（*Siphoviridae*）及短尾噬菌体科（*Podoviridae*）3 个病毒科；②单分子负链 RNA 病毒目，包括副黏病毒科（*Paramyxoviridae*）、弹状病毒科（*Rhabdoviridae*）、丝状病毒科

（*Filoviridae*）及博尔纳病毒科（*Bornaviridae*）4 个病毒科；③成套病毒目，包括冠状病毒科（*Coronaviridae*）和动脉炎病毒科（*Arteriviridae*）两个病毒科。

2005 年 ICTV 病毒分类与命名的第八次报告将超过 5450 株病毒归类到 3 个病毒目 73 个病毒科 9 个病毒亚科 287 个病毒属超过 1550 个种。国际病毒分类系统采用目、科、亚科、属、种的五级分类单元，与细胞生物的林奈分类法相吻合，病毒目的后缀为"-*virales*"、科的后缀为"-*viridae*"、亚科的后缀为"-*virinae*"、属后缀为"-*virus*"。亚病毒因子类群不设科和属，包括卫星病毒和朊病毒。一些性质不很明确的属或称暂定病毒属，用引号或后缀"-like viruses"表示，如"Norwalk-like viruses"（诺瓦克样病毒属）。其中"-"表示尚未确定目、科和属。

随着越来越多病毒的发现，很多病毒与其他病毒之间的进化关系较远，有很多类群在进化树上甚至不能和其他类群联系到一起，五级分类法已经不能有效地区分不同的病毒。2016 年 ICTV 将之前的五级分类法扩展为十五级分类法，即种（species）、亚属（subgenus）、属（genus）、亚科（subfamily）、科（family）、亚目（suborder）、目（order）、亚纲（subclass）、纲（class）、亚门（subphylum）、门（phylum）、亚界（subkingdom）、界（kingdom）、亚域（subrealm）和域（realm）（图 12-10）。新分类法与林奈分类法更加吻合，比之前的分类法更加依据保守的基因和蛋白质种类，包括基因的进化关系以及同线性，可更好地区分进化距离远、种类繁多的病毒。新型冠状病毒、埃博拉病毒和人类免疫缺陷病毒的十五级分类法如图 12-11 所示。此外，根据国际病毒分类委员会的规定，属及属以上（目、科、亚科等）的名称一律用斜体，且首字母要大写。

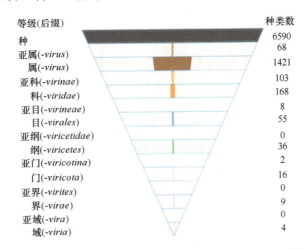

图 12-10　病毒的十五级分类法（Gorbalenya and Siddell，2021）

除 ICTV 的分类系统外，还有一种常用的分类方式称作巴尔的摩分类法（Baltimore classification）。由于病毒复制必须经历 mRNA 合成的过程，巴尔的摩分类法根据病毒核酸的组成和产生 mRNA 的方式将病毒分为 7 类（图 12-12）。

病毒	新型冠状病毒(SARS-CoV-2)	埃博拉病毒(EBOV)	人类免疫缺陷病毒(HIV)	分类差异度 低
种	严重急性呼吸综合征相关冠状病毒(Severe acute respiratory syndrome-related coronavirus)	扎伊尔埃博拉病毒(Zaire ebolavirus)	一型人类免疫缺陷病毒(Human immunodeficiency virus 1)	
亚属	严重急性呼吸综合征相关冠状病毒亚属(Sarbecovirus)			
属	乙冠状病毒属(Betacoronavirus)	埃博拉病毒属(Ebolavirus)	慢病毒属(Lentivirus)	
亚科	正冠状病毒亚科(Orthocoronavirinae)		正逆转录病毒亚科(Orthoretrovirinae)	
科	冠状病毒科(Coronaviridae)	丝状病毒科(Filoviridae)	逆转录病毒科(Retroviridae)	
亚目	冠状病毒亚目(Cornidovirineae)			
目	套式病毒目(Nidovirales)	单分子负链RNA病毒目(Mononegavirales)	逆转录病毒目(Ortervirales)	
亚纲				
纲	小南嵌套病毒纲(Pisoniviricetes)	单荆病毒纲(Monjiviricetes)	逆转录病毒纲(Revtraviricetes)	
亚门		简单病毒亚门(Haploviricotina)		
门	小核糖病毒门(Pisuviricota)	负链RNA病毒门(Negarnaviricota)	逆转录病毒门(Artverviricota)	
亚界				
界	正核糖核酸病毒界(Orthornavirae)	正核糖核酸病毒界(Orthornavirae)	副核糖核酸病毒界(Pararnavirae)	
亚域				
域	核糖病毒域(Riboviria)	核糖病毒域(Riboviria)	核糖病毒域(Riboviria)	高

图 12-11　新型冠状病毒、埃博拉病毒和人类免疫缺陷病毒依据 ICTV 十五级分类法的分类

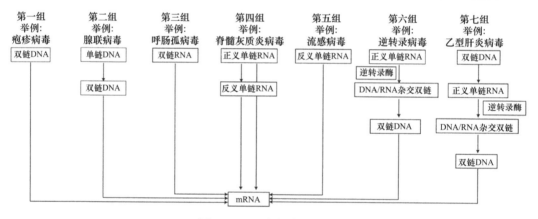

图 12-12　巴尔的摩分类法

第三节　微生物的分类鉴定

微生物分类是在对大量单个微生物进行观察、分析和描述的基础上，以其形态、生理生化反应和遗传等特征的异同为依据，根据生物进化的规律和应用，将微生物分门别类地排成一个系统。由于微生物个体小、形态结构简单，而且存在着巨大、丰富的多样性，需要采用不同技术和方法，从不同的层次进行分类。

一、细菌与古菌分类方法

细菌与古菌繁殖方式简单，形态特征所能提供的信息非常有限，很难按照动植物的分类方法对细菌与古菌进行分类。早期的分类在很大程度上是根据直觉进行的，细菌与

古菌分类按照以形态为主、生理生化为辅的原则，结合生态学、细胞化学组分以及分子生物学的特征。目前，采用系统的多相分类方法从 4 个水平入手。①细胞的形态和习性水平，形态特征、运动性、酶反应、营养要求、生长条件等。②细胞组分水平，细胞壁的组分与脂类分析、细胞色素、噬菌体、醌类、光合色素等。③基因 DNA 水平，包括核酸分子杂交（DNA 与 DNA 或 RNA）、G+C 含量的测定、DNA-DNA 杂交、DNA-rRNA 杂交、质粒及遗传物质的转导、16S rRNA 寡核苷酸组分分析，以及 DNA 或 RNA 的核苷酸序列分析等。④蛋白质水平，氨基酸顺序、血清反应、可溶性蛋白凝胶电泳免疫反应等（表 12-2）。

表 12-2　细菌与古菌的分类方法

项目	内容
培养特性	菌落形态、颜色、气味
形态观察	细菌染色形态、大小、运动性、形成芽孢否、鞭毛、内含物等
生理特性	生长温度范围、pH 范围、耐盐性、需氧特性等
生化特性	碳源利用、碳水化合物氧化反应与发酵、酶谱等
抑制实验	选择培养基、抗生素抗性、染料等
核酸分析技术	16S rRNA 序列的分析、核酸杂交、G+C 含量的测定
化学分类技术	脂肪酸、极性脂、分枝菌酸、醌类、糖类、多胺分析，全菌蛋白和外膜蛋白电泳分析

（一）经典分类

经典方法（classical approach）是采用双歧法整理实验结果，已应用 100 多年，其设备要求较简单。主要通过随机、不系统地集中不同微生物的表型特征，如形态特征（morphological characteristic）、培养特征（cultural characteristic）、生理生化特征（physiological characteristic），对微生物进行分类，并且将这些特征分为主要特征和次要特征，进行双歧式分类检索（图 12-13）。一群具有大部分或完全相同特征的菌株归为一个种，而相关的种又划归于属，相关的属归于科，依次类推，从而将微生物分成纲、目、科、属、种等级别。

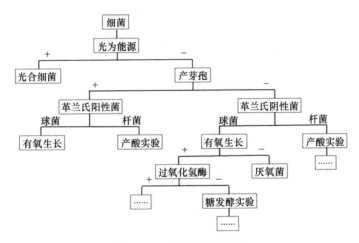

图 12-13　双歧式分类检索

总之，细菌和古菌的分类鉴定是在对大量细菌进行培养、观察、分析和描述的基础上，按照它们的形态、生理生化等性状的异同和主次，根据生物进化的规律和应用的方便，分门别类地排列成一个系统。细菌鉴定的依据主要是形态特征、培养特征、生理生化特性、血清反应和噬菌体敏感性、细胞化学组分分析等。

（二）数值分类

随着计算机的发展，数值分类（numerical taxonomy），也称为阿德逊数值分类法（Adansonian classification）得以发展，其是以两两菌株的形态特征、生理生化特征、对环境的反应和耐受性及生态特征为依据，由计算机统计两者间的总近似值，列出相似值矩阵，将相似度高的菌株列在一起，然后将矩阵图转换成树状谱（dendrogram）的分类方法。数值分类法根据"等量重要"的原则，分类特征为 100 个以上（分类特征越多，信息量越大，分类效果越好），不分主次，一律同等看待，通过计算菌株间的总相似值来分群归类。如相似值大于 85% 者为同种，大于 65% 者为同属。（知识扩展 12-12，见封底二维码）

（三）多相分类

微生物的多相分类（polyphasic taxonomy）是由 Colwell 于 1970 年提出的，是指利用微生物多种不同的信息，包括表型、基因型、化学特征和系统发育的信息综合研究微生物的亲缘关系和系统进化规律的过程。多相分类包括了现代分类中所有的方面，如传统分类、化学分类、基因分类等（图 12-14），被认为是目前研究各级分类单元最有效的手段。

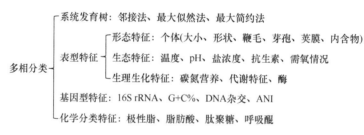

图 12-14　细菌多相分类

1. 表型特征

微生物的表型特征主要包括形态特征、生理生化特征及生态特征等。

1）形态特征

（1）群体形态，指在一定培养基上的群体形态，即培养特征。在固体培养基上，观察菌落的形态、大小、颜色、隆起形状、光泽、黏稠度、透明度、边缘特征；是否产生水溶性色素及菌落的质地、迁移性等。在液体培养基中要注意观察表面生长情况（是否形成菌膜、环、岛）、浑浊度及沉淀的特征。在半固体培养基上要注意观察经穿刺接种后的生长及运动情况。

（2）个体形态，选择在适宜的培养基上生长的细菌，经染色后，在显微镜下测量菌体的大小（细胞的宽度或直径），观察菌体的形状（球形、杆状、弧形、螺旋形、丝状、分枝及特殊形状）、排列方式（单个、成对、成链或其他特殊排列方式）或分枝情况等。

（3）特殊的细胞结构：观察鞭毛（有无鞭毛、鞭毛的着生位置及数量）、芽孢（有无芽孢、芽孢形状和着生位置、孢囊是否膨大）、荚膜（成分、厚度、边界明显与否）、细胞附属物（柄、丝状物、鞘）、蓝细菌（异形胞、静止细胞和连锁体）、超微结构（细胞壁、细胞内膜系统、放线菌孢子表面特征等）、染色反应（革兰氏染色反应、抗酸性染色特性）。

（4）细胞内含物：异染颗粒、聚 β-羟基丁酸酯（PHB）等类脂颗粒、硫磺样颗粒、气泡、伴孢晶体等。

（5）运动性：鞭毛泳动、滑行、螺旋体运动方式。

在观察细菌的个体形态时，应注意有些细菌在生活周期中有多形性变化，注意观察其幼龄菌体（6～8 h）、生长对数期的菌体和老龄菌体的形态变化及革兰氏染色反应的变化。

2）生理生化特征（知识扩展 12-13，见封底二维码）

（1）营养类型：光能自养、光能异养、化能自养、化能异养及兼性营养型。

（2）对氮源的利用：对蛋白质、蛋白胨、氨基酸、含氮无机盐、N_2 等的利用。

（3）对碳源的利用：对各种单糖、双糖、多糖以及醇类、有机酸等的利用。

（4）对生长因子的需要：对特殊维生素、氨基酸等的依赖性。

（5）对温度的适应性：不同类群的细菌所要求的生长温度范围并不完全相同，因此，鉴定细菌时必须查明它们生长的最适温度、最低温度及最高温度及致死温度。

（6）对 pH 的适应性：绝大多数细菌循环生长于中性或微偏碱性（pH 7.0～7.6）的环境中，但有些细菌则不然，有的能耐酸，如乳杆菌能在 pH 5.5 或更低的环境中良好生长；又如硫杆菌属（Thiobacillus）的细菌能从硫氧化为硫酸获得能量，在培养过程中，培养基 pH 下降至 1～1.5。有些细菌则能在高碱性条件下生长，如弧菌属的逗号弧菌（Vibrio comma）能在 pH 9 的条件下生长。

（7）代谢产物：各种特征性代谢产物。

（8）对抑菌剂的敏感性，如对抗生素、氰化钾（钠）、胆汁、弧菌抑制剂或某些染料的敏感性。

由于不少生理生化特征是由染色体外基因编码的，加上影响生理生化特征表达的因素较复杂，故根据生理生化特征来判断亲缘关系进行系统分类时，需与其他特征特别是基因型特征综合分析。

3）生态学特征

生态学特征包括宿主种类、是否耐高渗透压、是否有嗜盐性、是否需氧。

（1）寄生、共生关系及致病性：寄生和共生虽然并非绝对专一，但是常作为分类鉴定的依据。如根瘤菌属的分类主要以共生的对象作为鉴定依据。同时，微生物之间也存在着寄生程度和范围的差异。如菜豆黄单胞菌（Xanthomonas phaseoli）的寄生范围只包括菜豆、豇豆和大豆。水稻白叶枯病菌（Xanthomonas oryzae）在自然条件下只能寄生于一种植物上。

（2）需氧性：氧对细菌生长繁殖与生理反应的影响很大，根据各类细菌对氧要求的不同，分为好氧菌、厌氧菌或兼性厌氧菌。

（3）噬菌体敏感性：噬菌体具有严格的宿主范围，噬菌体的寄生有专化性的差别。寄生范围广的称为多价噬菌体，研究发现同一种多价噬菌体能侵染同一属的许多细菌。单价噬菌体只侵染同一种细菌。极端专化的噬菌体甚至只对同一种菌的某一菌株有侵染力。

4）血清型（血清学反应）

细菌和病毒等都含有脂蛋白、脂多糖等具有抗原性的物质，可用已知的菌种（株）制成抗血清鉴定未知的菌种（株）。（知识扩展12-14，见封底二维码）

2. 基因型特征

生物大分子蛋白质、RNA 和 DNA 序列，被看作是分子计时器（molecular chronometer）或进化钟（evolutionary clock），其真实地记录了各种生物的进化过程，可通过比较不同类群的生物大分子序列来确定彼此间系统发育相关性或进化距离。

遗传分类的特点主要是从分子遗传学的角度估计微生物间的亲缘关系。遗传分类包括 16S rRNA 基因序列比对分析、基于 16S rRNA 基因的系统发育分析、核酸杂交[如 DNA-DNA 杂交（DNA-DNA hybridization，DDH）]分析和 DNA G+C 含量分析等。此外，还有 16S-23S rRNA 内在转录间隔区（ITS）序列分析、多位点序列分析（multilocus sequence analysis，MLSA）、平均核苷酸同一性（average nucleotide identity，ANI）分析、核酸指纹图谱分析等。所有这些 DNA 的分析结果均可直接用于比较不同微生物之间的基因组差异。

（1）16S rRNA 基因序列比对分析是美国科学家 Woese 于 1976 年建立的基因分析方法，因为所有生物细胞均含有核糖体，且核糖体具有重要且恒定的生理功能。原核生物 70S 核糖体中含有 23S、16S 和 5S 三种 rRNA（图 12-15），而真核生物 80S 核糖体中含有 28S、18S、5.8S、5S 四种 rRNA。如大肠杆菌有 5S rRNA（约 120 个核苷酸）、16S rRNA（约 1540 个核苷酸）、23S rRNA（约 2900 个核苷酸）。其中 16S rRNA（真核生物对应 18S rRNA）的分子量适中，具有 9 个高度变化的序列区域（18S rRNA 不包含 V6 区），所含的信息最能反映生物界的进化关系（图 12-16，图 12-17），适用于进化距离不同的各类生物亲缘关系的研究，故可作为探索生物进化过程的"分子计时器"或"进化钟"。

原核生物的 16S rRNA 对应大肠杆菌为 1540 个核苷酸，而真核生物的 18S rRNA 对应酿酒酵母为 1798 个核苷酸。如果两种微生物亲缘关系接近，那么它们所产生的核苷

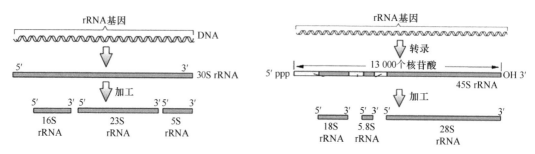

图 12-15　原核生物（左）与真核生物（右）rRNA

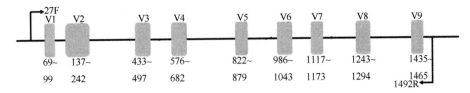

图 12-16　16S rRNA 的可变区

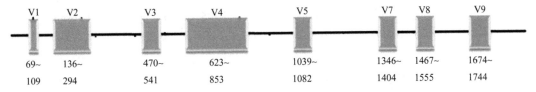

图 12-17　18S rRNA 的可变区

酸序列也应该接近，反之亦然。目前常用的是 16S rRNA 基因直接测序法，即利用 16S rRNA 基因两端的保守序列作为 PCR 的引物，采用 PCR 扩增 16S rRNA 基因。通过 BLAST 程序与 GenBank 中核酸数据进行比对分析，即打开 NCBI 主页（http://www.ncbi.nlm.nih.gov）选择 BLASTn 程序进行序列比较。根据同源性高低列出相近序列及其所属种或属，以及菌株相关信息，初步判断 16S rRNA 基因鉴定结果。并且，利用 MEGA 软件构建邻接法（neighbor-joining，NJ）、最大简约法（maximum parsimony，MP）、最大似然法（maximum likelihood，ML）3 种系统发育树（图 12-18）。三种方法所获得的系统发育树相同或相似，其置信度就比较高。

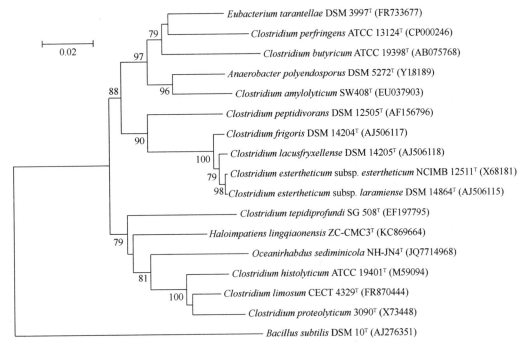

图 12-18　系统发育树（NJ）（知识扩展 12-15，见封底二维码）

SILVA 是一个包含三域微生物（细菌、古菌、真核生物）rRNA 基因序列的综合数据库（https://www.arb-silva.de/），该数据库涵盖了原核和真核微生物的小亚基 rRNA（SSU，16S rRNA 或 18S rRNA）基因序列和大亚基 rRNA（LSU，23S rRNA 和 28S rRNA）基因序列。

1987 年国际系统细菌学委员会（International Committee on Systematic Bacteriology, ICSB）规定，基因组 DNA 同源性低于 70% 或者杂交分子熔解温度差（ΔT_m）≤5℃的菌群为一个种，且其表型特征应与这个定义相一致。1995 年 Embley 和 Stackebrandt 认为当 16S rRNA 基因的序列同源性≤97% 时可认为是一个种。16S rRNA 基因序列相似性为 93%～95% 的种可划归为一个属。2014 年 Kim 等通过数千个基因组和 16S rRNA 基因序列的统计发现，当原核生物的两菌株 16S rRNA 基因序列之间的相似性低于 98.65% 时，判定归属于不同的种。

ITS 序列具有长度和序列上的多态性。根据 Bourget 等的研究，ITS 片段的进化速率比 16S rRNA 大 10 倍，ITS 在分析系统发育地位相近的种间关系时具有信息补充的作用。

（2）DNA 碱基比例（G+C mol%）测定：DNA 碱基组成是各种生物一个稳定的特征，即使个别基因突变，碱基组成也不会发生明显变化。分类学上，用 G+C 占全部碱基的摩尔分数（G+C mol%）来表示各类生物的 DNA 碱基组成特征。同种不同菌株 G+C 含量差异应低于 4%～5%；同属不同种的差异应低于 10%～15%。若两个菌株的 G+C 含量差异大于 20%～30%，一般是非同属的菌株，甚至可能是非同科的菌株。故 G+C 含量对于种、属，甚至科的分类具有重要意义。两个在形态及生理生化特性方面很相似的菌株，如果其 G+C 含量的差异大于 5%，则为非同种，大于 15% 是非同属。DNA 的 G+C 含量差异小于 10%～12% 以及 16S rRNA 基因序列的同源性大于 95% 可归于一个属。（知识扩展 12-16，见封底二维码）

在疑难菌株鉴定、新种命名时，G+C 含量是建立新分类单元的基本依据，可将那些 G+C 含量差异大的种类排除出某一分类单元。

（3）核酸杂交分析：核酸分子 DNA-DNA 杂交、DNA-RNA 杂交，其同源性低于 70% 为种水平，20%～60% 为属水平（图 12-19）。通常鉴定菌株与标准菌株的 DNA G+C 含量相差 1%，碱基序列相差 9%。1987 年国际系统细菌学委员会规定，基因组 DNA 同源性低于 70% 或杂交分子熔解温度差（ΔT_m）≤5℃ 为细菌与古菌种的界限，被认为是非常重要的"黄金标准"（gold standard）。

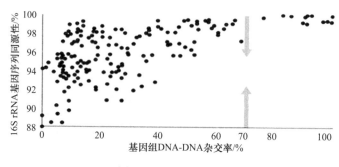

图 12-19　DNA 杂交

许多资料表明，DNA-DNA 杂交（DDH）同源性在 60%以上的菌株可以认为是同一个种，同源性超过 70%为同一个亚种，同源性为 20%~60%是同属不同种的关系。现今基因组测序的平均核苷酸同一性（ANI）分析已经替代烦琐的 DNA-DNA 杂交。

（4）平均核苷酸同一性（ANI）：基因组序列测定后，不仅可直接获取菌株的 G+C 含量，还可采用 JSpecies 软件分析各菌株的全基因组之间 ANI 特征。ANI 是指两个基因组之间同源基因的相似性，反映基因组之间进化距离的关系，可用于确定细菌亲缘关系的远近。一般定义一个种的 ANI 值需要 ≥95%~96%，且这些 ANI 的数值与"黄金标准"DDH 有紧密的对应关系，与 DNA 杂交有类似的效果。70%的 DNA 同源性曾是确定细菌之间是否为同种的"黄金标准"之一，而现在 ANI≥95%~96%的标准也作为新的细菌种分类标准。有研究表明，用 ANI（95%~96%）取代 DDH 值（70%）后，对于种的界定的 16S rRNA 基因序列相似度阈值由 97%变为 98.65%。ANI 具有错误率低、分辨率高的优点，成为较有力的分类指标之一。

（5）多位点序列分析（MLSA）是指对细菌多个保守蛋白编码基因（即管家基因）序列进行比对，以确定其多样性及系统发生关系。常用的管家基因有 *atpD*（F$_1$-ATP 合酶 β 亚基编码基因）、*gyrB*（DNA 旋转酶 β 亚基编码基因）、*recA*（重组酶编码基因）、*rpoB*（依赖于 DNA 的 RNA 聚合酶 β 亚基编码基因）、*trpB*（色氨酸合成酶 β 亚基编码基因）等。此外，还有一些特殊的功能基因 *nifH*（固氮酶铁蛋白编码基因）、*pmoA*（甲烷氧化单加氧酶编码基因）、*amoA*（氨单加氧酶编码基因）等也被应用于细菌分类鉴定中。若对古菌多样性进行研究，可利用 *mcrA*（甲烷合成关键酶基因）、*amoA*、*nirK*（亚硝酸还原酶编码基因）等基因。目前 MLSA 已广泛用于较为复杂的根瘤菌、假单胞菌、弧菌等的分类研究中。

3. 化学分类特征

化学分类（chemotaxonomy）是采用光谱、色谱和生物化学的分析技术，测定细胞壁、类脂、细胞色素和蛋白质氨基酸序列，将分析结果作为细菌分类的依据（表 12-3）。由于细胞特定化学组分和分子结构的相对稳定性，化学分类成为原核微生物系统分类的主要方法之一。目前常用的化学分类指标基于细胞结构，包括细胞壁（如肽聚糖、磷壁酸、分枝菌酸等）、细胞膜（脂肪酸、极性脂、呼吸醌、色素等）或细胞质的组成部分多胺等。

表 12-3　化学分类法

细胞成分	分析内容	分类水平
细胞壁	肽聚糖结构、多糖、磷壁酸、分枝菌酸	种和属
细胞膜	脂肪酸、极性脂、呼吸醌、色素	种和属
蛋白质	氨基酸序列分析	属和属以上单位
全细胞分析	热解-气液色谱分析、质谱分析	种和亚种

（1）细胞壁组分中肽聚糖与脂多糖具有很大的价值，胞外多糖和细胞壁中的蛋白质也提供了一定的分类信息。细菌细胞壁含有肽聚糖，古菌无典型的肽聚糖。在细菌中肽聚糖的四短肽的氨基酸序列可作为分类的依据。细胞壁组分主要应用于放线菌，根据放

线菌细胞壁的化学组成和全细胞水解液糖型，将放线菌细胞壁分为 9 型（表 12-4）。

表 12-4 放线菌细胞壁的主要类型

类型	独特组分	代表属
I	L-DAP、甘氨酸	链霉菌属（Streptomyces）
II	meso-DAP、甘氨酸	小单孢菌属（Micromonospora）
III	meso-DAP	马杜拉放线菌属（Actinomadura）
IV	meso-DAP、阿拉伯糖、半乳糖	诺卡氏菌属（Nocardia）
V	赖氨酸、鸟氨酸	放线菌属（Actinomyces）
VI	赖氨酸、天冬氨酸	厄氏菌属（Oerskovia）
VII	DAB（二氨基丁酸）、甘氨酸	壤霉菌属（Agromyces）
VIII	鸟氨酸	双歧杆菌属（Bifidobacterium）
IX	meso-DAP、多种氨基酸	枝动菌属（Mycoplana）

（2）类脂组成，细菌以酯键连接，古菌以醚键连接。用气相色谱分析脂肪酸是细菌分类鉴定的一项技术。细胞膜上的甘油磷脂有磷脂酰乙醇胺（phosphatidylethanolamine，PE）、磷脂酰甲基乙醇胺（phosphatidylmethylethanolamine，PME）、磷脂酰胆碱（phosphatidylcholine，PC）、磷脂酰甘油（phosphatidylglycerol，PG），以及含葡萄糖胺未知结构的磷酸类脂等（图 12-20）。

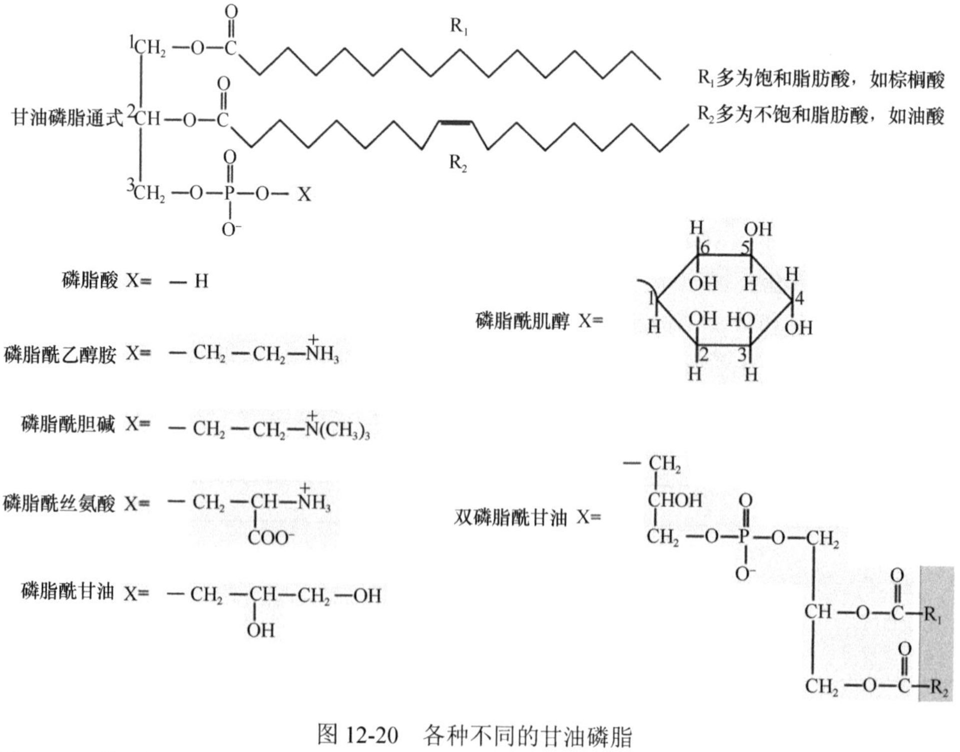

图 12-20 各种不同的甘油磷脂

磷脂酸（PA）、磷脂酰乙醇胺（PE）、磷脂酰胆碱（PC）、磷脂酰丝氨酸（PS）、磷脂酰甘油（PG）、磷脂酰肌醇（PI）、双磷脂酰甘油（DPG）

（3）脂肪酸组分：脂肪酸一般分为直链、分支和复杂形式三种类型。脂肪酸的链长、双键位置和数量，以及取代基团在细菌中具有分类学意义。采用稳定期的菌体用于脂肪酸分析，其定性分析可作属和属以上的分类依据，定量分析可为种和亚种分类提供有用的资料。

（4）醌组分：呼吸醌位于细胞膜上，在呼吸链电子传递和氧化磷酸化中起重要作用，细胞膜上的醌类有泛醌（ubiquinone，UQ）、甲基萘醌（MK）和去甲基甲萘醌（DMK）三类（图12-21）。各细菌所含醌的种类不同，其侧链的异戊烯单位长度（1～14）有差异，多烯链上氢的饱和度不同。如大肠杆菌含有 UQ8，酿酒酵母含 UQ6，蓝细菌不含UQ 和 MK，而含有植物所固有的叶绿醌（phylloquinone）和质体醌（PQ）。

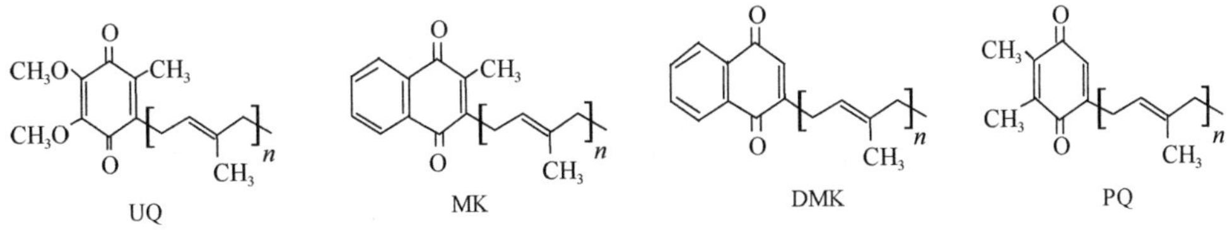

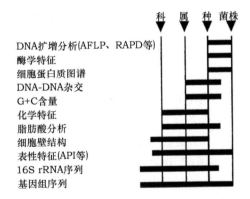

图 12-21　呼吸醌

（5）蛋白质比较：全细胞可溶性蛋白质分析和多位点酶的蛋白质电泳技术、抗原-抗体反应等免疫技术可用于比较不同微生物的蛋白质，以达到分类鉴定的目的。

化学分类通常是属水平上的分类方法，如果是相同的属，其化学分类差别比较小，而不同的属，其化学分类差别就比较大。

总之，细菌和古菌分类是按照形态特征、生理生化特征，结合生态学和细胞化学组分以及分子生物学方面的特征，进行多相分类学研究（图12-22，图12-23）。（知识扩展12-17，见封底二维码）

图 12-22　细菌和古菌各种分类特征的分辨率

AFLP. 扩增片段长度多态性；RAPD. 随机扩增多态性 DNA

二、真菌分类方法

真菌与原核生物的主要区别是形态构造较复杂，繁殖方式多样。真菌虽然具有明确的核结构与性现象，但真菌中有很大一部分不发生或未发现有性繁殖阶段，所以对部分真菌还无法采用核结构与性现象作为分类标准。

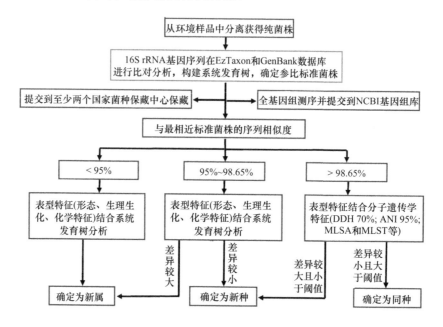

图 12-23　分离菌株的多相分类研究

MLST. 多位点序列分型；MLSA. 多位点序列分析

　　常见的小型丝状真菌具有多种复杂的生活周期和形态变化的繁殖类型。从单细胞（如酵母菌），到复杂多样的多细胞丝状真菌，它们在系统分类上虽同属真菌，但在形态上已有相当大的差异，酵母菌已形成了包括形态和生理生化等一整套独特的鉴定方法与分类系统。丝状真菌分类的基本原则是以形态特征为主，生理生化、细胞化学和生态等特征为辅。由于真菌孢子（有性或无性）在不同的种类之间有较大的变化，且在任何一个种中孢子的大小、形状及颜色都比较固定。所以，丝状真菌主要根据其孢子产生的方式和孢子本身的特征，以及培养特征来划分各级分类单元。只有少数难以区分的种中使用少量简单的生理生化等性状。

　　（1）形态性状：形态和结构是真菌分类的初步特征。①有机体的形态由基因控制的酶所决定；②形态受环境的影响，保持一定的独立性；③真菌的形态在光学显微镜下易观察。丝状真菌的形态包括群体形态（或菌落形态）和个体形态（包括外部形态、内部解剖形态）。群体形态一般以肉眼或借助低倍显微镜观察其菌落外观（质地）、色泽、生长速度和渗出物等。个体形态是指在显微镜下观察其菌丝和孢子或子实体的结构、颜色、大小、表面特征等。此外，还可以采用电子显微镜来观察其超微形态和结构的特征。

　　（2）生理性状：除酵母菌以外，丝状真菌还采用生理特征鉴别。如不同碳源和氮源的同化，各种碳源的发酵，牛奶的胨化和凝固，糖化酶、蛋白酶和脂肪酸的测定，3-羟基丁酮和产酸的测试等。发酵或同化某些糖类的测定是鉴定酵母菌的主要生理性状。通常将丝状真菌是否利用硝态氮、亚硝态氮、铵态氮或有机氮源等列为区分种的辅助性状。担子菌中很多种具有食用和药用价值，可根据子实体的形态特征、培养特征和生理特征进行鉴别。

真菌营养方式有病理营养型（pathotroph）、共生营养型（symbiotroph）和腐生营养型（saprotroph）三种类型。病理营养型是通过损害宿主细胞而获取营养（包括吞噬营养型，phagotroph）；共生营养型是通过与宿主细胞交换资源来获取营养；腐生营养型是通过降解死亡的宿主细胞来获取营养。

真菌在生长繁殖过程中对温度的反应较灵敏，且不同真菌对温度的要求常有差别，温度测试对某些真菌的鉴别有重要作用。

（3）遗传与生化性状：分析 DNA 的 G＋C 含量，进行 DNA 分子杂交、蛋白质凝胶电泳、血清学反应和氨基酸顺序测定等。

真菌 18S rRNA 基因的通用正向引物 21F（5′-CTGGTTGATYCTGCCAGT-3′）和反向引物 1419R（5′-GGGCATCACAGACCTGTTAT-3′）分别对应酿酒酵母（*S. cerevisiae*）的 4～21 nt 和 1419～1438 nt。此外，真核生物基因组中 28S rRNA、5S rRNA、18S rRNA 和 5.8S rDNA 基因之间，由内在转录间隔区的 ITS1 和 ITS2 分隔。ITS 适合真菌属内不同种间或近似属间的系统发育研究。18S-28S rRNA 转录间隔区具有长度和序列上的多态性，基于 rRNA-ITS 的序列分析有信息补充的作用。利用 ITS1（5′-TCCGTAGGTG AACCTGCGG-3′）与 ITS4（5′-TCCTCCGCTTATTGATATGC-3′）引物可以扩增 650～750 bp 的片段，并进行测序分析（图 12-24）。

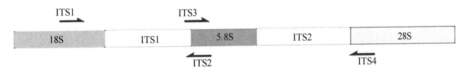

图 12-24　rRNA 内在转录间隔区

近来，高通量测序也是认知真菌多样性的有效手段。基于 ITS 序列的真菌数据大量涌现，极大地丰富了人们对环境中真菌多样性的认识。ITS 适合用于真菌属内不同种间或近似属间的系统发育研究。通过序列比对，序列相似性大于 99%，鉴别为同种；序列相似性大于 95%且小于 99%鉴别为同属；序列相似性小于 95%，鉴别为同科。（知识扩展 12-18，见封底二维码）

（4）生态性状：最基本的环境因子是能源或营养物质。不同种类的真菌在形态、营养、繁殖等诸方面对生态因素都有着特定的要求和耐受的界限。故观察真菌时需考虑生态性状，并把其作为真菌鉴定的辅助性状，如细网牛肝菌（*Boletus satanas*）喜生于含钙的土壤。

三、病毒分类方法

病毒的分类与原核生物和真核生物相比处于初级阶段。病毒的分类依据包括以下几方面。

（1）形态特征：包括病毒颗粒的大小、形状或核壳的直径，包膜和刺突的有无，包膜对乙醚的敏感性，包膜刺突的特性。

（2）宿主的性质：动物、植物、细菌、昆虫、真菌。

（3）核酸性质：核酸类型（DNA 或 RNA）；单链或双链；线状或环状；分子量（基因组大小）；分节段或不分节段，分为几个节段；ssRNA 病毒中基因组为正链或负链；G+C 含量；基因数目和基因图谱。

（4）病毒蛋白：包括结构蛋白和非结构蛋白的数目、大小和功能活性，蛋白质的特殊功能，尤其是转录酶、逆转录酶、血细胞凝集素、神经氨酸苷酶及其融合活性，病毒蛋白的氨基酸序列，蛋白质的糖基化、磷酸化和十四烷基化作用，抗原决定簇图谱。

（5）壳体对称和结构：二十面体对称、螺旋对称、双对称。二十面体病毒中的壳粒数目。

（6）病毒在细胞内的复制位置，有无 DNA 复制中间体（ssRNA 病毒）。

（7）病毒释放的方式与部位。

（8）导致的疾病和/或引起疾病的特异性临床症状。

（9）天然的宿主范围，在自然界中传播的方式与媒介关系，地理分布，致病性，组织嗜亲性，病原学和组织病原学特性。

总之，对于不同微生物有其不同的重点分类依据：细菌——因形态特征比较少，常依据生理和化学、遗传等多相分类指标；真菌等大型微生物——形态特征、ITS；病毒——核酸类型、电镜形态与免疫等。

第四节　菌　种　保　藏

一、菌种的衰退和复壮

遗传是相对的，而变异是绝对的。在自然条件下，大量的自发突变菌株会泛滥，最终使菌种衰退（degeneration）。衰退可从菌株的产物产量、菌株的细胞和菌落形态、生长速度、产孢子情况、抗不良环境能力等方面进行判断。

菌种的衰退是一个从量变到质变的逐渐演变的过程。而菌种的复壮（rejuvenation），是指在菌种生产性能尚未衰退前就有意识地进行纯种分离，以期保持和提高菌种原有性能。

（1）衰退防止：①控制传代次数，经多次传代后，群体产生的突变不断增多，衰退的机会也就增多，不论在实验室还是在生产实践中都必须控制传代次数；②创造良好的培养条件；③利用单核的细胞或孢子进行传代；④采用有效的菌种保藏方法。

（2）菌种的复壮：①纯种分离，从退化群体中分离保存原有典型性状的细胞，常用的是平板划线分离、单细胞挑取方法获得纯菌落；②通过寄主体进行复壮；③淘汰已衰退的个体，采用较剧烈的理化条件以杀死生命力较差的已衰退个体；④采用有效的菌种保藏方法。

二、菌种保藏方法

根据不同的要求及不同微生物种类的生活特性，选用适宜方法长期而稳定地保藏微生物菌种，使微生物代谢处于不活跃或相对静止的状态，在一定时间内不发生变异。

低温、干燥、缺氧（隔绝空气）是降低微生物代谢能力的重要因素，有针对性地创造干燥、低温、缺氧、避光、缺乏营养及添加保护剂等条件是微生物菌种保藏的基本技术。低温是保藏的一个重要条件，通常微生物生长温度下限是–30℃，而水溶液中能进行酶促反应的下限温度在–140℃左右。低温会使细胞内的水分形成冰晶，引起细胞膜的损伤。如果放到超低温下进行速冻，可减小冰晶。而当从低温移出开始升温时，冰晶又会长大。故菌种保藏过程中速冻和快速升温是减少大冰晶造成细胞损伤的重要手段。此外，使用保护剂如甘油，通过降低强烈的脱水作用，可防止冷冻或水分不断升华对细胞的损害。保护剂有牛乳、血清、糖类、甘油、二甲基亚砜等。甘油或二甲基亚砜等可透入细胞，通过降低强烈的脱水作用而保护细胞。

菌种保藏的方法主要有传代培养保藏法、甘油冷冻保藏法（15%甘油、10%二甲基亚砜）、冷冻干燥保藏法（图 12-25）。

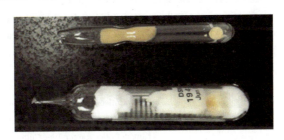

图 12-25 冷冻干燥保藏法（使用真空的安瓿管）

（1）传代培养保藏法：如斜面培养、穿刺培养等，培养后于 4～6℃冰箱内保藏。保藏时间依微生物的种类而不同，放线菌及细菌芽孢保藏 2～4 个月后移种一次。细菌最好每月移种一次。

（2）甘油冷冻保藏法：菌体添加终浓度为 15%的甘油后进行保藏，可分低温冰箱保藏法（–30～–20℃或者–80～–50℃两种温度条件）、干冰乙醇快速冻结保藏法（约–70℃）和液氮保藏法（–196℃）等。

（3）冷冻干燥保藏法：在冷冻、减压状态下对微生物进行真空干燥，使细胞的生理活动停止，该法一般可保藏数年至十余年。其中，冷冻真空干燥保藏法，先加一定的保护剂，在低温条件下快速冷冻，然后在冷冻状态下抽真空。

三、菌种保藏机构

国际微生物学会联合会（International Union of Microbiological Societies，IUMS）专门设立了世界保护联合会（World Federation of Preservation），用计算机储存世界上各保藏机构提供的菌种数据资料，可通过国际互联网查询和索取（表 12-5），进行微生物菌种的交流、研究。

表 12-5 国内外菌种保藏机构

各国菌种保藏地（单位代码）	菌种保藏机构名称
意大利（ABC）	Advanced Biotechnology Center
美国（ATCC）	American Type Culture Collection
美国（NRRL）	Agricultural Research Service Culture Collection
日本（AIST）	National Institute of Advanced Industrial Science and Technology
比利时（BCCM）	Belgian Co-ordinated Collections of Micro-organisms
英国（NIBSC）	British National Institute for Biological Standards and Control
荷兰（CBS）	Centraalbureau voor Schimmelcultures
英国（CCAP）	Culture Collection of Algae and Protozoa
捷克（CCM）	Czech Collection of Microorganisms
瑞典（CCUG）	Culture Collection, University of Gothenburg
斯洛伐克（CCY）	Culture Collection of Yeasts
中国（CCTCC）	China Center for Type Culture Collection（中国典型培养物保藏中心）
西班牙（CECT）	Collection Esjpanola de Culture Tipo
法国（CIP）	Collection de L'Institut Pasteur OfInstitut Pasteur
中国（CGMCC）	China General Microbiological Culture Collection Center（中国普通微生物菌种保藏管理中心）
法国（CNCM）	Collection Nationale de Cultures de Microorganismes
德国（DSMZ）	Deutsche Sammlung von Mikroorganismen und Zellkulturen GmbH
意大利（DBVPG）	Dipartimento di Biologia Vegetale, Perugia
英国（ECACC）	European Collection of Authenticated Cell Cultures
波兰（IAFB）	Institute of Agricultural and Food Biotechnology
日本（JCM）	Japan Collection of Microorganisms
韩国（KCCM）	Korean Culture Center of Microorganisms
韩国（KCTC）	Korean Collection for Type Cultures
韩国（KCLRF）	Korean Cell Line Research Foundation
印度（MTCC）	Microbial Type Culture Collection and Gene Bank
保加利亚（NBIMCC）	National Bank for Industrial Microorganisms and Cell Cultures
匈牙利（NCAIM）	National Collection of Agricultural and Industrial Microorganisms
加拿大（NMLHC）	National Microbiology Laboratory
英国（NCTC）	National Collection of Type Cultures
荷兰（NCCB）	Netherlands Culture Collection of Bacteria
英国（NCIMB）	National Collections of Industrial, Food and Marine Bacterial
波兰（PCM）	Polish Collection of Microorganisms
俄罗斯（VKM）	Russian Collection of Microorganisms

通常新种或新属菌株在文章发表前，其模式菌株的培养物应存放在世界培养物保藏联盟（World Federation for Culture Collections，WFCC）两个公开的、永久可靠的、遵循《布达佩斯条约》（Budapest Treaty）的国际培养物保藏机构（international depository authority，IDA），并获取菌种保藏号，以便备查以及供研究人员索取该菌种。

中国微生物菌种保藏：①中国普通微生物菌种保藏管理中心，其中中国科学院微生物研究所保藏真菌、细菌，中国科学院武汉病毒研究所保藏病毒。②农业微生物菌种，由中国农业科学院农业资源与农业区划研究所保藏。③工业微生物菌种，由中国食品发酵工业研究院保藏。④医学微生物菌种，其中真菌由中国医学科学院皮肤病研究所保藏，细菌由中国食品药品检定研究院保藏，病毒由中国疾病预防控制中心病毒病预防控制所保藏。⑤抗生素菌种，由中国医学科学院医药生物技术研究所保藏；新抗菌种，由成都大学四川抗菌素工业研究所保藏；生产菌种，由华北制药厂抗生素研究所保藏。⑥兽医微生物菌种，由中国兽医药品监察所（农业农村部兽药评审中心）、中国典型培养物保藏中心保藏。

　　菌种保藏机构的任务是广泛收集科研和生产菌种、菌株，并加以妥善保管，使之达到不死、不衰、不乱，以及便于研究、交换和使用的目的。

　　未知微生物是地球上尚未开发的巨大资源。微生物探索的未来是一个激动人心和新兴的研究领域，将应对生命健康、气候变化、资源能源、粮食安全等重大问题的挑战。微生物与绿色、环保的生活方式和生物多样性保护有着紧密的联系。研究和保护微生物多样性，趋利避害，是生物学研究领域的一个永恒的主题。

思　考　题

1. 简述微生物分类学的任务。
2. 为什么惠特克的五界系统引起了学术界的强烈反响？
3. 简述三域学说。
4. 什么是种、变种、亚种、菌株？
5. 简述微生物命名的规则和书写方法。
6. 什么是有效发表、合格发表？
7. 微生物分类的方法中常用的有哪几种？
8. 什么是多相分类？
9. 什么是数值分类？它的主要工作原理和方法是怎样的？
10. 《伯杰氏鉴定细菌学手册》从1923年第一版出版后，至今共出版了几版？
11. 目前常用的真菌分类系统是什么？
12. 简述有关病毒的分类系统。
13. 什么是菌种衰退？何谓菌种复壮？如何达到复壮。
14. 简述菌种保藏的原理及方法。

参　考　文　献

东秀珠, 蔡妙英. 2001. 常见细菌系统鉴定手册. 北京: 科学出版社.
邢来君, 李明春, 魏东盛. 2010. 普通真菌学. 北京: 高等教育出版社.
朱旭芬, 方明旭. 2018. 细菌与古菌的多相分类. 北京: 科学出版社.
朱旭芬, 贾小明, 张心齐, 等. 2011. 现代微生物学实验技术. 杭州: 浙江大学出版社.
朱旭芬, 林文飞, 霍颖异. 2019. 浙江大学校园大型真菌图谱. 杭州: 浙江大学出版社.
Boone DR, Castenholz RW, Garrity GM. 2001.Bergey's Manual of Systematic Bacteriology. Vol. 1. 2nd ed. New York: Springer-Verlag.

Brenner DJ, Krieg NR, Staley JT, et al. 2005. Bergey's Manual of Systematic Bacteriology. Vol. 2. Parts A, B and C. 2nd ed. New York: Springer-Verlag

Colwell RP. 1970. Polyphasic taxonomy of the genus *Vibrio*: numerical taxonomy of *Vibrio cholerae*, *Vibrio parahaemolyticus*, and related *Vibrio* species. J Bacteriology, 104(1): 410-433.

Garrity GM, Liblburn TG, Cole JR, et al. Taxonomic outline of the Bacteria and Archaea. Release 7.7 March 6, 2007.

Gelderblom HR. 1996. Structure and classification of viruses. *In*: Baron S. Medical Microbiology. University of Texas Medical Branch at Galveston. New York: Churchill Livingstone.

Goodfellow M, Kämpfer P, Busse HJ, et al. 2012. Bergey's Manual of Systematic Bacteriology. Vol. 5. Parts A and B. 2nd ed. New York: Springer-Verlag.

Gorbalenya AE, Siddell SG. 2021. Recognizing species as a new focus of virus research. PLOS Pathogens, 17(3): e1009318.

Gorbalenya AE, Krupovic M, Mushegian AR, et al. 2020.The new scope of virus taxonomy: partitioning the virosphere into 15 hierarchical ranks. Nat Microbiol, 5: 668-674.

Kim M, Oh HS, Park SC, et al. 2014. Towards a taxonomic coherence between average nucleotide identity and 16S rRNA gene sequence similarity for species demarcation of prokaryotes. Int J Syst Evol Microbiol, 64: 346-351.

Kirk PM, Cannon PF, Minter DW, et al. 2008. Ainsworth & Bisby's Dictionary of the Fungi. 10th ed. Wallingford: CAB International Publishing.

Krieg NR, Staley JT, Brown DR, et al. 2010. Bergey's Manual of Systematic Bacteriology. Vol. 4. 2nd ed. New York: Springer-Verlag.

Vandamme P, Pot B, Gillis M, et al. 1996. Polyphasic taxonomy, a consensus approach to bacterial systematics. Microbiol Rev, 60(2): 407-438.

Vos P, Garrity G, Jones D, et al. 2009. Bergey's Manual of Systematic Bacteriology. Vol. 3. 2nd ed. New York: Springer-Verlag.

Whitman WB. Bergey's manual of systematics of archaea and bacteria. http://www.bergeys.org/.

第十三章　微生物与发酵工程

导　　言

发酵工程作为生物技术的一个重要组成部分，是微生物发酵产品实现产业化的桥梁，已深入到生产的各个领域。发酵工程涉及原料处理、空气净化、优良菌种的选育、种子扩大培养、发酵控制、产品的提取与精制等工艺。微生物通过发酵，可对物质进行降解与转化，生产大宗产品以及高附加值的药物。挖掘微生物资源，大力开发微生物发酵产品，可以缓解生态环境压力，推进绿色、高效、可循环的生产生活方式。

本章知识点（图 3-1）：

1. 空气净化与原料处理。
2. 微生物发酵流程与工艺。
3. 微生物产物的提取与精制。
4. 微生物发酵的应用。

- 上游
  - 空气净化：高空采风、空气压缩、油水分离、分级过滤
  - 原料准备：淀粉的液化与糖化、培养基连消
- 中游发酵工艺：种子扩大培养、发酵控制(温度、pH、溶解氧、底物浓度、补料)
- 下游产物提取精制
  - 细胞破碎：机械破碎、酶法、冻融法、干燥法
  - 产物初级纯化：沉淀、离子交换、吸附、萃取、过滤、蒸馏
  - 产物精制：浓缩、色谱、结晶、干燥
- 发酵工程应用

图 13-1　本章知识导图

关键词：生物技术、微生物发酵、发酵食品、发酵类型、好氧发酵、厌氧发酵、兼性发酵、固体发酵、液体发酵、固定化细胞发酵、发酵工程、空气净化、高空采风、空气过滤、液化、糖化、灭菌、优良菌种选育、工程菌、种子扩大培养、发酵工艺、发酵液预处理、胞外产物、胞内产物、细胞破碎、初级纯化、沉淀、蒸馏、萃取、离子交换、产物精制、结晶、干燥、代谢产物

生物技术伴随着人类文明的产生与发展而产生，发酵技术是生物技术中发展和应用较早的食品加工技术，在我国已有几千年的历史。微生物发酵是指利用微生物，在合适的条件下，将生产原料经过特定的代谢途径，转化为人类所需产物的过程。日常生活中我们经常食用的发酵食品有谷类发酵制品（甜面酱、米醋、米酒）、豆类发酵制品（豆瓣酱、酱油、豆豉、腐乳）和乳类发酵制品（酸奶、奶酪）等。经过微生物发酵后的食品营养成分更加容易吸收，风味更丰富、独特。

微生物发酵根据不同的情况，可以分为不同的发酵类型（图 13-2）。

发酵
类型
{ 按对氧气的需求：好氧发酵、厌氧发酵、兼性发酵
按培养基状态：液体发酵、固体发酵、固定化细胞发酵
按发酵产物：微生物菌体发酵、酶发酵、代谢产物发酵、物质转化发酵、工程菌发酵

图 13-2 微生物发酵类型

（1）根据对氧气的需求，可分为好氧发酵（aerobic fermentation）、厌氧发酵（anaerobic fermentation）和兼性发酵（facultative fermentation）。好氧发酵是在发酵过程中需要不断地提供一定量的无菌空气，如柠檬酸发酵、谷氨酸发酵、多糖发酵等；厌氧发酵是发酵过程中无须提供氧气，进行厌氧生产，如乳酸发酵、丙酮-丁醇发酵等；兼性发酵是兼性厌氧菌，如酵母菌在无氧条件下进行厌氧发酵积累乙醇，而在有氧条件下则大量繁殖菌体细胞。

（2）根据培养基状态不同，可分为液体发酵（liquid fermentation）、固体发酵（solid fermentation）与固定化细胞发酵（fermentation of immobilized cell）。①液体发酵：培养基为液态，各种营养成分均匀分布，有利于菌体与培养基的充分接触及对营养的吸收。菌体在反应器中处于最适温度、pH、氧气的生长条件下，可在短时间内积累大量的菌体，以及产生多肽等具有生理活性的代谢产物，发酵周期一般 2～7 天。液体发酵因发酵均匀、发酵条件（温度、pH、无菌条件）易于控制，而为常用的发酵手段。②固体发酵是指培养基呈现固体状态，虽然培养基含水丰富，但没有或者几乎没有可以自由流动的水，微生物处在潮湿不溶于水的基质上进行发酵。底物基质不仅可提供微生物生长代谢所需的营养物质，还是微生物生长的场所。固体发酵的培养基简单，如谷物类、小麦麸、小麦草、大宗谷物或农产品均可使用，原料来源丰富、成本低，且基质前处理需求较少，只需简单加水使基质潮湿，或者简单磨破基质增加接触面积等。但固体发酵的周期较长（需 30～60 天），发酵过程易被杂菌污染。固体发酵适用于真菌，如利用红曲霉进行红曲生产就是其中的一类。③固定化细胞发酵是指采用物理或化学的方法将游离的细胞固定在不溶于水的载体上，使其在一定的空间范围内进行生命活动，并保持其催化活性。细胞的固定化有离子结合、共价结合、交联、聚合物包埋、微胶囊法等方法（图 13-3）。固定化细胞发酵可进行连续发酵，能在较长的时间内反复使用，并有利于产品的分离纯化。

（3）根据发酵产物的不同，分为微生物菌体发酵、酶发酵、代谢产物发酵、物质转化发酵和工程菌发酵等。①微生物菌体发酵是以获取具有某种用途的菌体为目的，如面包制作的酵母发酵、人类食品或动物饲料的菌体蛋白发酵、食药用真菌（香菇、黑木耳、平菇、蘑菇、金针菇、冬虫夏草、茯苓、灵芝等）栽培，以及生物农药（苏云金芽孢杆菌、白僵菌、绿僵菌）生产等。②酶发酵，多用于食品工业与轻工业（如淀粉酶、糖化酶、β-葡聚糖酶、纤维素酶等）、医药生产和医疗检测（葡萄糖氧化酶、胆固醇氧化酶）。③代谢产物发酵，微生物在生长繁殖过程中会合成一些具有特定功能的次生代谢产物，如抗生素、生物碱、色素、微生物毒素、植物生长素等。④物质转化发酵，微生物在生长繁殖过程中会合成有用物质，分解有害物质。⑤工程菌发酵，利用基因工程菌株生产胰岛素、干扰素、疫苗等，利用杂交细胞瘤生产单克隆抗体。

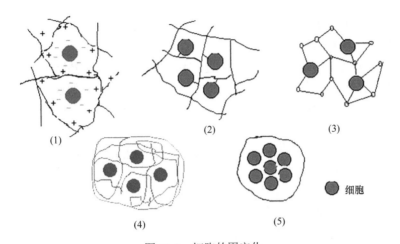

图 13-3 细胞的固定化

（1）离子结合；（2）共价结合；（3）交联；（4）聚合物包埋；（5）微胶囊法

通常发酵生产是微生物在生长过程中，将所需的糖类、氮素化合物、无机盐，以及其他营养物质制成培养基，灭菌后接入菌种，再通入无菌空气并加以搅拌，提供适于微生物呼吸代谢所需的氧气，控制适宜的外界条件，使微生物大量生长繁殖，以及生产产物的过程。发酵工程（fermentation engineering）是大规模发酵生产工艺的总称，其利用微生物的生长与代谢活动，通过现代化工程技术手段生产各种有用物质，或者把微生物直接应用于生物反应器的技术。由于它以培养微生物为主，也称微生物工程（microbial engineering）。发酵工程由上游工程、中游发酵和下游工程三部分组成。发酵生产的上游工程包括优良菌种的选育、原料的前处理与空气净化等工艺；中游发酵包括优良菌种的扩大培养、最适发酵条件的控制、代谢产物的生产管理等；下游工程包括目标产品的提取与精制加工工艺（图 13-4）。

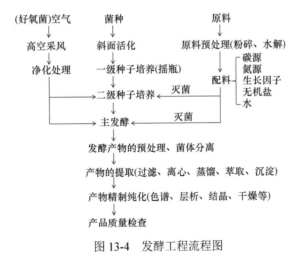

图 13-4 发酵工程流程图

尽管微生物发酵生产有固体培养与液体培养之分，有厌氧发酵与好氧发酵之别，但它们的生产工艺流程大都基本相同，包括 6 个基本步骤：①发酵原料的选择、前处理，以及各级培养基的配制；②培养基、发酵罐以及辅助设备的消毒灭菌，空气的净化；③微生物菌种的选育及扩大培养；④发酵设备选择及工艺条件控制；⑤发酵产物的分离提取；⑥发酵废物的回收和利用。

现代发酵技术是在传统发酵的基础上建立和发展的，结合了基因工程和细胞工程的分子修饰和改造技术等。发酵工程的主要内容包括：①生产菌种的选育；②发酵条件的优化与控制；③反应器的设计；④产物的分离、提取与精制。

第一节　空气净化与原料前处理

在好氧发酵过程中，需要提供氧气。而一般空气中含有大量不同的微生物，这些微生物一旦随空气进入发酵过程，就会大量繁殖，干扰正常发酵的进行，甚至导致发酵的失败。空气净化是发酵过程中重要的环节。

一、空气净化

空气是许多气态物质的混合物，主要是氮气和氧气。自然界中的空气带有大量的灰尘、沙土、水分和各种微生物，且空气中微生物的含量与种类随着地区、季节、空气中灰尘粒子多少以及人们的活动情况而不同。离地面较近处的空气，其中微生物的种类与数量较多，离地面越高，空气中的微生物含量越少，一般每升高十米，空气中的微生物含量减少一个数量级。空气中的微生物以细菌特别是芽孢菌较多，也有酵母、霉菌和病毒。空气中悬浮的微生物一般为 $10^3 \sim 10^4$ 个/m^3，且微生物大多附着在灰尘和雾滴上，灰尘粒子的平均直径约 0.6 μm。为了保证纯种培养，发酵中所使用的空气必须经过净化，以除去其中的各种微生物。

高效的空气除菌系统是发酵设备的一个重要部分。一般空气除菌系统的除菌是以加热灭菌和过滤除菌为基础的。无菌空气的要求是无菌、无灰尘、无杂质、无水、无油。生产中通常的空气净化工艺：吸附塔→粗过滤器→空气压缩机→空气冷却器→分水器→空气贮罐→空气加热器→总空气过滤器→预过滤器→精过滤器→种子罐或发酵罐（图 13-5）。

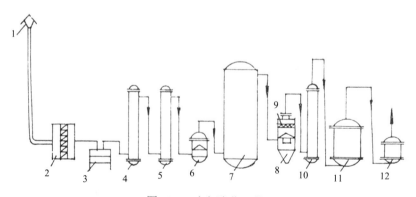

图 13-5　空气净化工艺

1. 空气吸气口；2. 粗过滤器；3. 空气压缩机；4. 一级空气冷却器；5. 二级空气冷却器；6. 分水器；7. 空气贮罐；8. 旋风分离器；9. 丝网除沫器；10. 空气加热器；11. 总空气过滤器；12. 分过滤器

1. 高空采风

空气采集地应远离城市人多的区域，且离地面越高的空气中相对尘埃越少，空气较为洁净。因此，选择良好的取风地理位置，并进行高空采风。空气中除了大量微生物外，还有粉尘等污染物。采集空气后需要利用初级过滤器（粗过滤器）进行处理，过滤掉空气中的大颗粒杂质与尘埃粒子；再经空气压缩机进行空气压缩，并利用空气压缩时放出的热量对采集的空气实施灭菌。经压缩的空气还含有油、水等，再通过空气冷却器、旋风分离器以及分水器除去冷凝水和油等。

2. 空气过滤

经过上述处理后，空气在进入种子罐或发酵罐前，一般还要进行总空气过滤器与各分级过滤器处理，以保证空气的无菌状态。一般由 3～4 级过滤器串联而成，压缩空气进入过滤器前需用旋风式油水分离器（旋风分离器）将空气中的油水分离干净。过滤器所采用的过滤介质有多种，如棉花与活性炭、超细玻璃纤维、石棉滤板、烧结材料过滤介质如聚乙烯醇（polyvinyl alcohol，PVA），以及新型过滤介质，如聚偏二氟乙烯（polyvinylidene fluoride，PVDF）、聚四氟乙烯（polytetrafluoroethylene，PTFE）等。随着膜技术的发展，无菌空气的制备也可使用膜过滤器。

二、原料前处理

为了降低成本，培养基所需的碳源一般采用来源广泛、价格低廉的淀粉质原料。常用的淀粉质原料有高粱、大米、小麦、玉米等粮谷类，其碳水化合物含量为 70%～80%；薯类（薯干的淀粉含量为 60%～80%）；野生植物类；淀粉渣、米糠饼等农产品加工副产物。氮源采用黄豆饼粉、麸皮粉等。此外，还采用部分工业废水作为代用品，如糖蜜废液、大豆深加工废水等。一般微生物菌株不能直接利用淀粉、糊精等多糖原料。在投产前淀粉等原料需经过预处理，先将原料进行破碎磨成粉，然后通过酸法或酶法进行降解（淀粉→蓝糊精→紫糊精、红糊精→无色糊精→寡糖→单糖）。

淀粉原料的降解需经过液化与糖化两个阶段。液化是将淀粉长链切成糊精与低聚糖，其间会显著降低料液的黏度。而糖化是将糊精进一步降解为葡萄糖的过程。由于微生物对大分子淀粉不能直接利用，需通过胞外水解酶将分子量大的物质降解为较小的化合物，如小分子糊精、双糖和单糖等，以利于微生物细胞膜的选择性吸收，将小分子物质运送至细胞内，才能被微生物吸收利用。

1. 液化

不溶于水的物料淀粉，在热水中能吸收水分而膨胀。淀粉粒破裂，成为溶解于水而带有黏性的淀粉糊。液化可采用酸法和酶法进行。①酸法液化：用盐酸将一定浓度的淀粉乳液调至 pH 2，高温下维持约 30 min，以便完成淀粉链裂解过程。②酶法液化：利用淀粉酶对淀粉乳液进行分解，酶法液化反应条件温和。液化是将淀粉转化为糊精及低聚糖，使淀粉的可溶性增加的过程。

2. 糖化

利用糖化酶将液化后的物料进一步水解,使糊精和低聚糖分解为葡萄糖。淀粉水解的中间产物糊精,随着降解而分子量变小,碘反应的颜色由紫色变为棕色、白色,直至黄色。用于糖化的设备较简单,通常是常压、搅拌、保温的罐体。酶法降解淀粉的反应条件温和,制得的糖液颜色浅,较纯净,质量高,有利于糖液的充分利用。

3. 系统灭菌

按营养要求配制好种子培养基以及发酵培养基后,应及时进行灭菌处理。除了培养基灭菌外,在发酵生产投料前,气路、料路、种子罐、发酵罐等都需用蒸汽进行灭菌处理,尽量消除所有死角的杂菌,保证系统处于无菌状态。系统灭菌包括空消、实消与连消。

(1)空消就是空罐体、管路的灭菌,利用蒸汽将空罐体加热至133℃(2.0~2.5 kg/cm²),并维持 30~40 min,保证罐体内的无菌状态。空消不仅在发酵罐上进行,在工业上一般连续化生产也采用。对罐体和发酵液分别灭菌。空消可提高设备的利用率,有利于实现连续化操作。而培养基的灭菌可以是实消(分批灭菌),也可以是连消(连续灭菌)。

(2)实消也称分批灭菌或实罐灭菌,将培养基直接置于发酵罐中用蒸汽加热,达到预定灭菌温度后,维持一定时间,再冷却到发酵温度,然后接种发酵。通常先从夹套或冷却蛇管中间接通入蒸汽,升温加热至90℃后,再从罐底部直接通入蒸汽,进行加热至规定的温度(105~110℃),维持 5~8 min,再关闭蒸汽开冷却水迅速降温,并通入无菌空气维持发酵罐的正压,以防染菌。实消适用于规模较小的发酵罐培养基,设备简单、操作易行。

(3)连消即连续灭菌,是将配制好的培养基,在向空消灭菌后的发酵罐输送的同时进行灭菌的过程(图 13-6)。连消是工业生产中常用的灭菌方法,将配制好的培养基在

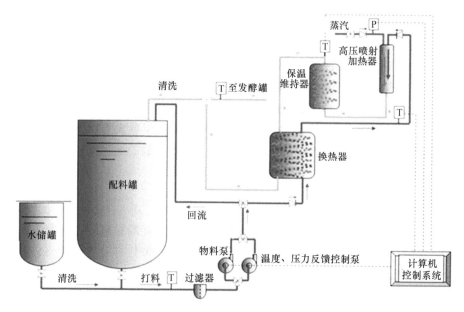

图 13-6 连续灭菌流程图

发酵罐以外的专用设备中连续不断进行加热、维持、冷却，然后泵入空消灭菌后的发酵罐中。连续灭菌由连消塔加热、维持罐维持，以及冷却管冷却三个部分组成。用泵将培养基连续输进由蒸汽直接加热的加热塔，使其达到一定温度（135～140℃，2.5 kg/cm²），然后进入维持管，维持短暂的时间（5～15 s），以达到灭菌的目的。再进入冷却管，使其冷却至接种温度，并直接进入事先已灭菌的发酵罐内。培养基的冷却方式有喷淋冷却式、真空冷却式、薄板换热器式等。因连消采用的是高温短时灭菌处理，故培养基的营养物质破坏少，设备利用效率高，且适合采用自动化控制。常规 20 m³ 以上的大规模发酵生产通常采用的是连消的灭菌工艺。

第二节　发酵工艺与控制

现代的发酵工业生产规模越来越大，每只发酵罐的容积有几十、几百立方米，要使少量的微生物在几十小时的短时间内完成如此巨大的发酵转化任务，就必须培养出大量的微生物菌体，获得数量足够、健壮、代谢旺盛的种子。微生物发酵通常是单一菌种在培养基中的纯培养过程，防止杂菌污染是至关重要的。在发酵生产中需采用严格的无菌生长环境，包括发酵前对发酵原料、发酵罐，以及各种连接管道进行高压灭菌；在发酵过程中不断向发酵罐中通入无菌空气；根据细胞生长要求，发酵中途无菌加料速度的计算机控制等。

一、优良菌种选育

优良菌种是进行发酵的根本，也是取得良好效益的关键。可通过生物诱变或者在生产中自然选育优良的菌种。现今的菌种选育已与基因工程、基因编辑、细胞工程等相结合（图 13-7），将靶基因在体外与载体进行重组、筛选，再将重组体导入宿主，使受体细胞获得新的遗传性状（具体见第九章）。然后按照生产实际，进行菌种或者工程菌的扩大培养。再就是发酵最适条件（如 pH、温度、溶解氧和营养组成）的确定。

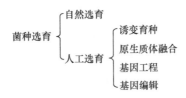

图 13-7　优良菌种选育

二、种子扩大培养

种子扩大培养是将处于休眠状态的生产菌株进行斜面培养活化，再经过摇瓶（一级种子）与种子罐（二级种子）逐级扩大培养，从而获得一定数量和质量的纯种过程（图 13-8）。如果按 1%的接种量计算，几百立方米发酵罐的培养基中就要投入几立方米或几十立方米的种子，以便缩短发酵时间，提高发酵罐的利用率，并减少杂菌的污染。

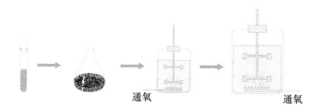

通氧   通氧

图 13-8   扩大培养
从左到右为斜面菌株、一级种子、二级种子、发酵罐

1. 斜面菌种培养

用取少量菌种在斜面/平板培养基上划线，然后在适当温度（如谷氨酸生产菌为 33～35℃，酵母菌为 30℃）的培养箱中培养一定时间（谷氨酸生产菌 18～24 h，酵母菌 48 h）。每批斜面/平板菌种培养结束后应仔细观察菌种的生长情况，菌苔的颜色、边缘特征等是否正常，有无感染杂菌，如果菌种有质量问题，坚决不用，否则后果不堪设想。

生产中使用的斜面/平板菌种不宜多次接种，以免因菌种的自然变异而引起菌种的不纯。生产中要经常进行菌种的分离纯化，一般每隔一定时间（两三个月）进行一次分离纯化（即自然选育），以保持菌种的优良特性。

2. 一级种子

配制适当的液体培养基，装入三角瓶（需氧微生物的培养基装量为容器的 1/5 左右，如谷氨酸生产菌种为 1000 mL/5000 mL 三角瓶），用瓶口布（八层纱布中间加一层绒布）包扎瓶口，或者将过滤封口膜覆盖于瓶口后进行灭菌。待冷却后从斜面上取一环菌种接入三角瓶的液体培养基中，在摇床上振荡培养一定时间，如谷氨酸生产菌种培养 10～12 h；而啤酒生产菌种为兼性厌氧菌，不需要振动培养，只需要定时对菌种培养液进行摇晃。

3. 二级种子

在一级种子培养的基础上，为了使菌种数量进一步扩大，常要进行二级甚至三级种子的扩大培养。

（1）二级、三级种子的培养目的与一级种子相似，而培养基的各种成分既要与一级种子相似，又要逐渐趋向与发酵培养基接近（特别是接入发酵罐前的那一级种子），以保证种子接种到发酵罐以后，能很快地适应环境条件，缩短延迟期。

（2）接种量：细菌为 0.5%～1%，如谷氨酸生产菌 2 L 菌种接入 400 L 种子罐中；酵母菌、放线菌的接种量为 10%。

（3）适当的培养温度，如谷氨酸生产菌为 32～35℃，酵母菌为 28℃。

（4）适当的培养时间，如谷氨酸生产菌的二级种子培养时间为 7～8 h。

（5）适当的通风量，如谷氨酸生产菌培养的通风比为 1∶0.3（风量与发酵液体积比）。

种子成熟后，还未接入下一级种子罐或发酵罐时应置于冰箱中保存或降温保压，即温度应冷却到 20℃以下。培养几级种子应根据种子生长速度和发酵罐的大小来决定。

三、发酵工艺

多数微生物反应过程都包括菌体的生长、底物的不断消耗与代谢产物的逐渐生成。在微生物反应中，底物消耗和代谢产物生成受微生物生长状况及代谢途径的影响很大。微生物摄入底物后，底物一部分转化为代谢产物，另一部分转化为新生细胞的组成物质，从而导致菌体的生长。根据不同的需求，发酵工艺可分为分批发酵、流加批量发酵与连续发酵三类。

在发酵生产中，优良的菌种仅仅提供获得高产的可能性，而要把其变为现实还需要给予合适的环境条件。当微生物接种于装有一定发酵培养基的发酵罐后，菌体开始吸收环境中的营养，先大量生长和繁殖，然后开始形成产物。由于微生物对环境条件特别敏感，本身又具有多条代谢途径，环境条件的改变易引起微生物代谢的改变，要正确掌握和控制发酵条件，以利于提高发酵产量。

发酵罐是指工业上用来进行微生物发酵的装置，通常能耐受蒸汽灭菌，底部可通入无菌空气，并维持一定正压。常用的发酵罐为机械搅拌式发酵罐、气升式发酵罐。发酵罐有夹套或者蛇管（图 13-9），可向夹套或蛇管中通入蒸汽进行发酵液升温灭菌，或者通入冷却水对灭菌后的培养基进行冷却降温。

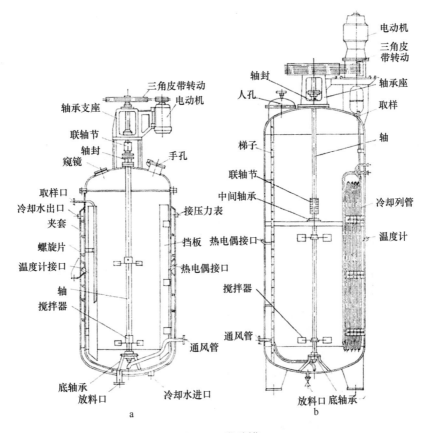

图 13-9　发酵罐

a. 夹套传热；b. 蛇管传热

发酵培养基灭菌完毕后，接下来就是将扩大培养后的种子接入发酵罐中进行发酵培养，以获得大量的目标产物。通常影响微生物发酵生产的因素除了培养基的成分及浓度以外，还有物理因素、化学因素和生物因素。物理因素包括温度、压力、搅拌转速、泡沫、气体流速、黏度等；化学因素包括 pH、氧化还原电位、溶解氧、气体 CO_2 含量、O_2 含量、糖含量、氮化物含量等；生物因素包括菌体的浊度、各种酶活性、中间代谢产物等。

1. 温度

温度对微生物的生长影响很大，直接关系到酶的结构与组成，关系到代谢途径和代谢产物的生物合成。工业发酵中不能在整个发酵周期内仅选用单一温度，因为微生物发酵生产过程中，不同的阶段对温度的需求不同，微生物生长和产物合成都有其最适的温度条件。如在抗生素发酵生产中，生产期的最适温度要低于生长繁殖期。青霉的生长最适温度为 30℃，而青霉素旺盛生产期的最适温度为 20℃。所以在工业发酵生产中，为了实现高产发酵，要特别注意发酵过程中菌体生产和产物积累两个阶段的最适温度的控制，应采用变温培养。为了维持微生物生长的适合温度，在发酵过程中必须在夹套或蛇管内通入冷却水或蒸汽来维持发酵液的温度。

2. pH

微生物的生长发育以及各种能量代谢的化学活性都受 pH 的影响。如黑曲霉在 pH 2～3 时，发酵产生柠檬酸，在 pH 接近中性时，则产生草酸。控制培养液 pH 的方法主要有：①直接加酸或碱液进行调节；②补料或流加某些营养物质，一方面提供给微生物碳源或氮源，另一方面调节培养基的 pH，如谷氨酸发酵中，当 pH 低于 7.0 时，可通过流加尿素或氨水，使发酵液的 pH 上升；③加缓冲剂如磷酸盐、柠檬酸盐和碳酸钙。其中碳酸钙能与酸类作用，形成中性化合物和 CO_2。

3. 供氧（溶解氧）

好氧菌与厌氧菌对氧的需求是不同的。不同微生物或同一微生物的不同生长阶段对氧的需求也不同，在液体发酵中，一般是从发酵罐的底部送入无菌空气（通风），同时通过搅拌和在罐内设置挡板使气体分散成微小的气泡，以增加氧的溶解度。①通风，在发酵生产中常用通风比来表示空气流量，以每分钟通过单位体积培养液的空气体积来表示，如谷氨酸发酵中通风比为 1：0.3，表示每分钟对 $1 m^3$ 的发酵液供给 $0.3 m^3$ 的空气。可通过转子流量计测定空气流量。转子流量计由两部分组成：一部分是从下面向上逐渐扩大的锥形管，另一部分是置于锥形管中上下自由移动的转子。当流量足够大时，气流产生的作用力能将转子托起，并使之升高，流量的大小决定了转子平衡时所在位置的高低（刻度）。②发酵搅拌转速与溶解氧系数，搅拌把通入的无菌空气打成小气泡，增加气液接触面积。小气泡从罐底上升到液面要比大气泡慢，增加气液表面的接触时间，有利于氧的溶解。一般来说，若营养罐深、搅拌转速大、通气管开的小孔多，气泡在培养液内的停留时间就长，氧的溶解速度就大，搅拌可提高通气效果。

4. 底物浓度

当水解糖浓度低于 $100 \sim 150$ g/L（10%～15%）时，不会出现生长的抑制，但当浓度超过 $350 \sim 500$ g/L（35%～50%）时，多数生物不能生长，高浓度的底物基质会使细胞脱水。此外，高浓度的底物会引起碳分解代谢物的阻遏，并阻碍产物的形成。为了防止高浓度底物的影响，在发酵过程中可采用补料的方式，如谷氨酸发酵生产中，利用的初糖浓度约 14%，当发酵经过 $12 \sim 14$ h 后，初糖浓度降低至 6%～7%，添加一定量的浓度为 30% 的水解糖，以增加总糖的浓度，提高谷氨酸的生成率。此外，可通过流加氨水来提供氮源，添加氨水还起到调节发酵液 pH 的作用。

5. 补料

在发酵过程中补充某些养料以维持菌体的生理代谢活动和产物合成的需要。补料可使菌体的自溶期推迟，生物合成期延长，从而可以维持较高的产物增长幅度和增加发酵的总体积，使产量大幅度上升。在补料过程中应注意料液配比要合适，浓度过高会影响消毒及料液的输送，浓度过低则料液的体积增大，会产生发酵单位的稀释、液面上升等问题。此外，补料时还应加强无菌控制，对设备和操作都必须从严掌握。

6. 消泡

泡沫是气体被分散到少量液体中的胶体体系，泡沫间被一层液膜隔开而彼此不相连通。泡沫的生成有两种原因：一种是外界引进的气流被机械地分散；另一种是发酵过程中产生的气体聚集。

在工业发酵生产过程中，生产抗生素或其他生物活性物质多为需氧发酵，菌体的生长发育和代谢产物的积累均需要大量无菌空气。为了提高空气的利用率，需要通气、剧烈地机械搅拌，这些操作易使气体被分割成无数的小气泡。加之发酵所用的原料如糖蜜、淀粉、玉米浆、豆饼粉等都是一些发泡性较强但又不可缺少的成分。过多、持久泡沫的产生，会妨碍菌体的正常呼吸，造成代谢异常，使菌体早期自溶，导致代谢产物的产量下降；泡沫过多也会造成逃液，使培养液流失到罐外，直接影响产品的得率，还可能使发酵液逆流到分过滤器中，造成染菌，影响发酵。

消泡可采用物理或化学方法。物理方法如机械法，即在搅拌轴上方安装一个锯齿形的消泡板，利用机械能打碎气泡。化学法则是加入疏水性强而亲水性弱的消泡剂——表面活性物质，如动植物油、矿物油和合成消泡剂（0.03% 用量的泡敌即聚环氧丙烷、硅油即多甲基聚硅醚）。泡沫的检测可通过观察发酵罐视镜进行，当泡沫持续上升时，可加入少量消泡剂。

总之，现代发酵技术还会实时监测发酵过程中有效成分、菌种数量及产物含量，以便确定最优发酵菌种和最佳菌种数量。在整个发酵过程，进行一些项目的中途分析：①目标产物的产量；②发酵液的 pH；③剩余的水解糖量；④氨基氮情况；⑤菌体数量及形态的观察，判断是否处于正常生长状态，以及不正常情况下采取何种补救措施；⑥发酵温度。通过以上项目的分析，可判断发酵的终点。要使菌体生长和产物合成达到最佳状态，不仅要调整好基质浓度、温度、pH、溶解氧等条件，还要兼顾培养基黏度的变化、泡沫的消长、杂菌的污染、CO_2以及有毒代谢产物的浓度等，甚至要参考前期工序培养基的灭菌、菌种培养，以及下游加工过程等。

第三节　发酵产物提取与精制

微生物发酵的下游工程是从发酵液中分离、纯化产品的过程，包括分离、提取和精制等，这是一个复杂、耗资的过程（图 13-10）。

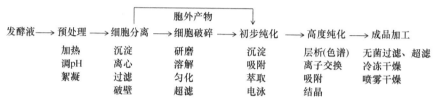

图 13-10　微生物产物提纯

由于发酵产物存在形式、用途的不同，对产品的质量要求不一，故分离和纯化的方法也有区别。下游工程包括固液分离、细胞破壁、产物纯化等技术。大多数产品的后处理过程可分为发酵液的预处理、初级纯化和高度纯化（产物精制）三个阶段。

一、发酵液预处理

发酵液中包含了产物、菌体、大量可溶性胶体物质（核酸、蛋白质）、不溶性多糖、无机盐和水。发酵液具有体积大、产物浓度低、液相黏度大、细胞颗粒小等特征。

为了保证提取的顺利，一方面要严格控制发酵周期，周期太长菌体会产生自溶，使发酵液黏稠，影响过滤速度和分离效果；另一方面发酵液要进行预处理，改变发酵液的物理性质，使产物转入便于后处理的相中（多数是液相），以利于固液分离。

预处理是采用加热、调节 pH、凝聚与絮凝、加入助滤剂等措施，改变发酵液的理化性质，降低发酵液的黏、使胶粒成为较大的絮团，为固液分离打下基础。工业生产中常用的凝聚电解质有硫酸铝、氯化铝与氧化铁等；而絮凝剂有天然有机高分子（几丁质、壳聚糖及衍生物等多糖类、海藻酸钠、明胶等）、有机高分子聚合物（聚丙烯酰胺类衍生物、聚丙烯酸类）、无机高分子聚合物（聚合铝盐）；助滤剂有硅藻土、活性炭等。通过理化法，可增加发酵液中悬浮粒子的体积，或降低其黏度，形成与产物性质差异较大的杂质。微生物发酵的产品大致可分为胞内产物、胞外产物和菌体蛋白三类。

1. 胞外产物

胞外产物是指微生物分泌到细胞外的代谢产物，如细菌产生的碱性蛋白酶，霉菌产生的糖化酶等为胞外酶。所以，需要将发酵液进行过滤或者离心，以除去菌体、固形物杂质和悬浮物等固体物质，获得澄清的滤液（图 13-11），然后进入下一步的提纯。

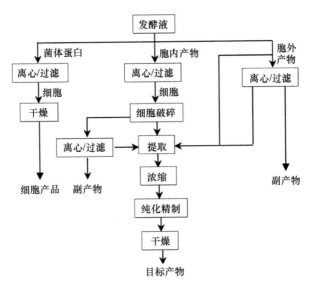

图 13-11　产物提取与精制工艺流程

2. 胞内产物

如果发酵产物存在于胞内（菌体内），需先进行发酵液的过滤、离心，收集菌体。然后洗涤清洁菌体，进行细胞破碎。细胞破碎是指借助外力破坏菌体的细胞壁和细胞膜，使细胞内容物包括目标产物释放出来。细胞破碎有物理、化学、机械和酶学等方法（表 13-1），通常采用反复冻融、渗透冲击、超声破碎、机械破碎和酶裂解等方法，如分离和提取酶制剂、干扰素、生长激素等。细胞破碎后使代谢产物转入液相中，然后除去细胞碎片。

表 13-1　细胞破碎的方法与原理

名称	原理	方法
酶破碎	通过细胞本身的酶系或外加酶制剂的作用，使细胞外层结构受到破坏，而达到细胞破碎的目的	自溶法、外加酶制剂法
机械破碎	通过机械运动产生的剪切力，使组织、细胞破碎	捣碎法、研磨法、匀浆法、超声法
物理破碎	通过各种物理因素的作用，使组织、细胞的外层结构被破坏，而使细胞破碎	温度差破碎法、压力差破碎法
化学破碎	通过各种化学试剂对细胞膜的作用，使细胞破碎	有机溶剂法、表面活性剂法、酸碱法

（1）酶解法是利用分解细胞壁的酶进行处理，部分或完全破坏细胞壁，再利用渗透压、冲击等进一步增大细胞膜的通透性，使细胞内含物释放出来。不同的生物，其细胞壁的构成不同（表 13-2），可采用不同的水解酶，如溶菌酶（lysozyme）、纤维素酶（cellulase）、蜗牛酶（snailase）、溶细胞酶（lyticase）、半纤维素酶（hemicellulase）、脂酶（lipase）等。某些细菌可采用溶菌酶破碎细胞壁；而破碎酵母细胞常采用 1%蜗牛酶，同时加入 0.2%巯基乙醇，或者利用溶细胞酶。酶解方法条件温和、内含物成分不易受到破坏、细胞壁损坏的程度可以控制。

表 13-2　各种微生物细胞壁的结构

微生物	壁厚/nm	层次	主要组成
革兰氏阳性菌	20～80	单层	肽聚糖（40%～90%）、多糖、胞壁酸、蛋白质、脂多糖（1%～4%）
革兰氏阴性菌	10～13	多层	肽聚糖（5%～10%）、脂蛋白、脂多糖（11%～22%）、磷脂、蛋白质
酵母菌	100～300	多层	葡聚糖（30%～40%）、甘露聚糖（30%）、蛋白质（6%～8%）、脂类（8.5%～13.5%）
霉菌	100～250	多层	多聚糖（80%～90%）、脂类、蛋白质

（2）机械破碎法是基于液相或固相剪切力引起细胞破碎。①高压匀浆器（high pressure homogenizer）主要利用高压迫使细胞悬浮液通过针形阀（一个狭窄的小孔），由于产生液相剪切力造成细胞破碎。②球磨机（ball mill）是将细胞悬浮液与玻璃小珠、石英砂或氧化铝一起快速搅拌，由于研磨作用，细胞破碎。③超声破碎，超声波具有频率高、波长短、定向传播等特点，通常在 15～25 kHz 的频率下操作，超声波对细胞的破碎作用与液体中空穴的形成有关，当超声波在液体中传播时，液体中的某一小区域交替重复地产生巨大的压力和拉力。拉力的作用，使液体拉伸而破裂，从而出现细小的空穴，这种空穴泡在超声波的继续作用下，又迅速闭合，产生一个极为强烈的冲击波压力，由它引起的黏滞性漩涡在悬浮细胞上造成剪切应力，促使其内部液体发生流动，从而使细胞破碎。

（3）冻融法：将细胞放在低温（–15℃以下）下冷冻，再在室温下融化，如此反复多次，使细胞壁破裂。冻融法一方面在冷冻过程中会促使细胞膜的疏水键结构破坏，从而增加细胞的亲水性能；另一方面，冷冻时细胞内水结晶，形成冰晶粒，引起细胞膨胀而破裂。

（4）干燥法：经干燥后的菌体，其细胞膜的渗透性发生变化，同时部分菌体会产生自溶，用丙酮、丁醇或缓冲液等溶剂处理，胞内物质就会被抽提出来。

3. 菌体蛋白

通过离心或过滤收集微生物菌体，清洗后进行干燥。

总之，通过离心，除去发酵液中的菌体细胞和不溶性固体杂质；通过过滤，分离与产物性质差异较大的杂质，获取含有目标产物的液相，生产中常用的过滤设备是板框压滤机、鼓式真空过滤机和硅藻土过滤机。

二、发酵产物的初级纯化

发酵液经固液分离后，滤液体积大，活性产物浓度低。接下来是浓缩和提纯过程。产物提取方法较多，有沉淀法（precipitation）、离子交换法、吸附法、萃取法、膜过滤法、蒸馏法等，利用这些方法除去与目标产物性质有较大差别的物质，提高目标产物的浓度。

1. 沉淀法

沉淀法是指加入试剂或改变条件使发酵产物离开溶液生成沉淀析出，其包括等电点法、盐析法、有机溶剂法、高分子聚合物沉淀法、金属盐法、盐酸盐法等。

（1）等电点法：两性物质如蛋白质、氨基酸在酸性溶液中带正电荷，在碱性溶液中带负电荷，当调到某一 pH 条件的等电点时，净电荷为零，溶解度最小，呈过饱和状态结晶析出。分离谷氨酸等可通过调至等电点 pH 3.2 来进行。

（2）盐析法：适用于各种酶制剂和多肽类蛋白质、抗生素等生物大分子，在高浓度中性盐的存在下，它们在水溶液中的溶解度降低而产生沉淀、析出。常用的是硫酸铵，因为其在水中溶解度大，且溶解度受温度的影响小，在低温下仍具有较大的溶解度（0℃，70.6 g/100 mL；60℃，88 g/100 mL），并且硫酸铵对大多数蛋白质的活性无损害。常用"饱和度"来表示硫酸铵在溶液中的最终浓度。

（3）有机溶剂法：加入有机溶剂后，会使溶液的介电常数降低，从而使水分子的溶解能力降低。常用于生物大分子沉淀的有机溶剂有甲醇、乙醇、异丙醇和丙酮等，其中乙醇是最常用的沉淀剂。与盐析法相比，乙醇等有机溶剂易挥发除去，不会残留于成品中，产品更纯净，易分离收集，但常引起蛋白质失活。

（4）高分子聚合物沉淀法：某些水溶性非离子型高分子聚合物如聚乙二醇（PEG）等能使蛋白质、核酸水合作用减弱而发生沉淀。该法简单有效，且不易破坏蛋白质活性。所加入的 PEG 分子量应大于 4000，通常为 6000～20 000。PEG 的浓度常为 20%，浓度过高会使溶解度增大，沉淀物分离困难。

2. 离子交换法

离子交换法主要用于小分子的提取，此法利用离子交换树脂和发酵产物之间的化学亲和力，有选择地将生物物质吸附上去，然后用较少量的洗脱剂将它洗下来，达到分离、浓缩、提纯的目的（图 13-12）。

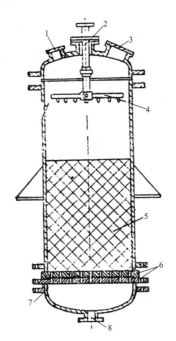

图 13-12　离子交换罐

1. 视镜；2. 进料口；3. 手孔；4. 液体分离器；5. 树脂层；6. 多孔板；7. 尼龙布；8. 出液口

离子交换树脂是一种无毒、惰性的高分子聚合物，具网状立体结构，含有高分子活性基团，能与溶液中其他物质进行交换，其高分子活性基团一般是多元酸或多元碱。树脂不溶于酸、碱、有机溶剂，对氧、热和化学试剂稳定，机械强度高。其结构由三部分组成：交联的具有三维空间立体结构的网格骨架 R、连接在骨架上的功能基（活性基），以及与活性基所带电荷相反的活性离子。其中网格骨架和活性基连成一体，不能自由移动；而活性离子可以在网格骨架和溶液中间自由迁移。当树脂处于溶液中时，其上的活性离子可与溶液中的同性离子（按与树脂功能基的化学亲和力不同）产生等当量的交换。如果活性离子为阳离子的树脂，即称阳离子交换树脂，能与溶液中的其他阳离子发生交换；如果活性离子为阴离子，则为阴离子交换树脂，能交换溶液中的阴离子。一般离子交换是先利用离子交换树脂与发酵液进行离子交换，再用洗涤剂清洗饱和后的树脂，然后用洗脱液将产物从树脂上洗脱下来，从而使得树脂再生。

3. 亲和层析

亲和层析（affinity chromatography）是利用生物分子间具有专一而又可逆的亲和力，使生物分子分离纯化，如利用抗原与抗体、酶和底物、酶与竞争性抑制剂等特殊亲和力。在成对互配的分子中，可把其中一方作为固定相，对样品溶液中的另一方进行亲和层析。作为固定相的一方为配基（ligand），需偶联于不溶性基体（matrix）或载体上。进行亲和层析前，先根据目标物的特性，选择与之配对的分子作为配基，再根据配基的大小和所含基团的特性选择适宜的偶联凝胶，一定条件下使配基与偶联凝胶结合。亲和层析可利用融合标签使蛋白质纯化 100～1000 倍。

1）亲和镍柱

亲和柱是以普通凝胶作为基体，连接上金属离子制成螯合吸附剂，用于分离、纯化蛋白质。亲和镍柱主要利用蛋白质表面的一些氨基酸，如多聚组氨酸（His）能与金属离子 Ni^{2+} 发生特殊的相互作用，从而能选择性地分离含有多聚组氨酸的蛋白质。His 标签大多数是六聚组氨酸融合于目标蛋白的 N 端或 C 端，通过与金属离子的螯合实现亲和纯化。用于层析的凝胶经连接臂，螯合上 Ni^{2+}，制成 Ni^{2+} 螯合层析柱。常见的配基有次氮基三乙酸（nitrilotriacetic acid，NTA）及亚氨基二乙酸（iminodiacetic acid，IDA）。镍离子有 6 个螯合价位，其中与 NTA 螯合 4 价位，空余 2 个轨道与 His 标签结合（图 13-13）；而镍离子与 IDA 螯合为 3 个价位，空余 3 个空轨道与蛋白质结合。Ni-NTA 琼脂糖凝胶柱有较高的载量（5～10 mg/mL）。

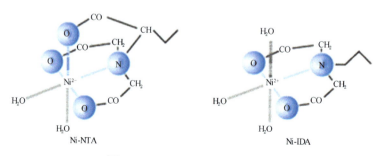

图 13-13　Ni 与配基 NTA 和 IDA

（1）多聚组氨酸与镍的结合，含有多聚组氨酸标签的融合蛋白，通常能与 Ni-NTA 基团结合（图 13-14）。Ni^{2+} 与多聚组氨酸标签的结合不依赖于蛋白质的空间结构，只要有两个以上组氨酸残基就有一定的结合能力（图 13-15）。某些无组氨酸标签的宿主菌蛋白，由于其序列具有连续组氨酸，或多个组氨酸残基在蛋白质表面，可在缓冲液中加入低浓度的咪唑（约 20 mmol/L），能有效减少非特异性结合。

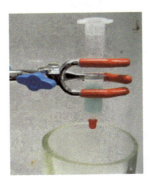

图 13-14　镍柱（Ni-NTA）

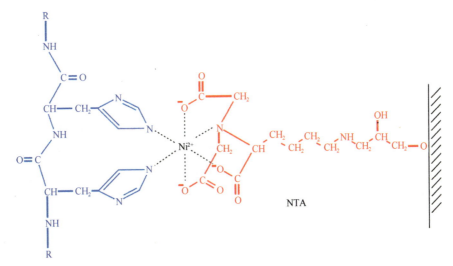

图 13-15　组氨酸与 Ni-NTA 的相互作用

（2）漂洗杂蛋白，加入 20～50 mmol/L 咪唑进行漂洗（图 13-16）。在大肠杆菌表达系统中，通常目标蛋白表达水平很高，与目标蛋白共纯化的杂蛋白较少，无须使用太严苛的漂洗条件。若裂解物来自真核表达体系，其中可能含有较多的连续组氨酸残基的杂蛋白，就需要考虑改进漂洗条件，如缓慢增大咪唑浓度，逐步降低漂洗缓冲液 pH 等。

（3）目标蛋白的洗脱可采用咪唑，咪唑环是组氨酸结构的一部分（图 13-17），能与镍离子结合。在低浓度咪唑存在时，非特异性和低亲和力的蛋白质不能结合到柱上，而具有六聚组氨酸标签的蛋白质可与 Ni-NTA 稳定结合。因此，洗脱时利用浓度 100～250 mmol/L 的咪唑溶液。

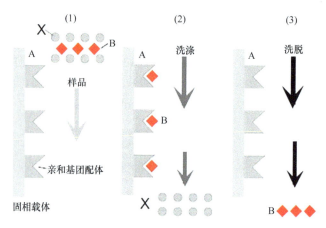

图 13-16　亲和层析原理

（1）样品上柱；（2）标签融合蛋白的挂柱，以及柱子洗涤；（3）柱上结合蛋白的洗脱

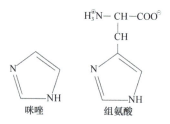

图 13-17　咪唑与组氨酸

2）GST 层析

谷胱甘肽转移酶（glutathione transferase，GST）标签由 211 个氨基酸组成，约 26 kDa。GST 标签用于原核表达有两个原因：①可增加外源蛋白的可溶性；②可提高表达量。GST 纯化是基于谷胱甘肽转移酶与目标蛋白的融合蛋白对固定化谷胱甘肽有亲和力。将谷胱甘肽固定于琼脂糖凝胶的亲和层析树脂上作为亲和层析的载体（图 13-18）。

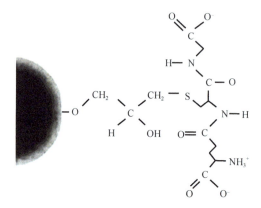

图 13-18　GST 亲和柱

谷胱甘肽是由谷氨酸、半胱氨酸与甘氨酸三联氨基酸组成的短肽。由于 GST 对还原型谷胱甘肽（GSH）（图 13-19）的亲和力是亚摩尔级的，可直接从细菌裂解液中将

GST 融合蛋白挂在含有谷胱甘肽琼脂糖凝胶亲和柱上，再在非变性条件下用 10 mmol/L 还原型谷胱甘肽进行洗脱（图 13-20）。谷胱甘肽琼脂糖亲和层析的纯化效率很高，用 1 mL 的树脂纯化 1 L 的大肠杆菌培养物，目标蛋白产率为 0.1～6.0 mg。由于亲和纯化的 GST 分子量较大，一般会采用位点特异性蛋白酶从融合蛋白上切除 GST 融合标签。

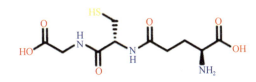

图 13-19 还原型谷胱甘肽

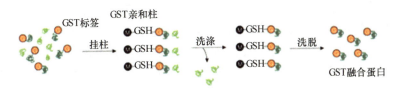

图 13-20 GST 融合蛋白的纯化

4. 萃取法

用一种溶剂将提取物从另一种溶剂中提取出来，这两种溶剂不能互溶或只有部分互溶，能形成便于分离的两相。萃取包括三个步骤：①混合，料液和萃取剂充分混合形成乳状液，溶质从料液中转入萃取剂中；②分离，将乳状液分成萃取相和萃余相（萃取出溶质后的料液）；③溶剂回收。许多抗生素能溶解于与水不互溶的有机溶剂中，经过有机溶剂的萃取，抗生素从水相（发酵液）进入有机相；再反萃取，抗生素从有机相进入水相。如此反复可提高抗生素的浓度和纯度。萃取法对热敏物质破坏少，采用多级萃取时，溶质浓缩倍数和纯化度高，便于连续生产，周期短。但溶剂耗量大，对设备和安全要求高。

5. 膜过滤法

膜过滤是指以压力为推动力，依靠半透膜的选择性（能选择性地透过一种物质，而阻碍另一种物质），以及物质经过膜的传递速度不同，将液体中不同组分的物质分开，以达到浓缩或精制的目的，包括微滤（microfiltration，MF）、超滤（ultrafiltration，UF）和反渗透（reverse osmosis）三种。微滤可截留直径 0.2～2 μm 的颗粒，可除去细菌、霉菌等；超滤可截留直径 0.02～0.22 μm 的颗粒，可滤出蛋白质、脂肪、病毒和色素等；反渗透只允许溶质或水通过。

6. 蒸馏法

蒸馏法是发酵生产中，利用混合物中各组分的挥发度不同而加以分离提纯，或从溶液中回收某种溶剂的方法。根据拉乌尔定律，在混合物溶液中，蒸气压高、沸点低的组分，在气相中的含量总是高于液相中的含量。反之，蒸气压低、沸点高的组分在液相中的含量总是比气相中高。经过多次汽化与冷凝，最终在气相获得易挥发的组分，在液相中获得难挥发的组分。

三、发酵产物的精制

发酵产物经初级纯化后，纯度提高不多，需进一步精制。常采用浓缩、层析、结晶、干燥等方法将杂质尽可能分离除去，使目标产物的纯度达到相关要求。

1. 浓缩

产物浓缩可分为蒸发浓缩、冷冻浓缩、吸附浓缩等。①蒸发浓缩是通过加热沸腾，使溶液中的部分溶剂（大部分是水）汽化并除去，从而提高溶液中溶质的浓度，为溶质的析出创造条件。蒸发浓缩可分为常压蒸发浓缩和真空蒸发浓缩两类。溶液在真空状态、较低温度下即沸腾，溶剂汽化。蒸发的温度高低决定了真空度的大小，通常真空蒸发温度为 50~75℃。由于真空蒸发时溶液受热时间短，故能保持产品原有的质量、风味和颜色。②冷冻浓缩是发酵生产中生物大分子，以及具有生理活性的发酵产物浓缩的一种有效方法。③吸附浓缩通过吸附剂直接吸收除去溶液中的溶剂分子，使溶液浓缩。吸附剂必须不与溶液发生化学反应，对生物大分子和发酵产品不起吸附作用，易与溶液分开，吸附剂除去溶剂后能重复使用。实验室常用的吸附剂有聚乙二醇、蔗糖和凝胶等。

2. 层析

层析包含两个相：一相是固定相，通常为表面积很大的或多孔性固体；另一相是流动相，是液体或气体。当流动相流过固定相时，由于物质在两相间的分配情况不同，经过多次差别分配而实现逐步分离（易分配于固定相中的物质移动速度慢，易分配于流动相中的物质移动速度快）。其优点是分离效率高，设备简单，不包含加热等强烈的操作条件，不易使物质变性，特别适用于不稳定的大分子有机化合物的分离。

1）薄层层析

薄层层析法（thin-layer chromatography，TLC）是一种将固定相（吸附剂——硅胶、氧化铝）在固体上（如玻璃）铺成薄层进行层析的方法。

（1）点样：用玻璃毛细管或微量吸管将试样点于距纸底边约 2 cm 的起点线上，每点间距约 2 cm，点的直径不超过 5 mm。对于稀的样品，可连点几次。但每次点完，待干后，才可点第二次，可用电吹风吹干，但不能吹得过分干，否则样品会牢固地吸在滤纸上，造成"拖尾"现象。

（2）展层：在展出缸中加入展开剂，将点样后的层析板放入溶液中，自下向上流动，上行展开。

（3）显迹：展开后取出滤纸，于溶剂到达的前缘画线做记号，然后在室温阴干，用各种理化方法检查色带位置（图 13-21）。①物理显迹法：有些化合物本身发荧光，展开后一旦溶剂挥发就可在紫外灯下观察荧光斑点，用铅笔在薄层上画出记号；有的化合物需在留有少许溶剂的情况下方能显出荧光；有的化合物本来荧光不强，需要在碘蒸气中熏一下再观察其荧光；有的化合物需要与某试剂作用后才显荧光。②化学显迹法：可分为蒸气显色和喷雾显色。蒸气显色：利用一些物质的蒸气与样品作用的显色，如将固体碘、浓氨水、液体溴等易挥发物质放在密闭容器内，然后将除去展开剂的薄层放入其中显色，显色时间与灵敏度因化合物不同而不同，多数有机物遇碘蒸气能显黄-黄棕色斑点。喷雾显色：将显色剂配成一定浓度的溶液，用喷雾的方法均匀喷洒在薄层上。③生物显迹法：抗生素等生物活性物质就可以用生物显迹法。取一张滤纸，用适当的缓冲液润湿，覆盖在板层上，上面用另一块玻璃压住。10～15 min 后取出滤纸，然后立即覆盖到接有试验菌种的琼脂平板上，在适当温度下，经一定时间的培养后，即可显出抑菌圈。

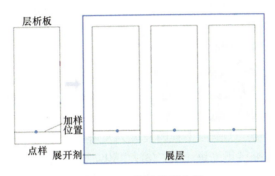

图 13-21 薄层层析分析

2）高效液相色谱

高效液相色谱（high performance liquid chromatography，HPLC）在高压（100～300 kg/cm²）、高速（1～5 mL/min）下进行，所需试样很少，几微升的样品就足以进行全分析。

3. 结晶

结晶是过饱和溶液的缓慢冷却（或蒸发），使溶质呈晶态从溶液中析出的过程，结晶不仅使溶质分子凝聚成固体，还使分子有规律地排列在一定晶格中。其中过饱和率、黏度、温度、搅拌、冷却速度、pH、等电点、晶种等因素均影响结晶的生成。结晶常用于氨基酸、有机酸、核苷酸、酶制剂和抗生素等发酵产品的提取与精制。晶体的形成条件：①使液体处于过饱和状态；②晶核的产生，采用机械振动、摩擦容器壁、搅拌、加电磁场力、UV 照射、超声等处理促使成核，加入晶体能诱导结晶；③晶体生长，在过饱和溶液中已有晶核形成或加入晶种后，以过饱和度为推动力，晶核或晶种长大。

4. 干燥

干燥是利用热能将潮湿的固体、半固体或浓缩液中的水分除去，使发酵产品能够长期保存，同时减小体积和重量，方便包装和运输。

（1）气流干燥：将含水的泥状、块状、粉粒状的物料，通过适当的方法使之分散到热气流中，进行充分接触，在与热气流共同输送的过程中水分汽化、干燥获得粉粒状干燥的制品。

（2）喷雾干燥：采用不同的喷雾装置如喷嘴或转盘等，在 120～128℃条件下，短时间内将料液（含 50% 以上的溶液、悬浮液、浆状液等）喷成雾状，使其形成具有巨大表面积的液滴，分散于热气流中，使水分迅速蒸发而成为粉状干燥制品。

（3）真空干燥：在真空度较高的条件下，使物料中所含水分由液态变为气态而除去。凡不能经受高温，在空气中易氧化、易燃、易爆等危险性物料，或在干燥过程中会挥发有毒、有害气体，以及在被除去的湿蒸汽需要回收等场合均采用此法。

（4）冷冻干燥：将湿物料或溶液在低温（–50～–10℃）下冷结成固态，在高真空（1～0.001 mmHg①）下，使其中水分不经液态直接升华成气态，而达到脱水、干燥的目的。冷冻干燥因低温、稳定，而适用于具有生理活性的生物大分子和酶制剂及维生素的干燥，被广泛应用于生物、医药方面的菌体、病毒、血浆、疫苗和抗生素等的干燥。

现代发酵工程具有以下显著的特点：①强化上游的基础研究，渗入现代生物技术，构建工程菌种；②工艺流程后处理自动化程度逐步提高，并应用计算机技术优化各单元；③生产规模大，产品质量大大提高；④上、中、下游各个环节的衔接和配套更趋于合理和有效；⑤对环境污染程度降低。

发酵工程的发展趋势：①基因工程的发展为发酵工程带来了新的活力；②新型发酵设备的研制为发酵工程提供了先进工具；③大型化、连续化、自动化控制技术的应用为发酵工程的发展拓展了新空间；④强调代谢机制与调控研究，使微生物的发酵机能得到进一步开发；⑤生态型发酵工业的兴起开拓了发酵的新领域。

第四节　发酵工程应用

微生物在生长过程中，除利用外源营养物质合成新的细胞外，还会产生一些有机化合物分泌到微生物的体外，这些胞外代谢产物（metabolite）有很多种类（表 13-3）。

表 13-3　代谢产物

代谢产物名称	用途	主要生产菌
甲烷	能源	奥氏甲烷杆菌
乙醇、异丙醇	医药、化工原料、饮料等	酵母菌
异丙醇、丙酮、丁醇	防冻剂、火胶溶剂、树胶等	丁酸梭菌
丙酮、丁醇、甘油	重要的有机溶剂	丙酮丁醇梭菌
甘油、甘露醇	溶剂、润滑剂、化妆品、硝化甘油炸药	酵母菌
甘露醇、乙酸	合成树脂、增韧剂等	曲霉
乙酸	食醋、化工原料	醋酸杆菌
草酸	印染、漂洗皮革、制造塑料和染料	曲霉和青霉
乳酸	食品、医药和化工原料	乳酸菌
延胡索酸	抗氧化剂、合成树脂、染料	黑根霉
琥珀酸	制漆、染料	根霉
苹果酸	食品	黑曲霉
柠檬酸	饮料、化工原料	黑曲霉
核黄素	医药	棉病囊霉
谷氨酸	味精	谷氨酸棒杆菌
肌苷酸	调味品	产氨短杆菌

---

① 1 mmHg=1.333 22×10² Pa。

现代微生物工程的应用领域不断拓展，逐渐由酒精和饮料、氨基酸、有机酸、医药、食品等传统领域扩展到化工、冶金、农业、能源和环保等新领域（表 13-4），给人类带来了巨大的经济效益和社会效益。发酵产品有初生代谢产物、次生代谢产物、微生物菌体（单细胞蛋白）、大分子化合物、生物转化产品等，可分为高附加值产品（各种药品）与大宗产品（燃料、化学品、材料）两大类。

表 13-4 微生物工业及其产品

应用	微生物产品
食品	面包、味精、奶酪、维生素、酒（白酒、黄酒、葡萄酒、啤酒）、酱油、食醋、柠檬酸、肌苷酸、食用菌（蘑菇、香菇、金针菇、木耳、牛肝菌、灰树花、竹荪、灵芝）、氨基酸、豆腐乳、酸奶、泡菜
医用	抗生素（青霉素、链霉素、红霉素、土霉素、利福霉素、博来霉素等）、菌苗、疫苗、诊断试剂、甾体激素
化工	丙酮、丁醇、微生物塑料、甘油、酶制剂（淀粉酶、蛋白酶、脂肪酶、纤维素酶、果胶酶、凝乳酶、DNA 聚合酶）、黄原胶
环保	有益菌剂、降酚菌剂、石油净化剂、环境污染的微生物检测、废水处理、固体垃圾处理
能源	乙醇、沼气、氢气、微生物电池
农业	微生物农药（细菌杀虫剂、真菌杀虫剂、病毒杀虫剂）、农用抗生素（放线酮、春雷霉素、井冈霉素）、微生物饲料（青贮饲料、发酵饲料、单细胞蛋白、氨基酸添加饲料）、微生物肥料（固氮菌肥料、根瘤菌肥料、磷细菌肥料、钾细菌肥料、植物生长激素、菌根菌剂）
冶金	微生物勘探、富集铜菌剂

微生物技术在难开采石油、天然气和矿产资源（如二次采油后的低产油井、低品位金属矿石和尾矿、海水中的重金属等）的开发，环境污染物（废水、废气和废渣）的治理，清洁生产工艺（全封闭、无排放、低能耗工艺）的研究，环境友好产品（生物可降解塑料、生物农药、生物肥料、氢能源等）的研制等方面都具有非常大的潜力。

微生物技术在生物资源开发中具有广泛的应用价值，地球上每年的光合产物高达1500 亿～2000 亿 t，其中 80%以上为木质纤维素类物质（如草类、树木等），这些是未被充分开发利用的资源。在开发再生的生物质资源中，微生物将会大显身手，大有作为。

总之，微生物群体似乎有着无限的能力，驱动着地球的生物地球化学循环，占据着每一个环境生态位。绝大多数微生物的转化能力尚未被释放和利用。未培养微生物的高度遗传多样性及这些微生物在多种生态系统中的关键作用，为潜在的新生物技术应用提供了一个重要窗口。

思 考 题

1. 对于好氧发酵，如何获得无菌空气？
2. 什么是空消、实消以及连消？
3. 简述发酵工程。
4. 如何获得优良菌种？
5. 如何准备培养基？
6. 发酵过程中如何监测生产的实际情况？

7. 发酵工程的产品包括哪些?

8. 如何提取和纯化发酵产品?

9. 日常生活中我们经常食用的发酵食品有哪些?

参 考 文 献

陈长华, 高淑红. 2017. 发酵工程实验. 2 版. 北京: 高等教育出版社.

吴根福. 2021. 发酵工程实验指导. 北京: 高等教育出版社.

附录 1　名词简写及中英文对照

简写	英文	中文
AAV	adeno-associated virus	腺相关病毒
accA	acetyl-CoA carboxylase α-subunit	乙酰辅酶 A 羧化酶 α 亚基
AD	anaerobic digestion	厌氧消化
ADCC	antibody-dependent cell-mediated cytotoxicity	抗体依赖细胞介导的细胞毒作用
AHL	acyl-homoserine lactone	酰基高丝氨酸内酯
AI	autoinducer	自诱导物
AIDS	acquired immunodeficiency syndrome	获得性免疫缺陷综合征
AIP	autoinducer peptide	自诱导肽
AMF	arbuscular mycorrhizal fungus	丛枝菌根真菌
amoA	ammonia monooxygenase α-subunit	氨单加氧酶 α 亚基
ANAMMOX	anaerobic ammonium oxidation	厌氧氨氧化作用
ANI	average nucleotide identity	平均核苷酸同一性
AOA	ammonia-oxidizing archaea	氨氧化古菌
AOB	ammonia-oxidizing bacteria	氨氧化细菌
APC	antigen presenting cell	抗原呈递细胞
ARS	autonomously replicating sequence	自主复制序列
AS	activated sludge	活性污泥
BAC	bacterial artificial chromosome	细菌人工染色体
BCG	Bacille Calmette-Guérin	卡介苗
BER	base excision repair	碱基切除修复
bGDGT	branched GDGT	支链 GDGT
BIF	banded iron formation	条状铁层的形成
BOD	biochemical oxygen demand	生化需氧量
BR	bacteriorhodopsin	紫膜质
BSE	bovine spongiform encephalopathy	牛海绵状脑病
Bt	*Bacillus thuringiensis*	苏云金芽孢杆菌
Ca.	candidatus	暂定
CAP	catabolite activator protein	分解代谢物激活蛋白
Cas	CRISPR associated system	CRISPR 相关系统
CAT	catalase	过氧化氢酶
CCR	central conserved region	高度保守区
CD	cluster of differentiation	分化群
CFeSP	corrinoid iron-sulfur protein	类咕啉-铁硫簇蛋白
CFU	colony forming unit	菌落形成单位

续表

简写	英文	中文
circRNA	circular RNA	环状 RNA
CJD	Creutzfeldt-Jakob disease	克-雅病
CM	complete medium	完全培养基
CoA	coenzyme A	辅酶 A
COD	chemical oxygen demand	化学需氧量
COG	clusters of orthologous group	直系同源簇
CoQ	coenzyme Q	辅酶 Q
COVID-19	corona virus disease 2019	新型冠状病毒感染
cpDNA	chloroplast DNA	叶绿体 DNA
CPR	candidate phyla radiation	候选门级辐射类群
CPV	cytoplasmic polyhedrosis virus	质型多角体病毒
CRE	carbapenem resistant Enterobacteriaceae	耐碳青霉烯类肠杆菌
CRISPR	clustered regularly interspaced short palindromic repeats	规律间隔成簇短回文重复序列
CRP	cAMP receptor protein	cAMP 受体蛋白
crRNA	CRISPR-derived RNA	CRISPR 来源 RNA
CWD	chronic wasting disease of mule deer	鹿慢性萎缩病
Cyt	cytochrome	细胞色素
DC	dendritic cell	树突状细胞
DDH	DNA-DNA hybridization	DNA-DNA 杂交
DHF	dihydrofolic acid	二氢叶酸
DMAPP	dimethylallyl diphosphate	二甲基烯丙基焦磷酸
DMK	demethyl menaquinone	去甲基甲萘醌
DMSO	dimethyl sulfoxide	二甲基亚砜
DPA	dipicolinic acid	吡啶二羧酸
DPG	diphosphatidylglycerol	双磷脂酰甘油
DR	direct repair	直接修复
dRP	deoxyribose 5-phosphate	脱氧核糖 5-磷酸
DSB	double-strand break	双链断裂
dsRNA	double-stranded RNA	双链 RNA
DTAF	dichlorotrazinylamino-fluorescein	二氯三嗪基氨基荧光素
EB	elementary body	原体
ELISA	enzyme-linked immunosorbent assay	酶联免疫吸附测定
EMB	eosin-methylene blue	伊红-亚甲蓝
EMP	Embden-Meyerhof-Parnas	—
EPV	entomopox virus	昆虫痘病毒
ESCRT	endosomal sorting complex required for transport	内体分选复合物
FAD	flavin adenine dinucleotide	黄素腺嘌呤二核苷酸
FCM	flow cytometry	流式细胞术
Fd	ferredoxin	铁氧还蛋白
FFI	familial fatal insomnia	致死性家族性失眠

续表

简写	英文	中文
FISH	fluorescence *in situ* hybridization	荧光原位杂交
FITC	fluorescein isothiocyanate	异硫氰酸荧光素
FMN	flavin mononucleotide	黄素单核苷酸
FMT	fecal microbiota transplantation	粪菌移植
FP	flavoprotein	黄素蛋白
FPP	farnesyl pyrophosphate	法尼基焦磷酸
FSE	feline spongiform encephalopathy	猫海绵状脑病
G	*N*-acetylglucosamine	*N*-乙酰葡糖胺
G⁺	Gram-positive bacteria	革兰氏阳性菌
G⁻	Gram-negative bacteria	革兰氏阴性菌
GAPDH	glyceraldehyde-3-phosphate dehydrogenase	甘油醛-3-磷酸脱氢酶
GCV	ganciclovir	更昔洛韦
GDGT	glycerol dialkyl glycerol tetraether	甘油二烷基甘油四醚
GGPP	geranylgeranyl pyrophosphate	牻牛儿基牻牛儿基焦磷酸
GOLD	Genomes Online Database	基因组在线数据库
GPP	geranyl diphosphate	牻牛儿基焦磷酸
GSS	Gerstmann syndrome	格斯特曼综合征
GST	glutathione transferase	谷胱甘肽转移酶
GV	gas vacuole	气泡
GV	granulosis virus	颗粒体病毒
HA	hemagglutinin	血凝素
4-HB	4-hydroxybutyrate	4-羟基丁酸
HBV	hepatitis B virus	乙型肝炎病毒
HDV	hepatitis D virus	丁型肝炎病毒
HE	hemagglutinin esterase	血凝素酯酶
Hfr	high frequency of recombination	高频重组
HIV	human immunodeficiency virus	人类免疫缺陷病毒
HK	hexose phosphoketolase	磷酸己糖解酮酶
HMP	hexose monophosphate pathway	己糖磷酸途径
H₄MPT	tetrahydromethanopterin	四氢甲烷蝶呤
3-HP	3-hydroxy propionate	3-羟基丙酸
HPLC	high performance liquid chromatography	高效液相色谱
HPr	heat-stable carrier protein	热稳载体蛋白
HPV	human papillomavirus	人乳头瘤病毒
HR	homologous recombination	同源重组
HSP	heat shock protein	热激蛋白
HSVd	hop stunt viroid	啤酒花矮化类病毒
IAA	indole-3-acitic acid	吲哚乙酸
ICNB	*International Code of Nomenclature of Bacteria*	《国际细菌命名法规》
ICNV	International Committee on Nomenclature of Viruses	国际病毒命名委员会

续表

简写	英文	中文
ICSB	International Committee on Systematic Bacteriology	国际系统细菌学委员会
ICTV	International Committee on Taxonomy of Viruses	国际病毒分类委员会
ID_{50}	median infective dose	半数感染量
IDA	iminodiacetic acid	亚氨基二乙酸
IDA	international depository authority	国际培养物保藏机构
IEM	immunoelectron microscopy	免疫电镜术
IFN	interferon	干扰素
Ig	immunoglobulin	免疫球蛋白
iGDGT	isoprenoid GDGT	类异戊二烯 GDGT
IJSEM	*International Journal of Systematic and Evolutionary Microbiology*	《国际系统与进化微生物学杂志》
IL	interleukin	白细胞介素
IPP	isopentenyl pyrophosphate	异戊烯焦磷酸
IR	infrared region	红外区
IS	insertion sequence	插入序列
ITS	internal transcribed spacer	内在转录间隔区
IUMS	International Union of Microbiological Societies	国际微生物学会联合会
kb	kilobase pair	千碱基对
KDPG	2-keto-3-deoxy-6-phosphogluconate	2-酮-3-脱氧-6-磷酸葡糖酸
KEGG	Kyoto Encyclopedia of Genes and Genomes	京都基因和基因组数据库
LAL	limulus amoebocyte lysate	鲎变形细胞裂解物
LB	Luria-Bertani	—
LD_{50}	median lethal dose	半数致死量
LNP	lipid nanoparticle	脂质纳米粒
LPS	lipopolysaccharide	脂多糖
LPSN	List of Prokaryotic Names with Standing in Nomenclature	原核生物标准命名表
LTSV	lucerne transient streak virus	苜蓿暂时性条斑病毒
LUCA	last universal common ancestor	生命始祖
M	*N*-acetylmuramic acid	*N*-乙酰胞壁酸
MAC	mammalian artificial chromosome	哺乳动物人工染色体
MAG	metagenome-assembled genome	宏基因组组装基因组
MBC	minimum bactericidal concentration	最低杀菌浓度
McAb	monoclonal antibody	单克隆抗体
MERS	Middle East respiratory syndrome	中东呼吸综合征
meso-DAP	meso-diaminopimelic acid	内消旋二氨基庚二酸
MF	microfiltration	微滤
MHC	major histocompatibility complex	主要组织相容性复合体
MIC	minimum inhibitory concentration	最低抑制浓度
MK	menaquinone	甲基萘醌
ML	maximum likelihood	最大似然法
MLSA	multilocus sequence analysis	多位点序列分析

续表

简写	英文	中文
MM	minimal medium	基本培养基
MMR	mismatch repair	错配修复
MOI	multiplicity of infection	感染复数
MP	maximum parsimony	最大简约法
MRSA	methicillin resistant *Staphylococcus aureus*	耐甲氧西林金黄色葡萄球菌
mtDNA	mitochondrial DNA	线粒体 DNA
MVA	mevalonic acid	甲羟戊酸
NA	neuraminidase	神经氨酸酶
NA	numerical aperture	数值孔径
NADH	reduced nicotinamide adenine dinucleotide	还原型烟酰胺腺嘌呤二核苷酸
NADPH	reduced nicotinamide adenine dinucleotide phosphate	还原型烟酰胺腺嘌呤二核苷酸磷酸
NER	nucleotide excision repair	核苷酸切除修复
NHEJ	non-homologous end joining	非同源末端连接
NJ	neighbor-joining	邻接法
NOB	nitrite-oxidizing bacteria	亚硝酸盐氧化细菌
NPV	nucleopolyhedrosis virus	核型多角体病毒
NTA	nitrilotriacetic acid	次氮基三乙酸
NTCP	Na^+-taurocholate cotransporting polypeptide	钠牛磺胆酸共转运蛋白
OD	optical density	光密度
PABA	*p*-aminobenzoic acid	对氨基苯甲酸
PAC	P1 artificial chromosome	P1 人工染色体
PAM	protospacer adjacent motif	原间隔序列邻近基序
PC	phosphatidylcholine	磷脂酰胆碱
PC	phycocyanin	藻蓝素
PDA	potato dextrose agar	马铃薯葡萄糖琼脂
PE	phosphatidylethanolamine	磷脂酰乙醇胺
PE	phycoerythrin	藻红素
PEG	polyethylene glycol	聚乙二醇
PEP	phosphoenolpyruvate	磷酸烯醇丙酮酸
PG	phosphatidylglycerol	磷脂酰甘油
PHA	polyhydroxyalkanoate	聚羟基脂肪酸酯
PHB	poly-β-hydroxybutyrate	聚 β-羟基丁酸酯
PI	phosphatidylinositol	磷脂酰肌醇
PK	pentose phosphoketolase	磷酸戊糖解酮酶
PLMVd	peach latent mosaic viroid	桃潜隐花叶类病毒
PME	phosphatidylmethylethanolamine	磷脂酰甲基乙醇胺
PMF	proton motive force	质子动力势
POD	peroxidase	过氧化物酶
PPLO	pleuropneumonia-like organism	类胸膜肺炎微生物
PPO	pleuropneumonia organism	胸膜肺炎微生物

简写	英文	中文
PQ	plastoquinone	质体醌
PS	photosystem	光系统
PSTVd	potato spindle tuber viroid	马铃薯纺锤块茎类病毒
PTFE	polytetrafluoroethylene	聚四氟乙烯
PVA	polyvinyl alcohol	聚乙烯醇
PVDF	polyvinylidene fluoride	聚偏氟乙烯
QS	quorum sensing	群体感应
r	resistance	耐药性
RB	reticulate body	始体/网状体
RBC	rotating biological contactor	生物转盘
rER	rough endoplasmic reticulum	粗面内质网
Ri	root inducing	根诱导
ROS	reactive oxygen species	活性氧
rTCA	reverse TCA	反向 TCA
RTF	resistance transfer factor	抗性转移因子
RuBP	ribulose-1, 5-biphosphate	核酮糖-1, 5-双磷酸
RuMP	ribulose monophosphate	核酮糖单磷酸
s	sensitivity	敏感性
SAG	single cell amplified genome	单细胞扩增的基因组
SALT	skin-associated lymphoid tissue	皮肤相关淋巴组织
SARS	severe acute respiratory syndrome	严重急性呼吸综合征
SCMoV	subterranean clover mottle virus	地下三叶草斑驳病毒
SEM	scanning electron microscope	扫描电子显微镜
sER	smooth endoplasmic reticulum	滑面内质网
sgRNA	single guide RNA	单向导 RNA
SM	supplemental medium	补充培养基
SMRT	single-molecule real-time	单分子实时
SMWLMV	satellite maize white line mosaic virus	卫星玉米白线花叶病毒
SNMV	solanum nodiflorum mottle virus	茛菪斑驳病毒
SOD	superoxide dismutase	超氧化物歧化酶
SPMV	satellite panicum mosaic virus	卫星稷子花叶病毒
SQR	sulfide-quinone reductase	硫-醌还原酶
SRB	sulfate-reducing bacteria	硫酸盐还原菌
SRBC	sheep red blood cell	绵羊红细胞
+ssRNA	positive-sense-single-stranded RNA	正义单链 RNA
–ssRNA	negative-sense-single-stranded RNA	反义单链 RNA
SSU rRNA	small subunit rRNA	小亚基 rRNA
STEM	scanning transmission electron microscope	扫描透射电子显微镜
STM	scanning tunneling microscope	扫描隧道显微镜
STMV	satellite tobacco mosaic virus	卫星烟草花叶病毒

续表

简写	英文	中文
STNV	satellite tobacco necrosis virus	卫星烟草坏死病毒
T	*N*-acetyltalosominuronic acid	*N*-乙酰氨基塔罗糖醛酸
TALEN	transcription activator-like effector nuclease	转录激活因子样效应物核酸酶
Tc	cytotoxic T	细胞毒性 T
TCA	tricarboxylic acid	三羧酸
TCR	T cell receptor	T 细胞受体
T-DNA	transferred-DNA	转移 DNA
TEM	transmission electron microscope	透射电子显微镜
Th	helper T	辅助性 T
THF	tetrahydrofolate	四氢叶酸
Ti	tumor inducing	致瘤
TIGR	The Institute of Genome Research	基因组研究所
TLC	thin-layer chromatography	薄层层析法
TMAO	trimetlylamine oxide	氧化三甲胺
TME	transmissible mink encephalopathy	传染性水貂脑病
TMV	tobacco mosaic virus	烟草花叶病毒
Tn	transposon	转座子
TNV	tobacco necrosis virus	烟草坏死病毒
tracrRNA	*trans*-activating crRNA	反式激活 crRNA
TSE	transmitted spongiform encephalopathy	传染性海绵状脑病
UF	ultrafiltration	超滤
UQ	ubiquinone	泛醌
UV	ultraviolet ray	紫外线
VAP	viral attachment protein	病毒吸附蛋白
VRE	vancomycin resistant Enterococcus	耐万古霉素肠球菌
VTMoV	velvet tobacco mottle virus	绒毛烟斑驳病毒
WFCC	World Federation for Culture Collections	世界培养物保藏联盟
WHO	World Health Organization	世界卫生组织
YAC	yeast artificial chromosome	酵母人工染色体
ZFN	zinc finger nuclease	锌指核酸酶

附录 2　微生物名录

A　*Absidia*　　　　　　　　　　　　　犁头霉属

　　Acetobacter　　　　　　　　　　　醋酸杆菌属

　　Acetobacter aceti　　　　　　　　纹膜醋酸菌

　　Achromobacter　　　　　　　　　无色杆菌属

　　Achlya　　　　　　　　　　　　　绵霉属

　　Acidithiobacillus ferrooxidans　　嗜酸氧化亚铁硫杆菌

　　Acinetobacter calcoaceticus　　　乙酸钙不动杆菌

　　Actinomyces　　　　　　　　　　放线菌属

　　Actinomyces cellulosae　　　　　纤维放线菌

　　Actinomyces bovis　　　　　　　牛放线菌

　　Actinomyces israeli　　　　　　　衣氏放线菌

　　Actinomyces melanocyclus　　　　黑红旋丝放线菌

　　Actinomyces roseus　　　　　　　玫瑰色放线菌

　　Actinoplanes　　　　　　　　　　游动放线菌属

　　Agaricus　　　　　　　　　　　　蘑菇属

　　Agaricus bisporus　　　　　　　双孢蘑菇

　　Agrobacterium tumefaciens　　　根癌农杆菌

　　Alcaligenes　　　　　　　　　　产碱杆菌属

　　Allomyces macrogynus　　　　　大配囊异水霉

　　Alternaria　　　　　　　　　　　交链孢属

　　Amycolatopsis　　　　　　　　　拟无枝菌酸菌属

　　Anabaena　　　　　　　　　　　鱼腥藻属/项圈藻属

　　Anabaena azollae　　　　　　　满江红鱼腥蓝细菌/满江红鱼腥藻

　　Anabaena flos-aquae　　　　　　水华鱼腥蓝细菌/水华鱼腥藻

　　Anabaena spiroid　　　　　　　螺旋鱼腥蓝细菌/螺旋鱼腥藻

　　Anacystis　　　　　　　　　　　组囊蓝细菌属

　　Archaeoglobus fulgidus　　　　　闪烁古生球菌

　　Arthrobacter　　　　　　　　　　节杆菌属

　　Aspergillus　　　　　　　　　　曲霉属

　　Aspergillus flavus　　　　　　　黄曲霉

　　Aspergillus fumigatus　　　　　烟曲霉

　　Aspergillus nidulans　　　　　　构巢曲霉

　　Aspergillus niger　　　　　　　黑曲霉

　　Aspergillus oryzae　　　　　　　米曲霉

　　Aspergillus terreus　　　　　　土曲霉

　　Aspergillus wentii　　　　　　　温特曲霉

	Auricularia auricula	黑木耳
	Azospirillum	固氮螺菌属
B	*Bacillus*	芽孢杆菌属
	Bacillus anthracis	炭疽芽孢杆菌
	Bacillus macerans	浸软芽孢杆菌
	Bacillus cereus	蜡样芽孢杆菌
	Bacillus licheniformis	地衣芽孢杆菌
	Bacillus megaterium	巨大芽孢杆菌
	Bacillus mycoides	蕈状芽孢杆菌
	Bacillus pasteurii	巴氏芽孢杆菌
	Bacillus polymyxa	多黏芽孢杆菌
	Bacillus stearothermophilus	嗜热脂肪芽孢杆菌
	Bacillus subtilis	枯草芽孢杆菌
	Bacillus thuringiensis	苏云金芽孢杆菌
	Bacteroides	拟杆菌属
	Beauveria	白僵菌属
	Beauveria bassiana	球孢白僵菌
	Beggiatoa	贝氏硫菌属
	Beneckea	贝内克氏菌属
	Bifidobacterium	双歧杆菌属
	Bifidobacterium bifidum	两歧双歧杆菌
	Blastobacter	芽生杆菌属
	Boletus satanas	细网牛肝菌
	Bordetella pertussis	百日咳博德特氏菌
	Borrelia	疏螺旋体属
C	*Calothrix*	眉蓝细菌属
	Campylobacter jejuni	空肠弯曲杆菌
	Candida albicans	白假丝酵母/白念珠菌
	Candida lipolytica	解脂假丝酵母
	Candida tropicalis	热带假丝酵母
	Candida utilis	产朊假丝酵母
	Cellulomonas	纤维单胞菌属
	Cephalosporium	头孢霉属
	Chlamydia pneumoniae	肺炎衣原体
	Chlamydia psittaci	鹦鹉热衣原体
	Chlamydia trachomatis	沙眼衣原体
	Chloracea	绿硫菌属
	Chromobacterium	色杆菌属
	Chromobacterium chitinochrona	几丁质色杆菌
	Citrobacter	柠檬酸杆菌属

	Cladosporium	芽枝霉属/枝孢属
	Clostridium	梭菌属
	Clostridium acetobutylicum	丙酮丁醇梭菌
	Clostridium bifermentans	双酶梭菌
	Clostridium botulinum	肉毒梭菌
	Clostridium felsineum	费氏梭菌
	Clostridium pectinovorum	蚀果胶梭菌
	Clostridium putrificum	腐败梭菌
	Clostridium sporogenes	生孢梭菌
	Clostridium sticklandii	斯氏梭菌
	Clostridium tetani	破伤风梭菌
	Comamonas acidovorans	食酸丛毛单胞菌
	Cordyceps	虫草属
	Coriolus versicolor	杂色云芝
	Corynebacterium	棒杆菌属
	Corynebacterium diphtheriae	白喉棒杆菌
	Corynebacterium poinsettiae	猩猩木棒杆菌
	Cytophaga	噬纤维菌属
D	*Deinococcus radiodurans*	耐辐射异常球菌
	Delftia	代尔夫特菌属
	Desulfobacter	脱硫杆菌属
	Desulfobacterium aniline	苯胺脱硫杆菌
	Desulfococcus	脱硫球菌属
	Desulfosarcina	脱硫八叠球菌属
	Desulfotomaculum	脱硫肠状菌属
	Desulfovibrio	脱硫弧菌属
	Desulfovibrio desulfuricans	脱硫脱硫弧菌
	Desulfovibrio gigas	巨大脱硫弧菌
	Desulfurococcus	硫还原球菌属
	Desulfuromonas	脱硫单胞菌属
	Diplococcus pneumoniae	肺炎双球菌
E	*Enterobacter*	肠杆菌属
	Escherichia coli	大肠杆菌
F	*Flammulina velutipes*	金针菇
	Flavobacterium	黄杆菌属
	Frankia	弗兰克氏菌属
	Fusarium	镰刀菌属
	Fusarium lactis	乳酸镰刀菌
	Fusarium nivale	雪腐镰刀菌

	Fusarium oxysporum	尖孢镰刀菌
	Fusarium solani	茄病镰刀菌/腐皮镰刀菌
G	*Ganoderma*	灵芝属
	Ganoderma lucidum	灵芝
	Ganoderma japonicum	紫芝
	Geotrichum candidum	白地霉
	Gibberella fujikuroi	藤仓赤霉
	Gibberella saubinetii	小麦赤霉
	Gibberella zeae	玉蜀黍赤霉
	Gliomastix	黏鞭霉属
	Gonyaulax	膝沟藻属
	Grifola frondosa	灰树花
	Gymnodinium	裸甲藻属
H	*Haemophilus influenzae*	流感嗜血杆菌
	Halobacterium	盐杆菌属
	Halobacterium salinarum	嗜盐古菌
	Halococcus	盐球菌属
	Hafnia paralvei	副蜂房哈夫尼亚菌
	Hansenula	汉逊酵母属
	Helicobacter pylori	幽门螺杆菌
	Hericium erinaceum	猴头菇
	Hydrogenbacter	氢细菌属
	Hyphomicrobium	生丝微菌属
K	*Klebsiella*	克雷伯氏菌属
	Klebsiella aerogenes	产气克雷伯氏菌
L	*Lactobacillus*	乳杆菌属
	Lactobacillus acidophilus	嗜酸乳杆菌
	Lactobacillus delbrueckii	德氏乳杆菌
	Lactobacillus casei	干酪乳杆菌
	Lactobacillus bulgaricus	保加利亚乳杆菌
	Lactobacillus helveticus	瑞士乳杆菌
	Lactobacillus plantarum	植物乳杆菌
	Lentinus edodes	香菇
	Leptospira	钩端螺旋体属
	Leuconostoc mesenteroides	肠膜明串珠菌
M	*Magnaporthe oryzae*	稻瘟病菌
	Metarhizium	绿僵菌属

Metarhizium anisopliae	金龟子绿僵菌
Metarhizium robertsii	罗伯茨绿僵菌
Metarhizium acridum	蝗绿僵菌
Methanobacterium thermoautotrophicum	嗜热自养甲烷杆菌
Methanobrevibacter	甲烷短杆菌属
Methanococcus	甲烷球菌属
Methanococcus jannaschii	詹氏甲烷球菌
Methanothermus fervidus	炽热甲烷嗜热菌
Methanosarcina	甲烷八叠球菌属
Methanospirillum	甲烷螺菌属
Methanospirillum hungatei	亨氏甲烷螺菌
Micrococcus	微球菌属
Micrococcus tetragenus	四联球菌
Micrococcus ureae	尿素微球菌
Micromonospora	小单孢菌属
Micromonospora purpurea	绛红小单孢菌
Micromonospora echinospora	刺孢小单孢菌
Monascus	红曲霉属
Monascus purpureus	紫色红曲霉
Mortierella	被孢霉属
Moraxella	莫拉氏菌属
Mucor	毛霉属
Mucor mucedo	高大毛霉
Mucor piriformis	梨形毛霉
Mucor racemosus	总状毛霉
Mucor rouxianus	鲁氏毛霉
Mycobacterium	分枝杆菌属
Mycobacterium genitalium	生殖分枝杆菌
Mycobacterium leprae	麻风分枝杆菌
Mycobacterium tuberculosis	结核分枝杆菌

N	*Nanoarchaeum equitans*	骑行纳古菌
	Neisseria gonorrhoeae	淋病奈瑟菌
	Neurospora crassa	粗糙脉孢霉/红色面包霉
	Nitrobacter	硝化杆菌属
	Nitrococcus	硝化球菌属
	Nitrosomonas	亚硝化单胞菌属
	Nitrosospira	亚硝化螺菌属
	Nitrospina	硝化刺菌属
	Nitrospira	硝化螺菌属
	Nocardia	诺卡氏菌属
	Nostoc	念珠蓝细菌属

	Nostoc commune	普通念珠蓝细菌/地木耳
	Nostoc flagelliforme	发状念珠蓝细菌/发菜
	Nostoc sphaeroides	拟球状念珠蓝细菌/葛仙米
O	*Ochrobactruma anthropi*	人苍白杆菌
	Oscillatoria	颤蓝细菌属
	Oscillatoria limosa	泥生颤蓝细菌
P	*Paecilomyces*	拟青霉属
	Paenibacillus chitinophilum	嗜几丁质类芽孢杆菌
	Paenibacillus polymyxa	多黏类芽孢杆菌
	Paracoccus denitrificans	脱氮副球菌
	Paramecium	草履虫属
	Penicillium	青霉属
	Penicillium chrysogenum	产黄青霉
	Penicillium griseofulvum	灰黄青霉
	Penicillium notatum	点青霉
	Penicillium patulum	展青霉
	Phallus industiatus	竹荪
	Photobacterium	发光杆菌属
	Photobacterium phosphereum	明亮发光杆菌
	Picrophilus	嗜苦菌属
	Picrophilus torridus	灼热嗜酸古菌
	Pleurotus ostreatus	平菇/糙皮侧耳
	Polyporus	多孔菌属
	Polyporus schwinitaii	须氏多孔菌
	Prevotella	普雷沃氏菌属
	Prochlorococcus	原绿球藻属
	Proteus	变形杆菌属
	Proteus vulgaris	普通变形杆菌
	Pseudomonas aeruginosa	铜绿假单胞菌/绿脓杆菌
	Pseudomonas fluorescens	荧光假单胞菌
	Pseudomonas putida	恶臭假单胞菌
	Pseudomonas saccharophila	嗜糖假单胞菌
	Pseudomonas stutzeri	施氏假单胞菌
	Pyrobaculum	火棒菌属
	Pyrobaculum aerophilum	好氧火棒菌
	Pyrodictium occultum	隐蔽热网菌
	Pyrolobus fumarii	延胡索酸火叶菌
R	*Rhizobium*	根瘤菌属
	Rhizopus	根霉属

Rhizopus nigricans	黑根霉
Rhizopus oryzae	米根霉
Rhizopus stolonifer	匍枝根霉
Rhodococcus erythropolis	红串红球菌
Rhodospirillum	红螺菌属
Rhodopseudomonas	红假单胞菌属
Rhodotorula	红酵母属
Rickettsia tsutsugamushi	恙虫病立克次氏体
Rickettsia prowazekii	普氏立克次氏体
Ruminococcus	瘤胃球菌属

S	*Saccharomyces cerevisiae*	酿酒酵母
	Salmonella typhi	伤寒沙门氏菌
	Sarcina ureae	尿素八叠球菌
	Saprolegnia	水霉属
	Schizosaccharomyces	裂殖酵母属
	Schizosaccharomyces octosporus	八孢裂殖酵母
	Selenomonas ruminantium	反刍月形单孢菌
	Serratia marcescens	黏质沙雷氏菌
	Shigella	志贺氏菌属
	Shigella dysenteriae	痢疾志贺氏菌
	Shigella flexneri	福氏志贺氏菌
	Sphingomonas	鞘氨醇单胞菌属
	Sphingobacterium	鞘氨醇杆菌属
	Spirillum	螺菌属
	Spirillum rubrum	红色螺菌
	Spirillum volutans	迂回螺菌
	Spirochaeta morsusmuris	鼠咬热螺旋体
	Spirulina	螺旋蓝细菌属
	Spirulina maxima	极大螺旋蓝细菌
	Spirulina platensis	钝顶螺旋蓝细菌
	Sporobolomyces	掷孢酵母属
	Sporocytophaga	生孢噬纤维细菌属
	Sporosarcina ureae	脲芽孢八叠球菌
	Staphylococcus	葡萄球菌属
	Staphylococcus aureus	金黄色葡萄球菌
	Staphylococcus epidermidis	表皮葡萄球菌
	Streptococcus	链球菌属
	Streptococcus faecalis	粪链球菌
	Streptococcus haemolyticus	溶血链球菌
	Streptococcus lactis	乳酸链球菌
	Streptomyces	链霉菌属

	Streptomyces aureofaciens	金色链霉菌
	Streptomyces chromogenes	产色链霉菌
	Streptomyces erythreus	红色链霉菌
	Streptomyces griseus	灰色链霉菌
	Streptomyces hygroscopicus	吸水链霉菌
	Streptomyces kanamyceticus	卡那霉素链霉菌
	Streptomyces mediterranei	地中海链霉菌
	Streptomyces melanochromogenes	产黑链霉菌
	Streptomyces microaureus	小金色链霉菌
	Streptomyces microflavus	细黄链霉菌
	Streptomyces rimosus	龟裂链霉菌
	Streptomyces noursei	诺尔斯氏链霉菌
	Streptomyces venezuelae	委内瑞拉链霉菌
	Streptomyces verticillus	轮枝链霉菌
	Streptosporangium	链孢囊菌属
	Sulfolobus	硫化叶菌属
	Sulfolobus acidocaldarius	嗜酸热硫化叶菌
	Synechococcus lividus	深蓝聚球蓝细菌
T	*Thermoplasma*	热原体属
	Thermoplasma acidophilus	嗜酸热原体
	Thermoplasma thiooxidans	氧化硫热原体
	Thermoplasma volcanium	火山热原体
	Thermoproteus tenax	嗜热变形杆菌
	Thiobacillus	硫杆菌属
	Thiobacillus denitrificans	脱氮硫杆菌
	Thiobacillus thiooxidans	氧化硫硫杆菌
	Thiobacterium	硫小杆菌属
	Thiomicrospira	硫微螺菌属
	Thiothrix	发硫菌属
	Tremella fuciformis	银耳
	Treponema pallidum	苍白密螺旋体
	Trichoderma	木霉属
	Trichoderma lignorum	木素木霉
	Trichoderma viride	绿色木霉
U	*Ustilago esculenta*	茭白黑粉菌
V	*Verticillium*	轮枝菌属
	Verticillium lecanii	蜡蚧轮枝菌
	Vibrio	弧菌属
	Vibrio cholerae	霍乱弧菌

X   *Xanthomonas*   黄单胞菌属
     Xanthomonas phaseoli   菜豆黄单胞菌
     Xanthomonas oryzae   水稻白叶枯病菌

Y   *Yersinia pestis*   鼠疫耶尔森氏菌

Z   *Zoolocaramigera*   生枝动胶菌属
     Zymomonas   发酵单胞菌属